Rieg/Kaczmarek (Hrsg.)
Taschenbuch der Maschinenelemente

Herausgeber
Prof. Dr.-Ing. *Frank Rieg*, Universität Bayreuth
Dipl.-Ing. *Manfred Kaczmarek*, Nörvenich

Autoren
Dipl.-Ing. *Bettina Alber*, Universität Bayreuth, (Kap. 4)
Dr.-Ing. *Eberhard Bock*, Freudenberg Dichtungs- und Schwingungstechnik GmbH & Co. KG Weinheim, (Kap. 27)
Prof. Dr.-Ing. *Edmund Böhm*, Hochschule Ravensburg-Weingarten, (Kap. 5)
Dipl.-Ing. *Roland Denefleh*, SEW Eurodrive GmbH Bruchsal, (Kap. 17)
Prof. Dr.-Ing. *Ludger Deters*, Otto-von-Guericke-Universität Magdeburg, (Kap. 25, 26)
Prof. Dr.-Ing. *Gerhard Engelken*, Fachhochschule Wiesbaden, Standort Rüsselsheim, (Kapitel 2)
Dipl.-Ing. *Josef Esser*, TEXTRON Fastening Systems Neuss, (Kap. 14)
Dipl.-Ing. *Jens-Uwe Goering*, Universität Bayreuth, (Kap. 16)
Dr. *Werner Gruber*, Korschenbroich, (Kap. 9)
Dipl.-Wirtsch.-Ing. *Reinhard Hackenschmidt*, Universität Bayreuth, (Kap. 3)
Dr.-Ing. *Thomas Kämper*, Siegling GmbH Hannover, (Kap. 19)
Dipl.-Ing. *Manfred Kaczmarek*, Nörvenich, (Kap. 1)
Dr.-Ing. *Thomas Klenk*, Freudenberg Dichtungs- und Schwingungstechnik GmbH & Co. KG Weinheim, (Kap. 27)
Dipl.-Ing. *Heike Kriegel*, Gutekunst Federn Cunewalde, (Kap. 15)
Dipl.-Ing. *Daniel Landenberger*, Universität Bayreuth, (Kap. 7, 8)
Ing. *Peter Möllers*, Optibelt GmbH Höxter, (Kap. 20)
PD Dr.-Ing. *Thomas Nagel*, Technische Universität Dresden, (Kap. 21)
Prof. Dr.-Ing. *Frank Rieg*, Universität Bayreuth, (Kap. 6, 22)
Dipl.-Ing. *Dietmar Rudy*, Schaeffler KG Homburg/Saar, (Kap. 24)
Dipl.-Ing. (FH) *Wolf-Dieter Schnell*, Hochschule Ravensburg-Weingarten, (Kap. 5)
Dipl.-Ing. *Bettina Spandl*, Universität Bayreuth, (Kap. 4)
Prof. Dr.-Ing. *Rolf Steinhilper*, Universität Bayreuth, (Kap. 7, 8)
Prof. Dr.-Ing. *Peter Stelter*, Rheinische Fachhochschule Köln, (Kap. 23)
Dr.-Ing. *Rainer Storm*, Technische Universität Darmstadt, (Kap. 29)
Dr.-Ing. *Erhard Vogt*, Arnold & Stolzenberg GmbH Einbeck-Juliusmühle, (Kap. 18)
Prof. Dr.-Ing. *Hans Dieter Wagner*, Hochschule Heilbronn, (Kap. 10, 11, 12)
Obering. Dipl.-Ing. *Günter Wossog*, Heidenau, (Kap. 28)
PD Dr.-Ing. habil. *Masoud Ziaei*, Technische Universität Chemnitz, (Kap. 13)

Taschenbuch der Maschinenelemente

herausgegeben von
Prof. Dr.-Ing. Frank Rieg und
Dipl.-Ing. Manfred Kaczmarek

Mit 511 Bildern und 112 Tabellen

FACHBUCHVERLAG LEIPZIG
im Carl Hanser Verlag

Bibliografische Information Der Deutschen Bibliothek
Die Deutsche Bibliothek verzeichnet diese Publikation in der Deutschen
Nationalbibliografie; detaillierte bibliografische Daten sind im Internet
über http://dnb.ddb.de abrufbar.

ISBN-10: 3-446-40167-9
ISBN-13: 978-3-446-40167-9

Die Wiedergabe von Gebrauchsnamen, Handelsnamen, Warenbezeichnungen
usw. in diesem Werk berechtigt auch ohne besondere Kennzeichnung nicht zu der
Annahme, dass solche Namen im Sinne der Warenzeichen- und Markenschutz-
Gesetzgebung als frei zu betrachten wären und daher von jedermann benutzt
werden dürften.

Dieses Werk ist urheberrechtlich geschützt.
Alle Rechte, auch die der Übersetzung, des Nachdrucks und der Vervielfältigung
des Buches oder Teilen daraus, vorbehalten. Kein Teil des Werkes darf ohne
schriftliche Genehmigung des Verlages in irgendeiner Form (Fotokopie, Mikro-
film oder ein anderes Verfahren), auch nicht für Zwecke der Unterrichtsgestal-
tung, reproduziert oder unter Verwendung elektronischer Systeme verarbeitet,
vervielfältigt oder verbreitet werden.

Umschlagbild: Schaeffler KG Herzogenaurach

Fachbuchverlag Leipzig im Carl Hanser Verlag
© 2006 Carl Hanser Verlag München Wien
www.hanser.de/taschenbuecher
Projektleitung: Jochen Horn
Herstellung: Renate Roßbach
Umschlaggestaltung: MCP · Susanne Kraus GbR, Holzkirchen
Satz: Druckhaus „Thomas Müntzer" GmbH, Bad Langensalza
Druck und Bindung: Kösel, Krugzell
Printed in Germany

Vorwort

Bei der Planung und Konstruktion von technischen Systemen spielen Maschinenelemente eine zentrale Rolle. Durch sie werden Baugruppen, Maschinen und Anlagen zu einer funktionierenden Einheit zusammengefügt. Außerdem sind genormte und solche Elemente, die der Konstrukteur fertig kaufen kann, ein im Konstruktionsprozess bedeutender wirtschaftlicher Faktor.

In diesem Taschenbuch werden die wichtigsten Maschinenelemente vorgestellt. Die Gliederung der Kapitel ist übersichtlich und zweckmäßig aufgebaut. Alle Maschinenelemente werden durch die Beschreibung der unterschiedlichen Typen und Bauarten sowie die Anleitung zur Auswahl und Berechnung klar und eindeutig erläutert. In diesem Taschenbuch finden sowohl Studierende an Technischen Universitäten, Fachhochschulen und Fachschulen als auch im Berufsleben stehenden Praktiker die für sie wichtigen Informationen.

Zahlreiche Einsatzbeispiele, als Zeichnung oder Bild, erleichtern die Auswahl für die spezielle technische Problematik des Lesers. Mit dem vorliegenden Werk ist eine erste Vorauswahl zur Dimensionierung möglich. Mit dem aus der anschließenden Berechnung resultierenden Maschinenelement kann dann der Entwurf komplettiert werden.

Was wäre ein Fachbuch ohne seine Autoren? Wir freuen uns, dass es gelungen ist, kompetente und erfahrene Fachleute aus der Industrie, aus Fachhochschulen und Universitäten zu gewinnen, und sagen unseren Autoren herzlichen Dank. Was wäre ein Fachbuch ohne den Verlag? Herr *Jochen Horn* vom Fachbuchverlag Leipzig begleitete das Projekt sehr engagiert. Wir danken ihm für die ausgezeichnete Zusammenarbeit und dem Verlag für die sorgfältige Ausführung des Werkes.

Was wäre ein Fachbuch ohne seine Leser? Wir hoffen, dass dieses Buch gut von Ihnen aufgenommen wird und dass Sie Nutzen daraus ziehen können. Sollte Ihnen beim Gebrauch dieses Buches das eine oder andere miss- bzw. gefallen, freuen sich Verlag und Herausgeber gleichermaßen sowohl über anregende Kritik als auch über motivierendes Lob.

Bayreuth und Nörvenich, im Frühjahr 2006

Prof. Dr.-Ing. Frank Rieg
Dipl.-Ing. Manfred Kaczmarek

Inhaltsverzeichnis

1	Einleitung	21
1.1	Definition und Arten der Maschinenelemente	21
1.2	Geschichtliches	21
1.3	Ausführung und Einsatz der Maschinenelemente	22

2	Maschinenzeichnen	24
2.1	Übersicht	24
2.2	Technisches Freihandzeichnen	24
2.3	Zeichnungen – Begriffe, Grundnormen und -regeln	25
	2.3.1 Begriffe	25
	2.3.2 Formate, Blattgrößen, Vordrucke, Maßstäbe	26
	2.3.3 Linien und ihre Anwendung	27
2.4	Zeichnung – Träger von Informationen	28
	2.4.1 Geometrieinformation	28
	2.4.1.1 Ansichten in Parallelprojektionen	28
	2.4.1.2 Axonometrische Darstellungen	31
	2.4.1.3 Besondere Ansichten	32
	2.4.1.4 Darstellung von Einzelheiten	33
	2.4.1.5 Vereinfachte Darstellungen	33
	2.4.1.6 Schnittdarstellungen	33
	2.4.2 Bemaßungsinformation	36
	2.4.2.1 Elemente der Maßeintragung	36
	2.4.2.2 Eintragen von Maßen	37
	2.4.2.3 Eintragen von Toleranzen	38
	2.4.3 Technologie- und Qualitätsinformationen	39
	2.4.4 Organisatorische Informationen	39
2.5	CAD – Computer Aided Design	40
	2.5.1 Die Nutzung von 2D-CAD-Systemen	40
	2.5.2 Die Nutzung von 3D-CAD-Systemen	41

3	Konstruktionsmethodik und Normung	44
3.1	Grundlegende Arbeitsmethodik	44
3.2	Allgemeiner Lösungsprozess	44
3.3	Systematische Suche nach Lösungen	45
	3.3.1 Konventionelle Methoden	45
	3.3.2 Kreativitätstechniken	46
3.4	Beurteilung von Lösungen	49
3.5	Entscheidungen	50
3.6	Konstruktionsprozess	50
	3.6.1 Klären der Aufgabenstellung	50
	3.6.2 Konzipieren	52
	3.6.3 Entwerfen und Ausarbeiten	52
3.7	Die Randbedingungen der Konstruktionsmethodik	53
3.8	Zusammenfassung Konstruktionsmethodik	54
3.9	Normung	54
	3.9.1 Innerbetriebliche Normen	54

		3.9.2	Nationale Normen.	55
		3.9.3	Europäische Normen	55
		3.9.4	Internationale Normen	55
		3.9.5	Normen im Konstruktionsprozess	56
		3.9.6	Inhalt und Art von DIN-Normen	57
		3.9.7	Typung, Normzahlen und Normreihen	58
4	**Bezeichnung von Werkstoffen**			**62**
	4.1	Werkstoffauswahl.		62
	4.2	Stahl – Eigenschaften und Bezeichnung		63
		4.2.1	Bezeichnung nach europäischer Norm (DIN EN 10027)	64
			4.2.1.1 Kurznamen der Gruppe 1	64
			4.2.1.2 Kurznamen der Gruppe 2	66
		4.2.2	Werkstoffnummern	68
			4.2.2.1 Werkstoffnummern nach DIN 17007	68
			4.2.2.2 Werkstoffnummern nach DIN EN 10027	68
		4.2.3	Charakterisierung und Namen einiger Stähle	69
			4.2.3.1 Baustähle	69
			4.2.3.2 Einsatzstähle	72
			4.2.3.3 Vergütungsstähle	72
			4.2.3.4 Nitrierstähle	73
			4.2.3.5 Sonderstähle.	74
	4.3	Gusseisen – Eigenschaften und Bezeichnung.		75
	4.4	Nichteisenmetalle		78
	4.5	Keramik		83
	4.6	Polymere		83
	4.7	Zusammenfassung und Relativkosten der Werkstoffe		85
5	**Gestaltung von Maschinenteilen**			**89**
	5.1	Begriffsbestimmungen		89
		5.1.1	Maschine	89
		5.1.2	Gestalten	91
		5.1.3	Voraussetzungen	92
		5.1.4	Einflussgrößen	92
		5.1.5	Wertanalyse	93
	5.2	Gestaltungslehre		93
		5.2.1	Einführung	93
		5.2.2	Vorgaben	94
		5.2.3	Konstruktionsstrategien.	95
			5.2.3.1 Bauteilsicherheit	95
			5.2.3.2 Selbsthilfe	97
			5.2.3.3 Aufgabenteilung.	98
			5.2.3.4 Kraft- und Energieführung	101
		5.2.4	Gestaltungsrichtlinien.	102
			5.2.3.1 Betriebsbedingungen	102
			5.2.3.2 Werkstoff	104
			5.2.3.3 Herstellung	108
			5.2.3.4 Verwendung.	110

Inhaltsverzeichnis 9

		5.2.3.5	Wartung	111
		5.2.3.6	Sicherheit	111
		5.2.3.7	Vorschriften	111
		5.2.3.8	Verwertung	112
	5.2.5	Bausysteme		112
5.3	Ausführungssysteme			113
	5.3.1	Arbeitstechnik		113
	5.3.2	Fertigungsunterlagen		115
	5.3.3	Kennzeichnung		115
5.4	Zusammenfassung			115

6 Bauteilfestigkeit 118
- 6.1 Grundlagen 118
  - 6.1.1 Zugspannungen 118
  - 6.1.2 Druckspannungen 119
  - 6.1.3 Flächenpressungen 119
  - 6.1.4 Schub 120
  - 6.1.5 Biegung 120
  - 6.1.6 Torsion 123
- 6.2 Mehrachsiger Spannungszustand 125
  - 6.2.1 Allgemeines 125
  - 6.2.2 Gestaltänderungsenergie-Hypothese (v. Mises) (GEH) 127
  - 6.2.3 Normalspannungshypothese (NH) 127
  - 6.2.4 Schubspannungshypothese (Tresca) (SH) 127
  - 6.2.5 Weitere Spannungshypothesen bzw. Versagenskriterien 128
  - 6.2.6 Beispiel 128
- 6.3 Dauerfestigkeit 129
  - 6.3.1 Lastfälle 129
  - 6.3.2 Werkstoffkennwerte 130
  - 6.3.3 Dauerfestigkeitsschaubild (DFS) 131
  - 6.3.4 Oberflächeneinfluss 132
  - 6.3.5 Größeneinfluss 132
  - 6.3.6 Kerbwirkung 132
- 6.4 Betriebsfestigkeit 136
- 6.5 Instabilitätsfall: Knicken 137
- 6.6 Achsen und Wellen 138
  - 6.6.1 Verformung von Balken 139
  - 6.6.2 Beispiel 141

7 Schweißverbindungen 153
- 7.1 Merkmale und Anwendung von Schweißverbindungen 153
- 7.2 Schweißeignung von Werkstoffen 153
  - 7.2.1 Metalle 154
  - 7.2.2 Kunststoffe 155
  - 7.2.3 Schweißzusatzwerkstoffe 155
- 7.3 Festigkeit und Berechnung von Schweißverbindungen 156
- 7.4 Gestaltung von Schweißverbindungen 160

7.5	Schweißverfahren		162
7.6	Zeichnerische Darstellung von Schweißverbindungen		166
	7.6.1	Nahtarten und Nahtsymbole	166
	7.6.2	Anordnung der Schweißnahtsymbole	167
	7.6.3	Bemaßung der Schweißverbindungen	168
	7.6.4	Zusatzangaben	170

8 Lötverbindungen ... 173
   8.1 Merkmale und Anwendung von Lötverbindungen ... 173
   8.2 Werkstoffe ... 173
      8.2.1 Löteignung von Werkstoffen ... 174
      8.2.2 Lote ... 174
      8.2.3 Flussmittel ... 176
   8.3 Festigkeit von Lötverbindungen ... 176
   8.4 Gestaltung von Lötverbindungen ... 177
   8.5 Lötverfahren ... 179
   8.6 Zeichnerische Darstellung von Lötverbindungen ... 180
      8.6.1 Stoßarten ... 180
      8.6.2 Nahtarten ... 181

9 Klebverbindungen ... 183
   9.1 Einführung ... 183
   9.2 Grundlagen der Klebtechnik ... 184
      9.2.1 Zusatznutzen durch Kleben ... 185
      9.2.2 Klebstoffe ... 187
         9.2.2.1 Einteilung der Klebstoffe ... 187
         9.2.2.2 Epoxid-Klebstoffe ... 188
         9.2.2.3 Polyurethan-Klebstoffe ... 189
         9.2.2.4 Acrylat-Klebstoffe ... 191
         9.2.2.5 Phenolharze ... 193
         9.2.2.6 PVC-Klebstoffe ... 194
   9.3 Klebgerechtes Konstruieren ... 194
   9.4 Vorbehandlung der Fügeteile ... 196
   9.5 Fertigungstechnik Kleben ... 197
   9.6 Eigenschaften der Klebverbindungen ... 198
   9.7 Prüfen von Klebverbindungen ... 201
   9.8 Berechnung von Klebverbindungen ... 202
   9.9 Kleben in Kombination mit anderen Fügeverfahren ... 204
   9.10 Vergleich der verschiedenen Fügeverfahren ... 205
   9.11 Anwendungen in der Praxis ... 206
   9.12 Zukunftsaussichten ... 207

10 Nietverbindungen ... 208
   10.1 Grundlagen ... 208
   10.2 Nietformen und Nietwerkstoffe ... 209
   10.3 Herstellung einer Vollnietverbindung ... 210
   10.4 Gestaltung der Verbindung ... 211
   10.5 Berechnung ... 211
   10.6 Blindnietverbindungen ... 212

Inhaltsverzeichnis

10.7	Stanznietverbindungen	213
10.8	Anwendungen	215
	10.8.1 Verbindungen im Stahlbau	215
	10.8.2 Verbindungen im Leichtbau	216
	10.8.3 Verbindungen im Automobilbau	216

11 Clinchverbindungen ... 218
- 11.1 Grundlagen ... 218
- 11.2 Formen der Clinchverbindung ... 219
- 11.3 Herstellung einer Clinchverbindung ... 220
  - 11.3.1 Konventionelles Clinchen ... 220
  - 11.3.2 Taumelclinchen ... 221
  - 11.3.3 Flachpunktclinchen ... 222
- 11.4 Gestaltung einer Clinchverbindung ... 223
- 11.5 Anwendungen ... 223
  - 11.5.1 Verbindungen im Leichtbau ... 223
  - 11.5.2 Verbindungen im Automobilbau ... 224

12 Pressverbände ... 226
- 12.1 Grundlagen ... 226
- 12.2 Herstellverfahren ... 227
  - 12.2.1 Längspressverband ... 227
  - 12.2.2 Querpressverbände ... 228
  - 12.2.3 Druckölverband ... 229
- 12.3 Berechnung ... 229
  - 12.3.1 Grundlagen ... 229
  - 12.3.2 Rein elastischer Pressverband ... 232
  - 12.3.3 Elastisch-plastischer Pressverband ... 234
  - 12.3.4 Einpresskraft und Fügetemperaturen ... 235
- 12.4 Gestaltung ... 235

13 Formschlüssige Welle-Nabe-Verbindungen ... 237
- 13.1 Grundlagen ... 237
- 13.2 Mittelbare Formschlussverbindungen ... 237
  - 13.2.1 Passfederverbindung ... 237
  - 13.2.2 Stiftverbindung ... 241
- 13.3 Unmittelbare Formschlussverbindungen ... 245
  - 13.3.1 Keil- und Zahnwellenverbindungen ... 245
  - 13.3.2 Polygonverbindungen ... 249
    - 13.2.2.1 Querstiftverbindungen ... 242
    - 13.2.2.2 Längsstiftverbindungen ... 243

14 Schraubenverbindungen ... 255
- 14.1 Schrauben und Muttern ... 255
  - 14.1.1 Herstellung von Schrauben und Muttern ... 255
  - 14.1.2 Warmbehandlung ... 255
  - 14.1.3 Normung ... 256
  - 14.1.4 Qualität ... 257
- 14.2 Zeichnungs- und Kaltformteile ... 258

14.3	Auslegung und Berechnung von Schraubenverbindungen		259
	14.3.1	Grobe Kalkulation	259
	14.3.2	Genaue Berechnung einer Schraubenverbindung	264
14.4	Verhalten von Schraubenverbindungen unter Belastungen		264
14.5	Montage von Schraubenverbindungen		268
14.6	Anziehverfahren		270
	14.6.1	Anziehen von Hand	270
	14.6.2	Anziehen mit Drehmomentschlüsseln	270
	14.6.3	Motorische Anziehverfahren	270
14.7	Sichern von Schraubenverbindungen		272
	14.7.1	Lockern und Losdrehen von Schraubenverbindungen	272
	14.7.2	Lockern durch Setzen der Schraubenverbindung	273
	14.7.3	Relativbewegungen zwischen den verspannten Teilen	274
	14.7.4	Die Mechanik des selbsttätigen Losdrehens	274
	14.7.5	Losdrehverhalten verschiedener Sicherungselemente und -systeme	275
	14.7.6	Bewertung der Wirksamkeit im Vergleich	276
	14.7.7	Unwirksame Unterlegelemente	277
	14.7.8	Verliersicherungen	278
	14.7.9	Losdrehsicherungen	278
	14.7.10	Einfluss dieser Erkenntnisse auf die Normung	280
14.8	Korrosionsgeschützte Verbindungselemente		281
	14.8.1	Korrosionsprüfung	281
	14.8.2	Korrosionsschutz durch Oberflächenbehandlungen	282
		14.8.2.1 Nichtmetallische Schutzschichten	282
		14.8.2.2 Galvanische schutzschichten	282
		14.8.2.3 Mechanisches Verzinken	283
		14.8.2.4 Zinklamellenüberzüge	283
		14.8.2.5 Feuerverzinkte Schrauben und Muttern	284
14.9	Schraubenverbindungen für spezielle Anwendungen		284
	14.9.1	HV-Schraubenverbindungen	284
	14.9.2	Gewindefurchende Schrauben	284
14.10	Schadensfälle an Schraubenverbindungen		285

15 Metallfedern 289

15.1	Einleitung		289
15.2	Grundlagen		289
	15.2.1	Federkennlinie	292
	15.2.2	Federrate	292
	15.2.3	Federarbeit	292
	15.2.4	Hysterese	293
	15.2.5	Relaxation	293
15.3	Werkstoffe		294
	15.3.1	Federstahldraht nach EN 10270-1	295
	15.3.2	Ventilfederdraht nach EN 10270-2	295
	15.3.3	Nichtrostender Federstahl	296
	15.3.4	Nichteisenmetalle	296
		15.3.4.1 Kupferlegierungen	296

Inhaltsverzeichnis 13

		15.3.4.2	Nickellegierungen	296
		15.3.4.3	Titanlegierungen	297
	15.3.5		Einfluss der Arbeitstemperatur	297
		15.3.5.1	Verhalten bei erhöhten Arbeitstemperaturen	297
		15.3.5.2	Verhalten bei tiefen Betriebstemperaturen	298
15.4	Berechnung			299
	15.4.1		Federsysteme	300
		15.4.1.1	Parallelschaltung	300
		15.4.1.2	Reihenschaltung	301
		15.4.1.3	Mischschaltung	301
	15.4.2		Druckfedern	302
		15.4.2.1	Allgemeines	302
		15.4.2.2	Berechnung zyklischer Druckfedern	306
	15.4.3		Zugfedern	305
		15.4.3.1	Allgemeines	305
		15.4.3.2	Berechnung von Zugfedern	306
	15.4.4		Drehfedern (Schenkelfedern)	308
		15.4.4.1	Allgemeines	308
		15.4.4.2	Berechnung von Drehfedern	309
	15.4.5		Tellerfedern	311
		15.4.5.1	Allgemeines	311
		15.4.5.2	Berechnung von Einzeltellerfedern	311
		15.4.5.3	Kombination von Einzeltellerfedern	313

16 Grundlagen der Verzahnung 315
  16.1 Grundlagen 315
      16.1.1 Bezeichnungen 315
      16.1.2 Grundformen 315
  16.2 Verzahnung 316
      16.2.1 Verzahnungsgesetz 316
      16.2.2 Evolventenverzahnung 317
  16.3 Geometrie von Zahnrädern 319
      16.3.1 Null-Außenverzahnung 319
      16.3.2 Planverzahnung, Bezugsprofil 320
      16.3.3 Null-Schrägverzahnung 321
      16.3.4 Profilverschiebung 323
      16.3.5 Geometrische Grenzen 326
      16.3.6 Profilüberdeckung 327
  16.4 Gestaltung und Tragfähigkeit der Stirnräder 329
      16.4.1 Zahnkräfte 329
      16.4.2 Reibung, Wirkungsgrad, Übersetzung 331
      16.4.3 Tragfähigkeit 332
      16.4.4 Zahnfußtragfähigkeit der Stirnräder 335
      16.4.5 Grübchentragfähigkeit der Stirnräder 336

17 Getriebetechnik 339
  17.1 Industrielle Antriebstechnik 339
  17.2 Standardgetriebe 341

	17.2.1	Getriebetypen	346
		17.2.1.1 Koaxialgetriebe	346
		17.2.1.2 Parallelwellengetriebe	347
		17.2.1.3 Winkelgetriebe	348
		17.2.1.4 Mechanisches Verstellgetriebe	351
	17.2.2	Getriebeauslegung	355
		17.2.2.1 Getriebegehäuse	355
		17.2.2.2 Zahnräder	357
		17.2.2.3 Wellen und Lager	368
		17.2.2.4 Schmierung	371
17.3	Servogetriebe	376
	17.3.1	Wichtige Definitionen der Servotechnik	378
		17.3.1.1 Verdrehspiel	378
		17.3.1.2 Verdrehsteifigkeit	378
	17.3.2	Servoplanetengetriebe	379
	17.3.3	Servowinkelgetriebe	382
	17.3.4	Berechnung und Projektierung von Servogetrieben	383
17.4	Industriegetriebe	384

18 Zugmittelgetriebe – Ketten 390
- 18.1 Aufbau von Rollenketten 390
- 18.2 Langgliedrige Rollenketten 392
- 18.3 Aufbau von Zahnketten 393
- 18.4 Kettenräder 394
  - 18.4.1 Verzahnung, Abmessungen 395
  - 18.4.2 Werkstoffe 396
  - 18.4.3 Triebstockverzahnung 397
- 18.5 Kettenspanner und Kettenführungen 398
- 18.6 Auslegung von Kettengetrieben 399
  - 18.6.1 Kinematik des Kettengetriebes 399
  - 18.6.2 Dynamik des Kettengetriebes 401
  - 18.6.3 Geometrie des Kettengetriebes 404
    - 18.6.3.1 Berechnung der Kettenlänge 405
    - 18.6.3.2 Berechnung des Achsabstandes 405
  - 18.6.4 Bestimmende Faktoren der Lebensdauer von Kettengetrieben 407
  - 18.6.5 Einflüsse veränderlicher Parameter 408
  - 18.6.6 Wartungsarme Ketten 409

19 Zugmittelgetriebe – Flachriemen 411
- 19.1 Definition 411
- 19.2 Aufbau von Flachriemen 411
- 19.3 Auslegung von Flachriemen 413
- 19.4 Typische Anwendungen von Flachriemen 415

20 Zugmittelgetriebe – Keil- und Keilrippenriemen 417
- 20.1 Funktion und Betriebsverhalten 417
- 20.2 Grundlagen der Drehmomentübertragung 418
- 20.3 Produktübersicht 420

Inhaltsverzeichnis 15

- 20.4 Riementypen ... 420
  - 20.4.1 Ummantelte Keilriemen und Kraftbänder ... 420
  - 20.4.2 Flankenoffene Keilriemen und Breitkeilriemen ... 421
- 20.5 Normung ... 422
- 20.6 Geometrische und kinematische Beziehungen ... 423
- 20.7 Berechnung ... 426
  - 20.7.1 Berechnungsschritte ... 426
  - 20.7.2 Datenblatt zur Berechnung von Antrieben ... 427
  - 20.7.3 Belastungsfaktor C_b ... 428
  - 20.7.4 Wahl des Riementyps ... 429
  - 20.7.5 Berechnung der Riemenanzahl ... 430
  - 20.7.6 Bestimmung der Vorspannwerte – Wellenbelastung ... 431
  - 20.7.7 Vorspannen von Keilriemen und Keilrippenriemen ... 432
  - 20.7.8 Riemenvorspannkennlinien ... 433
- 20.8 Einsatzgebiete in der Praxis ... 434
- 20.9 Bewertbare Eigenschaften von Riemengetrieben ... 435

21 Zugmittelgetriebe – Zahnriemengetriebe ... 437
- 21.1 Aufbau und Eigenschaften ... 437
- 21.2 Dimensionierung ... 441
- 21.3 Vorspannung ... 442

22 Kupplungen und Bremsen ... 445
- 22.1 Einteilung ... 445
- 22.2 Ausgleichskupplungen ... 445
  - 22.2.1 Drehsteife Ausgleichskupplungen ... 445
  - 22.2.2 Drehelastische Ausgleichskupplungen ... 447
  - 22.2.3 Berechnung der drehelastischen Kupplungen ... 448
- 22.3 Fremdgeschaltete Schaltkupplungen ... 452
  - 22.3.1 Berechnung des Schaltvorgangs ... 453
- 22.4 Automatisch schaltende Kupplungen ... 458
  - 22.4.1 Überlast- und Sicherheitskupplungen ... 458
  - 22.4.2 Freiläufe ... 459
- 22.5 Trommelbremsen ... 461
- 22.6 Scheibenbremsen ... 462

23 Wälzlagerungen ... 466
- 23.1 Grundlagen und Einteilung ... 466
  - 23.1.1 Entwicklung der Wälzlagertechnik ... 466
  - 23.1.2 Darstellung der Rollreibung ... 467
  - 23.1.3 Beschreibung der Wälzlagerbauarten ... 467
  - 23.1.4 Einreihige Rillenkugellager ... 468
  - 23.1.5 Gehäuselager ... 468
  - 23.1.6 Zweireihige Rillenkugellager ... 469
  - 23.1.7 Schulterkugellager ... 469
  - 23.1.8 Einreihige Schrägkugellager ... 469
  - 23.1.9 Zweireihige Schrägkugellager ... 469
  - 23.1.10 Vierpunktlager ... 470

	23.1.11	Pendelkugellager	470
	23.1.12	Zylinderrollenlager	470
	23.1.13	Nadellager	471
	23.1.14	Kegelrollenlager	472
	23.1.15	Pendelrollenlager	473
	23.1.16	Axial-Rillenkugellager	473
	23.1.17	Axial-Pendelrollenlager	474
	23.1.18	Verwendete Passungen und Lagerluft	475
23.2	Wälzlagerwerkstoffe		476
	23.2.1	Werkstoffe für Wälzkörper und Ringe	476
	23.2.2	Funktion und Werkstoffe für Käfige	478
23.3	Wälzlageranordnungen		479
23.4	Berechnung der nominellen Lebensdauer		482
	23.4.1	Versagensmechanismus	482
	23.4.2	Festlegung der Lagerlebensdauer	483
	23.4.3	Statische Beanspruchung	483
		23.4.3.1 Statische Tragsicherheit s_0	484
		23.4.3.2 Statisch äquivalente Lagerbelastung P_0	485
	23.4.4	Die dynamische Tragzahl C	485
	23.4.5	Nominelle Lebensdauer L_{h10}	485
		23.4.5.1 Verwendung von Drehzahl- und Lebenslauffaktoren	486
		23.4.5.2 Dynamisch äquivalente Lagerbelastung P	487
		23.4.5.3 Veränderliche Drehzahl und Belastung	487
		23.4.5.4 Mindestbelastungen von Wälzlagern	488
23.5	Schmierung von Wälzlagern		488
	23.5.1	Aufgabe des Schmierstoffes	488
	23.5.2	Schmierverfahren	489
	23.5.3	Öl- oder Fettschmierung	489
	23.5.4	Fettauswahl	491
	23.5.5	Fettkonsistenz	491
	23.5.6	Drehzahlgrenzen	492
		23.5.6.1 Reibungsmoment	492
		23.5.6.2 Thermische Bezugsdrehzahl	492
		23.5.6.3 Kinematisch zulässige Drehzahl	493
		23.5.6.4 Öldurchflusswiderstand	494
		23.5.6.5 Bemessung des Ölablaufes	494
23.6	Erweiterte Lebensdauerberechnung		495
	23.6.1	EHD-Kontakt	495
	23.6.2	Praktische Durchführung der Berechnung	497

24 Lineare Wälzführungen — 502

24.1	Einleitung	502
24.2	Grundlagen	502
24.3	Abmessungen von Profilschienenführungen	504
24.4	Genauigkeiten von Profilschienenführungen	505
24.5	Tragfähigkeit und nominelle Lebensdauer	506

Inhaltsverzeichnis

24.6	Vorspannung und Steifigkeit	509
24.7	Reibung	509
24.8	Schmierung	510
24.9	Montage und Anschlussgenauigkeiten	511
24.10	Auswahl von Führungen	513
24.10.1	Zweireihige Kugelumlaufeinheit	513
24.10.2	Vierreihige Kugelumlaufeinheit	513
24.10.3	Sechsreihige Kugelumlaufeinheit	513
24.10.4	Vierreihige Rollenumlaufeinheit	514
24.11	Geräuschreduktion	514
24.12	Dämpfung	515
24.13	Integration von Funktionen	517

25 Tribologie 519
 25.1 Einführung 519
 25.2 Tribotechnische Systeme (TTS) 519
 25.3 Reibung, Reibungsarten, Reibungszustände und Reibungsmechanismen 522
 25.4 Verschleiß, Verschleißverhalten, Verschleißmechanismen ... 524
 25.5 Grundlagen der Schmierung 527
  25.5.1 Vollschmierung 527
   25.5.1.1 Hydrodynamische Schmierung 528
   25.5.1.2 Elastohydrodynamische Schmierung 528
   25.5.1.3 Hydrostatische Schmierung 529
  25.5.2 Grenzschmierung 530
  25.5.3 Teilschmierung 530
  25.5.4 Trockenschmierung 530
 25.6 Schmierstoffe 530
  25.6.1 Schmieröle 531
  25.6.2 Konsistente Schmierstoffe 532
  25.6.3 Festschmierstoffe 533
  25.6.4 Eigenschaften von Schmierstoffen 533
   25.6.4.1 Viskosität 533
   25.6.4.2 Konsistenz von Schmierfetten 536

26 Gleitlager 538
 26.1 Aufgabe, Einteilung und Anwendungen 538
 26.2 Wirkprinzipien 538
 26.3 Bauarten 540
 26.4 Werkstoffe 542
 26.5 Gestaltung von Lagern und Lagerumgebung 543
 26.6 Schmierung und Kühlung 543
 26.7 Berechnung hydrodynamischer stationär belasteter Radialgleitlager 545
  26.7.1 Tragfähigkeit, Reibung, Schmierstoffdurchsatz und Wärmebilanz 545
  26.7.2 Betriebssicherheit 549
 26.8 Hydrodynamische Axialgleitlager 549
 26.9 Berechnung hydrostatischer Gleitlager 551

Inhaltsverzeichnis

27 Dichtungen 553
- 27.1 Einleitung 553
- 27.2 Technische Dichtheit 554
- 27.3 Dichtungswerkstoffe 554
- 27.4 Dynamische Dichtungen 557
  - 27.4.1 Grundlagen dynamischer Dichtungen 557
    - 27.4.1.1 Elemente der dynamische Dichtung 557
    - 27.4.1.2 Starrer und dynamischer Dichtspalt, hydrostatische und hydrodynamische Spaltbildung 558
  - 27.4.2 Ausführungsformen und Einsatzbeispiele 559
    - 27.4.2.1 Radialwellendichtringe (RWDR) 560
    - 27.4.2.2 Gleitringdichtungen (GLRD) 564
    - 27.4.2.3 Berührungsfreie Dichtungen 567
    - 27.4.2.4 Hydraulikdichtungen 569
    - 27.4.2.5 Pneumatikdichtungen 575
    - 27.4.2.6 Bälge und Membranen 576
    - 27.4.2.7 Schutzdichtungen 578
    - 27.4.2.8 Drosseldichtungen für Flüssigkeiten und Gase 580
    - 27.4.2.9 Dichtungen mit Sperrfluiden 581
- 27.5 Statische Dichtverbindungen 582
  - 27.5.1 Grundlagen statischer Dichtverbindungen 582
  - 27.5.2 Dichtungen im Krafthauptschluss 584
  - 27.5.3 Dichtungen im Kraftnebenschluss 587
  - 27.5.4 Sonderformen statischer Dichtverbindungen 590

28 Rohrleitungen 593
- 28.1 Vorschriften, Einstufung 593
- 28.2 Begriffe, Grundlagen 593
  - 28.2.1 Bestandteile einer Rohrleitung 593
  - 28.2.2 Nennweite DN und Nenndruck PN 594
  - 28.2.3 Druck- und Temperaturangaben 595
  - 28.2.4 Sinnbilder für Rohrleitungen 596
- 28.3 Planung von Rohrleitungen 596
  - 28.3.1 Rohrleitungsabstände, Kreuzungen, Näherungen 596
  - 28.3.2 Trassierungshinweise 597
  - 28.3.3 Richtwerte für Gefälle 598
  - 28.3.4 Anschlüsse an Aggregaten, Ausrüstungsteilen, Druckgeräten 599
  - 28.3.5 Prüfgerechte Gestaltung 599
  - 28.3.6 Hinweise zur Berücksichtigung der Instandhaltung . . 600
- 28.4 Werkstoffe 600
  - 28.4.1 Einsatzbedingungen 600
  - 28.4.2 Stahl 601
  - 28.4.3 Gusswerkstoffe 601
  - 28.4.4 Nichteisenmetalle 602
  - 28.4.5 Nichtmetallische Werkstoffe 603

28.5	Rohre		603
	28.5.1	Nahtlose Stahlrohre	603
	28.5.2	Geschweißte Stahlrohre	603
	28.5.3	Vorzugsabmessungen für nahtlose und geschweißte Stahlrohre	604
	28.5.4	Rohre aus NE-Metallen	605
	28.5.5	Rohre aus Kunststoffen	605
28.6	Rohrsysteme		605
	28.6.1	Rohrsysteme aus Stahl	606
	28.6.2	Rohrsysteme aus Kunststoffen	607
	28.6.3	Rohrsysteme aus sonstigen Werkstoffen	607
	28.6.4	Verbundmantelrohrsysteme (Kunststoffmantelrohr-System KMR)	608
28.7	Nicht lösbare Rohrverbindungen		608
	28.7.1	Einteilung	608
	28.7.2	Dauerhafte Rohrverbindungen	608
	28.7.3	Schweißverbindungen für Metalle	609
	28.7.4	Dauerhafte Rohrverbindungen für Kunststoffe	611
	28.7.5	Demontierbare Rohrverbindungen	611
28.8	Lösbare Rohrverbindungen		612
	28.8.1	Flanschverbindungen	612
	28.8.2	Verschraubungen	614
	28.8.3	Kupplungen	614
	28.8.4	Sonstige lösbare Verbindungen	615
28.9	Formstücke aus Stahl		616
	28.9.1	Allgemeines	616
	28.9.2	Bogen, Biegungen	616
	28.9.3	Segmentschnitte, Segmentkrümmer	618
	28.9.4	Abzweige, T-Stücke	618
	28.9.5	Reduzierungen	619
	28.9.6	Böden (Kappen)	619
28.10	Dehnungsausgleich		620
	28.10.1	Größe der Wärmedehnungen	620
	28.10.2	Natürlicher Dehnungsausgleich	621
	28.10.3	Künstlicher Dehnungsausgleich (Kompensatoren)	621
28.11	Armaturen		623
	28.11.1	Einteilung	623
	28.11.2	Stellantriebe für Armaturen	623
	28.11.3	Auswahl der Armaturen	624
28.12	Halterungen		626
	28.12.1	Aufgabe, Bestandteile	626
	28.12.2	Arten von Lagerstellen	626
28.13	Dämmungen		628
	28.13.1	Bestandteile	628
	28.13.2	Dämmstoff	629
	28.13.3	Stütz- und Tragkonstruktion	630
	28.13.4	Ummantelung (Mantel)	630
28.14	Kennzeichnung		630

	28.14.1	Herstellerschild	630
	28.14.2	Anlagenkennzeichnung	631
	28.14.3	Warnschilder (Sicherheitskennzeichen)	631
	28.14.4	Gefahrenkennzeichnung	631
28.15	Ermittlung des Innendurchmessers	631
28.16	Festigkeitsberechnungen	633
	28.16.1	Erforderliche Wanddicke für das gerade Rohr	633
	28.16.2	Wanddicke von Formstücken	634
	28.16.3	Flanschverbindungen	634

29 Maschinenakustik ... 637

- 29.1 Wichtige Begriffe und Definitionen ... 639
  - 29.1.1 Akustische und mechanische Begriffe ... 639
  - 29.1.2 Pegelrechnung ... 644
  - 29.1.3 Schallabstrahlung von Schallquellen ... 645
  - 29.1.4 Schallleistungsbestimmung ... 646
    - 29.1.4.1 Schallleistungsbestimmung im idealen Frei- oder Hallfeld und in realen Feldern ... 646
    - 29.1.4.2 Schallleistungsbestimmung nach dem Vergleichsverfahren ... 650
    - 29.1.4.3 Schallintensitätsmessverfahren ... 650
  - 29.1.5 Strahlerarten und Entfernungsgesetze ... 651
- 29.2 Maschinenakustische Zusammenhänge ... 653
  - 29.2.1 Entstehung von Maschinengeräuschen ... 653
  - 29.2.2 Maschinenakustische Grundgleichung ... 655
- 29.3 Konstruktive Geräuschminderung ... 659
  - 29.3.1 Grundsätzliche Überlegungen ... 659
  - 29.3.2 Beispiele für charakteristische Geräuschminderungsmaßnahmen ... 662
    - 29.3.2.1 Reduzierung der dynamischen Anregungskraft ... 662
    - 29.3.2.2 Beispiele zur Erhöhung der Eingangsimpedanz ... 672
    - 29.3.2.3 Beispiele für die Reduzierung des Körperschall-Transferverhaltens ... 677

Sachwortverzeichnis ... 683

1 Einleitung

Dipl.-Ing. Manfred Kaczmarek

1.1 Definition und Arten der Maschinenelemente

In der einschlägigen Fachliteratur werden Maschinen- und Konstruktionselemente häufig unterschiedlich definiert. In diesem Taschenbuch wird ausschließlich der Begriff **Maschinenelemente** gebraucht. Diese Bezeichnung beinhaltet hier beides: Maschinen- und Konstruktionselemente. Maschinenelemente können innerhalb der oft sehr umfangreichen Konstruktionsarbeit für standardisierte Teillösungen verwendet werden.

Eine Gruppierung der Maschinenelemente nach Zweck und Anwendung ist wie folgt möglich:

- **Maschinenelemente zum Verbinden von Teilen** (Verbindungselemente), z. B. Schrauben, Federn, Stifte sowie auch Schweiß-, Löt- und Klebverbindungen

- **Maschinenelemente für drehende Bewegungen** (Lagerungs-/Übertragungselemente), z. B. Gleit- und Wälzlager, Achsen, Wellen, Zapfen, Kupplungen, Kettentriebe, Zahnradgetriebe

- **Maschinenelemente zur Fortleitung und Absperrung von Flüssigkeiten und Gasen**, z. B. Rohre, Ventile, Klappen und Schieber

Die heute gebräuchlichen und zum großen Teil auch national und international genormten Maschinenelemente sind in ihrer Form und Größenabstufung ausgereifte Komponenten. Sie lassen sich problemlos in den individuellen Konstruktionsprozess mit einbeziehen.

1.2 Geschichtliches

Blickt man etwa zwei Jahrtausende in der Technik zurück, so werden schon sehr früh die ersten Maschinenelemente erwähnt.

Innerhalb der Technikgeschichte wird das wohl am häufigsten verwendete Maschinenelement, die Schraube, um 400 bis 300 v. Chr. genannt. Das Prinzip der Schraube wurde hier in erster Linie bei Schraubenpressen in Form der Holzspindel benutzt. Die Gewindegänge wurden noch in Handarbeit aus dem vollen Material herausgeschnitten. Diese manuelle Fertigungstechnik hielt lange Zeit an.

Die eiserne Befestigungsschraube wurde erst viel später, nämlich im 15. Jahrhundert, erfunden.

Eine ähnliche Historie wie die Schrauben haben die Zahnräder und Getriebe. Um 330 v. Chr. werden sie in der „Mechanik" des *Aristoteles* erwähnt. In dieser Zeit wurden die Zahnräder schon aus Eisen oder Bronze gefertigt.

Bild 1.1: Gewindedrehen mit Handstahl (1750)
(aus: *Werkzeugmaschinen für Metallbearbeitung, Sammlung Göschen*)

Im Land der „klassischen Mechanik", in Frankreich, wurden im 18. Jahrhundert die Drehbankkonstruktionen verbessert und weiterentwickelt. Dadurch war eine präzisere Drehteilherstellung möglich. Die Gewindeherstellung wurde somit natürlich auch wesentlich einfacher und genauer.

1.3 Ausführung und Einsatz der Maschinenelemente

Um ein Maschinenelement oder Bauteil optimal auszuführen, muss im Vorfeld eine Menge an Fragen geklärt werden. Damit das zweckgerichtet und geordnet geschieht, sollte eine Anforderungsliste erstellt werden. In der Liste muss eine so genannte **Leitlinie** eingehalten werden, deren Hauptmerkmale präzise formuliert sein müssen. Nach *Pahl/Beitz* sollten in der Anforderungsliste u. a. folgende Hauptmerkmale berücksichtigt werden:

- **Geometrie:** Größe, Höhe, Breite, Länge, Durchmesser usw.
- **Kinematik:** Bewegungsart und -richtung, Geschwindigkeit, Beschleunigung usw.
- **Kräfte:** Kraftgröße, -richtung und -häufigkeit, Masse (Gewicht), Verformung, Steifigkeit usw.

1.3 Ausführung und Einsatz der Maschinenelemente

- **Energie:** Leistung, Wirkungsgrad, Verlust, Reibung, Speicherung, Arbeitsaufnahme usw.
- **Stoff:** physikalische und chemische Eigenschaften des Eingangs- und Ausgangsprodukts, Hilfsstoffe, vorgeschriebene Werkstoffe usw.
- **Sicherheit:** unmittelbare Sicherheitstechnik, Schutzsysteme, Betriebs-, Arbeits- und Umweltsicherheit
- **Instandhaltung:** Wartungsfreiheit bzw. Anzahl und Zeitbedarf der Wartung, Inspektion usw.
- **Kosten:** maximal zulässige Herstellkosten, Werkzeugkosten, Investition und Amortisation

Wie man aus den Hauptmerkmalpunkten und Beispielen sieht, können alle aufkommenden Fragen nicht von einer einzigen Abteilung bearbeitet werden. Um ein Maschinenelement bestmöglich herzustellen, wird der verantwortliche Entwicklungsleiter verschiedene technische und organisatorische Abteilungen (Mechanische Konstruktion, Elektroabteilung, Sicherheitsingenieur, Arbeitsvorbereitung usw.) zu Rate ziehen müssen.

Quellen und weiterführende Literatur

Conrad, K.-J.: Grundlagen der Konstruktionslehre. Leipzig: Fachbuchverlag, 2005

Conrad, K.-J.: Taschenbuch der Konstruktionstechnik. Leipzig: Fachbuchverlag, 2004

Decker, K.-H.: Maschinenelemente. Funktion, Gestaltung und Berechnung. München Wien: Carl Hanser Verlag, 2006

Hoenow, G.; Meißner, Th.: Entwerfen und Gestalten im Maschinenbau. Leipzig: Fachbuchverlag, 2005

Hubka, V.: Theorie der Maschinensysteme. Berlin: Springer-Verlag, 1973

Pahl, G.; Beitz, W.: Konstruktionslehre. Berlin: Springer-Verlag, 1997

Wolff, J.: Kreatives Konstruieren. Essen: Verlag Girardet, 1976

2 Maschinenzeichnen

Prof. Dr.-Ing. Gerhard Engelken

2.1 Übersicht

Maschinenzeichnen steht als Oberbegriff für das ingenieurmäßige Erstellen von Zeichnungen nach den Regeln des technischen Zeichnens unabhängig davon, ob dabei Hilfsmittel wie Lineal oder Zeichenmaschine oder CAD-Systeme genutzt werden. Gerade angesichts der intensiven Nutzung von CAD-Systemen gewinnt das Freihandzeichnen einen neuen Stellenwert, deshalb soll in einem ersten Abschnitt auf das Freihandzeichnen eingegangen werden. Die nachfolgenden Abschnitte stellen die wesentlichen Bereiche der für das technische Zeichnen entwickelten Regeln vor. Abgeschlossen wird das Kapitel mit einer Betrachtung zur Nutzung von CAD-Systemen und den sich dabei ergebenden oder absehbaren Auswirkungen auf das technische Zeichnen.

2.2 Technisches Freihandzeichnen

Das technische Freihandzeichnen ist für den Konstrukteur ein zentrales Ausdrucksmittel. Wenn auch die maßstäbliche Zeichnung für die Produktdokumentation oder Fertigung inzwischen überwiegend mit Hilfe von CAD-Systemen entsteht, besteht vorgelagert in den frühen Phasen der Produktentwicklung, bei der Entwicklung von Lösungen im Team oder zur Vorplanung des zweckmäßigen Vorgehens beim Modellieren mit 3D-CAD-Systemen die Notwendigkeit, technische Sachverhalte anschaulich zu machen. Am einfachsten und schnellsten geschieht dies durch das Erstellen entsprechender Skizzen und Zeichnungen von Hand. Voraussetzung hierfür ist einerseits die Kenntnis der Regeln für das Erstellen technischer Zeichnungen, andererseits ein gewisses Training im Zeichnen von Hand sowie in der Erfassung und Darstellung von Körpern.

Ein solches Training sollte weiterhin fester Bestandteil am Beginn der Ingenieurausbildung sein. Das hervorragende Werk von Viebahn [1] zeigt, wie ein solches Training in aufeinander aufbauenden Schritten gestaltet werden kann. Mit zahlreichen Übungsaufgaben ist es auch zum Selbststudium geeignet.

2.3 Zeichnungen – Begriffe, Grundnormen und -regeln

2.3.1 Begriffe

Eine **Zeichnung** ist eine aus Linien bestehende bildliche Darstellung.

Eine **technische Zeichnung** ist eine Zeichnung in der für technische Zwecke erforderlichen Art und Vollständigkeit.

Ein **Teil** ist ein Gegenstand, für dessen weitere Aufgliederung aus der Sicht des Anwenders dieses Begriffes kein Bedürfnis besteht.

Ein **Einzelteil** ist ein Teil, das nicht zerstörungsfrei zerlegt werden kann.

Eine **Gruppe** ist ein aus zwei oder mehr Teilen und/oder Gruppen bestehender Gegenstand. Eine Gruppe kann montiert sein (Zusammenbau) oder eine Zusammenfassung loser Teile darstellen.

Ein **Erzeugnis** ist ein durch Produktion entstandener verkaufsfähiger Gegenstand.

Eine **Einzelteilzeichnung** ist eine maßstäbliche technische Zeichnung, die ein Einzelteil ohne die räumliche Zuordnung zu anderen Teilen darstellt.

Eine **Gruppenzeichnung** ist eine maßstäbliche technische Zeichnung, die die räumliche Lage und Form der zu einer Gruppe zusammengefassten Teile und/oder Gruppen darstellt.

Ein **Zeichnungs-Satz** ist die Gesamtheit aller für einen bestimmten Zweck zusammengestellten Zeichnungen.

Die **Stückliste** ist ein für den jeweiligen Zweck vollständiges, formal aufgebautes Verzeichnis für einen Gegenstand, das alle zugehörigen Gegenstände unter Angabe von Positionsnummer, Benennung, Sachnummer, Menge und Einheit enthält.

Die **Positionsnummer** ist eine Nummer, die den in Stücklisten aufgeführten Gegenständen als ordnendes Merkmal zugeordnet ist.

Die **Benennung** ist der Name für einen Gegenstand. Gegenstände sind möglichst nach ihrer Art und/oder Gestalt zu benennen und nur dann nach ihrer Funktion, wenn sie auch künftig nur zweckgebunden verwendet werden. Bei der Zuordnung einer Benennung ist dem einfachen Wiederauffinden und der möglichen Übersetzung in Fremdsprachen Rechnung zu tragen.

Die **Sachnummer** ist die identifizierende Nummer eines Gegenstandes (einer Sache).

Die **Bezeichnung** ist die Zusammenfassung von Benennung und weiteren identifizierenden Merkmalen.

Die **Menge** ist die Angabe über die Anzahl der Einheiten von Gegenständen.

Für Stücklisten gelten die **Einheiten** nach DIN 1301-1 sowie die Einheit „Stück".

2.3.2 Formate, Blattgrößen, Vordrucke, Maßstäbe

Die Original-Zeichnung sollte auf einem Bogen vom kleinstmöglichen Format erstellt werden, das noch die nötige Klarheit und Auflösung zulässt. Die bevorzugten Größen für beschnittene und unbeschnittene Bögen sowie der Zeichenfläche, ausgewählt aus der ISO-Hauptreihe A (siehe ISO 216), sind in Tabelle 2.1 angegeben.

Tabelle 2.1: Abmessungen der Zeichnungsformate nach ISO 216

Bezeichnung	beschnitten		Zeichenfläche		unbeschnitten	
A0	841	1189	821	1159	880	1230
A1	594	841	574	811	625	880
A2	420	594	400	564	450	625
A3	297	420	277	390	330	450
A4	210	297	180	277	240	330

In der Serien- und Massenfertigung wird jedes Teil einzeln auf einer Zeichnungs-Unterlage dargestellt. Nach Gruppen-Zeichnungen werden die Einzelteile zu Gruppen und diese dann zum Erzeugnis gefügt. Geeignete Zeichnungsvordrucke sind in DIN 6771-1 und DIN 6771-2 angegeben.

Eine Zeichnung kann aus mehreren Blättern bestehen. Das einzelne Blatt wird durch Angabe der Blattnummer identifiziert, zusätzlich wird die Gesamtzahl der Blätter angegeben.

In vielen Fällen müssen Darstellungen abweichend vom natürlichen Maßstab (1:1) verkleinert oder vergrößert gezeichnet werden. Dies kann sich unmittelbar aus der Größe der Teile, aber auch aus der Form der Teile ergeben.

> Der gewählte Maßstab sollte stets so groß sein, dass die eindeutige Darstellung des Gegenstandes möglich ist.

2.3 Zeichnungen – Begriffe, Grundnormen und -regeln

Der Grundmaßstab einer Zeichnung ist im Schriftfeld einzutragen, davon abweichende Maßstäbe direkt bei den Namen der entsprechenden Ansichten oder Einzelheiten.

In der nachfolgenden Tabelle sind die nach DIN ISO 5455 empfohlenen Maßstäbe zusammengefasst.

Tabelle 2.2: Maßstäbe nach DIN ISO 5455

Kategorie	Empfohlene Maßstäbe		
Vergrößerungsmaßstäbe	50:1 5:1	20:1 2:1	10:1
Natürlicher Maßstab	1:1		
Verkleinerungsmaßstäbe	1:2 1:20 1:200 1:2000	1:5 1:50 1:500 1:5000	1:10 1:100 1:1000 1:10000

2.3.3 Linien und ihre Anwendung

Die Anwendung von Linien bei der Ausführung der Dokumentation von technischen Produkten ist in Normen festgelegt. DIN ISO 128-24 regelt die Anwendung für den Maschinenbau. Danach werden durch Kennzahlen die Grundart, die Linienbreite und die Anwendung beschrieben:

- 01.2.1 steht für „Volllinie, breit für sichtbare Kanten"
- 02.1.1 steht für „Strichlinie, schmal für unsichtbare Kanten"

Wichtige Linienarten enthält Bild 2.1.

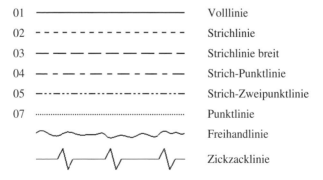

Bild 2.1: Linienarten nach DIN ISO 128-24

Für die Linienbreiten ist eine gestufte Reihe vorgegeben. Je nach Art und Größe der Zeichnung sind in Liniengruppen zusammengefasste Kombinationen von Linienbreiten zu verwenden.

Vorzugsliniengruppen sind:

- Liniengruppe 0,5: Linien, breit mit $d = 0,5$ mm, Linien, schmal mit 0,25 mm; Maßzahlen und grafische Symbole mit $d = 0,35$ mm, anzuwenden für Zeichnungsformate A4 bis A2

- Liniengruppe 0,7: Linien, breit mit $d = 0,7$ mm, Linien, schmal mit 0,35 mm; Maßzahlen und grafische Symbole mit $d = 0,5$ mm, anzuwenden für Zeichnungsformate A1 und größer

Die in technischen Zeichnungen verwendeten Linienarten und ihre Anwendung zeigt auszugsweise Tabelle 2.3.

2.4 Zeichnung – Träger von Informationen

Die technische Zeichnung ist zentraler Träger produktbeschreibender Informationen, die den folgenden vier Bereichen zugeordnet werden können:

Geometrieinformation: Darstellung der Werkstückgestalt in Ansichten und Schnitten.

Bemaßungsinformation: Festlegung von Abmessungen und Toleranzen.

Technologie- und Qualitätsinformation: Angaben zu Werkstoffen, Oberflächen und Prüfungen.

Organisatorische Informationen: Informationen zur betrieblichen Organisation.

2.4.1 Geometrieinformation

2.4.1.1 Ansichten in Parallelprojektionen

In technischen Zeichnungen werden die Ansichten von Werkstücken in Parallelprojektion auf rechtwinklig zueinander angeordnete Ebenen projiziert. Die Hauptflächen oder Symmetrieachsen der Werkstücke sind dabei parallel zu den Projektionsebenen.

Die Ansichtsrichtungen und Benennung der Ansichten zeigt Bild 2.2.

2.4 Zeichnung – Träger von Informationen

Tabelle 2.3: Linienarten und ihre Anwendung nach DIN ISO 128-24

Nr.	Linienart	Anwendung der Linienart
01.1	Volllinie, schmal	.1 Lichtkanten bei Durchdringung .2 Maßlinien .3 Maßhilfslinien .4 Hinweis- und Bezugslinien .5 Schraffuren .6 Umrisse eingeklappter Schnitte .7 Kurze Mittellinien .8 Gewindegrund .9 Maßlinienbegrenzung
	Freihandlinie, schmal	.18 Vorzugsweise manuell dargestellte Begrenzung von Teil- oder unterbrochenen Ansichten und Schnitten, wenn die Begrenzung keine Symmetrie- oder Mittellinie ist
	Zickzacklinie, schmal	.19 Vorzugsweise mit Plottern dargestellte Begrenzung von Teil- oder unterbrochenen Ansichten und Schnitten, wenn die Begrenzung keine Symmetrie- oder Mittellinie ist
01.2	Volllinie, breit	.1 Sichtbare Kanten .2 Sichtbare Umrisse .3 Gewindespitzen .4 Grenzen der nutzbaren Gewindelänge .5 Darstellung in Diagrammen, Fließbildern .6 Systemlinien (Metallbau-Konstruktionen) .7 Formteilungslinien in Ansichten
02.1	Strichlinie, schmal	.1 Unsichtbare Kanten .2 Unsichtbare Umrisse
02.2	Strichlinie, breit	.1 Kennzeichen zulässiger Oberflächenbehandlung
04.1	Strich-Punktlinie, schmal (langer Strich)	.1 Mittellinien .2 Symmetrielinien .3 Teilkreise von Verzahnungen .4 Teilkreise für Löcher
04.2	Strich-Punktlinie, breit (langer Strich)	.1 Kennzeichnung begrenzter Bereiche, z. B. für die Wärmebehandlung .2 Kennzeichnung von Schnittebenen
05.1	Strich-Zweipunktlinie, schmal (langer Strich)	.1 Umrisse benachbarter Teile .2 Endstellung beweglicher Teile .3 Schwerpunktlinien

Als Vorderansicht ist dabei stets die aussagefähigste Ansicht eines Werkstückes zu wählen. In Teilzeichnungen ist als Vorderansicht die Fertigungslage üblich, in Gruppenzeichnungen die Gebrauchslage.

Die Anzahl der Ansichten und eventuellen Schnitte ist auf das für die eindeutige Darstellung und Bemaßung erforderliche Minimum zu beschränken.

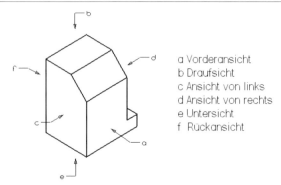

Bild 2.2: Benennung der Ansichten

a Vorderansicht
b Draufsicht
c Ansicht von links
d Ansicht von rechts
e Untersicht
f Rückansicht

Für die Anordnung der Ansichten sieht DIN ISO 5456-2 mehrere Methoden vor. Bei der in Deutschland üblichen **Projektionsmethode 1** sind bezogen auf die Vorderansicht die anderen Ansichten entsprechend Bild 2.3 anzuordnen.

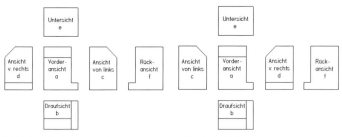

Bild 2.3: Projektionsmethode 1   Bild 2.4: Projektionsmethode 3

Bei der **Projektionsmethode 3** richtet sich die Anordnung der Ansichten nach Bild 2.4.

Bild 2.5: Symbol für Projektionsmethode 1   Bild 2.6: Symbol für Projektionsmethode 3

Bei Verwendung der Projektionsmethode 3 ist das entsprechende Symbol auf der Zeichnung anzubringen.

2.4 Zeichnung – Träger von Informationen

Daneben kann in technischen Zeichnungen auch die Pfeilmethode verwendet werden. Bei ihr können die Ansichten beliebig auf der Zeichnung angeordnet werden. Durch Pfeile mit dem entsprechenden Ansichtsbuchstaben wird die Zuordnung zu den gezeichneten Ansichten hergestellt.

2.4.1.2 Axonometrische Darstellungen

Zur Erzeugung eines räumlichen Eindrucks werden axonometrische Darstellungen verwendet, bei denen von einem im Unendlichen liegenden Punkt aus die Projektion auf nur eine Ebene erfolgt. Unter den vielen Möglichkeiten der axonometrischen Darstellungen sind vor allem **Isometrie** und **Dimetrie** für technische Zeichnungen empfohlen.

Bei der isometrischen Projektion bildet die Projektionsebene drei gleiche Winkel mit den Koordinatenachsen. Daraus ergibt sich:

- die drei Hauptebenen sind formverzerrt dargestellt,
- senkrechte Kanten (Z-Richtung) verlaufen weiterhin senkrecht,
- Kanten in *X*- und *Y*-Richtung verlaufen unter 30° zur Horizontalen,
- die Kanten werden in ihren Maßen verhältnisgleich abgebildet und der Einfachheit halber mit ihren Originalmaßen gezeichnet.

Die isometrische Darstellung gibt allen drei Flächen des Würfels die gleiche visuelle Bedeutung (Bild 2.7 und 2.8).

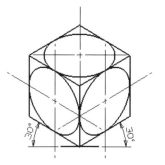
Bild 2.7: Isometrische Projektion

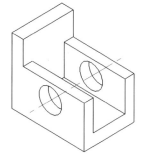
Bild 2.8: Beispiel Isometrie

Die **dimetrische Projektion** (Bild 2.9 und 2.10) wird dagegen angewendet, wenn eine Ansicht des Werkstücks besonders wichtig ist. Sie hat folgende Eigenschaften:

- die drei Hauptebenen sind formverzerrt dargestellt,
- senkrechte Kanten (Z-Richtung) verlaufen weiterhin senkrecht,
- Kanten in X- und Y-Richtung verlaufen unter 7° bzw. 42° zur Horizontalen,
- die senkrechten und die unter 7° verlaufenden Kanten werden in ihren Maßen verhältnisgleich abgebildet, die unter 42° verlaufenden Kanten werden 1:2 verkürzt.

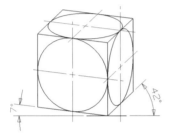

Bild 2.9: Dimetrische Projektion

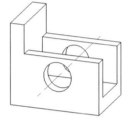

Bild 2.10: Beispiel Dimetrie

2.4.1.3 Besondere Ansichten

Wenn die Darstellung in den üblichen Ansichtsrichtungen zu Verzerrungen führt, dürfen auch davon abweichende Ansichtsrichtungen genutzt werden (Bild 2.11).

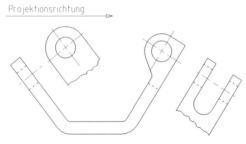

Bild 2.11: Besondere Ansichtslage

Gegenstände mit in einer Achsrichtung besonders langer Erstreckung dürfen unvollständig in Teilansichten dargestellt werden. Dazu wird die Darstellung abgebrochen oder unterbrochen. Als **Bruchlinie** wird eine Freihandlinie oder eine Zickzacklinie verwendet.

2.4 Zeichnung – Träger von Informationen

2.4.1.4 Darstellung von Einzelheiten

Wird die maßstabsgetreue Darstellung in Teilbereichen zu klein, dann werden diese Teilbereiche als Einzelheit im vergrößerten Maßstab gesondert gezeichnet (Bild 2.12). Dabei kann auf die Darstellung von Schraffur und Bruchlinie verzichtet werden.

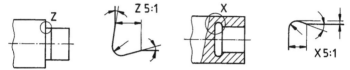

Bild 2.12: Darstellungen von Einzelheiten ohne Schraffur/Bruchlinie

2.4.1.5 Vereinfachte Darstellungen

Geometrische Elemente, die mehrfach gleich angeordnet werden (z. B. Bohrungen, Schlitze, Zähne von Zahnrädern), müssen nur so oft dargestellt werden, wie es zur eindeutigen Bestimmung erforderlich ist (Bild 2.13). Dabei werden die Mitten von Bohrungen und Schlitzen durch **Mittellinien**, sonstige Formen durch dünne **Volllinien** festgelegt.

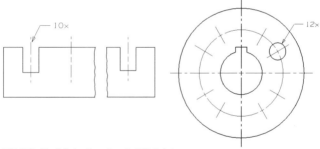

Bild 2.13: Vereinfachte Darstellung bei Wiederholung

2.4.1.6 Schnittdarstellungen

Schnittdarstellungen werden verwendet, wenn die Ansichten einen Gegenstand nicht vollständig wiedergeben. Ein **Schnitt** ist dabei die gedachte Zerlegung eines Gegenstandes durch eine oder mehrere Ebenen senkrecht zur Zeichenebene. Als **Vollschnitt** wird ein Schnitt bezeichnet, der den dargestellten Gegenstand vollständig durchschneidet. Der Schnittverlauf wird durch breite Strichpunktlinien so weit gekennzeichnet, wie es zur eindeutigen Kennzeichnung des Schnittverlaufs erforderlich ist. Die Projektionsrichtung wird außerhalb des geschnittenen Gegenstandes durch **Ansichtspfeile**, der Name des Schnittes wird durch **Großbuchstaben** angegeben. Bei Verwendung von mehreren Schnittebenen können die Ebenen einzeln mit Buchstaben gekennzeichnet werden. Wird dabei der Schnittverlauf teilweise aus dem Gegenstand herausgeführt, wird der Übergang in die Ansicht durch eine Bruchlinie begrenzt (Bild 2.14). Die Kennzeichnung des Schnittverlaufs ist nicht erforderlich, wenn er sich dem Betrachter eindeutig erschließt (Bild 2.15).

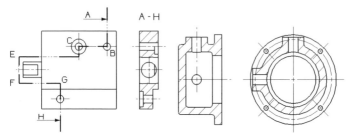

Bild 2.14: Schnittverlauf teilweise außerhalb   Bild 2.15: Schnittführung eindeutig

Rotationssymmetrische Bauteile werden häufig im **Halbschnitt** dargestellt, dabei wird bei horizontaler Achse die obere Hälfte, bei vertikaler Achse die linke Hälfte in der Ansicht dargestellt (Bild 2.16 und 2.17).

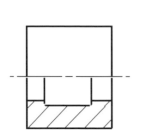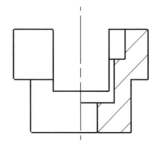

Bild 2.16: Halbschnitt horizontal   Bild 2.17: Halbschnitt vertikal

An Stelle eines vollständigen Schnittes genügen oft auch **Ausbrüche**, um Einzelheiten zu veranschaulichen.

Profilschnitte können direkt im Bauteil eingezeichnet oder mit Angabe einer Schnittlinie aus dem Bauteil herausgezogen werden.

2.4 Zeichnung – Träger von Informationen

Für das Schraffieren von Schnittflächen wird überwiegend die unter 45° geneigte **Grundschraffur** nach DIN 201-4 verwendet. Falls erforderlich, können verschiedene Materialien durch unterschiedliche Schraffurarten gekennzeichnet werden (Bild 2.18).

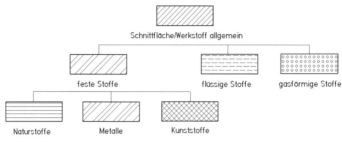

Bild 2.18: Schraffurarten Übersicht (Auszug)

Der **Schraffurwinkel** kann bei schrägen Begrenzungskanten der Schnittfläche auch abweichend von 45° gewählt werden.

Der **Schraffurabstand** wird der Größe der zu schraffierenden Fläche angepasst: Sehr große Flächen kann man mit einer Randschraffur versehen, sehr kleine Schraffurflächen werden geschwärzt.

In Zusammenstellungszeichnungen wird angestrebt, die Schraffurrichtung aneinander grenzender Teile entgegengesetzt auszuführen (Bild 2.19).

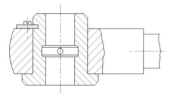
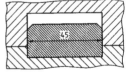

Bild 2.19: Schraffur Gruppenzeichnung   Bild 2.20: Schraffuraussparung

Befinden sich in einer schraffierten Fläche Texteinträge, so wird die Schraffur entsprechend ausgespart (Bild 2.20).

In bestimmten Fällen werden Schnittflächen nicht schraffiert und zwar

- in **Gruppenzeichnungen** volle Rotationsteile wie Wellen, Achsen, Verbindungselemente (Bolzen, Stifte, Schrauben), Wälzkörper, Keile u. a. (Bild 2.21),

- in **Einzelteilzeichnungen** Details, die sich vom Profil des Körpers abheben sollen, wie Rippen, Stege, Speichen (Bild 2.22).

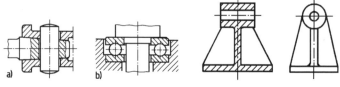

Bild 2.21: Nichtgeschnittene Elemente
a) Querkeil, Stift, b) Wälzkörper

Bild 2.22: Nichtgeschnittene Elemente Rippen

Sollen derartige Flächen dann – teilweise – doch schraffiert werden, sind entsprechende Ausbrüche vorzunehmen (vgl. Bild 2.21).

2.4.2 Bemaßungsinformation

Die **Maßeintragung** legt die gezeichnete Gestalt in ihren Abmessungen und Toleranzen fest. Sie ist die Grundlage für Fertigung und Prüfung. Die Maßeintragung erfolgt nach den Regeln der DIN 406.

2.4.2.1 Elemente der Maßeintragung

Die Elemente der Maßeintragung zeigt Bild 2.23.

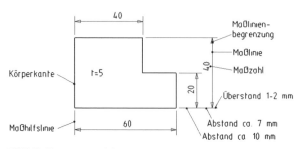

Bild 2.23: Elemente der Maßeintragung

Maßlinienbegrenzungen sind in der Regel Pfeile, bei Platzmangel können ersatzweise Punkte oder schräge Striche (im Bauwesen bevorzugt) verwendet werden.

2.4.2.2 Eintragen von Maßen

Die **Maßzahlen** sind so zu schreiben, dass sie

- in der Hauptleserichtung und von rechts zu lesen sind (Methode 1) oder
- nur in der Hauptleserichtung zu lesen sind (Methode 2).

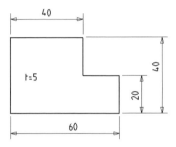
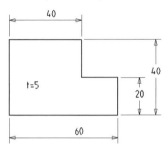

Bild 2.24: Bemaßung, Methode 1   Bild 2.25: Bemaßung, Methode 2

Methode 1 (Bild 2.24) ist die gebräuchlichere Methode. Bei ihr werden die Maßzahlen 1 mm über der Maßlinie eingetragen. Bei Platzmangel sind Eintragungen an einer Hinweislinie oder in der Verlängerung der Maßlinie möglich.

Maße sind immer in der Ansicht einzutragen, in der die Zuordnung von Geometrie und Maß am einfachsten möglich ist. Maße von Formelementen sollten möglichst in einer Ansicht zusammengefasst werden. Eine fertigungsgerechte Bemaßung senkt die Kosten und erhöht die Qualität.

Bei Bedarf werden die Maßzahlen um Kennzeichen ergänzt. Vorangestellt werden z. B.:

- das Durchmesserzeichen ⌀
- das Quadratzeichen □
- Buchstaben, z. B. R (für Radius), S (für Kugel), M (für metrisches Gewinde), SW (für Schlüsselweite)

Nachgestellt werden Angaben zur

- Gewindesteigung (z. B. M16 × 1,5),
- Kennzeichnung einer 45°-Fase (z. B. 1,5 × 45°),

Bei der **Parallelbemaßung** werden die Maßlinien zueinander parallel eingetragen (Bild 2.26 und Bild 2.27).

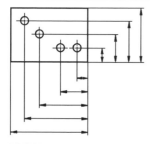
Bild 2.26: Parallelbemaßung, Bezugskanten

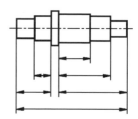
Bild 2.27: Parallelbemaßung eines Drehteils

Bei der **steigenden Bemaßung** werden die benötigten Maßlinien von einem Ursprung aus eingezeichnet (Bild 2.28). Bei der **Koordinatenbemaßung** werden kartesische oder polare Koordinatensysteme genutzt. Am gewählten Ursprung werden die Koordinatenachsen angegeben. Die Koordinaten werden in eine Tabelle eingetragen (Bild 2.29) oder direkt an den Koordinatenpunkten angegeben.

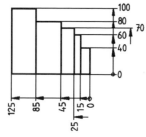

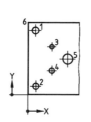

Pos.	x	y	d
1	20	160	⌀19
2	20	20	⌀15
3	60	120	⌀11
4	60	60	⌀13
5	100	90	⌀26
6	0	180	-
7			
8			

Bild 2.28: Steigende Bemaßung   Bild 2.29: Koordinatenbemaßung

2.4.2.3 Eintragen von Toleranzen

Das Eintragen von Toleranzen für Längen- und Winkelmaße erfolgt durch Angabe der Abmaße bzw. der Toleranzklasse hinter der Maßzahl, vorzugsweise in der Schriftgröße des Nennmaßes (Bild 2.30). Die Angabe einer **Toleranzklasse** kann durch die Angabe der Abmaße oder der Grenzmaße ergänzt werden.

2.4 Zeichnung – Träger von Informationen

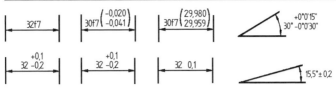

Bild 2.30: Toleranzen von Längen- und Winkelmaßen

Zur Eintragung von **Form- und Lagetoleranzen** sowie von Oberflächenzeichen sei auf die Spezialliteratur verwiesen [2–4].

2.4.3 Technologie- und Qualitätsinformationen

Technologieinformationen ergeben sich einerseits implizit aus der Festlegung des Werkstoffes sowie den geforderten Toleranzen und den Angaben zur Oberflächenbeschaffenheit. Explizit gekennzeichnet werden darüber hinaus die Zonen, in denen eine Wärmebehandlung oder Beschichtung vorgesehen ist.

Qualitätsinformationen sind ebenfalls implizit in den eingetragenen Maß- bzw. Form- und Lagetoleranzen gekennzeichnet. Explizit können einzelne Maße als Prüfmaße gekennzeichnet werden. Durch Nummerierung der prüfrelevanten Merkmale kann weiterhin die Verknüpfung zu einem Prüfplan erfolgen.

2.4.4 Organisatorische Informationen

Die Gestaltung des Grundschriftfeldes enthält implizite Vorstellungen zur **Ablauforganisation**, nach denen im Anschluss an die Bearbeitung der Zeichnung durch den Ersteller die Zeichnung durch einen zweiten, dazu berechtigten Mitarbeiter geprüft wird und zusätzlich eine Normprüfung (-freigabe) erfolgt. Ist eine **Zeichnungsfreigabe** erfolgt, so werden nachfolgende Änderungen als Änderungszustände im linken Teil des Schriftfeldes dokumentiert. Bild 2.31 zeigt das Grundschriftfeld für Zeichnungsunterlagen.

(Verwendungsbereich)			Grenzabwei-chungen	(Oberfläche)	Maßstab		(Gewicht)	
					(Werkstoff, Halbzeug) (Rohteil-Nr) (Modell-oder Gesenk-Nr)			
				0,35				
			Datum	Name	(Benennung)			
			Bearb					
			Gepr.					0,7
			Norm					
		–0,18–			(Zeichnungsnummer)		Blatt	
							Bl.	
Zust.	Änderung	Datum	Name	(Urspr:)	(Ers.f.:)		(Ers.d.:)	

Bild 2.31: Grundschriftfeld für Zeichnungsunterlagen

Das **Grundschriftfeld** kann durch aufgesetzte Zusatzfelder erweitert werden (siehe Norm).

Zu jeder Gruppenzeichnung gehört eine zugeordnete **Stückliste**. Beim Ausfüllen der Stückliste erhält jeder Eintrag eine **Positionsnummer**, die auf die Darstellung in der Zeichnung verweist. Normteile werden in der Regel am Schluss der Stückliste hintereinander aufgeführt. Die **Stückzahl** gilt für einen Gegenstand (Teil oder Gruppe), so wie dieser in der Zeichnung dargestellt ist. Untergeordnete Gruppen mit eigener Stückliste werden wie ein Teil behandelt.

2.5 CAD – Computer Aided Design

Der Begriff CAD meint recht allgemein die Nutzung von Computersystemen für die Produktentwicklung. In regelmäßig erscheinenden Marktübersichten [5] werden neben der mechanischen Konstruktion folgende Spezialisierungsrichtungen von CAD-Systemen unterschieden:

- **Elektronik:** Systeme für das Entwerfen des Layouts von Leiterplatten
- **Elektrotechnik:** Systeme für das Entwerfen von Schaltplänen
- **Architektur und Bauwesen:** Systeme für das Entwerfen von Gebäuden
- **Anlagenplanung:** Systeme für das Entwerfen von Fabrikanlagen

Im Bereich der mechanischen Konstruktion, der hier ausschließlich betrachtet werden soll, stand bei Einführung der CAD-Technik ab Mitte der 80er-Jahre zunächst die Erstellung von technischen Zeichnungen im Vordergrund der Anwendung (2D-CAD-Systeme). Heute verlagert sich der Schwerpunkt der Anwendung zur Entwicklung von dreidimensionalen digitalen Produktmodellen (3D-CAD-Systeme).

2.5.1 Die Nutzung von 2D-CAD-Systemen

Treibendes Motiv bei der Einführung der 2D-CAD-Systeme war die Erwartung, den Zeitaufwand für die Erstellung technischer Zeichnungen deutlich reduzieren zu können. Dafür maßgebend waren folgende für die CAD-Systeme typische Fähigkeiten:

- Ausziehen von Linien entfällt.
- Das Anbringen von Schraffuren und Bemaßungen wird deutlich vereinfacht.
- Einfach handhabbare Vervielfältigungsoperationen können bei Vorliegen von Symmetrien oder Mehrfachanordnung von Geometrieelementen vorteilhaft genutzt werden.

2.5 CAD – Computer Aided Design

- Norm- und Wiederholteile können durch Variantenprogramme und hinterlegte Parametertabellen einfach abrufbar gemacht werden.
- Typische Gestaltungszonen können zu Mustern zusammengefasst und in Musterbibliotheken firmenweit verfügbar gemacht werden.
- Durch Nutzung einer Programmierschnittstelle können auch weitergehende Berechnungen und Automatismen für die Zeichnungserstellung genutzt werden.
- Durch Nutzung von Assoziativität zwischen Bemaßung und Körperkanten ist das nachträgliche Ändern von Teilen vereinfacht.
- Parametrik vereinfacht das Erstellen maßstäblicher Zeichnungen für Teile mit ähnlicher Gestalt (Teilefamilien).

Im Interesse der Nutzung der CAD-Daten für die nachgelagerte NC-Programmierung wurden zulässige Zeichnungsvereinfachungen unerwünscht: So ist z. B. eine unterbrochene Darstellung langer Bauteile für die NC-Programmierung unbrauchbar, ebenso die Darstellung sich wiederholender Geometrieelemente durch Mittellinien.

Traditionelle Rationalisierungsinstrumente wie Tabellenzeichnungen wurden ebenfalls uninteressant, da die maßgetreuen Zeichnungen durch Parametrik einfach erstellt werden können und für die NC-Programmierung sowie für die Darstellung in Zusammenstellungen benötigt werden.

Das Schriftfeld einer Zeichnung war ein weiterer Ansatzpunkt für die Integration von betrieblichen Anwendungen. Die in das Schriftfeld eingegebenen organisatorischen Informationen konnten zum Anlegen eines Teilestammsatzes in einem betrieblichen PPS-System (Produktionsplanungs- und -steuerungssystem) genutzt werden. Mit dem späteren Aufkommen von PDM- oder heute PLM-Systemen (Produktdaten-Management- bzw. Product-Lifecycle-Management-Systeme) wurde dann ein anderer Ansatz verfolgt: Die Einträge im Schriftfeld einschließlich eventueller Freigabe- und Änderungsvermerke werden automatisch aus den im PDM-System erfassten Verwaltungsinformationen generiert, ein eventueller Datenabgleich zur PPS-Welt erfolgt ebenfalls über das PDM-System.

2.5.2 Die Nutzung von 3D-CAD-Systemen

Für die Nutzung von 3D-CAD-Systemen waren zunächst die Bereiche treibend, die sich mit der Gestaltung von Flächen befassen, die in 2D nicht oder nur unzureichend dargestellt werden können, nämlich so genannter **Stylingflächen**, die im Automobil- oder Konsumgüterbereich als sichtbare Außenflächen von Gegenständen gestaltet werden. 3D-

CAD-Systeme erlaubten es früh, neben analytisch beschreibbaren Geometrieelementen auch **Splinekurven** und **Splineflächen** (Freiformflächen) zu modellieren. Mit der rasanten Zunahme der Leistungsfähigkeit der Computer wurde zunehmend auch die Fähigkeit verfügbar, **Volumenkörper** zu modellieren. Heute bieten die führenden CAD-Systeme eine breite Palette von Modelliermöglichkeiten. Die als Basis der CAD-Systeme genutzten Geometriekernsysteme werden als **Hybridmodellierer** bezeichnet, weil sie das Nebeneinander von kanten-, flächen- und volumenorientiertem Modellieren unterstützen. Die Handhabung auch großer Baugruppen in 3D wird zunehmend besser möglich.

3D-CAD-Systeme sind in der Regel **modular** aufgebaut. Typische Module sind:

- Konstruktionsmodul für das 3D-Modellieren,
- Zeichnungserstellung,
- Spezialmodule für das Modellieren von Blechteilen einschließlich der Abwicklungen,
- Spezialmodule für das Verlegen von Rohrleitungen,
- CAM-Aufbereitung,
- Kinematische Analysen,
- Festigkeitsberechnungen mittels der Finite-Elemente-Analyse.

Die technische Zeichnung entsteht bei der Nutzung von 3D-CAD-Systemen durch Ableitung aus dem zuvor erstellten 3D-Modell. Dabei werden die gewünschten Ansichten auf dem Zeichenblatt platziert. Die benötigten Schnittverläufe werden dann in den Ansichten definiert, und die Schnittdarstellungen können entsprechend den voreingestellten Projektionsregeln angeordnet werden. Ähnlich einfach ist das Vergrößern von Einzelheiten. Das darf nicht darüber hinwegtäuschen, dass das Anbringen der Bemaßung, der Oberflächenangaben, Toleranz- und Texteinträgen nach wie vor einen erheblichen Zeitaufwand bedeutet, der in Summe dazu führt, dass die 3D-Konstruktion im Bereich der Konstruktion kaum Zeitvorteile gegenüber dem Arbeiten mit 2D-CAD-Systemen bietet.

Hauptvorteil der Nutzung von 3D-CAD-Systemen ist daher zuallererst der Qualitätsgewinn, der sich aus der impliziten Kontrolle der räumlichen Verträglichkeit ergibt. Vorteile ergeben sich darüber hinaus durch die Realisierung einer durchgängigen Unterstützung des gesamten Produktenwicklungsprozesses. Hierbei spielt die **Feature-Technologie** eine wichtige Rolle. Technische Formelemente wie Bohrungen oder Nuten

2.5 CAD – Computer Aided Design

werden durch den Konstrukteur vordergründig als Funktions- bzw. Gestaltungselemente in das Modell eingebracht, enthalten jedoch Zusatzinformationen, die z. B. für Berechnungen oder die CAM-Aufbereitung nutzbar gemacht werden können. Die neueren Ansätze des **regelbasierten Konstruierens** kombinieren die Feature-Technologie mit der Möglichkeit der Hinterlegung umfangreicher Regelwerke. **Parametrik** erleichtert das nachträgliche Ändern, **Assoziativität** ist eine wichtige Grundlage für paralleles Arbeiten im Sinne des **Concurrent Engineering**. Mit der Erstellung einer Zeichnung oder der Definition der CAM-Bearbeitung kann bereits begonnen werden, bevor das 3D-Modell in allen Einzelheiten fertig modelliert ist, da Zeichnung oder Werkzeugwege sich bei Änderungen assoziativ anpassen.

Veränderte Aufwandsbetrachtungen haben Rückwirkungen auf die Zeichnungserstellung: So ist es eher aufwändiger, einen Ausbruch oder Teilschnitt mit einer Freihandlinie abzugrenzen, als schnell einen zusätzlichen Schnitt anzubringen. Mit sehr geringem Aufwand kann zusätzlich eine räumliche Ansicht auf der Zeichnung platziert werden, um dem Betrachter das Erschließen der Gestalt zu vereinfachen.

Aktuelle Entwicklungen zielen darauf ab, seitherige Zeichnungsinhalte wie Bemaßung, Form- und Lagetoleranzen, Hinweistexte und Oberflächenzeichen direkt am 3D-Modell anzubringen und so die Ableitung der technischen Zeichnung zu sparen. Dabei wird vorausgesetzt, dass das 3D-Modell mittels preiswerter **Viewer-Software** an allen Arbeitsplätzen bis hin zum Maschinenterminal in der Fertigung angezeigt und manipuliert (gedreht, vergrößert) werden kann und jeder Betrachter die für ihn relevanten Informationen direkt entnehmen kann.

Diese Entwicklung ist mit einer gewissen Skepsis zu sehen, da es doch gerade die Erkenntnis war, dass die 3D-Skizze mit all diesen Informationen überfrachtet wird, die zur Ausbildung der heute üblichen Darstellung in Parallelprojektionen geführt hat. Es wird daher auf absehbare Zeit wichtig bleiben, sich mit dem Regelwerk für technische Zeichnungen vertraut zu machen.

Quellen und weiterführende Literatur

[1] *Viebahn, Ulrich:* Technisches Freihandzeichnen: Lehr- und Übungsbuch. Berlin: Springer, 2004
[2] *Geschke, H. W.:* Technisches Zeichnen. Stuttgart, Leipzig: Teubner Verlag, 1998
[3] *Jorden, W.:* Form- und Lagetoleranzen. Handbuch für Studium und Praxis. München Wien: Carl Hanser Verlag, 2004
[4] *Hoischen, H.:* Technisches Zeichnen. Berlin: Cornelsen Girardet, 2003
[5] *Dressler, E.:* Computer-Grafik-Markt 2004/2005. Ein Leitfaden für die C-Technologien. Heidelberg: Dressler, 2004

3 Konstruktionsmethodik und Normung

Dipl.-Wirtsch.-Ing. Reinhard Hackenschmidt

3.1 Grundlegende Arbeitsmethodik

Die Basis der Lösung einer gestellten Aufgabe wird im Wesentlichen durch ein sorgfältiges Analysieren geschaffen. Durch das Erkennen der wesentlichen und unwesentlichen Anforderungen, der Eigenschaften der Wirkelemente und deren Zusammenhänge kann die Gesamtaufgabe in einzelne, individuell bearbeitbare Einzelschritte zerlegt werden. Die erarbeiteten Teillösungen können anschließend in einem Syntheseprozess zu der Gesamtlösung zusammengesetzt werden.

Hierbei können im Einzelnen durch methodische und/oder intuitive Vorgehensweisen kreative Lösungen erarbeitet werden.

Als Voraussetzungen müssen geklärt sein:

- festgelegte Motivation der Aufgabe,
- Eindeutigkeit des Zielkorridors,
- Art und Umfang von Rand- und Anfangsbedingungen,
- gesicherte Entscheidungswege und -kompetenzen,
- klare Zeitvorgaben.

3.2 Allgemeiner Lösungsprozess

Da technische Aufgabenstellungen nicht trivial und in der Regel im betrieblichen Alltag gehäuft auftreten, versucht man möglichst eine einheitliche Vorgehensweise vorzugeben, nach der alle Aufgaben abgearbeitet werden können. Dies führt zu einem methodischem Ansatz.

Da technische Probleme meist sehr komplex sind, werden diese in leichter lösbare Untermengen aufgeteilt.

Der Lösungsprozess läuft in definierten Arbeits- und Entscheidungsschritten vom Quantitativen immer konkreter werdend zum Qualitativen ab [*Dubbel 2001*].

3.3 Systematische Suche nach Lösungen

Allgemein sind eine Reihe von Schritten zu erledigen:

- Information über die Aufgabenstellung,
- Definition der wesentlichen Probleme,
- Schöpfung der Lösungsideen,
- Beurteilung und Kontrolle der Lösungen,
- GO-NOGO Entscheidungen für weitere Lösungsschleifen.

In den VDI Richtlinien 2221 ff. [VDI Richtlinie 2221, 2222, 2223, 2225] werden geeignete Vorgehensweisen beim Entwickeln und Konstruieren dargestellt.

3.3 Systematische Suche nach Lösungen

Hier stehen Informationsgewinnung und -verarbeitung dann im Vordergrund, wenn das Problem nicht mit individuellem Fakten- oder Erfahrungswissen lösbar ist.

3.3.1 Konventionelle Methoden

Klassischerweise werden **Hilfsmittel** wie Gespräche, Literatur- und Datenbankrecherchen genutzt, um wichtige Informationen über den Stand der Technik zu erhalten.

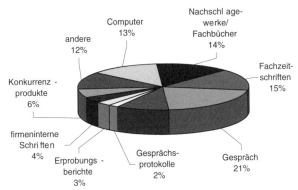

Bild 3.1: Anteil der Nutzung verschiedener Quellen bei der Informationsbeschaffung [*Grabowski, 1997*]

Durch die **Analyse technischer Systeme** kann versucht werden, Lösungen aus anderen Bereichen und Gebieten auf die eigene Problemstellung anzuwenden.

Die Übertragbarkeit von in der Natur vorkommenden Lösungen auf technische Systeme wird in der Bionik durch die **Analyse natürlicher Systeme** vorgenommen [*Nachtigall 1998*].

3.3.2 Kreativitätstechniken

Um die Kreativität bei der Lösungsfindung zu fördern bzw. zu unterstützen, existiert eine Reihe von in der Praxis erprobten Methoden. Hierbei unterscheidet man **intuitiv** und **diskursiv betonte Methoden**. Bei den **intuitiven Methoden** fördern Gedankenassoziationen die Suche nach neuen Ideen.

Typische Vertreter sind:

- Brainstorming,
- Methode 635,
- Collective Notebook,
- Galeriemethode,
- Synektik,
- Delphi-Methode.

Beispiel:

Brainstorming

Diese verbreitete Methode der gruppenorientierten Ideensuche eignet sich gut für fest abgegrenzte und eindeutig definierte Themen.

- 5 bis 15 Teilnehmer (die Mischung ist hierbei zweitrangig, solange die Hierarchieunterschiede nicht zu groß sind) treffen sich in einer möglichst gelösten Atmosphäre.
- Ein Sitzungsleiter gibt schriftlich vorher die Problemformulierung bekannt.
- In der maximal 20-minütigen Ideenfindungsphase geben alle Teilnehmer verbal möglichst viele Lösungsvorschläge ab, wobei Killerphrasen und Wertungen verboten sind.
- Die Ideen müssen protokolliert werden, dies kann auch mit Hilfe von z. B. Videoaufzeichnungen geschehen.
- Nach der Sitzung erfolgt die Auswertung, wobei man von max. 5 bis 10 % brauchbaren neuen Ideen ausgehen kann [*Schweizer 1999*].

3.3 Systematische Suche nach Lösungen

Methode 635

6 Teilnehmer notieren auf einem Formular

3 Ideen und geben dann das Formular

5 Mal an den nächsten Teilnehmer weiter,

wobei jeweils das Formular wieder um 3 neue Ideen ergänzt werden muss. Der Zeitaufwand wird mit jeder neuen Runde erhöht, am Beginn ca. 3 Minuten, da in jeder Runde neue Ideen dazukommen, die vom nachfolgenden Teilnehmer auch gelesen werden müssen.

Die Methode findet unter einer kontrollierten Prüfungsatmosphäre statt. Durch die schriftliche Form kann der Urheber einer Idee sehr gut zurückverfolgt werden ➔ Patentrelevanz. Die intuitive Spontaneität und Assoziativität kann durch den Schriftcharakter leiden.

Diskursive Methoden dagegen benutzen zur Lösungssuche die bewusst methodische Systematisierung des Problems. Hierdurch soll erreicht werden, dass möglichst alle Lösungsvarianten oder -kombinationen als vollständige Lösungsmenge vorliegt. Der Konstrukteur kann dann aus einer weitgehend umfassenden Vielzahl von Lösungen die für das Problem geeigneten heraussuchen. Bekannteste Vertreter sind:

- Such- oder Ordnungsschemataverfahren,
- Konstruktionskataloge und
- Morphologische Kästen.

In der VDI-Richtlinie 2222 sind die Anforderungen an Aufbau, Inhalt und Vollständigkeit eines Konstruktionskataloges festgelegt. Bedeutende Vertreter dieser Konstruktionstheorie sind Roth [*Roth 2001*] und Koller [*Koller 1998*].

3 Konstruktionsmethodik und Normung

Beispiel 1

Konstruktionskatalog

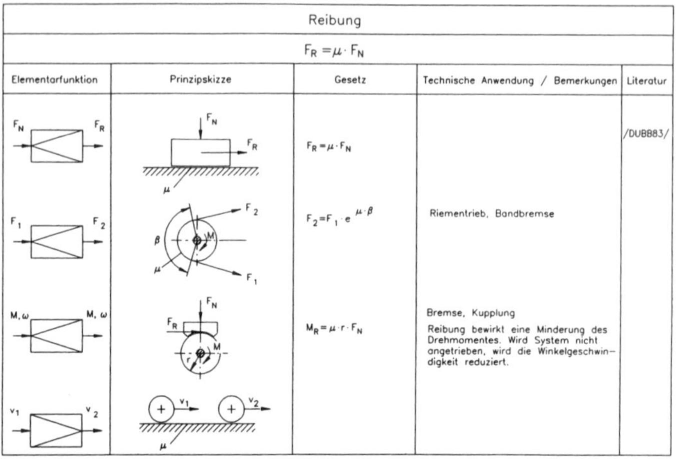

Reibung				
$F_R = \mu \cdot F_N$				
Elementarfunktion	Prinzipskizze	Gesetz	Technische Anwendung / Bemerkungen	Literatur
F_N ⊳ F_R		$F_R = \mu \cdot F_N$		/DUBB83/
F_1 ⊳ F_2		$F_2 = F_1 \cdot e^{\mu \cdot \beta}$	Riementrieb, Bandbremse	
M, ω ⊳ M, ω		$M_R = \mu \cdot r \cdot F_N$	Bremse, Kupplung Reibung bewirkt eine Minderung des Drehmomentes. Wird System nicht angetrieben, wird die Winkelgeschwindigkeit reduziert.	
v_1 ⊳ v_2				

Bild 3.2: Beispiel Effektkatalog [*Koller, Kastrup 1994*]

Beispiel 2

Morphologischer Kasten

Grundsätzliche Vorgehensweise

Das gestellte Problem wird in einzelne, weitgehend voneinander unabhängige Parameter zerlegt. Anschließend müssen die möglichen Ausprägungen der Parameter als einzelne Komponenten aufgeführt werden. Die Darstellung erfolgt dann in einer Matrixform, wobei die Parameter auf der Y-Achse und die Komponenten auf der X-Achse aufgetragen werden. Die Anzahl der Komponenten jedes Parameters ist nicht immer gleich.

Tabelle 3.1: Beispiel eines Morphologischen Kastens; Telefon

Parameter	Komponenten						
Gehäuseform	Rechteck	Quadrat	Oval	Rund			
Gehäusematerial	Stahl	Kunststoff	Alu	Holz	Glas		
Gehäusefarbe	Rot	Grau	Blau	Lila	Orange		
Höreranschluss	Schnur	Funk	Infrarot				
Zusatzfunktionen	Anrufbeantworter	Wecker	Basisstation	Radio			

3.4 Beurteilung von Lösungen

Um aus der Vielzahl der technischen Lösungen die beste herauszufinden, bedarf es eines geeigneten Bewertungssystems.

Im **ersten Schritt** müssen die tatsächlich realisierbaren Lösungen aus der Gesamtlösungsmenge selektiert werden. Kriterien sind:

- Erfüllung der Forderungen der Anforderungsliste,
- Erkennen der technischen Realisierbarkeit,
- Umsetzbarkeit mit überschaubarem Aufwand.

Anhand von möglichst genauen Bewertungsverfahren werden dann im **zweiten Schritt** die optimalen Lösungen ermittelt. Hierzu muss jeder Lösung ein Wert in Bezug auf die Erfüllung der gestellten Ziele zugewiesen werden, wobei sowohl technische als auch wirtschaftliche Aspekte zu berücksichtigen sind.

Generelle **Arbeitsschritte** sind in der Regel:

- einzelne Bewertungskriterien erkennen,
- deren Bedeutungen für den Gesamtwert festlegen,
- quantitative oder qualitative Kennwerte der Eigenschaften benennen,
- Bewertung der Eigenschaften durch Vergabe von Punkten,
- Wichtung der Eigenschaften zur Ermittlung der Wertigkeit,
- Addition der Einzelpunkte zu einer Gesamtpunktzahl,
- Ermitteln der optimalen Lösung durch Vergleich der Varianten,
- Abschätzung der Güte der Beurteilung.

Die Ermittlung der Herstellkosten stellt zusätzlich zur technischen Lösung eine besondere Herausforderung dar, da ca. 80 % der Produktkosten bereits in der Konstruktion festgelegt werden [*Ehrlenspiel 2003*]. Zur **Kostenbeurteilung** von Konstruktionen, auch durch den Konstrukteur, haben sich Verfahren bewährt wie:

- Relativkostenkataloge,
- Materialkostenanteil-Schätzungen,
- Regressionsrechnungen,
- Kostenschätzungen über Ähnlichkeitsbeziehungen,

- Life-Cycle-Costing und
- Wertanalyse.

Der **Vorteil** von Bewertungsverfahren, z. B. der Nutzwertanalyse oder der VDI Richtlinie 2225, ist die Bewertung der Zielerreichung auch von komplexen technischen Gebilden nach nachvollziehbaren und auf den Bedarf anpassbaren Kriterien.

3.5 Entscheidungen

Auf Grund der vorliegenden Ergebnisse der Bewertungsverfahren kann eine Entscheidung gefällt werden, wobei großer Wert auf die Dokumentation der zur Entscheidung führenden Gründe gelegt werden sollte. Da in der Praxis oft Entscheidungsprozesse unter Konfliktbedingungen, z. B. gleichberechtigte Personen mit unterschiedlichen, sich ausschließenden Zielvorgaben, geführt werden müssen, ist die Einbeziehung aller Entscheidungsträger in eine möglichst frühe Phase der Entscheidungsplanung zielführend.

> **Merke:** Die Anwendung einer Beurteilungsmethode entbindet nicht vom kritischen Gebrauch seines Verstandes, da eine Methode selbst nie eine Entscheidung fällt!

3.6 Konstruktionsprozess

Der oben dargestellte allgemeine Lösungsprozess muss auf unterschiedlichen Konkretisierungsstufen umgesetzt werden.

> **Hauptphasen**
> 1. Klären der Aufgabenstellung
> 2. Konzipieren
> 3. Entwerfen
> 4. Ausarbeiten

3.6.1 Klären der Aufgabenstellung

In der ersten Phase werden Informationen über die Anforderungen, die an die Lösung gestellt werden, die bestehenden Randbedingungen sowie deren Bedeutung gesammelt. Als Ergebnis wird hieraus eine **Anforderungsliste** erstellt.

3.6 Konstruktionsprozess

Tabelle 3.2: Beispiel Anforderungsliste Solar-Stirlingmotor Projekt Lehrstuhl Konstruktionslehre und CAD, Universität Bayreuth (Auszug)

Forderung / Wunsch	Anforderungen	Verantw.	Termin
F	**Geometrie** Drehstromanschluss für Netzbetrieb	Matzke	09. 12. 04
W	kompakter Aufbau (Hauptaggregat ca. 1 × 1 × 1,5 m)	Schuster	13. 12. 04
F	gute Zugänglichkeit der zu wartenden Komponenten	Remann	Ende 1/05
F	**Kräfte** keine Vibrationen im Bereich kritischer Frequenzen (Resonanz)	Matzke	28. 01. 05
W	Vibrationsarmer Betrieb (Schwingstärke v_{eff} < 0,7 mm/s)	Gollner	22. 12. 04
F	**Energie** Zufuhr thermischer Energie durch Solarwärme	Franz	28. 01.05
F	Elektrische Leistung als Drei-Phasen-Wechselstrom (400 V) abgreifbar	Heberle	28. 01.05
...	...	...	...

Die Anforderungen sollten möglichst konkret und am besten quantitativ messbar sein.

Hilfreich kann bei der Erstellung eine **Hauptmerkmalsliste** sein, welche die wichtigsten Anforderungen als Checkliste zur Verfügung stellt.

- **Energie** (Leistung, Wirkungsgrad, . . .),
- **Ergonomie** (Bedienung, Beleuchtung, Arbeitshöhe, . . .),
- **Fertigung** (Verfahren, max. Abmessung, Toleranzen, . . .),
- **Geometrie** (Abmessungen, Anzahl, . . .),
- **Instandhaltung** (Inspektionsvorschrift, Wartungsabstand, . . .),
- **Kosten** (Investitionen, max. Herstellkosten, Werkzeugkosten, . . .),
- **Material** (Werkstoffe, Hilfsstoffe, . . .),
- **Mengengerüst** (Absatzzahlen, Produktionsmengen, . . .),
- **Qualität** (Prüfvorschriften, Messverfahren, Normen, . . .),
- **Recycling** (Demontage, Stofftrennung, Entsorgung, . . .),
- **Sicherheit** (Schutzsysteme, Arbeitssicherheit, . . .),
- **Signal** (Anzeige, Messgrößen, Signalform, . . .),

- **Technische Daten** (Kräfte, Momente, Geschwindigkeiten, . . .),
- **Termine** (Erstmuster, Vorserie, Meilensteine, . . .).

Die obige Aufstellung stellt ein Beispiel dar und muss auf das bestehende Problem/die Branche angepasst werden.

3.6.2 Konzipieren

Im Lösungskonzept wird der grundsätzliche Weg zur Bewältigung des Problems erarbeitet. Hierbei wird das **Abstrahieren** zum Erkennen der eigentlichen Kernaufgabe genutzt.

> Erfinde kein Garagentor, sondern eine Möglichkeit, einen Wagen wetter- und diebstahlgeschützt unterzubringen (solange man nicht Garagentorhersteller ist). *Nach G. Pahl*

Die Zerlegung dieser **Gesamtfunktion** in die drei Umsatzgrößen technischer Systeme, Energie, Stoff und Signal, führt zu einer in Teilfunktionen untergliederten **Funktionsstruktur**. Für die Teilfunktionen müssen **Wirkprinzipien** gefunden werden, die sich zu einer Gesamtlösung kombinieren lassen.

Beim Vorliegen mehrerer Lösungsalternativen muss durch geeignete **Auswahlverfahren** das Lösungsoptimum in Bezug auf die Anforderungsliste gefunden, als **Konzept** festgelegt und freigegeben werden.

3.6.3 Entwerfen und Ausarbeiten

Die Umsetzung der prinzipiellen Lösung in konkrete, eineindeutige technische Anweisungen, die eine Fertigung des Produkts ermöglichen (CAD-Modelle, Festigkeitsnachweise, Zeichnungen, Stücklisten etc.), erfolgt Top-Down von der Grob- hin zur Feingestaltung.

Das Erarbeiten des Entwurfs ist ein komplexer, simultan-sukzessiv verlaufender Optimierungsprozess, der durch die gegenseitige Beeinflussung und Zielkonflikte der Prozessbeteiligten als nicht trivial einzustufen ist ➔ Schnittstellenproblematik. Notwendig sind hier Gestaltungsrichtlinien, Leitlinien, geeignete Projektorganisationen und ein organisiert-integrierter EDV-Systemeinsatz (3D-CAD, Finite-Elemente-Analyse, Mehrkörpersimulation, Digital-Mock-Up, Crash-Simulationen, Fertigungssimulation, Fabrikplanung, Virtual Reality usw.).

> Der **fertige Entwurf** enthält die maßstäbliche Darstellung des Produkts unter den Hauptgesichtspunkten Funktion, Wirkprinzip, Auslegung und Fertigung.

Nach der Freigabeentscheidung des Entwurfs kann mit der Ausarbeitung der endgültigen **Fertigungsunterlagen** begonnen werden. Hier werden die zur Herstellung der Produkts notwendigen Daten, wie Anzugsmomente von Schrauben, Oberfächengüten, Toleranzen, Verpackungsvorschriften etc., erarbeitet und festgelegt, sodass das Produkt vollständig dokumentiert technisch beschrieben und herstellbar ist.

3.7 Die Randbedingungen der Konstruktionsmethodik

Die wachsende Globalisierung und der damit einhergehende Wettbewerb erzwingt eine Verkürzung der Entwicklungszeiten bei gesteigerter Qualität und gleichzeitig geringeren Kosten. Dies ist ohne Vorliegen passender Entwicklungsrandbedingungen nicht realisierbar. Maßgeblich für den Erfolg sind der erfolgreiche Einsatz moderner Bausteine wie:

- Informations- und Wissensmanagement
  - Datenbankorganisation,
  - Intelligent Retrieval Einsatz,
  - Künstliche Intelligenz,
  - Internet (Business to Business ➔ B2B, Engineer to Engineer ➔ E2E).
- Konstruktions- und Entwicklungsinformatik
  - Hardwaresysteme,
  - Programme,
  - technisch-wissenschaftliche Programmintegration (z.B. CAD + SAP).
- Organisation
  - Geschäftsprozessmanagement,
  - Simultanous oder Concurrent Engineering,
  - Unternehmen und Mitarbeiter.
- Methodenentwicklung
  - Innovationsmanagement,
  - Produktplanung.
- Integriertes Qualitätsmanagement,
- Projekt- und Kostencontrolling.

3.8 Zusammenfassung Konstruktionsmethodik

Der zielgerichtete Einsatz von Konstruktionsmethodiken systematisiert den Ablauf des Produktentstehungsprozesses. Die Anwendung dieses Hilfsmittels kann die notwendige Kreativität des Menschen bei der Produktentwicklung nicht ersetzen, wohl aber unterstützen und fördern.

3.9 Normung

Um das Chaos zu beherrschen, kommen gemeinsam zum Wohle der Allgemeinheit festgelegte Regeln, z. B. Gesetze, zum Einsatz. Auch in der technischen Welt soll die Verabredung gemeinsamer **Normen** eine Reihe von Zielen erleichtern und ermöglichen:

- Zusammenarbeiten mit anderen,
- Austausch von technischen Produkten,
- Kompatibilität von Lösungen und Informationen,
- Transparenz von Produkt und Leistung,
- Sicherung der Qualität,
- Rationalisierung von Produkten,
- Verringerung von Typenvielfalten.

Hierzu muss in der Technik zwecks Vereinheitlichung aus einer Vielzahl von möglichen Lösungen eine Auswahl getroffen werden.

Normen für die Technik werden auf verschiedenen Ebenen erarbeitet:

- innerbetriebliche Normen,
- nationale Normen,
- europäische Normen,
- internationale Normen.

3.9.1 Innerbetriebliche Normen

Diese auch **Werknormen** genannten Standards sind unternehmensbezogen auf eigene Bedürfnisse festgelegte Vereinbarungen. Ihre Verbindlichkeit ist in der Regel begrenzt. Voraussetzung ist ein Nutzenpotenzial, das sich aus dem betrieblichen Mehrwert ableitet. **Betriebsnormen** können auch durch Übernahme und/oder Abwandlung bereits bestehender Normen gebildet werden.

3.9 Normung

Ziel der Betriebsnormen sind die Verwendung von eigenentwickelten, erprobten Lösungen, Baugruppen oder Technologien auch zur Knowhow-Sicherung. Darunter können auch Konstruktionsrichtlinien, Nummerungssysteme, CAD-Systemkonfigurationen, Test- und Prüfanweisungen fallen.

Bei Unternehmen mit starken Marktpositionen kann eine Werksnorm quasi zu einer **Allgemeinnorm** werden (z. B. bei Automobilherstellern).

3.9.2 Nationale Normen

Die Vereinheitlichung von Standards im nationalen Interesse hat eine lange Tradition und wird durch eigene Organisationen betrieben, z. B.:

AFNOR	Association Française de Normalisation	Frankreich
BSI	British Standards Institution	England
DIN	Deutsches Institut für Normung e.V.	Deutschland

Auch andere Institutionen, wie der Verein Deutscher Ingenieure e.V. (VDI), der Verein Deutscher Elektrotechniker e.V. (VDE) oder der Verband der Automobilindustrie e.V. (VDA), haben umfangreiche **Regelkataloge** in allen Bereichen der Technik erarbeitet, die zum Teil durch entsprechende Verweise in Gesetzen sogar einen Vorschriftenstatus erhalten können.

3.9.3 Europäische Normen

Verstärkt durch die europäischen Integrations- und Harmonisierungsbestrebungen werden Normen als europäische Normen herausgegeben. Maßgebliche Institutionen sind hierbei z. B.:

CEN	Comité Européen de Normalisation
CENELEC	Comité Européen de Normalisation Electrotechnique
ETSI	European Telecommunication Standards Institute
ECISS	European Committee for Iron and Steel Standardization.

Die dort erarbeiteten Normen ersetzen zwingend thematisch gleiche nationale Normen. Die DIN-EN-Norm stellt z. B. die unverändert übernommene deutsche Fassung einer Europäischen Norm dar.

3.9.4 Internationale Normen

Bereits 1926 wurde die International Federation of the National Standardizing Associations (ISA) gegründet, um dem Interesse der einzelnen Staaten nach einer Normung auf internationaler Ebene Rechnung zu tragen. Die Ergebnisse galten als Vorschläge für die nationalen Normenausschüsse. Die heute tätigen Organisationen sind:

ISO   International Organization for Standardization
IEC   International Electrotechnical Commission.

Um weltweit gültige Standards setzen zu können, bedarf es eines immensen Zeit- und Arbeitsaufwands. Häufig sind massive wirtschaftliche und machtpolitische Interessen in Einklang zu bringen.

Die Übernahme der ISO- und IEC-Normen in das Deutsche Normenwerk erfolgt nach DIN 820-15:

- unverändert,
- modifiziert oder
- teilweise.

Beispiele für deutsche Normen mit internationalem Hintergrund

Eine DIN-ISO-Norm stellt die **unverändert** übernommene deutsche Fassung der von ISO erarbeiteten Norm dar.

Dagegen ist eine DIN-EN-ISO Norm die **unverändert** übernommene deutsche Fassung einer ISO-Norm, die EU-weit angewendet werden muss.

3.9.5 Normen im Konstruktionsprozess

In verschiedenen Bereichen des Produktentwicklungsprozesses ist die Anwendung von Normen in Unternehmen notwendig. Da allein das DIN die Anzahl der Normen 2003 mit ca. 27 000 angegeben hat [*Bahke 2003*], sollen an dieser Stelle nur Hinweise und Beispiele zu bestimmten Bereichen gegeben werden.

Tabelle 3.3: Anwendungsbeispiele von Normenbereichen

Bereich der Norm	Anwendungsbeispiele
Dienstleistungen	Instandhaltung, Telekommunikation
Elektrotechnik	Sicherheitsbestimmungen, Bauteile
Ergonomie	Mensch-Maschine-Schnittstelle
Fertigung	Oberflächenbeschichtung, Schweißen, Löten
Informationsverarbeitung	Codierung, Datenträger, EDIFACT
Konstruktionselemente	Maschinenelemente, Normteile
Kosten	Wertanalyseverfahren
Korrosion	Beschichtungen, Verfahrensgrundsätze, Schichtdicken

3.9 Normung

Fortsetzung Tabelle 3.3

Bereich der Norm	Anwendungsbeispiele
Materialprüfung	Prüfverfahren, Prüfbescheinigungen
Nummerung	Sachmerkmalsleiste, Klassifizierung, Aufbau
Qualität	Qualitätsanforderungen, Qualitätsmanagement, Statistik
Rechnerunterstützung	Schnittstellen, CAD-Normteile, Modellierung
Sicherheit	Gesundheitsschutz, Mindestabstände
Technische Dokumentation	Technische Zeichnungen, Dokumentationssystematik
Technische Oberflächen	Gestaltabweichungen, Beschaffenheit, Prüfverfahren
Toleranzen	Form- und Lagetoleranzen
Umwelt- und Verbraucherschutz	Konformitätsbewertung, Kennzeichnungen, Umweltverträglichkeit
Werkstoffe	Benennung, Eigenschaften, Wärmebehandlung, Festigkeitseigenschaften

3.9.6 Inhalt und Art von DIN-Normen

Nach DIN 820 können DIN-Normen in elf Arten je nach ihrem Inhalt eingeteilt werden.

Tabelle 3.4: Normarten nach deren Inhalt (DIN 820)

Normenart	Inhalt
Dienstleistungsnorm	Technische Grundlagen für Dienstleistungen
Gebrauchstauglichkeitsnorm	Objektiv feststellbare Eigenschaften bezüglich der Gebrauchseigenschaften des Produkts
Liefernorm	Grundlagen und Bedingungen für Lieferungen
Maßnorm	Maße und Toleranzen von Produkten
Planungsnorm	Grundsätze für Planung, Entwurf, Berechnung, Aufbau, Ausführung und Funktion von Anlagen, Bauwerken und Erzeugnissen
Prüfnorm	Untersuchungs-, Prüf- und Messverfahren für technische und wissenschaftliche Zwecke
Qualitätsnorm	Objektive Beurteilungskriterien für die wesentlichen Eigenschaften eines Produkts
Sicherheitsnormen	Festlegungen zur Abwendung von Gefahren für Menschen, Tiere und Gegenstände
Stoffnormen	Eigenschaften von Stoffen
Verfahrensnormen	Verfahren zum Herstellen, Behandeln und Handhaben von Produkten
Verständigungsnormen	Terminologische Sachverhalte, Zeichen oder Systeme zur eindeutigen und rationellen Verständigung

Die Zuordnung ist nicht eineindeutig, da die Normen inhaltsbedingt zu mehreren Arten gehören können.

3.9.7 Typung, Normzahlen und Normreihen

Die Frage nach einer sinnvollen und nachvollziehbaren Abstufung von Kenngrößen technischer Gebilde, z. B. Leistung, Hauptabmessungen, Rauminhalte, Drehzahlen oder Durchflussmengen, führt zum Gebrauch von **Vorzugszahlen**, auch **Normzahlen** genannt.

> Eine Stufung mit **Normzahlen** reduziert die Anzahl der möglichen Varianten, ohne dass Lücken empfunden werden

Die aus den Normzahlen gebildete Normreihe kann entweder als

- arithmetische Reihe oder
- geometrische Reihe

abgeleitet werden.

> **Arithmetische Reihe**
> Die **Differenz** zweier aufeinander folgender Glieder ist konstant!
>
> **Geometrische Reihe**
> Der **Quotient** zweier aufeinander folgender Glieder ist konstant!

Um die Hauptwerte einer Normzahlenreihe zu ermitteln, geht man vom so genannten **Stufensprung** φ aus.

> Es gilt:
>
> a_z sind die Hauptwerte mit z = Anzahl der Stufen +1
>
> $a_1 = 1; \quad a_2 = a_1 \cdot \varphi; \quad a_3 = a_2 \cdot \varphi = a_1 \cdot \varphi^2 \ldots a_z = a_1 \cdot \varphi^{z-1}$
>
> $\varphi = \sqrt[z-1]{\dfrac{a_z}{a_1}}$

Sehr verbreitet sind in der Praxis dezimal-geometrische Reihen nach DIN 323.

Beispiel 1:

Eine Unterteilung in fünf Stufen ist gewünscht. Es soll eine dezimal-geometrische Reihe verwendet werden, d. h.

$a_1 = 1; \quad a_z = 10$

3.9 Normung

Zunächst muss der Stufensprung ermittelt werden: Fünf Hauptwerte sind gesucht

➔ $z = 6$

$$\varphi = \sqrt[z-1]{\frac{a_z}{a_1}} = \sqrt[5]{\frac{10}{1}} = 1{,}5849 \approx 1{,}6$$

Fehlende Hauptwerte ermitteln:

$a_2 = a_1 \cdot \varphi = 1 \cdot 1{,}6 = 1{,}6$

$a_3 = a_2 \cdot \varphi = a_1 \cdot \varphi^2 = 2{,}5118 \approx 2{,}5$

$a_4 = a_3 \cdot \varphi = a_1 \cdot \varphi^3 = 3{,}9812 \approx 4{,}0$

$a_5 = a_4 \cdot \varphi = a_1 \cdot \varphi^4 = 6{,}3096 \approx 6{,}3$

Beispiel 2:

Dezimal-geometrische Reihe, d. h. $a_1 = 1$; $a_z = 10$

Zehn Hauptwerte sind gesucht ➔ R10

$z = 10 + 1 = 11$

Stufensprung ermitteln:

$$\varphi = \sqrt[z-1]{\frac{a_z}{a_1}} = \sqrt[10]{\frac{10}{1}} = 1{,}2589 \approx 1{,}25$$

Fehlende Hauptwerte ermitteln:

$a_2 = a_1 \cdot \varphi = 1 \cdot 1{,}25 = 1{,}25$

$a_3 = a_2 \cdot \varphi = a_1 \cdot \varphi^2 = 1{,}5849 \approx 1{,}6$

$a_4 = a_3 \cdot \varphi = a_1 \cdot \varphi^3 = 1{,}9953 \approx 2{,}0$

$a_5 = a_4 \cdot \varphi = a_1 \cdot \varphi^4 = 2{,}5119 \approx 2{,}5$

...

$a_{10} = a_9 \cdot \varphi = a_1 \cdot \varphi^9 = 7{,}9433 \approx 8{,}0$

Diese Hauptwerte-Ermittlung lässt sich beliebig fortsetzen, um bei Bedarf die notwendige Feingliederung der Reihe festzusetzen.

Tabelle 3.5: Auszug aus DIN 323 ➔ Hauptwerte von Normzahlen

R5	R10	R20	R40
1,00	1,00	1,00	1,00
			1,06
		1,12	1,12
			1,18
	1,25	1,25	1,25
			1,32
		1,40	1,40
			1,50
1,60	1,60	1,60	1,60
			1,70
		1,80	1,80
			1,90
	2,00	2,00	2,00
			2,12
		2,24	2,24
			2,36
2,50	2,50	2,50	2,50
			2,65
		2,80	2,80
			3,00
	3,15	3,15	3,15
			3,35
		3,55	3,55
			3,75
4,00	4,00	4,00	4,00
			4,25
		4,50	4,50
			4,75
	5,00	5,00	5,00
			5,30
		5,60	5,60
			6,00
6,30	6,30	6,30	6,30
			6,70
		7,10	7,10
			7,50
	8,00	8,00	8,00
			8,50
		9,00	9,00
			9,5

3.9 Normung

Quellen und weiterführende Literatur

Bahke, T.: Sicher normierte Produkte schneller auf dem Markt. VDI nachrichten 2003, Nr. 22, S. 21

Conrad, K.-J.: Grundlagen der Konstruktionslehre. München Wien: Carl Hanser Verlag, 2003

Conrad, K.-J.: Taschenbuch der Konstruktionstechnik. Leipzig: Fachbuchverlag, 2004

DIN 323: Normzahlen und Normzahlenreihen Blatt 1 und 2. Berlin: Beuth Verlag GmbH, 1974

DIN 820: Normungsarbeit. Berlin: Beuth Verlag GmbH, 1994

Dubbel: Taschenbuch für den Maschinenbau. Berlin: Springer Verlag, 2001

Ehrlenspiel, K.: Integrierte Produktentwicklung. München Wien: Carl Hanser Verlag, 2003

Grabowski, H.; Geiger, K.: Neue Wege zur Produktentwicklung. Stuttgart: Raabe Verlag, 1997

Klein, M.: Einführung in die DIN-Normen. Stuttgart: Teubner Verlag, 2001

Koller, R.: Konstruktionslehre für den Maschinenbau. Berlin: Springer Verlag, 1998

Koller, R.; Kastrup, N.: Prinziplösungen zur Konstruktion technischer Produkte. Berlin: Springer Verlag, 1994

Nachtigall, W.: Bionik. Grundlagen und Beispiele für Ingenieure und Naturwissenschaftler. Berlin: Springer Verlag, 1998

Pahl, G.; Beitz, W.: Konstruktionslehre, Grundlagen der erfolgreichen Produktentwicklung. Berlin: Springer Verlag, 2003

Roth, K.: Konstruieren mit Konstruktionskatalogen. Band 1: Konstruktionslehre. Band 2: Kataloge. Berlin: Springer Verlag, 2001

Schweizer, P.: Systematisch Lösungen finden. Zürich: vdf, Hochschulverlag an der ETH Zürich, 1999

VDI Richtlinie 2221: Methodik zum Entwickeln und Konstruieren technischer Systeme und Produkte. Düsseldorf: VDI-Verlag, 1993

VDI Richtlinie 2222: Konstruktionsmethodik. Düsseldorf: VDI-Verlag, 1997

VDI Richtlinie 2223: Methodisches Entwerfen technischer Produkte. Düsseldorf: VDI-Verlag, 1999

VDI Richtlinie 2225: Technisch-wirtschaftliches Konstruieren. Technisch-wirtschaftliche Bewertung. Düsseldorf: VDI-Verlag, 1990

4 Bezeichnung von Werkstoffen

Dipl.-Ing. Bettina Alber
Dipl.-Ing. Bettina Spandl

4.1 Werkstoffauswahl

Das folgende Kapitel soll dem Leser einen kompakten Überblick über eingesetzte Werkstoffe im Maschinenbau, ihre Bezeichnung und ihre Eigenschaften geben. Die **Wahl des geeigneten Werkstoffes** hängt von der Beanspruchung, Aufgabe und Herstellung ab.

Einen ersten Überblick bei der Werkstoffauswahl gibt Bild 4.1. Die verwendeten Werkstoffe können in Keramik, Metalle, Polymere und Verbundwerkstoffe gegliedert werden. Die E-Module der einzelnen Werkstoffklassen sind dargestellt.

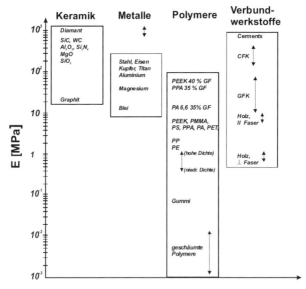

Bild 4.1: E-Modul nach Werkstoffgruppen [*Ashby*]

Überwiegend kommen **metallische Werkstoffe** zum Einsatz, obwohl zunehmend Polymere und Keramiken in speziellen Bereichen Anwendung finden.

4.2 Stahl – Eigenschaften und Bezeichnung

Als **Stahl** wird eine Eisen-Kohlenstoff-Legierung bezeichnet, die weniger als 2,06 Massen-% Kohlenstoff enthält.

Der wichtigste Werkstoff bei der Herstellung von Maschinenelementen ist **Stahl**. Kohlenstoff beeinflusst den Stahl hinsichtlich der Eigenschaften und Phasenumwandlungen. Mit steigendem Kohlenstoffanteil wird der Stahl fester, aber auch spröder. Es entstehen in Abhängigkeit von der Konzentration und der Umgebungstemperatur unterschiedliche allotrope Phasen, Austenit, Ferrit, Perlit, Ledeburit und Zementit. Wenn Austenit rasch abgekühlt wird, können zusätzlich Sorbit, Troostit, Bainit und Martensit entstehen.

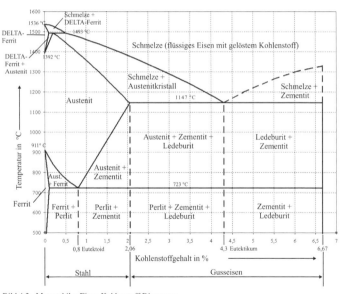

Bild 4.2: Metastabiles Eisen-Kohlenstoff Diagramm

Im Zuge wachsender europäischer Wirtschaftsbeziehungen wurden die **Normen für Werkstoffbezeichnungen** weitgehend vereinheitlicht. Trotz dieser Mühen existieren momentan mehrere Normen und Bezeichnungen nebeneinander, was unter Umständen zu Verwirrungen führt. Im Folgenden ist das aktuelle europäische Bezeichnungssystem dargestellt und erläutert. Zudem werden zu allen gängigen Stählen Tabellen bereitgestellt, um die Auswahl der geeigneten Stahlsorte zu vereinfachen.

4.2.1 Bezeichnung nach europäischer Norm (DIN EN 10027)

Dieses neueste Bezeichnungssystem ist in **Kurznamen** und **Werkstoffnummern** unterteilt.

Kurznamen

Der Kurzname besteht aus Ziffern und Buchstaben, die zur Charakterisierung des Werkstoffes hinsichtlich bestimmter Eigenschaften oder chemischer Zusammensetzung ausreichen. Die Kurznamen lassen sich in zwei Hauptgruppen unterteilen.

Gruppe 1

Einteilung nach:

- Verwendung,
- mechanischen, technologischen oder physikalischen Eigenschaften,
- Kennzeichnung nach Festigkeit,
- ohne Wärmebehandlung.

Gruppe 2

Einteilung nach:

- chemischer Zusammensetzung,
- Legierungselementen,
- Wärmebehandlung.

4.2.1.1 Kurznamen der Gruppe 1

Die meisten Werkstoffe dieser Gruppe werden gebräuchlich als **unlegierte Baustähle** bezeichnet. Die Benennung erfolgt nach der Mindeststreckgrenze, nicht mehr nach der Zugfestigkeit. Der Kurzname setzt sich aus Haupt- und Zusatzsymbolen nach Tabelle 4.1 zusammen.

Das **Hauptsymbol** besteht aus dem Kennbuchstaben für die Stahlgruppe und der Mindeststreckgrenze. Die **Zusatzsymbole** geben weitere Kennzeichen oder die Eignung für besondere Verwendungszwecke an. Ein allem vorangestelltes G steht für Stahlguss.

4.2 Stahl – Eigenschaften und Bezeichnung

Tabelle 4.1: Haupt- und Nebensymbole

Hauptsymbol Kennbuchstabe		Mindest- streckgrenze (N/mm²)	Zusatzsymbol 1 Kerbschlagzähigkeit oder andere Merkmale		Zusatzsymbol 2 Spezielle Eigen- schaften	
S	Stahl für Stahl- bau	Mindest- streckgrenze = maximal zulässige Spannung, bevor plasti- sche Verfor- mung eintritt	*Kerbschlagzähigkeit:*		C	Kaltum- formbar
E	Maschinenbau- stahl		W_K / T table:		D	Schmelz- taubar
B	Betonstahl		27J 40J 60J / °C		E	Emaillier- bar
D	Flacherzeugnis- se aus weichen Stählen zur Kaltumformung		JR KR LR / 20		F	Schmied- bar
			JO KO LO / 0		H	Hohlpro- file
			J2 K2 L2 / −20		L	Tieftempe- ratur
			J3 K3 L3 / −30		O	Offshore
			J4 K4 L4 / −40		S	Schiffsbau
			J5 K5 L5 / −50		W	Wetterfest
			J6 K6 L6 / −60		X	Hoch- und Tieftempe- ratur
H	Flacherzeugnis- se aus höher- festen Stählen zur Kaltum- formung	bei Halbzeu- gen mit Bezugs- durchmesser	*Kerbschlagarbeit* W_K *Prüftemperatur T*			
			andere Merkmale:			
			M	Thermome- chanisch be- handelt		
L	Rohrleitungs- baustahl		N	Normalgeglüht	*Für Stahlerzeug- nisse:* (Besondere Anforderungen/ Behandlungs- zustand/ Überzug)	
M	Elektroblech		Q	Vergütet		
P	Stahl für Druck- behälter		G1 G2 G3/4	Unberuhigt Beruhigt Gütegruppen		
R	Stahl für Schie- nen		B	Gasflaschen	+C	Grobkorn
			S	Druckbehälter	+F	Feinkorn
T	Feinst- und Weißblech und -band		T	Rohre	+H	Extra härtbar
			C	Kaltgezogener Draht	+Z	Verzinkt
Y	Spannstahl		H	Warmgezoge- ne oder vorgespannte Stähle	+A	Weich geglüht
			Mn	Hoher Mn- gehalt		
			Cr	Chromlegiert		
			P	Phosphor- legiert		

In den Zusatzsymbolen wiederholen sich einzelne Kennbuchstaben. In Tabelle 4.1 wurden nur die wichtigsten aufgelistet, spezielle Symbole finden sich in der DIN EN 10027-1.

Bild 4.3: Beispiel: S235JOW

4.2.1.2 Kurznamen der Gruppe 2

Die Einteilung der Stähle der Gruppe 2 erfolgt nach der chemischen Zusammensetzung. Es existieren vier Untergruppen, welche unterschiedliche chemische Elemente enthalten:

- **unlegierte Stähle**: mittlerer Mn-Gehalt < 1 %,
- **niedriglegierte Stähle**: unlegierte Stähle mit mittlerem Mn-Gehalt > 1 %, mittlerer Gehalt einzelner Legierungselemente < 5 %,
- **hochlegierte Stähle**,
- **Schnellarbeitsstähle**.

Die Kurznamen bestehen, wie in Gruppe 1, aus Haupt- und Zusatzsymbolen, wobei jede der einzelnen Gruppen unterschiedliche Schreibweisen besitzen. Die Kurznamen nach DIN EN 10027-1 entsprechen größtenteils den bisherigen Kurznamen.

Der Buchstabe E ersetzt die frühere Bezeichnung Ck, welche auf einen niedrigen Schwefelgehalt hinweist.

Unlegierte Stähle

Haupt-symbol	Kohlenstoffgehalt Faktor 100	Zusatzsymbol Spezielle Eigenschaften
C		C besondere Kaltumformbarkeit
	C45	D zum Drahtziehen
		E vorgeschriebener max. S-Gehalt
	Hauptsymbol:	G weitere Merkmale
	0,45 % Kohlenstoff	R vorgeschriebener Bereich für S
		S für Federn
		U für Werkzeuge
		W für Schweißdraht

Bild 4.4: Beispiel: C45

4.2 Stahl – Eigenschaften und Bezeichnung

Niedriglegierte Stähle

Kohlenstoffgehalt Faktor 100	Legierungsbestandteile	Gehalt der Legierungsbestandteile in der Reihenfolge der Nennung	
50CrMo4 0,5 % C Chrom Molybdän 1 % Cr		Faktor 4	für Cr, Co, Mn, Si, W, Ni
		Faktor 10	für Al, Be, Cu, Nb, Mo, Pb, Ti, V, Zr
		Faktor 100	für P, S, N, Ca
		Faktor 1000	für B

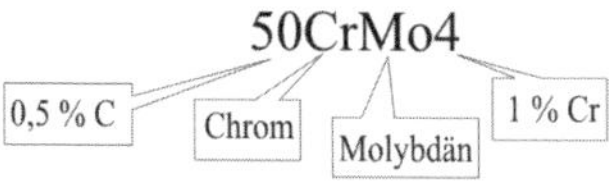

Bild 4.5: Beispiel 50CrMo4

Hochlegierte Stähle

Kennbuchstabe für hochlegiert	Kohlenstoffgehalt Faktor 100	Legierungsbestandteile	Gehalt der Legierungsbestandteile
X		Cr, Co, Mn, Ni, Si, W, Al, Be, Cu, Mo, Nb, Pb, Ta, Ti, V, Zr, Ca, N, P, S, B	Faktor 1
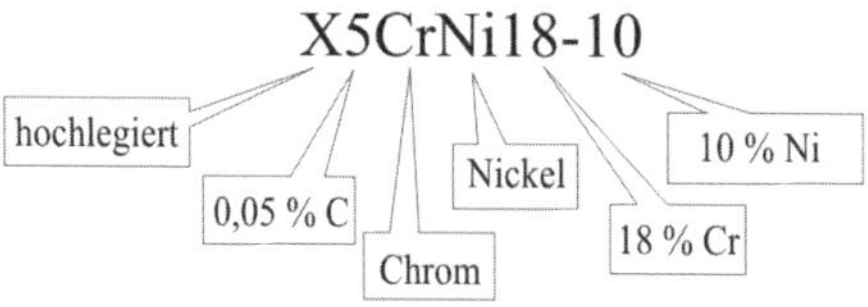 X5CrNi18-10 hochlegiert 0,05 % C Chrom Nickel 18 % Cr 10 % Ni			

Bild 4.6: Beispiel X5CrNi18-10

Schnellarbeitsstähle

Hauptsymbol	%-Gehalt Wolfram	%-Gehalt Molybdän	%-Gehalt Vanadium	%-Gehalt Cobalt
HS				
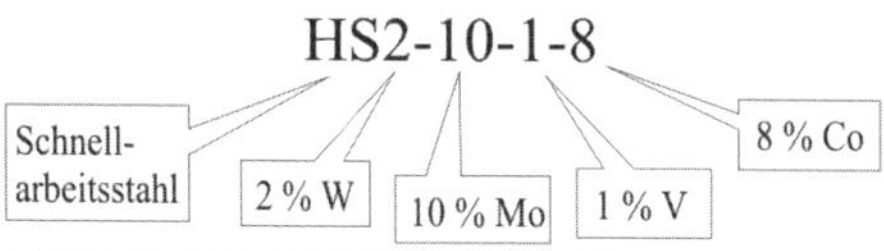 HS2-10-1-8 Schnellarbeitsstahl 2 % W 10 % Mo 1 % V 8 % Co				

Bild 4.7: Beispiel HS2-10-1-8

4.2.2 Werkstoffnummern

4.2.2.1 Werkstoffnummern nach DIN 17007

Zusätzlich zur Werkstoffbezeichnung nach Kennziffern ist auch ein **Nummernsystem** üblich. Dieses System besteht aus einer siebenstelligen Ziffernfolge. Zusätzlich zu den Stählen werden auch alle anderen Werkstoffe mit Hilfe dieses Systems bezeichnet. Bild 4.8 zeigt das alte Bezeichnungssystem nach DIN 17007.

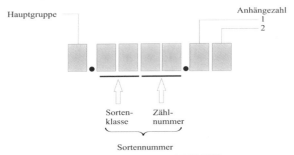

Bild 4.8: Ziffernfolge der Werkstoffnummern nach DIN 17007

Tabelle 4.2: Hauptgruppen und Sortennummernbezeichnung nach DIN 17007

Hauptgruppe		Sortennummer	
0	Roheisen, Ferrolegierungen, Gusseisen	00xx – 09xx	Unlegierter Baustahl, Feinbleche, Elektrobleche
1	Stahl, Stahlguss	10xx – 19xx	Unlegierte Edelstähle, z.B. Einsatz- und Vergütungsstähle
2	Nichteisen, Schwermetalle	20xx – 29xx	Legierte Werkzeugstähle
3	Leichtmetalle	30xx – 39xx	Schnellarbeitsstähle
4 – 8	Nichtmetallische Werkstoffe	40xx – 49xx	Rost-, Säure- und Hitzebeständige Stähle
9	Freie Kennzahl für interne Nutzung	50xx – 89xx	Legierte Baustähle

Die **Anhängezahlen** beschreiben das jeweilige Stahlgewinnungsverfahren und den Behandlungszustand.

4.2.2.2 Werkstoffnummern nach DIN EN 10027

Für Stähle wurde in der europäischen Norm ein ähnliches System festgelegt. Eine ebenfalls siebenstellige Ziffernfolge bezeichnet den jeweiligen Stahl, die Gewinnungsverfahren und Behandlungszustände entfallen.

4.2 Stahl – Eigenschaften und Bezeichnung

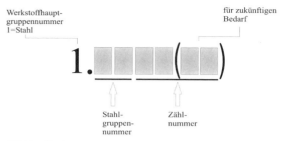

Bild 4.9: Ziffernfolge der Werkstoffnummern nach DIN EN 10027-2

Die **Stahlgruppennummer** ist eine fortlaufende Nummerierung der einzelnen Stahlsorten, eine grobe Einteilung bietet Tabelle 4.3. Nähere Beschreibung erfolgt in der DIN EN 10027-2. Die Zählnummer ist nach DIN 17350 festgelegt.

Tabelle 4.3: Stahlgruppennummern

Stahlgruppennummer	Stahlbezeichnung
Unlegierte Stähle	
00 und 90	Grundstähle
01 bis 07 und 91 bis 97	Qualitätsstähle
10 bis 19	Edelstähle
Legierte Stähle	
08, 09, 98 und 99	Qualitätsstähle
20 bis 29	Werkzeugstähle
40 bis 49	Chemisch beständige Stähle
50 bis 89	Bau-, Maschinen- und Behälterstähle

Bild 4.10: Beispiel 1.2080

4.2.3 Charakterisierung und Namen einiger Stähle

4.2.3.1 Baustähle

Vorteile, Eigenschaften und Hinweise:

- kostengünstige Stähle,
- im Anlieferungszustand zu verwenden,
- nicht zum Härten oder Vergüten geeignet,

- Kurznamen wurden früher aus den Buchstaben St für Stahl und GS für Stahlguss und der Mindestzugfestigkeit in kp/mm^2 oder den Buchstaben StE und der Mindeststreckgrenze in N/mm^2 angegeben. Weiterhin wurden noch zusätzliche Buchstaben oder Ziffern für bestimmte Merkmale verwendet.
- 0,17 % < C < 0, 5 %,
- bis 0,2 % C schweißbar, Schweißneigung nimmt mit steigender Gütegruppe (G1–G4) zu,
- gebräuchlichster allgemeiner Baustahl ist S235JRG1.

Die Streckgrenze und die Zugfestigkeit sind in Tabelle 4.4 für bestimmte Abmessungen angegeben. Mit der **Streckgrenze** wird die maximal zulässige Spannung beschrieben, die der Stahl auf Dauer verkraftet. Die **Zugfestigkeit** gibt die Höchstlast an, bei der die Stahlkonstruktion reißt.

Tabelle 4.4: Gebräuchliche Baustähle nach alter und neuer Bezeichnung [*Arnold*]

Bezeichnung	WNr.	Alte DIN-Bezeichnung	Streckgrenze (N/mm^2) $d = 40 ... 63$ mm	Zugfestigkeit (N/mm^2) $d = 3 ... 100$ mm
S185	1.0035	St33	–	290 ... 510
S235JR	1.0037	St 37-2	–	340 ... 470
S235JRG1	1.0036	USt37-2	–	
S235JRG2	1.0038	RSt37-2		
S235JO	1.0114	St37-3U	215	
S235J2G3	1.0116	St37-3N		
S275JR	1.0044	St44-2	255	410 ... 560
S275JO	1.0143	St44-3U		
S275J2G3	1.0144	St44-3N		
S355JO	1.0553	St52-3U	335	490 ... 630
S355J2G3	1.0570	St52-3N		
E295	1.0050	St50-2	275	410 ... 610
E335	1.0060	St60-2	315	570 ... 710
E360	1.0070	St70-2	345	670 ... 830

4.2 Stahl – Eigenschaften und Bezeichnung

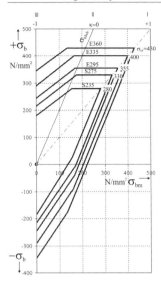

Bild 4.11: Smith-Diagramm – Biegebeanspruchung

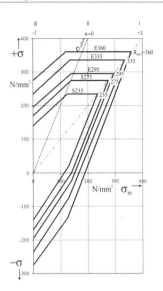

Bild 4.12: Smith-Diagramm – Zug-Druck-Beanspruchung

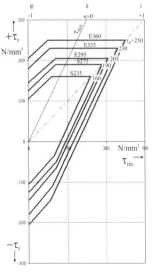

Bild 4.13: Smith-Diagramm: Torsionsbeanspruchung

4.2.3.2 Einsatzstähle

Beim **Einsatzhärten** wird bei einem Stahl mit niedrigem Kohlenstoffgehalt (0,1 ... 0,22 %) die Oberfläche bis in 1 mm Tiefe aufgekohlt, um einen Kohlenstoffanteil bis 0,8 % zu erzielen. Danach ist der Stahl härtbar.

Vorteile, Eigenschaften und Hinweise:

- unlegierter oder niedriglegierter Stahl mit C < 0,25 %,
- hohe Oberflächenhärte (700 HV) bei gleichzeitig hoher Zähigkeit des Kerns,
- gute Dauerfestigkeit,
- generell nicht schweißbar (außer C10 und C15 vor dem Härten),
- Verzug beim Härten,
- gebräuchlichster Einsatzstahl 16MnCr5.

Tabelle 4.5: Gebräuchliche Einsatzstähle nach alter und neuer Bezeichnung [Stahlschlüssel]

Bezeichnung	WNr.	Alte DIN-Bezeichnung	Streckgrenze (N/mm^2), nach Härten, Durchmesser = 30 mm	Zugfestigkeit (N/mm^2)
C10E	1.1121	Ck10	300	550
16MnCr5	1.7131	–	600	1000
14NiCrMo13-4	1.6657	–	–	1250

4.2.3.3 Vergütungsstähle

Vergüten ist ein Härten bei 800 °C und ein **Anlassen** bei hoher Temperatur von ca. 600 °C. Mit dieser Behandlung wird die Zähigkeit und Festigkeit erhöht.

Vorteile, Eigenschaften und Hinweise:

- 0,2 % < C < 0,6 %,
- für wechselnde Beanspruchung und stoßartige Kräfte,
- hohe Festigkeit,
- nicht schweißbar,
- gute Gleiteigenschaften,

4.2 Stahl – Eigenschaften und Bezeichnung

- bedingt spanend bearbeitbar,
- gute Verschleißbeständigkeit,
- partielle Härtung möglich,
- gebräuchlichster Vergütungsstahl C45.

Tabelle 4.6: Gebräuchliche Vergütungsstähle nach alter und neuer Bezeichnung [*Decker*]

Bezeichnung	WNr.	Alte DIN-Bezeichnung	Streckgrenze (N/mm^2) $d = 40 ... 63$ mm	Zugfestigkeit (N/mm^2) $d = 3 ... 100$ mm
C25	1.0406	C25	–	650
C35	1.0501	C35	320	700
C45	1.0503	C45	370	800
C60	1.0601	C60	450	950
C22E	1.1151	Ck22	240	430
C30E	1.1178	Ck30	280	510
C40E	1.1186	Ck40	460	650
C60E	1.1223	Ck60	580	850
C50R	1.1241	Cm50	520	750
C60R	1.1223	Cm60	580	850
28Mn6	1.1170	28Mn6	590	800
34CrMo4	1.7220	34CrMo4	550	800
42CrMoS4	1.7226	42CrMoS4	900	1100

4.2.3.4 Nitrierstähle

Beim **Nitrieren** wird der Stahl einer stickstoffhaltigen Atmosphäre bei circa 500 °C ausgesetzt. An der Oberfläche bilden sich harte Nitride und ein zäher Kern.

Vorteile, Eigenschaften und Hinweise:

- kein Verzug,
- hohe Verschleiß- und Dauerfestigkeit,
- Korrosionsneigung minimiert,
- nicht schweißbar,
- bei zu großer Belastung kann die Oberfläche abplatzen.

Tabelle 4.7: Gebräuchliche Nitrierstähle nach alter und neuer Bezeichnung [Stahlschlüssel]

Bezeichnung	WNr.	Alte DIN-Bezeichnung	Streckgrenze (N/mm^2), nach Härten, Durchmesser < 40 mm	Zugfestigkeit (N/mm^2)
34CrAlMo5	1.8507	–	600	1000
31CrMoV9	1.8519	–	1030	1230

4.2.3.5 Sonderstähle

Federstähle

Vorteile, Eigenschaften und Hinweise:

- unlegiert oder legiert,
- 0,5 % < C < 0,8 %,
- hohe Streckgrenze,
- elastisch und ermüdungsfest.

Tabelle 4.8: Gebräuchliche Federstähle nach alter und neuer Bezeichnung [Stahlschlüssel]

Bezeichnung	WNr.	Alte DIN-Bezeichnung	Streckgrenze (N/mm^2)	Zugfestigkeit (N/mm^2)
38Si7	1.5023	–	1030	1370
51CrV4	1.8159	50 CrV 4	1200	1700

Rost- und säurebeständige Stähle

Vorteile, Eigenschaften und Hinweise:

- Chromgehalt > 12 % und weitere Legierungselemente zur Steigerung des Korrosionswiderstandes,
- ferritische Stähle,
- martensitische Stähle,
- austenitische Stähle,
- je nach Kohlenstoffgehalt schweißbar.

4.3 Gusseisen – Eigenschaften und Bezeichnung 75

Tabelle 4.9: Gebräuchliche rostträge Stähle nach alter und neuer Bezeichnung [Stahlschlüssel]

Bezeichnung	WNr.	Alte DIN-Bezeichnung	Streckgrenze (N/mm^2)	Zugfestigkeit (N/mm^2)
X10CrNi18-8	1.4310	X12CrNi17 7	200	700
X5CrNiMo18-10	1.4301	X5CrNiMo18 10	–	700

Warmfeste Stähle

Vorteile, Eigenschaften und Hinweise:

- durch Zugabe von Molybdän erhöhte Warmfestigkeit,
- durch Zugabe von Chrom erhöhte Zunderbeständigkeit,
- Einsatz bis mindestens 550 °C,
- gebräuchlichster warmfester Stahl: 15CrMo3.

4.3 Gusseisen – Eigenschaften und Bezeichnung

Als **Gusseisen** wird eine Eisen-Kohlenstoff-Legierung bezeichnet, die einen Kohlenstoffanteil von 2 bis 4,5 Massen-% enthält.

Im **Eisen-Kohlenstoff-Diagramm** (Bild 4.2) ist der Bereich des Gusseisens vermerkt. Dieser schließt sich direkt dem Stahl an.

Vorteile, Eigenschaften und Hinweise:

- niedrigere Festigkeitswerte,
- Schmelztemperatur bei 1147 °C,
- nicht schmiedbar,
- wenig plastisch verformbar.

Das Bezeichnungssystem von Gusseisen ist nach DIN EN 1560 in Kurzzeichen und Werkstoffnummern unterteilt.

Kurzzeichen nach DIN EN 1560

Die Bezeichnung von Gusseisen erfolgt durch das Voranstellen von EN-GJ. Weiter werden die Graphitstruktur, Mikro- oder Makrostruktur und mechanische Eigenschaften angehängt, wahlweise auch die chemische Zusammensetzung. In Tabelle 4.10 sind die genauen Anhänge zusammengestellt.

Tabelle 4.10: Bezeichnung von Gusseisen nach DIN EN 1560

Graphit- struktur		Mikro- oder Makrostruktur		Mechanische Eigenschaften		Chemische Zusammensetzung	
L	Lamellar	A	Austenit	z.B. 350	Zugfestigkeit Mindestwert in N/mm²	X	Symbol
S	Kugelig	F	Ferrit			z.B. 300	Kohlen- stoffge- halt in % mal 100 (wenn signifi- kant)
M	Temper- kohle¹)	P	Perlit	z.B. –19	Dehnung Min- destwert in %		
		M	Martensit				
V	Vermiku- lar	L	Ledeburit		Probenstückher- stellung:		
		Q	Abge- schreckt				
N	Graphit- frei (Hart- guss), ledeburi- tisch			S	Getrennt gegos- sen	z.B. Cr	Legie- rungsele- ment
		T	Vergütet				
		B	Schwarz²)	U	Angegossenes Probestück		
		W	Weiß²)				
				C	Einem Gussstück entommen	z.B. 9-5-2	Prozent- satz der Legie- rungsele- mente
Y	Sonder- struktur, in der jeweili- gen Werk- stoff- norm ausge- wiesen			z.B. HB 155	Härte		
					Schlagzähigkeit bei Prüftempera- tur:		
				-RT	Raumtemperatur		
				-LT	Tiefe Temperatur		

¹) Anschließend entkohlend geglühter Temperguss
²) Nur für Temperguss

Bild 4.14: Beispiel EN-GJL-150

Kurzzeichen nach DIN 1691 bis 1695

Bisher erfolgte die Bezeichnung der Werkstoffe nach DIN 1691 bis 1695. Hierbei bestanden die Kurzzeichen aus Kennbuchstaben und der Mindestzugfestigkeit in kp/mm² oder der Härte. Für hochlegierte Guss- eisensorten werden die Legierungselemente und die Legierungsgehalte den Kennbuchstaben nachgestellt.

Werkstoffnummern nach DIN EN 1560

Hier wird der eigentlichen Werkstoffnummer das Kürzel EN-J vorange- stellt. Der nachfolgende Kennbuchstabe für die Graphitstruktur ist ent- sprechend Tabelle 4.10 bezeichnet. Die nachfolgenden Ziffern sind in Tabelle 4.12 angegeben.

4.3 Gusseisen – Eigenschaften und Bezeichnung

Tabelle 4.11: Kurzzeichen von Gusseisen nach DIN 1691-1695

Kennbuchstaben	
GG	Gusseisen mit Lamellengraphit
GGG	Gusseisen mit Kugelgraphit
GGL	Austenitisches Gusseisen mit Lamellengraphit
GS	Stahlguss
GTS	Nicht entkohlend geglühter (schwarzer) Temperguss
GTW	Entkohlend geglühter (weißer) Temperguss

Tabelle 4.12: Werkstoffnummern von Gusseisen nach DIN EN 1560

Hauptmerkmal	Jeweiliger Werkstoff	Besondere Anforderung an den Werkstoff
0 Reserve 1 Zugfestigkeit 2 Härte 3 Chemische Zusammensetzung 4 Reserve bis 9	00 bis 99 Nummern sind durch die Werkstoffnorm zugewiesen	0 Keine besonderen Anforderungen 1 Getrennt gegossenes Probestück 2 Angegossenes Probstück 3 Einem Gussstück entnommenes Probestück 4 Schlagzähigkeit bei Raumtemperatur 5 Schlagzähigkeit bei tiefer Temperatur 6 Festgelegte Schweißneigung 7 Rohgussstück 8 Wärmebehandeltes Gussstück 9 Zusätzlich in einer Bestellung festgelegte Anforderung oder Kombinationen von in der Werkstoffnorm festgelegten einzelnen Anforderung

Bild 4.15: Beispiel EN-JL-1020

Werkstoffnummern nach DIN 1691 bis 1695

Die bisherigen Werkstoffnummern für Gusseisen waren ähnlich denen von Stahl aufgebaut (siehe Abschn. 4.2.2). Sie bestanden aus der Hauptgruppennummer 0, der Sortenklasse und einer fortlaufenden 2-stelligen Zahl. Die Sortenklasse für Gusseisen ist 60-99.

Tabelle 4.13: Gebräuchliche Gusseisenwerkstoffe nach alter und neuer Bezeichnung, Zugfestigkeiten und Brinell-Härte [Stahlschlüssel]

Kurzzeichen	WNr.	Alte DIN-Bezeichnung	Alte WNr.	Zugfestigkeit (N/mm^2)	Brinell-Härte (HB 30)
EN-GJL-150	EN-JL 1020	GG-15	0.6015	150 … 250	100 … 175
EN-GJL-250	EN-JL 1040	GG-25	0.6025	250 … 350	145 … 215
EN-GJS-500-7	EN-JS 1050	GGG-50	0.7050	500	170 … 230
EN-GJS-800-2	EN-JS 1080	GGG-80	0.7080	800	245 … 335

4.4 Nichteisenmetalle

Als **Nichteisenmetalle**, kurz NE-Metalle, werden alle reinen Metalle außer Eisen bezeichnet, die nach ihrer Dichte in Schwermetalle und Leichtmetalle unterschieden werden.

Die meisten reinen Metalle sind weich und besitzen eine geringere Festigkeit als ihre Legierungen. Durch **Legieren**, bei dem das Basismetall mit mindestens einem Legierungsmetall im flüssigen Zustand gemischt wird, lassen sich die Werkstoffeigenschaften der reinen Metalle gezielt beeinflussen. Es ändern sich dadurch die physikalischen Eigenschaften, die Bearbeitbarkeit, die Korrosionsbeständigkeit und die Erscheinung der Metalle, wobei Legierungen immer einen niedrigeren Schmelzpunkt als das Basismetall besitzen, nach dem sie benannt sind.

Die Unterteilung von NE-Metalllegierungen erfolgt in zwei Gruppen:

- **Gusslegierungen:** auf gute Gießeigenschaften optimiert,
- **Knetlegierungen:** im kalten wie im warmen Zustand gute Verformbarkeit, für die Herstellung von Halbzeugen.

Kurzzeichen

Die Bezeichnung der reinen Metalle erfolgt durch das jeweilige chemische Symbol und den Massenanteil in Prozent. Nach dem Reinheitsgrad kann zusätzlich eine Einteilung in Hütten- (H-), Reinst- (R-) oder Reinmetall (kein Buchstabe) erfolgen.

4.4 Nichteisenmetalle

Eine Ausnahme bildet Kupfer, dessen Reinheitsgrad durch die Buchstaben A bis F gekennzeichnet ist. F-Kupfer ist reiner als A-Kupfer, ein weiteres vorangestelltes S kennzeichnet sauerstofffreies Kupfer.

Für unlegiertes Titan werden Kurzzeichen ohne Reinheitsgrad verwendet, die lediglich neutrale Zählnummern erhalten (z. B. Ti1).

Tabelle 4.14: Kurzzeichen der Nichteisenmetallen

Kennbuchstaben für Herstellung und Verwendung		Zusammensetzung = Chemisches Symbol + Gehalt in Massenprozent		Besondere Eigenschaften und Behandlungszustände	
Gusslegierungen		*Chemische Symbole*		F = Zugfestigkeit (mit Wert in kp/mm^2)	
G	Guss	Al	Aluminium		
GC	Strangguss	Cu	Kupfer	*Zusatzzeichen*	
GD	Druckguss	Mg	Magnesium	*bei Leichtmetallen*	
GK	Kokillenguss	Ni	Nickel	a	Ausgehärtet
GZ	Schleuderguss	Pb	Blei	g	Geglüht
		Sn	Zinn	ka	Kalt ausgehärtet
		Zn	Zink	wa	Warm ausgehärtet
		+ Gehalt in Massenprozent		wh	Warm gewalzt
				zh	Gezogen

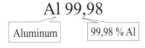

Bild 4.16: Beispiel Al 99,98

Die Bezeichnung der Legierungen erfolgt im Allgemeinen ebenfalls nach dem chemischen Symbol des Grundstoffes, den chemischen Symbolen der Legierungsbestandteile und Zeichen für besondere Eigenschaften. Bei Gusslegierungen wird ein G mit Bindestrich vorangestellt.

Im Zuge der Vereinheitlichung der Normen in Europa werden momentan die Bezeichnungen von NE-Metallen überarbeitet. Die bisher eingeführten Bezeichnungen werden bei Änderung der Bezeichnungsweise zusätzlich zu den gebräuchlichen Benennungen erläutert.

Werkstoffnummern

Die Werkstoffnummern nach DIN 17007 gelten meist zusätzlich neben den neueren europäischen Bezeichnungen und sind ähnlich wie bei Stahl aufgebaut. Da sich die einzelnen NE-Metalle bei der europäischen Nummerierung stark unterscheiden, wird das einheitliche nationale siebenstellige Werkstoffnummernsystem zuerst betrachtet, die einzelnen Besonderheiten der Werkstoffe im Europasystem finden sich im jeweiligen Unterpunkt des Werkstoffes.

Tabelle 4.15: Werkstoffnummernsystem NE-Metalle [Klein]

Ziffer 1: Hauptgruppennummer		Ziffer 2–5: Grundmetalle		Zeichen 6–7
		Schwermetalle: 2....		
		0000–1799	Cu	
		2000–2499	Zn, Cd	
		3000–3499	Pb	
		3500–3999	Sn	
		4000–4999	Ni, Co	Jeweils Zustandsgruppe (Ziffer 6) und Zustand (Ziffer 7)
2	Schwermetall	5000–5999	Edelmetalle	
3	Leichtmetall	6000–6999	Hochschmelzende Metalle	
		Leichtmetalle: 3....		
		0000–4999	Al	
		5000–5999	Mg	
		7000–7999	Ti	
		Restliche Zahlen jeweils Reserve		

Kupfer

Die Bezeichnung von Kupfer erfolgt nach dem Schema in Tabelle 4.14. Zusätzlich werden Legierungselemente mit ihrem Gehalt in Massenprozent hinzugefügt. Die Euronummerierung für Kupfer besteht aus sechs Zeichen. Die genaue Bedeutung erklärt Tabelle 4.16.

Tabelle 4.16: Nummernsystem bei Kupfer [nach DIN EN 1412]

Zeichen 1	Zeichen 2		Zeichen 3–5	Zeichen 6	
				A/B	Cu
	B	Block		C/D	niedriglegiert
	C	Guss		E/F	sonderlegiert
	F	Hartlote, Schweißzusatz	Eine Zahl zwischen 000 und 999, ohne besondere Bedeutung	G	Cu + Al
C für Kupfer	M	Vorlegierung		H	Cu + Ni + Zn
	R	Raffiniert, in Rohform		J	Cu + Ni + Sn
				K	Cu + Sn
	S	Schrott		L/M	Cu + Zn Zweistoff
	W	Knetwerkstoff		N/P	Cu + Zn + Pb
	X	Nicht genormt		R/S	Cu + Zn Mehrstoff

Aluminium

Der Kurzname von Aluminiumlegierungen folgt wieder dem Schema aus Tabelle 4.14. Bei der Bezeichnung gemäß Europanorm wird dem Kurznamen meist zusätzlich ein EN AW- vorangestellt. Bei Gusslegierungen werden die oben beschriebenen Werkstoffnummern verwendet. Bei Knetlegierungen erfolgt die Bezifferung nach folgendem Schema.

Die Bezeichnung setzt sich aus der Abkürzung EN, dem Buchstaben A für Aluminium und dem Buchstaben W für Halbzeug zusammen. Bei Kurzzeichen folgt nach einem Bindestrich die chemische Zusammensetzung, bei Werkstoffnummern folgt eine vierstellige Ziffernfolge (Tabelle 4.17). Wenn erforderlich schließt sich noch ein Buchstabe zur Kennzeichnung einer nationalen Variante an.

Tabelle 4.17: Bezeichnungssystem für Aluminium [nach DIN EN 573]

Legierungs- gruppe (Serie)	Hauptlegierungs- element	2. Ziffer	3. + 4. Ziffer
1xxx (1000)	>99,00 % Aluminium	Verunreini- gungen	Mindestanteil Al in Nachkommastellen
2xxx (2000)	Kupfer	Legierungs- abwandlungen	Keine besondere Bedeutung, nur Bezeichnungshilfe
3xxx (3000)	Mangan		
4xxx (4000)	Silizium		
5xxx (5000)	Magnesium		
6xxx (6000)	Magnesium + Silizium		
7xxx (7000)	Zink		
8xxx (8000)	Sonstige Elemente		

Magnesium

Die Bezeichnung von Magnesium erfolgt analog zu Aluminium. Zusätzlich zu der Bezeichnung nach Tabelle 4.14 gibt es eine neue europäische Bezeichnung, die ebenfalls mit den Buchstaben EN und Bindestrich beginnt. Nach dem Bindestrich folgen das Symbol M für Magnesium und die jeweilige Bezeichnung A für Anoden, B für Blockmetalle oder C für Gussstücke. Bei den Kurzzeichen folgt die chemische Zusammensetzung, bei der Werkstoffnummer eine sich anschießende Zahlenfolge (Tabelle 4.18).

Tabelle 4.18: Bezeichnungssystem für Magnesium [nach DIN EN 1754]

Ziffer 1 Hauptlegierungselement		Ziffer 2 + 3 Legierungsgruppe		Ziffer 4 + 5
1xxxx	Magnesium	00	Mg	Zur Angabe von Legierungsuntergruppen und deren jeweilige Unterscheidung
2xxxx	Aluminium	11	MgAlZn	
3xxxx	Zink	12	MgAlMn	
4xxxx	Mangan	13	MgAlSi	
5xxxx	Silizium	21	MgZnCu	
6xxxx	Seltenerdmetalle	51	MgZnREZr	
7xxxx	Zirkonium	52	MgREAgZr	
8xxxx	Silber	53	MgREYZr	
9xxxx	Yttrium			

Bei Aluminium und Magnesium werden außerdem die Bezeichnungen aus der Luft- und Raumfahrtindustrie verwendet. Ferner gibt es Trivialnamen, die von den Legierungsbezeichnungen abweichen. Für die Kennzeichnung zeigt Tabelle 4.19 die gebräuchlichsten NE-Metalllegierungen und ihre Bezeichnungen.

Tabelle 4.19: Gebräuchliche NE-Metalllegierungen

Bezeichnung	WNr. alt	WNr. neu	Legierungsbezeichnung	Streckgrenze (N/mm^2)	Zugfestigkeit (N/mm^2)
CuZn37	2.0321	CW508L	Messing/ Tombak	100 ... 400	300 ... 550
CuSn7Zn4Pb7	2.1090	CC493K	Rotguss/ Zinnbronze	120	230 ... 260
CuAl10Ni5Fe4	2.0966	CW307G	Aluminiumbronze	300 ... 400	690 ... 740
AlMg3	3.3541	EN AW-5754	Duraluminium	80 ... 180	180 ... 240
AlCu4Mg1	3.1355	EN AW-2024	–	290	425
G-AlSi12	3.2581	–	–	70	150
MgMn2	3.5200	EN-MC40010	–	145 ... 165	200 ... 220
G-MgAl8Zn1	3.5812	EN-MC21110	–	195 ... 215	270 ... 310

4.5 Keramik

> **Keramiken** sind meist chemische Verbindungen von Metallen mit nichtmetallischen Elementen der 3. bis 7. Hauptgruppe, überwiegend Oxide, in denen kovalente Bindungen bzw. Ionenbindungen vorliegen.

Keramiken zeichnen sich durch eine hohe Druckbelastbarkeit, gute chemische Beständigkeit, hohe Temperaturbeständigkeit sowie niedrige Temperaturwechselbeständigkeit und sprödes Verhalten aus. Gerade durch die beiden letzten Merkmale ist die Anwendung bei Maschinenelementen nicht gebräuchlich. Zwei denkbare Einsätze sind Beschichtungen oder keramische Lager (Siliziumnitrid).

4.6 Polymere

> **Polymere** sind makromolekulare Stoffe, die synthetisch oder durch Umwandlung von Naturstoffen erzeugt werden und unter bestimmten Bedingungen plastisch formbar sind oder plastisch geformt wurden.

Polymerwerkstoffe werden nach **Duroplasten**, **Elastomeren** und **Thermoplasten** unterschieden. Die wichtigsten Polymerwerkstoffe in der Anwendung bei Maschinenelementen sind Thermoplaste. Elastomere, auch Gummi genannt, werden durch ihre gummielastischen Eigenschaften als Dämpfungselemente und Dichtungen eingesetzt. Duroplaste sind zwar am wärmebeständigsten, aber auch spröde. Da sie nicht schweiß- und umformbar sind, werden sie kaum eingesetzt. Thermoplaste gibt es in unterschiedlicher chemischer Zusammensetzung. Durch die gebotene Vielfalt werden sie oft auch **Werkstoffe nach Maß** genannt, weil für jeden Einsatzfall ein unterschiedlicher Thermoplast Einsatz finden kann. Allgemeine Kennzeichen handelsüblicher Polymere sind die geringe Dichte, gute Korrosionsbeständigkeit, geringe Festigkeit und ihre begrenzte Eignung für hohe Temperaturen. Das Reizvolle ist die einfache Formgebung und die Aufschmelz-, Schweiß- und Umformbarkeit. Zusätzlich zu den Massenkunststoffen für Gebrauchsgegenstände gibt es einige technische Polymere, die im Vergleich eine größere Festigkeit und höhere Temperaturbeständigkeit besitzen. Sie werden nur in kleinen Mengen erzeugt und sind oft sehr teuer. Vor allem in Kombination mit Faserverstärkung erreichen einige technische Kunststoffe Festigkeitswerte, die über denen von Stahl liegen. Zu den bedeutensten physikalischen Eigenschaften zählen die mögliche optische Transparenz, die meist vorhandene elektrische Isolation oder niedrige Reibkoeffizienten.

Tabelle 4.20: Gebräuchliche Polymere [Kern]

Bezeichnung	Kurzzeichen		Dichte (g/cm³)	Streckspannung (MPa)	E-Modul (MPa)	Dehnung (%)	Temperatur Kurzzeit (°C)
Polyethylen	PE	HD	0,963	30	1350	>400	100
		LD	0,919	9	200	>400	100
Polypropylen	PP	UF	0,903	33	1450	700	140
		GF 30	1,14	83	6700	3,5	140
Polystyrol	PS		1,05	55	3200	3	80
Polyamid 66	PA 66	Feucht	1,14	60	1600	150	200
		GF 50	1,55	180	13000	2,5	240
Polymethylmetacrylat	PMMA		1,19	73	3200	3,5	100
Polyethylenterephthalat	PET		1,40	80	2800	70	180
Polybutylenterephthalat	PBT	UF	1,30	60	2600	200	150
		GF 50	1,71	140	16000	1,5	210
Polyphthalamid	PPA	UF	1,18	90	3200	15	250
		GF 50	1,61	245	17000	2	300
Polyoxymethylen	POM		1,42	72	3100	50	140
Polyetheretherketon	PEEK	UF	1,32	97	3600	>60	300
		CF 30	1,44	224	13000	2,0	300
Polyphenylensulfid	PPS GF40		1,65	150	16000	1,1	260

Bei Einwirkung mechanischer Kräfte werden Thermoplaste sowohl elastisch als auch plastisch verformt. Die Verformung erfolgt komplizierter als in Metallen und keramischen Stoffen und hängt sowohl von der Dauer der Belastung als auch von der Geschwindigkeit ab, mit der sich die Belastung aufbaut.

Eine allgemein angewendete Bezeichnung findet sich kaum. Zwar existieren einige Normen (z. B. DIN 7728), aber im Gebrauch werden die Thermoplaste meist durch Trivialnamen bezeichnet.

Der Trivialname ist die Übersetzung des Kurzzeichens in den ausgeschriebenen Namen. Beginnend mit Poly..., dahinter das oder die Monomere kleingeschrieben. Beispiele dafür sind Polyethylen = PE oder Polyamid = PA. Zu der Bezeichnung gibt jeweils eine Prozentzahl und das Kürzel GF/CF den Hinweis auf Glas- oder Kohlefaserverstärkung (Bsp. PP GF30).

Alternativ gibt es die Bezeichnungsweise, dass erst das Monomer großgeschrieben wird, danach gegebenenfalls ein Schrägstrich und ein weiteres Monomer, zum Schluss ein Bindestrich mit einer charakteristischen Bezeichnung des Polymers folgt. Ein Beispiel ist E/P-B, ein Ethylen-Propylen-Blend.

Zur Konstruktion von Maschinenelementen finden nur wenige Polymere Einsatz, einen Überblick bietet Tabelle 4.20.

4.7 Zusammenfassung und Relativkosten der Werkstoffe

Die VDI-Richtlinie 2225 bietet als Überblick einen Materialrelativkosten-Katalog. Dieser wird an dieser Stelle für die meisten der oben angeführten Werkstoffe angeführt (Bild 4.17). Als Basis für die Relativkosten wird der Werkstoff S235JR (St37-2) als Rundmaterial mit einem Durchmesser von 35 bis 100 mm verwendet, die Bezugsmenge beträgt jeweils 1000 kg.

86 4 Bezeichnung von Werkstoffen

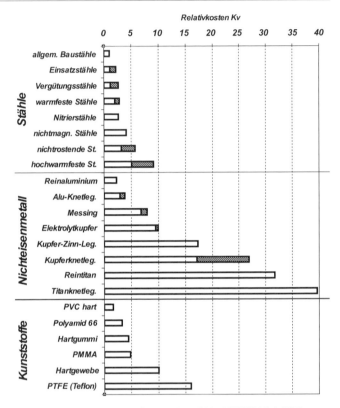

Bild 4.17: Relativkosten für Werkstoffe als Rundmaterial [nach VDI-Richtlinie 2225]

Anschließend wird ein Überblick über die angeführten Konstruktionswerkstoffe gegeben. Aufgeführt sind die wichtigsten Eigenschaften der Werkstoffe: E-Modul, Streckgrenze (Streckspannung bei Kunststoffen), Zugfestigkeit, Bruchdehnung und Dichte (Tab. 4.21).

4.7 Zusammenfassung und Relativkosten der Werkstoffe

Tabelle 4.21: Werkstoffe im Vergleich [Stahlschlüssel, Dubbel]

Werkstoff		E-Modul	Streckgrenze R_e, $R_{p0,2}$; Streckspannung	Zugfestigkeit R_m	Bruchdehnung A	Dichte
	Kurzname	kN/mm²	N/mm²	N/mm²	%	g/cm³
Unleg. Baustahl	S235JR (St37-2)	206,0	235	360	26	7,80
Einsatzstahl	C15 (CK10)	206,0	390	640 … 780	13	7,80
Vergütungsstahl	34Cr4	206,0	700	900	12	7,80
Nitrierstahl	31CrMo12	206,0	835	1130	10	7,80
Nichtrostender Stahl	X20Cr13 (vergütet)	206,0	500	800 … 950	12	7,80
Hochwarmfester Stahl	X6CrNi18-11	206,0	185	500 … 700	40	7,80
Stahlguss für allg. Verwendungszwecke	GS-45	206,0	230	450	22	7,80
Gusseisen mit Kugelgraphit	EN-JS 1050 (0.7050)	170,0	320	500	7	7,20
Kupferlegierung	CuNi2Si F64	130,0	590	640	10	8,80
Aluminiumlegierung	ENAW-AlMg3-H14	70,0	180	240	4	2,60
Magnesiumlegierung	3.5200	45,0	145	200	1,5	1,80
Titan	Titan 99,8 (geglüht)	105,2	180	290 … 410	30	4,50
Thermoplaste	Polyamid 66 (konditioniert)	1,6	60		150	1,14
	Polyamid mit Glasfasern	13,0	180		3	1,55
	Polyetheretherketon	3,6	97		60	1,32
	Polyetheretherketon mit Kohlefasern	13,0	224		2	1,44

Quellen und weiterführende Literatur

Ashby, M.: Ingenieurwerkstoffe. Berlin: Springer-Verlag 1986
Beitz, W.; Grote, K.-H.: DUBBEL – Taschenbuch für den Maschinenbau. Berlin: Springer Verlag, 1997
Braun, H.; Dobler, H.-D.; u. a: Fachkunde Metall. Haan-Gruiten: Europa Lehrmittel, 1996
Decker, K.-H.: Maschinenelemente – Tabellen und Diagramme. München Wien: Carl Hanser Verlag, 2001
DIN-Taschenbuch 349: Federn 2 – Werkstoffe, Halbzeuge. Berlin: Beuth Verlag GmbH, 2001
DIN-Taschenbuch 401: Stahl und Eisen Gütenormen 1 – Allgemeines – Normen. Berlin: Beuth Verlag GmbH, 2001
DIN-Taschenbuch 451: Aluminium 2 – Stangen, Rohre, Profile, Drähte, Vormaterial – Normen. Berlin: Beuth Verlag GmbH, 2001
DIN-Taschenbuch 452: Aluminium 3 – Hüttenaluminium, Aluminiumguss, Schmiedestücke, Vormaterial – Normen. Berlin: Beuth Verlag GmbH, 2002
DIN-Taschenbuch 455: Gießereiwesen 2 – Nichteisenmetallguß – Normen. Berlin: Beuth Verlag GmbH, 1999
http://www.kern-gmbh.de, 2004
http://www.kupferinstitut.de, 2004
http://www.werkstoffe-korrosion.de; 2004.
Klein, M.: Einführung in die DIN-Normen. Stuttgart, Leipzig: Teubner-Verlag, 1997
Merkel, M.; Thomas, K.: Taschenbuch der Werkstoffe. Leipzig: Fachbuchverlag, 2003
Schatt, W.; Simmchen, E.; Zouhar, G.: Konstruktionswerkstoffe des Maschinen- und Anlagenbaues. Stuttgart: Deutscher Verlag für Grundstoffindustrie, 1998
Stahlschlüssel 2001
VDI-Richtlinie 2225 Blatt 2: Technisch-wirtschaftliches Konstruieren. Düsseldorf: VDI-Verlag, 1998

5 Gestaltung von Maschinenteilen

Prof. Dr.-Ing. Edmund Böhm
Dipl.-Ing. (FH) Wolf-Dieter Schnell

5.1 Begriffsbestimmungen

5.1.1 Maschine

Die Bezeichnung **Maschine** steht im Allgemeinen als Sammelbegriff für alle Vorrichtungen mit festen und beweglichen Teilen, die bei der Energiezufuhr – menschliche oder tierische Kraft, Wasser, Wind, Wärme, Elektrizität – entsprechend ihrer Konstruktion bestimmte Arbeiten verrichten (Arbeitsmaschine) oder eine Energieform in eine andere umwandeln (Kraftmaschine). Auch elektrisch betriebene Geräte, z. B. Computer, gelten als Maschinen.

In der EU-Maschinenrichtlinie (89/392/EWG) [EU-MaRl] wird der Begriff enger gefasst. Diese Richtlinie dient eigentlich zur Festlegung von allgemein gültigen Sicherheits- und Gesundheitsanforderungen, deren Einhaltung für die Sicherheit von Maschinen unbedingt erforderlich ist.

> Im Sinne dieser Richtlinie gilt als **Maschine** eine Kombination von miteinander verbundenen Teilen oder Vorrichtungen, von denen mindestens eines beweglich ist.

Ebenso gehören hierzu Betätigungsgeräte, Steuer- und Regelkomponenten, die für eine bestimmte Anwendung, wie die Verarbeitung, Behandlung, Fortbewegung und Aufbereitung eines Werkstoffes, zusammengefügt sind. Eine ganze Reihe von „echten" Maschinen sind aber von dieser Richtlinie ausgenommen, z. B. Maschinen, die nur durch Muskelkraft betätigt werden, Hebezeuge, medizinische Geräte, Seilbahnen, Druckbehälter usw.; auch Kraftfahrzeuge werden nicht berücksichtigt, da sie durch andere Regelwerke eindeutig beschrieben werden. Als Beispiel seien hier die Richtlinien des VDA (Verband der Automobilindustrie) [VDA-Rl] genannt. Maschinen, bei denen eine Gefahr durch Elektrizität ausgehen kann, fallen ebenfalls nicht unter diese EU-Richtlinie, sondern werden durch die EU-Niederspannungsrichtlinie (73/23/EWG) [EU-NiRl] erfasst.

Für jede Maschine, die in den Geltungsbereich der EU-Maschinenrichtlinie fällt, muss der Hersteller eine **Gefahrenanalyse** vornehmen, um alle mit seiner Maschine verbundenen Gefahren zu ermitteln und für den Kunden zu dokumentieren.

90 5 Gestaltung von Maschinenteilen

Unter dem Begriff Maschine versteht man aber auch Geräte, die ohne mechanische Bewegungen thermische Veränderungen bewirken, z. B. Heizgeräte, Wärmeaustauscher usw. Viele Logistik-, Bewegungs- und Montageabläufe werden – hauptsächlich in der Großserienfertigung – mechanisiert; hierfür kommen so genannte Handlinggeräte, z. B. Palettentransportsysteme für Hochregallager, zum Einsatz.

Eine Maschine wird häufig aus verschiedenartigen **Baugruppen** zusammengesetzt. Diese haben meist unterschiedliche Aufgaben im Gesamtsystem. Baugruppen können – je nach Anforderung – nach dem Baukastenprinzip oder individuell konzipiert werden und auch aus weiteren **Unterbaugruppen** (Subbaugruppen) bestehen.

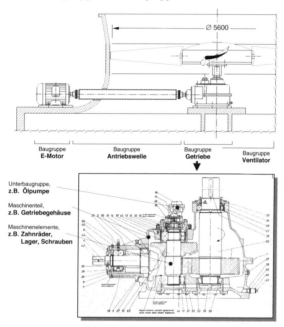

Bild 5.1: Maschineller Teil eines Kühlturms: Ventilatorantrieb (oben) mit Baugruppenbeispiel: Getriebe (unten) (*Eickhoff GmbH*)

Als **Maschinenteile** bezeichnen wir für eine Maschine individuell gestaltete Bauteile, die nicht in Normteilkatalogen aufgelistet sind und/oder spezielle Aufgaben im System übernehmen. Für die Konstruktion und Fertigung gelten bestimmte Gestaltungsregeln, die in diesem Kapitel beschrieben werden.

5.1 Begriffsbestimmungen

Bekannte und häufig verwendete Bauteile, z. B. Schrauben, Muttern, Stifte, Zahnräder, Kugellager usw., die in Normen und Herstellerkatalogen spezifiziert sind, nennen wir **Maschinenelemente**. Auch einfache Wellen, Bolzen, Zapfen, Gleitlager, Kupplungen, Dichtungen und Bedienelemente fallen unter diesen Begriff. Die Maschinenelemente sind Gegenstand dieses Taschenbuches.

Zur einwandfreien Funktion einer Maschine reichen die genannten Elemente aber noch nicht aus, denn nur durch die Verwendung der geeigneten **Hilfsstoffe**, z. B. Schmiermittel, Konservierungsstoffe usw., ist diese für die geplante Lebensdauer gewährleistet.

5.1.2 Gestalten

In der Konstruktionslehre entwickeln wir aus einer Aufgabenstellung meist verschiedenartige Lösungsvarianten, deren Vor- und Nachteile abgewogen werden müssen. Heute ist außerdem für viele Produkte eine Technikabfolgeschätzung erforderlich, um das Verhalten einer Maschine bezüglich Mensch und Umwelt beurteilen zu können.

Viele Kunden, nicht nur die Automobilindustrie (OEM – Original Equipment Manufacturer), fordern mittlerweile vor Lieferung der Ware eine systematische Abschätzung möglicher Fehler des Produktes und deren Auswirkungen. Die **FMEA** (Failure Modes and Effects Analysis – Fehlermöglichkeits- und -einflussanalyse) ist eine quasi normierte Methode zur Fehlererkennung und zur Risikobewertung [VDA-Bd. 4.2] [QS 9000]. Es gibt die System-FMEA „**Produkt**" und die System-FMEA „**Prozess**". Fehlerhafte Produktmerkmale können vom Konstruktionsprozess herrühren, zum Beispiel durch falsche Berechnung (Dimensionierung). Mögliche Fehler im Produkt können auch Folgen mangelhafter Herstellungsprozesse, zum Beispiel bei Toleranzproblemen oder anderen Produktionsfehlern, sein. Die **Qualitätssicherungsmaßnahmen** der Qualitätsmanagementsysteme setzen schon vor Beginn des Konstruktionsprozesses bei der Definition der Aufgabe an.

Nach der Entscheidung für den besten Lösungsweg und eine optimale Form wird die Maschine detailliert und unter Berücksichtigung der günstigsten Kraftfluss-, Fertigungs- und Montagemöglichkeiten konstruiert. Diese Vorgehensweise nennen wir **Gestaltung von Maschinenteilen**. Auch die gesetzlichen Vorschriften und Umweltschutzauflagen sind dabei einzuhalten, damit von dem neuen Produkt kein Schaden ausgeht.

5.1.3 Voraussetzungen

Neben den Grundkenntnissen in den Naturwissenschaften Physik und Chemie benötigt man Fachwissen über Werkstoffe und Fertigungstechnik. Zur Ausführung sind außerdem Kenntnisse im Technischen Zeichnen/CAD und Auslegung von Maschinenelementen unerlässlich.

In der modernen Produktionstechnik wird zunehmend mit kompletten durchgängigen Entwicklungs- und Fertigungssystemen gearbeitet, z. B. aufbauend auf einem CAD-System (rechnerunterstütztes Zeichnen): **CAM** (rechnerunterstützte Steuerung von Fertigungsprozessen), **CAE** (rechnerunterstützte Ingenieurtätigkeit / Engineering).

Selbstverständlich muss vor Beginn der Produktgestaltung die Funktionsweise der Maschine eindeutig definiert sein.

5.1.4 Einflussgrößen

Die Gestaltung der Maschinenteile ist nicht nur von deren Funktion abhängig, sondern auch von verschiedenen **Randbedingungen**, die eine ökonomische und ökologisch vertretbare Herstellung ermöglichen.

Die **Stückzahl** des geforderten Produktes bestimmt in besonderem Maße die Herstellungsbedingungen; zu unterscheiden ist zwischen Massen-, Kleinserien- und Einzelfertigung. Dementsprechend sind die geeigneten Fertigungsverfahren zu wählen.

Die **Festigkeitsanforderungen** durch Betriebs- und Umgebungsbedingungen müssen unbedingt erfüllt werden; entsprechende Sicherheitsfaktoren sind bei der Auslegung einzubeziehen.

Die verwendeten **Werkstoffe** müssen die notwendige Festigkeit aufweisen. Auf Korrosionsbeständigkeit bzw. auf Korrosionsschutz durch geeignete Oberflächengüte bzw. -behandlung ist zu achten.

Die **Ausrüstung des Herstellungsbetriebes** und die Möglichkeiten im Zuliefermarkt, auch global, sind auch wichtige Einflussgrößen, denn bei einer Einzel- oder Kleinserienfertigung ist die Anschaffung neuer Fertigungs- und Montageeinrichtungen evtl. unwirtschaftlich.

Alle genannten Einflussgrößen unterliegen aber den betriebs- und volkswirtschaftlichen Vorgaben eines Unternehmens, d. h. den strategischen Festlegungen zur Positionierung unter den Wettbewerbern im Markt.

5.1.5 Wertanalyse

Die Wertanalyse [DIN 69910] dient vorzugsweise zur Kostensenkung bei bestehenden Bauelementen, kann aber auch hervorragend zur Verbesserung davon abgeleiteter neuer Produkte eingesetzt werden. Für die Gestaltung neuer Maschinenteile ist dieses Verfahren nur bedingt geeignet.

In einem Team (einer Mitarbeitergruppe) werden zuerst in einer **Objektanalyse** die Funktionen und Kosten eines Teils beschrieben (Ist-Zustand). Dann wird dieser Zustand mit den Sollfunktionen und sonstigen Anforderungen verglichen. Stimmen die Ist- und Soll-Anforderungen nicht überein, entwickelt man neue Lösungsideen, die bewertet und zu neuen Lösungen ausgearbeitet werden.

Bei einem Vergleich verschiedener Lösungsvarianten kann man die **Technische Wertigkeit** W_t und die **Wirtschaftliche Wertigkeit** W_w ermitteln und in einem Wertigkeitsdiagramm [*Pahl, Beitz*] [VDI 2225] eintragen.

5.2 Gestaltungslehre

5.2.1 Einführung

In einer produktunabhängigen Gestaltungslehre werden grundsätzliche Gestaltungsrichtlinien und -prinzipien entwickelt. Eine Konstruktion unterteilt sich dabei in drei Hauptphasen. Zuerst wird das Prinzip durch eine **Idee**, Erfindung oder die Zusammenlegung von bekannten Einzelvorgaben oder -lösungen festgelegt. Die zweite Phase dient hauptsächlich dem **Entwurf** und der **Konstruktion**. Schließlich erfolgt die Ausführung des Projekts (Bild 5.2).

In der Praxis hat sich herausgestellt, dass die häufigsten Schadensfälle nicht durch schlechte Lösungsprinzipien, sondern durch die ungünstige bzw. mangelhafte Gestaltung von Maschinenteilen verursacht werden. Zur Vermeidung solcher Fehler sind u. a. die VDI-Richtlinien für die Gestaltung hilfreich. Eine allgemeine Vorgehensweise zur Entwicklung und Konstruktion technischer Produkte im Maschinenbau wird in der VDI-Richtlinie 2221 [VDI 2221] vorgeschlagen.

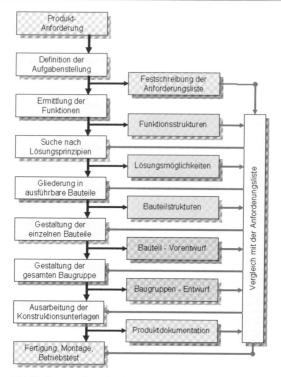

Bild 5.2: Vorgangsschema für die Entwicklung und Konstruktion eines Produkts

5.2.2 Vorgaben

Die wichtigsten allgemein gültigen Anweisungen zur Gestaltung von Maschinenteilen und anderen technischen Produkten sind

- Eindeutigkeit,
- Einfachheit,
- Sicherheit.

Die geforderten technischen Funktionen müssen **eindeutig** erfüllt werden. Die Wirkung und das Verhalten der Teile müssen **klar** und gut erkennbar sein.

Bei der Herstellung sind wenige **einfach** zusammengesetzte und übersichtlich gestaltete Formen vorzusehen, damit eine wirtschaftliche Fertigung folgen kann. Auch die Wirkung des einzelnen Teils soll durch möglichst **einfache Abläufe** nachvollziehbar bleiben.

Die **Sicherheit** für Mensch und Umwelt steht heute im Mittelpunkt der Entwicklungstätigkeit. Haltbarkeit für die gesamte vorausberechnete Lebensdauer und Betriebssicherheit für den vorgesehenen Einsatzzweck müssen garantiert werden. Die Einhaltung der Umweltschutzauflagen und der gesetzlichen und verbandsinternen Vorschriften (Arbeitssicherheitsgesetz, Unfallverhütungsvorschriften) wird als selbstverständlich vorausgesetzt.

5.2.3 Konstruktionsstrategien

5.2.3.1 Bauteilsicherheit

Es wird unterschieden zwischen **unmittelbarer**, **mittelbarer** und **hinweisender Sicherheitstechnik** [DIN 31000]. Die unmittelbare (= direkte) Sicherheit enthält kein Gefährdungspotenzial für die Benutzung einer Maschine. Muss mit Schutzeinrichtungen und deren Anordnung gearbeitet werden, bezeichnet man es als **mittelbare Sicherheit**. Auf eine **hinweisende Sicherheit**, bei der vor Gefahren nur gewarnt wird und ein Gefährdungsbereich nur angezeigt wird, sollte vollkommen verzichtet werden.

Auch wenn alle Sicherheitsaspekte bei der Konstruktion berücksichtigt wurden, können beim Betrieb **Störungen** auftreten. Der mögliche Einfluss dieser Störungen muss im Voraus bedacht werden. Die Auswirkungen dürfen die Stabilität des Systems nicht gefährden, sondern sollten mildernde Gegenreaktionen erzeugen. Dieser Effekt ist durch vorausschauende konstruktive Maßnahmen erreichbar.

Ein Hilfsmittel, welches bei allen technischen Systemen angewendet werden sollte, ist das **Prinzip der fehlerarmen Gestaltung**, das erreicht wird durch

- möglichst einfache Bauteile und -strukturen mit wenigen toleranzlastigen Abmessungen,

- geeignete konstruktive Maßnahmen, z. B. kontinuierliche Nachstellmöglichkeit zum Einhalten von engen Maßtoleranzen,

- Anwendung von Wirkstrukturen und -prinzipien, bei denen Stör- und Funktionsgrößen möglichst unabhängig voneinander sind (Invarianz),

- Beeinflussung von zwei gegenläufig arbeitenden Strukturen durch eine aufgetretene Störgröße (Kompensation).

96　　　　　　　　　　　　　　　　　　5 *Gestaltung von Maschinenteilen*

Für das Verhalten eines Bauteils während seiner berechneten Betriebszeit bzw. Lebensdauer kommen auch folgende Prinzipien zur Anwendung:

- **Safe-life-Verhalten** (Prinzip des sicheren Bestehens), d. h. die Annahme, dass das Bauteil ohne Fehlfunktion oder Zerstörung die Betriebszeit übersteht;

- **Fail-safe-Verhalten** (Prinzip des beschränkten Versagens), d. h., die Fehlfunktion wird durch ein anderes Bauteil zeitweise ausgeglichen;

- **Stand-by-System** (Prinzip der Ersatzbereitstellung), d. h., für jede Baugruppe steht eine identische Ersatzbaugruppe zur Verfügung, z. B. Anordnung von drei Kältemaschinen in Parallelschaltung, obwohl leistungsbedingt zwei Aggregate ausreichend sind, damit bei Maschinenstörung im Kühlhaus die Kühlkette nicht unterbrochen wird. Auch das Reserverad im Auto ist ein Stand-by-System.

Beispiel: **Sicherheits-Ringscheibenbremse** an der Seilscheibe einer Gondelbahn.

Das **Fail-safe-Verhalten** von Systemen ist überlebenswichtig. Der Stromausfall oder Ausfall des Hydraulikspannsystems, z. B. Leckage durch Abriss eines Hydraulikschlauchs oder einer Verschraubung, hätte fatale Folgen. Die Fahrt der Gondel muss unmittelbar und sicher gestoppt werden.

Bild 5.3: Sicherheits-Ringscheibenbremse einer Gondelbahn

Hierzu dient die Sicherheits-Ringscheibenbremse an der Unterseite der Seilscheibe. Im bestimmungsgemäßen Betrieb spreizt der Hydraulik-Plungerzylinder die Scherenkonstruktion der Backenbremse und gibt die

Bewegung frei. Beim beschriebenen Notfall bricht der Hydraulikdruck zusammen und die in den Tellerfedern gespeicherte Energie bzw. Kraft bringt den Anpressdruck für die beiden Bremsbeläge im oberen Scherenbereich auf.

Aber warum hat hier der Konstrukteur eine Ringscheibe und den dadurch bedingten runden und nicht parallelen Verschleiß der Bremsbeläge gewählt? Bei einer denkbaren, um 90° geschwenkten Lösung wie bei einer üblichen Pkw-Scheibenbremse, sind die Bremsbeläge genauso wirksam, aber gleichmäßiger belastet.

5.2.3.2 Selbsthilfe

Selbsthilfe bedeutet Schutz vor Bauteilversagen durch integrierte Maßnahmen. So können Schäden durch Überlastungen vermieden oder gemindert werden. Mit Hilfe von eingebauten Hilfs- bzw. Zusatzfunktionen können gegenseitig unterstützende Wirkungen erzielt werden. Folgende Lösungsmöglichkeiten stehen zur Verfügung und werden in [*Pahl, Beitz*] ausführlich beschrieben:

- **selbstverstärkende Lösung**
  einer zusätzlichen Nebenfunktion zur Verstärkung der Gesamtwirkung.

- **selbstausgleichende Lösung,**
  d. h., Ausnutzung des Prinzips „actio = reactio", also Erzielung einer Ausgleichswirkung durch eine der Hauptwirkung entgegengesetzte Nebenwirkung.

- **selbstschützende Lösung,**
  d. h., Umlenkung von Kraftwirkungen bei Beginn einer Bauteilüberlastung durch konstruktive Maßnahmen.

Das Verhältnis der Zusatzfunktionen zu den Hauptfunktionen lässt sich beschreiben durch den Selbsthilfegrad und den Selbsthilfegewinn.

Selbsthilfegrad: $\eta_S = \dfrac{W_{\text{Hilfe}}}{W_{\text{ges.}}} = 0 \ldots 1$

W_{Hilfe} = Hilfswirkung, $W_{\text{ges.}}$ = Gesamtwirkung

Selbsthilfegewinn: $\gamma_S = \dfrac{K_{\text{mit S.}}}{K_{\text{ohne S.}}} > 1$

$K_{\text{mit S.}}$ = technische Kenngröße mit Selbsthilfefunktion, $K_{\text{ohne S.}}$ = technische Kenngröße ohne Selbsthilfefunktion

5.2.3.3 Aufgabenteilung

Häufig wird angestrebt, dass möglichst viele Funktionen von einem Bauteil (Funktionsträger) ausgeführt werden sollen. Stoßen dabei auch nur einige der Hauptfunktionen an die jeweilige Belastungsgrenze, so kommt das gesamte Bauteil sehr schnell an seine Auslegungsgrenzen. Dann ist es sinnvoll, die Aufgaben auf mehrere Einzelbausteine zu verteilen, wobei zu Gunsten einer eindeutigen Berechenbarkeit, höheren Einzelleistungsfähigkeit, einer eindeutigen Funktionszuordnung und besseren Wartungsmöglichkeiten die Belastungsgrenzen erhöht werden können. Nachteilig ist das meist höhere Bauteilgewicht und -volumen, welches aber durch eine höhere Wirtschaftlichkeit und Betriebssicherheit ausgeglichen wird.

Beispiel: **Tragrollen für Förderbandanlagen**

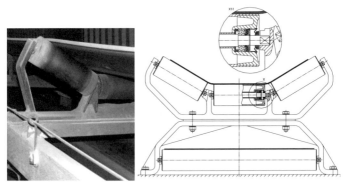

Bild 5.4: Tragrollen für Förderbänder, Schweißkonstruktion (links), Gusskonstruktion (rechts)

Rinnenförderband-Anlagen mit Gurtbändern aus Elastomeren werden häufig eingesetzt, um Schüttgut als Massengut kontinuierlich zu fördern. Die marktüblichen Ausführungen sind den Anforderungen angepasst. Der Verwendungsbereich reicht vom rauen Betrieb mit Kies oder Bruchsteinen bis hin zu Puderzucker oder Lebensmittelzutaten. Die Umgebungsbedingungen (Staub, Temperatur) nehmen Einfluss auf die Auslegung. Der jeweilige Einsatzzweck bestimmt maßgeblich die Gestaltung der Tragrollen.

Die Drehbewegung der Rollen stellt eine Relativbewegung zu den Aufnahmeböcken dar, die in der Regel mit Wälzlagern ausgerüstet sind. Die Lebensdauer der Wälzlager hängt hauptsächlich von den Betriebslasten und der Schmierung ab. Die Kapselung der Lager durch aufwändige

5.2 Gestaltungslehre

Dichtsysteme schützt Lebensmittel vor dem Schmierstoff, umgekehrt verhindern Dichtungen das Eindringen von lebensdauervermindernden Verschmutzungen. Es gibt Lagerbauarten mit regelmäßiger Nachschmierung und andere, die innerhalb ihrer Betriebsdauer keine Zusatzschmierung benötigen und mit der werksseitigen Grundschmierung auskommen. Montage- und wartungsgerechte Gestaltung findet sich nicht an jedem in der Industrie benutzten Förderband, da oft aus Kostengründen einfachste Konstruktionen gebaut werden.

So leidet oft die kraftfluss- oder fertigungsgerechte Gestaltung unter dem Preisdruck der Wettbewerber. Die Aufnahmeböcke können in einfachster Bauform als kalt gebogene schweißnahtlose Flachstahlwinkel ausgeführt sein; Gussböcke lassen sich kraftflussgerecht gestalten, sind aber nur in größeren Stückzahlen wirtschaftlich fertigbar.

Nach dem Prinzip der Aufgabenteilung lässt sich die Lagerung als Fest- und Loslagerung ausführen. Während das Loslager nur radiale Kräfte aufnimmt, wird das Festlager mit Axial- und Radialkraft in eindeutiger Weise belastet. In der Praxis findet man häufig auch „angestellte Lagerungen", bei denen beide Lager Radialkräfte, die Axialkraft aber im einen Belastungsfall durch das eine, im anderen durch das zweite aufgenommen wird. Einige Konstrukteure bevorzugen diese verspannte Bauform mit allen Vor- und Nachteilen.

Die Endmontage der Tragrollenstation auf dem Untergestell sollte unbehindert möglich sein; auch die Demontage muss problemlos durchführbar sein. Schablonen zum Setzen der Befestigungsbohrungen haben sich bewährt, denn Fluchtfehler in den Stationen führen zu erhöhtem Gurtbandverschleiß.

Beispiel: **Pkw-Seitentür**

Neben anwendungsorientierter industrieller Konstruktion unterliegt die Gestaltung im Fahrzeugbau den gleichen Gestaltungsprinzipien oder -regeln, die optische Anmutungsleistung des Produkts (Pkw) ist aber erheblich höher.

An dieser Stelle soll beispielhaft nur auf einige wenige Aspekte aufmerksam gemacht werden, die im Gebrauchsalltag oft nicht erkannt werden. Die Baugruppe **Pkw-Seitentür** ist ein äußerst komplexes Funktionssystem. Ein Hauptwirkmechanismus und Hauptfunktionen sind Öffnen und Schließen des Fahrgastraums mit in der Regel einer Drehbewegung um eine horizontale Scharnierachse. Durch die Negation der gewonnenen Erkenntnisse kann man durch logisches Vorwärtsschreiten (Wissensstandserweiterung) die vertikale Scharnierachse weiterentwickeln, die jedoch fast ausschließlich zu den hochklappbaren Türen im gehobenen Preissegment der Nobelsportwagen geführt hat. Auch die Negation der Dreh- oder Schwenkbewegung findet neue Ergebnisse, wie die bereits seit Jahrzehnten bekannte Schiebetür mit der quasi linearen oder translatorischen Öffnungsbewegung.

Der größte Teil der Pkw-Seitentüren hat vertikale Drehachsen in den Scharnieren, die aus Sicherheitsgründen in Fahrtrichtung vorn in der A-Säule angeordnet sind. Die Ausführung dieser Schwenkmöglichkeit ist eine Konstruktionsphilosophie des OEMs (s. o.). Welche Ausführung ist montage- oder reparaturfreundlicher oder kostengünstiger? Das angeschraubte Scharnier ist ebenso wie das eingeschweißte etabliert.

Bild 5.5: Pkw-Seitentür, geschweißte Ausführung (oben), geschraubte Ausführung (unten)

Die koordinatengenaue Position der Tür in der Öffnung ist für die Optik entscheidend. In vielen Lösungen ist die Begrenzung des Öffnungswinkels und Drehbewegung im Scharnier nach dem Prinzip der Aufgaben-

5.2 Gestaltungslehre

teilung nicht in einem Konstruktionselement vereint. Die Aufnahme von Spiegelverstelleinrichtungen, elektrischen Fensterhebeantrieben, Lautsprechern, Innen- und Außengriffen bzw. Betätigungselementen zur Verriegelung sind Details zur Integration von Unterbaugruppen in die Türkonstruktion. Die Festigkeitsanforderungen für den Seitenaufprall müssen auch berücksichtigt werden. Hier sei noch erwähnt, dass Dichtheit und Geräuschbildung mit konventionellen Gestaltungsregeln nicht zu beschreiben sind.

5.2.3.4 Kraft- und Energieführung

Greifen am Bauteil Kräfte, Biege- und Drehmomente an, so sind diese meist von **Verformungen** begleitet, die über die Form- und/oder Werkstoffwahl kompensiert werden müssen. Die Kräfte und Momente, die mit den Hauptfunktionen definiert werden, sind **funktionsbedingte Hauptbelastungen**. Nebenbei entstehen aber auch Wirkungen, die nicht direkt zur Funktionserfüllung beitragen, z. B. Axialschub bei schräg verzahnten Zahnrädern, Massenträgheitskräfte bei oszillierenden Bewegungen usw.

Die Durchleitung von Kraft- und Energiewirkungen durch ein Bauteil (Funktionselement) kann man sich in Form von Kraftlinien vorstellen.

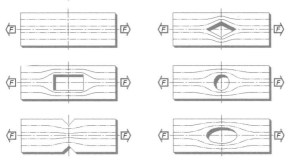

Bild 5.6: Kraftlinienfluss, gestörter Kraftfluss durch Ausschnitte

Zur Verarbeitung von auftretenden Kräften und Momenten bestehen bei der Bauteilgestaltung folgende Möglichkeiten:

- **Kraftfluss-optimierte Konstruktion**
  Ein Kraftflusssystem muss in einem Funktionselement immer geschlossen sein. Dabei ist auf eine direkte Kraftleitung zu achten, damit der Kraftflussweg möglichst kurz bleibt. Scharfe Umlenkungen und Veränderungen der Kraftflussdichte, bedingt durch plötzliche Querschnittsänderungen, sind unbedingt zu vermeiden.

- **Gestaltfestigkeitsausgleich**
  Die Festigkeitsbelastungen sollen an jeder Stelle des Bauteils möglichst gleich hoch sein. Das ist durch eine geschickte Kombination bei der Wahl von Werkstoff und Bauteilgeometrie erreichbar.

- **Kraftleitungsverkürzung**
  Kraftleitungen sollen kurz und direkt sein durch Minimierung von Werkstoffwand, Volumen und Gewicht. Ziel ist ein steifes und leichtes Bauteil.

- **Verformungsabstimmung**
  Können die durch den Betrieb hervorgerufenen Bauteilverformungen relativ genau vorhergesagt werden, lassen sich – meist sehr aufwändig – konstruktive Gegenmaßnahmen setzen. Somit werden die durch Einwirkkräfte erzeugten Verformungen minimiert.

- **Kraftausgleich**
  Durch die symmetrische Anordnung von Kraftangriffspunkten am Bauteil oder durch die Verwendung von zusätzlichen Gegengewichten können Lasten, Antriebsmomente und Umfangskräfte, häufig überlagert von Nebeneffekten, z. B. axiale und radiale Schubkräfte, Massen- und Strömungskräfte usw., am Funktionselement weitgehend neutralisiert werden. Diese Methode kommt vorwiegend bei relativ großen Lasten zur Anwendung, z. B. bei Lasten- und Personenaufzügen oder bei Seilbahnen mit symmetrisch gegenläufigen Kabinen.

5.2.4 Gestaltungsrichtlinien

Wegen der großen Anzahl unterschiedlicher Gestaltungskriterien werden hier nur die wichtigsten behandelt; deshalb sei auf verschiedene ergänzende Werke hingewiesen: [*Pahl, Beitz*], [*Hoenow*], [*Haberhauer*], [*Niemann*], [*Dubbel*].

5.2.4.1 Betriebsbedingungen

Die klimatischen Umgebungsbedingungen, unter denen die Maschine bzw. das Maschinenteil eingesetzt werden soll, müssen bekannt sein, andernfalls müssen die Einsatzgrenzen ausdrücklich bestimmt werden. Festzulegen sind:

- maximal zulässige Betriebstemperatur,
- minimal zulässige Betriebstemperatur,
- zulässige relative Luftfeuchtigkeit.

5.2 Gestaltungslehre

Nur unter diesen Grenzbedingungen ist es möglich, Funktionselemente sicher auszulegen, denn fast alle Werkstoffeigenschaften sind temperaturabhängig.

Beispiel: Fahrgestelle für Lastkraftwagen, die in sehr kalten Zonen bzw. in Gebieten mit großen Temperaturunterschieden eingesetzt werden, sind mit verschraubten Fahrgestellen ausgerüstet, da die üblichen Schweißkonstruktionen die temperaturbedingten Spannungsdifferenzen nicht mehr aufnehmen können. Die Elastizität der Schraub- oder Nietverbindung ist in diesem Fall der Schweißverbindung vorzuziehen.

Alle Bauelemente müssen **beanspruchungsgerecht** ausgelegt werden, d. h., sie sind nach den Regeln der Technik, zusammengestellt in der einschlägigen Literatur über Maschinenelemente, z. B. [*Decker*], [*Haberhauer*] u. [*Niemann*], zu berechnen und gestalten. Zu erwartende Kerbwirkungen und mehrachsige Spannungszustände müssen berücksichtigt werden. Dabei sind auch Festigkeitshypothesen für überlagernde Spannungen und Schadensakkumulationshypothesen zur genaueren Lebensdauervorhersage anzuwenden.

Für eine **stabilitätsgerechte Auslegung** ist die Finite-Elemente-Methode ein zuverlässiges Mittel, um die Einwirkung von Kräften und Momenten auf das Bauteil zu erkennen. Somit können im Voraus Spannungsspitzen konstruktiv vermieden werden [*Rieg*].

Nicht unterschätzen darf man das mögliche Auftreten von gewollten und ungeplanten Schwingungen und Geräuschen, die auch das Verhalten von benachbarten Bauteilen beeinflussen können. Resonanzen sind selten genau vorauszusagen, verursachen u. a. auch Festigkeitsprobleme und müssen unbedingt gedämpft werden.

Die Festschreibung der zulässigen Betriebstemperaturen ist notwendig, da alle Werkstoffe die Eigenschaften besitzen, sich bei Temperaturänderungen zu verlängern bzw. verkürzen. Somit ist jedes Maschinenteil **ausdehnungsgerecht** zu gestalten.

Für feste Körper wird ein Mittelwert für die Ausdehnung definiert:

Längenausdehnungskoeffizient $\quad \alpha_L = \dfrac{\Delta L}{L \cdot \Delta \vartheta_m}$

L Ausgangslänge des Bauteils, ΔL Längenausdehnung, $\Delta \vartheta_m$ mittlere Temperaturdifferenz

Der Raumausdehnungskoeffizient gibt die relative Volumenausdehnung hauptsächlich bei Gasen und Flüssigkeiten an; bei homogenen festen Körpern beträgt sie das Dreifache des Längenausdehnungskoeffizienten.

Unterschiedliche Werkstoffe haben auch unterschiedliche Längenausdehnungskoeffizienten, daher muss bei der Kombination von Werkstoffen und/oder Bauteilen besonders auf die Relativausdehnung zwischen den Körpern geachtet und gestalterisch berücksichtigt werden.

Relativausdehnung: $\Delta L_{rel} = \alpha_{L,1} \cdot L_1 \cdot \Delta \vartheta_{m,1} - \alpha_{L,2} \cdot L_2 \cdot \Delta \vartheta_{m,2}$

Beispiel: Bei einem Rohrbündel-Wärmeaustauscher ($\varnothing$ 1 m; Länge 8 m), ausgeführt mit zwei festen Rohrböden, wurden beim Betrieb mit einer zu hohen Mediumstemperatur (Störfall) die Einwalzbereiche zwischen Rohrboden und Innenrohren undicht. Ursache war die unterschiedliche Längenausdehnung zwischen Mantelrohr (Kesselbaustahl HII) und dem Innenrohrbündel (CuNi 30 Fe);

$\alpha_{L,HII} = 0{,}011$ mm/(m · K); $\alpha_{L,CuNi} = 0{,}017$ mm/(m · K); $\Delta \vartheta_m = 100$ K; $\Delta L_{rel} = 4{,}5$ mm

Verschiedene Werkstoffe besitzen zwar den gleichen Längenausdehnungskoeffizienten, benötigen aber bei plötzlichen Temperaturänderungen unterschiedliche Ausdehnungszeiten, was zu Spannungen im Bauteil führt.

Mittlere Bauteiltemperatur $\Delta \vartheta_m = \Delta \vartheta * \cdot \left(1 - e^{-\frac{t}{T}}\right)$

$\Delta \vartheta*$ plötzlicher Temperatursprung; t Zeit der Längenänderung, T Zeitkonstante, $T = \dfrac{c \cdot m}{\alpha_W \cdot A}$; c spezifische Wärmekapazität des Werkstoffs; m Bauteilmasse; α_W Wärmeübergangskoeffizient der beheizten Oberfläche; A beheizte Werkstückoberfläche

Zum Ausgleich dieser Zeitkonstanten, also zur Milderung des Temperatursprungs, können Wärmeschutzvorrichtungen am Bauteil vorgesehen werden.

5.2.4.2 Werkstoff

Die richtige Wahl des Werkstoffes beeinflusst alle Eigenschaften eines Maschinenteils, u. a. auch sein Verhalten durch die Umgebungsbedingungen, z. B. durch Korrosion.

Korrosion ist eine von der Oberfläche ausgehende, durch unbeabsichtigten chemischen oder elektrochemischen Angriff hervorgerufene, schädliche Veränderung eines Werkstoffes [DIN 50900]. Entgegen andersartigen Meinungen lassen sich Korrosionserscheinungen vermeiden, wenn

5.2 Gestaltungslehre

der geeignete Werkstoff ausgewählt wird und gleichzeitig konstruktive Maßnahmen getroffen werden, die Angriffe von außen unmöglich machen, z. B. durch Oberflächenbeschichtungen. Aus Kostengründen beschränkt man sich aber meistens auf eine **korrosionsgerechte Gestaltung** und nimmt geringe Mängel bei der Materialwahl in Kauf. Die gestalterischen Möglichkeiten zur Korrosionsvermeidung sind vor allem von der Art des Korrosionsangriffs abhängig [KorrLex], [DECHEMA].

Bei **ebenmäßig abtragender Korrosion** wird der Werkstoff überall annähernd parallel zur Oberfläche abgetragen. Ursache ist meist die Luftfeuchtigkeit (saurer Elektrolyt in Verbindung mit dem Sauerstoff aus der Luft). Der Abtrag beträgt unter normalen Bedingungen ca. 0,1 mm/Jahr *[Gramberg]*; zum Ausgleich reicht meist ein geringer Wanddickenzuschlag aus.

Beispiel: Bei der Konstruktion bzw. Berechnung wird bei nach den AD-Merkblättern [AD 2000] ausgeführten Druckbehältern und Wärmeaustauschern aus ferritischem Baustahl ein Korrosionszuschlag von 1 mm an Druck tragenden Wandungen vorgeschrieben.

Lokal angreifende Korrosion gibt es in vielfältigen Erscheinungsformen: **Lochfraß** ist ein örtlich beschränkter Vorgang, der zu kraterförmigen Vertiefungen und später zu Durchlöcherung des Werkstoffes führt. **Narbenkorrosion** zeigt örtliche flache Anfressungen.

Viele Korrosionsformen werden durch das Auftreten von Bauteilspannungen und von außen wirkenden Kräften begünstigt.

Die **Spannungsrisskorrosion** entsteht bei Einwirkungen von Zugspannungen im Werkstoff; es entsteht eine Materialtrennung entlang der Korngrenzen. Diese Korrosionsform tritt häufig bei fehlerhaften Schweißverbindungen und Wärmebehandlungen auf. Durch gestalterische Gegenmaßnahmen (Zugentlastung) lassen sich äußere Kraftangriffe kompensieren. Fachgerechte Ausführung der Schweiß- und Lötverbindungen vermeidet Werkstoffbeschädigungen.

Vielfach werden Lackierungen und Materialbeschichtungen empfohlen; diese wirken aber nur dann, wenn deren Ausdehnungsverhalten besser ist als das des Grundwerkstoffes.

Die **Schwingungsrisskorrosion** kann durch thermische oder mechanische Wechselbeanspruchungen hervorgerufen werden. Es ist darauf zu achten, dass diese möglichst klein gehalten werden und keine Kerbwirkungen am Bauteil auftreten können. Hilfreich zur Lebensdauerverlängerung sind Überzüge mit Druckvorspannung, z. B. Gummierung, Einbrennlackierung, Galvanisierung usw., und Oberflächenveredelung durch Kugelstrahlen, Prägepolieren usw.

Sind in der Konstruktion enge Spalte vorgesehen, in die Feuchtigkeit eintreten kann, z. B. durch Kapillarwirkung, ist mit **Spaltkorrosion** zu rechnen. Bei Schweißkonstruktionen sind die Nähte möglichst durchzuschweißen, andernfalls die Spalte nachträglich abzudichten. Sind Spalte konstruktiv nicht vermeidbar, sollten sie so breit ausgeführt werden, dass das Medium hindurchströmen kann und keine Totwasserzonen bildet.

Kombiniert man verschiedene Metalle, so kommt es auf Grund des Potenzialunterschieds der Werkstoffe zur **Kontaktkorrosion**, ein elektrochemischer Angriff, der das unedlere Material auffrisst (Batteriewirkung). Die Metalle sollten gegeneinander isoliert werden, andernfalls sind zusätzlich Opferanoden einzuplanen, deren Lebensdauer aber immer begrenzt ist.

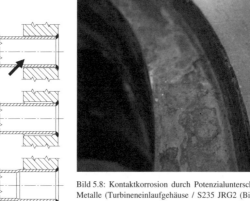

Bild 5.8: Kontaktkorrosion durch Potenzialunterschied verschiedener Metalle (Turbineneinlaufgehäuse / S235 JRG2 (Bild) und Leitradgehäuse / So-Ms einer Kaplanturbine

Bild 5.7: Spaltkorrosion, Rohreinschweißung am Behälter (innen nicht zugänglich); Gefahrenstelle (oben) – Lösung 1: Spaltvergrößerung (Mitte) – Lösung 2: Rohr anwalzen (unten)

Es ist unbedingt erforderlich, dass bei jeder Wartung auf Korrosionserscheinungen am Bauteil geachtet und ggf. geeignete Gegenmaßnahmen getroffen werden.

Überall dort, wo Teile aneinander gleiten bzw. reiben, tritt – auch bei sehr guter Schmierung – ein Materialverschleiß, d. h. unerwünschtes Ablösen von Werkstoffpartikeln durch mechanischen oder auch chemischen Angriff, auf, der nicht vermeidbar ist (z. B. Laufflächen an Eisen-

5.2 Gestaltungslehre

bahnfahrgestellen). Eine **verschleißgerechte Gestaltung** kann sich daher nur auf die Minimierung der Auswirkungen beziehen.

Auch hier ist das wichtigste Kriterium die zu den erwarteten Belastungen passende **Werkstoffauswahl**. Die Beanspruchung der Verschleißbereiche sollte überall möglichst gleich groß sein, der Tragflächenanteil also gegen 100 % gehen. Notfalls ist mit selbst nachstellenden Elementen zu arbeiten. Bei Gleitlagerungen ist immer auf einen ununterbrochenen Schmierfilm zu achten, wobei beim Einsatz von Schmiermitteln, z. B. Fetten und Ölen, auf deren mechanische und thermische Einsatzgrenzen zu achten ist. Werden diese Grenzen im Betrieb überfahren, sollten Schmiermittel sofort ausgetauscht werden, um einem Versagen des Bauteils vorzubeugen. Konstruktiv sind eine möglichst hohe Oberflächengüte und eine günstige Geometrie der Gleitflächen (Einlaufzonen, Nachschleifmöglichkeit durch Freistiche usw.) anzustreben.

Die Kombination mit andersartigen Zwischenschichten, z. B. besonderen Kunststoffen (PTFE), also Feststoffschmierstoffen, minimiert den Verschleiß; die Lebensdauer ist hierbei genügend genau berechenbar. Man spricht von „adhäsivem Verschleiß".

Erhöht man zum Ausgleich die Oberflächenhärte des weicheren Werkstoffes, z. B. durch Nitrieren oder eine Hartmetallauflage, mindert man den abrasiven Verschleiß.

Die starke Absonderung von harten Oxidationsprodukten an der Werkstückoberfläche, der die Funktion einschränken oder gefährden kann, ist ein mechanisch-chemischer Vorgang, es bilden sich Scheuerstellen (Reibkorrosion). Schädliche Kerbwirkungen sind die Folge. Gründe sind häufig zu geringe Steifigkeit oder falsche Kraft- und Momentein- und -ausleitung am Bauteil.

Jeder Werkstoff besitzt die Neigung zum Kriechen. Das ist die Eigenschaft, bei hohen Temperaturen nahe ihrer Fließgrenze durch zeitlich lang andauernde stetige Belastungen zu den elastischen auch plastische Verformungen zu erleiden.

Zur **kriechgerechten Auslegung** von Maschinenteilen gehört daher auch die Beachtung der jeweiligen Werkstoffkennwerte aus den Zeitstandsversuchen, die teilweise nur den Betrieb mit zulässigen Festigkeitskennwerten weit unterhalb der Streckgrenze erlauben.

Für die meisten Werkstoffe liegen hierfür entsprechende Tabellen und Diagramme vor [*Harders*].

5.2.4.3 Herstellung

Technische Produkte müssen nicht nur die geforderten Funktionen erfüllen, sondern sollen auch einen ansprechenden äußeren Eindruck bieten. Daher muss jede Konstruktion auch eine **formgestaltungsgerechte** Komponente beinhalten. Die VDI-Richtlinie 2224 gibt Empfehlungen zur Formgebung technischer Erzeugnisse. Jede Maschine erhält durch seine Form und Baustruktur eine bestimmte Aussage, z. B.

- Ausdruck → stabil, leicht, kompakt usw.,
- Struktur → Kasten-, Blockform; l-, C-, T-Form usw.,
- Gliederung → klar abgegrenzte Bereiche, Blockanordnung,
- Einheitlichkeit → wenig Formvarianten, alle Elemente im gleichen Design,
- Farbwahl → einheitlicher Farbton oder Signalfarben (Sicherheitsfarben),
- Grafik → Gerätebeschriftung unterstützt durch auffällige Sinnbilder.

Blindflansch – Vorschweißflansch

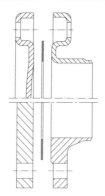

aus Blech
Anschlussmaße
nach DIN 2527
PN 16 / DN 80
(Fabr. Kremo)

aus Blech
Anschlussmaße
nach DIN 2633
PN 16 / DN 80
(Fabr. Kremo)

Standardbauweise
(massiv):
DIN 2527
PN 16 / DN 80

Standardbauweise
(geschmiedet):
DIN 2633 – C 80
PN 16 / DN 80

Bild 5.9: Flanschverbindung, leichte oder kompakte Ausführung

Auf eine **fertigungs- und kontrollgerechte** Fertigungsmöglichkeit ist bereits in der Gestaltungs- und Entwurfsphase zu achten, u. a. werden hier schon die Werkstückkosten stark beeinflusst.

5.2 Gestaltungslehre

Verschiedene Gesichtspunkte führen zu einer fertigungsgerechten Baustruktur:

- **Differenzialbauweise**
  d. h. Aufspaltung eines Maschinenteils in fertigungstechnisch günstigere Einzelteile, die einfacher und günstiger zu bearbeiten sind (Werkzeugkostensenkung).

- **Integralbauweise**
  d. h. Verbindung mehrerer Funktions- und Einzelteile zu einem kompakten Bauteil, z. B. Umstellung von geschweißten Getriebegehäuse auf Gussgehäuse, Strangpressprofile an Stelle von Halbzeugprofilkombinationen.

- **Verbundbauweise**
  d. h. Herstellung unlösbarer Verbindungen verschiedener Rohteile, evtl. verschiedener Werkstoffe zur Nutzung der jeweils hervorstechenden Eigenschaften, zu einem Werkstück, welches danach weiterbearbeitet werden kann. Hierzu gehört auch die Kombination von urgeformten und umgeformten Bauelementen.

Der Fertigungsaufwand muss bei verbesserter Qualität so gering wie möglich sein, ebenso die Anzahl der verschiedenen Fertigungsverfahren. Zu erreichen ist das schon durch eine optimierte Werkstückgestaltung, die bereits neben Form und Abmessungen die Oberflächengüte, Toleranzen und Passungen berücksichtigt. Die Kenntnis der verschiedenen Fertigungsverfahren ist für eine gute Teilegestaltung wichtig.

Allgemein ist ein **montagegerechter** Aufbau eines Werkstückes, einer Baugruppe oder Maschine vorteilhaft, wobei wenige, einheitliche und einfache Montagearten und die Möglichkeit von Parallelmontagen anzustreben sind. Die Verwendung folgender Montageoperationen ist von der Grundgestaltung abhängig:

- Speicherbarkeit → Das Werkstück benötigt zur Lageorientierung eindeutig definierte Form und Auflageflächen.

- Handhabung → Bei automatischen Montageverfahren muss das Teil einwandfrei und lagesicher greif- und transportierbar sein.

- Positionierung → Falls keine Zwangsposition gefordert wird, ist ein symmetrischer Aufbau vorteilhaft; selbsttätiges Ausrichten von zu verbindenden Teilen oder die Verwendung einstellbarer Bauteilverbindungen ist evtl. mit einzuplanen.

- Fügbarkeit → Unterschiedliche Montagetechnik bei oft zu lösenden Fügeverbindungen und unlösbaren Verbindungen; die Positionierung und Verbindung wird zu einem Arbeitsgang zusammengefasst. Konstruktiv sind bereits Einführungserleichterungen vorzusehen.
- Einstellbarkeit → Montagegeräte müssen fein einstellbar sein; mess- und prüfbare Werte müssen dokumentierbar sein.
- Sicherheit → Alle sicherheitstechnischen Aspekte sind zu berücksichtigen.
- Kontrolle → Nach der Montage müssen alle funktionsbedingten Operationen nachkontrollierbar und messbar sein.

5.2.4.4 Verwendung

Das konstruierte Maschinenteil muss verwendbar sein, also sowohl **gebrauchsgerecht** als auch **ergonomiegerecht** konzipiert sein. Der Betrieb der konstruierten Anlage muss gestalterisch an den Aufstellungsort angepasst sein und darf keine gravierenden Umweltbelästigungen ausüben. Betriebsdaten sollen reproduzierbar und leicht erkennbar sein.

Die Arbeitswissenschaft hat zum Schutz der Menschen und zur Erhaltung der Arbeitskraft Richtlinien erlassen. Alle Bedienelemente müssen bei Stillstand und Betrieb für den Menschen ohne körperliche Zwangshaltung und ohne die Gefahr von körperlichen Dauerschäden erreichbar und betätigbar sein.

Außerdem gehören richtige Beleuchtung, Lüftung, Lärmschutz und Sicherheitseinrichtungen zu einem ergonomisch gut gestalteten Arbeitsplatz.

Bild 5.10: Körperliche Zwangshaltung bei der Montage

5.2.4.5 Wartung

Die Maschinen müssen wartungsfreundlich konstruiert werden. Der Zugang muss für das Wartungspersonal **servicegerecht** ausgeführt werden, d. h., es ist bereits genügend Platz um die Anlage dafür einzuplanen.

Regelmäßige Wartungsintervalle und zugehörige Arbeitspläne sind in den Betriebsablauf einzuplanen.

Sollten Reparaturarbeiten durch Funktionsstörungen oder als Präventivmaßnahme erforderlich werden, ist eine **instandhaltungsgerechte** Konstruktion sehr hilfreich. Das erreicht man durch die Verwendung von Normteilen, außerdem durch gute Zugänglichkeit zu den Bauteilen.

5.2.4.6 Sicherheit

Eine **risiko-** und **unfallvermeidungsgerechte** Konstruktion ist selbstverständlich. Gesetze über technische Arbeitsmittel, Normen und Vorschriften der Berufsgenossenschaft verpflichten jeden Konstrukteur zur Einhaltung von sicherheitstechnischen Grundregeln. Im Zweifelsfall ist jedes Maschinenteil wiederholt zu überprüfen, auch in Kombination mit anderen Teilen.

5.2.4.7 Vorschriften

Eine Fülle von verschiedenen Vorschriften, Gesetzen, Normen, Datenblättern und Richtlinien sind beim Gestaltungsvorgang zu berücksichtigen, z. B.

- Gefahrstoffverordnungen,
- Maximale Arbeitsplatzkonzentrationen (MAK-Werte),
- TA Abfall,
- Verordnungen über Altstoffe (Öle, Elektronikschrott usw.),
- Verpackungsverordnung.

Sie sind vor dem Konstruktionsprozess zu sammeln und zu sichten, ggf. in die Dokumentation mit einzubeziehen.

Die eindeutige Spezifikation durch mitgeltende Unterlagen ist Basis eines geregelten Kunden-Lieferanten-Verhältnisses.

5.2.4.8 Verwertung

Bei immer knapper werdenden Rohstoffen soll jedes Bauteil oder seine Bestandteile nach Erfüllung seiner Funktionsaufgabe wieder in den Produktionskreislauf zurückgeholt werden (Recycling). Dazu ist es häufig notwendig, Werkstoffkombinationen wieder zu trennen.

Auch die spätere Demontage muss bereits bei der Bauteilgestaltung mit berücksichtigt werden. Eine werkstoffspezifische Kennzeichnung der Teile erleichtert den Wiederverwertungsprozess.

Beispiel: **Entsorgungsweg** eines Altfahrzeugs [Toyota]
Ca. 30 % der Teile werden ausgebaut und als Ersatzteile verkauft, der Rest geht in die Presse und wird in Abfall (ca. 20 %) und wieder einschmelzbare Metalle getrennt.

5.2.5 Bausysteme

Zur Rationalisierung von Konstruktionsarbeiten bietet sich die Entwicklung von Baureihen an. Das können Maschinen, Baugruppen oder Einzelteile sein, die die gleichen Eigenschaften in verschiedenen – möglichst nach Normzahlenreihen gestuften – Größenstufen und die gleiche Fertigungssystematik aufweisen. Vorteile sind

- Minimierung des Konstruktionsaufwands,
- wirtschaftlichere Fertigung,
- kürzere Lieferzeiten,
- leichtere Zubehör- und Ersatzteilbeschaffung.

Nachteil kann die durch die Systematik bestimmte Größenauswahl werden, da dadurch die gewünschte Leistungsstufe evtl. nicht optimal erreicht wird.

Bei der Festlegung der Baugrößen verwendet man – ausgehend von einem ausgereiften Grundentwurf – Ähnlichkeitsgesetze bzw. -beziehungen und die Normzahlenreihen (DIN 323).

Vorteilhaft hat sich die Entwicklung von Baukastensystemen erwiesen. Im Idealfall wird für jede Einzelfunktion ein separates Bauelement (Funktionsbaustein) konzipiert. Zur Erfüllung der geforderten Gesamtfunktion werden jeweils die entsprechenden Bauelemente zu einem Satz zusammengestellt.

5.3 Ausführungssysteme

Man definiert vielfältige **Bausteinarten** und deren Eigenschaften:

- Bausteinarten → Funktionsbausteine → Grund- u. Hilfsbausteine, Sonder- und Anpassbausteine, Fertigungsbausteine
- Bedeutung → Muss- oder Kannbaustein
- Komplexität → Groß- oder Kleinbaustein
- Kombination → nur gleichartige oder verschiedenartige Bausteine

Als Baukastenbegrenzung ist ein geschlossenes System mit einem fest definierten Bauprogramm oder ein offenes System mit einem Baumusterplan vorstellbar.

Trotz einer großen Zahl von Vorteilen für Hersteller und Betreiber von Maschinen und Anlagen stößt ein Baukastensystem auch an Anwendungsgrenzen, denn die Anpassung an spezielle Kundenwünsche ist nicht so genau möglich wie bei einer Einzelkonstruktion. Die heute vielfach geforderte Flexibilität und Marktorientierung geht verloren. Auch ein Qualitätsverlust kann bei bestimmten Funktionsmerkmalen gegenüber einer Auftragskonstruktion eintreten.

5.3 Ausführungssysteme

5.3.1 Arbeitstechnik

Liegen alle funktionsbedingten Produktanforderungen vor, sind alle Lösungsvarianten geprüft und ist die Entscheidung über Prinzip und Grundgestaltung gefallen, kann mit der Ausarbeitung der technischen Unterlagen begonnen werden.

Alle notwendigen Informationen sind zunächst zu sammeln, zu ordnen und auszuwerten. Zu beachten sind dabei alle gesetzlichen, betrieblichen und produktspezifischen Vorschriften, Regelwerke und Normen (DIN-, EN-, ISO-Normen; VDE-, VDI-Richtlinien) und ggf. mit den Kunden vertraglich vereinbarte Bestimmungen (Werkvertrag).

Hauptkriterium für eine einwandfreie Funktion ist die richtige **Werkstoffauswahl**; sie hat großen Einfluss auf das Festigkeitsverhalten, die Korrosionsanfälligkeit, die Fertigungsmöglichkeiten, die Herstellkosten und den Gesamteindruck des fertigen Bauteils. Erst nach dieser Festlegung kann mit der technischen Ausarbeitung begonnen werden.

Der konstruktive Entwurf dient zur Festlegung der endgültigen Form und Abmessungen. Ein Vergleich mit den technischen Vorgaben sollte

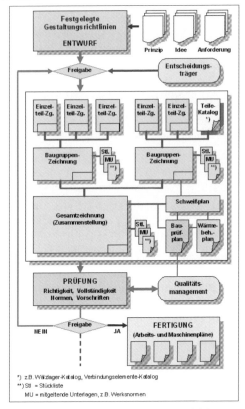

Bild 5.11: Ausarbeitung der Gestaltungsvorgaben (Beispiel)

regelmäßig während der Ausarbeitung der technischen Unterlagen wiederholt werden.

Eine zügige Ausarbeitung eines Projekts ist immer anzustreben; Termindruck kann aber zur eiligen (hektischen) Bearbeitung führen, wobei man dann aber auch eine erhöhte Fehlerquote feststellen kann. Dieses sollte bei einem guten Qualitätsmanagementsystem unbedingt berücksichtigt werden.

Es kommt aus verschiedenen Gründen häufig vor, dass sich Konzeptions-, Entwurfs- und Konstruktionsphase zeitlich überschneiden. Trotzdem sollte eine gewissenhafte Kontrolle am Ende jedes Arbeitsschrittes stehen.

5.3.2 Fertigungsunterlagen

Die durch den Entwurf festgelegten Details werden in der endgültigen Konstruktion zu Fertigungsunterlagen weiterverarbeitet. Oberflächenbehandlungen bzw. -güte, spezifische Fertigungstechniken usw. werden beschrieben. Es entstehen technische Zeichnungen und Stücklisten, Schweiß- und Wärmebehandlungspläne, Arbeitspläne, Bauprüfpläne usw., die dann an die Produktfertigung weitergereicht werden.

5.3.3 Kennzeichnung

Die Systematik und Art der Kennzeichnung gehorcht meist innerbetrieblichen Vorschriften.

Grundsätzlich gilt, dass jede technische Unterlage (Zeichnung, Stückliste, Arbeitsplan usw.) eine eindeutige Kenzeichnung (Nummer) erhalten muss.

Eine ausführliche Beschreibung der verschiedenen **Nummerierungssysteme** findet sich in *[Pahl, Beitz]*.

Sinnvoll ist, dass auch jedes selbst erzeugte Bauteil eine eindeutige **Kennzahl** erhält, welche auch nach der Montage noch zweifelsfrei erkennbar sein sollte. Die Platzierung dieser Kennung ist ebenfalls eine Aufgabe der Bauteilgestaltung. Somit lassen sich Fehler auf Grund von Verwechslungen schnell erkennen und beseitigen.

5.4 Zusammenfassung

Unter Beachtung aller genannten Kriterien und Einhaltung aller sicherheitstechnischer Aspekte von der Idee bis zur fertigen Bauteilgestaltung und Berücksichtigung aller ökologischen und ökonomischen Randbedingungen ist es möglich, Bauteile zu erzeugen, welche die gestellten Anforderungen erfüllen, aber trotzdem einfach, sicher und auch kostengünstig sind.

Die Gestaltungsarbeit wird stets von Überlegungs- und wiederholten Prüfungsvorgängen begleitet; dabei können Zwischenlösungen immer wieder in Frage gestellt werden (Selbstkritik: Gibt es noch eine bessere Lösung?). Guten Lösungen gehen immer Kreativität und viele Korrekturen voraus (Analyse ⇔ Synthese). Für komplexe Baugruppen empfiehlt sich eine Funktionssimulation *[Steinbuch]*.

Auch auf das Angebot der jeweiligen Wettbewerber auf dem nationalen und internationalen Markt ist ständig zu achten oder ggf. zu testen (Benchmark). Kommen von dort eventuell bessere oder günstigere Lösungen?

Heute muss im Bewusstsein des Umweltschutzes nicht nur bei der Herstellung eines neuen Produkts mit den natürlichen Ressourcen sorgsam umgegangen werden, sondern auch für seinen Verbleib nach der Ausmusterung und die mögliche Wiederverwertung der verschiedenen Werkstoffe gesorgt werden (Lifecycle).

Zur Selbstkontrolle dient der Fragenkatalog in Bild 5.12, der auch als Leitlinie – ähnlich [*Pahl, Beitz*] – zu verstehen ist.

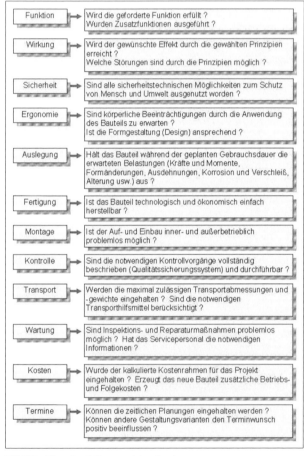

Bild 5.12: Allgemeiner Selbsttest nach dem Gestaltungsvorgang

5.4 Zusammenfassung

Als Basiswerk für eine Detailkonstruktion ist das Fachbuch von Hoenow/Meißner *[Hoenow]* sehr zu empfehlen. Jedes Fertigungsverfahren und jeder Werkstoff hat eigene Gestaltungsrichtlinien, die unbedingt eingehalten werden sollten.

Quellen und weiterführende Literatur

[AD 2000]	VdTÜV: AD 2000 – Merkblätter. Köln: Carl Heymanns Verlag
[DECHEMA]	DECHEMA: Korrosionsschutzgerechte Konstruktion. Merkblätter. Frankfurt/Main: DECHEMA, 1981
[Decker]	*Decker:* Maschinenelemente. Funktion, Gestaltung und Berechnung. München Wien: Carl Hanser Verlag, 2002/2004
[DIN 31000]	DIN 31000: Sicherheitstechnisches Gestalten technischer Erzeugnisse. Berlin: Beuth-Verlag, 1991
[DIN 50900]	DIN 50900: Korrosion der Metalle. Berlin: Beuth-Verlag, 1960
[DIN 69910]	DIN 69910: Wertanalyse. Berlin: Beuth-Verlag, 1987
[Dubbel]	Taschenbuch für den Maschinenbau. Berlin: Springer-Verlag, 2003
[EU-MaRl]	Richtlinie des Rates der Europäischen Gemeinschaft Nr. 89/392/EWG Maschinen
[EU-NiRl]	Richtlinie des Rates der Europäischen Gemeinschaft Nr. 73/23/EWG Elektrische Betriebsmittel bestimmter Spannung (Niederspannungsmaschinen)
[Gramberg]	*Gramberg, U., et. al.:* Stahlkunde für den Chemieapparatebau. Düsseldorf: Stahl-Eisen-Verlag, 1992
[Haberhauer]	*Haberhauer, H.; Bodenstein, F.:* Maschinenelemente. Berlin: Springer-Verlag, 2003
[Harders]	*Harders, H.:* Mechanisches Verhalten der Werkstoffe. Stuttgart: Teubner-Verlag, 2003
[Hoenow]	*Hoenow, G.; Meißner, T.:* Entwerfen und Gestalten im Maschinenbau. Leipzig: Fachbuchverlag, 2004
[KorrLex]	Mannesmannröhren-Werke: Lexikon der Korrosion, 1970
[Niemann]	*Niemann, G.; Winter, H.:* Maschinenelemente. Berlin: Springer-Verlag, 2001
[Pahl, Beitz]	*Pahl, G.; Beitz, W.:* Konstruktionslehre. Berlin: Springer-Verlag, 1997
[QS 9000]	QS 9000: Potential Failure Mode and Effects Analysis. 2. Ausgabe, 1995
[Rieg]	*Rieg, F.; Hackenschmidt, R.:* Finite Elemente Analyse für Ingenieure. München Wien: Carl Hanser Verlag, 2003
[Steinbuch]	*Steinbuch, R.:* Simulation im konstruktiven Maschinenbau. Leipzig: Fachbuchverlag, 2004
[Toyota]	Toyota-Firmenschrift: Maßnahmen für Altfahrzeuge.
[VDA-Bd. 4.2]	VDA, Band 4.2: „System-FMEA", 1. Auflage, 1996
[VDA-Rl]	VDA-Verband der Automobilindustrie, Frankfurt. Richtlinien, Empfehlungen, Prüfblätter, Werkstoffblätter; jeweils neueste Ausgabe
[VDI 2221]	VDI-Richtlinie 2221: Methodik zum Entwickeln und Konstruieren technischer Systeme und Produkte. Düsseldorf: VDI-Verlag, 1993
[VDI 2225]	VDI-Richtlinie 2225: Technisch wirtschaftliches Konstruieren. Düsseldorf: VDI-Verlag, 1977

6 Bauteilfestigkeit

Prof. Dr.-Ing. Frank Rieg

6.1 Grundlagen

Das Ziel der **Festigkeitsberechnung** für ein Bauteil ist das Ermitteln der herrschenden Spannungen σ (Spannungen sind bezogene Kräfte) und deren Vergleich mit den zulässigen Spannungen σ_{zul}.

6.1.1 Zugspannungen

Allgemein gilt für Zugspannungen, vgl. Bild 6.1: $\sigma_z = \dfrac{F}{A}$

Mit $A = \dfrac{\pi \cdot d^2}{4}$ ergibt sich bei Kreisquerschnitten: $\sigma_z = \dfrac{F \cdot 4}{\pi \cdot d^2}$

Die Festigkeitsbedingung ist: $\sigma_z \leq \sigma_{zul}$

Für die zulässige Spannung gilt: $\sigma_{zul} = \dfrac{\text{Werkstoffkennwert}}{\text{Sollsicherheit}} = \dfrac{K}{S}$

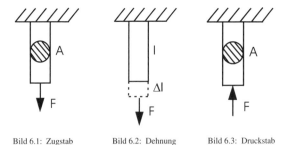

Bild 6.1: Zugstab   Bild 6.2: Dehnung   Bild 6.3: Druckstab

Die Dehnung ist wie folgt definiert, vgl. Bild 6.2:

$$\varepsilon = \dfrac{\text{Längenzuwachs}}{\text{Ausgangslänge}} = \dfrac{\Delta l}{l}$$

6.1 Grundlagen

6.1.2 Druckspannungen

Druckspannungen sind Zugspannungen mit negativem Vorzeichen, vgl. Bild 6.3:

$$\sigma_d = \frac{F}{A} \leq \sigma_{zul} = \frac{K}{S}$$

6.1.3 Flächenpressungen

Flächenpressungen sind Druckspannungen. Die Bilder 6.4 und 6.5 zeigen einen Balken, der auf einem Sockel gelagert ist. An der Auflagefläche tritt die Flächenpressung auf.

Allgemein gilt hier: $p = \dfrac{F}{A} \leq p_{zul} = \dfrac{K}{S}$

Mit der Auflagefläche $A = b \cdot l$ (siehe Bilder 6.4/6.5) ergibt sich:

$$p = \frac{F}{b \cdot l}$$

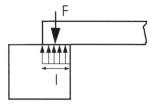
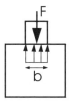

Bild 6.4: Balken, Seitenansicht   Bild 6.5: Balken, Vorderansicht

Bei gekrümmten Flächen, z. B. einem Kolbenbolzen, kann die projizierte Fläche als Auflagefläche angenommen werden (Bilder 6.6 und 6.7):

$$p = \frac{F}{d \cdot l}$$

Der Werkstoffkennwert wird nach der Beanspruchungsart ausgewählt:

- ruhende Beanspruchung: $\quad K = R_e$
- bewegte Beanspruchung: $\quad K = \tfrac{1}{3} \ldots \tfrac{1}{5} R_e$

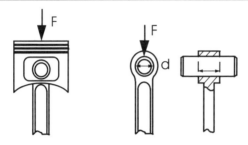

Bild 6.6: Kolben mit Pleuel   Bild 6.7: Abmessung für projizierte Fläche

Spannungen senkrecht zur Oberfläche heißen σ. Dies sind Zugspannungen, Druckspannungen und Flächenpressungen. Flächenpressungen werden inkonsequenterweise „p" genannt.

6.1.4 Schub

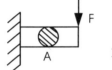
Hier gilt: $\tau_S = \dfrac{F}{A} \leq \tau_{zul} = \dfrac{K}{S}$

Bild 6.8: Auf Schub beanspruchter Balken

Spannungen, die in der Fläche liegen, nennt man **Schubspannungen**. Diese werden mit τ bezeichnet.

6.1.5 Biegung

Technisch mit am wichtigsten ist die Biegung. Bild 6.9 stellt einen auf Biegung beanspruchten Balken und dessen mechanisches Ersatzbild dar.

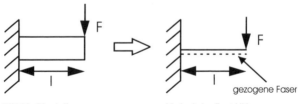

Bild 6.9: Biegebalken   Mechanisches Ersatzbild

6.1 Grundlagen

Zur Berechnung des Biegemomentes wird der Balken am Lagerpunkt freigeschnitten (Bild 6.10).

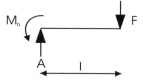

Bild 6.10: Freigeschnittener Biegebalken

Es gilt für das Biegemoment M_b: $M_b = F \cdot l$

Querkraft- und Momentenverlauf des Biegebalkens:

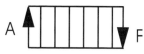   

Bild 6.11: Querkraftverlauf Q Bild 6.12: Momentenverlauf M_b

Weiteres Beispiel: In Bild 6.13 ist ein zweiseitig gelagerter Balken und das mechanische Ersatzbild dargestellt.

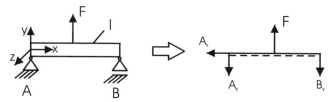

Bild 6.13: Zweiseitig gelagerter Balken   mechanisches Ersatzbild

Da F bei $l/2$ angreift, sind die Lagerkräfte: $A_x = 0$ und $A_y = B_y = F/2$

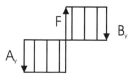

Bild 6.14: Querkraftverlauf Q Bild 6.15: Momentenverlauf M_b

Das Biegemoment M_b ist: $M_b = A_y \cdot \dfrac{l}{2} = \dfrac{F \cdot l}{4}$

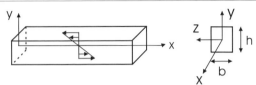

Bild 6.16: Biegespannungen in einem Balken

$$\sigma_b = \frac{M_b}{I} \cdot y \qquad \text{Biegespannung}$$

$$I_b = I_{zz} = \iint_A y^2 \, dy \, dz \qquad I = \text{äquatoriales Flächenmoment}$$

$$I_{zz} = b \int_{-h/2}^{+h/2} y^2 \, dy = \frac{bh^3}{12} \qquad \text{für Rechteckquerschnitt}$$

$$\sigma_b = \frac{M_b}{I} \cdot y \qquad \text{größte Biegespannung } \sigma_{b_{max}} \text{ für } y_{max}$$

$$y_{max} \equiv e \qquad \text{„maximaler Randfaserabstand"}$$

$$\frac{I_b}{y_{max}} = \frac{I_b}{e} = W_b \qquad \text{„Biegewiderstandsmoment"}$$

$$\Rightarrow \sigma_{b_{(max)}} = \frac{M_b}{W_b} \qquad \text{(maximale) Biegespannung}$$

Beispiel:

Rechteckquerschnitt mit der Breite b und der Höhe h:

$$W_b = \frac{I_b}{y_{max}} = \frac{bh^3}{12 \cdot h/2} = \frac{bh^2}{6} \quad \text{mit} \quad I_b = \frac{bh^3}{12} \quad \text{und} \quad y_{max} = \frac{h}{2}$$

6.1 Grundlagen 123

also:

Querschnitt		Biegewiderstandsmoment W_b
Quadrat	a / a	$W_b = \dfrac{a^3}{6}$
Rechteck $h > b$	h / b	$W_b = \dfrac{bh^2}{6}$
Kreis	○	$W_b = \dfrac{\pi d^3}{32}$
Rohr	d / D	$W_b = \dfrac{\pi}{32} \cdot \dfrac{D^4 - d^4}{D}$

6.1.6 Torsion

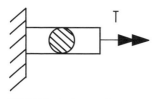 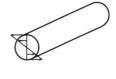

Bild 6.17: Torsionsbeanspruchung

Torsionsspannung: $\tau_t = \dfrac{T}{W_t}$

Die Herleitung der Torsionsspannung erfolgt sinngemäß der Biegespannung.

Querschnitt		Torsionswiderstandsmoment W_t
Quadrat	a / a	$W_t = 0{,}208 a^3$
Kreis	○	$W_t = \dfrac{\pi d^3}{16}$
Rohr	d / D	$W_t = \dfrac{\pi}{16} \cdot \dfrac{D^4 - d^4}{D}$

Weitere Formeln für I_t, W_t, I_b und W_b befinden sich in den Tabellen 6.7– 6.10 am Ende des Kapitels und in einschlägiger Literatur, z. B. [1].

Zur Berechnung der Flächenträgheitsmomente I für zusammengesetzte Strukturen oder für Strukturen, deren Drehachsen nicht durch den Schwerpunkt gehen, findet der Satz von Steiner Anwendung. Die Einzelflächenmomente müssen dafür bekannt sein.

Satz von Steiner: $I = I_S + e^2 \cdot A$

I_S = Flächenträgheitsmoment durch den Schwerpunkt

e = Abstand der Drehachse zur Schwerpunktsdrehachse

A = Fläche

Beispiel: Doppel-T-Träger

Nach Tabelle 6.8 muss gelten: $I_{by} = \dfrac{BH^3 - bh^3}{12}$ mit $b = b_1 + b_2$

Aufteilung des Trägers in drei Einzelstücke:

Oberer Querbalken, unterer Querbalken, Verbindungsbalken.

Für alle Balkenstücke gilt:

$I_{by} = \dfrac{bh^3}{12}$

Daraus folgt mit Satz von Steiner:

$$I_{by,\,Queroben} = \frac{B\left(\dfrac{H-h}{2}\right)^3}{12} + \left(\frac{H+h}{4}\right)^2 \cdot B\left(\frac{H-h}{2}\right)$$

$$I_{by,\,Querunten} = \frac{B\left(\dfrac{H-h}{2}\right)^3}{12} + \left(\frac{H+h}{4}\right)^2 \cdot B\left(\frac{H-h}{2}\right)$$

$$I_{by,\,Verbindung} = \frac{(B-b)\,h^3}{12}$$

$$\Rightarrow I_{by,\,ges} = I_{by,\,Queroben} + I_{by,\,Querunten} + I_{by,\,Verbindung} = \frac{BH^3 - bh^3}{12}$$

6.2 Mehrachsiger Spannungszustand

6.2.1 Allgemeines

Im Raum wirken auf ein Volumenelement drei Normalspannungen σ und sechs Schubspannungen τ (Bild 6.18).

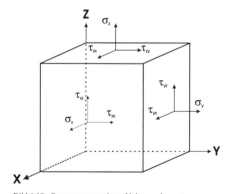

Bild 6.18: Spannungen an einem Volumenelement

Aus mathematischen Gründen sehr sinnvoll ist die Umbenennung der Spannungen wie folgt:

statt	auch	oder
σ_x	σ_{xx}	σ_{11}
σ_y	σ_{yy}	σ_{22}
σ_z	σ_{zz}	σ_{33}
τ_{xy}	σ_{xy}	σ_{12}
τ_{xz}	σ_{xz}	σ_{13}
τ_{zx}	σ_{zx}	σ_{31}
$\vdots$	$\vdots$	$\vdots$

$\Rightarrow \sigma_{ij}$

Dadurch können alle Spannungen durch σ_{ij} dargestellt werden.

$$\Rightarrow \sigma_{ij} = \begin{pmatrix} \sigma_{11} & \sigma_{12} & \sigma_{13} \\ \sigma_{21} & \sigma_{22} & \sigma_{23} \\ \sigma_{31} & \sigma_{32} & \sigma_{33} \end{pmatrix} \quad \text{„Spannungstensor"}$$

Es gilt weiterhin: $\sigma = E \cdot \varepsilon$ (Hooke), damit ergibt sich:

$$\varepsilon_{ij} = \begin{pmatrix} \varepsilon_{11} & \varepsilon_{12} & \varepsilon_{13} \\ \varepsilon_{21} & \varepsilon_{22} & \varepsilon_{23} \\ \varepsilon_{31} & \varepsilon_{32} & \varepsilon_{33} \end{pmatrix} \quad \text{„Dehnungstensor"}$$

$$\text{mit} \quad \varepsilon_{ij} = \frac{1}{2}\left(\frac{\partial u_i}{\partial x_j} + \frac{\partial u_j}{\partial x_i}\right)$$

Auf Grund der Momentengleichgewichtsbedingungen um die Koordinatenachsen gilt weiterhin:

$$\left.\begin{array}{l} \tau_{xy} = \tau_{yx} \\ \tau_{xz} = \tau_{zx} \\ \tau_{yz} = \tau_{zy} \end{array}\right\} \Rightarrow \sigma_{ij} = \sigma_{ji}$$

„Satz von der Gleichheit der Schubspannungen"

Somit ist eine vollständige Beschreibung durch drei Normalspannungen und drei Schubspannungen möglich.

Um diesen mehrachsigen Spannungszustand auf den einachsigen Spannungszustand (Zugversuch!) zurückzuführen, nutzt man verschiedene **Festigkeitshypothesen.**

6.2.2 Gestaltänderungsenergie-Hypothese (v. Mises) (GEH)

Die GEH gilt für allgemeine Bau- und Vergütungsstähle (zäh). Das Versagenskriterium ist das Auftreten zu hoher plastischer Verformungen im Bauteil.

1-achsig: häufig bei Wellen (Biegung = σ_x und Torsion = τ_{xy})

$$\sigma_V = \sqrt{\sigma_x^2 + 3\tau_{xy}^2}$$

3-achsig:

$$\sigma_V = \sqrt{\sigma_x^2 + \sigma_y^2 + \sigma_z^2 - \sigma_x\sigma_y - \sigma_x\sigma_z - \sigma_y\sigma_z + 3\left(\tau_{xy}^2 + \tau_{xz}^2 + \tau_{yz}^2\right)}$$

6.2.3 Normalspannungshypothese (NH)

Die NH gilt für spröde Werkstoffe, z. B. GG, gehärteter Stahl. Ein Trennbruch tritt ohne vorherige plastische Verformung auf. Ein Versagen des Bauteils tritt ein, wenn die größte Haupt-Normalspannung den Werkstoff-Grenzwert (z. B. Streckgrenze) überschreitet.

1-achsig:

$$\sigma_V = \frac{1}{2}|\sigma_x| + \frac{1}{2}\sqrt{\sigma_x^2 + 4\tau_{xy}^2}$$

3-achsig:

Umständlich wegen der Ermittlung der Haupt-Normalspannungen.

6.2.4 Schubspannungshypothese (Tresca) (SH)

Das Versagenskriterium ist die größte Haupt-Schubspannung, die den Werkstoff-Grenzwert überschreitet. Verwendung findet diese Hypothese bei duktilen Werkstoffen mit ausgeprägter Streckgrenze und zähen Stählen.

1-achsig:

$$\sigma_V = \sqrt{\sigma_x^2 + 4\tau_{xy}^2}$$

3-achsig:

Umständlich wegen der Ermittlung der Haupt-Normalspannungen.

Beachte: Haupt-Normalspannungen liegen vor, wenn:

$$\sigma_{ij} \stackrel{!}{=} \begin{pmatrix} \sigma_1 & 0 & 0 \\ 0 & \sigma_2 & 0 \\ 0 & 0 & \sigma_3 \end{pmatrix}, \text{d. h. alle Schubspannungen verschwinden}$$

$\Rightarrow$ Invarianten des Spannungstensors bestimmen!

6.2.5 Weitere Spannungshypothesen bzw. Versagenskriterien

- Hypothese der größten Dehnung:

  1-achsig: $\sigma_V = \dfrac{1-\upsilon}{2} |\sigma_x| + \dfrac{1+\upsilon}{2} \sqrt{\sigma_x^2 + 4\tau_{xy}^2}$

  Diese Hypothese ist kaum noch in Gebrauch.

- Erweiterte Schubspannungshypothese nach Mohr:
  Die Hypothese nach Mohr ist nicht mehr in Gebrauch.

- Anstrengungsverhältnis nach Bach:
  Das Anstrengungsverhältnis ist veraltet und nicht mehr in Gebrauch.

6.2.6 Beispiel

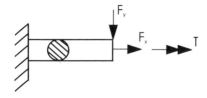

Bild 6.19: Balken, belastet auf Biegung, Zug und Torsion

aus $F_x \Rightarrow \sigma_Z$ (Zugspannung)

aus $F_y \Rightarrow \tau_S$ und σ_b (Schubspannung, Biegespannung)

aus $T \Rightarrow \tau_t$ (Torsionsspannung)

6.3 Dauerfestigkeit

Unter Verwendung der GEH gilt:

$$\sigma_V = \sqrt{(\sigma_b + \sigma_Z)^2 + 3(\tau_t + \tau_S)^2} \quad \text{und} \quad \sigma_V \leq \sigma_{Zul} = \frac{K}{S}$$

K (bei GEH): R_e oder $R_{p0,2}$ (Werkstoffkennwerte)

S: Sollsicherheit frei wählbar, wenn keine behördlichen Vorschriften vorliegen

6.3 Dauerfestigkeit
6.3.1 Lastfälle

Unterschieden werden vier Lastfälle:

- **Lastfall I:** Ruhende oder „zügige" Beanspruchung

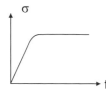

Bild 6.20: Zügige Beanspruchung

- **Lastfall II:** Schwellende Beanspruchung; $\sigma_U = 0$; $\sigma_m = \frac{1}{2}\sigma_O$

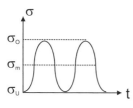

Bild 6.21: Schwellende Beanspruchung

- **Lastfall III:** Wechselnde Beanspruchung; $\sigma_O = |\sigma_U|$; $\sigma_m = 0$

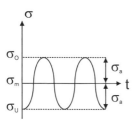

Bild 6.22: Wechselnde Beanspruchung

■ **Lastfall IV:** Allgemeiner Fall – schwingende Beanspruchung

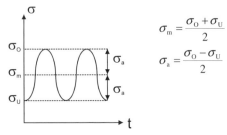

$$\sigma_m = \frac{\sigma_O + \sigma_U}{2}$$

$$\sigma_a = \frac{\sigma_O - \sigma_U}{2}$$

Bild 6.23: Schwingende Beanspruchung

6.3.2 Werkstoffkennwerte

Die Durchführung eines Festigkeitsnachweises kann auf zwei Kriterien ausgelegt werden: Auslegung auf **Dauerfestigkeit** ($>10^7$ Lastwechsel) oder **Zeitfestigkeit** ($<10^7$ Lastwechsel).

Die Dauerfestigkeit wird unterschieden nach Art der Spannung, Beanspruchung und Belastung.

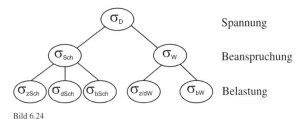

Bild 6.24

σ_D: Dauerfestigkeit σ_{Sch}: Schwellfestigkeit

σ_W: Wechselfestigkeit σ_{zSch}: Zug-Schwellfestigkeit

σ_{dSch}: Druck-Schwellfestigkeit σ_{bSch}: Biege-Schwellfestigkeit

$\sigma_{z/dW}$: Zug-Druck-Wechselfestigkeit σ_{bW}: Biege-Wechselfestigkeit

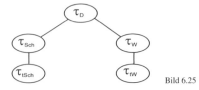

Bild 6.25

6.3 Dauerfestigkeit

τ_D: Dauerfestigkeit $\qquad$ τ_{Sch}: Schwellfestigkeit

τ_W: Wechselfestigkeit $\qquad$ τ_{tW}: Torsions-Wechselfestigkeit

τ_{tSch}: Torsions-Schwellfestigkeit

Diese Werte sind für verschiedene Materialien tabelliert.

6.3.3 Dauerfestigkeitsschaubild (DFS)

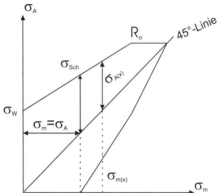

Bild 6.26: DFS nach Smith (sog. Smith-Diagramm)

Durch Ermittlung der Werte σ_W, σ_{Sch} und R_e im Versuch kann das DFS annähernd konstruiert werden.

Dauerfestigkeitschaubilder gibt es für die Beanspruchung auf Zug/Druck, Biegung und Torsion, vgl. Kapitel 4.

Vorgehen zum Festigkeitsnachweis:

Bei zusammengesetzter Beanspruchung (meistens in der Praxis!):

- Ermittlung von σ_V
- Berechnung von σ_{Vm} und σ_{Va} nach versch. Festigkeitshypothesen
- Mit σ_{Vm} Ablesen von σ_A im DFS
- Festigkeitsnachweis: $\sigma_{Va} \leq \dfrac{\sigma_A}{S}$

Es gibt jedoch weitere Einflüsse auf die Dauerfestigkeit, die im Folgenden aufgeführt sind.

6.3.4 Oberflächeneinfluss

Oberflächengüte $b_1 = f(R_m, R_t)$
mit R_t = Rautiefe und R_m = Bruchfestigkeit.

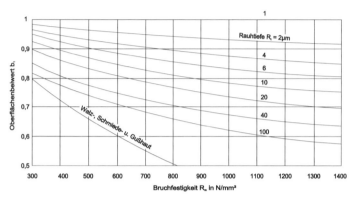

Bild 6.27: Oberflächengüte

6.3.5 Größeneinfluss

Größeneinfluss $b_2 = f(d)$ mit d = Probendurchmesser; bei Rechteckquerschnitt sollte eine geeignete Umrechnung erfolgen.

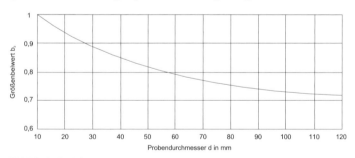

Bild 6.28: Größeneinfluss

6.3.6 Kerbwirkung

In einer Kerbe entstehen Spannungen σ_{max}, die wesentlich höher als die rechnerischen Spannungen σ_n sind, vgl. Bild 6.29.

6.3 Dauerfestigkeit

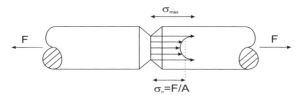

Bild 6.29: Spitzkerbe

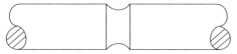

Bild 6.30 : Rundkerbe

Der Einfluss der Kerbform auf die Bauteilfestigkeit ist nicht zu vernachlässigen. Spitzkerben sollten dabei vermieden werden; Rundkerben sind dagegen besser geeignet (z. B. für O-Ring).

Bei zügiger, d. h. ruhender Beanspruchung gilt:

$$\alpha_k = \frac{\sigma_{max}}{\sigma_n}$$

Die Formzahl α_k wird experimentell ermittelt, heute auch rechnerisch (FEA).

$$\alpha_k = 1\ldots 5 \quad \text{bis 5-fache Spannungsüberhöhung!}$$

Es gibt Formzahlen für Zug-/Druck-, Biege- und Torsionsbeanspruchung: $\alpha_{kz/d}, \alpha_{kb}, \alpha_{kt}$

α_k ist für verschiedene Beanspruchungen und Kerbformen tabelliert [1].
Bei schwingender Beanspruchung gilt:

$$\beta_k = \frac{\sigma_A \text{ (ungekerbt)}}{\sigma_A \text{ (gekerbt)}} \quad \text{Kerbwirkungszahl } \beta_k$$

β_k hängt ab von:

1. Kerbgeometrie, Kerbform
2. Beanspruchungsart
3. Werkstoff

β_k wird i. Allg. experimentell ermittelt.

Es gilt: $1 \leq \beta_k \leq \alpha_k$

Wenn $\quad \beta_k = \alpha_k$: sehr spröde Werkstoffe

$\quad\quad \beta_k = 1$: keine Kerbempfindlichkeit, z. B. GG

Rechnerische Ermittlung von β_k kann geschehen:

- nach Thum
- nach Neuber
- nach Petersen
- nach Bollenrath und Troost
- nach Siebel

Ermittlung von β_k nach Siebel:

$$\beta_k = \frac{\alpha_k}{n_\chi}$$

n_χ = Stützziffer („Mikro-Stützwirkung"), Ermittlung nach Bild 6.31.

$$n_\chi = \frac{1 + \sqrt{S_g \cdot \chi^*}}{1 + \sqrt{S_g \cdot \chi_0^*}}$$

mit S_g = Gleitschichtbreite

$\quad \chi_0^*$ = bezogenes Spannungsgefälle, ungekerbt

$\quad \chi^*$ = bezogenes Spannungsgefälle, gekerbt

Dann gilt, wenn α_k und β_k ermittelt sind:

$$\sigma_{max} = \alpha_k \cdot \sigma_m + \beta_k \cdot \sigma_a$$

Daher:

$$\sigma_{Vm} = \sqrt{(\alpha_{kz} \cdot \sigma_{zm} + \alpha_{kb} \cdot \sigma_{bm})^2 + 3(\alpha_{kt} \cdot \tau_{tm})^2}$$

$$\sigma_{Va} = \sqrt{(\beta_{kz} \cdot \sigma_{za} + \beta_{kb} \cdot \sigma_{ba})^2 + 3(\beta_{kt} \cdot \tau_{ta})^2}$$

Obere Vergleichsspannung:

$$\sigma_{VO} = \sigma_{Vm} + \sigma_{Va}$$

$$\sigma_{VO} \leq \sigma_{Dzul} = \frac{\sigma_D \cdot b_1 \cdot b_2}{S}$$

$$\sigma_{VO} \leq \sigma_{Dzul} = \frac{(\sigma_m + \sigma_a) \cdot b_1 \cdot b_2}{S}$$

6.3 Dauerfestigkeit

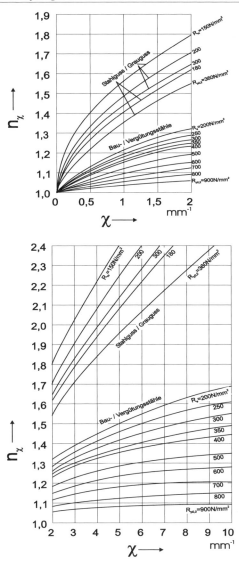

Bild 6.31: Stützziffer

Anderes Vorgehen: Mit σ_{Vm} ins DFS (Bild 6.32), σ_A ablesen, dann

$$\sigma_{Va} \leq \frac{\sigma_A \cdot b_1 \cdot b_2}{S}$$

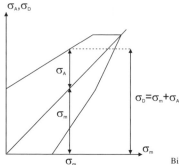

Bild 6.32: DFS-Diagramm

Wertebereich für Sollsicherheit S:

1. statische Beanspruchung:

    gegen Bruch: $\qquad\qquad\qquad S = 2 \ldots 4$

    gegen Instabilität: $\qquad\qquad S = 3 \ldots 5$

    gegen zu große Verformung: $S = 1,2 \ldots 2$

2. dynamische Beanspruchung:

    gegen Bruch: $\qquad\qquad\qquad S = 2 \ldots 4$

    gegen Instabilität: $\qquad\qquad S = 3 \ldots 5$

    gegen zu große Verformung: $S = 1,2 \ldots 2$

    gegen Dauerbruch: $\qquad\quad S = 2 \ldots 3$

6.4 Betriebsfestigkeit

Bauteile müssen teilweise im Betrieb Belastungen ertragen, die deutlich höher liegen als die maximalen Belastungen für die Dauerfestigkeit ($>10^7$ Lastwechsel). Reale Belastungen setzen sich zudem aus einer Anzahl von verschiedenen Belastungen zusammen, die Lastkollektiv genannt werden. Als Betriebsfestigkeit wird eine Lastwechselzahl definiert, die ein Bauteil ertragen kann, ohne zu versagen. Gerade bei sicherheitsrelevanten Bauteilen wird die Betriebsfestigkeit herangezogen.

6.5 Instabilitätsfall: Knicken

Beispiele sind Flugzeugbauteile, die nach einer gewissen Anzahl von Flugstunden ausgetauscht werden müssen. Die genaue Vorgehensweise zur Auslegung von Bauteilen auf Betriebsfestigkeit ist in der FKM-Richtlinie „Rechnerischer Festigkeitsnachweis für Maschinenbauteile" aufgeführt [1], [5].

6.5 Instabilitätsfall: Knicken

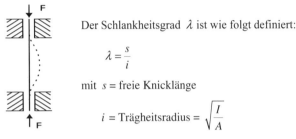

Der Schlankheitsgrad λ ist wie folgt definiert:

$$\lambda = \frac{s}{i}$$

mit s = freie Knicklänge

i = Trägheitsradius = $\sqrt{\dfrac{I}{A}}$

Bild 6.33: Knickung eines Druckstabes (II. Knickfall)

Ab einer bestimmten kritischen Last knickt ein Stab aus, Bild 6.33.

Bei einem Rundstab ergibt sich für den Trägheitsradius:

$$i = \sqrt{\frac{\pi d^4}{64} \cdot \frac{4}{\pi d^2}} = \frac{d}{4}$$

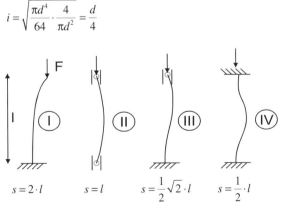

Bild 6.34: Knickfälle nach Euler

Die freie Knicklänge hängt von der Art der Einspannung an beiden Enden ab (Bild 6.34).

$$\lambda_{\text{Grenz}} = \pi \sqrt{\frac{E}{\sigma_p}} \quad \text{Grenzschlankheitsgrad}$$

1. Fall: Wenn $\lambda \geq \lambda_{\text{Grenz}}$, Berechnung der Knickspannung nach Euler (elastische Knickung)

$$\sigma_K = \frac{\pi^2 E}{\lambda^2} \leq \sigma_p \quad \text{oder} \quad R_e$$

2. Fall: Wenn $\lambda < \lambda_{\text{Grenz}}$, Berechnung der Knickspannung nach Tetmajer (unelastische Knickung)

$$\sigma_K = 310 - 1{,}14 \cdot \lambda \qquad \text{für Stähle S235J, E335}$$

$$\sigma_K = 335 - 0{,}62 \cdot \lambda \qquad \text{für Federstahl}$$

$$\sigma_K = 776 - 12 \cdot \lambda + 0{,}053 \cdot \lambda^2 \quad \text{für GG}$$

Für beide Fälle muss folgende Sollsicherheit gelten:

$$S_K = \frac{\sigma_K}{\sigma_{\text{Vorhanden}}} = \frac{\sigma_K}{\sigma_d} > \begin{array}{ll} 5\ldots 10 & \textit{Euler} \\ 3\ldots 8 & \textit{Tetmajer} \end{array}$$

Im Stahlbau und Kranbau gelten andere, vorgeschriebene Verfahren, z. B. das sog. ω-Verfahren.

6.6 Achsen und Wellen

Die Aufgabe von Wellen und Achsen ist das Stützen und Leiten von Kräften an die Abstützstellen. Achsen übertragen nur Kräfte, wohingegen Wellen zusätzlich Drehmomente übertragen.

Mechanisch betrachtet sind Achsen und Wellen Balken!

Aus der Bauteilfestigkeit ist bereits bekannt:

Zugspannung: $\qquad \sigma_{z/d} = \dfrac{F}{A}$

Schubspannung: $\qquad \tau_S = \dfrac{Q}{A}$

Biegespannung: $\qquad \sigma_b = \dfrac{M_b}{W_b}$

Torsionsspannung: $\qquad \tau_t = \dfrac{T}{W_t}$

6.6 Achsen und Wellen

Vergleichsspannungen: σ_{Vm}, σ_{Va} (hier sollte die GEH verwendet werden, da Wellen und Achsen aus zähen Stählen hergestellt werden.)

Dauerfestigkeitseinflüsse: DFS, b_1, b_2, β_k, α_k

$\Rightarrow$ Der Festigkeitsnachweis erfolgt somit:

$$\sigma_{zul} \stackrel{z.B.}{=} \frac{R_e}{S} \stackrel{z.B.}{=} \frac{\sigma_D \cdot b_1 \cdot b_2}{S} \stackrel{z.B.}{=} \frac{\sigma_A \cdot b_1 \cdot b_2}{S}$$

Festigkeitsnachweis $\quad \sigma_{vorhanden} \stackrel{!}{\leq} \sigma_{zulässig}$

Ausnutzung A^* $\quad A^* = \dfrac{\sigma_{vorhanden}}{\sigma_{zulässig}}$

6.6.1 Verformung von Balken

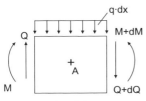

Bild 6.35: Kräfte und Momente an einem Balkenstück

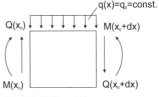

Bild 6.36: Kräfte und Momente in Abhängigkeit von x

Die Berechnung der Querkraft an der Stelle $x_0 + dx$ erfolgt mit der Taylor-Entwicklung:

$$f(x_0 + h) = f(x_0) + \frac{h}{1!}f'(x_0) + \frac{h^2}{2!}f''(x_0) + \ldots + \frac{h^n}{n!}f^{(n)}(x_0) + R_n$$

Für $Q(x_0 + dx)$ ergibt sich damit:

$$Q(x_0 + dx) = Q(x_0) + \frac{dQ(x_0)}{dx} \cdot dx + \frac{d^2 Q(x_0)}{dx^2} \cdot \frac{dx^2}{2} + \ldots + R_n$$

mit $\dfrac{dx^2}{2} \approx 0 \Rightarrow Q(x_0 + dx) = Q(x_0) + dQ(x_0)$

↑: $Q - q \cdot dx - (Q + dQ) = 0$

   $-q \cdot dx - dQ = 0 \qquad | : dx$

   $-q \dfrac{dx}{dx} - \dfrac{dQ}{dx} = 0$

   $-q = \dfrac{dQ}{dx} = Q'$

$\Rightarrow Q' = -q$

$\widehat{A}:$ $M + Q \cdot \dfrac{dx}{2} + (Q + dQ) \cdot \dfrac{dx}{2} - (M + dM) = 0$

   $Q \cdot \dfrac{dx}{2} + Q \cdot \dfrac{dx}{2} + dQ \cdot \dfrac{dx}{2} - dM = 0$

da $dQ \cdot \dfrac{dx}{2} \approx 0$ folgt:

$Q \cdot dx = dM \qquad | : dx$

$Q = \dfrac{dM}{dx} = M' \;\Rightarrow\; M' = Q \qquad M'' = -q$

Für die Berechnung des Biegewinkels Ψ ergibt sich:

$\Psi' = \dfrac{M}{EI}$

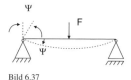

Bild 6.37

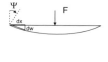

Bild 6.38

$\tan \Psi = \dfrac{dw}{dx}$; für kleine Winkel gilt: $\tan \alpha \approx \alpha$

$\Rightarrow \Psi = \dfrac{dw}{dx} = w'$

Nach Konvention gilt: Winkel gegen den Uhrzeigersinn sind positiv!

Danach wird: $w' = -\Psi$

6.6 Achsen und Wellen

Damit ergibt sich:

$$Q' = -q \qquad Q = -\int q \cdot dx$$
$$M' = Q \qquad M = \int Q \cdot dx$$
$$\Psi' = \frac{M}{EI} \quad \Rightarrow \quad \Psi = \frac{1}{EI}\int M \cdot dx$$
$$w' = -\Psi \qquad w = -\int \Psi \cdot dx$$

6.6.2 Beispiel

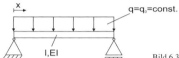

Bild 6.39: Zweiseitig gelagerter Balken

1) $q = q_0$ (Gleichstreckenlast)
2) $Q = -\int q \cdot dx = -q_0 \cdot \int dx = -q_0 \cdot x + C_1$ (C_1 = Integrationskonstante)
3) $M = \int Q \cdot dx = \int (-q_0 \cdot x + C_1) \, dx = -q_0 \frac{x^2}{2} + C_1 \cdot x + C_2$
4) $\Psi = \frac{1}{EI}\int M \cdot dx = \frac{1}{EI}\int \left(-q_0 \frac{x^2}{2} + C_1 \cdot x + C_2 \right) dx$

$$= \frac{1}{EI}\left(-q_0 \frac{x^3}{6} + C_1 \frac{x^2}{2} + C_2 \cdot x + C_3 \right)$$

5) $w = -\int \Psi \cdot dx = -\frac{1}{EI}\int \left(-q_0 \frac{x^3}{6} + C_1 \frac{x^2}{2} + C_2 \cdot x + C_3 \right) dx$

$$= -\frac{1}{EI}\left(-q_0 \frac{x^4}{24} + C_1 \frac{x^3}{6} + C_2 \frac{x^2}{2} + C_3 \cdot x + C_4 \right)$$

Die Bestimmung der vier Integrationskonstanten $C_1 \dots C_4$ erfolgt über die Randbedingungen:

- Am linken Lager, d. h. $x = 0$, ist bekannt:
  $M = 0$ (1) $\qquad w = 0$ (2)
- Am rechten Lager, d. h. $x = l$, ist bekannt:
  $M = 0$ (3) $\qquad w = 0$ (4)

1. Randbedingung (1) in M-Gleichung einsetzen:

$$M = 0 = -q_0 \frac{x^2}{2} + C_1 \cdot x + C_2 \Rightarrow C_2 = 0$$

2. Randbedingung (2) in w-Gleichung einsetzen:

$$w = 0 = \frac{-1}{EI}\left(-q_0 \frac{x^4}{24} + C_1 \frac{x^3}{6} + C_2 \frac{x^2}{2} + C_3 \cdot x + C_4\right) \Rightarrow C_4 = 0$$

3. Randbedingung (3) in M-Gleichung einsetzen:

$$M = 0 = -q_0 \frac{l^2}{2} + C_1 \cdot l + C_2$$

$$0 = -q_0 \frac{l^2}{2} + C_1 \cdot l \Rightarrow C_1 = q_0 \frac{l}{2}$$

4. Randbedingung (4) in w-Gleichung einsetzen:

$$w = 0 = \frac{-1}{EI}\left(-q_0 \frac{l^4}{24} + C_1 \frac{l^3}{6} + C_2 \frac{l^2}{2} + C_3 \cdot l + C_4\right)$$

$$0 = -q_0 \frac{l^4}{24} + q_0 \frac{l}{2} \cdot \frac{l^3}{6} + C_3 \cdot l$$

$$C_3 = q_0 \frac{l^3}{24} - q_0 \frac{l^3}{12} \Rightarrow C_3 = -q_0 \frac{l^3}{24}$$

Durch Einsetzen der Integrationskonstanten $C_1 \ldots C_4$ ergibt sich:

$$w = \frac{1}{EI}\left(q_0 \frac{x^4}{24} - q_0 \frac{l}{2} \cdot \frac{x^3}{6} + q_0 \frac{l^3}{24} x\right)$$

$$w = \frac{q_0}{EI \cdot 24}\left(x^4 - 2l \cdot x^3 + l^3 \cdot x\right)$$

Damit können der Verlauf der Absenkung $w(x)$ und die Biegelinie $\Psi(x)$ für alle möglichen Fälle berechnet werden. Statisch überbestimmte Balken können so ebenfalls prinzipiell berechnet werden (Bild 6.40), wobei die Berechnung sehr umständlich wird, ebenso wenn $EI \neq$ const.! Verwendet werden dann Rechenprogramme für Balken- und Trägerauslegung oder Finite-Elemente-Programme, z. B. Z88 [4].

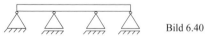

Bild 6.40

Die Grundfälle sind nachfolgend in den Tabellen 6.1 bis 6.6 [1] aufgeführt.

6.6 Achsen und Wellen

Tabelle 6.1: Auswahl an Biegelinien

Fall 1:

Durchbiegung:

$$f_m = \frac{Fl^3}{48EI_y}$$

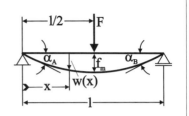

Biegelinie:

$0 \leq x \leq \dfrac{l}{2}:$

$$w(x) = \frac{Fl^3}{48EI_y}\left[3\frac{x}{l} - 4\left(\frac{x}{l}\right)^3\right]$$

Neigungswinkel:

$$\alpha_A = \alpha_B = \frac{Fl^2}{16EI_y}$$

Fall 2:

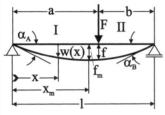

Biegelinie:

$0 \leq x \leq a:$

$$w_I(x) = \frac{Fab^2}{6EI_y}\left[\left(1+\frac{l}{b}\right)\frac{x}{l} - \frac{x^3}{abl}\right]$$

$a \leq x \leq l:$

$$w_{II}(x) = \frac{Fa^2b}{6EI_y}\left[\left(1+\frac{l}{a}\right)\frac{l-x}{l} - \frac{(l-x)^3}{abl}\right]$$

Durchbiegung:

$$f = \frac{Fa^2b^2}{3EI_yl}$$

$a > b : f_m = \dfrac{Fb\sqrt{(l^2-b^2)^3}}{9\sqrt{3}\,EI_yl}$

in $\;x_m = \sqrt{(l^2-b^2)/3}$

$a < b : f_m = \dfrac{Fa\sqrt{(l^2-a^2)^3}}{9\sqrt{3}\,EI_yl}$

in $\;x_m = l - \sqrt{(l^2-a^2)/3}$

Neigungswinkel:

$$\alpha_A = \frac{Fab(l+b)}{6EI_yl}$$

$$\alpha_B = \frac{Fab(l+a)}{6EI_yl}$$

Tabelle 6.2: Auswahl an Biegelinien (Fortsetzung)

Fall 3a:

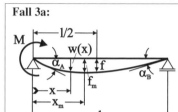

Durchbiegung:

$$f = \frac{Ml^2}{16EI_y} \quad \text{in} \quad x = \frac{l}{2}$$

$$f_m = \frac{Ml^2}{9\sqrt{3}\,EI_y} \quad \text{in} \quad x_m = l - \frac{l}{\sqrt{3}}$$

Biegelinie:

$$w(x) = \frac{Ml^2}{6EI_y}\left[2\,\frac{x}{l} - 3\left(\frac{x}{l}\right)^2 + \left(\frac{x}{l}\right)^3\right]$$

Neigungswinkel:

$$\alpha_A = \frac{Ml}{3EI_y}$$

$$\alpha_B = \frac{Ml}{6EI_y}$$

Fall 3b:

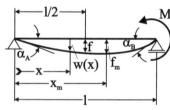

Durchbiegung:

$$f = \frac{Ml^2}{16EI_y} \quad \text{in} \quad x = \frac{l}{2}$$

$$f_m = \frac{Ml^2}{9\sqrt{3}\,EI_y} \quad \text{in} \quad x_m = \frac{l}{\sqrt{3}}$$

Biegelinie:

$$w(x) = \frac{Ml^2}{6EI_y}\left[\frac{x}{l} - \left(\frac{x}{l}\right)^3\right]$$

Neigungswinkel:

$$\alpha_A = \frac{Ml}{6EI_y}$$

$$\alpha_B = \frac{Ml}{3EI_y}$$

6.6 Achsen und Wellen

Tabelle 6.3: Auswahl an Biegelinien (Fortsetzung)

Fall 4:

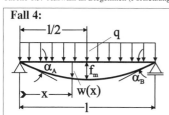

Durchbiegung:

$$f_m = \frac{5}{384} \frac{ql^4}{EI_y}$$

Biegelinie:

$$w(x) = \frac{ql^4}{24EI_y}\left[\frac{x}{l} - 2\left(\frac{x}{l}\right)^3 + \left(\frac{x}{l}\right)^4\right]$$

Neigungswinkel:

$$\alpha_A = \alpha_B = \frac{ql^3}{24EI_y}$$

Fall 5:

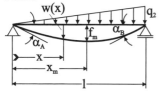

Durchbiegung:

$$f_m = \frac{q_2 l^4}{153{,}3 EI_y} \quad \text{in} \quad x_m = 0{,}519 l$$

Biegelinie:

$$w(x) = \frac{q_2 l^4}{360 EI_y}\left[7\frac{x}{l} - 10\left(\frac{x}{l}\right)^3 + 3\left(\frac{x}{l}\right)^5\right]$$

Neigungswinkel:

$$\alpha_A = \frac{7}{360} \frac{q_2 l^3}{EI_y}$$

$$\alpha_B = \frac{8}{360} \frac{q_2 l^3}{EI_y}$$

Fall 6:

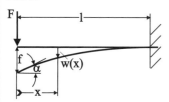

Durchbiegung:

$$f = \frac{Fl^3}{3EI_y}$$

Biegelinie:

$$w(x) = \frac{Fl^3}{6EI_y}\left[2 - 3\frac{x}{l} + \left(\frac{x}{l}\right)^3\right]$$

Neigungswinkel:

$$\alpha = \frac{Fl^2}{2EI_y}$$

Tabelle 6.4: Auswahl an Biegelinien (Fortsetzung)

Fall 7:

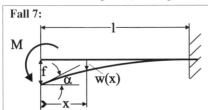

Durchbiegung:
$$f = \frac{Ml}{2EI_y}$$

Biegelinie:
$$w(x) = \frac{Ml^2}{2EI_y}\left[1 - 2\frac{x}{l} + \left(\frac{x}{l}\right)^2\right]$$

Neigungswinkel:
$$\alpha = \frac{Ml}{EI_y}$$

Fall 8:

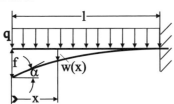

Durchbiegung:
$$f = \frac{ql^4}{8EI_y}$$

Biegelinie:
$$w(x) = \frac{ql^4}{24EI_y}\left[3 - 4\frac{x}{l} + \left(\frac{x}{l}\right)^4\right]$$

Neigungswinkel:
$$\alpha = \frac{ql^3}{6EI_y}$$

Fall 9:

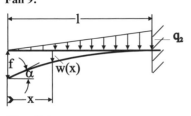

Durchbiegung:
$$f = \frac{q_2 l^4}{30EI_y}$$

Biegelinie:
$$w(x) = \frac{q_2 l^4}{120EI_y}\left[4 - 5\frac{x}{l} + \left(\frac{x}{l}\right)^5\right]$$

Neigungswinkel:
$$\alpha = \frac{q_2 l^3}{24EI_y}$$

6.6 Achsen und Wellen

Tabelle 6.5: Auswahl an Biegelinien (Fortsetzung)

Fall 10:

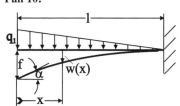

Durchbiegung:
$$f = \frac{11}{120} \frac{q_1 l^4}{EI_y}$$

Biegelinie:
$$w(x) = \frac{q_1 l^4}{120 EI_y}\left[11 - 15\frac{x}{l} + 5\left(\frac{x}{l}\right)^4 - \left(\frac{x}{l}\right)^5\right]$$

Neigungswinkel:
$$\alpha = \frac{q_1 l^3}{8 EI_y}$$

Fall 11:

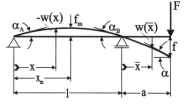

Durchbiegung:
$$f = \frac{Fa^2(l+a)}{3EI_y}$$

$$f_m = \frac{Fal^2}{9\sqrt{3}\ EI_y} \quad \text{in} \quad x_m = \frac{l}{\sqrt{3}}$$

Biegelinie:
$0 \leq x \leq l$:
$$w(x) = -\frac{Fal^2}{6EI_y}\left[\frac{x}{l} - \left(\frac{x}{l}\right)^3\right]$$

$0 \leq \overline{x} \leq a$:
$$w(\overline{x}) = \frac{Fa^3}{6EI_y}\left[2\frac{l}{a}\frac{\overline{x}}{a} + 3\left(\frac{\overline{x}}{a}\right)^2 - \left(\frac{\overline{x}}{a}\right)^3\right]$$

Neigungswinkel:
$$\alpha = \frac{Fa(2l+3a)}{6EI_y}$$

$$\alpha_A = \frac{Fal}{6EI_y}$$

$$\alpha_B = \frac{Fal}{3EI_y}$$

Tabelle 6.6: Auswahl an Biegelinien (Fortsetzung)

Fall 12:

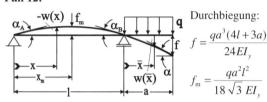

Durchbiegung:

$$f = \frac{qa^3(4l+3a)}{24EI_y}$$

$$f_m = \frac{qa^2 l^2}{18\sqrt{3}\,EI_y} \quad \text{in} \quad x_m = \frac{l}{\sqrt{3}}$$

Biegelinie:

$0 \leq x \leq l$:

$$w(x) = -\frac{qa^2 l^2}{12EI_y}\left[\frac{x}{l} - \left(\frac{x}{l}\right)^3\right]$$

$0 \leq \bar{x} \leq a$:

$$w(\bar{x}) = \frac{qa^4}{24EI_y}\left[4\frac{l}{a}\frac{\bar{x}}{a} + 6\left(\frac{\bar{x}}{a}\right)^2 - 4\left(\frac{\bar{x}}{a}\right)^3 + \left(\frac{\bar{x}}{a}\right)^4\right]$$

Neigungswinkel:

$$\alpha = \frac{qa^2(l+a)}{6EI_y}$$

$$\alpha_A = \frac{qa^2 l}{12EI_y}$$

$$\alpha_B = \frac{qa^2 l}{6EI_y}$$

Tabelle 6.7: Axiale Flächen-, Biegewiderstands-, Torsionsflächen- und Torsionswiderstandsmomente

$$I_{by} = \frac{bh^3}{12}; \quad I_{bz} = \frac{b^3 h}{12}$$

$$W_{by} = \frac{bh^2}{6}; \quad W_{bz} = \frac{b^2 h}{6}$$

$$\frac{h}{b} = n \geq 1:$$

$$I_t = c_1 hb^3 = c_1 nb^4; \quad \text{bei} \quad h = b: I_t = 0{,}141 \cdot h^4$$

$$W_t = c_2 hb^2 = c_2 nb^3; \quad \text{bei} \quad h = b: W_t = 0{,}208 \cdot h^4$$

$n = h/b$	1	1,5	2	3	4	6	8	10	∞
c_1	0,141	0,196	0,229	0,263	0,281	0,298	0,307	0,312	0,333
c_2	0,208	0,231	0,246	0,267	0,282	0,299	0,307	0,312	0,333

6.6 Achsen und Wellen

Tabelle 6.8: Axiale Flächen-, Biegewiderstands-, Torsionsflächen- und Torsionswiderstandsmomente (Fortsetzung)

$$I_{by} = \frac{bh^3}{36}; \quad I_{bz} = \frac{b^3 h}{48}$$

$$W_{by} = \frac{bh^2}{24} \quad \text{für} \quad e = \frac{2}{3}h; \quad W_{bz} = \frac{b^2 h}{24}$$

Bei gleichseitigen Dreiecken gilt:

$$I_t = \frac{b^4}{46{,}19} \approx \frac{h^4}{26}; \quad W_t = \frac{b^3}{20} \approx \frac{h^3}{13}$$

$$I_{by} = \frac{h^3}{36} \frac{b_1^2 + 4b_1 b_2 + b_2^2}{b_1 + b_2}$$

$$W_{by} = \frac{h^2}{12} \frac{b_1^2 + 4b_1 b_2 + b_2^2}{2b_1 + b_2} \quad \text{für} \quad e = \frac{h}{3} \frac{2b_1 + b_2}{b_1 + b_2}$$

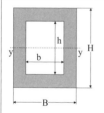 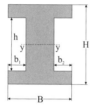 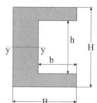

$$I_{by} = \frac{BH^3 - bh^3}{12}; \quad W_{by} = \frac{BH^3 - bh^3}{6H} \quad \text{mit} \quad b = b_1 + b_2$$

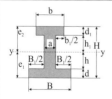

$$I_{by} = \frac{1}{3}(Be_1^3 - B_1 h^3 + be_2^3 - b_1 h_1^3)$$

$$\text{mit} \quad e_1 = \frac{1}{2} \frac{aH^2 + B_1 d^2 + b_1 d_1 (2H - d_1)}{aH + B_1 d + b_1 d_1}$$

und $e_2 = H - e_1$

150 6 Bauteilfestigkeit

Tabelle 6.9: Axiale Flächen-, Biegewiderstands-, Torsionsflächen- und Torsionswiderstandsmomente (Fortsetzung)

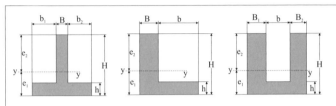

$$I_{by} = \frac{BH^3 + bh^3}{3} - (BH + bh) e_1^2 \quad \text{mit} \quad B = B_1 + B_2, \quad b = b_1 + b_2$$

$$W_{by} = I_{by}/e_{1,2} \quad \text{für} \quad e_1 = \frac{1}{2} \frac{BH^2 + bh^2}{BH + bh} \quad \text{bzw.} \quad e_2 = H - e_1$$

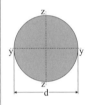

$$I_{by} = I_{bz} = \frac{\pi d^4}{64}$$

$$W_{by} = W_{bz} = \frac{\pi d^3}{32}$$

$$I_t = \frac{\pi d^4}{32}$$

$$W_t = \frac{\pi d^3}{16}$$

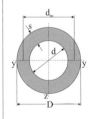

$$I_{by} = I_{bz} = \frac{\pi(D^4 - d^4)}{64}; \quad W_{by} = W_{bz} = \frac{\pi(D^4 - d^4)}{32D}$$

$$I_t = \frac{\pi(D^4 - d^4)}{32}; \quad W_t = \frac{\pi(D^4 - d^4)}{32D}$$

bei geringer Wandstärke $\left(\dfrac{s}{d_m}\right) \ll 1$:

$$I_{by} = I_{bz} = \frac{\pi d_m^3 s}{8}; \quad W_{by} = W_{bz} = \frac{\pi d_m^2 s}{4}$$

$$I_t = \frac{\pi d_m^3 s}{4}; \quad W_t = \frac{\pi d_m^2 s}{2}$$

6.6 Achsen und Wellen

Tabelle 6.10: Axiale Flächen-, Biegewiderstands-, Torsionsflächen- und Torsionswiderstandsmomente (Fortsetzung)

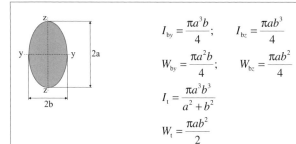

$$I_{by} = \frac{\pi a^3 b}{4}; \quad I_{bz} = \frac{\pi a b^3}{4}$$

$$W_{by} = \frac{\pi a^2 b}{4}; \quad W_{bz} = \frac{\pi a b^2}{4}$$

$$I_t = \frac{\pi a^3 b^3}{a^2 + b^2}$$

$$W_t = \frac{\pi a b^2}{2}$$

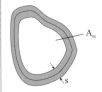

$$I_t = \frac{4 A_m^2 s}{U}$$

$$W_t = 2 A_m s$$

U = Umfang der Mittellinie

A_m = von Mittellinie eingeschlossene Fläche

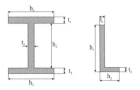

Voraussetzung: $\dfrac{h_i}{t_i} \gg 1$

$$I_t = \frac{\eta}{3} \sum h_i t_i^3$$

$$W_t = \frac{I_t}{t_{max}}$$

Profil	L	[	⊥	I	I PB	+
η	0,99	1,12	1,12	1,31	1,29	1,17

Quellen und weiterführende Literatur

[1] *Beitz, W.; Grote, K.-H.:* Dubbel – Taschenbuch für den Maschinenbau. Berlin: Springer-Verlag, 2001
[2] *Decker, K.-H.:* Maschinenelemente – Tabellen und Diagramme. München Wien: Carl Hanser Verlag, 2004
[3] *Steinhilper, W.; Sauer, B.:* Konstruktionselemente des Maschinenbaus. Berlin: Springer-Verlag, 2005
[4] *Rieg, F.; Hackenschmidt, R.:* Finite Elemente Analyse für Ingenieure. München Wien: Carl Hanser Verlag, 2003
[5] Forschungskuratorium Maschinenbau (FKM): FKM-Richtlinie – Rechnerischer Festigkeitsnachweis für Maschinenbauteile. Frankfurt/Main: VDMA-Verlag, 2003

7 Schweißverbindungen

Prof. Dr.-Ing. Rolf Steinhilper
Dipl.-Ing. Daniel Landenberger

7.1 Merkmale und Anwendung von Schweißverbindungen

Das Schweißen ist ein Fertigungsverfahren, das für vielfältigste Zwecke Anwendung findet. Als Fügeverfahren dient es zum Verbinden von Werkstücken (**Verbindungsschweißen**). Dabei werden die zu verbindenden Werkstücke mindestens bis zur Erweichung erwärmt, sodass eine stoffschlüssige Verbindung entsteht, die nicht zerstörungsfrei lösbar ist. Oft wird zusätzlich ein Schweißzusatzwerkstoff, der aufgeschmolzen wird, verwendet.

Neben dem Verbinden von Werkstücken wird Schweißen zum Beschichten von Werkstücken eingesetzt (**Auftragsschweißen**). Dabei werden durch Wärmezufuhr das Werkstück und der Schweißzusatz- oder Beschichtungswerkstoff mindestens bis zur Solidustemperatur erwärmt, wodurch sich die Werkstoffe vereinigen. Anwendung findet das Auftragsschweißen beispielsweise beim Aufbringen von Verschleißschutzschichten in der Instandsetzung oder beim Produktrecycling.

Das Schweißen weist im Vergleich mit anderen stoffschlüssigen Fügeverfahren wie dem Löten und Kleben einige **Vor- und Nachteile** auf [*Fachkunde Metall*]:

- Die elektrische Leitfähigkeit wird nicht beeinträchtigt.
- Die Festigkeit der Schweißverbindung ist meist vergleichbar mit der des Grundwerkstoffes.
- Durch die vergleichsweise hohen Prozesstemperaturen erfolgt eine thermische Beeinflussung der Werkstoffe, was beispielsweise zur Versprödung führen kann.
- Das zerstörungsfreie Zerlegen von geschweißten Produkten oder Komponenten ist nicht möglich.
- Zum Herstellen einer geschweißten Verbindung oder Beschichtung werden Maschinen oder Geräte benötigt.

7.2 Schweißeignung von Werkstoffen

Die **Schweißeignung** von metallischen Werkstoffen hängt nach DIN 8528 von der chemischen Zusammensetzung, den physikalischen und den metallurgischen Eigenschaften ab. Bei organischen Werkstoffen wird die Schweißeignung hauptsächlich von der chemischen Zusammensetzung, den physikalischen Eigenschaften und der Molekülform beeinflusst. Zur **Beurteilung der Schweißeignung** von anorganisch nichtmetallischen Werkstoffen werden hauptsächlich physikalische Eigenschaften wie die Temperaturwechselfestigkeit und der Wärmeausdehnungskoeffizient verwendet. Zu den anorganisch nichtmetallischen Werkstoffen zählen Gläser und Keramik. Gläser sind grundsätzlich schweißgeeignet. Das Fügen von Keramik mit Keramik, Glas oder Metallen ist in Einzelfällen ebenfalls möglich (z. B. durch Diffusionsschweißen).

Nachfolgend wird kurz auf die Schweißeignung wichtiger Konstruktionswerkstoffe eingegangen [*Niemann*], [*Steinhilper*]. Weiterführende Informationen zur Schweißeignung von Werkstoffen finden sich Beispielsweise in [*Fahrenwaldt*], [*Ruge 1991*].

7.2.1 Metalle

Unlegierte Stähle wie Baustähle und Einsatzstähle sind mit einem Kohlenstoff-(C-)Gehalt unter 0,22 % (Massenprozent) in der Regel gut schweißbar, wenn auch der Phosphor-(P-)- und der Schwefel-(S-)Gehalt 0,05 % nicht überschreiten. Bei höheren Anteilen sind mit besonderen Zusatzwerkstoffen noch Schweißungen möglich [*Fachkunde Metall*]. Bei großen Querschnitten der zu verschweißenden Stähle kann unter Umständen ein **Vorwärmen** erforderlich sein, um die Abkühlgeschwindigkeit an der Schweißstelle zu verkleinern und eine Versprödung durch Martensitbildung auszuschließen.

Zur Beurteilung der Schweißeignung von niedriglegierten Stählen wird das **Kohlenstoffäquivalent** $C_{äq}$ berechnet [*Niemann*]:

$$C_{äq} = \%C + \frac{\%Mn}{6} + \frac{\%Cr}{5} + \frac{\%Ni}{15} + \frac{\%Mo}{4} + \frac{\%Cu}{13} + \frac{\%P}{2}$$

Bei einem Kohlenstoffäquivalent unter 0,4 % ist der Werkstoff bei nicht zu großen Werkstückquerschnitten gut schweißbar. Bei Werten bis zu 0,8 % sind besondere Maßnahmen wie Vorwärmen notwendig.

Bei hochlegierten Stählen, in denen mindestens ein Legierungsbestandteil mit mehr als 5 % enthalten ist, kann keine Abschätzung der Schweißeignung über das Kohlenstoffäquivalent getroffen werden. In vielen Fällen liegen beim Hersteller oder Lieferanten jedoch Informationen zur Schweißeignung vor. In Zweifelsfällen muss ein Probewerkstück geschweißt werden.

7.2 Schweißeignung von Werkstoffen

Eisen-Gusswerkstoffe mit Graphitausscheidungen (Grauguss, Sphäroguss, usw.) lassen sich mit besonderen **Schweißzusatzwerkstoffen** und fertigungstechnischen Maßnahmen (z. B. Vorwärmen) schweißen. Auf Grund des hohen fertigungstechnischen Aufwands werden diese Werkstoffe hauptsächlich zu Reparaturzwecken geschweißt.

Aluminium- oder Magnesium-Leichtmetalllegierungen sind besonders mit niedrigem Anteil an Legierungsbestandteilen gut schweißbar. Es sollten insbesondere nicht mehr als 1,5 % Kupfer enthalten sein, da sonst die Warmrissempfindlichkeit zu groß wird [*Fachkunde Metall*].

Kupfer ist gut schweißbar, wenn kein Sauerstoff enthalten ist. Wegen der guten Wärmeleitfähigkeit von Kupfer ist jedoch unter Umständen ein Vorwärmen erforderlich [*Fachkunde Metall*].

Titan eignet sich grundsätzlich zum Schweißen. Hauptsächlich wird Titan nur mit Titan bzw. mit artgleichen Zusatzwerkstoffen gefügt. Da Titan schon durch geringe Aufnahme von Atmosphärengasen zur Versprödung neigt, muss im Vakuum bzw. unter Schutzgas geschweißt werden. Ferner ist auf eine gute Reinigung der Fügepartner zu achten [*Fahrenwaldt*].

Die oben beschriebene Schweißeignung von metallischen Werkstoffen bezieht sich hauptsächlich auf **Schmelzschweißverbindungen** und **Widerstandspressschweißverbindungen**. Ein Schweißverfahren, mit dem sich fast alle artgleichen und zahlreiche artfremde Werkstoffe fügen lassen, ist das **Reibschweißen** (s. Abschn. 7.5). Nähere Informationen zu den möglichen Werkstoffpaarungen finden sich in der DVS-Richtlinie 2909 Teil 1 und der DIN EN ISO 15620.

7.2.2 Kunststoffe

Die Schweißeignung von Kunststoffen beschränkt sich fast ausschließlich auf Thermoplaste. Gut schweißbar sind z. B. Polyvinylchlorid (PVC), Polyethen (PE) und Polymethylmethacrylat (PMMA). Weniger gut schweißbar sind dagegen Polyamid (PA), Polytetrafluorethen (PTFE) und Polystyrol (PS) [*Niemann*], [*Steinhilper*]. Bei einzelnen Verfahren ist das Werkstoffspektrum weiter eingeschränkt. Beispielsweise können für das Hochfrequenzschweißen nur polare Thermoplaste wie PVC und Acrylnitril-Butadien-Styrol (ABS) verwendet werden [DVS 2219].

7.2.3 Schweißzusatzwerkstoffe

Werden beim Schweißen **Zusatzwerkstoffe** verwendet, handelt es sich in der Regel um artgleiche Werkstoffe, da beim Festigkeitsnachweis für die Schweißverbindung meistens von ähnlichen Werkstoffeigenschaften ausgegangen wird. Ist die Schweißeignung des Grundwerkstoffes eingeschränkt, müssen häufig spezielle Zusatzwerkstoffe verwendet werden, die beispielsweise geringere Festigkeitseigenschaften besitzen, dafür aber weniger zur Versprödung neigen.

Die Auswahl des Schweißzusatzwerkstoffes erfolgt im Wesentlichen abhängig von den physikalischen Eigenschaften und der chemischen Zusammensetzung der Fügepartner, dem Schweißverfahren und der Schweißposition. Zur Erleichterung der Auswahl wurden viele Schweißzusatzwerkstoffe genormt. Einige dieser Normen sind im DIN-DVS-Taschenbuch 8 zusammengefasst. Informationen zur Auswahl finden sich auch bei den Herstellern von Schweißzusatzwerkstoffen, die abhängig von den Werkstoffnummern der Fügepartner, dem Schweißverfahren und der Schweißposition Schweißzusätze empfehlen.

7.3 Festigkeit und Berechnung von Schweißverbindungen

Schweißnähte [*Steinhilper*], [*Ruge 1988*]

Die Festigkeit von Schweißkonstruktionen wird wesentlich von der Schweißnaht beeinflusst. Der für die Schweißnaht benutzte Schweißzusatzwerkstoff besitzt meist ähnliche Werkstoffkennwerte (Streckgrenze, Zugfestigkeit usw.) und Legierungsbestandteile wie der Grundwerkstoff (s. Abschn. 7.2.3). Beim Festigkeitsnachweis einer Schweißkonstruktion werden die Schweißnähte überwiegend nach gesonderten Vorschriften berechnet, da (trotz häufig ähnlicher Werkstoffkennwerte) die geschweißte Konstruktion nicht wie ein homogener Körper betrachtet werden kann und verfahrensbedingte Eigenschaften wie Schweißnahtquerschnitt, -art, -güte usw. beachtet werden müssen.

In den Schweißnähten von Maschinenbau-, Fahrzeugbau- und Stahlbaukonstruktionen treten bei realer Beanspruchung in der Regel mehrachsige Spannungszustände auf. Abhängig vom Werkstoff beziehungsweise dem Einsatzzweck der Schweißkonstruktion werden die auftretenden Spannungen (s. Bild 7.1) nach unterschiedlichen Vergleichsspannungshypothesen in eine **äquivalente Vergleichsspannung** σ_v umgerechnet. Damit ist es möglich, den mehrachsigen Spannungszustand mit Hilfe dieser einen Vergleichsspannung zu beschreiben. Die Vergleichsspannung muss bei der Festigkeitsberechnung kleiner oder gleich der zulässigen Schweißnahtspannung sein, die im Wesentlichen vom Werkstoff, der Nahtausführung, -herstellung, Sicherheitsklassen oder -beiwerten und der Beanspruchungsart abhängt. Das heißt, durch die Berechnung

7.3 Festigkeit und Berechnung von Schweißverbindungen

einer dem mehrachsigen Spannungszustand gleichwertigen **Vergleichsspannung** können die für eine Normalspannung ermittelten Werkstoffkennwerte unter Berücksichtigung von schweißnahtabhängigen Faktoren für den Festigkeitsnachweis verwendet werden.

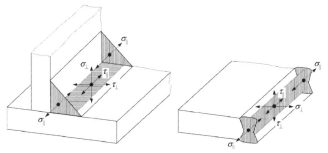

Bild 7.1: Mögliche Spannungen in Kehl- und Stumpfnähten

Im Maschinenbau kommen für die Berechnung der Vergleichsspannung σ_v im Wesentlichen die drei folgenden **Festigkeitshypothesen** zum Einsatz:

- **Vergleichsspannung nach der Hypothese der größten Normalspannung:**

$$\sigma_v = 0{,}5 \cdot \left[(\sigma_\perp + \sigma_\parallel) + \sqrt{(\sigma_\perp - \sigma_\parallel)^2 + 4 \cdot (\tau_\perp^2 + \tau_\parallel^2)} \right]$$

$\sigma_\perp$ Schweißnahtnormalspannung senkrecht zur Schweißnaht-Längsrichtung
$\sigma_\parallel$ Schweißnahtnormalspannung in Schweißnaht-Längsrichtung
$\tau_\perp$ Schweißnahtschubspannung senkrecht zur Schweißnaht-Längsrichtung
$\tau_\parallel$ Schweißnahtschubspannung in Schweißnaht-Längsrichtung

Die Hypothese der größten Normalspannung wird bei spröden Werkstoffen, die nahezu ohne plastische Verformung brechen, angewandt.

- **Vergleichsspannung nach der Hypothese der größten Schubspannung:**

$$\sigma_v = \sqrt{(\sigma_\perp - \sigma_\parallel)^2 + 4 \cdot (\tau_\perp^2 + \tau_\parallel^2)}$$

Die Hypothese der größten Schubspannung wird bei duktilen Werkstoffen, die bei statischer Belastung durch Gleitbruch bzw. bei dynamischer Schwingbeanspruchung durch Trennbruch versagen, angewandt. In der Praxis wird bei duktilen Werkstoffen überwiegend die nachfolgend vorgestellte Hypothese der größten Gestaltänderungsenergie benutzt, die vergleichbare Ergebnisse liefert [*Niemann*].

- **Vergleichsspannung nach der Hypothese der größten Gestaltänderungsenergie:**

$$\sigma_v = \sqrt{(\sigma_\perp^2 + \sigma_\|)^2 - \sigma_\perp \cdot \sigma_\| + 3(\tau_\perp^2 + \tau_\|^2)}$$

Diese Festigkeitshypothese ist zur Verwendung bei duktilen, nicht spröden Werkstoffen zu empfehlen.

Für den Stahlbau sind in der DIN 18800 Teil 1 Festigkeits- bzw. Tragsicherheitsnachweisverfahren festgelegt. Bei Konstruktionen mit statischer Belastung sind die enthaltenen Nachweisverfahren auch im Maschinenbau anwendbar. Wie bei den zuvor beschriebenen Festigkeitshypothesen wird auch in der Norm eine Berechnungsformel für eine Vergleichsnennspannung vorgegeben, für deren Anwendung ein elastisches Werkstoffverhalten angenommen wird. In der DIN 18800 Teil 1 sind neben dem **Tragsicherheitsnachweis** nach dem Verfahren Elastisch-Elastisch zwei weitere Tragsicherheitsnachweise nach den Verfahren Elastisch-Plastisch und Plastisch-Plastisch beschrieben.

Für **Krane** besteht eine eigene Norm [DIN 15018 Teil 1], in der eine Berechnungsformel für die Vergleichsspannung für zusammengesetzte ebene Spannungszustände bei Schweißnähten angegeben wird. In den nachgenden Berechnungsformeln für die Vergleichsspannung wurden die in den Normen verwendeten Indizes den in diesem Kapitel verwendeten Indizes angepasst:

- **Vergleichsspannung für Stumpf- und Kehlnähte in Stahlbauten nach DIN 18800 Teil 1:**

$$\sigma_v = \sqrt{\sigma_\perp^2 + \tau_\perp^2 + \tau_\|^2}$$

- **Vergleichsnennspannung für Schweißnähte in Kranen nach DIN 15018 Teil 1:**

$$\sigma_v = \sqrt{\bar{\sigma}_\perp^2 + \bar{\sigma}_\|^2 - \bar{\sigma}_\perp \cdot \bar{\sigma}_\| + 2 \cdot (\tau_\perp^2 + \tau_\|^2)}$$

mit $\bar{\sigma}_\perp = \dfrac{\text{zul } \sigma_z}{\text{zul } \sigma_w} \cdot \sigma_\perp$ und $\bar{\sigma}_\| = \dfrac{\text{zul } \sigma_z}{\text{zul } \sigma_w} \cdot \sigma_\|$

wobei die zulässigen Zugspannungen zul σ_z in den Bauteilen und die zulässigen Zug- oder Druckspannungen zul σ_w in den Schweiß-

7.3 Festigkeit und Berechnung von Schweißverbindungen

nähten aus Tabellen in der DIN 15018 Teil 1 zu entnehmen sind.

$\sigma_\perp$, $\sigma_\parallel$, $\tau_\perp$, $\tau_\parallel$ rechnerische Spannung in der Schweißnaht

Die beiden nationalen Normen DIN 18800 Teil 1 und DIN 15018 Teil 1 sollen nach dem Erscheinen einer europäischen Norm durch diese ersetzt werden. Auf europäischer Ebene sind die Normen für das Bauwesen (inkl. Stahl- und Kranbau) in zehn Hauptgruppen EN 1990 (EUROCODE 0) bis EN 1999 (EUROCODE 9) zusammengefasst. Einige Normen wurden bereits als nationale DIN-EN-Normen übernommen. Die für die Berechnung von Schweißnähten in Stahlbauten relevanten Teile der DIN EN 1993 (EUROCODE 3) liegen bislang überwiegend erst als Vornorm vor.

Nähere Angaben zur Berechnung der einzelnen Zug- und Druckbeanspruchungen, den Schubbeanspruchungen, Torsionsbeanspruchungen sowie den zu berücksichtigenden Widerstands- und Flächenträgheitsmomenten, Schweißnahtlängen und -dicken finden sich in den Normen und Fachbüchern [DIN 15018 Teil 1], [DIN 18800 Teil 1], [Niemann], [Ruge 1988], [Steinhilper].

Punktschweißverbindungen

Bei der Festigkeitsberechnung einer Punktschweißverbindung wird die Schweißlinse einer Niet- oder Stiftverbindung gleichgesetzt (s. Bild 7.2). Für diese Verbindungen muss nachgewiesen werden, dass die zulässige Scherspannung und die zulässige Leibung (Flächenpressung) nicht überschritten werden. Die maximal zulässigen Scherspannungen und

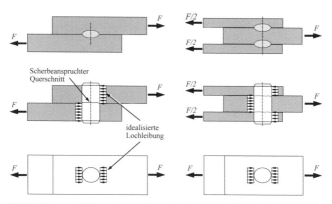

Bild 7.2: Scher- und Leibungsbeanspruchung einer einschnittigen (links) und zweischnittigen (rechts) Punktschweißverbindung

Leibungen werden anhand von Erfahrungswerten ermittelt, bei denen Materialkennwerte wie die Zugfestigkeit oder die Streckgrenze, Herstellungsverfahren und Sicherheiten Berücksichtigung finden.

7.4 Gestaltung von Schweißverbindungen

Bei der Gestaltung von Schweißverbindungen müssen vor allem mögliche Beanspruchungen beachtet werden, um die Funktionserfüllung der Schweißung bzw. des Werkstückes zu gewährleisten. Zu diesen Beanspruchungen zählen beispielsweise Kräfte und Momente, aber auch chemische und physikalische Einflüsse. Neben der beanspruchungsgerechten Gestaltung muss eine fertigungsgerechte Gestaltung angestrebt werden, welche einen entscheidenden Einfluss auf die Wirtschaftlichkeit ausübt. Die fertigungstechnische Gestaltung beschränkt sich nicht auf die Gewährleistung einer einfachen Anwendbarkeit von Schweißverfahren und die Minimierung der Fertigungszeit, sondern schließt Qualitätssicherungs- und Instandsetzungsaspekte ein. In der nachfolgenden Tabelle werden die wichtigsten Gestaltungsrichtlinien mit Beispielen zusammengefasst. Weiterführende Hinweise finden sich u. a. bei [*Fahrenwaldt*], [*Steinhilper*], [*Niemann*], [*Decker*], [*Malisius*].

Tabelle 7.1: Beispielhaft erläuterte Gestaltungsregeln

Gestaltungsregel	Beispiele	
	zweckmäßig	unzweckmäßig
Schweißung nicht an Stellen mit hoher Beanspruchung vorsehen.		
Zugbeanspruchung der Nahtwurzel vermeiden.		
Nahtanhäufungen vermeiden.		

7.4 Gestaltung von Schweißverbindungen

Tabelle 7.1: (Fortsetzung)

Gestaltungsregel	Beispiele	
	zweckmäßig	unzweckmäßig
Wenige Einzelteile vorsehen. Bei dünnen Blechen wegen Verwerfungsgefahr Schweißnähte an Ecken vermeiden.		
Dichtungsnähte auf der Seite des eingeschlossenen Mediums vorsehen.		
Schweißnähte an Querschnittsübergängen vermeiden.		
Punktschweißverbindungen auf Abscheren beanspruchen		
Geringes Nahtvolumen anstreben. Im Zweifelsfall lange statt dicke Nähte ausführen.		
Wenn die Beanspruchung es zulässt, Kehlnähte statt Stumpfnähte vorsehen, da Nahtvorbereitung geringer.		
Trennende Vorbearbeitung der Fügepartner minimieren. Norm- und Standardteile verwenden.		

Tabelle 7.1: (Fortsetzung)

Gestaltungsregel	Beispiele	
	zweckmäßig	unzweckmäßig
Bei größeren Stückzahlen Vorrichtungen vorsehen. Nur bei Einzelstücken Fixierung durch Formschluss.		
Gute Zugänglichkeit für das Schweißen und Prüfen vorsehen.		
Bei Punktschweißungen auf Kontaktflächen der Zangen achten, damit an der Fügestelle die maximale Kraft wirkt		
Einfache Schweißposition wählen (besser in Wannenlage oder horizontal als überkopf).	horizontal	überkopf

7.5 Schweißverfahren

Die Schweißverfahren zum Fügen sind nach DIN 8593 Teil 6 in Pressschweißverfahren und Schmelzschweißverfahren eingeteilt. Beim **Pressschweißen** erfolgt das Verbinden unter Anwendung von Kraft. Die zum Erweichen der Werkstoffe erforderliche Wärme entsteht durch physikalische Vorgänge in den Werkstücken und/oder durch Wärmezufuhr. Ein Zusatzwerkstoff wird in der Regel nicht verwendet.

Beim **Schmelzschweißen** werden die Fügepartner an der zu verbindenden Stelle (Stoß) bis zur Schmelztemperatur erwärmt, wobei meistens ein Schweißzusatzwerkstoff verwendet wird. Die Wärmezufuhr kann von außen oder durch physikalische Vorgänge im Werkstück erfolgen.

7.5 Schweißverfahren

Die Press- und Schmelzweißverfahren lassen sich weiter nach der Art der Wärmeerzeugung bzw. des Energieträgers unterteilen (Bild 7.3), wodurch die Werkstoffauswahl eingeschränkt wird. Beispielsweise sind einige Verfahren nur bei elektrisch leitenden Werkstoffen anwendbar. In Bild 7.3 sind ausschließlich metallische Werkstoffe und Kunststoffe aufgeführt, bei Eignung für das Verfahren können auch andere Werkstoffe wie Glas eingesetzt werden.

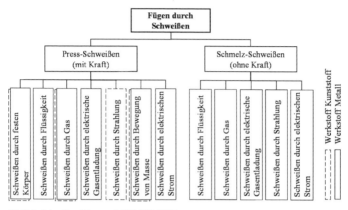

Bild 7.3: Schweißverfahren nach DIN 8593 Teil 6

Allein in der DIN EN ISO 4063 sind über 100 Schweißverfahren aufgeführt, die sich nach der oben genannten Gliederung ordnen lassen. In der Tabelle 7.2 wird eine Auswahl der wichtigsten Schweißverfahren kurz erläutert. Ausführlichere Informationen sind beispielsweise [*Fachkunde Metall*], [*Niemann*], [*Westkämper*] zu entnehmen.

Tabelle 7.2: Schweißverfahren, Merkmale und Anwendung

Verfahren und Ordnungsnummer nach EN ISO 4063	Merkmale	Anwendung
Reibschweißen (42)	■ Schweißtemperatur wird durch Relativbewegung der Werkstücke und Druck erzeugt ■ Schweißen ohne Zusatzwerkstoff und Schutzgase ■ axiale Kürzung der Teile	■ rotationssymmetrische Werkstücke ■ auch zum Verbinden von Fügepartnern aus verschiedenen Werkstoffen geeignet
Punktschweißen (21)	■ Zusammendrücken der Werkstücke durch Elektroden ■ hoher Strom zwischen den Elektroden zum Erreichen der Schweißtemperatur ■ linsenförmiger Schweißpunkt	■ Bleche aus unlegiertem Stahl und NE-Metallen ■ hat teilweise das Nieten ersetzt
Gasschmelzschweißen (31×)	■ Aufheizen von Stoß und Zusatzwerkstoff durch Gasflamme ■ Gase meist Acetylen und Sauerstoff ■ vergleichsweise geringe Leistungsdichte der Flamme	■ Rohrleitungsbau, Apparatebau, Baustellen
Laserstrahlschweißen (52×)	■ Wärme entsteht durch Absorption der Laserstrahlen ■ Schutzgas auf Grund der hohen Temperaturen erforderlich ■ Werkstück oder Laser geführt (auch automatisiert)	■ sehr dünne Bleche verarbeitbar (ab 0,5 mm) ■ keine hochreflektierenden Oberflächen ■ auch Schweißen durch transparente Werkstoffe
Lichtbogenhandschweißen (111)	■ Wärmeerzeugung durch Lichtbogen zwischen abschmelzender Elektrode und Werkstück (el. Gasentladung) ■ ummantelte Elektrode (Nahtschutz)	■ allgemeiner Stahlbau, Schiffbau, Baustellen

7.5 Schweißverfahren

Tabelle 7.2: (Fortsetzung)

Verfahren und Ordnungsnummer nach EN ISO 4063	Merkmale	Anwendung
Metall-Schutzgasschweißen bzw. Metall-Aktivgas- (MAG, 135) oder Metall-Intertgas-Schweißen (MIG, 131)	■ Wärmeerzeugung durch Lichtbogen zwischen abschmelzender Elektrode und Werkstück (elektrische Gasentladung) ■ automatische Elektrodenzufuhr ■ Schutzgase verhindern Reaktionen des geschmolzenen Werkstoffes	■ allgemeiner Stahlbau ■ Leichtmetalle
Wolfram-Inertgas-Schweißen (WIG, 141)	■ Lichtbogen zwischen nicht abschmelzender Wolframelektrode und dem Werkstück ■ Einsatz von Edelgasen höchster Reinheit zum Naht- und Elektrodenschutz ■ sorgfältige Nahtvorreinigung notwendig	■ universell einsetzbar für alle metallischen Werkstoffe ■ bei besonderen Nahtanforderungen (bspw. Dichtheit) ■ Flugzeugbau, Reaktorbau
Unterpulverschweißen (12×)	■ Lichtbogen unter körnigem Pulver ■ Gasbildung beim Abschmelzen der Drahtelektrode führt zu einem Hohlraum (Kaverne) ■ meist mechanische Führung der Elektrode ■ geringer Wärmeverlust	■ bei Stumpf- oder Kehlnähten (Pulver darf nicht wegrutschen) ■ bei großer erforderlicher Abschmelzleistung und tiefem Einbrand (lange Nähte und dicke Bleche)
Elektronenstrahlschweißen (51×)	■ Elektronen auf 2/3 der Lichtgeschwindigkeit beschleunigt ■ Elektronen dringen in das Werkstück ein ■ Schweißtiefen bis 200 mm erreichbar ■ Prozess meist im Vakuum	■ schweißempfindliche Werkstoffe ■ Bleche und Drähte für (Kern-)Reaktoren, Turbinenteile, Leichtmetallkolben, Fahrwerksteile

× ≡ Platzhalter für weitere Ziffer der Ordnungsnummer nach EN ISO 4063 (in Spalte 1)

7.6 Zeichnerische Darstellung von Schweißverbindungen

Dieser Abschnitt ist eng an den Inhalt der Norm DIN EN 22553 angelehnt, welche die symbolische Darstellung von Schweißnähten in Zeichnungen beschreibt. Auf die Schweißnahtdarstellung nach der zurückgezogenen DIN 1912 Teil 5, die zum überwiegenden Teil in die DIN EN 22553 übernommen wurde, wird nur dann eingegangen, wenn diese in der betrieblichen Praxis noch Verwendung findet.

7.6.1 Nahtarten und Nahtsymbole

Die zeichnerische Darstellung von Schweißverbindungen erfolgt nach DIN EN 22553 mit Symbolen, mit denen die gebräuchlichsten Schweißnähte charakterisiert werden können (s. Tabelle 7.3 Spalte Symbol). Bei besonderen Verbindungen und/oder im Schnittbild werden die Schweißnähte bildlich dargestellt und geschwärzt (vgl. Tabelle 7.3 Spalte Darstellung).

Tabelle 7.3: Nahtarten nach DIN EN 22553

Benennung	Darstellung	Symbol	Benennung	Darstellung	Symbol
Bördelnaht (Bördel werden ganz niedergeschmolzen)			I-Naht		
V-Naht			HV-Naht		
Y-Naht			HY-Naht		
U-Naht			HU-Naht (Jot-Naht)		
Gegenlage			Kehlnaht		
Lochnaht			Punktnaht		

7.6 Zeichnerische Darstellung von Schweißverbindungen

Tabelle 7.3: (Fortsetzung)

Benennung	Darstellung	Symbol	Benennung	Darstellung	Symbol
Liniennaht		⊖	Auftragung		⌒⌒
Steilflankennaht		\\/	Halb-Steilflankennaht		|/
Stirnflachnaht		|||	D(oppel)-V-Naht (X-Naht)		X
D(oppel)-HV-Naht (K-Naht)		K	D(oppel)-HY-Naht (K-Stegnaht)		K

7.6.2 Anordnung der Schweißnahtsymbole

Um die in Tabelle 7.3 dargestellten Nahtarten eindeutig einer Verbindung zuzuordnen, sind weitere Symbole notwendig. Eine Zeichnungseintragung besteht mindestens aus einer **Pfeillinie** sowie einer gestrichelten und durchgezogenen **Bezugslinie**, aus denen die Lage der Naht hervorgeht, und einem **Nahtsymbol**, das die Nahtart bzw. die Nahtvorbereitung charakterisiert (Bild 7.4 links). Die gestrichelte Bezugslinie kann bei symmetrischen Nähten entfallen (Bild 7.4 Mitte). Wird das Pfeilsymbol wie in Bild 7.4 rechts ohne Nahtsymbol verwendet, soll lediglich ausgedrückt werden, dass die bezeichnete Naht geschweißt ist.

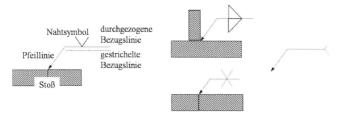

Bild 7.4: Symbolische Darstellung der Schweißverbindung

Die Pfeillinie kann auf beiden Seiten des Stoßes einer Fügeverbindung gezeichnet werden. Dabei berührt die Pfeilspitze üblicherweise die zu schweißende Stelle. Wenn sich die Schweißnaht auf der Seite des Pfeils befindet, wird das Symbol für die Nahtart auf der durchgezogenen Bezugslinie eingezeichnet (Bild 7.5 oben und Bild 7.5 unten „Stoß 1"). Wenn gekennzeichnet werden soll, dass sich die Schweißnaht auf der Gegenseite des Stoßes bzw. der Pfeillinie befindet, wird das Symbol für die Nahtart auf der gestrichelten Linie eingetragen (Bild 7.5 unten „Stoß 2"). Die Lage der gestrichelten Bezugslinie (oberhalb oder unterhalb der durchgezogenen Bezugslinie) kann abhängig von den Platzverhältnissen auf der Zeichnung gewählt werden.

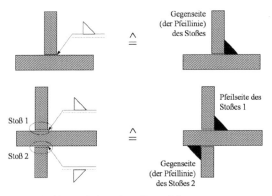

Bild 7.5: Beziehung zwischen Naht und Bezugslinie

7.6.3 Bemaßung der Schweißverbindungen

In der symbolischen Darstellung von Schweißnähten können ein Maß zur Festlegung des Querschnitts und ein Maß für die Länge der Verbindung angegeben werden. Wird kein Längenmaß angegeben, verläuft die Naht über die gesamte Werkstücklänge. Das **Querschnittsmaß** wird auf der Bezugslinie vor dem Nahtartsymbol, das **Längenmaß** nach dem Nahtartsymbol eingetragen. Abhängig von der Nahtart hat das Querschnittsmaß unterschiedliche Bedeutung.

Bei Stumpfnähten (z. B. I-Naht, V-Naht) und Bördelnähten wird als Querschnittsmaß das Mindestmaß von der Werkstückoberfläche bis zur Unterseite des Einbrandes angegeben (Bild 7.6).

7.6 Zeichnerische Darstellung von Schweißverbindungen

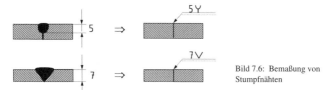

Bild 7.6: Bemaßung von Stumpfnähten

Bei **Kehlnähten** stehen zwei Eintragungen für das Querschnittsmaß zur Auswahl, weshalb zur eindeutigen Kennzeichnung dem Maß ein Buchstabe vorangestellt wird. Soll die Nahtdicke, d. h. die Länge der Mittelsenkrechten eines in den Schnitt einer Kehlnaht einbeschriebenen gleichschenkligen Dreiecks, angegeben werden, ist dem Wert ein a voranzustellen (Bild 7.7 oben). Wenn die Schenkellänge angegeben werden soll, ist dem Wert ein z voranzustellen (Bild 7.7 unten). In der Praxis wird bei der Bemaßung von Kehlnähten in Zeichnungen häufig kein a oder z vermerkt. In diesen Fällen muss von der Angabe der Nahtdicke ausgegangen werden.

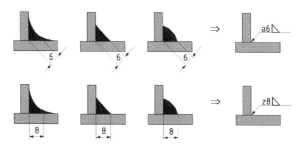

Bild 7.7: Bemaßung von Kehlnähten durch Angabe der Nahtdicke (oben) oder der Schenkellänge (unten)

Zusätzlich zur Nahtdicke oder zur Schenkellänge kann die Tiefe des Einbrands angegeben werden. Dazu wird vor das Maß für den Querschnitt der Wert der Einbrandtiefe mit vorangestelltem s eingetragen (Bild 7.8).

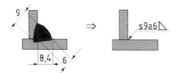

Bild 7.8: Bemaßung des Einbrands bei Kehlnähten

Bei **Langlochnähten** und **Liniennähten** gibt das Naht-Querschnittsmaß die Lochbreite bzw. die Breite der Naht an. Bei Lochnähten und Punktnähten wird vor dem Nahtsymbol der Lochdurchmesser eingetragen.

7.6.4 Zusatzangaben

Sind neben der Nahtart und deren Maßen weitere Informationen zur Charakterisierung der Naht erforderlich, stehen weitere Symbole zur Verfügung.

Ausgewählte **Zusatzsymbole**, welche die Nahtoberfläche oder Nahtform näher spezifizieren, sind in Bild 7.9 dargestellt. Dabei ist zu beachten, dass in technischen Zeichnungen zur Wahrung der Übersichtlichkeit pro Nahtart möglichst nur ein Zusatzsymbol verwendet werden soll. Neben den Nahtzusatzsymbolen nach DIN EN 22553 wird in der Praxis insbesondere bei U-, V- und HV-Nähten über dem Nahtsymbol der Öffnungswinkel der Schweißnaht vermerkt.

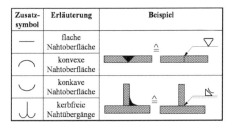

Bild 7.9: Zusatzsymbole zur Spezifikation der Nahtoberfläche und -form (Auswahl aus DIN EN 22553)

Wenn gekennzeichnet werden soll, dass die Naht in sich geschlossen ist, d. h. der Startpunkt der Naht dem Endpunkt entspricht, wird am Berührpunkt zwischen Pfeil- und Bezugslinie ein Kreis eingezeichnet (s. Bild 7.10).

Bild 7.10: Ringumnaht zum Verschweißen eines Verstärkungsblechs

Der symbolischen Darstellung der Schweißverbindung kann ferner die Angabe des Schweißprozesses hinzugefügt werden. Dazu wird an die durchgezogene Bezugslinie eine **Gabelung** hinzugefügt (Bild 7.11 links). In die Gabelung können in der genannten Reihenfolge und durch Schrägstriche getrennt die **Ordnungsnummer** des Schweißprozesses [DIN EN ISO 4063], die **Bewertungsgruppe** [DIN EN ISO 5817, DIN EN ISO 10042], die **Arbeitsposition** [DIN EN ISO 6947] und mögliche

7.6 Zeichnerische Darstellung von Schweißverbindungen

Zusatzwerkstoffe [DIN EN ISO 544, ISO 2560] eingetragen werden. Die wichtigsten Schweißprozesse sind in Tabelle 7.3 aufgelistet. Wenn zum Beispiel die Angabe des Schweißprozesses in der Gabelung zu viel Platz beansprucht oder wenn Gruppen gleicher Nähte zusammengefasst werden sollen, wird die Gabelung geschlossen und ein **Bezugszeichen**, bestehend aus einem Großbuchstaben oder einer Großbuchstaben-Ziffern-Kombination, verwendet (Bild 7.11 rechts). Die Bedeutung des Bezugszeichens wird in der Nähe des Schriftfeldes oder in einer Tabelle erläutert.

Bild 7.11: Angabe des Schweißprozesses

Quellen und weiterführende Literatur

Awiszus, B.; Bast, J.; Dürr, H.; Matthes, K.-J.: Grundlagen der Fertigungstechnik. Leipzig: Fachbuchverlag, 2004

Decker, K.-H.; Kabus, K.: Maschinenelemente – Funktion, Gestaltung und Berechnung. München Wien: Carl Hanser Verlag, 2006

DIN 8593 Teil 6: Fertigungsverfahren Fügen – Fügen durch Schweißen; Einordnung, Unterteilung, Begriffe. Berlin: Beuth, 2003

DIN 15018 Teil 1: Krane; Grundsätze für Stahltragwerke; Berechnung. Berlin: Beuth, 1984

DIN 18800 Teil 1: Stahlbauten; Bemessung und Konstruktion. Berlin: Beuth, 1990

DIN-DVS-Taschenbuch 8, Titel: Schweißtechnik 1 – Schweißzusätze, Zerstörende Prüfung von Schweißverbindungen, Normen, Merkblätter. Berlin: Beuth, 2001

DIN EN 22553: Schweiß- und Lötnähte – Symbolische Darstellung in Zeichnungen (Deutsche Fassung EN 22553). Berlin: Beuth, 1997

DIN EN ISO 544: Schweißzusätze – Technische Lieferbedingungen für metallische Schweißzusätze – Art des Produktes, Maße, Grenzabmaße und Kennzeichnung (Deutsche Fassung EN ISO 544). Berlin: Beuth, 2004

DIN EN ISO 4063: Schweißen und verwandte Prozesse – Liste der Prozesse und Ordnungsnummern (Deutsche Fassung EN ISO 4063). Berlin: Beuth, 2000

DIN EN ISO 5817: Schweißen – Schmelzschweißverbindungen an Stahl, Nickel, Titan und deren Legierungen (ohne Strahlschweißen) – Bewertungsgruppen von Unregelmäßigkeiten (Deutsche Fassung EN ISO 5817). Berlin: Beuth, 2003

DIN EN ISO 6947: Schweißnähte – Arbeitspositionen – Definitionen der Winkel von Neigung und Drehung (Deutsche Fassung EN ISO 6947). Berlin: Beuth, 1997

DIN EN ISO 10042: Schweißen – Lichtbogenschweißverbindungen an Aluminium und seinen Legierungen – Bewertungsgruppen von Unregelmäßigkeiten (Deutsche Fassung prEN ISO 10042). Berlin: Beuth, 2004

DIN EN ISO 15620: Schweißen – Reibschweißen von metallischen Werkstoffen (Deutsche Fassung EN ISO 15620). Berlin: Beuth, 2000

Dobeneck, D.: Elektronenstrahlschweißen: Das Verfahren und seine industrielle Anwendung für höchste Produktivität. Landsberg/Lech: Verlag Moderne Industrie, 2001

DVS 2219 Teil 1: Hochfrequenzfügen von thermoplastischen Kunststoffen in der Serienfertigung – Maschinen, Werkzeuge, Verfahrenstechnik. Berlin: Beuth, 1994

DVS 2909 Teil 1: Reibschweißen von metallischen Werkstoffen; Verfahren, Begriffe, Werkstoffe. Berlin: Beuth, 1989

DVS 3204: Elektronenstrahl-Schweißeignung von metallischen Werkstoffen. Berlin: Beuth, 1988

DVS Fachbuchreihe Schweißtechnik Band 68/IV: Fügen von Kunststoffen. Düsseldorf: DVS-Verlag, 2003

Fachkunde Metall. Haan-Gruiten: Verlag Europa Lehrmittel, 2003

Fahrenwaldt, H. J.; Schuler, V.: Praxiswissen Schweißtechnik – Werkstoffe, Verfahren, Fertigung. Wiesbaden: Vieweg Verlag, 2003

Gruber, F. J.: Widerstandsschweißtechnik – Wirtschaftliches Fügen von Metallen in der Kleinteilfertigung. Landsberg/Lech: Verlag Moderne Industrie, 1997

ISO 2560: Schweißzusätze – Umhüllte Stabelektroden zum Lichtbogenhandschweißen von unlegierten Stählen und Feinkornstählen – Einteilung. Berlin: Beuth, 2002

Malisius, R.: Schrumpfungen, Spannungen und Risse beim Schweißen. Düsseldorf: DVS-Verlag, 2002

Matthes, K.-J.; Richter, E.: Schweißtechnik – Schweißen von metallischen Konstruktionswerkstoffen. Leipzig: Fachbuchverlag, 2003

Niemann, G.; Winter, H.; Höhn, B.-R.: Maschinenelemente – Band 1: Konstruktion und Berechnung von Verbindungen, Lagern, Wellen. 3. Auflage, Berlin: Springer-Verlag, 2001

Ruge, J.: Handbuch der Schweißtechnik – Band I: Werkstoffe. Berlin: Springer-Verlag, 1991

Ruge, J.: Handbuch der Schweißtechnik – Band IV: Berechnung der Verbindungen, Berlin: Springer-Verlag, 1988

Steinhilper, W.; Röper, R.: Maschinen- und Konstruktionselemente 2: Verbindungselemente. Berlin: Springer-Verlag, 2000

Westkämper, E.; Warnecke H.-J.: Einführung in die Fertigungstechnik. Stuttgart: Teubner Verlag, 2001

8 Lötverbindungen

Prof. Dr.-Ing. Rolf Steinhilper
Dipl.-Ing. Daniel Landenberger

8.1 Merkmale und Anwendung von Lötverbindungen

Löten ist ein thermisches Verfahren zum stoffschlüssigen Fügen (**Verbindungslöten**) und **Beschichten** von Werkstoffen, wobei eine flüssige Phase durch Schmelzen eines Lotes oder durch Diffusion an den Grenzflächen entsteht [DIN 8505 Teil 1]. Die wichtigsten **Vor- und Nachteile** des Lötens sind:

- Keine oder nur geringe Beeinträchtigung des Grundwerkstoffes, da dessen Schmelz- bzw. Solidustemperatur nicht erreicht wird.

- Einfachere Lösbarkeit von Lötverbindungen im Vergleich mit Schweißverbindungen (siehe Fertigungsverfahren Ablöten nach DIN 8591).

- Keine Beeinträchtigung der elektrischen Leitfähigkeit im Vergleich zum Kleben.

- Hohe Beständigkeit von Lötverbindungen gegen Umwelteinflüsse.

- Meist kein Anpressdruck im Gegensatz zum Kleben erforderlich.

- Oft geringere Festigkeit gegenüber dem Schweißen.

- Hoher Preis der Lote, besonders bei hohem Silberanteil.

Um eine Verbindung durch Löten herzustellen, muss das **Lot** den Grundwerkstoff benetzen. Dabei bilden Lot und Grundwerkstoff in einer Diffusionszone im Werkstückrand nahe der Oberfläche eine **Legierung**. Neben der Benetzung des Grundwerkstoffes ist der Abstand der zu fügenden Werkstücke für die Lötverbindung relevant. Das Lot fließt nur bei optimalem Abstand der beiden Fügepartner durch die Kapillarwirkung in den so genannten **Lötspalt**. Für das Maschinenlöten sollte die Spaltbreite 0,05 ... 0,2 mm betragen. Handlöten kann bis zu einer Spaltbreite von 0,5 mm durchgeführt werden [*Fachkunde Metall*].

8.2 Werkstoffe

Um eine optimale Lötverbindung oder -beschichtung zu erhalten, müssen die Eigenschaften von Werkstückstoff und Lot aufeinander abgestimmt sein. Außerdem ist beim Löten meistens ein **Flussmittel** erforderlich. Nachfolgend sollen die wichtigsten Merkmale von lötgeeigneten Werkstoffen, Loten und Flussmitteln kurz dargestellt werden.

8.2.1 Löteignung von Werkstoffen

Die **Löteignung** eines Werkstoffes wird wesentlich durch seine chemischen und physikalischen (inkl. mechanischen) Eigenschaften bestimmt. Zu den chemischen Eigenschaften zählt beispielsweise das Oxidationsverhalten. Um metallische Werkstoffe zu löten, muss eine evtl. vorhandene Oxidschicht beseitigt werden, damit sich das Lot in der Werkstückrandzone mit dem Grundwerkstoff gegenseitig durchdringen kann (Diffusion) und eine Reaktionsschicht bildet. Unlegierte Stähle, Grauguss, Kupfer und Edelmetalle lassen sich deshalb relativ einfach löten. Rostfreie Edelstähle, Aluminium und Magnesium sind schwieriger zu löten, da beispielsweise beim Aluminium die vergleichsweise niedrige Schmelztemperatur des Werkstückstoffs zu beachten ist und Aluminiumoxidschichten durch aggressive Flussmittel zu beseitigen sind [*Niemann*].

Zu den **physikalischen Eigenschaften**, welche die Löteignung bestimmen, zählen beispielsweise die Schmelztemperatur, die größer als die Schmelztemperatur des Lotes sein muss, die Wärmeleitfähigkeit und Benetzbarkeit. Insbesondere bei einem Einsatz der Lötverbindung in wechselnden Temperaturbereichen ist auch die Wärmeausdehnung der zu fügenden Teile (Fügepartner) relevant.

Neben den metallischen Werkstoffen, bei denen das Löten am verbreitetsten ist, lassen sich auch Diamant, Graphit, Glas und Keramik fügen. Damit sich wie bei metallischen Werkstoffen eine Reaktionsschicht in der Werkstückrandzone bilden kann, sind spezielle Lote, die häufig Titan enthalten, notwendig [*Niemann*], [*Keramverband*].

8.2.2 Lote

Lot ist nach DIN 8505 Teil 1 ein **Zusatzwerkstoff zum Löten**, der aus reinem Metall oder einer Legierung besteht. Lote besitzen – im Gegensatz zu den Zusatzwerkstoffen beim Schweißen – verfahrensbedingt überwiegend andere Eigenschaften als die der zu fügenden Werkstücke. Wichtige **Anforderungen** an ein Lot sind:

- Die Schmelztemperatur des Lotes muss kleiner als die Schmelztemperatur der zu fügenden Werkstücke sein.

- Das Lot muss mit dem Werkstück in dessen Randzone eine Reaktionsschicht bilden.

8.2 Werkstoffe

- Die zum Löten notwendigen Temperaturen bzw. die gewählten Lötverfahren dürfen das Gefüge der zu fügenden Werkstoffe nicht beeinträchtigen.

- Das Lot sollte insbesondere bei Verwendung für Elektro- und Elektronikgeräte keine Stoffe enthalten, die nach der Richtlinie „zur Beschränkung der Verwendung bestimmter gefährlicher Stoffe" [RoHS] des Europäischen Parlaments ab 2006 verboten sind. Dazu zählen die bislang in Loten häufig verwendeten Metalle Blei und Cadmium.

- Das Lot muss gleich bleibende physikalische und chemische Eigenschaften besitzen, um berechnete Beanspruchungen aufnehmen und Umwelteinflüssen widerstehen zu können. Ferner ist eine gleich bleibende Lotqualität für eine sichere Verarbeitung notwendig.

Nach DIN EN ISO 3677 und DIN 8593 Teil 7 werden Lote in **Weichlote** mit einer Schmelztemperatur unter 450 °C und **Hartlote** mit einer Schmelztemperatur über 450 °C eingeteilt. Die Bezeichnung von Loten nach DIN EN ISO 3677 setzt sich aus zwei Teilen beim Weichlöten und drei Teilen beim Hartlöten zusammen (siehe Bild 8.1). Die Legierungsbestandteile werden nach ihrer Konzentration angeordnet, wobei der prozentuale Anteil jeweils nach dem chemischen Kurzzeichen vermerkt wird.

Bild 8.1: Bezeichnung von Loten nach DIN EN ISO 3677

Hartlote sollen nicht mehr nach den zurückgezogenen Normen DIN 8513 Teil 1 bis 5 angegeben werden, in denen Hartloten ein L vorangestellt wurde (L-AG40Cd). Bis auf wenige Ausnahmen wurden die Lote aus der DIN 8513 in die DIN EN 1044 übernommen.

Die wichtigsten Normen, welche die chemische Zusammensetzung von Weichloten festlegen, sind die DIN EN 29453 und die DIN 1707. Neben der **chemischen Zusammensetzung** wird in den Normen auch die **Lieferform** und **Kennzeichnung** von Loten geregelt.

In der Praxis werden die Lote in Abhängigkeit von den Eigenschaften der zu fügenden Werkstückstoffe ausgewählt. Universallote mit bis zu 40 % Kupfer und Silber und bis zu 30 % Zink können für Stähle, Kupfer, Kupferlegierungen, Nickel und Nickellegierung verwendet werden. Daneben gibt es spezielle Lote für Aluminium, Keramik, Hartmetalle, den Sanitärbereich, elektronische Schaltungen usw.

8.2.3 Flussmittel

Um die Oxidation der erwärmten Metalle beim Löten zu verhindern bzw. zu beseitigen sowie die Benetzungs- und Fließeigenschaften des Lotes zu verbessern, werden **Flussmittel** verwendet. Die Auswahl der Flussmittel richtet sich nach der Schmelztemperatur der Lote, d. h., die Arbeitstemperatur des Flussmittels schließt die Schmelztemperatur und die maximale Arbeitstemperatur des Lotes ein [*Fachkunde Metall*]. Flussmittel sind nach DIN EN 1045 für Hartlote und DIN 8527 Teil 1, DIN EN 29454 Teil 1 sowie DIN EN ISO 9454 Teil 2 für Weichlote genormt (DIN-DVS-Taschenbuch 196 und auszugsweise Tabellenbuch Metall 2002).

8.3 Festigkeit von Lötverbindungen

Lötverbindungen sollten möglichst mit einer **Schub-** bzw. **Scherbeanspruchung** belastet werden. Beim Festigkeitsnachweis wird angenommen, dass die Kraft, die zum Abscheren der Lötschicht führt, mindestens der Kraft, die zum Versagen eines nicht gelöteten Bauteils führt, entspricht [*Decker*].

$F_{Ab} \geq F_B$

F_{Ab} Abscherkraft der Lötschicht
F_B Kraft, die zum Versagen des Bauteils führt (Zugbruchkraft)

Bei einem weiteren Ansatz zum Festigkeitsnachweis muss die Festigkeit der Lötverbindung τ_{LV} bzw. σ_{LV} unter Berücksichtigung eines Sicherheitsfaktors S und eines Lötnahtfaktors v_L mindestens den maximal auftretenden Spannungen in der Lötnaht τ_B bzw. σ_B entsprechen.

$\tau_B = \tau_{LV} \cdot v_L \cdot 1/S$ bzw. $\sigma_B = \sigma_{LV} \cdot v_L \cdot 1/S$

τ_B, σ_B tatsächliche Spannung
τ_{LV}, σ_{LV} Festigkeit der Lötverbindung
v_L Lötnahtfaktor (um 1; durch Versuche zu ermitteln)
S Sicherheitsfaktor [2 … 4 (Druckbehälter)]

Die Festigkeit der Lötverbindung hängt von der **Lot-Zugfestigkeit** und dem Werkstoff der Fügepartner ab. Sie kann also von der Festigkeit des Lotes abweichen [*Niemann*]. Beispielsweise liegt die Zugfestigkeit einer Verbindung aus S235, die mit einem typischen Universallot für Stähle mit ca. 40 % Kupfer, 25 % Zink, 20 % Silber und 15 % Cadmium gefügt wurde, bei ca. 350 N/mm². Die Lot-Zugfestigkeit liegt dagegen bei 450 N/mm² [*Brazetec*], [*Niemann*].

8.4 Gestaltung von Lötverbindungen

Da bei Lötverbindungen die Festigkeit des Lotes (insbesondere bei Weichloten) meist geringer als die der zu verbindenden Werkstücke ist, muss besonders auf eine **beanspruchungsgerechte Gestaltung** der Lötverbindung geachtet werden. Wie im Abschnitt 8.3 erwähnt, sollen Lötverbindungen möglichst auf Schub beansprucht werden, d. h., Zug-, Biege- und Schälbeanspruchungen müssen vermieden werden. Für die Festigkeit der Lötverbindung ist u. a. die Fügefläche entscheidend, weshalb stoffschlüssige Lötverbindungen oft mit einer formschlüssigen Verbindung kombiniert werden. Neben den Richtlinien zur beanspruchungsgerechten Gestaltung müssen **fertigungstechnische Aspekte** berücksichtigt werden. Die Nichtbeachtung fertigungstechnischer Aspekte kann einerseits wiederum die Festigkeit der Lötverbindung beeinflussen, andererseits führen z. B. lange Fertigungszeiten und ein hoher Lotverbrauch des oft teuren Lotes zu wirtschaftlichen Nachteilen. Nachfolgend sollen deshalb die wichtigsten Gestaltungsrichtlinien beim Löten beispielhaft in Tabellenform erläutert werden [*Niemann*], [*Fritz*].

Tabelle 8.1: Beispielhaft erläuterte Gestaltungsregeln

Gestaltungsregel	Beispiele	
	zweckmäßig	unzweckmäßig
Lötverbindungen möglichst auf Schub beanspruchen.		
Keine Stumpfnähte vorsehen; möglichst große Überlappung gewährleisten.		
An hoch belasteten Stellen Muffen vorsehen.		

8 Lötverbindungen

Tabelle 8.1: (Fortsetzung)

Gestaltungsregel	Beispiele	
	zweckmäßig	unzweckmäßig
Ausreichende Lötspaltbreite zum Einfließen des Lotes vorsehen.		
Auf Absätze zum einfacheren Einfließen des Lotes achten.		
Bei eingelegtem Lotring muss die Erreichung der optimalen Spaltbreite ermöglicht werden.		
Lötspaltbreite sollte nicht variieren, um guten Lötfluss und geringen Lötverbrauch zu gewährleisten.		
Entlüftungsöffnungen für Flussmittel vorsehen.		
Lotdepots sollten möglichst zentral liegen, sodass das Lot kurze Wege hat.		
Bei großen Querschnitten evtl. Isolierung vorsehen, damit sich das Werkstück an der Lötfläche über die Schmelztemperatur des Lotes erwärmen kann.		

8.5 Lötverfahren

Lötverfahren zum Fügen werden nach DIN 8593 Teil 7 in **Weich-** und **Hartlöten** eingeteilt (Bild 8.2). Weichlöten findet bei Temperaturen unter 450 °C, Hartlöten bei Temperaturen darüber statt. Beim **Verbindungs-Hochtemperaturlöten**, das zum Hartlöten zählt, werden in der Regel Temperaturen über 900 °C erreicht. Ein weiterer Ordnungsgesichtspunkt ist die Art der Wärmeerzeugung zum Löten.

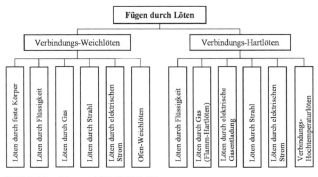

Bild 8.2: Lötverfahren nach DIN 8593 Teil 7

Zur Erwärmung beim Löten werden oft die gleichen Apparate und Anlagen wie beim Schweißen eingesetzt, sofern mit diesen auch niedrigere Temperaturen einstellbar sind. In Tabelle 8.2 werden einige Lötverfahren exemplarisch vorgestellt.

Tabelle 8.2: Arten der Wärmeerzeugung beim Löten (Auswahl) [vgl. DIN 8505 Teil 3, Fachkunde Metall 2003]

Art der Wärmeerzeugung		Erläuterung
Löten durch festen Körper	Lötkolben, Lot	Beim **Kolbenlöten** erfolgen das Erwärmen der Lötstelle und das Abschmelzen des Lotes mit einem handgeführten Lötkolben.
Löten durch Flüssigkeit	Leiterplatte ≈ 7°, Lot-Welle	Beim **Wellenlöten** werden die zu lötenden Teile zunächst mit Flussmittel benetzt. Dann werden die vorgewärmten Werkstücke durch das wellenförmige Lot gelötet. Das Verfahren ist gut automatisierbar.

Tabelle 8.2: (Fortsetzung)

Art der Wärmeerzeugung		Erläuterung
Löten durch Gas		Beim **Flammlöten** wird ein Gasbrenner, dessen Flamme neutral oder leicht reduzierend eingestellt ist, zum Erwärmen auf Löttemperatur genutzt.
Löten durch elektrischen Strom		Beim **Induktionslöten** wird die Arbeitstemperatur im Lot und in den zu lötenden Werkstücken durch Induktion erzeugt.
Ofenlöten		Beim **Ofenlöten**, das unter Schutzgas oder im Vakuum stattfindet, werden die Fügestellen vor dem Einbringen der Werkstücke in den Ofen mit Lot und (nicht zwingend) mit Flussmittel versehen. Durch die Wärme im Ofen schmilzt das Lot und die Fügeflächen werden benetzt. Im Durchlaufofen kann auch automatisiert gelötet werden.

8.6 Zeichnerische Darstellung von Lötverbindungen

Die wichtigsten Angaben zur zeichnerischen Darstellung von Lötverbindungen finden sich in der DIN 1912 Teil 4 und der DIN EN ISO 22553. In der DIN 1912 Teil 4 werden im Wesentlichen Begriffe für **Lötstoß** und **Lötnaht** erläutert. Die DIN EN ISO 22553 regelt die Verwendung von Schweiß- und Lötnaht-Symbolen, die Bemaßung sowie die Angabe von Zusatzinformationen, welche beispielsweise das Fertigungsverfahren betreffen.

8.6.1 Stoßarten

Ein **Stoß** wird nach DIN 1912 Teil 4 als Bereich beschrieben, in dem Teile verbunden werden. Die in Tabelle 8.3 verwendeten Bezeichnungen für ausgewählte Stoßarten beim Löten werden in der Praxis auch für weitere stoffschlüssige Verbindungen wie das Schweißen oder das Kleben verwendet. Die Bilder zeigen jeweils nur die zu verbindenden Werkstücke bzw. Teile, Lot wird nicht dargestellt.

8.6 Zeichnerische Darstellung von Lötverbindungen   181

Tabelle 8.3: Stoßarten nach DIN 1912 Teil 4 (Auswahl)

Bezeichnung	Skizze	Bezeichnung	Skizze
Stumpfstoß		Parallelstoß (Flächenlötung)	
Überlappstoß (Flächenlötung)		T-Stoß, Eckstoß	
Mehrfachstoß		Falzstoß	

8.6.2 Nahtarten

Die meisten in der DIN EN ISO 22553 beschriebenen Nähte und die dazugehörigen Nahtsymbole kommen hauptsächlich beim Schweißen zum Einsatz (siehe Kapitel 7). Deshalb finden in Tabelle 8.4 nur die besonders für das Löten relevanten Nähte und Nahtsymbole Berücksichtigung.

Tabelle 8.4: Wichtige Nahtarten beim Löten nach DIN EN 22553

Benennung	Darstellung	Symbol	Benennung	Darstellung	Symbol
Flächennaht			Schrägnaht		
			Falznaht		

Quellen und weiterführende Literatur

Awiszus, B.; Bast, J.; Dürr, H.; Matthes, K.-J.: Grundlagen der Fertigungstechnik. Leipzig: Fachbuchverlag, 2004
Brazetec 2004: http://www.brazetec.de/brazetec/content/datenblaetter/2002.pdf; 14. 12. 2004
Decker, K.-H.; Kabus, K.: Maschinenelemente – Funktion, Gestaltung und Berechnung. München Wien: Carl Hanser Verlag, 2006
DIN 1707-100: Weichlote – Chemische Zusammensetzung und Lieferformen. Berlin: Beuth, 2001
DIN 8505 Teil 1: Löten; Allgemeines, Begriffe. Berlin: Beuth, 1979
DIN 8505 Teil 2: Löten; Einteilung der Verfahren, Begriffe. Berlin: Beuth, 1979
DIN 8505 Teil 3: Löten; Einteilung der Verfahren nach Energieträgern, Verfahrensbeschreibungen. Berlin: Beuth, 1983
DIN 8514 Teil 1: Lötbarkeit; Begriffe. Berlin: Beuth, 1978
DIN 8527 Teil 1: Flussmittel zum Weichlöten von Schwermetallen – Anforderungen und Prüfungen. Berlin: Beuth, 1997

DIN 8591: Fertigungsverfahren Zerlegen – Einordnung, Unterteilung, Begriffe. Berlin: Beuth, 2003

DIN 8593 Teil 7: Fertigungsverfahren Fügen – Fügen durch Löten; Einordnung, Unterteilung, Begriffe. Berlin: Beuth, 2003

DIN-DVS-Taschenbuch 196, Titel: Schweißtechnik 5 – Hartlöten, Weichlöten, gedruckte Schaltungen; Normen. Berlin: Beuth, 2001

DIN EN 1044: Hartlöten – Lotzusätze (Deutsche Fassung EN 1044). Berlin: Beuth, 1999

DIN EN 1045: Hartlöten – Flussmittel zum Hartlöten – Einteilung und technische Lieferbedingungen (Deutsche Fassung EN 1045). Berlin: Beuth, 1997

DIN EN 22553: Schweiß- und Lötnähte – Symbolische Darstellung in Zeichnungen (Deutsche Fassung EN 22553). Berlin: Beuth, 1997

DIN EN 29453: Weichlote; Chemische Zusammensetzung und Lieferformen (Deutsche Fassung EN 29453). Berlin: Beuth, 1994

DIN EN 29454 Teil 1: Flussmittel zum Weichlöten; Einteilung und Anforderungen – Einteilung, Kennzeichnung und Verpackung (Deutsche Fassung EN 29454-1). Berlin: Beuth, 1994

DIN EN ISO 3677: Zusätze zum Weich-, Hart- und Fugenlöten – Bezeichnung (Deutsche Fassung EN ISO 3677). Berlin: Beuth, 1995

DIN EN ISO 9454 Teil 2: Flussmittel zum Weichlöten - Einteilung und Anforderungen – Eignungsanforderungen. Berlin, Beuth, 2000

Fachkunde Metall. Haan-Gruiten: Verlag Europa Lehrmittel, 2003

Fritz, A. H.; Schulze, G.: Fertigungstechnik. Berlin: Springer-Verlag, 1998

Keramverband 2004**:** http://www.keramverband.de/brevier_dt/8/2/4/8_2_4_3.htm; 13. 12. 2004

Matthes, K.-J.; Riedel, F.: Fügetechnik. Überblick – Löten – Kleben – Fügen durch Umformen. Leipzig: Fachbuchverlag, 2003

Niemann, G.; Winter, H.; Höhn, B.-R.: Maschinenelemente – Band 1: Konstruktion und Berechnung von Verbindungen, Lagern, Wellen. Berlin: Springer-Verlag, 2001

ROHS 2002: Richtlinie 2002/95/EG des Europäischen Parlaments und des Rates vom 27. Januar 2003 zur Beschränkung der Verwendung bestimmter gefährlicher Stoffe in Elektro- und Elektronikgeräten.

Tabellenbuch Metall 2002. Haan-Gruiten: Verlag Europa Lehrmittel, 2002

9 Klebverbindungen

Dr. Werner Gruber

9.1 Einführung

Kleben ist ein **flächiges** und **stoffschlüssiges** Fügeverfahren zum Verbinden der verschiedensten Werkstoffe, wie Metalle, Kunststoffe, Holz oder Glas, sowohl miteinander als auch untereinander. In vielen Fällen ist das Kleben eine Alternative zum Schweißen, Löten, Nieten, Clinchen oder Schrauben.

Im Vergleich zu Schraub-, Niet- und Punktschweißverbindungen erfolgt eine **gleichmäßige Kraftübertragung ohne Spannungsspitzen** an den Loch- oder Punkträndern (Bild 9.1), verbunden mit einer besseren Dauerfestigkeit sowie einer spaltenfreien, flüssigkeitsdichten Verbindung, sodass zusätzliche Maßnahmen zur Abdichtung entfallen. Isolationsmaßnahmen bei Verbindungen mit anderen Metallen zur Vermeidung von Kontaktkorrosion entfallen ebenfalls.

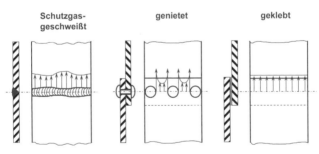

Bild 9.1: Vergleich der Spannungsverteilungen in Schweiß-, Niet- und Klebverbindungen
(G. Habenicht)

Das Kleben ist im Vergleich zum Schweißen, Löten, Nieten, Clinchen oder Schrauben das mit Abstand **flexibelste Verbindungsverfahren**. Durch Kleben lassen sich praktisch alle technisch nutzbaren Werkstoffe ohne merkliche Beeinflussung der Materialeigenschaften verbinden. Das bedeutet, verglichen z. B. mit Schweißverbindungen, dass kein Festigkeitsverlust kaltverfestigter Werkstoffe und kein Einfluss auf die Korrosionsbeständigkeit eintreten.

Der Einsatz unterschiedlicher Werkstoffe zur Realisierung leichter Strukturen mit verbesserter Funktionalität im **Materialmix** ist auf breiter Basis nur durch das Kleben möglich. Unter Fertigungsgesichtspunkten ist die Klebtechnik eine prozessstabile und wirtschaftliche Fügemethode.

Die Klebtechnik bietet dem Konstrukteur gestalterische Freiheiten und lässt sich in praktisch allen Bereichen der Industrie in vorhandene Fertigungsabläufe der Produktion problemlos integrieren.

Die heute zur Verfügung stehenden strukturellen Klebstoffe ermöglichen eine feste adhäsive Bindung auf den zu verbindenden Oberflächen und erfüllen hinsichtlich Festigkeits- und Verformungseigenschaften die Praxisanforderungen. Auch bezüglich der Langzeitbeständigkeit geklebter Verbindungen unter schädigenden Umwelteinflüssen sind unter fachgerechter Konzeption keine Probleme zu erwarten, wie die zahlreichen Beispiele aus der Flugzeug- und Fahrzeugindustrie belegen.

Die Möglichkeiten der Klebtechnik, aber auch ihre Grenzen, sind in Tabelle 9.1 zusammengestellt.

Tabelle 9.1: Möglichkeiten der Klebtechnik

Vorteile der Verbindungstechnologie Kleben	Grenzen der Technologie Kleben
Verbindung unterschiedlicher Werkstoffe	begrenzte thermische Formstabilität
Verbindung großflächiger, wärmeempfindlicher, dünner Materialien	geringe Schälfestigkeiten
	Oberflächenvorbehandlung
gleichmäßige Spannungsverteilung	kritisches Alterungsverhalten
stoffschlüssiges Verbindungsverfahren	eingeschränkte Prüfmöglichkeit
keine thermische Bauteilbeeinträchtigung	klebgerechte Konstruktion
keine Bauteilschwächung durch Löcher	aufwändige Festigkeitsberechnungen
hohe dynamische Festigkeiten	
hohe Schwingungsdämpfung	
keine Kontaktkorrosion	

9.2 Grundlagen der Klebtechnik

Da die Werkstoffe beim Kleben durch den Klebstoff flächig und stoffschlüssig verbunden werden, muss dieser, um Kräfte übertragen zu können, einerseits die zu verbindenden Werkstoffe **benetzen** und darauf **haften**, andererseits eine ausreichende innere Festigkeit besitzen. Das Vermögen eines Klebstoffes, auf der Oberfläche des Werkstoffes zu haften, bezeichnet man als **Adhäsion**, den Zusammenhalt zwischen den Molekülen als **Kohäsion** (Bild 9.2). Die Adhäsionskräfte bilden sich

9.2 Grundlagen der Klebtechnik

erst während des Fertigungsprozesses, die Fertigungsparameter nehmen daher einen entscheidenden Einfluss auf die Güte einer Verklebung. Gleiches gilt in abgeschwächter Form auch für die Kohäsionskräfte.

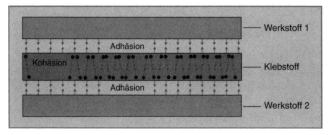

Bild 9.2: Adhäsion und Kohäsion [*Habenicht*]

Voraussetzung ist allerdings, dass Verunreinigungen oder Adsorptionsschichten auf den Werkstoffoberflächen durch eine entsprechende **Vorbehandlung** abgetragen wurden bzw. dass die Oberfläche von Kunststoffen aktiviert und auf Metallen (insbesondere Aluminium) eine definierte Oxidschicht erzeugt wurde. An den so präparierten Oberflächen können dann die Adhäsionsreaktionen zum Klebstoff ablaufen.

9.2.1 Zusatznutzen durch Kleben

Als organische Werkstoffe wirken die Klebstoffe in Metallverbunden grundsätzlich **schall-** und **schwingungsdämpfend**. So können schallgedämpfte Konstruktionen hergestellt werden (Fahrzeug- und Lüftungsbau). Auch die **Steifigkeit** geklebter sicherheitsrelevanter Bauteile im Fahrzeugbau wird erhöht. Eine gegebene Karosseriestruktur kann durch einen Klebstoff mit entsprechendem Schubmodul hinsichtlich der Steifigkeit optimiert werden. Diese Maßnahme bedingt kein zusätzliches Gewicht im Vergleich zu sonst erforderlichen Verstärkungsmaßnahmen an der Blechstruktur bzw. führt zu einer **Gewichtsreduzierung**. Crashversuche an geklebten und punktgeschweißten Hutprofilen belegen, dass die **Energieaufnahme** bei den geklebten Teilen optimaler erfolgt als bei den geschweißten Teilen (Bild 9.3).

Bild 9.3: Crasheigenschaften geklebter und punktgeschweißter Hutprofile *(LWF Paderborn)*

Dies hat zur Folge, dass heute die Längsträger ausgewählter Fahrzeuge der PKW-Oberklasse aus punktschweißgeklebten Profilen bestehen, wodurch entsprechenden Eigenschaftsverbesserungen hinsichtlich des Crashverhaltens erzielt werden.

Als nichtleitendes Material isolieren die ausgehärteten Klebstoffe korrosionsgefährdete Metallwerkstoffe, wobei auch die **Kontaktkorrosion** vermieden werden kann. Dies wurde schon früh durch das Falzkleben der Türen und Hauben im Automobilbau an Stelle des Punktschweißens realisiert.

Durch das Kleben sind erhebliche Gewichtseinsparungen möglich. Für **Leichtbaukonstruktionen** stellt das Kleben daher eine Schlüsseltechnologie dar. Dünnwandige Werkstoffe können durch Versteifungen (Beispiel Motorhaube, Kofferraumdeckel) verstärkt werden. Glasfaserverstärkte Kunststoffe können großflächig an Metallrahmen befestigt werden und somit zum modernen Design von z. B. Bussen und Straßenbahnen beitragen. Auch hinsichtlich optischer Aspekte haben geklebte Verbindungen Vorteile. Sie vermeiden Oberflächenabzeichnungen, wie es beispielsweise bei punktgeschweißten Verbindungen typisch ist. Ebenso entfallen die bei Schweißnähten erforderlichen Nacharbeiten sowie der zusätzliche Korrosionsschutz. Für den Automobilbauer ergeben sich daraus Vorteile: Kleben erhöht die

- statische und dynamische Steifigkeit ohne Gewichtszunahme,
- Festigkeit,
- Dauerfestigkeit,

9.2 Grundlagen der Klebtechnik

- Energieaufnahme,
- Crashfestigkeit,
- Designfreiheit.

Dies wird durch Praxisergebnisse noch untermauert, z. B. erhöht Kleben die Steifigkeit der Karosserie. Ein Feldversuch mit punktgeschweißten und punktschweißgeklebten Karosserien zeigte *(DaimlerChrysler)*:

Punktgeschweißt:

Torsionssteifigkeit 100 %,

nach 4 Jahren bzw. 100 000 km 80 %,

Punktschweißgeklebt:

Torsionsfestigkeit 120 %,

nach 4 Jahren 115 %.

9.2.2 Klebstoffe

Die Klebstoffe werden üblicherweise entsprechend ihrem **Abbindemechanismus** eingeteilt. Entscheidend ist in allen Fällen, dass nach der Aushärtung ein Polymer (Kunststoff) mit typischen Klebstoffeigenschaften (Adhäsion und Kohäsion) vorliegt.

9.2.2.1 Einteilung der Klebstoffe

Unterschieden wird in physikalisch abbindende Klebstoffe und chemisch reagierende Klebstoffe.

Tabelle 9.2: Einteilung der Klebstoffe

Physikalisch abbindend	Chemisch härtend	
Klebstoff/Polymer liegt bereits fertig vor und muss zur Applikation gelöst oder aufgeschmolzen werden	Klebstoff/Polymer wird erst bei der Anwendung gebildet	
Kohäsion ist durch die Rohstoffe vorgegeben bzw. beeinflussbar	Kohäsion ist durch die Formulierung des Klebstoffes und die Aushärtung beeinflussbar	
Physikalisch abbindend	**Chemisch härtend**	**Klebebänder**
Dispersionen	Epoxide	einseitig klebend
Hotmelts	Polyurethane	beidseitig klebend
Plastisole	Acrylate	
Lösemittel Klebstoffe	Cyanacrylate	
Kontaktklebstoffe	anaerob härtende Klebstoffe	
Haftklebstoffe	Phenolharze Silikone	

Die **physikalisch abbindenden Klebstoffe** enthalten das bereits fertige Polymer, das entweder in Lösung (z. B. in Wasser oder in einem Lösungsmittel) vorliegt und nach dem Verdunsten des Lösungsmittels seine Klebkraft entfaltet oder im erwärmten Zustand appliziert wird (Hotmelt) und nach dem Abkühlen klebt. Diese einfach zu handhabenden **Dispersionen** und **Hotmelts** sind in der Praxis für zahlreiche Verklebungen der Werkstoffe Papier, Pappe, Leder, Textil oder Holz bestens geeignet. Mengenmäßig stellen diese Klebstoffe den größten Anteil dar und sind aus vielen Produktionsbereichen der holz-, leder- und papierverarbeitenden Industrie nicht mehr wegzudenken. Die Leistungsfähigkeit dieser Klebeprozesse erreicht heute beeindruckende Geschwindigkeiten, so werden pro Stunde bis zu 80000 Etiketten auf eine nasse Glasoberfläche rutschfest geklebt (Flaschenetikettierung).

Bei den **chemisch reagierenden Klebstoffen** wird das Polymer erst während des Klebprozesses durch eine chemische Reaktion (Härtung) erzeugt. Bei den Haftklebstoffen liegt das klebrige Polymer dagegen bereits gebrauchsfertig auf einem Trägermaterial vor (Beispiel Klebebänder).

Für **strukturelle Verklebungen** werden vorwiegend die chemisch reagierenden Klebstoffe, die so genannten **Reaktionsklebstoffe**, eingesetzt, da nur diese ausreichende Adhäsionskräfte zu den verschiedenen Werkstoffen sowie hohe Kohäsionskräfte ausbilden können und darüber hinaus eine hohe Verformbarkeit unter Beanspruchung besitzen.

9.2.2.2 Epoxid-Klebstoffe

Die Epoxid-Klebstoffe sind die wichtigsten Klebstoffe für Metall-Metall-Verklebungen. Sie basieren auf Epoxidharzen, die entweder mit Aminen bei Raumtemperatur oder mit speziellen Härtern bei erhöhten Temperaturen gehärtet werden. Die Eigenschaften lassen sich durch Zugabe bestimmter Additive beeinflussen. **Einkomponentige Epoxid-Klebstoffe** werden üblicherweise bei Temperaturen zwischen 120 °C und 180 °C (30 Minuten) gehärtet. Sie zeigen meist höhere Festigkeiten sowie eine bessere Medienbeständigkeit und sind den **zweikomponentigen Klebstoffen** auch hinsichtlich der Temperaturbelastbarkeit überlegen.

Merkmale:

- ein- und zweikomponentig,
- Härtung bei Raumtemperatur (2 Komponenten)
- Härtung bei erhöhten Temperaturen bis 180 °C (1 Komponente),

- breites Haftungsspektrum,
- hohe Festigkeiten,
- gute Alterungsbeständigkeit,
- hohe Dauerschwingfestigkeit,
- Temperaturbelastbarkeit bis ca. 180 °C,
- Blends für Temperaturen über 200 °C,
- geringe Kriechneigung,
- kaum Schrumpf.

Prinzipiell erreicht man mit derartigen Systemen Zugfestigkeiten bis 50 MPa, kurzfristige Temperaturbeanspruchungen bis 180 °C sind möglich, während sich mit zweikomponentigen Epoxid-Klebstoffen 30 MPa bzw. Temperatur-Einsatzbereiche von −30 … +120 °C erreichen lassen.

Epoxid-Klebstoffe werden überwiegend in der konstruktiven Metallverklebung, z. B. im Fahrzeugbau und Maschinenbau, eingesetzt. Kein anderes Klebstoffsystem zeigt auf entsprechend vorbehandelten Materialien eine so hohe Adhäsion und überzeugende Alterungsbeständigkeit. Hier werden sie nur von den Phenolharzen übertroffen, die aber unter extremen Bedingungen gehärtet werden müssen. Zur Erzielung höherer Temperaturbelastbarkeiten haben sich in letzter Zeit so genannte **Epoxid-Blends** bewährt, d. h. eine Kombination der Epoxide mit speziellen Phenolharzen oder Polyimiden. Diese heute zweikomponentig angebotenen Klebstoffe härten bei relativ niedrigen Temperaturen von 90 bis 120 °C innerhalb einer Stunde aus. Temperaturbelastungen bis etwa 220 °C sind möglich. Diese Klebstoffe werden insbesondere im Triebwerksbereich von Flugzeugen eingesetzt.

Für alle Anwendungen der Epoxid-Klebstoffe sollte vorher eine entsprechende Oberflächenvorbehandlung erfolgen, um eine ausreichende Langzeitstabilität zu erreichen. Die Epoxide werden vorwiegend als **flüssige** oder **pastöse Klebstoffe** eingesetzt, daneben sind aber auch **Klebefolien** in bestimmten Branchen (Luftfahrtindustrie) üblich, die allerdings bei tiefen Temperaturen gelagert werden müssen, um eine vorzeitige Aushärtung zu verhindern.

9.2.2.3 Polyurethan-Klebstoffe

Polyurethan-Klebstoffe basieren auf der Isocyanat-Chemie und deren hoher Reaktivität.

Merkmale:

- ein- und zweikomponentig,
- universelles Haftungsspektrum (Metall und Kunststoff),
- variable Härtungszeiten,
- Härtung bei Raumtemperatur,
- Härtung mit Luftfeuchtigkeit (1 Komponente),
- elastische Klebstoffe,
- Polyurethan-Hotmelts,
- Zugscherfestigkeiten: 10 … 20 MPa an Metallen, 5 … 10 MPa an Kunststoffen,
- Schälfestigkeiten: 5 … 10 MPa an Metallen, 4 … 10 MPa an Kunststoffen,
- schnelle Anfangsfestigkeit: 1 MPa nach 4 min erreichbar,
- geringer Schrumpf.

Einkomponentige Polyurethan-Klebstoffe bestehen aus feuchtigkeitsvernetzenden Prepolymeren, die bei Raumtemperatur relativ langsam härten. Zur Beschleunigung der Härtung werden spezielle Härter eingesetzt. Derartige Systeme sind heute im Fahrzeugbau Stand der Technik bei der Scheibeneinklebung oder der Herstellung von Leichtbaukonstruktionen. Im Unterschied zu den typischen Strukturklebstoffen können diese Klebstoffe auch in Schichtdicken bis zu 5 mm eingesetzt werden (**elastisches Kleben**). Dieses elastische Kleben hat sich im Fahrzeugbau (Waggonbau, Omnibusbau) bewährt.

Die **zweikomponentigen Polyurethan-Klebstoffe** bestehen aus einem Harz (Diisocyanat) und einem Härter (Polyol). Der Vorteil dieser Klebstoffe liegt in der einfachen Handhabung und der beliebig einstellbaren Härtungsgeschwindigkeit von wenigen Minuten bis zu einigen Stunden (je nach Anwendungsfall). Sie werden vorzugsweise für großflächige Verklebungen eingesetzt, z. B. für die Herstellung von Sandwichelementen für Wohnmobile oder Kühlcontainer. Eine interessante Neuentwicklung stellen die **Polyurethan-Hotmelts** dar, die bei ca. 160 °C appliziert werden, eine sehr schnelle Anfangsfestigkeit (in Minuten) durch die physikalische Abbindung ergeben und dann langsam chemisch aushärten (innerhalb einiger Tage). Insbesondere bei Kunststoff-Kunststoff- und Holzverklebungen hat sich diese Produktgruppe bewährt, da sich das Fixieren der Fügeteile während des Aushärteprozesses erübrigt.

9.2 Grundlagen der Klebtechnik

Polyurethan-Klebstoffe können im Prinzip auf allen Werkstoffen eingesetzt werden, die erreichbaren Zugscherfestigkeiten liegen bei 20 MPa, vorzugsweise werden sie bei **Kunststoffen** oder **Kunststoff-Metall-Verbunden** eingesetzt. Der große Vorteil dieser Klebstoffgruppe liegt insbesondere darin, dass elastische Konstruktionen möglich sind, die hohen dynamischen Belastungen widerstehen. In allen Fällen sollte jedoch eine entsprechende Oberflächenvorbehandlung durchgeführt werden und ein geeigneter Primer appliziert werden.

9.2.2.4 Acrylat-Klebstoffe

Zur Gruppe der Acrylat-Klebstoffe gehören Cyanacrylat-Klebstoffe, anaerob härtende Klebstoffe sowie zweikomponentige Acrylat-Klebstoffe.

Cyanacrylat-Klebstoffe

Merkmale:

- einkomponentig,
- bei Raumtemperatur schnellsthärtend,
- Härtung durch Oberflächenfeuchtigkeit,
- breites Haftungsspektrum an Metallen und Kunststoffen,
- eingeschränkte Temperaturbelastbarkeit,
- Primer für unpolare Oberflächen,
- nur für kleinflächige Verklebungen.

Die Cyanacrylat-Klebstoffe (auch als **Sekundenklebstoffe** bekannt) härten auf zahlreichen Werkstoffen aus. Sie sind die am schnellsten aushärtenden Klebstoffe. Die Aushärtung erfolgt auf sandgestrahlten Aluminiumblechen schon bei Raumtemperatur nach einer Minute und ist nach ca. 3 Stunden abgeschlossen. Elastomere oder Gummiwaren lassen sich sogar sekundenschnell verkleben. Cyanacrylat-Klebstoffe sind auf Grund der schnellen Härtung nur für **Verklebungen kleinflächiger Teile** geeignet und kommen in zahlreichen Industriebranchen, wie Elektroindustrie, Elektronik, Mess- und Regeltechnik, zum Einsatz.

Anaerob härtende Klebstoffe

Merkmale:

- einkomponentig,
- bei Raumtemperatur härtend,

- Härtung durch Metallkontakt und Luftabschluss,
- hohes Festigkeitsniveau, hohe Torsionsfestigkeiten,
- Temperaturbelastbar bis ca. 180 °C,
- gute Alterungsbeständigkeit,
- spröder Klebstoff,
- nur für bestimmte Geometrien geeignet,
- mikroverkapselt für bestimmte Anwendungen.

Anaerob härtende Klebstoffe härten durch Metallkontakt und unter Luftabschluss bei Raumtemperatur schnell aus. Sie werden traditionell für **bestimmte Geometrien**, wo der Luftabschluss gewährleistet ist, eingesetzt, so z. B. bei der Schraubensicherung, der Welle-Nabe Verklebung sowie der Flächen- und Flanschabdichtung. Es gibt heute keinen Motor im PKW, kein Getriebe, wo nicht Teile eingeklebt sind. Hinsichtlich der Temperaturbelastbarkeit gehören die anaerob härtenden Klebstoffe zu den besten Systemen, die derzeit verfügbar sind. Gebrauchstemperaturen bis 180 °C sind üblich, auch die Medienbeständigkeit, insbesondere gegenüber Motorenölen, ist ausgezeichnet.

Acrylat-Klebstoffe

Merkmale:

- zweikomponentig,
- Härtung durch UV-Licht möglich (1K),
- schnellsthärtend bei Raumtemperatur, 1 MPa nach 4 min. möglich,
- gutes Haftungsspektrum,
- hoher Schrumpf möglich,
- Haftung auf Metallen und ABS ohne Vorbehandlung,
- Haftung auf unpolaren Kunststoffen,
- hohe Flexibilität,
- Bruchdehnung 50 ... 75 %,
- Bruchfestigkeit 25 MPa,
- gute Alterungsbeständigkeit,
- geruchsintensiv.

Zweikomponentige Acrylat-Klebstoffe sind unter verschiedenen Namen geläufig (A/B-Systeme, No-Mix-Systeme, Acrylate der 2. oder 3. Generation). In allen Fällen wird die exzellente Reaktionsfreudigkeit der Acrylate ausgenutzt. So härten die Acrylate auf vielen metallischen Werkstoffen schon nach wenigen Minuten. Mit UV-Licht härtende Acrylat-Klebstoffe sind auch einkomponentig herstellbar und sekundenschnell härtbar. Die Acrylat-Klebstoffe werden für **Metallverbindungen** im Maschinen- und Werkzeugbau eingesetzt sowie in der Elektroindustrie. Sie werden immer dann verwendet, wenn wegen kurzer Taktzeiten im Fertigungsablauf schnelle Handlingsfestigkeiten erforderlich sind. Problematisch für den Anwender kann die Geruchsintensität derartiger Klebstoffe sein.

9.2.2.5 Phenolharze

Merkmale:

- ausgezeichnetes Festigkeitsniveau,
- hohe Schälfestigkeiten,
- sehr gute Alterungsbeständigkeit,
- Härtung unter Druck und Temperatur,
- Primer erforderlich.

Phenolharze härten unter Druck und Temperatur (z. B. 250 °C und 5 bar) aus, weswegen ihr Einsatzgebiet sehr eingeschränkt ist. Sie waren die ersten Klebstoffe, die im Flugzeugbau Verwendung fanden. Wegen ihrer ausgezeichneten Langzeitbeständigkeit bei entsprechender Vorbehandlung (Phosphorsäure-Behandlung mit anschließender Anodisierung) werden auch heute noch Aluminiumverbunde für den **Flugzeugbau** entsprechend hergestellt. Da der Härtungsprozess aber sehr aufwändig ist, werden die Phenolharze in anderen Industriezweigen nur noch bei der Herstellung von Bremsbelägen eingesetzt.

Die Phenolharze werden im Gegensatz zu den anderen Klebstoffen häufig als Film- oder Folienklebstoffe genutzt, die auch mit einem als Bestandteil der Klebschicht verbleibenden Trägermaterial, z. B. Glasfaservlies, verstärkt sein können. Sie werden in Dickenbereichen von 0,1 ... 0,3 mm angeboten und müssen bis zur Anwendung bei ca. −20 °C gelagert werden. Der Vorteil dieser Folienklebstoffe liegt in der einfachen Handhabung bei der Anwendung, spezielle Dosiergeräte sind nicht erforderlich.

9.2.2.6 PVC-Klebstoffe

Merkmale:

- lösungsmittelhaltig,
- einkomponentig,
- gute Festigkeiten an PVC, ABS, PC, PMMA,
- Spannungskorrosion an PC, PMMA möglich,
- Diffusionsklebstoff.

Eine Besonderheit stellen die lösungsmittelhaltigen PVC-Pasten für die Kunststoffverklebung dar. Bestimmte anlösbare oder quellbare Kunststoffe (Thermoplaste) wie PVC, ABS, PC oder PMMA lassen sich mit derartigen Klebstoffen sicher und dauerhaft verbinden (**Diffusionskleben**). Anteile der Fügepartner werden im grenzschichtnahen Bereich durch Diffusion gezielt in die Klebschicht aufgenommen. Während bei der adhäsiven Verklebung zwischen Klebschicht und Fügeteil zwischenmolekulare Kräfte für die Haftung ausschlaggebend sind, kommt es beim Diffusionskleben zu einer Verschmelzung von Fügeteiloberfläche und Klebstoff. Da Diffusionsklebstoff und Fügeteilpartner aus dem gleichen Kunststoff (z. B. PVC) bestehen, kommt es zu einer arteigenen Klebschicht. Entscheidend für eine optimale Festigkeit der Klebung ist aber eine vollständige Entfernung aller Lösungsmittelbestandteile aus der gemeinsamen Diffusionszone. Für dieses Fügeverfahren sind auch die Bezeichnungen: **Quellschweißen, Schweißkleben, Diffusionsschweißen** oder **Lösungskleben** gebräuchlich. Insbesondere im Rohrleitungsbau mit Kunststoffen werden diese Klebstoffe auch heute noch eingesetzt. Es werden gute Dichtigkeiten und Beständigkeiten der Rohrverbindungen erzielt, weswegen diese gerade in der chemischen Industrie Anwendung finden.

9.3 Klebgerechtes Konstruieren

Eine wichtige Voraussetzung für die erfolgreiche Anwendung der Klebtechnik ist eine klebgerechte Konstruktion der zu fügenden Bauteile, die sich durchaus von einer Schweißung unterscheidet. So ist insbesondere auf eine **ausreichende Klebefläche**, d. h. auf eine größere Überlappungsfläche der Fügepartner, zu achten. Dieser Punkt wird in der Praxis oft mit ungünstigen Folgen für das Klebeergebnis missachtet. Klebverbindungen sind insbesondere gegen **Schälbeanspruchungen** empfindlich, sie sollten daher immer so gestaltet werden, dass die angreifenden Kräfte nicht zu einer solchen Beanspruchung führen.

9.3 Klebgerechtes Konstruieren

In Bild 9.4 sind einige verschiedene Überlappungsverbindungen dargestellt. Die Beispiele zeigen, dass oft durch einfache Maßnahmen schädigende Beanspruchungen vermieden werden können. In Bild 9.5 wird dies durch Messung der möglichen Schubspannung belegt und in Bild 9.6 durch konstruktive Veränderungen des Bauteils aufgezeigt.

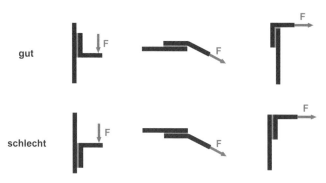

Bild 9.4: Beispiel für klebgerechte und nicht klebgerechte Konstruktionen *(LWF Paderborn)*

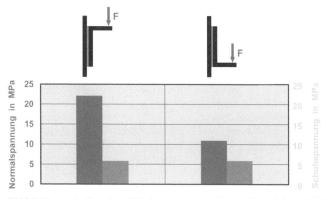

Bild 9.5: Messung der Normal- und Schubspannung an verschiedenen Konstruktionen *(LWF Paderborn)*

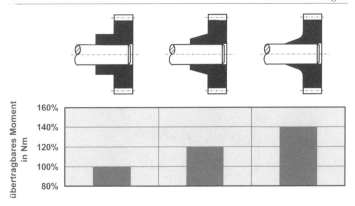

Bild 9.6: Abbau von Spannungsspitzen durch eine günstigere klebgerechte Gestaltung der Bauteile
(LWF Paderborn)

Wegen ihrer Einfachheit wird meist die **einschnittige Überlappung** angewendet. Die bei einer Überlappungsverbindung in der Klebschicht auftretenden Schubspannungen sind infolge der ungleichmäßigen Dehnung der Fügeteile ebenfalls ungleichmäßig verteilt. Die Spannungsspitzen an den Überlappungsenden können ein Mehrfaches der mittleren Spannung betragen.

9.4 Vorbehandlung der Fügeteile

Die Beschaffenheit der Fügeteile ist für die Qualität der Verklebung und insbesondere für ihre Alterungsbeständigkeit von entscheidender Bedeutung. Die Oberfläche muss daher vor dem Klebstoffauftrag entsprechend vorbereitet werden. Sowohl für Metalle als auch für Kunststoffe gibt es die verschiedensten Verfahren zur **Oberflächenvorbehandlung**. In allen Fällen müssen zunächst Verschmutzungen wie Öle, Fette, Ziehmittel, Gleitmittel, Weichmacher etc. durch geeignete Reinigungsmittel entfernt werden. Metalloberflächen werden anschließend mit Hilfe mechanischer Verfahren wie Bürsten, Schleifen oder Sandstrahlen behandelt, um so eine bestimmte **Oberflächenrauigkeit** zu erzeugen, d. h. die Oberfläche zu vergrößern. Bei Aluminium kommen nasschemische Verfahren (Beizen oder/und Anodisieren) zum Einsatz. Bei Kunststoffen sind zur **Erhöhung der Oberflächenenergie** meist physikalische Verfahren wie das Koronaverfahren oder das Plasmaverfahren erforderlich.

Wie sich die Alterungsbeständigkeit von Verklebungen in Abhängigkeit von der Oberflächenvorbehandlung verhält, zeigt Bild 9.7.

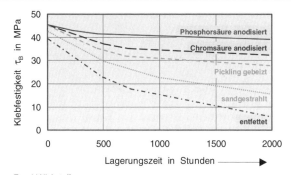

Epoxid Klebstoff
Lagerung in Wasser bei 50°C

Bild 9.7: Einfluss der Oberflächenvorbehandlung für Aluminium auf die Alterungsbeständigkeit [A. *Kinloch*]

Je höher die Anforderungen an das Alterungsverhalten sind, desto aufwändiger sind die anzuwendenden Vorbehandlungsmethoden.

9.5 Fertigungstechnik Kleben

Die Leistungsfähigkeit geklebter Konstruktionen hängt auch von den Fertigungsbedingungen ab, da hier wichtige Grundvoraussetzungen wie die ausreichende Adhäsion zum Fügeteil und die Kohäsionsfestigkeit der Klebschicht geschaffen werden. Die wichtigsten Fertigungsschritte bei der Herstellung von Verklebungen sind also:

- Vorbehandlung der Fügeteile,
- Vorbereitung und Handhabung des Klebstoffes,
- Mischen des Klebstoffes,
- Applikation des Klebstoffes,
- Fixieren der Fügeteile,
- Aushärtung des Klebstoffes,
- Kontrolle der Klebverbindung.

Der Klebprozess muss sich an den Vorschriften des Klebstoffherstellers bzw. eigenen Erfahrungen orientieren und sollte nur von **qualifiziertem Personal** durchgeführt werden. Nach der Vorbehandlung der Fügeteile erfolgt der Klebstoffauftrag entsprechend seiner Konsistenz und den Gegebenheiten vor Ort manuell oder automatisch per Roboter.

Zweikomponentige Klebstoffe müssen vorher gemischt werden, wobei die offene Zeit bei der Verarbeitung unbedingt zu berücksichtigen ist. Hierzu gibt es automatisch arbeitende Misch- und Dosieranlagen. Folienklebstoffe erfordern eine spezielle Auftragstechnologie.

Zur Erzielung optimaler Klebstoffschichtdicken von 0,1 ... 0,5 mm ist ein Anpressen der Verbindungsteile erforderlich, es sei denn, die Schichtdicke wird durch die Toleranzen ineinander gesteckter Fügeteile bestimmt. Bei Filmklebstoffen ist immer ein Anfangsdruck erforderlich. Bei feuchtigkeitshärtenden Klebstoffen ist auf eine ausreichende Luftfeuchtigkeit von ca. 50 Vol.-% zu achten. Größte Aufmerksamkeit ist der Aushärtung bei erhöhten Temperaturen zu schenken. Die vom Klebstoffhersteller angegebenen Zeiten und Temperaturen sind unbedingt einzuhalten.

9.6 Eigenschaften der Klebverbindungen

Festigkeit und Deformationsverhalten

Eine Klebschicht muss die auf die Fügeteile einwirkenden Kräfte übertragen. Daher ist es wichtig, das Festigkeits- und das deformationsmechanische Verhalten der Klebschicht unter Last und Langzeitbedingungen zu kennen.

So erreichen Metallverbindungen nach einer entsprechenden Oberflächenvorbehandlung Zugscherfestigkeiten von 30 ... 40 MPa, bei Kunststoffverklebungen liegen die erreichbaren Werte bei etwa 20 MPa.

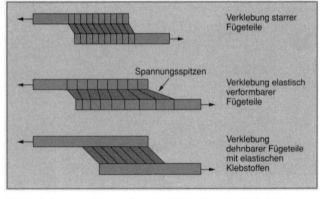

Bild 9.8: Verformungsverhalten von Fügeteil und Klebstoff unter Last [*Habenicht*]

9.5 Fertigungstechnik Kleben

Durch die unterschiedliche Verformung von Fügeteil und Klebstoffschicht unter Last ergibt sich ein ungleichmäßiger Spannungszustand in der Klebefuge. An den Überlappungsenden konzentrieren sich Spannungen. Auf die Klebschicht wirkt also nicht nur die Gesamtschubbeanspruchung, sie muss zusätzlich auch diese Spannungen ausgleichen. Bild 9.8 zeigt schematisch die Spannungsverteilung innerhalb der Klebschicht bei Verwendung unterschiedlicher Fügematerialien. Je besser eine Klebschicht die Spannungsspitzen durch Verformung kompensieren kann, desto höher ist die Belastbarkeit der Klebung. Die Tragfähigkeit einer Klebverbindung wird deshalb oft mehr von den Verformungseigenschaften des Klebstoffes bestimmt als von dessen eigentlicher Festigkeit.

Die Verformungseigenschaften von Klebstoffen werden durch **Schubspannungs-Gleitungs-Prüfungen** ermittelt. Zunächst stellt sich bei geringen Spannungen ein nahezu linear-elastischer Spannungs-Gleitungs-Verlauf ein, der bei höheren Schubbeanspruchungen mit nur geringfügig zunehmender Schubspannung zu großen Schubverformungen in der Klebschicht führt, wie in Bild 9.9 dargestellt.

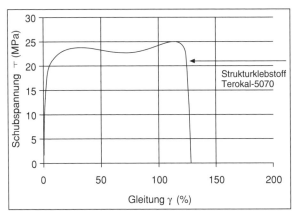

Bild 9.9: Schubspannungs-Gleitungs-Diagramm eines strukturellen Epoxid-Klebstoffes
(Henkel Teroson)

Das Schubspannungs-Gleitungs-Verhalten gilt als eines der wichtigsten charakteristischen Merkmale eines Klebstoffes, aus dem sich auch Hinweise für die Dimensionierung von Klebverbindungen ableiten lassen.

Dynamische Beanspruchung

Neben der statischen Beanspruchung von Klebverbindungen ist auch die dynamische Beanspruchung zu berücksichtigen. Für den Einsatz unter **schwingender** oder **schlagartiger Belastung** eignen sich Klebstoffe mit einem hohen Verformungsvermögen besser. Im Vergleich zu anderen Fügetechniken können Klebverbindungen bei schwingender Beanspruchung oft überlegen sein. Schwingfestigkeitsversuche geklebter Bauteile haben ergeben, dass unter sinusförmiger Beanspruchung 10^7 Lastwechsel ohne Schädigung oder Versagen überstehen, wenn die schwingenden Belastungen nicht mehr als 10 ... 15 % der quasistatischen Bruchlasten betragen. Dies hat positive Auswirkungen auf das Crashverhalten geklebter Bauteile, z. B. bei Verwendung in der Fahrzeugindustrie. Schwingfestigkeiten punktgeschweißter und punktschweißgeklebter Bauteile sind in Bild 9.10 gezeigt, sie demonstrieren eindeutig die Überlegenheit des Punktschweißklebens.

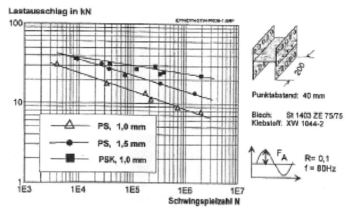

Bild 9.10: Schwingfestigkeit punktgeschweißter (PS) und punktschweißgeklebter (PSK) Bauteile
(Kleben und Dichten Nr. 43 5/99)

Alterungsverhalten

Eine Besonderheit geklebter Verbindungen ist das Alterungsverhalten, d. h. die Abhängigkeit der Eigenschaften von **Umwelteinflüssen** wie Temperatur, Feuchtigkeit, Medien und UV-Licht. Bei der Verklebung metallischer Werkstoffe ist die Klebschicht hinsichtlich der Temperaturbeständigkeit das schwächste Glied. Setzt man sie über einen längeren Zeitraum einer Temperatur von über 180 °C aus, stoßen Metallverklebungen an die Grenzen ihrer Möglichkeiten: Es kommt zu einer deutli-

9.7 Prüfen von Klebverbindungen

chen Festigkeitserniedrigung, verbunden mit einem verstärkten Kriechen in der Klebstoffschicht. Mit speziellen Epoxid-Blends, Polyimiden und Silikonen kann man diesen Temperaturbereich aber erweitern. Auch im Tieftemperaturbereich bis − 40 °C neigen viele Klebstoffe zu Versprödungen, und ihre Festigkeit nimmt ab. Mit speziellen Polyurethan-Klebstoffen kann man aber auch diesen Temperaturbereich erweitern.

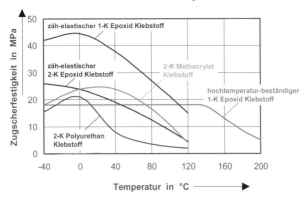

Bild 9.11: Temperaturbelastbarkeit von Klebverbindungen mit verschiedenen Klebstoffen (*Huntsmann*)

Wesentlich kritischer als die Temperatur kann die Einwirkung von **Feuchte** sein. Wasser kann die Klebschicht von der Grenzfläche her angreifen, deutlich schwächen oder im Laufe der Zeit zerstören.

Bei sachgemäßer Auswahl des Klebstoffes und einer geeigneten **Oberflächenvorbehandlung** lassen sich jedoch Verklebungen realisieren, die unter dem Gesichtspunkt der Feuchtigkeitsbeständigkeit eine nahezu unbegrenzte Lebensdauer besitzen.

9.7 Prüfen von Klebverbindungen

Für die Prüfung von Klebverbindungen stehen sowohl **zerstörende** als auch **zerstörungsfreie Methoden** zur Verfügung. Die zerstörenden Prüfungen sind fast alle genormt. Die wichtigsten Prüfnormen sind:

- Zugscherversuch   DIN 53283   EN 1465
- Rollenschälversuch   DIN 53289   EN 1464
- Zugversuch   DIN 53288
- Druckscherversuch   DIN 54452

- Torsionsversuch　　　　　　　　　DIN 54452　　EN 6721
- Winkelschälversuch　　　　　　　DIN 53282
- Schubspannungs-Gleitungsprüfung　DIN 54451　　EN 11003
- Dauerschwingfestigkeit　　　　　 DIN 53285
- Zeitstandversuch　　　　　　　　 DIN 53284

Bei den **zerstörenden Prüfungen** können Brüche in vier verschiedenen Bereichen auftreten:

- Bruch zwischen Materialoberfläche und Klebstoff (Adhäsionsbruch),
- Bruch in der Klebstoffschicht (Kohäsionsbruch),
- Bruch an der Materialoberfläche und im Klebstoff (Mischbruch),
- Materialbruch.

In der Praxis ist es das Ziel, Klebverbindungen zu schaffen, bei deren Überlastung **Kohäsionsbruch** oder **Materialbruch** auftritt. Oft entstehen aber Mischbrüche. Reine Adhäsionsbrüche deuten meist auf eine unzureichende Oberflächenvorbehandlung hin und sollten ausgeschlossen werden, da sonst mit einer nicht ausreichenden Alterungsbeständigkeit wegen Unterwanderung der Klebschicht zu rechnen ist.

9.8 Berechnung von Klebverbindungen

Die klassische Betrachtungsweise der Festigkeitslehre führt bei homogenen Werkstoffen zu aussagekräftigen Ergebnissen, die als Bemessungsgrundlage für konstruktive Anwendungen verwendet werden. Die Besonderheit bei der Festigkeitsbetrachtung von **Metallklebungen** liegt darin, dass es sich hier nicht um homogene Werkstoffe handelt, sondern um **Verbundsysteme** (Metall/Klebschicht/Metall). Aus diesem Grunde lassen sich die klassischen Betrachtungsweisen der Festigkeitslehre auf Metallverklebungen nicht anwenden. Die Lastübertragung erfolgt über eine Kunststoffschicht mit deformations- und thermomechanischen Eigenschaften. Somit unterscheiden sich Klebungen grundsätzlich von Schweiß- und Lötverbindungen

Die Grundlagen für die Berechnung von Metallklebungen ergeben sich aus der Kenntnis des Festigkeitsverhaltens. Das setzt die Kenntnis der durch die Belastung auftretenden Beanspruchungsarten voraus (Schub-, Zug-, Zugscher-, Schäl- und Torsionsbeanspruchung). Diese Beanspruchungen bestehen aus **Spannungen** und **Verformungen**. Die Span-

9.8 Berechnung von Klebverbindungen

nungsverteilung in der Klebefuge ist eine Funktion der Werkstoffeigenschaften von Fügeteil und Klebschicht, der Abmessungen und der Gestaltung der Klebung. Die Klebfestigkeit τ_B wird demnach durch die folgenden Faktoren bestimmt:

$$K = \tau_{B\,max} \sqrt{\frac{2d}{G}} \quad \text{Klebstofffaktor}$$

$$M = \sqrt{E} \quad \text{Metallfaktor}$$

$$f = \frac{\sqrt{s}}{l_{ü}} \quad \text{Gestaltfaktor}$$

$\tau_{B\,max}$ maximale Bruchzugscherspannung, G Schubmodul, d Klebschichtdicke, E Modul des Fügeteilwerkstoffes, s Fügeteildicke, $l_{ü}$ Überlappungslänge

Unter der Einschränkung, das elastische Verhalten von Fügeteil und Klebeschicht nicht zu berücksichtigen sowie ein mögliches Biegemoment nicht zu betrachten, gilt für die Klebfestigkeit τ_B folgende Beziehung:

$$\tau_B = K \cdot M \cdot f$$

τ_B gemessene Klebfestigkeit nach DIN 53281, $l_{ü}$ =12 mm, s = 1,5 mm

In der Praxis dominiert die **einschnittig überlappte Metallverbindung**. Hier hat die Überlappungslänge für den Konstrukteur eine besondere Bedeutung. Wie sich eine Veränderung auf die Klebfestigkeit auswirkt, zeigt folgendes Beispiel:

$$\tau_{B\,DIN} = K \cdot M_{DIN} \cdot f_{DIN}$$

$$K = \frac{\tau_{B\,DIN}}{M_{DIN} \cdot f_{DIN}} = \frac{\tau_{B\,DIN} \cdot 12}{\sqrt{70\,000} \cdot \sqrt{1{,}5}} = \tau_{B\,DIN} \cdot 0{,}037$$

Mit dem so ermittelten Klebstofffaktor kann man nun die Festigkeitseigenschaften überlappter Klebungen mit anderen Abmessungen ermitteln. Ausgehend von einem Klebstoff mit einer Zugscherfestigkeit von 22 MPa nach DIN 53283, soll die Festigkeit einer Aluminiumverklebung (E-Modul Aluminium 70 000 MPa) mit einer Fügeteildicke von s = 2,5 mm und Überlappungslänge $l_{ü}$ = 25 mm berechnet werden.

Berechnung des Klebstofffaktors:

$$K = \frac{\tau_B}{M \cdot f} = \frac{22 \cdot 12}{\sqrt{70\,000} \cdot \sqrt{1{,}5}} = 0{,}815$$

Klebfestigkeit:

$$\tau_B = K \cdot M \cdot f = 0{,}815 \cdot \sqrt{70\,000} \cdot \frac{\sqrt{2{,}5}}{25} = 13{,}6 \text{ N/mm}^2$$

Die Klebung mit den gewählten Abmessungen besitzt gegenüber dem Ausgangswert der Klebfestigkeit einen geringeren Wert. Der wesentliche Grund liegt in dem Einfluss der längeren Überlappung, die zu höheren Spannungsspitzen an den Überlappungsenden führt. Daraus folgt, dass bei der konstruktiven Auslegung von Klebverbindungen die Überlappungsbreite zu Lasten der Überlappungslänge größer zu wählen ist, da diese Maßnahme sich spannungsneutraler als eine Vergrößerung der Überlappungslänge auswirkt.

Die Berechnung von Metallklebverbindungen ist für den Konstrukteur unerlässlich. Erste Ansätze sind vorhanden, werden aber derzeitig wissenschaftlich weiterentwickelt. Wegen der Komplexität der verschiedenen Einflussfaktoren wird man auch in Zukunft nur für den jeweiligen Anwendungsfall konkrete Aussagen zum Festigkeitsverhalten machen können.

9.9 Kleben in Kombination mit anderen Fügeverfahren

Durch Kombination unterschiedlicher Fügeverfahren lassen sich unter synergetischer Ausnutzung der Vorteile der jeweiligen Einzelverfahren bedeutende Eigenschaftsverbesserungen für eine Gesamtkonstruktion erzielen. So übertragen bei den Verbindungsverfahren Punktschweißen, Nieten und Schrauben nur die Fügestellen bzw. die Verbindungsstellen punktuell die Last und nicht die gesamte Fügefläche. Daher treten in den jeweiligen Randbereichen der konventionellen Verbindungsstellen hohe Spannungsspitzen auf. Diese begrenzen z. B. die Verminderung der Blechstärken zur Erzielung von Leichtbaukonstruktionen. Die Spannungsspitzen beeinflussen weiterhin die Festigkeit und insbesondere die Ermüdungsfestigkeit punktgeschweißter Verbindungen negativ. Die synergetischen Vorteile bei Einsatz der Klebtechnik bestehen nun darin, dass eine zusätzliche Klebung die Spannungsspitzen der punktuellen Kraftübertragung so weit dämpft, dass Kräfte gleichmäßig übertragen werden.

Punktschweißkleben

Merkmale:

- Gewichtsreduktion durch geringere Blechdicken,
- Erhöhung der Bauteilsteifigkeit, Karosseriesteifigkeit bis zu 30 %,
- Reduktion der Schweißpunktzahl,

- Schwingungdämpfung,
- verbessertes Crashverhalten.

Das Kombinationsfügeverfahren **Punktschweißkleben** ist heute im Automobil-, Waggon- und Gerätebau Stand der Technik.

Weitere Kombinationsmöglichkeiten sind die bekannte **Schraubensicherung** (Schrauben und Kleben), das **Falzkleben** (Falzen und Kleben von Blechen zur Herstellen von Autotüren und Hauben) sowie das **Durchsetzfügen** (Clinchen) und Kleben. Von Vorteil für die Klebtechnik ist zudem, dass die Fügeteilfixierung bei den Kombinationsverfahren entfällt und die langsame Aushärtung der Klebstoffe durch die sofortige Anfangsfestigkeit der anderen Verfahren kompensiert wird.

9.10 Vergleich der verschiedenen Fügeverfahren

Jedes Fügeverfahren hat seine eindeutigen Vorteile und seine Schwächen. In der Praxis ist es daher wichtig, insbesondere die Grenzen der jeweiligen Verfahren eindeutig zu kennen. Für die Klebtechnik als Fügeverfahren sprechen viele Vorteile, in der Praxis stößt man aber oft auf Vorurteile. Diese rühren oft daher, dass man mit bestimmten **Do-it-yourself-Klebstoffen** dem Anwender einzureden versucht, alle Verbindungsprobleme damit zu lösen. Dies ist sicherlich im Haushalt und in der Freizeit möglich, nicht jedoch in der industriellen Praxis. Hier hat es eine parallele Entwicklung gegeben, allerdings mit unterschiedlichen Produktgruppen, wie den **strukturellen Reaktionsklebstoffen**. Nur mit diesen Klebstoffen lassen sich die in der Praxis geforderten Eigenschaften erreichen.

In der Tabelle 9.3 sind die Vorteile und Nachteile der am häufigsten in der Praxis eingesetzten Fügeverfahren zusammengefasst.

Tabelle 9.3: Vor- und Nachteile der verschiedenen Fügetechniken

Fügeverfahren	Fügetemperatur	Vorteile	Nachteile
Schweißen	1000 °C bis 2000 °C	hohe Festigkeit, Gestaltungsvielfalt der Verbindungsstellen	Vielfalt der zu fügenden metallischen Werkstoffe und deren Kombinationen, Schweißverzug bzw. Versprödung im Schweißnahtbereich infolge hoher Wärmezufuhr, Korrosion
Löten – Weichlöten	etwa 250 °C	für viele Metalle und Metallkombinationen mit Aktivlöten möglich Dichtheit	Tragverhalten gering
– Hartlöten	etwa 1000 °C		hohe Wärmezufuhr

Tabelle 9.3: (Fortsetzung)

Fügeverfahren	Fügetemperatur	Vorteile	Nachteile
Nieten	–	für viele Metalle und Metallkombinationen hohe Warmfestigkeit	Spaltkorrosion möglich eingeschränkte Dichtheit ungleichmäßige Spannungsverteilung, Schwingbelastung
Schrauben	–	Lösbarkeit und damit hervorragende Reparaturfähigkeit	Schwingungsbelastung ungleichmäßige Spannungsverteilung, eingeschränkte Dichtheit
Klebtechnik	Raumtemperatur bis etwa 200 °C	keine bis geringe Wärmebelastung für fast alle Werkstoffe und Werkstoffkombinationen Dichtheit, keine Spaltkorrosion, Schalldämmung, Automatisierbarkeit	geringe Belastbarkeit durch reine Zug- bzw. Schälbeanspruchung, niedrige Warmfestigkeit eingeschränkte Prüfmöglichkeiten

9.11 Anwendungen in der Praxis

Das Kleben wurde erstmalig serienmäßig im **Flugzeugbau** mit Phenolharzen eingesetzt, wo es heute noch zahlreiche Anwendungen gerade beim Einsatz kohlenstoffverstärkter Kunststoffe gibt. Technologieführer ist heute eindeutig der **Fahrzeugbau,** wo das Kleben immer mehr Schweißpunkte ersetzt oder reduziert und neue Konstruktionen ermöglicht. So sind heute die Längsträger in einigen Fahrzeugen der Oberklasse punktschweißgeklebt, mit hervorragenden Eigenschaften hinsichtlich Steifigkeitserhöhung, Crashverhalten und Fahrkomfort. Außerdem sind heute bei allen Fahrzeugen die Windschutzscheiben in den Metallrahmen eingeklebt. Moderne Reisebusse, Wohnmobile und Schienenfahrzeuge bestehen in der Außenhaut aus glasfaserverstärkten Kunststoffen, die auf einen Metallrahmen mit elastischen Klebstoffen aufgeklebt sind. Es gibt heute kaum eine Branche, die nicht klebt, insbesondere dann, wenn **unterschiedliche Werkstoffe** miteinander verbunden werden müssen. Gerade in unserer arbeitsteiligen Wirtschaftsordnung ist dies unumgänglich.

9.12 Zukunftsaussichten

Klebstoffe können im Flugzeugbau auf einen 50-jährigen und im Fahrzeugbau auf einen 25-jährigen erfolgreichen Einsatz zurückblicken. Insbesondere die Fahrzeugindustrie mit ihren vielfältigsten Anwendungen ist heute der Technologietreiber für die Klebtechnik. Man hat hier eindeutig die Vorteile erkannt: größere Designfreiheiten, höhere Steifigkeit, besseren Fahrkomfort, Korrosionsschutz und zudem noch eine verbesserte Effizienz in der Fertigung. Das Kleben wird aber auch in anderen Industriezweigen weiter an Einfluss gewinnen, so ist z. B. der Ressourcen schonende Leichtbau aus Kunststoff-Metall-Verbunden ohne Klebtechnik nur schwer realisierbar. Auch flächige Kunststoff-Kunststoff-Verbindungen sind ohne Kleben oft nicht herstellbar. In der Elektronik/Mikroelektronik können bleifreie Verbindungen nur mit Hilfe von Klebstoffen hergestellt werden.

Insgesamt ist davon auszugehen, dass sich für das strukturelle Kleben über seine heutigen Einsatzbereiche hinaus positive Perspektiven eröffnen. Das wird sich auch im Sinne einer verbesserten Fertigungstechnologie mit hoher Berechenbarkeit bzw. verbesserter Kalkulierbarkeit des Einsatzrisikos zeigen.

Quellen und weiterführende Literatur

Adams, R. D.; u. a.: Structural Adhesive Joints in Engineering. Chapman & Hall, 1997
Bauer, C. O.: Handbuch der Verbindungstechnik. München Wien: Carl Hanser Verlag, 1991
Brockmann, W.: Das Kleben von Stahl. Merkblatt 382. Stahl-Info-Zentrum, 1998
Brockmann, W.; Geiß, P. L.; u. a.: Klebtechnik. Wiley-VCH, 2005
Brockmann, W.; Käufer, L.: Kleben von Kunststoff mit Metall. Berlin: Springer-Verlag, 1989
Burchardt, B.: Elastisches Kleben. Landsberg/Lech: Verlag Moderne Industrie, 1998
Gruber, W.: Hightech Industrieklebstoffe. Landsberg: Verlag MI, 2000
Habenicht, G.: Kleben. Berlin: Springer-Verlag, 2002
Hennemann, O. D.; Brockmann, W.; Kollek, H.: Fertigungstechnologie Kleben. München Wien: Carl Hanser Verlag, 1992
Kinloch, A. J.: Adhesion and Adhesives. Chapman & Hall, 1997
Kollek, H. G.: Reinigen und Vorbehandeln. Vinzents Verlag, 1996
Loctite Design Handbuch, 1998
Matthes, K.-J.; Riedel, F.: Fügetechnik. Überblick – Löten – Kleben – Fügen durch Umformen. Leipzig: Fachbuchverlag, 2003
Schlimmer, M.: Grundlagen zur Berechnung von strukturellen Klebverbindungen, Tagungsband. 10. Paderborner Symposium, 2003
Skeist: Handbook of Adhesives. Chapman & Hall, 1990

10 Nietverbindungen

Prof. Dr.-Ing. Hans Dieter Wagner

10.1 Grundlagen

Die Einteilung der Fertigungsverfahren erfolgt nach DIN 8580 in sechs Hauptgruppen, von denen eine das Fügen ist. Nieten gehört in die Fertigungshauptgruppe Fügen, die wiederum in der DIN 8593 genormt ist.

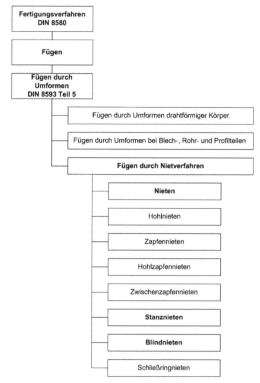

Bild 10.1: Fügen durch Nietverfahren in der Einteilung der Fertigungsverfahren

Nietverbindungen sind ohne Zerstörung oder Beschädigung der gefügten Teile nicht lösbar. Durch Nieten sind feste Verbindungen im Stahlhochbau, Kranbau und Brückenbau herstellbar. Darüber hinaus sind auch nahezu dichte Verbindungen im Behälterbau möglich. Auf Grund des hohen maschinellen Aufwandes und gestiegener Personalkosten sind Nietverbindungen im Druckbehälterbau vollständig durch Schweißverbindungen und im Stahlbau fast vollständig durch Schweiß- und Schraubverbindungen ersetzt worden.

Durch den Einsatz von **Leichtbauwerkstoffen** im Fahrzeugbau, im Containerbau und in der Luftfahrtindustrie sind spezielle Nietverfahren entwickelt worden, die in diesen Bereichen in zunehmendem Maße auch wirtschaftlich eingesetzt werden.

Vorteile der Nietverbindungen:

- keine Werkstoffbeeinflussung wie Aufhärtung oder Gefügeumwandlung,
- kein Bauteilverzug,
- Kombination ungleichartiger Werkstoffe möglich,
- hohe Prozesssicherheit und einfache Qualitätskontrolle,
- kein schlagartiges Versagen bei Überlast,
- wirtschaftliche Herstellbarkeit bei Sonderverfahren (Blindnietsysteme).

Nachteile der Nietverbindungen:

- Schwächung der Bauteile durch Nietlöcher,
- kein Stumpfstoß möglich, Bauteile müssen überlappt werden,
- höhere Fertigungskosten gegenüber Schweißverbindungen.

10.2 Nietformen und Nietwerkstoffe

Ein **Rohniet** besteht aus dem angestauchten Kopf (Setzkopf) und einem zylindrischen Schaft. Je nach Ausführung des Schaftes unterscheidet man: **Vollniete** mit vollem Schaft, **Hohl-** und **Rohrniete** mit hohlem Schaft, **Halbhohlniete** mit angebohrtem Schaft, **Nietzapfen** und **Blindniete**.

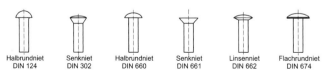

Halbrundniet DIN 124　　Senkniet DIN 302　　Halbrundniet DIN 660　　Senkniet DIN 661　　Linsenniet DIN 662　　Flachrundniet DIN 674

Bild 10.2: Nietkopfformen zum Vollnieten [1]

Als **Nietwerkstoff** verwendet man Stahl, Kupfer, Kupfer-Zink- und Aluminiumlegierungen. Grundsätzlich sollte der Niet aus dem gleichen Werkstoff wie die zu verbindenden Bauteile bestehen, um elektrochemische Korrosion und ein Lockern der Verbindung durch unterschiedliche Ausdehnung bei Erwärmung zu verhindern. Der Nietwerkstoff muss zur Bildung eines geeigneten Schließkopfes gut umformbar (weich) sein.

10.3 Herstellung einer Vollnietverbindung

Die Herstellung einer Vollnietverbindung erfordert verfahrensbedingt das **Vorlochen** aller zu fügenden Bauteile. Das Vorlochen kann durch Bohren oder Stanzen erfolgen. Im Stahl-, Kran- und Brückenbau dürfen Nietlöcher nur gebohrt werden. Die Nietlochränder sind zu brechen, um die Kerbwirkung im geschlagenen Niet zu vermindern. Die vorgelochten und angesenkten Bauteile werden mit einem Nietenzieher zusammengepresst. Durch Anstauchen wird die Bohrung vollständig ausgefüllt und anschließend der aus dem Nietloch herausragende Schaft zu dem Schließkopf geformt. Die **Schließkopfbildung** beim Vollnieten kann durch Schlagen mit dem Niethammer, durch Pressen auf einer Nietpresse oder durch Taumeln mit einem aus der Senkrechten ausgelenkten Nietwerkzeug erfolgen.

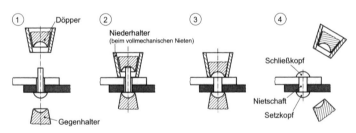

Bild 10.3: Verfahrensablauf beim Herstellen einer Vollnietverbindung [1]

Je nach Arbeitstemperatur beim Nieten unterscheidet man zwischen **Kalt-** und **Warmnieten**. Stahlniete bis etwa 8 mm Schaftdurchmesser und Niete aus anderen Werkstoffen können im kalten Zustand verarbeitet werden. Beim Kaltnieten wird das Nietloch vollständig ausgefüllt. Die im Niet entstehende Normalkraft ist allerdings sehr gering und bewirkt demgemäß auch nur eine geringe Reibkraft zwischen den genieteten Bauteilen. Eine kaltgenietete Verbindung wird daher in erster Linie auf Abscherung beansprucht. Dies ist bei der Berechnung der Verbindung zu berücksichtigen.

10.5 Berechnung

Stahlniete ab ca. 10 mm Schaftdurchmesser werden bei ca. 1000 °C vorgewärmt verarbeitet. Beim Abkühlen schrumpft der Nietschaft sowohl im Durchmesser als auch in der Länge. Der Niet füllt die Bohrung nicht mehr voll aus. Durch die Längsschrumpfkräfte des Schaftes werden die verbundenen Bauteile allerdings so aufeinander gepresst, dass die Verbindung in der Lage ist, über Reibung Kräfte zu übertragen.

> Durch **Kaltnieten** entstehen formschlüssige Verbindungen. Durch **Warmnieten** entstehen kraftschlüssige (reibschlüssige) Verbindungen.

10.4 Gestaltung der Verbindung

Bei der Nietverbindung müssen die zu verbindenden Bauteile überlappt werden. Die Überlappung kann dabei durch die Bauteile selbst oder durch eine zusätzliche Lasche erreicht werden. Je nach Anordung der Bauteile zueinander unterscheidet man **Parallelstoß** und **T-Stoß**.

Für die Berechnung entscheidend ist die so genannte Schnittigkeit einer Nietverbindung. Zerstört man eine Nietverbindung gewaltsam gemäß Bild 1.4, so entstehen je nach Art der Überlappung ein oder zwei Schnittstellen. Die Anzahl dieser Schnittstellen bestimmt die Schnittigkeit von 1- bis m-schnittig.

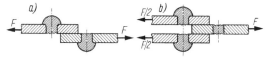

Bild 10.4: Gewaltsam zerstörte Nietverbindung; a) einschnittig, b zweischnittig [2]

10.5 Berechnung

In den Berechnungsvorschriften werden Nietverbindungen als so genannte **Scher-Lochleibungs-Passverbindungen** angesehen. Bei der Berechnung sind daher die Abscherung im Nietschaft und die Lochleibung zwischen Niet- und Lochwand zu berücksichtigen. Dieser Ansatz gilt auch für die Berechnung warmgeschlagener Niete, da man nicht davon ausgehen kann, dass eine Kraftübertragung nur durch Reibung erfolgt. Die Presskraft in dieser Verbindung kann nämlich über die Zeit durch Nachlassen der Schrumpfspannung abgebaut werden. Bei der Berechnung geht man ferner davon aus, dass alle Niete gleichmäßig zur Kraftübertragung herangezogen werden und die entstehenden Spannungen gleichmäßig verteilt sind.

Bei einer wirkenden Zugkraft F erhält man die **Scherspannung** τ_a im Nietschaft auf Grund der Abscherbeanspruchung:

$$\tau_a = \frac{F}{n \cdot m \cdot A} \tag{10-1}$$

τ_a Scherspannung im Nietquerschnitt
F Belastungskraft
n Anzahl der Niete
m Schnittigkeit (Anzahl der Schnittflächen)
A Querschnittsfläche des geschlagenen Niets

Unter Berücksichtigung der Pressungs-Hauptgleichung folgt für den **Lochleibungsdruck** (Lochleibung) eines Niets:

$$\sigma_l = \frac{F}{n \cdot d_L \cdot t} \tag{10-2}$$

σ_l Leibungsdruck an Loch und Nietschaft
d_L Nietlochdurchmesser
t maßgebende Bauteildicke

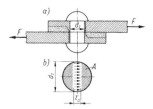
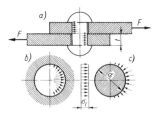

Bild 10.5: Scherbeanspruchung eines Niets; a) gedachte Scherwirkung, b) mittlere Scherspannung [2]

Bild 10.6: Leibungsbeanspruchung einer Nietverbindung; a) Entstehung der Leibung, b) Pressung des Nietloches, c) Pressung des Nietschaftes [2]

10.6 Blindnietverbindungen

Der Blindniet besteht aus dem eigentlichen Niet (Hohlniet) und einem Dorn, dessen Kopf je nach Ausführung kegelig, kugelig oder flach ist. Mit einem Nietwerkzeug wird der Dorn in den überstehenden Schaftteil des Niets hineingezogen, weitet diesen auf und reißt dann an einer Sollbruchstelle nach Überschreitung der Bruchspannung ab. Der Vorteil des Blindnietens besteht in der nur einseitig ausgeführten Fertigungstechnologie. Dadurch ist es möglich, Nietverbindungen auch an Hohlbauprofi-

10.7 Stanznietverbindungen

len durchzuführen, bei denen die gegenüberliegende Seite der Verbindungsstelle nicht zugänglich ist. Herstellerbedingt sind unterschiedliche Nietformen und Nietsysteme verfügbar.

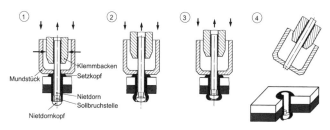

Bild 10.7: Verfahrensablauf beim Blindnieten [1]

10.7 Stanznietverbindungen

Beim **Stanznieten** wird ein Halbhohlniet mit einem Stempel ohne Vorlochen durch das stempelseitige Blech gedrückt. Der Niet durchstanzt die oberen Materiallagen und wird in der letzten Lage in einer Matrize aufgespreizt. Da diese Lage nicht durchstanzt wird, entsteht eine gas- und flüssigkeitsdichte, punktförmige Verbindung.

Bild 10.8: Verfahrensablauf des Stanznietens *(Böllhoff)*

Die Stanzniete werden aus Stahl, Edelstahl oder Aluminium gefertigt. Bei Stahl kann die Gesamtstärke der Verbindung bis zu 6,5 mm, bei Aluminium bis zu 11 mm betragen.

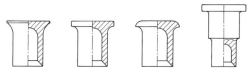

Bild 10.9: Stanznietformen *(Böllhoff)*

Vorteile des Verfahrens sind:

- kein Vorlochen erforderlich,
- keine Beschädigung bereits beschichteter Flächen,
- keine Nacharbeit, da verzugsfrei,
- hoher Automatisierungsgrad möglich.

Der Aufbau eines Stanznietwerkzeuges besteht aus einem üblicherweise C-förmigen **Rahmen** und dem **Setzzylinder**. Da die Verbindungsstelle beidseitig zugänglich sein muss, ist der Abstand der Verbindungsstelle vom Bauteilrand durch die Geometrie des C-Rahmens vorgegeben.

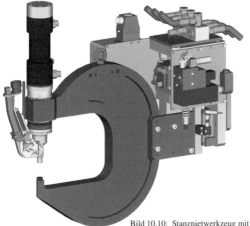

Bild 10.10: Stanznietwerkzeug mit C-Bügel *(Böllhoff)*

Eine Abhilfe von dieser Einschränkung bietet das so genannte **Impulsstanzverfahren**, bei dem die Matrize durch eine Vorrichtung gebildet wird. Der Setzzylinder kann bei diesem Verfahren durch ein Handhabungssystem (Roboter) geführt werden. Um die für die Stanznietverbindung erforderliche Fügekraft von ca. 50 kN aufbringen zu können, wird ein hydraulisch betätigtes Schlagsystem verwendet, das durch einen kurzen impulsartigen Schlag die notwendige Prozesskraft zur Verfügung stellt. Da die Matrize in einer Vorrichtung integriert sein muss, ist dieses Verfahren wirtschaftlich nur in der Großserienfertigung, z. B. der Automobilindustrie, einsetzbar.

10.8 Anwendungen

10.8.1 Verbindungen im Stahlbau

Bild 10.11: Vollnietverbindungen an einer historischen Straßenwalze

Bild 10.12: Detaildarstellung der Vollnietverbindungen an einer historischen Straßenwalze

10.8.2 Verbindungen im Leichtbau

Bild 10.13: Stanznietverbindung an einer Eckenverstärkung für Transportbehälter *(Böllhoff)*

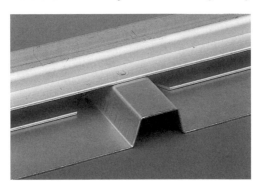

Bild 10.14: Stanznietverbindung an einer Wandverkleidung aus Aluminium *(Böllhoff)*

10.8.3 Verbindungen im Automobilbau

Bild 10.15: Stanznietverbindungen an einer Rohkarosserie aus Aluminium *(Böllhoff)*

10.8 Anwendungen

Bild 10.16: Stanznietverbindung an einem Schwungrad aus Stahl *(Böllhoff)*

Quellen und weiterführende Literatur

[1] *Matthes, K.-J.; Riedel, F.:* Fügetechnik. Leipzig: Fachbuchverlag, 2003
[2] *Decker, K.-H.:* Maschinenelemente. München Wien: Carl Hanser Verlag, 2006

11 Clinchverbindungen

Prof. Dr.-Ing. Hans Dieter Wagner

11.1 Grundlagen

Die **Einteilung der Fertigungsverfahren** erfolgt nach DIN 8580 in sechs Hauptgruppen, von denen eine das Fügen ist. Clinchen gehört in die Fertigungsgruppe Fügen, die wiederum in der DIN 8593 genormt ist.

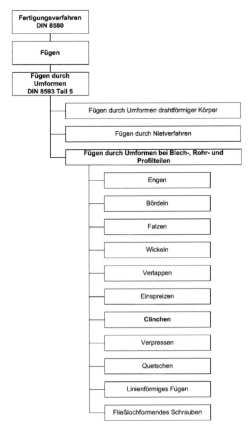

Bild 11.1: Ausschnitt aus Einteilung der Fertigungsverfahren

11.2 Formen der Clinchverbindung

Mit **Clinchen** oder **Durchsetzfügen** wird eine Reihe umformtechnischer Fügeverfahren bezeichnet, die ohne Hilfsfügeteile (Niete o. Ä.) angewendet werden. Eine formschlüssige Verbindung wird erreicht, wenn mindestens zwei Fügeteile durchgesetzt werden. Dabei werden die Fügeteile an der Verbindungsstelle eingeschnitten oder zu einem napfartigen Gebilde tiefgezogen und anschließend durch Breiten und Querfließpressen formschlüssig miteinander verbunden.

Je nach Fügepunktgeometrie unterscheidet man zwischen **Rundpunkt** und **Rechteckpunkt**. Der Rundpunkt wird bei Werkstoffen eingesetzt, die gut umformbar/tiefziehfähig sind. Er entsteht ausschließlich durch lokale Umformung der Fügeteile. Der Rechteckpunkt entsteht durch einen kombinierten Schneid-/Umformvorgang und wird in erster Linie bei harten Werkstoffen und Edelstahl angewendet. Eine Dichtheit der Verbindung kann in diesem Fall nicht gewährleistet werden.

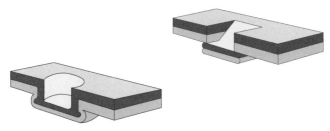

Bild 11.2: Fügepunktgeometrie einer Clinchverbindung. Links Rundpunkt, rechts Rechteckpunkt *(Böllhoff)*

Vorteile der Clinchverbindungen sind:

- keine weiteren Verbindungselemente wie Niete, Bolzen, Schrauben etc. erforderlich,
- kein Vorlochen der Teile erforderlich,
- Dichtheit der Verbindung bei Rundpunkt,
- keine thermische Belastung der Fügezone.

Nachteile der Clinchverbindungen sind:

- kein Stumpfstoß möglich, Bauteile müssen überlappt werden,
- beidseitige Zugänglichkeit der Fügestelle ist erforderlich.

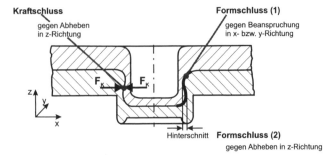

Bild 11.3: Charakteristik einer Clinchverbindung (nach [1])

11.3 Herstellung einer Clinchverbindung

11.3.1 Konventionelles Clinchen

Beim konventionellen Clinchen wird zunächst der Werkstoff im Bereich der Fügestelle durch einen Stempel in eine Matrize gezogen. Vorwiegend wird der Stempel bewegt, und die Matrize steht fest. Diese kann ein massives Gesenk sein oder wie beim RIVCLINCH-Verfahren aus beweglichen Seitenteilen bestehen, die durch Federn zusammengehalten werden. Trifft der Werkstoff auf den Matrizenboden (Matrizenamboss), beginnt er seitlich zu fließen. Durch diesen Fließvorgang entsteht der **Schließkopf**. Der Stempel fährt in die Ausgangslage zurück, das fertige Bauteil kann entnommen werden. Zur Fixierung der zu fügenden Teile werden **Niederhalter** eingesetzt. Diese verhindern auch eine Verformung durch die beim Clinchen auftretenden Kräfte. Die Herstellung einer konventionellen Clinchverbindung unter Anwendung eines Arbeitshubes mit einem angetriebenen Werkzeug wird auch als **einstufiges Clinchen** bezeichnet. Diese einstufigen Prozesse benötigen nur eine einfache Anlagentechnik und sind demgemäß kostengünstig.

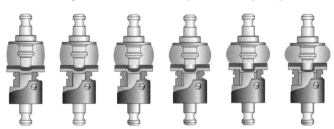

Bild 11.4: Verfahrensablauf des RIVCLINCH-Verfahrens *(Böllhoff)*

11.3.2 Taumelclinchen

Weiterentwicklungen im Bereich des Clinchens führten zu mehrstufigen Prozessen, bei denen der eigentlichen Fügebewegung weitere Maschinenbewegungen zur Ausformung der Fügestelle überlagert werden. Eines dieser Verfahren ist das **Taumel-** oder **Radialclinchen**. Bei diesem Verfahren wird der Hubbewegung des Stempels eine Taumelbewegung des Stempels um seine translatorische Achse überlagert. Ein wesentlicher Vorteil des Verfahrens besteht in einer starken Reduzierung der Fügekraft auf ca. 20 % der Fügekraft beim konventionellen einstufigen Clinchen.

Auf Grund der geringeren Prozesskräfte kann das Taumel-Clinchsystem leichter gebaut werden, und der eingesetzte C-Bügel kann mit größerer Ausladung betrieben werden. Das Taumel-Clinchsystem kann in diesem Fall von einem Handhabungssystem (Roboter) geführt werden und ist für den flexiblen Einsatz z. B. im Bereich der Automobilherstellung geeignet.

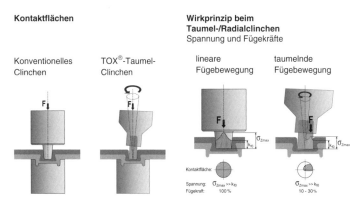

Bild 11.5: Verfahrensablauf des Taumelclinchens *(TOX-Pressotechnik)*

TOX®-Kraftkurver mit Elektroantrieb und elektrisch betriebener Taumeleinheit
Ausladung bis 1000 mm

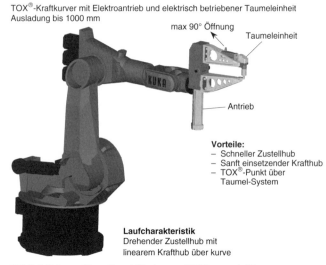

Bild 11.6: Robotergeführtes Taumel-Clinchsystem *(TOX-Pressotechnik)*

11.3.3 Flachpunktclinchen

Eine weitere Entwicklung stellt die **Flachpunkt-Clinchverbindung** dar, die mit der Zielstellung einer einseitig ebenen Verbindung entwickelt wurde. Die Flachpunktverbindung ist in den Fällen nutzbar, wo lokale Verformungen durch den clinchtypischen Napf nicht zulässig sind. Dazu zählen Dicht- und Gleitflächen, aber auch Sichtflächen ohne optische Beeinträchtigung. Zu diesem Zweck wurden unterschiedliche mehrstufige Prozesse von den einschlägigen Herstellern (TOX-Pressotechnik, Eckold GmbH, Zebras e.V.) entwickelt.

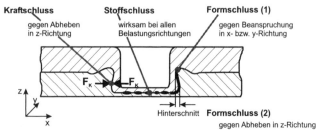

Bild 11.7: Verbindungscharakteristik einer Flachpunktverbindung (nach [1])

11.4 Gestaltung einer Clinchverbindung

Clinchverbindungen sind immer als Überlappverbindungen auszuführen. Die Überlappung sollte dabei etwa 50 % größer sein als die Matrizenkontur. Nur dadurch kann sichergestellt werden, dass bei der Fügepunktausbildung ausreichendes Material zur Ausbildung des Fügepunktes zur Verfügung steht und in die Matrize nachfließen kann.

Auf Grund der **Fügegeometrie** sind Clinchverbindungen in erster Linie in der Lage, Scherbelastungen zu übertragen. Bei Kopf- oder Schälbelastungen werden deutlich geringere Verbindungsfestigkeiten erreicht. Eine einzelne Rundpunktverbindung ist nicht in der Lage, Torsion zu übertragen. Clinchverbindungen können üblicherweise bis zur Gesamtdicke der zu fügenden Teile von 6 mm eingesetzt werden. Sind die zu verbindenden Teile unterschiedlich dick, sollte das dickere Teil auf der Stempelseite angeordnet werden. Das Gleiche gilt auch bei Anwendung unterschiedlich fester Werkstoffe. Auch in diesem Fall ist der höherfeste Werkstoff stempelseitig anzuordnen.

Analytische Berechnungsverfahren für Clinchverbindungen sind noch nicht verfügbar. An dieser Stelle ist auf praktische Versuche und Bauteilprüfungen zurückzugreifen.

11.5 Anwendungen

11.5.1 Verbindungen im Leichtbau

Bild 11.8: Clinchverbindung an einem Kabelkanal aus verzinktem Stahl *(Böllhoff)*

Bild 11.9: Clinchverbindungen an einem Abfallbehälter aus Aluminium *(Böllhoff)*

11.5.2 Verbindungen im Automobilbau

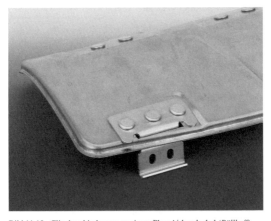

Bild 11.10: Clinchverbindungen an einem Pkw-Airbagdeckel *(Böllhoff)*

11.5 Anwendungen

Bild 11.11: Clinchverbindungen an einem Pkw-Schiebdachrahmen *(TOX-Pressotechnik)*

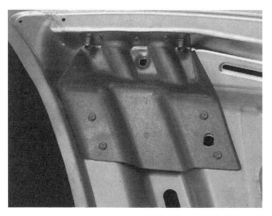

Bild 11.12: Clinchverbindungen an einer PKW-Motorhaube *(TOX-Pressotechnik)*

Quellen und weiterführende Literatur

[1] *Matthes, K.-J.; Riedel, F.:* Fügetechnik. Leipzig: Fachbuchverlag, 2003

12 Pressverbände

Prof. Dr. Hans Dieter Wagner

12.1 Grundlagen

> Pressverbände gehören zu den kraftschlüssigen Welle-Nabe-Verbindungen. Bei Pressverbänden wird die erforderliche Flächenpressung durch die elastische Verformung von Welle und Nabe als Folge einer Übermaßpassung bewirkt.

Mit **Übermaßpassung** wird die Paarung von zylindrischen Passteilen bezeichnet, die vor dem Fügevorgang Übermaß besitzen. Übermaßpassungen sind verhältnismäßig leicht herstellbar und sind geeignet, stoßartige sowie wechselnde Drehmomente und Längskräfte zu übertragen. Sie werden verwendet zur Verbindung von

- Zahnräder- und Kupplungsnaben auf Wellen,
- Zahnkränzen auf Radnaben,
- Gleitlagerbuchsen im Gehäuse,
- Schrumpfringen auf Naben geteilter Räder,
- Wälzlagerringen auf Wellen oder im Gehäuse.

Ein Vorteil der Verbindung besteht darin, dass die Wellen durch Nuten nicht geschwächt werden und die Nabe auf der Welle zentriert ist [1].

Bei glatten Wellen entsteht jedoch je nach **Pressung** eine hohe Kerbwirkung an den Übergangsstellen, die durch Verstärkung der Welle am Nabensitz oder durch Gestaltung sanfter Übergänge zu vermindern ist (siehe hierzu Abschn. 12.4 Gestaltung).

Zur Sicherstellung einer sicheren Kraft- und Momentenübertragung ist die genaue Berechnung und Einhaltung der engen Toleranzen bei der Fertigung zu beachten.

Werden Pressverbindungen bei hohen Drehzahlen eingesetzt, wird der **Fugendruck** durch die wirkenden Fliehkräfte vornehmlich an der Nabe reduziert. Dieser Sachverhalt muss dann in der Berechnung berücksichtigt werden.

Die Berechnungs- und Gestaltungsregeln sind der Norm DIN 7190 [2] zu entnehmen. Diese Norm wurde im Juli 1998 zunächst ersatzlos zurückgezogen und durch eine neue Norm Ausgabe 2001 ersetzt. Die nachfolgenden Ausführungen basieren auf der aktuellen Norm.

12.2 Herstellverfahren

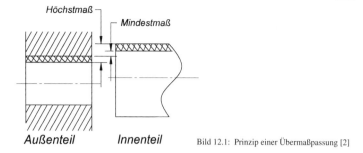

Bild 12.1: Prinzip einer Übermaßpassung [2]

12.2 Herstellverfahren

12.2.1 Längspressverband

Beim **Längspressverband** erfolgt das Fügen von Innen- und Außenteil durch Aufpressen bei Raumtemperatur.

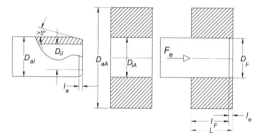

Bild 12.2: Längspressverband vor und nach dem Fügen

Die dafür erforderlichen großen Einpresskräfte werden meistens mit hydraulischen Pressen erzeugt. Beim Einpressvorgang kommt es zu einem Glätten der Oberflächen, indem die Oberflächenrauigkeiten teilweise abgeschert werden. Damit das Innenteil in das Außenteil gut eingeführt werden kann, sind die Stirnkanten des Innenteils anzufasen. Der Fasenwinkel soll höchstens $\varphi = 5°$ betragen, die Fasenlänge l_e ist gemäß

$$l_e = \sqrt[3]{D_F}$$

auszuführen. Die Geschwindigkeit des Einpressvorganges sollte etwa 50 mm/s betragen.

Beim **Einpressen** von Stahlteilen besteht die Gefahr, dass die Fügeteile fressen und somit kalt verschweißen. Um dies zu vermeiden, werden die Fügeflächen geschmiert. Demgemäß wird eine volle **Haftkraft** der Pressverbindung erst nach einer gewissen Sitz- bzw. Wartezeit erreicht.

Werden Bauteile aus unterschiedlichen Werkstoffen eingesetzt, so kann auf eine Schmierung verzichtet werden.

12.2.2 Querpressverbände

Beim **Querpressverband** wird vor dem Fügen entweder das Außenteil durch Erwärmen aufgeweitet (Schrumpfverband) oder das Innenteil durch Unterkühlung im Durchmesser verkleinert (Dehnverband), damit sich die Teile kräftefrei fügen lassen.

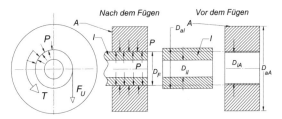

Bild 12.3: Wirkprinzip des Querpressverbandes (I – Innenteil; A – Außenteil; P – Fugenpressung; T – Torsionsmoment; F_U – Umfangskraft)

Die erforderliche **Pressung** in der Fuge tritt dann erst bei Raum- oder Betriebstemperatur infolge der gewünschten Durchmesserveränderungen auf. Das Erwärmen des Außenteils kann auf elektrisch beheizten Wärmeplatten, im Ölbad oder mit der Heizflamme erfolgen. Zu beachten ist, dass bei hohen Temperaturen ein Festigkeitsabbau des Außenteilwerkstoffs auftreten kann. Demgemäß sollte eine Temperatur von 350 °C für Baustahl niedriger Festigkeit, Stahlguss und Gusseisen mit Kugelgraphit sowie 300 °C für Stahl oder Stahlguss vergütet nicht überschritten werden.

Zum Abkühlen des Innenteils wird Kohlensäureschnee oder Trockeneis bis –78 °C sowie flüssiger Stickstoff bis –196 °C angewendet. Ähnlich dem Längspressverband ist eine Einführungsfase an einem der beiden zu fügenden Teile zweckmäßig.

12.2.3 Druckölverband

> Beim **Druckölverband** wird Öl unter hohem Druck zwischen die meist geringfügig kegeligen Fügeflächen gepresst und weitet dabei die Nabe auf.

Wird der Öldruck reduziert, pressen sich die beiden zu fügenden Teile aufeinander. Bei zylindrischen Fügeflächen kann das Druckölverfahren nur zum Lösen des Verbandes angewendet werden. Zu Gestaltung und Anwendung von Druckölverbänden wird auf die DIN 15055 verwiesen.

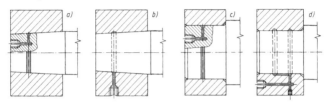

Bild 12.4: Druckölverbände nach DIN 15055. a) kegeliger Verband mit Ölzuführung durch die Welle, b) mit Ölzuführung durch die Nabe; c) zylindrischer Verband mit Ölzuführung durch die Welle; d) mit Ölzuführung durch die Nabe [3]

12.3 Berechnung

12.3.1 Grundlagen

Bei der Berechnung von Pressverbänden geht man davon aus, dass bei dem Fügen der mit **Übermaß** versehenen zylindrischen Teile ein **Fugendruck** P entsteht, der sowohl in der Nabe als auch in der Welle Spannungen in radialer und tangentialer Richtung hervorruft. Demgemäß ist eine Kraftübertragung durch **Reibschluss** in Umfangs- und in Längsrichtung möglich.

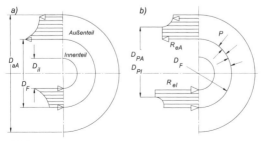

Bild 12.5: Spannungsverlauf im Pressverband. a) elastischer Pressverband; b) elastisch-plastischer Pressverband [3]

Gemäß Bild 12.5 sind die gefährdeten Stellen des Pressverbandes entweder am Außenteil innen oder bei dünnwandigen Hohlwellen am Innenteil innen. Dies ist bei der nachfolgenden Auslegung zu berücksichtigen. Bleiben alle auftretenden Spannungen unterhalb der Streckgrenzen der verwendeten Werkstoffe, liegt eine rein elastische Beanspruchung vor. Wird am Außenteil innen oder an der Hohlwelle innen die zulässige Streckgrenze des Werkstoffes überschritten, kommt es zu einer teilweisen Plastifizierung. Demgemäß liegt eine elastisch-plastische Beanspruchung vor.

Pressverbände sind grundsätzlich in der Lage, Kräfte in Umfangrichtung, in Längsrichtung oder auch in Umfangs-/Längsrichtung zu übertragen. Die Norm DIN 7190 (Ausgabe 2001) sieht nur noch die Berechnung des übertragbaren Drehmomentes oder der übertragbaren Axialkraft vor. Die nachfolgenden Ausführungen gelten für Pressverbände mit gleicher axialer Länge von Innen- und Außenteil. Sie können näherungsweise auch für reale Pressverbände verwendet werden, bei denen das Innenteil länger als das Außenteil ist. Spannungsüberhöhungen im Bereich der Nabenkante werden allerdings nicht erfasst.

Das **übertragbare Moment** T wird wie folgt ermittelt:

Übertragbares Moment $\qquad T = \dfrac{\pi}{2} D_F^2 l_F v_{Ru} \dfrac{P}{S_r}$ (12-1)

T übertragbares Moment, D_F Fugendurchmesser, l_F Fugenlänge, v_{Ru} Haftbeiwert bei Rutschen in Umfangsrichtung, P Fugendruck, S_r Sicherheit gegen Rutschen

Die **übertragbare Axialkraft** wird ermittelt nach

Übertragbare Axialkraft $\qquad F_{ax} = \pi D_F l_F v_{Rl} \dfrac{P}{S_r}$ (12-2)

F_{ax} Übertragbare Axialkraft, v_{Rl} Haftbeiwert bei Rutschen in Längsrichtung

Aus (12-1) und (12-2) kann der jeweilige erforderliche Fugendruck bei vorgegebenem Moment oder vorgegebener Axialkraft durch Umstellen der Gleichungen einfach ermittelt werden.

12.3 Berechnung

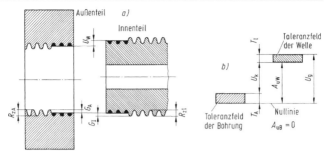

Bild 12.6: Abmaße, Übermaße und Toleranzfelder bei Fügeteilen. a) Oberflächenglättung durch den Pressvorgang; G_A – Glättung am Außenteil; G_I – Glättung am Innenteil; U_W – wirksames Übermaß; b) Toleranzfelder und Übermaße beim System Einheitsbohrung; U_K – Mindestübermaß; U_G – Höchstübermaß; T_A – Maßtoleranz des Außenteils; T_I – Maßtoleranz des Innenteils [3]

Der Durchmesser D_F der Fügefläche ist das Nennmaß der zu fügenden Teile des Pressverbandes. Aus den Istmaßen D_{iA} und D_{aI} ergibt sich das **Istübermaß**

Istübermaß $\quad U_i = |D_{iA} - D_{aI}|$ (12-3)

D_{iA} Innendurchmesser Außenteil, D_{aI} Außendurchmesser Innenteil

Für das Innen- und Außenteil werden im Allgemeinen Passungen mit oberen und unteren Abmaßen festgelegt. Aus der Differenzbildung dieser Abmaße erhält man dann das **Höchstübermaß** U_g und das **Mindestübermaß** U_k

Höchstübermaß $\quad U_g = |A_{uA} - A_{oI}|$ (12-4)

Mindestübermaß $\quad U_k = |A_{oA} - A_{uI}|$ (12-5)

A_{uA} unteres Abmaß Außenteil, A_{oI} oberes Abmaß Innenteil, A_{oA} oberes Abmaß Außenteil, A_{uI} unteres Abmaß Innenteil

Durch den Pressvorgang werden die Fugenflächen geglättet und die Rauigkeitsspitzen eingeebnet. Ein Teil des Übermaßes geht dabei verloren.

Übermaßverlust $\quad U_v = 0{,}8 \cdot (R_{zA} + R_{zI})$ (12-6)

R_{zA} gemittelte Rautiefe Außenteil, R_{zI} gemittelte Rautiefe Innenteil

Demgemäß steht nur noch das **wirksame Übermaß** zu Verfügung.

Wirksames Übermaß $\quad U_w = U - U_v$ (12-7)

Für U ist je nach Anwendung das Mindest-, Höchst- oder Istübermaß einzusetzen.

Da ein dünner aufgepresster Ring eine größere Nachgiebigkeit als ein dicker aufgepresster Ring aufweist, ist der erreichbare Fugendruck dementsprechend kleiner. Für die Berechnung nach DIN 7190 werden demgemäß das **Durchmesserverhältnis** und das **bezogene wirksame Übermaß** ξ_w eingeführt.

$$\text{Durchmesserverhältnis} \quad Q_A = \frac{D_F}{D_{aA}} \tag{12-8}$$

$$\text{Durchmesserverhältnis} \quad Q_I = \frac{D_{iI}}{D_F} \tag{12-9}$$

$$\text{Bezogenes wirksames Übermaß} \quad \xi_w = \frac{U_w}{D_F} \tag{12-10}$$

D_{aA} Außendurchmesser Außenteil, D_{iI} Innendurchmesser Innenteil

Darüber hinaus wird noch die **Hilfsgröße** K benötigt:

$$\text{Hilfsgröße} \quad K = \frac{E_A}{E_I} \cdot \left(\frac{1+Q_I^2}{1-Q_I^2} - \mu_I \right) + \frac{1+Q_A^2}{1-Q_A^2} + \mu_A \tag{12-11}$$

E_A Elastizitätsmodul Außenteil, E_I Elastizitätsmodul Innenteil, μ_A Querdehnzahl Außenteil, μ_I Querdehnzahl Innenteil

Bei einer Vollwelle ist $Q_I = 0$. Demgemäß gilt:

$$\text{Hilfsgröße} \quad K = \frac{E_A}{E_I} \cdot (1-\mu_I) + \frac{1+Q_A^2}{1-Q_A^2} + \mu_A \tag{12-12}$$

Haben die Werkstoffe beider zu fügenden Teile den gleichen E-Modul $E = E_A = E_I$ und sind die Querdehnzahlen gleich $\mu = \mu_A = \mu_I$, so folgt:

$$\text{Hilfsgröße} \quad K = \frac{(1+Q_I^2)}{(1-Q_I^2)} + \frac{(1+Q_A^2)}{(1-Q_A^2)} \tag{12-13}$$

Für den Fall, dass $Q_I = 0$, $E_A = E_I$ und $\mu_A = \mu_I$ sind, braucht K nicht berechnet zu werden.

12.3.2 Rein elastischer Pressverband

Ein **elastischer Pressverband** muss so ausgelegt sein, dass

1. die kleinste Fugenpressung P_{min} mindestens vorhanden ist, um das größte auftretende Drehmoment T_{max} oder die maximale Längskraft $F_{ax\,max}$ sicher zu übertragen,

2. eine größte Fugenpressung $P_{\max}$ nicht überschritten werden darf, damit Welle und Nabe nicht überbeansprucht werden.

12.3.2.1 Rechengang, wenn Passung gesucht ist

Mit der Kenntnis eines vorgegebenen Fugendruckes P und der Vorgabe einer **Soll-Sicherheit** S_P gegen plastische Dehnung müssen zunächst die nachfolgenden Bedingungen erfüllt sein. Ist dies der Fall, kann von einem elastischen Pressverband ausgegangen werden. Ist eine der Bedingungen nicht erfüllt, muss eine Berechnung unter elastisch-plastischem Ansatz (siehe Abschn. 12.3.3) durchgeführt werden.

Fugendruck für Außenteil $\qquad P \leq \dfrac{1-Q_A^2}{\sqrt{3}\,S_{PA}} R_{eLA}$ (12-14)

Fugendruck für hohles Innenteil $\quad P \leq \dfrac{1-Q_I^2}{\sqrt{3}\,S_{PI}} R_{eLI}$ (12-15)

Fugendruck für volles Innenteil $\quad P \leq \dfrac{2 R_{eLI}}{\sqrt{3}\,S_{PI}}$ (12-16)

S_{PA} Soll-Sicherheit Außenteil, S_{PI} Soll-Sicherheit Innenteil, R_{eLA} untere Streckgrenze des Außenteils, R_{eLI} untere Streckgrenze des Innenteils

Das für die Ausbildung des Fugendrucks P erforderliche bezogene wirksame Übermaß ξ_w beträgt

Erforderliches wirksames Übermaß $\quad \xi_w = K \dfrac{P}{E_A}$ (12-17)

Aus (12-10) kann dann das zugehörige wirksame Übermaß U_w bestimmt werden.

Für den Fall, dass $E_I = E_A = E$ und $\mu_A = \mu_I = \mu$, entfällt die Berechnung der Hilfsgröße K. In diesem Fall wird das erforderliche wirksame Übermaß ermittelt nach:

Erforderliches wirksames Übermaß $\quad \xi_w = \dfrac{2}{1-Q_A^2} \dfrac{P}{E}$ (12-18)

12.3.2.2 Rechengang, wenn Passung gegeben ist

Bei gegebener Passung wird zunächst das wirksame Übermaß nach (12-7) und das bezogene wirksame Übermaß ξ_w nach (12-10) ermittelt. Bei Vorgabe einer Soll-Sicherheit S_P gegen plastische Dehnung müssen zunächst die nachfolgenden Bedingungen erfüllt sein. Ist dies der Fall, kann von einem elastischen Pressverband ausgegangen werden. Ist eine der Bedingungen nicht erfüllt, muss eine Berechnung unter elastisch-plastischem Ansatz (siehe Abschn. 12.3.3) durchgeführt werden.

Bezogenes wirksames Übermaß für Außenteil

$$\xi_w \leq K \, \frac{1-Q_A^2}{\sqrt{3} \, S_{PA}} \, \frac{R_{eLA}}{E_A} \qquad (12\text{-}19)$$

Bezogenes wirksames Übermaß für hohles Innenteil

$$\xi_w \leq \frac{1-Q_I^2}{\sqrt{3} \, S_{PI}} \, \frac{R_{eLI}}{E_I} \qquad (12\text{-}20)$$

Bezogenes wirksames Übermaß für volles Innenteil

$$\xi_w \leq \frac{2 R_{eLI}}{\sqrt{3} \, S_{PA} E_I} \qquad (12\text{-}21)$$

Der zum bezogenen wirksamen Übermaß ξ_w gehörige Fugendruck P wird berechnet aus:

$$\text{Fugendruck} \quad P = \frac{\xi_w E_A}{K} \qquad (12\text{-}22)$$

Für den Fall, dass $E_I = E_A = E$ und $\mu_A = \mu_I = \mu$ entfällt die Berechnung der Hilfsgröße K. In diesem Fall wird der zugehörige Fugendruck P ermittelt nach:

$$\text{Fugendruck} \quad P = \frac{1-Q_A^2}{2} \, E \xi_w \qquad (12\text{-}23)$$

12.3.3 Elastisch-plastischer Pressverband

Zur optimierten Ausnutzung der Werkstofffestigkeit von Welle und Nabe können elastisch-plastische Beanspruchungen zugelassen werden. Die Bauteile werden dabei über die Fließgrenze hinaus plastisch verformt. Die dabei auftretenden Flächenpressungen können demgemäß größere Längskräfte und Momente übertragen. Grundvoraussetzung dabei ist aber, dass sich die beteiligten Werkstoffe duktil verhalten.

Auf Grund der Komplexität der elastisch-plastischen Auslegung wird an dieser Stelle auf eine Abhandlung verzichtet und auf die DIN 7190 [2] verwiesen.

12.3.4 Einpresskraft und Fügetemperaturen

Bei Anwendung eines Längspressverbandes beträgt die erforderliche **Einpresskraft**:

Einpresskraft $\quad F_e = P_{max} \cdot D_F \cdot \pi \cdot l_F \cdot v_e \quad$ (12-24)

v_e Haftbeiwert beim Einpressen, P_{max} maximaler Fugendruck

Zur Sicherstellung eines problemlosen Fügevorgangs bei Querpressverbänden ist ein zusätzliches **Fügespiel** erforderlich.

Fügespiel $\quad U_{s\vartheta} = 0{,}001 D_F \quad$ (12-25)

Für das Übermaß beim Fügen gilt

Fügeübermaß $\quad U_F = U_g + U_{s\vartheta} \quad$ (12-26)

Bei Anwendung eines Querpressverbandes beträgt die erforderliche **Fügetemperatur** des Außenteils

Erforderliche Fügetemperatur $\quad \vartheta_{A\,erf} = \dfrac{U_F}{\alpha_A \cdot D_F} + \dfrac{\alpha_I}{\alpha_A} + \vartheta_R \quad$ (12-27)

$\vartheta_{A\,erf}$ Fügetemperatur Außenteil, ϑ_R Umgebungstemperatur, α_A, α_I Längenausdehnungskoeffizienten

12.4 Gestaltung

Bei der vorgestellten Auslegung von Pressverbänden wird eine gleiche Länge von Innen- und Außenteil angenommen. Die Folge ist eine konstante Verteilung der Flächenpressung über der Fugenlänge. In der Realität wird aber das Innenteil (Welle) immer länger als das Außenteil (Nabe) sein. Dadurch treten an den Außenkanten des Außenteils Spannungsspitzen auf, die das Mehrfache der rechnerischen Fugenpressung betragen können.

Diese Spannungsspitzen sind durch eine zweckmäßige Gestaltung der Pressverbindung vermeidbar (Bild 12.9). Sacklöcher sind zu entlüften. Nuten und Einstiche innerhalb der Sitze sind zu vermeiden.

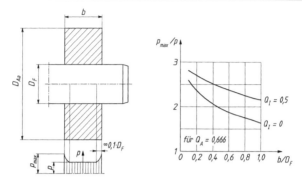

Bild 12.7: Pressungsverteilung bei überstehenden Wellen [1]

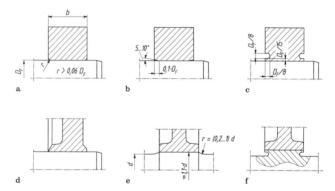

Bild 12.8: Konstruktive Gestaltung zur Verringerung der Fugenpressung am Wellenende [1]

Literatur

[1] *Haberhauer, H.; Bodenstein, F.:* Maschinenelemente. Berlin: Springer-Verlag, 2001
[2] DIN 7190: Pressverbände. Berlin: Beuth, 2001
[3] *Decker, K.-H.:* Maschinenelemente. München Wien: Carl Hanser Verlag 2006

13 Formschlüssige Welle-Nabe-Verbindungen

PD Dr.-Ing. habil. Masoud Ziaei

13.1 Grundlagen

Bei den formschlüssigen Welle-Nabe-Verbindungen (WNV) werden infolge der Belastung in einem oder mehreren Wirkflächenpaaren **Normalkräfte** aufgebaut, welche die Übertragung der Momente von der Nabe auf die Welle ermöglichen [1].

Im Gegensatz zu den **reibschlüssigen Welle-Nabe-Verbindungen** bilden sich bei den formschlüssigen im unbelasteten Zustand keine Eigenspannungen aus. Deshalb können sie ohne zusätzliche konstruktive Maßnahmen (z. B. axiale Anschläge oder Sicherungen) nur **Umfangskräfte** übertragen. Eine Ausnahme stellt der Querstift dar, der aber in der Praxis eher selten vorkommt. Formschlüssige Welle-Nabe-Verbindungen sind allerdings wegen der einfachen Montage nach wie vor in der Praxis weit verbreitet.

Die formschlüssigen Welle-Nabe-Verbindungen lassen sich in zwei Hauptgruppen einteilen. Bei **unmittelbarem Formschluss** sind die Wirkflächenpaare von Welle und Nabe so gestaltet, dass sich darin die Normalkräfte ohne zusätzliche Übertragungsglieder aufbauen können. Beispiele hierbei sind die **Keilwellen-** und **Polygonverbindungen**. Dagegen wird bei **mittelbarem Formschluss** ein Zwischenelement – gelegentlich auch mehrere – als Übertragungsglied eingebaut. Die **Passfeder-** und **Stiftverbindungen** sind Beispiele für mittelbaren Formschluss.

13.2 Mittelbare Formschlussverbindungen

13.2.1 Passfederverbindung

Passfedern sind Passstücke zwischen den Nutwänden in Welle und Nabe. Sie eignen sich zum Übertragen von Drehmomenten mit vorwiegend gleicher Drehrichtung.

Passfederverbindungen sind typische Formschlussverbindungen für Kupplungen, Zahnräder und Riemenscheiben. Wegen ihrer geringen Herstellungskosten und leichten Ein- und Ausbaubedingungen sind sie in der Praxis weit verbreitet. Diese Verbindungen können jedoch für wechselnde Drehmomente nicht verwendet werden, da durch Ausschlagen der Nuten die Gefahr des Lockerns der Verbindung besteht. Darüber hinaus können axiale Kräfte nicht aufgenommen werden. Die Nut in der Nabe weist einen rechteckförmigen Querschnitt auf und ist immer durchgehend (Bild 13.1).

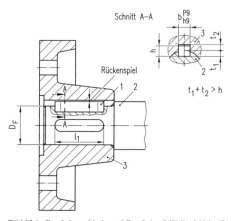

Bild 13.1: Passfederverbindung. 1 Passfeder, 2 Welle, 3 Nabe [2]

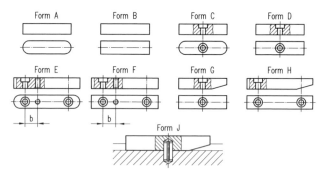

Form A rundstirnig ohne Halteschraube, **Form B** geradstirnig ohne Halteschraube, **Form C** rundstirnig für Halteschraube, **Form D** geradstirnig für Halteschraube, **Form E** rundstirnig für zwei Halteschrauben und eine oder zwei Abdrückschrauben ab 12 × 8, **Form F** geradstirnig für zwei Halteschrauben und eine oder zwei Abdrückschrauben, **Form G** geradstirnig mit Schrägung und für Halteschraube, **Form H** geradstirnig mit Schrägung und für zwei Halteschrauben, **Form J** geradstirnig mit Schrägung und für Spannhülse

Bild 13.2: Unterschiedliche Passfederformen nach DIN 6885 [2]

13.2 Mittelbare Formschlussverbindungen

Zwischen dem Passfederrücken und dem Nutgrund der Nabe ist ein **Spiel** vorhanden. Die Flanken der Passfeder stehen mit der Welle und der Nabe in Kontakt, d. h. die Breite der Passfeder und die Breite der Nut in der Welle sowie in der Nabe müssen toleriert sein. Soll z. B. die Nabe auf der Welle verschoben werden können, so muss die Passfeder eine **Gleitfeder** und die Passung zwischen Passfeder und Nabennut eine **Spielpassung** sein. Die Passfederformen sowie die Verknüpfung von Wellendurchmesser D_F und Passfederquerschnitt $b \times h$ sind in DIN 6885 festgelegt und in Bild 13.2 sowie auszugsweise in Tabelle 13.1 zusammengestellt.

Tabelle 13.1: Abmessungen von Passfedern nach DIN 6885

$b \times h$	Wellendurchmesser d		Hohe Form			Hohe Form für Werkzeugmaschinen	
	über	bis	t_1	t_2		t_1	t_2
				mit Rückenspiel	mit Übermaß		
2×2	6	8	1,2+0,1	1,0+0,1	0,5+0,1		
3×3	8	10	1,8+0,1	1,4+0,1	0,9+0,1		
4×4	10	12	2,5+0,1	1,8+0,1	1,2+0,1		
5×5	12	17	3,0+0,1	2,3+0,1	1,7+0,1		
6×6	17	22	3,5+0,1	2,8+0,1	2,2+0,1		
8×7	22	30	4,0+0,2	3,3+0,2	2,4+0,2		
10×8	30	38	5,0+0,2	3,3+0,2	2,4+0,2	3 +0,1	1,1+0,1
12×8	38	44	5,0+0,2	3,3+0,2	2,4+0,2	3,8+0,1	1,3+0,1
14×9	44	50	5,5+0,2	3,8+0,2	2,9+0,2	4,4+0,1	1,7+0,1
16×10	50	58	6,0+0,2	4,3+0,2	3,4+0,2	5,4+0,2	1,7+0,2
18×11	58	65	7,0+0,2	4,4+0,2	3,4+0,2	6 +0,2	2,1+0,2
20×12	65	75	7,5+0,2	4,9+0,2	3,9+0,2	6 +0,2	2,1+0,2
22×14	75	85	9,0+0,2	5,4+0,2	4,4+0,2	6,5+0,2	2,6+0,2
25×14	85	95	9,0+0,2	5,4+0,2	4,4+0,2	7,5+0,2	2,6+0,2
28×16	95	110	10,0+0,2	6,4+0,2	5,4+0,2	8 +0,2	3,1+0,2
32×18	110	130	11,0+0,2	7,4+0,2	6,4+0,2	8 +0,2	4,1+0,2
36×20	130	150	12,0+0,3	8,4+0,3	7,1+0,3	10 +0,2	4,1+0,2
40×22	150	170	13,0+0,3	9,4+0,3	8,1+0,3	10 +0,2	4,1+0,2
45×25	170	200	15,0+0,3	10,4+0,3	9,1+0,3	11 +0,2	5,1+0,2
50×28	200	230	17,0+0,3	11,4+0,3	10,1+0,3	13 +0,2	5,2+0,2
56×32	230	260	20,0+0,3	12,4+0,3	11,1+0,3	13,7+0,3	6,5+0,3
63×32	260	290	20,0+0,3	12,4+0,3	11,1+0,3	14 +0,3	8,2+0,3
70×36	290	330	22,0+0,3	14,4+0,3	13,1+0,3		
80×40	330	380	25,0+0,3	15,4+0,3	14,1+0,3		
90×45	380	440	28,0+0,3	17,4+0,3	16,1+0,3		
100×50	440	500	31,0+0,3	19,4+0,3	18,1+0,3		
Niedrige Form							
5×3	12	17	1,9+0,1	1,2+0,1	0,8+0,1		
6×4	17	22	2,5+0,1	1,6+0,1	1,1+0,1		
8×5	22	30	3,1+0,2	2 +0,1	1,4+0,1		
10×6	30	38	3,7+0,2	2,4+0,1	1,8+0,1		
12×6	38	44	3,9+0,2	2,2+0,1	1,6+0,1		
14×6	44	50	4 +0,2	2,1+0,1	1,4+0,1		
16×7	50	58	4,7+0,2	2,4+0,1	1,7+0,1		
18×7	58	65	4,8+0,2	2,3+0,1	1,6+0,1		
20×8	65	75	5,4+0,2	2,7+0,1	2 +0,1		
22×9	75	85	6 +0,2	3,1+0,2	2,4+0,1		
25×9	85	95	6,2+0,2	2,9+0,2	2,2+0,1		
28×10	95	110	6,9+0,2	3,2+0,2	2,4+0,1		
32×11	110	130	7,6+0,2	3,5+0,2	2,7+0,1		
36×12	130	150	8,3+0,2	3,8+0,2	3 +0,1		

Berechnung

Flächenpressung an den Kontaktstellen

Die Berechnung von Passfederverbindungen ist in DIN 6892 [3] genormt. Basierend auf umfangreichen Forschungsarbeiten erfasst diese Norm die tatsächlichen Beanspruchungs- und Versagenskriterien. Der Festigkeitsnachweis kann gemäß der gewünschten Genauigkeit bzw. der Zuverlässigkeit des Verfahrens nach den drei Methoden A, B und C geführt werden.

Methode A:

Es handelt sich hierbei um einen experimentellen Festigkeitsnachweis am Bauteil unter Praxisbedingungen bzw. um eine umfassende rechnerische Beanspruchungsanalyse der kompletten Passfederverbindung, bestehend aus Welle, Passfeder und Nabe.

Methode B:

Die Auslegung erfolgt auf Grund einer genaueren Berücksichtigung der auftretenden Flächenpressung. Außerdem wird ein Festigkeitsnachweis für die Welle nach dem Nennspannungskonzept geführt.

Methode C:

Überschlägige Berechnung der Flächenpressung und daraus resultierende Abschätzung für die Wellenbeanspruchung.

Methode C setzt eine konstante Flächenpressung entlang der Passfederlänge voraus. Für i möglichst gleichmäßig am Umfang angeordnete Passfedern folgt für das **übertragbare Drehmoment**:

$$M_\mathrm{t} = \frac{D_F}{2} \cdot (h - t_1) \cdot l_\mathrm{tr} \cdot i \cdot \varphi \cdot p_\mathrm{zul} \tag{13-1}$$

M_t Drehmoment (in N mm), D_F Wellendurchmesser (in mm), h Passfederhöhe (in mm), t_1 Passfedertiefe gemäß Bild 13.1 (in mm), l_tr tragende Passfederlänge (in mm) (ohne Rundungen), $l_\mathrm{tr} \leq 1{,}3 \cdot D_F$, i Anzahl der Passfedern [1], φ Tragfaktor, $\varphi = 1{,}0$: für $i = 1$ und $\varphi = 0{,}75$: für $i > 1$ [1], p_zul zulässige Flächenpressung (in N/mm²)

Es empfiehlt sich, bei $i > 1$ stets einen weniger festen Werkstoff für die Federn zu verwenden, da dann schon durch geringes Fließen des Federwerkstoffes eine Vergleichmäßigung des Tragens eintritt. Die Anzahl der Passfedern sollte nicht größer als $i = 2$ sein, weil sonst die Beanspruchung der einzelnen Federn zu unterschiedlich ist. Lässt sich das Drehmoment nicht mit $i = 2$ Passfedern übertragen, dann muss eine andere formschlüssige Welle-Nabe-Verbindung (z. B. Keilwellenverbindung) vorgesehen werden. Die **zulässige Flächenpressung** beträgt:

$$p_{zul} = 0,9 \cdot R_{e_{min}} \qquad (13\text{-}2)$$

p_{zul} zulässige Flächenpressung (in N/mm²), $R_{e_{min}}$ Minimum der Streckgrenze (in N/mm²)

$R_{e_{min}}$ ist das Minimum der Streckgrenzen von Wellen-, Naben- und Passfederwerkstoff. Für Grauguss-Naben ist R_m an Stelle von R_e zu verwenden.

Kerbwirkungszahlen

Für Passfederverbindungen, die mit Scheiben- oder Fingerfräser gefertigt werden, können die Kerbwirkungszahlen nach DIN 743 [4] ermittelt werden. Nach [5] gelten für Scheibenfedern Kerbwirkungszahlen $\beta_{kt} = 2 \ldots 3$.

Gestaltung

Bei Passfederverbindungen sind folgende Gestaltungsmerkmale von Bedeutung:

a) Die Passfederform B (Passfeder ohne Rundungen) ist günstiger als Form A.

b) Die Scheibenfräsernut hat einen ähnlich positiven Einfluss auf die Kerbwirkungszahl wie Form B.

c) Bei abgesetzten Wellen Nut bis in den Wellenabsatz ziehen (siehe DIN 6892 [3]).

d) Einsatzhärten der Welle führt zu einer merklichen Reduzierung der Kerbwirkungszahlen.

13.2.2 Stiftverbindung

Stiftverbindungen sind nur für das Übertragen kleiner, stoßfreier und möglichst nicht wechselnder Drehmomente geeignet.

Stiftverbindungen werden, basierend auf der Anordnung des Wirkflächenpaares zur Achse der Welle senkrecht oder parallel, in **Querstift-** und **Längsstiftverbindungen** unterschieden. Die Stifte sind in unterschiedlichen Formen (z. B. zylindrisch, kegelig, massiv, hohl, geschlitzt und gekerbt) und Werkstoffen (Stähle, Nichteisenmetalle und Kunststoffe) auf dem Markt und weitgehend auch genormt (Bild 13.3).

Sie dienen z. B. zur Befestigung von Naben, Rädern und Ringen auf Achsen und Wellen, zur Halterung von Federn, Riegeln und Hebeln

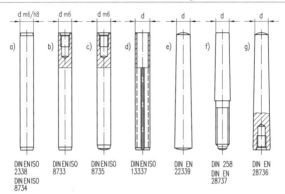

Bild 13.3: Genormte Zylinder- und Kegelstifte, Zylinderstifte: a) Zylinderstift m6, b) Zylinderstift mit Innengewinde, c) gehärteter Zylinderstift m6, d) Spannstift; Kegelstifte mit Kegel 1 : 50: e) Kegelstift, f) Kegelstift mit Gewindezapfen, g) Kegelstift mit Innengewinde [2]

sowie zur Lagesicherung (z. B. Zentrierung) von Bauteilen. Insbesondere Querstiftverbindungen eignen sich jedoch nur zur Übertragung kleiner Drehmomente. Eine exakte Berechnung der Stiftverbindungen ist aufwändig und schwierig, da der Stift als elastisch gebetteter Träger unter örtlich veränderlicher Flächenlast aufgefasst werden muss. Um den Aufwand für die Praxis zu begrenzen, werden elementare Rechenmodelle verwendet und die dadurch bedingten Unsicherheiten in den zulässigen Spannungswerten berücksichtigt.

13.2.2.1 Querstiftverbindungen

Die Auslegung der Querstiftverbindungen erfolgt nach dem in Bild 13.4 gezeigten elementaren Modell, [2] und [6].

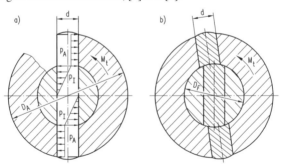

Bild 13.4: Querstift unter Drehmoment. a) Flächenpressung in Welle und Nabe, b) Abscheren des Stiftes [2]

13.2 Mittelbare Formschlussverbindungen

Demnach wird zwischen Welle und Stift ein dreieckförmiger und zwischen Nabe und Stift ein linearer **Flächenpressungsverlauf** angenommen. Daraus ergeben sich zur Berechnung der Flächenpressung folgende Beziehungen:

max. Wellenflächenpressung: $$p_{1_{max}} = \frac{6 \cdot M_t}{D_F^2 \cdot d} \tag{13-3}$$

$p_{1_{max}}$ maximale Flächenpressung in der Welle (in N/mm^2), M_t Drehmoment (in N mm), D_F Wellendurchmesser (in mm), d Stiftdurchmesser (in mm)

Nabenflächenpressung: $$p_A = \frac{4 \cdot M_t}{d \cdot (D_A^2 - D_F^2)} \tag{13-4}$$

p_A Flächenpressung in der Nabe (in N/mm^2), M_t Drehmoment (in N mm), D_F Wellendurchmesser (in mm), D_A Außendurchmesser der Nabe (in mm), d Stiftdurchmesser (in mm)

Außerdem wird der Stift durch das Drehmoment auf Abscheren (Bild 13.4) beansprucht. Für die **Scherspannung** τ im gefährdeten Querschnitt gilt:

$$\tau = \frac{4 \cdot M_t}{d^2 \cdot \pi \cdot D_F} \tag{13-5}$$

τ Scherspannung im Stiftquerschnitt (in N/mm^2), M_t Drehmoment (in N mm), D_F Wellendurchmesser (in mm), d Stiftdurchmesser (in mm)

Die zulässigen Spannungen werden in Tabelle 13.2 im folgenden Abschnitt angegeben.

13.2.2.2 Längsstiftverbindungen

Längsstiftverbindungen sind in der Praxis bisher wenig verbreitet. Man findet sie allenfalls in Bereichen, wo nur wenig Bauraum für den Mitnehmer zur Verfügung steht, z. B. bei Extruderschnecken. Im Vergleich zu Passfederverbindungen existieren Forschungsarbeiten nicht. Allerdings wurde nachgewiesen, dass die Kerbspannungen auf Grund der runden Form deutlich kleiner als bei Passfederverbindungen sind. Die Berechnung der Flächenpressung und der Schubspannung basiert auf dem in Bild 13.5 dargestellten Rechenmodell.

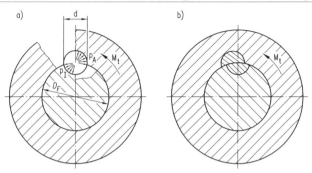

Bild 13.5: Längsstift unter Drehmoment. a) Flächenpressung in Welle und Nabe, b) Abscheren des Stiftes [2]

Durch das Drehmoment werden die Lochwandungen auf Flächenpressung beansprucht. Die **zulässige Flächenpressung** berechnet sich aus der in der Fuge wirkenden Umfangskraft und der Projektionsfläche der Lochwand ($0{,}5 \cdot d \cdot l$):

$$p_1 = p_A = p = \frac{4 \cdot M_t}{d \cdot l \cdot D_F} \tag{13-6}$$

p_1 Flächenpressung in der Welle (in N/mm²), p_A Flächenpressung in der Nabe (in N/mm²), M_t Drehmoment (in Nmm), D_F Wellendurchmesser (in mm), d Stiftdurchmesser (in mm), l tragende Stiftlänge (in mm)

Für die **Schubspannung** im gefährdeten Querschnitt gilt:

$$\tau = \frac{2 \cdot M_t}{d \cdot l \cdot D_F} = \frac{p}{2} \tag{13-7}$$

τ Scherspannung im Stiftquerschnitt (in N/mm²), p Flächenpressung der Bauteile (in N/mm²), M_t Drehmoment (in N mm), D_F Wellendurchmesser (in mm), d Stiftdurchmesser (in mm), l tragende Stiftlänge (in mm)

Tabelle 13.2 enthält die in [2] empfohlenen Erfahrungswerte für die zulässigen Spannungen.

Die Welle ist zusätzlich auf Gestaltfestigkeit nachzurechnen. Kerbwirkungszahlen für quergebohrte Wellen sind in DIN 743 [4] enthalten. Für Längsstiftverbindungen sind keine Kerbwirkungszahlen bekannt.

Tabelle 13.2: Zulässige Beanspruchungen in N/mm² für Stiftverbindungen (nach [2] und [6])

Bauteilwerkstoff		Lastfall	Presssitz glatter Stifte		
neu	alt		p	σ_b	τ
S235 JR	St 37-2	ruhend	98	190	80
E 295	St 50-2		104		
GExxx[1)]	GS		83		
EN-GJL-xxx[1)]	GG		68		
wie bisher	CuSn, CuZn		40		
EANW2xxx[2)]	AlCuMg		65		
ENAW4xxx[2)]	AlSi		45		
S235 JR	St 37-2	schwellend	72	145	60
E 295	St 50-2		76		
GExxx[*)1)]	GS		62		
EN-GJL-xxx[1)]	GG		52		
wie bisher	CuSn, CuZn		29		
EANW2xxx[2)]	AlCuMg		47		
ENAW4xxx[2)]	AlSi		33		
S235 JR	St 37-2	wechselnd	36	75	30
E 295	St 50-2		38		
GExxx[1)]	GS		31		
EN-GJL-xxx[1)]	GG		26		
wie bisher	CuSn, CuZn		14		
EANW2xxx[2)]	AlCuMg		23		
ENAW4xxx[2)]	AlSi		16		

z. B. Streckgrenze[1)], chemische Zusammensetzung kodiert[2)]

13.3 Unmittelbare Formschlussverbindungen

13.3.1 Keil- und Zahnwellenverbindungen

> **Keilwellen** haben gerade Flanken, während die **Zahnwellen** Evolventenflanken aufweisen.

Keilwellen

Bei den Keilwellen wird das Drehmoment über mehrere gerade, parallele Seitenflächen übertragen. Im Prinzip handelt es sich bei Keilwellenverbindungen um Passfederverbindungen mit mehreren Federn bzw. Mitnehmern. Die Mitnehmer sind symmetrisch angeordnet und grundsätzlich geradzahlig, wodurch eine einseitige Nabenmitnahme wie bei den Passfederverbindungen vermieden wird. Im allgemeinen Maschinenbau werden die Keilwellenprofile nach DIN ISO 14 mit den Keilzahlen 6, 8 und 10 und DIN 5464 mit den Keilzahlen 10, 16 und 20 (Bild 13.6) eingesetzt, jeweils im Außendurchmesserbereich von 14 bis 125 mm.

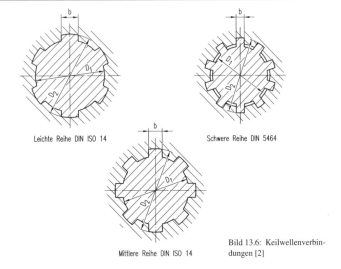

Bild 13.6: Keilwellenverbindungen [2]

Vorteile: geringere Flächenpressung als bei Passfederverbindungen; geringerer Verschleiß bei Gleitsitzen, weil das Schmiermittel nicht so weggequetscht wird wie bei den Gleitfederverbindungen.

Nachteile: höhere Herstellungskosten und größere Kerbwirkungszahlen gegenüber Passfederverbindungen.

Zahnwellenverbindungen

Zahnwellenverbindungen bestehen aus einer **außenverzahnten Welle** und einer **innenverzahnten Nabe**. Nach der Geometrie der Verzahnung werden **Kerbzahnprofile** mit dreieckförmigem Querschnitt der Zähne (siehe DIN 5481) und **Evolventen-Zahnprofile** mit Evolventenkontur der Zähne unterschieden. Im Gegensatz zu den evolventischen Laufverzahnungen ist die Zahnwellenverbindung durch einen Flächenkontakt der Zahnflanken charakterisiert.

Zahnwellen eignen sich auch zur Übertragung wechselnder und stoßartiger Drehmomente, weil die Zahngrundausrundung eine kleinere Kerbwirkung bewirkt als bei Passfederverbindungen. Zahnwellenverbindungen sind nicht zum Ausgleich von Winkelfehlern vorgesehen, für diese Aufgabe ist die **Bogenzahnkupplung** geeignet. Zahnwellenverbindungen mit Evolventenflanken sind in DIN 5480 genormt. Der Eingriffswinkel beträgt vorzugsweise 30° und die Zahnhöhe beträgt einen Modul. Das Bezugsprofil und Profile von Welle und Nabe für diese Zahnwellen zeigt Bild 13.7.

13.3 Unmittelbare Formschlussverbindungen 247

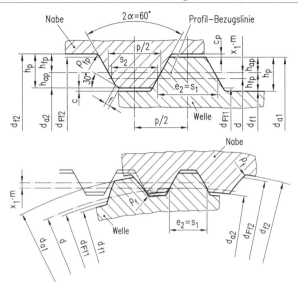

Bild 13.7: Bezugsprofil für Zahnwellen mit Evolventenflanken und Profilform von Welle und Nabe [1] (nach DIN 5481)

Im Normalfall sind Welle und Nabe flankenzentriert. Die Zahnflanken dienen dann sowohl zur Mitnahme als auch zur Zentrierung, die allerdings hier weniger genau ist als bei der Passfederverbindung. Bei **Innen-** oder **Außenzentrierung** dient die Verzahnung nur zur Mitnahme. Durch die gleichzeitig vorhandene **Flankenzentrierung** kommt es zur Doppelpassung und eventuell zum Klemmen der Verbindung. Dieses kann durch ein vergrößertes Flankenspiel vermieden werden, was aber bei Torsionswechselbeanspruchung zu Relativbewegungen zwischen Welle und Nabe und entsprechendem Verschleiß führt. Grundsätzlich sollten Torsionswechselbeanspruchungen und Querkräfte von solchen formschlüssigen Verbindungen fern gehalten werden.

In Tabelle 13.3 sind die in der Praxis am häufigsten ausgeführten Evolventenzahnverbindungen zusammengestellt. Die Bezeichnung der Verbindung besteht aus dem Bezugsdurchmesser d_B, dem Modul m und der Zähnezahl z sowie der Toleranzen. DIN 5480 enthält ein spezielles Toleranzsystem für Zahnwellenverbindungen. Die Toleranzen der Naben-Lückenweiten und der Wellen-Zahndicken werden in Analogie zum ISO-Passsystem mit Groß- bzw. Kleinbuchstaben angegeben. Allerdings wird bei den Wellen die Qualitätszahl dem Toleranzfeld vorangestellt.

13 Formschlüssige Welle-Nabe-Verbindungen

Tabelle 13.3: Abmessungen von Evolventenzahnprofilen nach DIN 5480

Zahnwellen-Verbindungen mit Evolventenflanken (DIN 5480)											
$m = 0{,}8$ mm		$m = 1{,}25$ mm		$m = 2$ mm		$m = 3$ mm		$m = 5$ mm		$m = 8$ mm	
d_B	z	d_B	z	d_B	z	d_B	z	d_B	z	d_B	z
6	6	17	12	35	16	55	17	85	16	160	18
7	7	18	13	37	17	60	18	90	16	170	20
8	8	20	14	38	18	65	20	95	18	180	21
9	10	22	16	40	18	70	22	100	18	190	22
10	11	25	18	42	20	75	24	105	20	200	24
12	13	28	21	45	21	80	25	110	21	210	25
14	16	30	22	47	22	85	27	120	22	220	26
15	17	32	24	48	22	90	28	130	24	240	28
16	18	35	26	50	24	95	30	140	26	250	30
17	20	37	28	55	26	100	32	150	28	260	31
18	21	38	29	60	28	105	34	160	30	280	34
20	23	40	30	65	31	110	35	170	32	300	36
22	26	42	32	70	34	120	38	180	34	320	38
25	30	45	34	75	36	130	42	190	36	340	41
28	34	47	36	80	38	140	45	200	38	360	44
30	36	48	37			150	48	210	40	380	46
32	38	50	38					220	42	400	48
Beispiel: Bezugsdurchmesser $d_{f2} = 40$ mm $= d_B$ Modul $m = 2$ mm Eingriffswinkel $\alpha = 30°$ Zähnezahl $z = 18$ Flankenpassung: 9H/8f								240	46	420	51
								250	48	440	54
								260	50	450	55
								280	54	460	56
										480	58
										500	61

Vorteile gegenüber Keilwellenverbindungen:

- Möglichkeit größerer Zähnezahlen: Dadurch kann die tragende Zahnhöhe klein gehalten werden und es stellt sich eine gleichmäßigere Kräfteverteilung über den Umfang ein.

- geringere Wellenschwächung,

- geeignet zum Übertragen von großen und stoßhaften Drehmomenten,

- wirtschaftliche Herstellung der Verzahnung im Abwälzverfahren.

13.3 Unmittelbare Formschlussverbindungen

Nachteil: Die Nicht-Parallelität der Flanken erzeugt bei der Kraftübertragung eine Radialkomponente, die in Richtung einer Nabenaufweitung wirkt.

Herstellung

Die Herstellung der Wellenverzahnung erfolgt meist im Abwälzverfahren, Zahnwellen im unteren Modulbereich lassen sich in der Großserienfertigung kostengünstig kaltwalzen. Das Kaltwalzen wirkt sich günstig auf die Zahnfußfestigkeit aus. Man unterscheidet das **Längs-** und **Querwalzen**, siehe auch DIN 5480-16. Für die Herstellung der Nabenverzahnung eignet sich bei großen Stückzahlen das Räumen, ansonsten das Form- oder Wälzstoßen.

Tragfähigkeitsberechnung

Bei Zahn- und Keilwellenverbindungen ist wie bei den Passfederverbindungen die Flächenpressung ein wichtiges Dimensionierungskriterium. In Analogie zur DIN 6892 [3] lautet die vereinfachte Gleichung für das **übertragbare Drehmoment**:

$$M_t = \frac{D_m}{2} \cdot h_{tr} \cdot l_{tr} \cdot z \cdot \varphi \cdot p_{zul} \tag{13-8}$$

M_t Drehmoment (in N mm), D_m mittlerer Profildurchmesser (in mm), h_{tr} tragende Höhe (in mm), l_{tr} tragende Passfederlänge (in mm) (ohne Rundungen), $l_{tr} \leq 1{,}3 \cdot D_F$; z Anzahl der der Mitnehmer, φ Tragfaktor, $\varphi = 0{,}5 \ldots 0{,}75$; p_{zul} zulässige Flächenpressung (in N/mm²)

In Wirklichkeit sind die Beanspruchungsverhältnisse in den Wirkflächen viel komplizierter. Neben der bereits erwähnten allgemeinen Grenze einer zulässigen Flächenpressung sind die **Zahnfußfestigkeit** (Zahnbruch, Wellenbruch jeweils als Gewalt- oder Dauerbruch) und die **Verschleißfestigkeit** (Tribokorrosion, Flankenabtrag) zu überprüfen. Als Anhaltswerte für die Kerbwirkungszahlen können nach [5] $\beta_{kt} = 1{,}9 \ldots 2{,}8$ für Keil- und $\beta_{kt} = 1{,}5 \ldots 2{,}0$ für Zahnwellenverbindungen angenommen werden.

13.3.2 Polygonverbindungen

Die **P3G-Profile** werden vorwiegend für Festsitze eingesetzt, während sich die **P4C-Profile** mehr für unter Belastung längsverschiebbare Verbindungen eignen.

Polygonverbindungen gehören zur Gruppe der formschlüssigen Welle-Nabe-Verbindungen ohne Verbindungselemente. Die zur Drehmomentübertragung hauptsächlich notwendigen Normalkräfte sowie die Tangentialkräfte zwischen der Welle und der Nabe resultieren aus der Geometrie des Polygons. Zum Einsatz kommen heute zwei Polygonarten:

a) **P3G-Profil** nach DIN 32711: Das Profil besitzt drei „Ecken", und der Buchstabe „G" steht für einen harmonischen Übergang der Flankengeometrie zur Ecke. Dieses Polygon hat Gleichdickcharakter, d. h., der Wellenaußendurchmesser ist an allen Stellen genau gleich (Bild 13.8 links).

b) Das **P4C-Profil** nach DIN 32712: Das Profil weist vier „Ecken" auf, und der Buchstabe „C" steht für einen disharmonischen Übergang der Flankengeometrie zur Ecke (Bild 13.8 rechts).

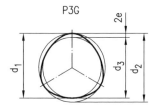 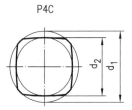

Bild 13.8: Genormte P3G- und P4C-Wellen-Profile [2]

Vorteile:

Im Vergleich mit anderen formschlüssigen Verbindungen weisen die Polygonverbindungen folgende Vorteile auf:

■ gute Übertragung von stoßartigen Belastungen durch die passgenaue Formschlüssigkeit,

■ diese Profile können mit CNC-Maschinen komplett geschliffen werden,

■ Welle und Nabe zentrieren sich unter Torsion selbstständig, was eine höhere Laufruhe zur Folge hat.

Die P3G-Profile werden vorwiegend für Festsitze eingesetzt. Als Passung werden Übermaßpassungen bevorzugt, um die Relativbewegung der Teile zu verringern. Gegenüber den P3G-Profilen sind P4C-Profile für Axialverschiebung unter Drehmomentbelastung geeignet.

13.3 Unmittelbare Formschlussverbindungen

Geometrie der Polygonprofile

Die genormten **Polygonprofile** werden wegen früherer fertigungsbedingter Probleme aus Epitrochoiden hergeleitet, DIN 32711. Deren Geometrie wird mit Hilfe der folgenden Parametergleichungen ermittelt:

$$x_P = [d_1/2 - e \cos(n\theta)] \cos\theta - ne \sin(n\theta) \sin\theta$$
$$y_P = [d_1/2 - e \cos(n\theta)] \sin\theta + ne \sin(n\theta) \cos\theta \quad (13-9)$$

d_1 Nenndurchmesser nach Bild 13.8 (in mm), e Exzentrizität des Polygonprofils (in mm), n Eckenzahl des Profils (3 für P3G- und 4 für P4C-Profil), θ Parameterwinkel

Torsionsbelastete P3G-Profile

Bild 13.9 rechts stellt eine torsionsbelastete P3G-Polygonwelle dar, wobei α die Drillung der Profilwelle bezeichnet, und es gilt $\alpha = \delta/l$. Unter Anwendung von konformen Abbildungen auf der *Saint-Venant*-schen Formulierung des Torsionsproblems wird folgende **maximale Torsionsspannung** für die Polygonwelle ermittelt [7]:

$$\tau_{max} = \frac{2M_t}{\pi} \cdot \frac{144 - 240\varepsilon + 415\varepsilon^2}{R_m^3 (12 - 37\varepsilon)(11{,}3 + 48\varepsilon^2 + 13\varepsilon^3 + 59\varepsilon^4)} \quad (13-10)$$

τ_{max} maximale Torsionsspannung (in N/mm²), M_t Drehmoment (in N mm), ε auf Radius bezogene Exzentrizität $\varepsilon = 2e/D_m$

Hierbei wird ein elastisches Verhalten des Werkstoffes vorausgesetzt.

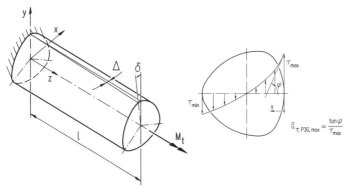

Bild 13.9: Torsionsbelastete P3G-Profilwelle (links) und Spannungsverteilung und Spannungsgefälle (rechts) nach [7]

Vergleicht man die maximale Torsionsspannung mit der auftretenden Schubspannung auf der Mantelfläche einer mit dem gleichen Torsionsmoment belasteten *runden* Welle mit dem Radius $R_m = D_m/2$, so wird folgende **Formzahl** für P3G-Profilwellen als Funktion der bezogenen Exzentrizität $\varepsilon = e/R_m$ ermittelt [7]:

$$\overline{\alpha}_{t,P3G} = \frac{144 - 240\varepsilon + 415\varepsilon^2}{(12 - 37\varepsilon)(11,3 + 48\varepsilon^2 + 13\varepsilon^3 + 59\varepsilon^4)} \tag{13-11}$$

$\overline{\alpha}_{t,P3G}$ Formzahl für Torsionsbelastung, ε auf Radius bezogene Exzentrizität $\varepsilon = 2e/D_m$

Die bezogene Exzentrizität $\varepsilon = e/R_m$ variiert für die nach DIN 32711 [8] genormten P3G-Profile von 6,22 % bei P3G-18 und bis 9,0 % bei P3G-100.

Spannungsgefälle in P3G-Profilen

Um die Kerbwirkungszahl $\beta_{\tau,P3G}$ für Dauerfestigkeitsberechnungen rechnerisch ermitteln zu können, kann man das bezogene **Spannungsgefälle** $\chi^*_{\tau,P3G}$ (siehe Bild 13.9 links) für torsionsbelastete P3G-Profilwellen theoretisch ermitteln (siehe [7])

$$\chi^*_{\tau,P3G} = \frac{47(1728 - 8208\varepsilon + 58788\varepsilon^2 - 41131\varepsilon^3)}{4R_m(12 - 37\varepsilon)^2(144 - 240\varepsilon + 415\varepsilon^2)} \tag{13-12}$$

$\chi^*_{\tau,P3G}$ bezogenes Spannungsgefälle, ε auf Radius bezogene Exzentrizität $\varepsilon = 2e/D_m$

Mit Hilfe von $\chi^*_{\tau,P3G}$ kann dann die Kerbwirkungszahl $\beta_{\tau,P3G}$ für torsionsbelastete P3G-Wellen, analog zur DIN 743 [7] und Abschnitt 6.3.6 berechnet werden.

Polygonverbindungen unter stationärer Belastung

Bild 13.10 zeigt die Druckverteilung in einer P3G-WNV infolge einer Torsionsbelastung.

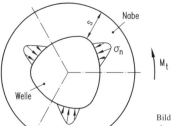

Bild 13.10: Druckverteilung in der Fuge bei einer P3G-WNV infolge Torsionsbelastung (schematisch) [2]

13.3 Unmittelbare Formschlussverbindungen

Die größte **Flächenpressung** in Polygonverbindungen kann näherungsweise mittels folgender Formel berechnet werden:

$$p = \frac{M_t}{l \cdot (c \cdot \pi \cdot d_r \cdot e_r + 0{,}05 \cdot d_r^2)} \leq p_{zul} \tag{13-13}$$

M_t Drehmoment (in N mm), l tragende Nabenlänge (in mm), $c = 0{,}75$ für P3G- und 1,0 für P4C-Profil, d_r rechnerischer Durchmesser: d_1 für P3G-Profil und $(d_2 + 2e_r)$ für P4C-Profil (in mm), e_r rechnerische Exzentrizität: e für P3G- und $(d_1 - d_2)/4$ für P4C-Profil (in mm), p_{zul} zulässige Flächenpressung

Im Allgemeinen gilt für die **kleinste Nabenwanddicke** s (Bild 13.10):

$$s \approx k \cdot \sqrt{\frac{M_t}{l \cdot R_e}} \tag{13-14}$$

s kleinste Nabenwanddicke (in mm), M_t Drehmoment (in N mm), l tragende Nabenlänge (in mm), R_e Streckgrenze des Nabenwerkstoffes (in N/mm^2), k Beiwert, für P3G-Profil: bei $d_1 < 35$ mm: 1,44 und bei $d_1 \geq 35$ mm 1,20; für P4C-Profil 0,70

Polygonverbindungen unter instationärer Belastung

In der Praxis hat sich gezeigt, dass die Versagensursache der Polygonverbindung unter instationärer Last Schwingungsverschleiß ist, welcher im Einlaufbereich der Welle in die Nabe auf Grund der Mikrogleitbewegungen zwischen beiden Körpern entsteht. Durch die Relativbewegungen kommt es zu Mikrorissen an der Oberfläche, welche sich unter weiterer Belastung in das Bauteil, normalerweise der Welle, hinein ausdehnen und zum Versagen führen.

Für Polygonprofile werden die Kerbwirkungszahlen β_{ct} und β_{cb} näherungsweise gemäß Tabelle 13.4 ermittelt.

Tabelle 13.4. Kerbwirkungsfaktoren für Polygonprofile [2]

	β_{ct} (Torsion)	β_{cb} (Biegung)
P3G	3,0	3,8
P4C	3,7	5,1

Hinweis: Der Index c dokumentiert, dass die Kerbwirkungszahlen den festigkeitsmindernden Einfluss der Reibbeanspruchung in den Kontaktstellen beinhalten!

Gestaltungshinweise:

- Die Schmierung der Verbindung kann nur dann als vorteilhaft erachtet werden, wenn sie dauerhaft wirksam ist und mögliche Verschleißprodukte nicht in der Trennfuge hält (Ölumlaufschmierung, keine Fettschmierung).

- Die Wahl eines möglichst großen Nabenaußendurchmessers führt zu einer höheren Belastbarkeit der Nabe, ohne die Tragfähigkeit der Welle negativ zu beeinflussen.

- Eine Oberflächenbehandlung der Welle durch Nitrieren kann die Tragfähigkeit der Verbindung um bis zu 100 % steigern.

- Eine große Verbindungslänge ($l/D \geq 1{,}0$) ist für die Tragfähigkeit bei Biegebelastung positiv zu bewerten, wird aber beim Schleifen durch die maximal herstellbare Nabenlänge begrenzt.

- Das Passmaß zwischen Welle und Nabe sollte möglichst eng, wenn möglich mit leichtem Übermaß, gewählt werden, um eine gleichmäßige Lastübertragung über den gesamten Umfang des Profils zu gewährleisten. Damit geht der Vorteil der Verschiebbarkeit verloren.

- Ein Wellenabsatz bewirkt geringere Gleitwege, wodurch die Reibkorrosion und somit deren Auswirkungen gemindert werden.

Quellen und weiterführende Literatur

[1] *Kollmann, F. G.:* Welle-Nabe-Verbindungen. Berlin: Springer-Verlag, 1984
[2] *Steinhilper, W.; Sauer, B. (Hrsg.):* Konstruktionselemente des Maschinenbaus. Berlin: Springer-Verlag, 2004
[3] DIN 6892: Passfeder. Berechnung und Gestaltung. Berlin: Beuth Verlag, 1998
[4] DIN 743: Tragfähigkeitsberechnung von Wellen und Achsen. Berlin: Beuth Verlag, 2000
[5] *Wächter, K.:* Konstruktionslehre für Maschineningenieure. Berlin: Verlag Technik, 1989
[6] *Decker, K.-H.:* Maschinenelemente. Funktion, Gestaltung und Berechnung. München Wien: Carl Hanser Verlag, 2006
[7] *Ziaei, M.:* Analytische Untersuchung unrunder Profilfamilien und numerische Optimierung genormter Polygonprofile für Welle-Nabe-Verbindungen. Habilitationsschrift. Technische Universität Chemnitz, 2002
[8] DIN 32711: Antriebselemente Polygonprofile P3G. Berlin: Beuth Verlag, 1979

14 Schraubenverbindungen

Dipl.-Ing. Josef Esser

14.1 Schrauben und Muttern

14.1.1 Herstellung von Schrauben und Muttern

Spanende Formgebung

Bei spanender Formgebung werden Verbindungselemente meist aus Automatenstahl gefertigt. Dieser Stahl ist nur zulässig für Schrauben der Festigkeitsklassen bis 6.8 (Ausnahme 5.6) und Muttern der Festigkeitsklassen 5, 6, 04, 11H, 14H und 17H.

Spanende Formgebung wird auch bei der Weiter-/Fertigbearbeitung von kalt- oder warmgepressten Rohlingen aus Vergütungswerkstoff angewendet, z. B. Drehen oder Schleifen bei der Herstellung von Dehn- oder Passschrauben sowie beim Schneiden von Innengewinden, Abgraten von Sechskantköpfen und Fertigbearbeiten von Zeichnungsteilen.

Spanlose Formgebung

Warmformung erfolgt überwiegend bei Werkstoffen mit hohen Umformkräften (hoher Verformungswiderstand), hohen Stauchverhältnissen und Abmessungen >M30 (maschinentechnischer Grenzbereich).

Vorteil: keine Verfestigung wie bei der Kaltverformung metallischer Werkstoffe.

Bei der **Kaltformung** werden die Zugfestigkeit und Streckgrenze erhöht, die Bruchdehnung und Brucheinschnürung reduziert. Daher ist nur eine begrenzte Verformungsfähigkeit vorhanden. Kaltformung dominiert bei Großserienfertigung und kleinen bis mittleren Stauchverhältnissen im Abmessungsbereich bis M30.

Die Schraubenfertigung erfolgt meist in mehreren Stufen auf einer oder mehreren Maschinen, die Mutternfertigung auf Quertransportpressen. Das Gewinde wird auf Spezialmaschinen geschnitten oder geformt.

14.1.2 Warmbehandlung

Schrauben der Festigkeitsklassen ab 8.8 müssen nach DIN EN ISO 898-1 vergütet werden, ebenso Muttern der Festigkeitsklassen 05, 8 (>M16), 10 und 12 nach DIN EN 20898 Teil 2. Die Vergütung (Härten und Anlassen) erfolgt meist auf automatischen, kontinuierlichen Vergütungsstraßen. Zur Vermeidung unerwünschter Aufkohlung oder Randentkohlung werden diese mit genau gesteuerter Schutzgasatmosphäre betrieben.

Ofentypen: Schwingretorten- und Banddurchlauf-Öfen mit Kapazitäten von 150 … 1500 kg/h.

14.1.3 Normung

Die mechanischen Eigenschaften der **Schrauben** sind in der DIN EN ISO 898-1 genormt (s. Tabelle 14.1), die der **Muttern** in der DIN EN ISO 898-2 (Regelgewinde) und DIN EN ISO 898-6 (Feingewinde). Der Geltungsbereich umfasst normale Anwendungsbedingungen für Schrauben und Muttern aus unlegiertem und niedrig legiertem Stahl bis M39, an die keine speziellen Anforderungen hinsichtlich Schweißbarkeit, Korrosionsbeständigkeit, Warmfestigkeit über 300 °C und Kaltzähigkeit unter –50 °C gestellt werden.

Die Norm sieht für hochfeste Schrauben oberhalb von 800 N/mm² vier Festigkeitsklassen vor.

Die Festigkeitsklasse 9.8 findet überwiegend in den angelsächsischen Ländern Anwendung.

Tabelle 14.1: Mechanische Eigenschaften von Schrauben [nach EN ISO 898-1 (1999)]

		Festigkeitsklasse									
		3.6	4.6	4.8	5.6	5.8	6.8	8.8		10.9	12.9
								≥M16	>M16[1]		
Zugfestigkeit R_m (in N/mm²)	nom	300	400	400	500	500	600	800	800	1000	1200
	min	330	400	420	500	520	600	800	830	1040	1220
Streckgrenze R_{eL} (in N/mm²) bzw.	nom	180	240	320	300	400	480	640	640	900	1080
0,2-%-Dehngrenze $R_{p0,2}$ (in N/mm²)	min	190	240	340	300	420	480	640	660	940	1100
Bruchdehnung A_5 (%)	min	25	22	14	20	10	8	12	12	9	8
Vickershärte HV 10	min	95	120	130	155	160	190	250	255	320	385
	max	220[2]	220[2]	220[2]	220[2]	220[2]	250	320	335	380	435
Brinellhärte HB $F = 30D^2$	min	90	114	124	147	152	181	238	242	304	366
	max	209[2]	209[2]	209[2]	209[2]	209[2]	238	304	318	361	414
Kerbschlagarbeit (ISO-U) (in Joule)	min	–	–	–	25	–	–	30	30	20	15

[1] Für Stahlbauschrauben ab M12
[2] Ein Härtewert am Ende der Schraube darf höchstens 250 HV betragen bzw. 238 HB

14.1 Schrauben und Muttern

Die Bezeichnung der **Festigkeitsklassen** erfolgt mit zwei durch einen Punkt getrennten Zahlen, z. B. 8.8, 10.9 oder 12.9.

- Die erste Zahl entspricht 1/100 der Nennzugfestigkeit R_m in N/mm².
- Die zweite Zahl gibt das 10fache des Verhältnisses der Nennstreckgrenze zur Nennzugfestigkeit an (R_{eL}/R_m bzw. $R_{p0,2}/R_m$)
- Sonderfestigkeiten und eingeengte Festigkeitstoleranzen sind innerhalb bestimmter Grenzen möglich und sinnvoll.

Für **Muttern** ist derselbe Anwendungsbereich festgelegt. Sie werden in drei Gruppen unterteilt:

a) Muttern für Schraubenverbindungen mit voller Belastbarkeit. Sechskantmuttern DIN EN 24032 (Typ 1), Regelgewinde oder DIN EN 28673 (Typ 1), Feingewinde für Festigkeitsklassen 6 und 8, oder DIN EN 28674 (Typ 2), Feingewinde für Festigkeitsklassen 10 und 12. Nennhöhen der Muttern $m \geq 0{,}85d$.

b) Muttern für Schraubenverbindungen mit eingeschränkter Belastbarkeit. DIN EN 24035 (Regelgewinde) und DIN EN ISO 8675 (Feingewinde). Genormt sind die Festigkeitsklassen 04 und 05.

c) Muttern für Schraubenverbindungen ohne festgelegte Belastbarkeit werden mit einer Zahlen-Buchstaben-Kombination bezeichnet. Die Zahl steht für 1/10 der Mindest-Vickershärte, und H steht für Härte. Genormt sind die Festigkeitsklassen 11H, 14H, 17H und 22H.

Schrauben und Muttern gleicher Festigkeitsklasse (10.9/10) ergeben Verbindungen, bei denen die Muttern an die Schraubenfestigkeit angepasst sind. Muttern der höheren Festigkeit können für Schrauben der niedrigeren Festigkeit verwendet werden.

14.1.4 Qualität

Bei Schrauben und Muttern ist die Qualität in **Maßnormen** (Produktnormen) geregelt, die durch **Grundnormen** und **Technische Lieferbedingungen** ergänzt werden. Neben Toleranzen werden mechanische Eigenschaften und Fragen hinsichtlich der Abnahmeprüfung geregelt.

Wichtige Technische Lieferbedingungen sind die DIN 267, DIN EN ISO 898, DIN ISO 4759. Sie enthalten Verweisungen auf andere Grundnormen nach DIN und ISO, sowohl für genormte Schrauben und Muttern als auch für Zeichnungs- und Sonderteile. Die in Maß-, Grund- und Gütenormen sowie in Technischen Lieferbedingungen definierten Anforderungen werden durch ebenfalls genormte Vereinbarungen für die Abnahmeprüfung ergänzt: DIN ISO 3269. Hier sind die wichtigsten maßlichen und physikalischen Merkmale sowohl für Werkstoffe als auch für Überzüge in bestimmten „Annehmbaren Qualitätsgrenzlagen" (AQL) festgelegt. Dieses genormte „Mindestqualitätsniveau" gilt immer dann als Vereinbarung, wenn in der Zeichnung oder Bestellung nichts Abweichendes vereinbart wird.

14.2 Zeichnungs- und Kaltformteile

Auf modernen Kaltumformmaschinen werden neben Schrauben und Muttern auch Verbindungselemente und Formteile hergestellt, die nicht unbedingt ein Gewinde aufweisen. Solche Präzisionsteile sollten hinsichtlich ihrer Form, Toleranzen und mechanischer Eigenschaften zwischen Hersteller und Anwender besprochen und festgelegt werden. Diese Teile können

- nur kaltgeformt eingebaut werden, wenn Form und Toleranzen den geforderten Ansprüchen entsprechend ausgerichtet sind. Die durch die Kaltumformung erzielbare Festigkeit von $R_m = 750$ N/mm^2 und ein nicht unterbrochener günstiger Faserverlauf können eine nachfolgende Warmbehandlung überflüssig machen.

- kalt umgeformt sein und mit zusätzlichen meist zerspanenden Arbeitsgängen den speziellen Anforderungen angepasst werden.

- bei geeigneter Werkstoffwahl durch zusätzliche Wärmebehandlung auf höhere Festigkeiten gebracht werden.

Zusätzliche Bearbeitungsverfahren

Riffeln und Rändeln erfüllen die Aufgaben des zylindrischen Presssitzes. Gegenüber der Passung ist eine preiswertere spanlose Fertigung – durch Entfall des Schleifens – mit geringeren Einpresskräften möglich. Der Riffel verhindert das Herausfallen der Schraube und überträgt das Drehmoment der Mutter.

Gewindewalzen ist das am weitesten verbreitete zusätzliche Bearbeitungsverfahren. Beim Gewindewalzen nach der Vergütung wird die dynamische Haltbarkeit (Dauerhaltbarkeit) des Gewindes wesentlich gesteigert.

Auf gleichem Prinzip basiert auch die spanlose Herstellung von Dehnschäften durch **Dehnwendel** oder **Dehnrillen** (Bild 14.1). Ein- oder mehrgängige Dehnwendelschrauben kommen bei Zylinderkopfschrauben zum Einsatz. Bei geschickter konstruktiver Anpassung der Walz-, Kern- und Außendurchmesser sowie der Wendel- oder Rillenprofile lassen sich die Funktionen „Dehnschaft" und „Passung/Zentrierung" miteinander kombinieren.

14.3 Auslegung und Berechnung von Schraubenverbindungen

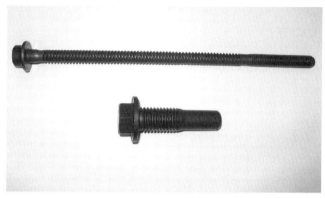

Bild 14.1: Dehnwendel- und Dehnrillenschraube [TFS]

Auch das **Kalibrieren** optimiert die Funktion „Passung/Zentrierung". In einer Art Zieh- oder Reduziervorgang werden enge Durchmessertoleranzen erzielt, gegenüber dem Schleifen eine kostengünstige Alternative.

Erfolgreich mit dem Kaltpressen kombinierbar ist das **Festwalzen**. Es wird zur Steigerung der Dauerhaltbarkeit im Bereich von Querschnittsübergängen eingesetzt und ist mit dem Gewindewalzen nach dem Vergüten vergleichbar.

Insbesondere bei Zeichnungsteilen sind auch spanende Bearbeitungsgänge wie Drehen, Schleifen, Bohren und Fräsen verbreitet. Speziell bei diesen Teilen sollten Hersteller und Anwender im frühesten Entwicklungsstadium zusammenarbeiten.

14.3 Auslegung und Berechnung von Schraubenverbindungen

Die Berechnung von Schraubenverbindungen ist ein komplexes Gebiet, das im Rahmen dieses Kapitels nicht ausführlich behandelt werden kann. Daher sei hier auf die VDI-Richtlinie 2230 hingewiesen, die Hinweise zur Schraubenberechnung enthält und regelmäßig aktualisiert wird. Nachfolgend wird in kurzer Form nur die überschlägliche Auslegung und Berechnung von Schraubenverbindungen beschrieben.

14.3.1 Grobe Kalkulation

Für eine Annäherung und grobe Kalkulation kann Tabelle 14.2 herangezogen werden.

Tabelle 14.2: Überschlägliche Dimensionierung von Schraubenverbindungen [TFS]

Betriebskraft pro Schraube

statisch in Achsrichtung F_A (in N)	dynamisch in Achsrichtung F_A (in N)	statisch und/oder dynamisch senkrecht zur Achsrichtung F_Q (in N)	Vorspannkraft[1] F_v (in N)	Nenndurchmesser[1] (in mm) Festigkeitsklasse		
				8.8	10.9	12.9
1 600	1 000	320	2 500	4	–	–
2 500	1 600	500	4 000	5	4	4
4 000	2 500	800	6 300	6	5	5
6 300	4 000	1 250	10 000	7[2]	6	5
10 000	6 300	2 000	16 000	8	7[2]	7[2]
16 000	10 000	3 150	25 000	10	9[2]	8
25 000	16 000	5 000	40 000	14	12	10
40 000	25 000	8 000	63 000	16	14	12
63 000	40 000	12 500	100 000	20	16	16
100 000	63 000	20 000	160 000	24	20	20
160 000	100 000	31 500	250 000	30	27	24
250 000	160 000	50 000	400 000	–	30	30

[1] Die angegebenen Nenndurchmesser und Vorspannkräfte gelten für Schaftschrauben; bei Dehnschrauben ist wegen des verringerten Taillenquerschnittes diejenige Abmessung zu wählen, die der nächsthöheren Laststufe entspricht.
[2] Abmessungen M7 und M9 nur in Sonderfällen verwenden.

Beispiel: Eine Verbindung soll eine axiale schwellende Belastung von 40 000 N aufnehmen. Aus Tabelle 14.2 ergibt sich

- Festigkeitsklasse 8.8 / Abmessung M20
- Festigkeitsklasse 10.9 / Abmessung M16
- Festigkeitsklasse 12.9 / Abmessung M16

Vergleich: Unter Berücksichtigung aller bekannten Bedingungen, wie Anzahl und Rauigkeit der Trennfugen, Klemmlänge, Krafteinleitung und Anzugsbedingungen, ergibt die exakte Berechnung nach VDI 2230 folgende Dimensionierungen:

- Festigkeitsklasse 8.8 / Abmessung M16
- Festigkeitsklasse 10.9 / Abmessung M14
- Festigkeitsklasse 12.9 / Abmessung M12

Ergebnis: Der Benutzer dieser Tabelle kann mit einer ausreichenden Sicherheit kalkulieren.

14.3 Auslegung und Berechnung von Schraubenverbindungen 261

Zur Bestimmung der **Vorspannkraft** und des **Anziehdrehmoments** ist die Kenntnis der Reibungszahlen wesentliche Voraussetzung. Unterschiedliche Oberflächen und Schmierbedingungen lassen ein großes Spektrum an Reibungszahlen zu (Tabelle 14.3).

Tabelle 14.3: Reibungszahlen [TFS]

Oberflächenzustand		μ_{ges} bei Schmierzustand	
Schraube	Mutter	ungeschmiert	geölt/gewachst
vergütungsschwarz	ohne Nachbehandlung	**0,125** … 0,18	**0,125** … 0,16
phosphatiert		**0,125** … 0,18	**0,125** … 0,14
Dünnschicht-phosphatiert		**0,08** … 0,125	**0,08** … 0,10
galvanisch verzinkt		**0,10** … 0,16	**0,10** … 0,14
Zink-Lamellen-Überzüge		**0,16** … 0,24	**0,08** … 0,12

Für die Berechnung sind die fett gedruckten Werte zu berücksichtigen. Wird mit MoS_2 geschmiert, ist eine Reibungszahl von $\mu_{ges} = 0,10$ einzusetzen.

Zur Unterstützung einer definierten Montage werden Verbindungselemente durch zusätzliche **Schmierung** beim Hersteller in ein Reibzahlfenster von $\mu_{ges} = 0,09 \ldots 0,15$ (gemessen nach DIN EN ISO 16047) gelegt. Für weitere Reibungszustände wird auf die VDI 2230 verwiesen. Zur Berechnung werden die niedrigsten Werte der Reibzahlspanne herangezogen. Mit diesen Werten können in den Tabellen 14.4 Vorspannkraft und Anziehdrehmoment abgelesen werden.

Bei **Sicherungsschrauben** mit Verzahnung, Verrippung oder mit Klebstoff im Gewinde werden in vielen Fällen höhere Reibungszahlen auftreten (Prospektangaben der Hersteller berücksichtigen oder durch Versuche ermitteln).

Anziehdrehmomente und **Vorspannkräfte** für Festigkeitsklassen, die nicht in den vorliegenden Tabellen aufgeführt sind, können errechnet werden, indem die bekannten Werte für M_A und F_v mit dem Verhältnis der Streckgrenzen der gesuchten und der bekannten Festigkeitsklasse multipliziert werden.

Beispiel: M10, Festigkeitsklasse 8.8, $M_A = 49 \text{ N} \cdot \text{m}$, Mindeststreckgrenze $R_{p0,2} = 640 \text{ N/mm}^2$.

Gesucht: M_A für M10, Festigkeitsklasse 5.6 (Mindeststreckgrenze $R_{eL} = 300 \text{ N/mm}^2$).

$M_{A/5.6} = (r_{eL/5.6}/R_{p0,2/8.8}) \cdot M_{A/8.8}$

$M_{A/5.6} = (300/640) \cdot 49 \text{ N} \cdot \text{m} = 23 \text{ N} \cdot \text{m}$

Tabelle 14.4: Vorspannkräfte und Anziehdrehmomente für Schrauben mit Kopfauflagen nach DIN EN 24014, DIN EN 24015, DIN EN ISO 4762 [TFS]

Schaftschrauben

$\mu_{ges.} = 0{,}125$

Abmessung	Vorspannkraft F_V [in N]			Anziehdrehmoment M_A [in·N]		
	8.8	10.9	12.9	8.8	10.9	12.9
M 4	4 000	5 900	6 900	2,8	4,1	4,8
M 5	6 600	9 650	11 300	5,5	8,1	9,5
M 6	9 300	13 600	16 000	9,6	14	16
M 8	17 000	25 000	29 300	23	34	40
M 10	27 100	39 900	46 600	46	67	79
M 12	39 600	58 000	68 000	79	115	135
M 14	54 500	80 000	93 500	125	185	220
M 16	74 500	110 000	128 000	195	290	340
M 18	93 500	133 000	156 000	280	400	470
M 20	120 000	171 000	201 000	395	560	660
M 22	150 000	214 000	251 000	540	760	890
M 24	173 000	247 000	289 000	680	970	1 150
M 27	228 000	325 000	380 000	1 000	1 450	1 700
M 30	277 000	395 000	462 000	1 350	1 950	2 300
M 8 × 1	18 700	27 400	32 100	25	37	43
M 10 × 1,25	29 200	42 900	50 000	49	71	83
M 12 × 1,25	44 600	65 500	76 500	87	130	150
M 12 × 1,5	42 000	61 500	72 000	83	120	145
M 14 × 1,5	60 000	88 500	103 000	135	200	235
M 16 × 1,5	81 500	120 000	140 000	210	310	360
M 18 × 1,5	110 000	156 000	183 000	315	450	530
M 20 × 1,5	138 000	197 000	230 000	440	630	730
M 22 × 1,5	170 000	243 000	284 000	590	840	980
M 24 × 2	195 000	277 000	324 000	740	1 050	1 250
M 27 × 2	253 000	360 000	421 000	1 100	1 550	1 800
M 30 × 2	318 000	453 000	530 000	1 500	2 150	2 500

Dehnschrauben $d_T = 0{,}9\ d_3$

$\mu_{ges.} = 0{,}125$

Abmessung	Vorspannkraft F_V [in N]			Anziehdrehmoment M_A [in·N]		
	8.8	10.9	12.9	8.8	10.9	12.9
M 4	2 100	3 100	3 600	1,5	2,1	2,5
M 5	3 650	5 350	6 250	3,0	4,5	5,2
M 6	5 000	7 350	8 600	5,2	7,6	8,9
M 8	9 800	14 400	16 800	13	20	23
M 10	15 400	22 600	26 400	26	38	45
M 12	23 200	34 000	39 800	46	68	80
M 14	32 600	47 800	56 000	76	110	130
M 16	48 200	71 000	83 000	125	185	220
M 18	57 500	81 500	95 500	170	245	285
M 20	78 500	112 000	131 000	260	370	430
M 22	96 000	137 000	160 000	340	485	570
M 24	114 000	162 000	190 000	450	640	750
M 27	149 000	213 000	249 000	660	940	1 100
M 30	179 000	255 000	298 000	880	1 250	1 450
M 8 × 1	11 400	16 700	19 500	15	22	26
M 10 × 1,25	17 900	26 300	30 800	30	44	51
M 12 × 1,25	28 800	42 300	49 500	56	82	96
M 12 × 1,5	26 300	38 600	45 200	52	76	89
M 14 × 1,5	37 000	54 500	63 500	84	125	145
M 16 × 1,5	54 000	79 500	93 000	140	205	240
M 18 × 1,5	77 000	109 000	128 000	220	315	370
M 20 × 1,5	94 000	134 000	157 000	300	425	500
M 22 × 1,5	121 000	172 000	201 000	415	590	690
M 24 × 2	132 000	187 000	219 000	500	720	840
M 27 × 2	170 000	243 000	284 000	730	1 050	1 200
M 30 × 2	225 000	320 000	375 000	1 050	1 500	1 800

14.3 Auslegung und Berechnung von Schraubenverbindungen

Ebenso ist es möglich, hinreichend genau M_A und F_v für Abmessungen zu berechnen, die nicht in vorhandenen Tabellen aufgeführt sind. Die Vorspannkraft einer Schraube beträgt bei $\mu_{ges} = 0{,}14$ unter der Annahme, dass die Gesamtbeanspruchung durch Vorspannkraft und Torsion 90 % der Mindeststreckgrenze beträgt, ungefähr:

$F_v = 0{,}7 \cdot R_{p0,2} \cdot A_s$ für Schaftschrauben

$F_v = 0{,}7 \cdot R_{p0,2} \cdot A_T$ für Dehnschrauben

Die Mindeststreckgrenze ist bekannt aus DIN EN ISO 898/1. Der Spannungsquerschnitt errechnet sich aus:

$$A_s = \frac{\pi}{4} \cdot \left(\frac{d_2 + d_3}{2}\right)^2$$

d_2 Flankendurchmesser, d_3 Kerndurchmesser (Nominalwerte nach DIN 13 Teil 13)

Der Taillenquerschnitt A_T kann der Zeichnungsvorgabe entnommen werden. Das Anziehdrehmoment errechnet sich aus folgender Formel:

$M_A = F_v[0{,}16 \cdot P + \mu_{ges}(0{,}58 \cdot d_2 + D_{Km}/2)]$

P Steigung in mm, μ_{ges} Gesamtreibungszahl ($= 0{,}14$), d_2 Flankendurchmesser in mm nach DIN 13 Teil 13, $D_{Km} = (d_h + d_w)/2$ mittlerer Reibungsdurchmesser der Kopf- oder Mutternauflage in mm, d_h Bohrungsdurchmesser in mm nach DIN ISO 273, d_w Außendurchmesser der Kopf- oder Mutternauflage in mm, d_3 Kerndurchmesser in mm nach DIN 13 Teil 13

Beispiel:
Berechnung des Anziehdrehmoments für eine Schraube **M10 DIN EN ISO 4762-10.9**

$F_v = 0{,}7 \cdot R_{p0,2} \cdot A_s = 0{,}7 \cdot 940 \cdot 58 \text{ N} = 38\,200 \text{ N}$

$M_A = F_v [0{,}16 \cdot P + \mu_{ges}(0{,}58 \cdot d_2 + D_{Km}/2)]$

mit $D_{Km} = (d_h + d_w)/2 = (11 + 16)/2 \text{ mm} = 13{,}5 \text{ mm}$

$M_A = 38\,200 \,[0{,}16 \cdot 1{,}5 + 0{,}14(0{,}58 \cdot 9{,}026 + 13{,}5/2)] \text{ N} \cdot \text{mm}$

$= 73\,264 \text{ N} \cdot \text{mm} = 73 \text{ N} \cdot \text{m}$

Der Wert in der Tabelle beträgt 72 N · m, der Fehler ist vernachlässigbar.

Bei Schmierung mit MoS_2-Paste reduziert sich die Reibungszahl auf ca. $\mu_{ges} = 0{,}10$. Das errechnete Anziehdrehmoment sollte um 20 % verringert werden, da die Schraube ansonsten überzogen würde. Die Vorspannkraft erhöht sich trotzdem um ca. 10 %.

14.3.2 Genaue Berechnung einer Schraubenverbindung

Zur exakten Berechnung einer Schraubenverbindung sei auf die VDI-Richtlinie 2230 „Systematische Berechnung hochbeanspruchter Schraubenverbindungen" oder auf Fachliteratur, z. B. das „Schrauben Vademecum", verwiesen. Die VDI-Richtlinie 2230 unterliegt einer ständigen Aktualisierung und ist das Ergebnis einer Gemeinschaftsarbeit von Experten des VDI-Ausschusses „Schraubenverbindungen".

14.4 Verhalten von Schraubenverbindungen unter Belastungen

Die **Streckgrenze** ist der wichtigste mechanische Wert der Schraube, nicht die Zugfestigkeit!

Zieht man eine Schraubenverbindung immer fester an, so wächst der Widerstand stetig, bis die Grenze erreicht wird, ab der die Schraube beginnt, sich bleibend zu längen. Dann genügt eine geringere Kraft, um sie weiter zu längen. Beim Nachlassen der Beanspruchung geht die Schraube allerdings nicht mehr in ihre ursprüngliche Länge zurück, da die „Streckgrenze" überschritten wurde. Diese Streckgrenze des Schraubenbolzens $R_{p0,2}$ ist – ausreichende Mutternfestigkeit oder Einschraubtiefe vorausgesetzt – **die wichtigste Größe für die Dimensionierung** jeder Schraubenverbindung. Sie gibt die maximal ertragbare Kraft an, bei der die bleibende Verformung der Schraube nicht größer als 0,2 % ist.

Beim Überschreiten dieser Last längt sich die Schraube und geht schließlich zu Bruch.

Heute setzt inzwischen ein Trend zur Montage in den plastischen Bereich (streckgrenzengesteuertes und drehwinkelgesteuertes Anziehen) ein. Innerhalb des elastischen Bereichs gleicht die Schraube einer Feder, die nach der Entlastung auf die ursprüngliche Länge zurückfedert.

Setzt sich die Belastung oberhalb der Streckgrenze fort, tritt eine bleibende plastische Verlängerung ein, beim Erreichen der Bruchgrenze erfolgt ein Gewaltbruch. Das Gebiet der plastischen Verformung sowie die Bruchfestigkeit haben für die Schraubenberechnung keine entscheidende Bedeutung.

Die **plastische Verformung** ist allerdings von Bedeutung, wenn bei Überbelastung besonders zähe Schrauben erforderlich sind. Dies ist bei den Anziehverfahren über die Streckgrenze hinaus der Fall, besonders bei drehwinkelgesteuerter Montage, wobei das Überschreiten der Streckgrenze deutlich ausfallen kann. Die Wiederverwendung derart

14.4 Verhalten von Schraubenverbindungen unter Belastungen 265

montierter Schrauben ist fraglich und von verschiedenen Parametern abhängig.

Bild 14.2 zeigt, dass die plastischen Reserven bis zum Bruch der Schraube beachtlich sind und ein Mehrfaches des elastischen Bereichs betragen. Zu beachten ist, dass die Zähigkeit mit steigender Vergütungsfestigkeit sinkt. Bei der Auslegung der Verbindung ist zu berücksichtigen, welche dieser Eigenschaften notwendiger für den spezifischen Anwendungsfall ist.

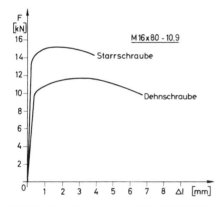

Bild 14.2: Vergleich Starrschraube – Dehnschraube [TFS]

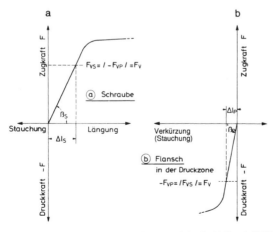

Bild 14.3: Kraft-Verlängerungs-Schaubilder für a) Schraube, b) Flansch [TFS]

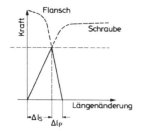

Bild 14.4: Entstehung des Verspannungsschaubildes aus der Zusammenfassung der Kraft-Verformungs-Schaubilder von Schraube und verspannten Teilen [TFS]

Wird eine Schraube angezogen, so wird der Flansch um einen sehr geringen Betrag elastisch zusammengedrückt. Andererseits wird die Schraube zu einem geringen Betrag federnd gelängt. Diese beiden Federungen können dazu herangezogen werden, um schwellende Belastungen zu mildern. Die Federung der Schraube kann vergrößert werden, indem z. B. der Schaft tailliert ausgeführt wird. Aufschluss über das Kräftespiel in einer Schraubenverbindung unter schwellender Betriebslast gibt das Verspannungsdreieck, das als Grundlage für die Berechnung dient.

Durch die bei der Montage aufgebrachte Vorspannkraft F_v wird die Schraube entsprechend den physikalischen Werkstoffeigenschaften elastisch gelängt. Diese Längenänderungen sind unterhalb der Streckgrenze den beanspruchenden Kräften proportional (s. Bild 14.3 a):

$$\Delta l_s / F_v = l_k / E_s \cdot A = \delta_s$$

Dieser Wert wird **elastische Nachgiebigkeit** genannt.

In Bild 14.3b ist dargestellt, wie die auf Druck beanspruchten Flansche/Platten durch F_v zusammengedrückt werden. Es ergibt sich

$$\Delta l_P / F_v = l_k / E_P \cdot A_{ers} = \delta_P$$

Die Schwierigkeit liegt in der Ermittlung der Ersatzfläche, da die auf Druck beanspruchten Zonen keinen Zylinder bilden, sodass mit so genannten **Ersatzquerschnittszonen** gerechnet werden muss. Hier sei auf die VDI 2230 oder das „Schrauben Vademecum" hingewiesen.

Durch Zusammenfassen der beiden Darstellungen in den Bildern 14.3a und 14.3b lässt sich das bekannte Verspannungsdreieck darstellen, woraus man neben F_v auch Δl_s und Δl_P erkennen kann.

Über AB wird F_v senkrecht bei C aufgetragen (Bild 14.5). ADB stellt das Verspannungsdreieck dar. Trägt man auf der Verlängerung der Seite AD in einem beliebigen Punkt E die Betriebslast senkrecht nach unten ein, so schneidet die Parallele FH zu AD die Dreieckseite DB in H. Die Linie GH baut die Betriebslast in das Verspannungsdreieck ein.

14.4 Verhalten von Schraubenverbindungen unter Belastungen 267

Die Horizontale XY teilt die Betriebslast in die beiden Kräfte F_{SA} und F_{PA}. Der Anteil F_{SA} wird als zusätzliche Last zu F_v addiert und muss als schwellende Belastung von der Schraube aufgenommen werden. Er pendelt zwischen F_v und einem oberen $F_{s\,max}$-Wert, der eine bestimmte Grenze nicht überschreiten sollte. Bezieht man den Kraftanteil F_{SA} auf den Schraubenquerschnitt, so ergibt sich eine entsprechende Schwellspannung in N/mm². Dieser Schwingungsausschlag wird mit $\pm\sigma_a$ gekennzeichnet. Um **Dauerfestigkeit** zu erreichen, darf der rechnerisch ermittelte Spannungsausschlag $\pm\sigma_a$ einen durch Schwingversuch nach 10 Millionen Lastwechseln gemessenen Grenzwert $\pm\sigma_A$ nicht überschreiten. Der für die max. Schraubenbelatung wesentliche Anteil der Schwellkraft der Schraube hängt von den Federkonstanten von Schraube und gedrückten Konstruktionsteilen ab, also von dem Wert

$$\Phi = \delta_P/\delta_S + \delta_P$$

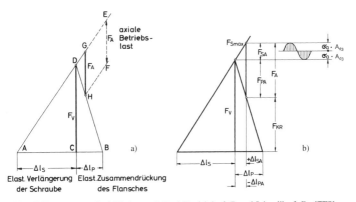

Bild 14.5: Verspannungsschaubild. a) normal, b) mit Betriebskraft F_A und Schwellkraft F_{SA} [TFS]

Die Betriebskraft F_A zerlegt sich in die Anteile F_{SA} und F_{PA}. Die Schwellkraft F_{SA} erhöht die Belastung der Schraube auf $F_{S\,max}$, der Anteil F_{PA} entlastet die verspannten Teile auf F_{KR}. Die Restklemmkraft F_{KR} stellt die kleinste Kraft dar, durch die die Konstruktionsteile aufeinander gepresst werden. Wirkt keine Betriebskraft, so werden die Teile mit der gesamten Vorspannkraft zusammengedrückt. F_{KR} ist wichtig für das Lockerungsverhalten. Auch nachdem sich eine Verbindung während der Betriebsbeanspruchung durch Einebnung der technischen Rauigkeiten gesetzt hat, muss F_{KR} noch größer als null sein, damit die Verbindung nicht locker und somit anfällig gegen Dauerbruch wird.

Bei allen Bauteilen, so auch bei der Schraube, ist die **Dauerhaltbarkeit** unter schwingenden Belastungen gegenüber rein zügigen Belastungen herabgesetzt. Diese Verminderung wird durch die Spannungskonzentration in den Kerben, das sind alle scharfen Querschnittsübergänge sowie das Gewinde, noch verstärkt. Steigerung der Dauerhaltbarkeit wird erreicht durch sanfte Querschnittsübergänge, richtig ausgerundeten Gewindegrund und durch das Gewinderollen in das vergütete Material. Richtwerte für die Dauerhaltbarkeit, die bei sorgfältiger Fertigung eingehalten werden können, zeigt Tabelle 14.5.

Tabelle 14.5: Dauerhaltbarkeit von Schraubenverbindungen [TFS]

		Dauerhaltbarkeit $\pm \sigma_A$ (in N/mm²) Regelgewinde für die Gewindedurchmesser			
		< 8	8 bis 12	14 bis 20	> 20
Festigkeits-klassen	4.6 und 5.6	50	40	35	35
	8.8 bis 12.9	60	50	40	35
	8.8 bis 12.9 schlussgewalzt	100	90	70	60

Als Berechnungsgrundlage der Spannungsamplituden $\pm\sigma_a$ bzw. der Dauerhaltbarkeitsamplituden $\pm\sigma_A$ wurde bisher üblich der Kernquerschnitt A_{d3} des Gewindes eingesetzt, der allen bisherigen Veröffentlichungen zu Grunde liegt. Nach den neuesten Normen DIN 969 und ISO 3800 sowie der VDI 2230-1998 wird nunmehr der um ca. 6 % gegenüber dem Gewindekernquerschnitt größere Spannungsquerschnitt A_s auch für die Berechnung der Spannungsamplituden im Gewinde vorgesehen.

14.5 Montage von Schraubenverbindungen

Für die Funktionstüchtigkeit einer Schraubenverbindung ist die bei der Montage erzielte **Klemmkraft** (Montagevorspannkraft F_M) maßgebend. Durch Setzen infolge plastischer Angleichungen der verspannten Teile auf die wirksame Vorspannkraft $F_v = F_M - F_Z$ wird sie verringert. Die Vorspannkraft ist an der Schraubenverbindung direkt nicht zu messen. Es besteht die Möglichkeit, die Vorspannkraft aus den von ihr abhängigen veränderlichen Größen wie Anziehdrehmoment und -winkel und Schraubenverlängerung zu ermitteln und indirekt aus einer Rechnung abzuleiten. Auf der Messung dieser Größen bauen die einzelnen Anziehverfahren auf.

Das **Anziehdrehmoment** ist eine Basis zur Montage auf definierte Klemmkräfte. Während des Anziehens tritt in allen sich relativ zueinan-

14.5 Montage von Schraubenverbindungen

der bewegenden Flächen Reibung auf, die zusätzlich zum Nutzmoment im Gewinde überwunden werden muss. Bei einer normal geölten Schraubenverbindung beträgt die Reibung ca. 90 % des gesamten Anziehdrehmoments, nur ca. 10 % wird in Vorspannkraft umgesetzt.

Das **Schraubenanziehdrehmoment** M_A setzt sich zusammen aus dem Gewindemoment M_G und dem Kopfreibmoment M_K (Auflagereibungsmoment):

$M_A = M_G + M_K$ bzw.

$M_A = F_M[(d_2/2) \cdot \tan(\alpha + \rho_G) + D_{Km}/2 \cdot \tan \rho_k]$

Aus der Mechanik der schiefen Ebene errechnet sich das **Gewindeanzugsmoment** zu:

$M_G = F_M \cdot d_2/2 \cdot \tan(\alpha + \rho_G)$

d_2 Flankendurchmesser, α Gewindesteigungswinkel, ρ_G Reibungswinkel

Das Kopfreibungsmoment errechnet sich zu:

$M_K = F_M \cdot D_{Km}/2 \cdot \tan \rho_k$

$D_{Km}/2 = (d_W + d_h)/4$

d_W Außendurchmesser der Kopfauflage, d_h Durchgangslochdurchmesser.

D_{Km} ist direkt von der Kopf- bzw. Mutternauflagefläche abhängig.

Die Reibungszahlen in der Kopf- oder Mutternauflage und im Gewinde sind für M_A von großer Bedeutung. Sie sollten so genau wie möglich angenommen werden. Neben der Geometrie von Schraube und Mutter werden sie vor allem beeinflusst durch:

- Beschaffenheit der aufeinander gleitenden Flächen (Härte, Rauheit, Ebenheit)
- Werkstoffpaarungen und Oberflächenzustände der verschraubten Flächen
- Schmierzustand und Montagebedingungen

Aus vielen Versuchen ermittelte Reibungszahlen sind in Tabelle 14.3 zusammengestellt.

In den Tabelle 14.4 sind Anziehdrehmomente und Montagevorspannkräfte zu Grunde gelegt, die das Gewinde des Schraubenbolzens zu 90 % der Mindeststreckgrenze aus axialer Vorspannung zusammen mit der Torsionsbelastung aus der Reibung auslasten.

14.6 Anziehverfahren

14.6.1 Anziehen von Hand

Bei diesem Anziehen mit Gabel- oder Ringschlüsseln arbeitet der Monteur nach „Gefühl". Eine exakte Beurteilung der Klemmkraft ist nicht möglich. Nur kleine Abmessungen bis max. M10 können von Hand angezogen werden. Bei größeren Abmessungen werden vielfach Schlüsselverlängerungen benutzt. Bei dieser Montagemethode ist mit einem Anziehfaktor $A = 2{,}5$ zu rechnen.

14.6.2 Anziehen mit Drehmomentschlüsseln

Die Ungenauigkeit bei der Montage mit Drehmomentschlüsseln liegt bei ca. ±17 %. Berücksichtigt sind der Instrumentenfehler ebenso wie Ablese- und Bedienungsfehler. Bei signalgebenden Schlüsseln, die auf ein Anziehdrehmoment eingestellt sind, kann die Signalgebung durch die Anziehgeschwindigkeit (Ruck) beeinflusst und so der Fehler vergrößert werden. Hier beträgt der Anziehfaktor $A = 1{,}4$.

14.6.3 Motorische Anziehverfahren

Für die Montage in Serienproduktion haben sich verschiedene **pneumatische und elektrische Schraubersysteme** durchgesetzt:

- Drehschrauber mit Begrenzung des Anziehdrehmoments,
- Schlagschrauber mit tangentialen Drehschlägen ohne Drehmomenteinstellung.

Bei den **Drehschraubern** unterscheidet man:

a) direkt angetriebene **Abwürgeschrauber**, wobei das Anziehdrehmoment durch die Leistung des Luftmotors und den Schraubfall begrenzt wird. Genauigkeit ca. ±20 %.

b) **Drehschrauber mit doppelter Schalt- und Rutschkupplung,** die auf den Schraubfall eingestellt sind. Genauigkeit ca. ±15 %.

c) **Drehschrauber mit Drehmomentabschaltkupplung,** die durch den Schraubfall wenig beeinflusst werden. Genauigkeit ca. ±10 %.

d) **Drehschrauber mit Drehmomentkontrolleinrichtung** (Mehrfachschrauber) mit mehrstufigem Betrieb. Genauigkeit ca. ±8 … 12 % des Anziehdrehmoments.

Bei den **Schlagschraubern** wird Motorenergie über ein Schlagwerk aus Schlagkörper und Aufschlagteil in tangentiale Drehschläge umgesetzt.

14.6 Anziehverfahren

Für hoch beanspruchte Schraubenverbindungen sollten Schlagschrauber nicht eingesetzt werden.

Streuung der Vorspannkraft: ±40 % bis ±60 %. Anziehfaktor: $A = 2,5$ bis 4.

Beim **Anziehen mit Verlängerungsmessungen** wird die elastische Verlängerung der Schraube zur Vorspannkraftbestimmung genutzt. Durch vorherige Eichung der Schraube kann insbesondere bei Durchsteckschraubenverbindungen mit einer Genauigkeit von <±10 % die Vorspannkraft ermittelt werden. Das Verfahren ist aufwändig und teuer und findet überwiegend im Versuch Anwendung.

Beim **Anziehen mit Ultraschall** werden die Schraubenvorspannkräfte mit dem Ultraschall-Echoimpuls ermittelt. Über Schallweglängen bzw. Schalllaufzeiten und deren Differenzen können die elastischen Längenänderungen bei bekannten Ausgangswerten der Schrauben infolge der Vorspannkraft ermittelt werden. Problematisch können die Geometrien oder die Ankopplung sein. Eingesetzt wird dieses Verfahren überwiegend bei großen und langen Schrauben (Zylinderkopfschrauben). Die Messgenauigkeit liegt bei ca. 10 %. Neuere genauere Entwicklungen der Ultraschallmessung sind in der Erprobung.

Das **hydraulische Anziehen** basiert auf einem elastischen Vorrecken der Schraube und wird vorwiegend bei großen Abmessungen und vorteilhaft für gleichzeitig anzuziehende Mehrschraubenverbindungen eingesetzt. Bezüglich detaillierter Informationen sei auf die Fachliteratur verwiesen.

Indirekt ist auch das **drehwinkelgesteuerte Anziehen** ein Verfahren der Vorspannkrafteinstellung über definiert aufgebrachte Längenänderungen. Durch ein Fügemoment (Voranziehmoment $M_{A0} \approx 0,1 \ldots 0,3 M_A$) wird der Schraubverbund zur Anlage gebracht. Unabhängig von den Reibungsverhältnissen lässt sich durch Weiterdrehen um einen Nachziehwinkel die Vorspannkraft einstellen. Dieser **Nachziehwinkel** wird zweckmäßigerweise durch Versuche ermittelt und so festgelegt, dass die Streckgrenze der Schraubenverbindung überschritten wird. Die Anwendung dieses Verfahrens hat sich sowohl für Einzelmontagen als auch vor allem für die Großserienmontage mit motorischen und mit entsprechender Mess- und Steuerungstechnik ausgerüsteten Anzieheinrichtungen bewährt. Die Genauigkeit mit <±7 % ist ebenso genau wie das streckgrenzengesteuerte Anziehverfahren.

Das **streckgrenzengesteuerte Anziehen** ist seit langem bekannt, hat sich aber nicht wie zunächst erwartet durchsetzen können. Eventuelle Messwertstreuungen werden wie beim drehwinkelgesteuerten Anziehen durch ein geringes Voranzugsmoment ausgeschaltet. Derart angezogene Schrauben, auch sehr kurze, können mehrmals im gleichen Verfahren montiert werden. Die Genauigkeit der erreichten Vorspannkräfte ist von den Reibungsverhältnissen kaum abhängig, lediglich das Gewindereibmoment wirkt sich geringfügig aus.

Für dieses Verfahren gibt es motorisch und von Hand betriebene Montagegeräte als Serienmontage- und als Einzelmontage-Schrauber. Die Genauigkeit liegt bei $<\pm 7\,\%$. Der Anziehfaktor ist maßgeblich für die rechnerische Auslegung einer Schraubenverbindung. Richtwerte für den Anziehfaktor α_A und für die Streuung verschiedener Anziehverfahren sind der Tabelle 14.6 zu entnehmen.

Tabelle 14.6: Verschraubungsgenauigkeitsklassen [TFS]

Verschraubungsklasse	Streuung der Vorspannkräfte	Anziehfaktor α_A	Anziehdrehmoment M_A	Anziehverfahren bei der Montage
I	entspricht der Streckgrenze der Schraube	1,0	entfällt	1.1 Winkelanziehverfahren bis zur Schraubenstreckgrenze 1.1.1. von Hand 1.1.2. motorisch 1.2 Streckgrenzenkontrolliertes Anziehdrehmoment-Drehwinkel-Verhältnis 1.2.1. von Hand 1.2.2. motorisch
II	±20%	1,6	±10% Tabellenwerte für μ_{min}	2.1 Anziehen mit Drehmomentschlüsseln (nicht auf Aluminium) 2.1.1. ohne Vormontage 2.1.2. mit Vormontage 2.2 Anziehen mit Drehschrauber durch Schlagschrauber 2.2.1. mit Einstellen der Schrauber über Verlängerungsmessungen der montierten Schrauben 2.2.2. mit Einstellen der Schrauber über das Nachziehmoment sowie stetiger Nachkontrolle
III	±40%	2,5	Zurücknahme um −15% gegenüber Tabelle μ_{min} Toleranz +0/−30% gegenüber Tabelle	3.1. Mit Schlagschraubern (mit Torsionsstäben) anzuziehen, wobei Einstellung über jeweils 10 Einstellversuche (pro Los bzw. Tag), d.h. Kontrolle durch Drehmomentschlüssel, vorzunehmen ist
IV	±60%	4,0	entfällt	4.1. Schlagschrauber ohne Einstellkontrollen 4.2. Anziehen von Hand ohne Drehmomentmessung

14.7 Sichern von Schraubenverbindungen

14.7.1 Lockern und Losdrehen von Schraubenverbindungen

Der Erhalt der Vorspannkraft ist bei Schraubenverbindungen oberstes Gebot. Vorspannkraftverlust führt zum Versagen mit oftmals großen Schäden.

Die häufigsten Versagensarten, die zum Vorspannkraftverlust führen, sind das **Lockern** und das **selbsttätige Losdrehen** von Schraubenverbindungen. Oftmals werden beide Versagensarten nicht exakt unterschieden. So kann beispielsweise das Lockern einer Verbindung Ursache für das nachfolgende Versagen einer guten Losdrehsicherung sein. Daher ist es von größter Wichtigkeit, nicht nur die Schraube, sondern die gesamte Schraubenverbindung zu betrachten und zu bewerten.

14.7.2 Lockern durch Setzen der Schraubenverbindung

Setzen einer Schraubenverbindung ist der Vorspannkraftverlust, der durch bleibende Verlängerung der Schraube und durch Verkürzung der Klemmlänge der verspannten Teile hervorgerufen wird. Setzbeträge führen zum Lockern von Schraubenverbindungen. Diese können begründet sein durch

- zeitabhängige Einebnung und Angleichung der Oberflächenrauigkeiten an den Auflagen und in den Trennfugen.

- zeitabhängiges Fließen/Kriechen der verspannten Werkstoffe, verstärkt durch Einfluss hoher Temperaturen.

- Verschrauben auf lackierten und weichen Gegenlagen (Flächenpressung) und Mitverspannen von elastischen oder quasielastischen Materialien.

Setzsicherungen müssen in der Lage sein, die Elastizität einer Schraubenverbindung derart zu vergrößern, dass zu erwartende Setzbeträge elastisch kompensiert werden können, ohne dass die Vorspannkraft unzulässig abfällt. Das erfüllen viele als Setzsicherungen eingesetzte Unterlegelemente in Verbindung mit vergüteten Schrauben nicht. Geeignet sind ausschließlich Elemente und Maßnahmen, die einen ausreichenden Federweg und genügende Federkraft aufbringen. Besonders gefährdet bezüglich des Setzens sind Schraubenverbindungen

- mit kurzen Klemmlängen,

- mit mehreren Trennfugen,

- bei Oberflächen mit großer Rauheit oder dicken Überzügen.

Idealerweise ist die Schraubenverbindung so ausgelegt, dass die Nachgiebigkeit groß genug ist, um den Verlust der Vorspannkraft durch Setzen so gering zu halten, dass eine Setzsicherung nicht erforderlich ist.

Wird dennoch eine Setzsicherung in Form eines federnden Unterlegelementes benötigt, so empfiehlt sich der Einsatz von **Spannscheiben DIN 6796 und DIN 6908** oder **Kombischrauben DIN 6900 und DIN 6901**.

Setzsicherungen sind allerdings nur für Schraubenverbindungen geeignet, die einer **axialen** Wechselbeanspruchung unterworfen sind, bei der ein selbsttätiges Losdrehen nicht zu erwarten ist.

Eine Vielzahl von Federelementen, die als Setzsicherungen eingesetzt werden, sind bereits bei relativ geringen Vorspannkräften plattgedrückt und verlieren schon hier ihre Federwirkung. Sie sind als Setzsicherung ungeeignet und wegen einer zusätzlichen Trennfuge eher schädlich. Zu diesen wirkungslosen Setzsicherungen, die außerdem auch als Losdrehsicherungen ungeeignet sind, gehören **Federringe nach DIN 128 und DIN 6905** und **Federscheiben nach DIN 137 und DIN 6904**.

14.7.3 Relativbewegungen zwischen den verspannten Teilen

Senkrecht zur Schraubenachse auftretende Relativbewegungen können das vollständige Losdrehen der Schraube oder Mutter bewirken. Reicht die Querbelastung aus, um die verspannten Teile gegeneinander zu verschieben, entstehen Kippbewegungen im Gewinde und bei ausreichend großem Verschiebeweg auch Schlupf unter dem Schraubenkopf bzw. der Mutter. An beiden Reibflächen tritt Gleiten ein. Die Reibung wird aufgehoben und die Schraube dreht sich selbsttätig los.

14.7.4 Die Mechanik des selbsttätigen Losdrehens

Wird die Reibungskraft zwischen zwei Körpern in einer Richtung überwunden, so kann eine zusätzliche Bewegung in anderer Richtung durch Kräfte eingeleitet werden, die kleiner als die Reibungskraft sind. Werden durch erzwungene Relativbewegungen die Reibungskräfte überwunden, ist die Selbsthemmung aufgehoben. Dies kann durch praxisnahe Versuche nachvollzogen werden. Der Rüttelprüfstand realisiert solche Relativbewegungen, wobei sich ungenügend oder gar nicht gesicherte Schraubenverbindungen selbsttätig losdrehen, sobald eine bestimmte Schwingungsamplitude überschritten wird. Die Größe dieser kritischen Amplitude, die „**Grenzverschiebung** s", hängt von der Klemmlänge, vom Durchmesser, der Höhe der Vorspannkraft der Schraube und vom Schmierzustand ab.

Grundlage aller Überlegungen, wie eine Schraubenverbindung am besten gesichert werden könnte, ist die Formel für das **Losdrehmoment**, das von außen aufgebracht werden muss, um eine vorgespannte Verbindung loszudrehen. Solange die verspannten Teile in Ruhe sind, muss zum Losdrehen das Moment

$$M_L = F_v \left[(d_2/2) \cdot \tan(-\varphi + \rho') + \mu \cdot D_m/2 \right]$$

14.7 Sichern von Schraubenverbindungen 275

überwunden werden. Verursachen äußere Kräfte Relativbewegungen zwischen den verspannten Teilen, so kommt es zum Gleiten zwischen Schraubenkopf und Auflage. Die Reibungskraft zwingt die Schraube, eine Schaukelbewegung auszuführen, und es entsteht ein Gleiten auf den Gewindeflanken. Die Schraube wird nahezu reibungsfrei, die Selbsthemmung wird aufgehoben. Zurück bleibt das **innere Losdrehmoment**:

$$M_{Li} = -F_v \cdot (d_2/2) \cdot \tan \varphi = -F_v \cdot P/2$$

M_{Li} ist nur von der Vorspannkraft F_v und der Gewindesteigung P abhängig. Gegen dieses Moment muss gesichert werden.

Geeignete **Schraubensicherungen** können das selbsttätige Losdrehen verhindern. Dabei muss beachtet werden, dass die Biegebeanspruchung und damit die Gefahr eines Schwingbruchs sehr groß ist. Tritt diese Beanspruchung regelmäßig oder mit hohen Lastwechselzahlen auf, so kommt es schnell zum Wechselbiegebruch. Das Sichern von Schrauben ist deshalb nur sinnvoll, wenn Verschiebungen nur gelegentlich, z. B. unter Spitzenbelastungen, auftreten.

14.7.5 Losdrehverhalten verschiedener Sicherungselemente und -systeme

Als Bewertungsbasis für das Losdrehverhalten verschiedener Sicherungselemente und -systeme hat sich der in Bild 14.6 dargestellte Prüfstand eingeführt [*Illgner/Esser*]. Senkrecht zur Schraubenachse wird ein Verschiebeweg $\pm s$ eingeleitet, wobei der Verlauf der Vorspannkraft kontinuierlich über der Lastwechselzahl N aufgezeichnet wird. Ein Einfluss der Frequenz im Bereich 1 ... 80 Hz ist unerheblich. Der Verlauf der aufgezeichneten Kurven F_v über N mit $\pm s$ = konstant ermöglicht eine vergleichende Bewertung, die sich mit den praktischen Erfahrungen deckt. Diese Losdrehkurven sind allerdings nur ein Vergleich der Sicherungssysteme unter gleichen Ausgangsbedingungen.

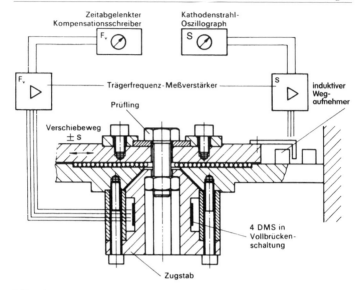

Bild 14.6: Rüttelprüfstand für schwingend belastete Schraubenverbindungen [TFS]

14.7.6 Bewertung der Wirksamkeit im Vergleich

Wertet man das Ergebnis der dynamischen Versuche auf dem Rüttelprüfstand aus, so ergeben sich drei grundlegend verschiedene Gruppen:

- unwirksame Unterlegelemente

- Verliersicherungen

- Losdrehsicherungen

Als Vergleichsgrundlage wählt man das Losdrehverhalten einer ungesicherten Schraube unter wechselnder Zwangsverschiebung um $\pm s$. Diese Schraube verliert bereits nach 150 ... 300 Lastwechseln vollkommen ihre Vorspannkraft, sie hat sich selbsttätig losgedreht. Bild 14.7 zeigt das Verhalten von ungesicherten Schrauben/Muttern im dynamischen Versuch.

14.7 Sichern von Schraubenverbindungen

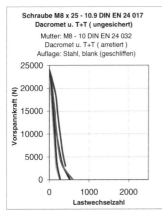
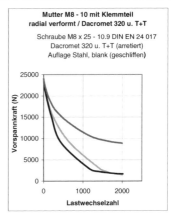

Bild 14.7: Verhalten von ungesicherten Schrauben (links) und von Muttern mit Klemmteil (Verliersicherung) (rechts)

14.7.7 Unwirksame Unterlegelemente

Zu verschiedenen unwirksamen Unterlegelementen, insbesondere **Federringen, Federscheiben, Zahn- und Fächerscheiben**, die bereits seit Jahrzehnten als solche erkannt und in der Fachliteratur als nicht geeignet erklärt werden, aber teilweise nach wie vor noch als Sicherungselemente eingesetzt werden, muss zunächst Folgendes erklärt werden:

Als hochfeste Schrauben noch nicht die Bedeutung wie heute hatten, war dies anders. Schrauben der Festigkeitsklassen 4D und 5D (heute 4.6 und 5.6) waren und werden nicht vergütet. Die Unterlegelemente konnten sich sowohl in den Schraubenkopf oder der Mutternauflage als auch im Gegenwerkstoff verhaken. Das „innere Losdrehmoment" reichte nicht aus, um die Verbindung selbsttätig loszudrehen. Dabei spielte auch eine Rolle, dass das „innere Losdrehmoment", abhängig von der ebenfalls deutlich geringeren Vorspannkraft im Vergleich zu vergüteten Schrauben, geringer war. Somit funktionierte das Sichern dieser nicht vergüteten Schrauben.

Bei vergüteten Schrauben in den Festigkeitsklassen 8.8, 10.9 oder 12.9 werden diese Unterlegelemente bereits bei der Montage platt gedrückt. Kommt es zu Relativbewegungen, wobei der Reibschluss in den Trennfugen durchbrochen wird, dreht sich die Schraube oder Mutter **auf dem Unterlegelement** selbsttätig los.

Dies wurde schon von *Junker/Strelow* im Jahre 1965 erkannt und veröffentlicht. Später wurden diese Unterlegelemente in der Norm nicht mehr als Losdrehsicherungen bewertet, sondern lediglich als Setzsicherungen empfohlen. Ihre Federkraft ist jedoch im Vergleich zur Vorspannkraft vergüteter Schrauben so gering, dass sie als Setzsicherung auch ungeeignet sind. Daher wurden die Normen dieser Scheiben inzwischen zurückgezogen.

Ungeeignete Schraubensicherungen bei vergüteten Schrauben sind auch:

- Sicherungsbleche nach DIN 93, DIN 432 und DIN 463
- Sicherungsnäpfe nach DIN 526
- Sicherungsmuttern nach DIN 7967
- Kronenmuttern mit Splinten nach DIN 935 und DIN 979.

14.7.8 Verliersicherungen

Verliersicherungen erzeugen eine Klemmwirkung im Gewinde. Sie können unter dynamischer Querbelastung das anfängliche Losdrehen der Schraubenverbindung nicht verhindern, es kommt aber zum Stillstand, wenn das „innere Losdrehmoment" gleich dem Klemmdrehmoment im Gewinde ist. Es bleibt noch eine gewisse Restvorspannkraft in der Verbindung erhalten, und ein Auseinanderfallen der Verbindung wird verhindert. Zu den Verliersicherungen zählen:

- Ganzmetallmuttern mit Klemmteil DIN EN ISO 7042
- Muttern mit nichtmetallischem Einsatz nach DIN 982
- Schrauben mit Klemmteil nach DIN 267/Teil 28
- Gewindefurchende Schrauben und Schrauben mit trilobularem Gewinde

Für eine Schraubenverbindung mit Verliersicherung typisches Verhalten zeigt Bild 14.7 (rechts).

14.7.9 Losdrehsicherungen

Losdrehsicherungen verhindern selbst unter extremen dynamischen Belastungen das selbsttätige Losdrehen. Bis auf unvermeidbare Setzbeträge wird nahezu die gesamte Vorspannkraft aufrechterhalten. Die Verbindung dreht sich nicht los. Der Vorspannkraftverlust sollte weniger als 20 % betragen.

Zur Gruppe der Losdrehsicherungen gehören auch ausreichend lange Schrauben ohne zusätzliche Sicherungselemente. Berücksichtigt man die verschiedenen Faktoren, die das selbsttätige Losdrehen beeinflussen, so

14.7 Sichern von Schraubenverbindungen

kann man bei einer Klemmlänge von $\geq 5d$ davon ausgehen, dass diese Schrauben elastisch genug sind, die auftretende Wechselbiegung zu kompensieren, ohne dass es zum Losdrehen kommt.

Als gute Losdrehsicherungen haben sich an der Auflage sperrende Schrauben und Muttern bewährt:

- Schrauben und Muttern mit Verriegelungszähnen
- Schrauben und Muttern mit Sicherungsrippen.

Schrauben und Muttern mit **Verriegelungszähnen** werden in unterschiedlichen Ausführungen angeboten und ergeben auch unterschiedliche Losdrehkurven. Günstig sind dabei das Setzen begrenzende Flächen innen oder außen an der Auflagefläche, die auch die Verletzung der Gegenlage durch die Verzahnung in Grenzen halten. Das innere Losdrehmoment wird sicher von den Zähnen blockiert.

Die Nachteile der Beschädigung der Oberfläche werden durch Schrauben und Muttern mit **Sicherungsrippen** weitestgehend ausgeschaltet. Wellenförmige symmetrische Rippen gleiten beim Anziehen über die zu verspannenden Flächen und rollieren und verfestigen die Gegenlage. Das Setzen wird verringert, die Rippen bilden im Gegenwerkstoff ein Haftbett und sichern zuverlässig. Neben der guten Sicherungswirkung dieser Schrauben und Muttern ist auch das gute Montageverhalten herauszustellen. Bild 14.8 zeigt das Rütteldiagramm einer Sicherungsschraube mit Verriegelungsrippen.

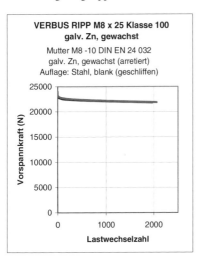

Bild 14.8: Rütteldiagramm einer Sicherungsschraube mit Verriegelungslippen

Neben dem Verriegeln an der Auflage ist das Verkleben im Gewinde eine gute Sicherungsmethode. Auch hier sind zwei Varianten zu empfehlen:

- anaerob aushärtende Flüssigklebstoffe,
- mikroverkapselte Klebstoffe.

Anaerob (unter Luftabschluss) **aushärtende Klebstoffe** führen nach dem Aushärten zu einem Quasiformschluss im Gewinde. Die Verklebung verhindert bei dynamischer Beanspruchung Relativ- und Kippbewegungen im Gewinde. Diese FK-Sicherungen werden vor der Montage von Hand oder mittels einer Dosiervorrichtung aufs Gewinde aufgebracht und überwiegend in der Werkstattfertigung eingesetzt. Von Nachteil ist die hohe Reibungszahl im Gewinde, die zu einer Gesamtreibzahl $\mu_{ges} = 0{,}20 \ldots 0{,}24$ führt. Entfetten/Entölen der Einschraubgewinde ist notwendig, um eine gute Verklebung zu erreichen.

Als wirtschaftliche und gut funktionierende Variante hat sich der Einsatz von Sicherungsschrauben mit **mikroverkapseltem Klebstoff** auf dem Gewinde erwiesen. Die Schrauben werden bereits beim Schraubenhersteller oder bei Lohnbeschichtern behandelt. Der Klebstoff ist in winzigen Kapseln eingebettet, der Härter im Trägermaterial enthalten. Beim Einschrauben werden die Kapseln zerstört, der Klebstoff vermischt sich mit dem Härter, und nach der geforderten Aushärtezeit ist eine ausgezeichnete Schraubensicherung vorhanden. Optimale Aushärtung wird nach ca. 24 Stunden erreicht. Die Losbrechdrehmomente liegen nach erfolgter Aushärtung überwiegend über dem Anziehdrehmoment. Es gibt inzwischen verschiedene Produkte, die ähnlich chemisch aufgebaut sind. Sie sind allesamt gute Losdrehsicherungen. Über die speziellen Eigenschaften sollte man sich beim Hersteller oder Anbieter der Sicherungsschrauben informieren. Vorteilhaft bei verschiedenen Produkten sind die günstigen Reibungszahlen (Gewindereibungszahl $\mu_{Gew} = 0{,}12 \ldots 0{,}14$) sowie teilweise eine Temperaturbeständigkeit bis +150 °C. Vorbeschichteten Schrauben können grifftrocken als Schüttgut angeliefert werden und haben sich auch in der Serienfertigung bestens bewährt. Sie sind in der DIN 267/Teil 27 genormt.

14.7.10 Einfluss dieser Erkenntnisse auf die Normung

Trotz der bereits seit Jahrzehnten bekannten und veröffentlichten Versuchsergebnisse und dem Wissen, dass viele der genormten Unterlegelemente als Losdreh- und Setzsicherungen bei hochfesten Schrauben und Muttern wirkungslos sind, werden diese nach wie vor verwendet. In der heutigen Zeit spielen unvergütete Schrauben nur noch eine untergeordnete Rolle. Es ist folgerichtig, dass die Normen für diese fraglichen und für die Konstruktion schädlichen Teile im Jahre 2003 zurückgezogen wurden. Maßgebend für diese Entscheidung war auch die Aussage der Norm DIN 820-1, dass Normen den Stand der Wissenschaft und Technik berücksichtigen müssen. Dies war bei diesen Normen nicht mehr der Fall, und damit war die Zurückziehung zwingend. Eine weitere Maßnahme aus den Erkenntnissen der Entwicklungen in den vergangenen Jahren war die Anpassung der DIN 267 Teil 27 und Teil 28.

14.8 Korrosionsgeschützte Verbindungselemente

Schraubenverbindungen sind in vielen Anwendungsfällen Korrosionsbeanspruchungen ausgesetzt. Durch geeignete Maßnahmen müssen Befestigungselemente wirksam vor Korrosionsschäden geschützt werden.

14.8.1 Korrosionsprüfung

Eine Bewertung des langzeitigen Bauteilverhaltens durch geraffte Kurzzeitkorrosions-Prüfverfahren ist nicht möglich. Zum Zwecke der Vergleichbarkeit werden Bewertungen in Korrosionsprüfverfahren vorgenommen:

- Prüfung in feuchter SO_2-Atmosphäre (*Kesternich*-Versuch) DIN 50018, überwiegend eingesetzt zur Prüfung galvanisch verzinkter Teile, heute durch die **Salzsprühprüfung** verdrängt.

- **Schwitzwasserprüfung**, DIN 50017, zur Prüfung galvanischer Zinküberzüge.

- **Salzsprühprüfung** nach ASTM B 117 ISO 9227 bzw. DIN 50021 zur Prüfung galvanischer Zinküberzüge, der wichtigste Abnahmeversuch der Automobilindustrie.

- **Prüfung in kochender Magnesiumchloridlösung** zum Nachweis der Spannungsrissanfälligkeit austenitischer Stähle.

Wichtig ist es, nicht nur die Korrosionsbeständigkeit der einzelnen Schraube und Mutter zu bewerten, sondern die des kompletten verschraubten Produktes.

14.8.2 Korrosionsschutz durch Oberflächenbehandlungen

14.8.2.1 Nichtmetallische Schutzschichten

Geschwärzt-geölte Oberflächen: Im geöltem Zustand ein temporärer Korrosionsschutz ohne Einfluss auf das Festigkeitsverhalten der Schrauben.

Phosphatiert-geölte Schrauben (und Muttern) sind mit einer 4 ... 7 µm dicken Phosphatschicht überzogen. Diese stellt keinen Korrosionsschutz dar, ist allerdings bestens geeignet, Schmierstoffe (Öle) aufzunehmen, und beeinflusst das Korrosions- und Reibungsverhalten. Salzsprühtestbeständigkeit bis zu 96 Stunden wird erreicht.

Dünnschicht-Phosphatierung mit ca. 2 ... 5 µm Schichtstärke zeigt zwar geringere Korrosionsbeständigkeit gegenüber normaler Phosphatierung, zeichnet sich jedoch durch ausgezeichnete Montageeigenschaften aus. Niedrige Reibungszahlen und enge Streubreiten der Reibungszahlen garantieren reproduzierbare Montagebedingungen.

14.8.2.2 Galvanische Schutzschichten

Galvanische Überzüge sind metallische Schichten, die aus einem Elektrolyten auf elektrisch leitenden oder leitend gemachten Gegenständen kathodisch abgeschieden werden. In der Vergangenheit waren dies überwiegend Zink- und Cadmiumüberzüge. Heute spielt Cadmium, da ein gefährliches Umweltgift, kaum noch eine Rolle.

Das **galvanische Verzinken** findet auch heute noch verbreitet Anwendung, wird aber mehr und mehr von den **Zinklamellenüberzügen** abgelöst. Nachträgliche Chromatierung oder Passivierung bewirkt eine deutliche Steigerung des Korrosionsschutzes. Ähnliches erzielt man durch Versiegelung der Oberflächen mit wasserlöslichen Polymerharzen (so genannte **Duplex-Beschichtungen**). Da galvanisch aufgebrachte Zinkschichten starke Streuungen der Reibungszahlen zur Folge haben können, werden die Teile zusätzlich gewachst, wodurch wieder akzeptable Reibungszahlen und Streubereiche erreicht werden. Bei den galvanischen Verfahren entsteht atomarer Wasserstoff. Dies birgt die Gefahr der Wasserstoffversprödung, die mit steigender Festigkeit der Schrauben zunimmt. Kritisch sind Festigkeiten > 1000 N/mm². Schrauben der Festigkeitsklasse 10.9 und 12.9 sollten aus diesem Grunde eine thermische Nachbehandlung (Entgasung) erhalten.

14.8 Korrosionsgeschützte Verbindungselemente

14.8.2.3 Mechanisches Verzinken

Dieser Korrosionsschutz, auch **Mechanical Plating** (MP) genannt, wurde Anfang der 60er-Jahre als Alternative zur galvanischen Verzinkung angewendet, da dieses stromlose Verfahren nicht die Gefahr der Wasserstoffversprödung barg. Heute spielt dieser Korrosionsschutz für hochfeste Verbindungselemente kaum noch eine Rolle.

14.8.2.4 Zinklamellenüberzüge

Nichtelektrolytisch aufgebrachte Zinklamellenüberzüge, die bei hochfesten Schrauben und bei gehärteten Scheiben keine Wasserstoffversprödung verursachen, sind seit Anfang der 70er-Jahre bekannt. Die Basis dieser Überzüge sind mit Zinklamellenanteilen angereicherte Epoxid-, Acryl- oder Fluor-Kunstharze, die bei Temperaturen von $T = 180 \ldots 320\,°C$ polymerisiert bzw. eingebrannt werden. Dazu ist eine aktive, gereinigte oder phosphatierte Oberfläche notwendig.

Nach einer Optimierung der Prozesstechnik erfolgte Ende der 80er-Jahre der breite Serieneinsatz. Vorteilhaft bei diesen Überzügen ist die kathodische Schutzwirkung gegenüber dem zu schützenden Grundwerkstoff (Fernwirkung). Zur Sicherstellung definierter Reibungszahlen sind diese Schrauben entweder mit einem zusätzlichen Gleitmittel zu behandeln oder aber Top-Coats zur Erhöhung der Korrosionsbeständigkeit zu verwenden, die reibwertoptimierte Zusätze wie PTFE enthalten.

Zurzeit ist das Verbot von Cr-VI-haltigen Oberflächen in der Diskussion. Betroffen davon sind unter anderem Dacromet und die Gelb-

Tabelle 14.7: Zinklamellenüberzüge. Prüfdauer (Salzsprühnebel-Prüfung) [nach DIN EN ISO 10683]

Prüfdauer (in h)	Mindestwert der örtlichen Schichtdicke (falls vom Besteller vorgeschrieben)[a]	
	Überzug mit Chromat (flZnyc) (in μm)	Überzug ohne Chromat (flZnnc) (in μm)
240	4	6
480	5	8
720	8	10
960	9	12

Anmerkung: Falls das Schichtgewicht pro Flächeneinheit in g/m² vom Besteller vorgeschrieben ist, kann es folgendermaßen in die Schichtdicke umgerechnet werden:
– Überzug mit Chromat: 4,5 g/m² entsprechen einer Dicke von 1 μm
– Überzug ohne Chromat: 3,8 g/m² entsprechen einer Dicke von 1 μm

[a] Der Besteller kann vorschreiben, ob er einen Überzug mit Chromat (flZnyc) oder ohne Chromat (flZnnc) wünscht; andernfalls gilt das Kurzzeichen flZn.

chromatierung. Hier sind Alternativen im Gespräch. Seit 4/1999 liegt die deutsche Fassung des Entwurfs EN ISO 10683 „Nichtelektrolytisch aufgebrachte Zinklamellenüberzüge" vor, woraus Tabelle 14.7 den ausgezeichneten Korrosionsschutz im Salzsprühnebeltest ISO 9227 (DIN 50021 SS) widerspiegelt.

14.8.2.5 Feuerverzinkte Schrauben und Muttern

Die Feuerverzinkung ist ein Schmelztauchverfahren. Die Verbindungselemente werden in schmelzflüssiges Zink bei ca. 480 °C eingetaucht. Zur Einstellung gleichmäßiger Zinküberzüge werden Schrauben und Muttern aus dem Zinkbad kommend in Zentrifugen abgeschleudert. Schrauben werden als Ganzes (mit Gewinde) und die Muttern als Mutternkörper verzinkt. Die Mutterngewinde werden anschließend eingeschnitten. Vergütete Befestigungselemente bis zur Festigkeitsklasse 12.9 können feuerverzinkt werden.

14.9 Schraubenverbindungen für spezielle Anwendungen

14.9.1 HV-Schraubenverbindungen

- HV-Sechskantschrauben DIN 6914 (entspricht in etwa ISO 7412)
- HV-Sechskantmuttern   DIN 6915 (entspricht in etwa ISO 7414)
- HV-Unterlegscheiben   DIN 6916 (entspricht in etwa ISO 7416)

Diese werden als **h**ochfest **v**orgespannte Befestigungselemente bezeichnet. Einsatzgebiete vor allen im Stahl- und Brückenbau.

In der Festigkeitsklasse 10.9/10 mit größeren als den üblichen Schlüsselweiten und größeren Kopf-/Schaft-Übergangsradien ermöglichen sie eine optimale und bessere Ausnutzung der Schraubenfestigkeit. Infolge der größeren Kopfauflagefläche erlauben niedrigere Flächenpressungen den Einsatz auf weniger festen Stahlbauteilen.

14.9.2 Gewindefurchende Schrauben

Gewindefurchende Schrauben mit metrischem Profil furchen spanlos ihr Gegengewinde in vorgebohrten, gestanzten oder gegossenen Bohrungen während des Montageprozesses. Die Furchspitze oder das gesamte Gewinde haben eine von der Kreisform abweichende meist trilobulare Gestaltung. Für das Einschrauben benötigen diese Schrauben eine durch Einsatzvergütung (Aufkohlen mit Härten und Anlassen) auf >450 HV1 aufgehärtete Randzone, sowie eine gute Schmierung zur Sicherstellung niedriger Einformmomente.

14.10 Schadensfälle an Schraubenverbindungen

Versagt eine Schraubenverbindung während des Betriebs, so muss zwangsläufig die Frage nach der Versagensursache gestellt werden. Nur so können Wiederholungen des Schadens ausgeschlossen und eventuell notwendige Änderungen vorgenommen werden. Aussagefähig sind die Bruchstücke und deren Bruchflächen, die Antwort geben, warum das Versagen eintrat.

Gewaltbruch einer Schraube unter Zugbelastung (Bild 14.9). Die Schraube wurde axial überbelastet. Typisch sind ausgeprägte plastische Verformungen nahe der Bruchfläche und plastische Verlängerung und Einschnürung im kleinsten Querschnitt. Ausnahme: kaltgeformte Schrauben aus austenitischen Stählen (A2 und A4). Hier ist die Kaltverfestigung beim Gewinderollen so groß, dass auch Schaftschrauben im glatten Schaft brechen.

Gegenmaßnahmen: Da die Schraube überbelastet wurde, liegen größere Kräfte vor als erwartet. Entweder größere Abmessung oder höhere Festigkeitsklasse wählen.

Bild 14.9: Gewaltbruch einer Schraube unter Zugbelastung

Bild 14.10: Bis zum Bruch angezogene Schraube (abgewürgt)

Bild 14.11: Torsionsbruch

Abgewürgte Schraube (Bild 14.10). Die Schraube wurde bis zum Bruch angezogen. Zur Axialbelastung, die den Bruch in Bild 14.10 auslöste, kam hier eine Torsionsbeanspruchung hinzu. Die Folge ist eine noch deutlich erkennbare, aber gegenüber Bild 14.10 geringere plastische Verformung in der Umgebung der Bruchstelle. Der Bruchverlauf ist immer in der Ebene eines Gewindeganges, nie trichterförmig oder als Stufenbruch. Die Bruchfläche ist relativ glatt und wirkt häufig leicht schuppig. Manchmal ist eine faserige, spiralig verlaufende Struktur erkennbar.

Ursache: Anziehdrehmoment zu hoch.

Maßnahmen: Anziehwerkzeug kontrollieren, kontrolliert anziehen.

Torsionsbruch (Bild 14.11). Die Schraube wurde nicht bis zum Bruch angezogen, sondern ohne Vorspannkraft abgedreht. Dies kann entstehen, wenn eine Schraube zu lang ist und an der Kuppe aufsitzt. Kennzeichnend ist das Fehlen plastischer Verformungen in der Umgebung der Bruchstelle und an der Kopfauflage. Die Bruchfläche verläuft in der Ebene eines Gewindeganges und ist sehr glatt. Eine faserige, spiralig verlaufende Struktur ist meist deutlich erkennbar.

Gegenmaßnahme: Konstruktion/Schraubenlänge/Einschraubtiefe überprüfen.

Dauerbruch durch schwellende oder wechselnde Axialbelastung erfolgt bei Betriebskräften, die die Schraube oberhalb der Dauerhaltbarkeit beanspruchen. Dies führt zu Brüchen an der Stelle der Schraube, an der die höchste Spannung herrscht. Nach den Erfahrungen der Praxis ist dies in ca. 90 % aller Schadensfälle der vom Kopf aus gesehen erste tragende Gewindegang innerhalb des Mutterngewindes. Weitere Schwachstellen sind der Übergang Schaft/Kopf, der Gewindeauslauf sowie alle scharfen Kerben, die quer zur Achsrichtung verlaufen. Ein Dauerbruch ist immer ein verformungsloser Bruch ohne plastische Verformungen in Längs- oder Querrichtung. Die Bruchfläche weist zwei deutlich voneinander unterscheidbare Bereiche auf: Die glatte Anrissfläche und die zerklüftete Restbruchfläche.

Bild 14.12 zeigt einen **unter schwellender Axialbelastung** entstandenen Dauerbruch im ersten tragenden Gewindegang. Die große Restbruchfläche weist auf eine hohe Vorspannkraft im Augenblick des Bruches hin. Der Bruch ging ringförmig vom Gewindegrund aus. Bild 14.13 zeigt einen Dauerbruch durch schwellende Axialbelastung **bei überlagerter Biegung** (schiefe Kopfauflage). Bei diesen Dauerbrüchen zeigen die Anrissflächen eine gleichmäßig feinkörnige Gestalt, ein Hinweis,

Bild 14.12: Dauerbruch unter schwellender Axialbelastung

Bild 14.13: Dauerbruch unter schwellender Axialbelastung mit überlagerter Biegung

Bild 14.14: Dauerbruch mit ausgeprägten Rastlinien

14.10 Schadensfälle an Schraubenverbindungen

dass die Anrisse bei gleichmäßiger Geschwindigkeit, d. h. unter konstanter dynamischer Beanspruchung entstanden.

Demgegenüber zeigt der Dauerbruch in Bild 14.14 ausgeprägte Rastlinien. Hier war die dynamische Beanspruchung zeitlich veränderlich. Teils lag sie oberhalb, teils unterhalb der Dauerhaltbarkeit. Dann schreitet der Anriss schrittweise voran, und es bilden sich die typischen **Rastlinien**.

Bild 14.15: Biegedauerbruch durch einseitige schwellende Biegebeanspruchung

Bild 14.16: Wechselbiegedauerbruch durch wechselnde Biegebeanspruchung

Bild 14.17: Wechselbiegedauerbruch mit ausgeprägten Rastlinien

Biegedauerbrüche zeigen die Bilder 14.15 bis 14.17. Bei Biegebeanspruchungen geht der Anriss von der Stelle höchster Zugspannung aus, bis der Restquerschnitt der Vorspannkraft nicht mehr widerstehen kann und durch Gewaltbruch zerstört wird. Da Biegung einen linearen Spannungsverlauf von der auf Zug beanspruchten zur auf Druck beanspruchten Randfaser zur Folge hat und sich die zug- und druckbeanspruchten Randfasern genau gegenüber liegen, sind Anrissfläche und Restbruch geradlinig voneinander abgegrenzt. Bei einseitiger Biegung (Bild 14.15) liegt der Restbruch in der zunächst druckbeanspruchten Zone des Querschnitts.

Ursache: Die dargestellten Bruchformen sind typisch für quer zur Schraubenachse beanspruchte, gegen Losdrehen gesicherte Verbindungen. Ohne Sicherung würden sich die Schrauben selbsttätig losdrehen.

Gegenmaßnahmen: Steigern des Reibschlusses durch höhere Vorspannkraft (höhere Festigkeit, größere Abmessung), zusätzlicher Formschluss.

Sprödbrüche entstehen, wenn der Werkstoff wegen mangelnder Duktilität nicht in der Lage ist, durch Fließen einen Ausgleich zwischen den höchstbelasteten und weniger belasteten Zonen herzustellen. Der Bruch tritt verformungslos ein, verläuft regellos, die Bruchfläche ist sehr zerklüftet. Oft sind nahe der Bruchfläche weitere Anrisse vorhanden.

Ursachen für Sprödbrüche können sein:

- ungenügendes Anlassen (**Vergütungsfehler**)
- zu hohe **Härtetemperatur**, zu langes Halten auf Härtetemperatur
- **Anlasssprödigkeit**, eventuell zu hoher Phosphorgehalt
- **Wasserstoffversprödung** vor allem bei galvanischen Oberflächenbehandlungen oder beim Beizen. Mit steigender Festigkeit nimmt die Gefahr der Wasserstoffversprödung zu. *Gegenmaßnahmen:* Entgasen oder Korrosionsschutz durch Zinklamellenüberzüge.
- **Spannungsrisskorrosion:** Korrosion kann im Zusammenspiel mit elastischen Spannungen ein Aufreißen des Bauteils entlang der Korngrenzen auslösen. Begünstigt wird dies durch hohe Vorspannkraft und hoher Bauteilfestigkeit. Dabei genügt unter Umständen ein Korrosionsangriff durch Salzwasser oder feuchten Schwefelwasserstoff, z. B aus geschwefelten Schmierölen. *Gegenmaßnahmen:* Verhindern extrem hoher Festigkeiten bei gleichzeitigen korrosiven Einflüssen.

Quellen und weiterführende Literatur

Bauer, C. O.: Korrosionsschutz für Verbindungselemente. Industrie-Anzeiger 92 (1970) Nr. 59 und 60

Esser, J.; Hellwig, G.: Konsequenzen für die Normung. Wirkungslose Schraubensicherungen. DIN-Mitteilungen 4/2004

Hering, E. (Hrsg.): Taschenbuch für Wirtschaftsingenieure. Leipzig: Fachbuchverlag, 2001

Illgner, K. H.; Esser, J.: Schrauben Vademecum. Neuwied: Textron Verbindungstechnik, 2001

Junker, G.; Boys, J. P.: Moderne Steuerungsmethoden für das motorische Anziehen von Schraubenverbindungen. VDI-Bericht 220 (1974); S. 87/98

Linß, G.: Qualitätsmanagement für Ingenieure. Leipzig: Fachbuchverlag, 2004

Peiner HV-Schrauben-Garnituren für den Stahlbau. Broschüre der Firma Textron Peiner Umformtechnik 12/1995

Schrauben im Stahlbau. Beratungsstelle Stahlanwendung/Merkblatt 322, Düsseldorf

Systematische Berechnung hochbeanspruchter Schraubenverbindungen. VDI-Richtlinie 2230, Ausgabe Oktober 2001

15 Metallfedern

Dipl.-Ing. Heike Kriegel

15.1 Einleitung

> Federn sind Elemente, die sich unter Belastung gezielt verformen und bei Entlastung wieder die ursprüngliche Gestalt annehmen.

Die technische Feder, einst unbedeutend und vernachlässigt, wurde durch die sprunghafte Entwicklung der Technik in die Reihe der wichtigsten Maschinenelemente erhoben. Ob in Fahrzeugen, feinmechanischen oder elektrotechnischen Apparaten, ob in Kraftmaschinen, Werkzeugmaschinen oder landwirtschaftlichen Maschinen, ob in medizinischen Geräten, Computertechnik oder Haushaltgeräten, meist hängt vom störungsfreien Arbeiten der Federn die Funktion des gesamten Gerätes oder Maschinenteils ab.

15.2 Grundlagen

Auf dem Gebiet der technischen Federn gibt es eine Vielzahl von Ausführungsformen und -arten.

Metallische Federn			Nicht-metallische Federn	Flüssig-keits-federn	Gas-federn
Zug-, druck-beanspruchte Federn	Biegefedern	Torsionsfedern			
Zugstabfeder	Blattfeder	Drehstabfeder	Gummifeder		
Ringfeder	Spiralfeder	Druckfeder	Kunststoff-feder		
	Drehfeder	Zugfeder			
	Tellerfeder				

Im Folgenden werden die Federarten behandelt, die in fast allen Fertigungszweigen überwiegend angewendet werden, die **kaltgeformten Schraubenfedern**. Außerdem wird die ebenfalls häufig in der Praxis eingesetzte **Tellerfeder** vorgestellt.

Die Einteilung der Schraubenfedern erfolgt in drei Hauptgruppen (Bild 15.1):

1. Druckfedern
2. Zugfedern
3. Drehfedern (Schenkelfedern)

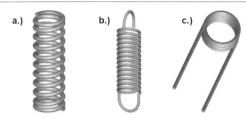

Bild 15.1: Federarten. a) Druckfeder, b) Zugfeder, c) Schenkelfeder

Für die Berechnung ist die Art der Beanspruchung maßgebend, deshalb werden die Federarten nach ihrer vorwiegenden Beanspruchung (Biegung oder Torsion) unterschieden.

Druck- und Zugfedern: Die Art der Krafteinleitung verursacht im Werkstoffquerschnitt der Federn eine **Torsionsbeanspruchung** als Hauptbeanspruchung.

Drehfedern, Tellerfedern: Das Einleiten einer äußeren Kraft führt im Federquerschnitt zu einer **Biegebeanspruchung**. Andere auftretende Beanspruchungen sind meist vernachlässigbar klein.

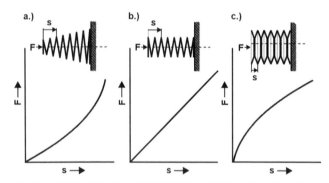

Bild 15.2: Federkennlinien. a) progressive Kennlinie einer konischen Druckfeder, b) lineare Kennlinie einer zylindrischen Druckfeder, c) degressive Kennlinie einer Tellerfedersäule

Federn direkt ab Lager, oder individuell für Sie gefertigt

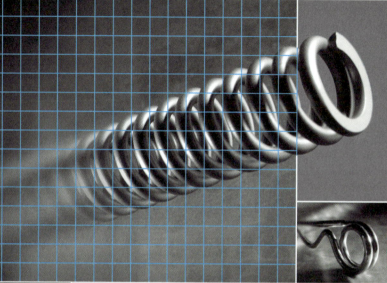

Über 10.000 verschiedene Federbaugrössen in Normalstahl und rostfreien Federstahl direkt ab Lager verfügbar. Individualfertigungen aus allen gängigen Federwerkstoffen bis 12 mm Drahtdurchmesser in Kleinmengen und Großserien.

- Druckfedern
- Zugfedern
- Schenkelfedern
- Rahmenartikel

…dern Sie kostenlos unseren aktuellen Federkatalog in Papierform oder auf CD-ROM mit …derberechnung WinFSB und CAD-Daten (2D/3D) an. Oder senden Sie uns einfach Ihre …ertechnische Anforderung, und wir legen Ihnen gerne die gewünschte Feder mit Preisan-…bot aus.

…ort finden Sie den gesamten Federnkatalog mit CAD-Daten …d Online-Federberechnung WinFSB unter:

www.federnshop.com

GUTEKUNST FEDERN

…ingen · Norderstedt · Cunewalde · Arc en Barrois

Gutekunst + Co. Federnfabriken
Carl-Zeiss-Straße 15 · D-72555 Metzingen
Telefon (+49) 0 71 23 / 9 60-192
Telefax (+49) 0 71 23 / 9 60-195
service@gutekunst-co.com
www.federnshop.com

15.2.1 Federkennlinie

Die Eigenschaften der Federn werden nach ihrer **Kennlinie** beurteilt. Diese stellt die Abhängigkeit der Federkraft F vom Federweg s dar. Je nach Gestalt der Feder unterscheidet man lineare, progressive, degressive bzw. kombinierte Kennlinien (Bild 15.2).

15.2.2 Federrate

Die **Federrate** R ist die Steigung der Federkennlinie im Federdiagramm. Bei linearer Kennlinie ist die Federrate konstant. Federn mit gekrümmter Kennlinie besitzen eine veränderliche Federrate. Bei gerader Kennlinie gilt:

$$R = \frac{F_2 - F_1}{s_2 - s_1} \qquad \text{Druck- und Zugfedern}$$

bzw.

$$R_M = \frac{M_2 - M_1}{\alpha_2 - \alpha_1} \qquad \text{Drehfedern}$$

R Federrate in N/mm
R_M Momentfederrate in N · mm/°
F_1, F_2 Federkräfte in N, bezogen auf die Federwege
s_1, s_2 Federwege in mm
M_1, M_2 Biegemomente in N · mm, bezogen auf die Drehwinkel
α_1, α_2 Drehwinkel in °

Viele Federn sind in mehreren Richtungen verformbar, deshalb ist je nach Kraftrichtung bzw. Freiheitsgrad des freien Federendes zwischen Längs-, Quer- und Drehfederrate zu unterscheiden.

15.2.3 Federarbeit

Beim Spannen einer Feder wird Arbeit verrichtet, die die Feder beim Entspannen wieder abgibt. Die **Federarbeit** ergibt sich stets als Fläche unterhalb der Federkennlinie. Bei linearer Kennlinie gilt daher:

$$W = \tfrac{1}{2} F \cdot s \qquad \text{Druck- und Zugfedern}$$

$$W = \tfrac{1}{2} M \cdot \alpha \qquad \text{Drehfedern}$$

W Federarbeit in N · mm
F Kraft in N
s Federweg in mm
M Biegemoment in N · mm
α Drehwinkel in °

15.2.4 Hysterese

Das Federungsverhalten wird durch Reibung beeinflusst. Diese Reibungskräfte behindern die Rückverformung. Bei einer Wechselbeanspruchung äußert sich dies in Form einer **Hystereseschleife** (Bild 15.3). Ein Teil der Federarbeit wird in Wärme umgewandelt und geht somit „verloren". Da dies vor allem beim Einsatz von Federn für Messaufgaben unerwünscht ist, sollte jegliche Reibung konstruktiv durch die Anordnung und Gestalt der Federn vermieden werden.

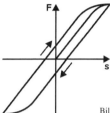

Bild 15.3: Reibungsbedingte Hystereseschleife

15.2.5 Relaxation

Wenn eine Druckfeder bei höherer Temperatur zwischen parallelen Platten um einen bestimmten Betrag zusammengedrückt wird, so kann man feststellen, dass die Federkraft mit der Zeit allmählich abnimmt. Dieser Kraftverlust nimmt mit steigender Temperatur und Spannung zu.

> **Relaxation** des Werkstoffes ist eine plastische Verformung, die sich bei konstanter Einbaulänge als Kraftverlust äußert. Dieser wird prozentual bezogen auf die Ausgangskraft F_1 angegeben:
>
> $$Relaxation = \frac{\Delta F \cdot 100}{F_1}$$

Den prinzipiellen Verlauf der Relaxation und der Relaxationsgeschwindigkeit zeigt Bild 15.4. Die Relaxationswerte nach 48 Stunden gelten als Kennwerte, obwohl zu diesem Zeitpunkt die Relaxation noch nicht völlig abgeschlossen ist.

In der EN 13906-1 findet man werkstoffabhängige Relaxationsschaubilder. Diese sind nur dann vom Konstrukteur einzubeziehen, wenn hohe Anforderungen an die Konstanz der Federkraft gestellt werden.

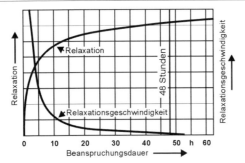

Bild 15.4: Zeitlicher Verlauf der Relaxation und der Relaxationsgeschwindigkeit bei Schraubendruckfedern

15.3 Werkstoffe

Federn müssen aus einem geeigneten Werkstoff hergestellt und so ausgelegt und gestaltet werden, dass sie nach Wegnahme einer aufgebrachten Belastung wieder ihre ursprüngliche Gestalt erreichen. Zum Ausdruck kommt diese Eigenschaft im **Elastizitätsmodul** bzw. im **Gleitmodul**. Diese Werkstoffkenngrößen drücken das Verhältnis zwischen Spannung und Dehnung aus und sollten einen möglichst hohen Wert aufweisen (siehe Tabelle 15.1).

Außerdem sollen Federwerkstoffe:

- hohe Elastizitätsgrenzen, d. h. einen großen rein elastischen Bereich haben,

- die entsprechenden Spannungen auch bei erhöhten Temperaturen ohne größere Kraftverluste ertragen (geringe Relaxation),

- eine hohe Dauerschwingfestigkeit aufweisen (feinkörniges Gefüge, frei von Verunreinigungen),

- ein ausreichendes Verformungsvermögen haben,

- eine möglichst gleitfähige Oberfläche besitzen,

- bestimmten Anforderungen an den Korrosionsschutz standhalten,

- evtl. elektrisch leitend oder unmagnetisch sein.

15.3 Werkstoffe

Tabelle 15.1: Elastizitäts- und Gleitmoduln verschiedener Werkstoffe

Werkstoff	E-Modul (in N/mm²)	G-Modul (in N/mm²)
Patentiert gezogener Federstahldraht nach EN 10270-1	206 000	81 500
Ölschlussvergüteter Ventilfederdraht nach EN 10270-2	206 000	81 500
Warmgewalzter Stahl nach EN10089	206 000	78 500
Kaltband nach EN 10132	206 000	78 500
X10CrNi 18 8 (1.4310)	185 000	70 000
X7CrNiAl 17 7 (1.4568)	195 000	73 000
X5CrNiMo 17-12-2 (1.4401)	180 000	68 000
CuSn6 R950 nach EN 12166	115 000	42 000
CuZn36 R700 nach EN 12166	110 000	39 000
CuBe2 nach EN 12166	120 000	47 000
CuNi18Zn20 nach EN 12166	135 000	45 000
CuCo2Be nach EN 12166	130 000	48 000
Inconel X750	213 000	76 000
Nimonic 90	213 000	83 000
Hastelloy C4	210 000	76 000
Titanlegierung TiAl6V4	104 000	39 000

15.3.1 Federstahldraht nach EN 10270-1

Die meisten Federn werden aus **Federstahldraht** nach EN 10270-1 gefertigt. Er wird durch Patentieren (eine Wärmebehandlung, die aus Austenitisieren und schnellem Abkühlen auf eine Temperatur oberhalb des Martensitpunktes besteht) und Kaltziehen aus unlegierten Stählen hergestellt. Je nach geforderter Beanspruchung erfolgt die Einteilung in die fünf **Drahtsorten** SL, SM, SH, DM und DH. Soweit Federn statischen oder gelegentlich dynamischen Beanspruchungen ausgesetzt sind, wird eine Drahtsorte für statische Beanspruchung (S) verwendet. In den anderen Fällen mit häufiger oder vorwiegend dynamischer Belastung und bei kleinen Wickelverhältnissen oder engem Biegeradius wird eine Drahtsorte für dynamische Beanspruchung (D) verwendet. In Abhängigkeit von der Höhe der Spannung wird Federdraht in drei **Zugfestigkeitsklassen** hergestellt: niedrig (SL), mittel (SM, DM) und hoch (SH, DH). Auf Grund der hohen Anforderungen in der Industrie werden in der Praxis vor allem die Sorten SH und DH verwendet.

15.3.2 Ventilfederdraht nach EN 10270-2

Für hohe Dauerschwingbeanspruchungen sollte **Ventilfederdraht** (VD) nach EN 10270-2 verwendet werden. Bewährt haben sich vor allem die SiCr-legierten Ventilfederdrähte, da sie neben hoher Dauerfestigkeit auch über hohe Zugfestigkeit verfügen und bis zu Betriebstemperaturen von 160 °C eingesetzt werden können. Hergestellt wird der Draht durch Ziehen und nachfolgendes Ölschlusshärten, um eine hohe Festigkeit zu erreichen.

15.3.3 Nichtrostender Federstahl

Die oben genannten Werkstoffe müssen mit einem **Oberflächenschutz** versehen werden, um Korrosion zu verhindern. Austenitische Chrom-Nickel-Stähle dagegen weisen chemische Beständigkeit in feuchter Luft und Wasser auf. Außerdem sind sie in kalten, verdünnten Mineralsäuren, wie Phosphorsäure, Salpetersäure und Chromsäure, beständig. Der Zusatz von Molybdän, aber auch Nickel, erhöht die Beständigkeit in nicht oxidierenden Säuren, z. B. Schwefelsäure. **Nichtrostende Stähle** weisen in vielen neutralen Salzlösungen bei normaler Temperatur und niedrigem Chlorgehalt eine gute Beständigkeit auf. Nitrite, Nitrate, Sulfite, Sulfate, Carbonate usw. üben auf die Stähle keine korrosive Wirkung aus. Chloride und Bromide verursachen zwar keine allgemeine Korrosion, sind aber insofern gefährlich, als sie den Stahl stellenweise angreifen können.

In neutralen und sauren chlorid- oder bromidhaltigen Lösungen können nichtrostende Stähle durch Lochfraß und Spaltkorrosion angegriffen werden. Die Beständigkeit gegen diesen Angriffstyp wird vor allem durch Molybdän und Chrom verbessert.

Die hochlegierten nichtrostenden Stähle finden ebenfalls für Hoch- oder Tieftemperatureinsatz Verwendung, siehe Abschnitt 15.3.5.

15.3.4 Nichteisenmetalle

15.3.4.1 Kupferlegierungen

Die Kupferknetlegierungen werden immer mehr aus der Federfertigung verdrängt. Nur dort, wo es gleichzeitig auf gute elektrische Eigenschaften (siehe Tabelle 15.2) ankommt, können sie sich behaupten. Kupferknetlegierungen sind unmagnetisch und beständig gegen Seewasser. Bei Gefahr von Spannungsrisskorrosion ist CuSn6 vorzuziehen.

Tabelle 15.2: Elektrische Leitfähigkeit von einigen Kupferlegierungen

Werkstoff	Elektrische Leitfähigkeit (in m/$\Omega \cdot$ mm^2)
CuZn36 (Messing)	15
CuSn6 (Zinnbronze)	10
CuNi18Zn20 (Neusilber)	3
CuBe2 (Berylliumbronze)	8 … 13

15.3.4.2 Nickellegierungen

Nickellegierungen haben eine hohe Wärme- und Korrosionsbeständigkeit. Außerdem besitzen sie einen hohen elektrischen Widerstand und sind meist unmagnetisch. Die Festigkeitswerte liegen unter denen der

15.3 Werkstoffe

Stähle, bei hohen Temperaturen sind sie ihnen jedoch überlegen. Vor allem die sehr gute Korrosionsbeständigkeit von Hastelloy C4 ist mit geringer Zugfestigkeit verbunden (siehe Tabelle 15.3).

Tabelle 15.3: Zugfestigkeit von ausgewählten Nickellegierungen

Werkstoff	Zugfestigkeit (in N/mm^2)
Inconel X750 (NiCr15Fe7Ti2Al)	1400
Nimonic 90 (NiCr20Co18TiAl)	1200
Hastelloy C4 (NiMo16Cr16Ti)	800

15.3.4.3 Titanlegierungen

Da Titanverbindungen ein günstiges Festigkeits-Masse-Verhältnis aufweisen, sind sie für die Luftfahrttechnik interessant. Sie zeichnen sich außerdem durch Kälteunempfindlichkeit, Warmfestigkeit und Korrosionsbeständigkeit aus.

15.3.5 Einfluss der Arbeitstemperatur

15.3.5.1 Verhalten bei erhöhten Arbeitstemperaturen

Die Höhe der Arbeitstemperatur kann die Funktion einer Feder erheblich beeinflussen, da die Neigung zu Relaxation mit steigender Temperatur zunimmt (siehe Abschn. 15.2.5) In Auswertung der Relaxationsschaubilder können für die einzelnen Werkstoffe die in der Tabelle 15.4 aufgezeigten Grenztemperaturen ermittelt werden.

Tabelle 15.4: Grenztemperaturen von Federwerkstoffen bei minimaler Relaxation

Werkstoff	Maximale Arbeitstemperatur in °C bei	
	hoher Belastung	niedriger Belastung
Patentiert gezogener Federstahldraht nach EN 10270-1	60 ... 80	80 ... 150
Ölschlussvergüteter Ventilfederdraht nach EN 10270-2	80 ... 160	120 ... 160
X10CrNi 18.8 (1.4310)	160	250
X7CrNiAl 17.7 (1.4568)	200	350
X5CrNiMo 17-12-2 (1.4401)	160	300
CuSn6	80	100
CuZn36	40	60
CuBe2	80	120
CuNi18Zn20	80	120
Inconel X750	475	550
Nimonic90	500	500

Außerdem nehmen die für die Federfunktion wichtigen Werkstoffeigenschaften Elastizitätsmodul und Schubmodul mit steigender Temperatur ab. Sowohl der Schubmodul als auch der Elastizitätsmodul werden bei höheren Temperaturen nach folgender Formel ermittelt, wobei die Werkstoffkennwerte bei Raumtemperatur (20 °C) als Basis dienen (Tabelle 15.1).

$$G_t = G_{20} \frac{3620 - T}{3600} \quad \text{bzw.} \quad E_t = E_{20} \frac{3620 - T}{3600}$$

G, G_{20} Gleit- oder Schubmodul in N/mm² (bei 20 °C)
E, E_{20} Elastizitätsmodul in N/mm² (bei 20 °C)
G_t temperaturabhängiger Schubmodul in N/mm²
E_t temperaturabhängiger Elastizitätsmodul in N/mm²
T Temperatur in °C

Damit ist es dem Konstrukteur möglich, die tatsächlichen Federkräfte bei der voraussichtlichen Betriebstemperatur zu bestimmen.

15.3.5.2 Verhalten bei tiefen Betriebstemperaturen

Beim Einsatz in Kühlanlagen, im Weltraum oder bei starker winterlicher Kälte müssen teilweise Temperaturen bis zu −200° ertragen werden. Trotz steigender Zugfestigkeit wirken sich tiefe Temperaturen ungünstig aus, da die Zähigkeit der Werkstoffe abnimmt und Sprödbrüche auftreten können. Nichtrostende Federstähle sowie Kupfer- und Nickellegierungen sind beim Tieftemperatureinsatz den patentierten Federdrähten sowie den Ventilfederdrähten vorzuziehen. Tabelle 15.5 zeigt die Grenztemperaturen auf.

Tabelle 15.5: Empfehlungen für den Tieftemperatureinsatz

Werkstoff	Minimale Arbeitstemperatur (in °C)
Patentiert gezogener Federstahldraht nach EN 10270-1	−60
Ölschlussvergüteter Ventilfederdraht nach EN 10270-2	−60
X10CrNi 18.8 (1.4310)	−200
X7CrNiAl 17.7 (1.4568)	−200
X5CrNiMo 17-12-2 (1.4401)	−200
CuSn6	−200
CuZn36	−200
CuBe2	−200
CuNi18Zn20	−200
Inconel X750	−100
Nimonic 90	−100

Oberflächenfehler, die durch die Bearbeitung entstehen (z. B. Riefen) bzw. Abbiegungen mit geringen Biegeradien sind im Tieftemperatureinsatz möglichst zu vermeiden.

15.4 Berechnung

Ziel des Federentwurfes ist es, die für die gegebene Aufgabe unter Berücksichtigung aller Umstände wirtschaftlichste Feder zu finden, die auch in den zur Verfügung stehenden Raum passt und die geforderte Lebensdauer erreicht. Neben diesen fertigungstechnischen und werkstofflichen Anforderungen kommt der richtigen Federauslegung besondere Bedeutung zu.

Der Konstrukteur sollte folgende **Anforderungen** zusammenstellen:

1. Belastungsart (statisch oder dynamisch),
2. Lebensdauer,
3. Einsatztemperatur,
4. Umgebungsmedium,
5. Notwendige Kräfte und Federwege,
6. Vorhandener Einbauraum,
7. Toleranzen,
8. Einbausituation (Knickung, Querfederung).

> Jede Federauslegung besteht aus zwei Stufen:
> **Funktionsnachweis:** Überprüfung der Federrate, Kräfte und Federwege, Schwingungsverhalten usw.
> **Festigkeitsnachweis:** Überprüfung der Einhaltung der zulässigen Spannungen bzw. Dauerfestigkeitsnachweis

Dazu ist eine iterative Vorgehensweise erforderlich.

Der Festigkeitsnachweis basiert auf der Entscheidung, ob die Feder statisch, quasistatisch oder dynamisch beansprucht wird. Folgende Kriterien sollten zur Abgrenzung herangezogen werden:

Statische oder quasistatische Beanspruchung: zeitlich konstante (ruhende) Belastung oder zeitlich veränderliche Belastung mit weniger als 10 000 Hüben insgesamt.

Dynamische Beanspruchung: zeitlich veränderliche Belastungen mit mehr als 10 000 Hüben. Die Feder ist meist vorgespannt und periodischer Schwellbelastung mit sinusförmigen Verlauf ausgesetzt, die zufällig (stochastisch) erfolgt, z. B. bei Kfz-Federungen. In einigen Fällen kommt es zu schlagartigen Kraftänderungen.

Bei der Federdimensionierung sind Beanspruchungsgrenzen festzulegen, die auf den Festigkeitswerten der Werkstoffe basieren und die Beanspruchungsart berücksichtigen. Dazu wird ein Sicherheitsfaktor einbezogen und so die zulässige Spannung ermittelt. Nach einem Vergleich mit der tatsächlich vorhandenen Spannung muss durch iterative Vorgehensweise die Federdimensionierung überarbeitet werden.

Nennspannung ≤ zulässige Spannung

15.4.1 Federsysteme

Aus konstruktiven Gründen müssen mitunter mehrere Federn zur Aufnahme von Kräften und Ausführung von Bewegungen dienen. Einfache Federsysteme ergeben sich durch Parallel- bzw. Reihenschaltung von Einzelfedern.

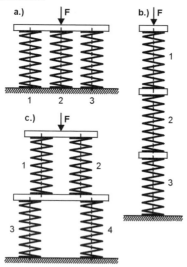

Bild 15.5: Federsysteme. a) Parallelschaltung; b) Reihenschaltung; c) Mischschaltung

15.4.1.1 Parallelschaltung

Die Federn werden so angeordnet (Bild 15.5a), dass sich die äußere Belastung F anteilmäßig auf die einzelnen Federn aufteilt, aber der Weg der einzelnen Federn gleich groß ist. So ergibt sich:

15.4 Berechnung

$s = s_1 = s_2 = s_3 = \ldots$ Gesamtfederweg

$F = F_1 + F_2 + F_3 + \ldots$ Gesamtfederkraft

$R = R_1 + R_2 + R_3 + \ldots$ Gedamtfederrate

$s, s_1, s_2, s_3,$ Federwege in mm
F, F_1, F_2, F_3 Kräfte in N
R, R_1, R_2, R_3 Federraten in N/mm

Die **Federrate** des Gesamtsystems einer Parallelschaltung ist stets größer als die Federrate der Einzelfedern.

15.4.1.2 Reihenschaltung

Die Federn sind hintereinander angeordnet (Bild 15.5b), sodass auf jede Feder die gleiche Kraft wirkt, der Federweg sich jedoch auf die Einzelfedern aufteilt. Es ergibt sich:

$s = s_1 + s_2 + s_3 + \ldots$ Gesamtfederweg

$F = F_1 = F_2 = F_3 = \ldots$ Gesamtfederkraft

$R = \dfrac{1}{\dfrac{1}{R_1} + \dfrac{1}{R_2} + \dfrac{1}{R_3} + \ldots}$ Gesamtfederrate

Die **Federrate** des Gesamtsystems einer Reihenschaltung ist stets kleiner als die Federrate der Einzelfedern.

15.4.1.3 Mischschaltung

Es werden mehrere Federn parallel und hintereinander geschaltet. Aus Bild 15.5c ist ersichtlich, dass für den dargestellten Fall gilt:

$R = \dfrac{1}{\dfrac{1}{R_1 + R_2} + \dfrac{1}{R_3 + R_4} + \ldots}$ Gesamtfederrate

Wegen des Gleichgewichts müssen $R_1 = R_2$ und $R_3 = R_4$ sein.

Die **Federrate** des Gesamtsystems der gezeigten Mischschaltung liegt zwischen kleinster und größter Federrate der Einzelfedern.

15.4.2 Druckfedern

15.4.2.1 Allgemeines

Kaltgeformte zylindrische Druckfedern mit konstanter Steigung kommen in der Praxis am häufigsten zum Einsatz. Der Draht wird durch Winden um einen Dorn kalt umgeformt. Je nach Vorschub des Steigungsstiftes werden der Windungsabstand und die Anlage der Feder reguliert. Nach dem Winden erfolgt das Anlassen, um Eigenspannungen in der Feder abzubauen sowie die Schubelastizitätsgrenze zu erhöhen. Es verringert sich also der Setzbetrag. Die Anlasstemperaturen und -zeiten richten sich nach dem Werkstoff; die Abkühlung erfolgt an Luft bei normaler Raumtemperatur.

Weitere wichtige Arbeitsgänge in der Federherstellung sind das Schleifen und Setzen. Die Federenden werden in der Regel ab einer Drahtstärke von 0,50 mm geschliffen, um eine planparallele Lagerung der Feder sowie eine optimale Krafteinleitung zu gewährleisten.

Übersteigt bei Belastung der Feder die Schubspannung den zulässigen Wert, tritt eine bleibende Verformung ein, die sich in der Verringerung der ungespannten Länge äußert. Dieser Vorgang wird in der Federtechnik als **Setzen** bezeichnet, was mit den Begriffen Kriechen und Relaxation aus der Werkstofftechnik gleichzusetzen ist. Um dem entgegenzuwirken, werden die Druckfedern um den zu erwartenden Setzbetrag länger gewunden und später auf Blocklänge zusammengedrückt. Dieses Vorsetzen ermöglicht eine bessere Werkstoffauslastung und erlaubt im späteren Einsatz eine höhere Belastung.

15.4.2.2 Berechnung zylindrischer Druckfedern

Die Berechnung basiert auf den in der EN 13906-1 enthaltenen Berechnungsgleichungen (siehe auch Bild 15.6):

Funktionsnachweis

Für zylindrische Druckfedern aus Draht mit Kreisquerschnitt gilt:

Federrate: $$R = \frac{Gd^4}{8D^3n}$$

Aus $R = F/s$ folgt:

Federkraft: $$F = \frac{Gd^4 s}{8D^3 n}$$

sowie:

Federweg: $$s = \frac{8D^3 nF}{Gd^4}$$

15.4 Berechnung

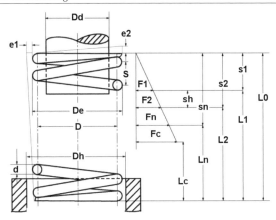

Bild 15.6: Theoretisches Druckfederdiagramm

Festigkeitsnachweis

Nach Festlegung der Federdimensionen muss der Festigkeitsnachweis geführt werden. Dazu wird die vorhandene Schubspannung ermittelt:

Spannung aus Kraft: $\quad \tau = \dfrac{8DF}{\pi d^3}$

Spannung aus Weg: $\quad \tau = \dfrac{Gds}{\pi n D^2}$

G Gleit- oder Schubmodul in N/mm²
D mittlerer Durchmesser in mm
d Drahtstärke in mm
n Anzahl der federnden Windungen

Während die Schubspannung τ für die Auslegung statisch oder quasistatisch beanspruchter Federn heranzuziehen ist, gilt die **korrigierte Schubspannung** τ_k für dynamisch beanspruchte Federn. Die Schubspannungsverteilung im Drahtquerschnitt einer Feder ist ungleichmäßig, die höchste Spannung tritt am Federinnendurchmesser auf. Mit dem **Spannungskorrekturfaktor** k, der vom Wickelverhältnis (Verhältnis von mittlerem Durchmesser zur Drahtstärke) der Feder abhängt, kann die höchste Spannung annähernd ermittelt werden. Für dynamisch beanspruchte Federn ergibt sich also:

Korrigierte Schubspannung: $\quad \tau_k = k\tau$

wobei für k gilt (nach *Bergsträsser*):

$$k = \frac{\dfrac{D}{d} + 0,5}{\dfrac{D}{d} - 0,75}$$

k Spannungskorrekturfaktor
D mittlerer Durchmesser in mm
d Drahtstärke in mm

Nun erfolgt der Vergleich mit der zulässigen Spannung. Diese ist wie folgt definiert:

Zulässige Spannung: $\qquad\qquad\qquad \tau_{zul} = 0,5 \cdot R_m$

Zulässige Spannung bei Blocklänge: $\qquad \tau_{c\,zul} = 0,56 \cdot R_m$

R_m Mindestzugfestigkeit in N/mm²

Die Werte für die Mindestzugfestigkeit R_m sind von der Drahtstärke abhängig und in den Normen der entsprechenden Werkstoffe zu finden.

In der Regel müssen sich Druckfedern bis zur Blocklänge zusammendrücken lassen, deshalb ist die zulässige Spannung bei Blocklänge $\tau_{c\,zul}$ zu berücksichtigen.

Bei dynamischer Beanspruchung müssen Unter- und Oberspannung (τ_{k1} und τ_{k2}) des entsprechenden Hubes ermittelt werden. Die Differenz ist die **Hubspannung**. Sowohl die Oberspannung als auch die Hubspannung dürfen die entsprechenden zulässigen Werte nicht überschreiten. Diese sind den Dauerfestigkeitsschaubildern der EN 13906-1:2002 zu entnehmen. Halten die Spannungen diesem Vergleich stand, ist die Feder dauerfest bei einer Grenzlastspielzahl von 10^7.

Alle dynamisch beanspruchten Federn mit einer Drahtstärke >1 mm sollten kugelgestrahlt werden. Dadurch ist eine Steigerung der Dauerhubfestigkeit zu erreichen.

Nachdem sowohl der Funktionsnachweis als auch der Festigkeitsnachweis geführt wurde, sind noch verschiedene Geometrieberechnungen auszuführen und zu berücksichtigen, um die Feder passend in die Konstruktion des Bauteils einfügen zu können (Tabelle 15.6).

Die Blocklänge **kann** nicht unterschritten werden, weil die Windungen fest aneinander liegen, die kleinste nutzbare Länge **sollte** nicht unterschritten werden, weil dann ein linearer Kraftverlauf sowie dynamische Belastbarkeit nicht mehr gewährleistet sind.

15.4 Berechnung

Außerdem sind die zulässigen Toleranzen nach DIN 2095 zu berücksichtigen.

Tabelle 15.6: Geometriebeziehungen bei Druckfedern

Federkenngröße	Berechnungsgleichung
Gesamtzahl der Windungen	$n_t = n + 2$
Blocklänge der geschliffenen Feder	$L_c = n_t d_{max}$
Blocklänge der ungeschliffenen Feder	$L_c = (n_t + 1{,}5) \, d_{max}$
Kleinste nutzbare Länge	$L_n = L_c + S_a$
Ungespannte Länge	$L_0 = L_n + s_n$
Summe der Mindestabstände zwischen den Windungen	$S_a = \left(0{,}0015 \dfrac{D^2}{d} + 0{,}1 d \right) \cdot n$
Vergrößerung des Außendurchmessers bei Belastung	$\Delta D_e = 0{,}1 \dfrac{S^2 - 0{,}8 S d - 0{,}2 d^2}{D}$
Steigung	$S = \dfrac{L_0 - d}{n}$ (geschliffen) $S = \dfrac{L_0 - 2{,}5 d}{n}$ (ungeschliffen)
Knickfederweg (gültig für verschiedene Lagerungsbeiwerte v, siehe EN 13906-1: 2002)	$s_K = L_0 \dfrac{0{,}5}{1 - \dfrac{G}{E}} \left[1 - \sqrt{ \dfrac{1 - \dfrac{G}{E}}{0{,}5 + \dfrac{G}{E}} \left(\dfrac{\pi D}{v L_0} \right)^2 } \right]$

L_0 ungespannte Federlänge in mm
L_n kleinste nutzbare Länge in mm
L_c Blocklänge in mm
d Drahtstärke in mm
n Anzahl der federnden Windungen
n_t Anzahl der Gesamtwindungen
s_n maximal nutzbarer Federweg in mm
S_a Summe der Mindestabstände zwischen den Windungen in mm
S Steigung der Feder in mm (Mittelpunktabstand der Windungen)
D mittlerer Durchmesser in mm
D_e Außendurchmesser in mm
s_K Knickfederweg in mm
G Gleit- oder Schubmodul in N/mm^2
E Elastizitätsmodul in N/mm^2

15.4.3 Zugfedern

15.4.3.1 Allgemeines

Zugfedern werden genau wie Druckfedern um einen Dorn gewunden, jedoch ohne Windungsabstand und mit verschiedenen Federenden zur

Befestigung der Feder (Bild 15.7). Die Windungen werden dabei fertigungstechnisch eng aneinander gepresst. Diese innere Vorspannung F_0 ist vom Wickelverhältnis abhängig und nicht beliebig hoch fertigbar. Anhaltswerte für die Höhe der Vorspannung liefert die Berechnungssoftware WinFSB von Gutekunst Federn nach Eingabe der jeweiligen Federdaten.

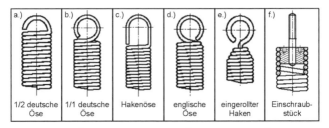

Bild 15.7: Häufige Ösenformen. a) halbe deutsche Öse; b) ganze deutsche Öse; c) Hakenöse; d) englische Öse; e) eingerollter Haken; f) Einschraubstück

Der Vorteil von Zugfedern besteht in der Knickfreiheit, Nachteil sind der größere Einbauraum sowie die vollständige Unterbrechung des Kraftflusses beim Federbruch.

15.4.3.2 Berechnung von Zugfedern

Entsprechend den Berechnungsgleichungen für Druckfedern, jedoch unter Berücksichtigung der Vorspannkraft, gelten folgende Zusammenhänge für zylindrische Zugfedern aus Runddraht (Bild 15.8):

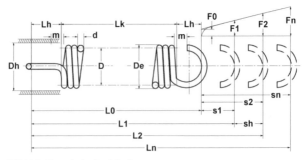

Bild 15.8: Theoretisches Zugfederdiagramm

15.4 Berechnung

Funktionsnachweis

Federrate: $R = \dfrac{Gd^4}{8D^3n} = \dfrac{F - F_0}{s}$

Aus $R = F/s$ folgt:

Federkraft: $F = \dfrac{Gd^4 s}{8D^3 n} + F_0$

sowie:

Federweg: $s = \dfrac{8D^3 n(F - F_0)}{Gd^4}$

Festigkeitsnachweis

Wie auch bei Druckfederberechnungen ist die vorhandene Schubspannung zu ermitteln.

Schubspannung: $\tau = \dfrac{8DF}{\pi d^3}$

F_0 innere Vorspannung in N
G Gleit- oder Schubmodul in N/mm²
D mittlerer Durchmesser in mm
d Drahtstärke in mm
n Anzahl der federnden Windungen

Ebenso muss für dynamische Beanspruchung die korrigierte Hubspannung berechnet werden (siehe Abschn. 15.4.2.2).

Korrigierte Schubspannung: $\tau_k = k\tau$

Zulässige Spannung: $\tau_{zul} = 0,45 \cdot R_m$

R_m Mindestzugfestigkeit in N/mm²
k Spannungskorrekturfaktor

Die vorhandene maximale Spannung τ_n beim größten Federweg s_n wird der zulässigen Spannung gleichgesetzt. Um jedoch Relaxation zu vermeiden, sollten in der Praxis nur 80 % dieses Federweges ausgenutzt werden.

$s_2 = 0,8 \cdot s_n$

Für dynamische Beanspruchungen können keine allgemein gültigen Dauerfestigkeitswerte angegeben werden, da an den Biegestellen der Ösen zusätzliche Spannungen auftreten können, die zum Teil über die zulässigen Spannungen hinausgehen können. Zugfedern sollten daher möglichst nur statisch beansprucht werden. Wenn sich dynamische

Beanspruchung nicht vermeiden lässt, sollte man auf angebogene Ösen verzichten und eingerollte bzw. eingeschraubte Endstücke einsetzen. Sinnvoll ist ein **Lebensdauertest** unter späteren Einsatzbedingungen. Eine Oberflächenverfestigung durch Kugelstrahlen ist wegen der eng aneinander liegenden Windungen nicht durchführbar.

Tabelle 15.7 zeigt den Zusammenhang verschiedener Zugfederkenngrößen.

Tabelle 15.7: Geometriebeziehungen bei Zugfedern

Federkenngröße	Berechnungsgleichung
Körperlänge	$L_K = (n_t + 1)\,d$
Ungespannte Länge	$L_0 = L_K + 2L_H$
Ösenhöhe halbe deutsche Öse	$L_H = 0{,}55 D_i \ldots 0{,}80 D_i$
Ösenhöhe ganze deutsche Öse	$L_H = 0{,}80 D_i \ldots 1{,}10 D_i$
Ösenhöhe Hakenöse	$L_H > 1{,}10 D_i$
Ösenhöhe englische Öse	$L_H = 1{,}10 D_i$

L_0 ungespannte Federlänge in mm
L_K Körperlänge von Zugfedern in mm
L_H Ösenhöhe in mm
d Drahtstärke in mm
n_t Anzahl der Gesamtwindungen
D_i Innendurchmesser in mm

Die zulässigen Fertigungstoleranzen nach DIN 2097 sind zu berücksichtigen.

15.4.4 Drehfedern (Schenkelfedern)

15.4.4.1 Allgemeines

Gewundene zylindrische Drehfedern haben im Wesentlichen die gleiche Form wie zylindrische Druck- und Zugfedern, jedoch mit Ausnahme der Federenden. Diese sind schenkelförmig abgebogen, um eine Verdrehung des Federkörpers um die Federachse zu ermöglichen. Damit sind sehr viele verschiedene Einsatzgebiete zu verzeichnen, z. B. als Rückstell- oder Scharnierfedern. Die Aufnahme der Drehfeder sollte auf einem Führungsdorn und die Belastung nur im Wickelsinn erfolgen. Der Innendurchmesser verkleinert sich hierbei (Tabelle 15.8). Die Federn werden üblicherweise ohne Steigung gewunden. Ist jedoch Reibung absolut unerwünscht, können Drehfedern auch mit Windungsabstand gefertigt werden. Bei dynamischer Beanspruchung ist darauf zu achten, dass an den Federenden keine scharfkantigen Abbiegungen bestehen, um unberechenbare Spannungsspitzen zu vermeiden.

15.4.4.2 Berechnung von Drehfedern

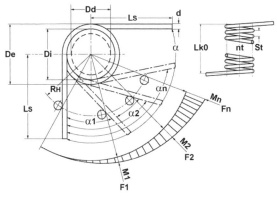

Bild 15.9: Theoretisches Drehfederdiagramm

Die Berechnung erfolgt nach den Richtlinien der EN 13906-3:2001 (Bild 15.9):

Funktionsnachweis

Federmomentrate: $$R_M = \frac{M}{\alpha} = \frac{d^4 E}{3667 Dn}$$

Federmoment: $$M = F R_H = \frac{d^4 E \alpha}{3667 Dn}$$

Drehwinkel: $$\alpha = \frac{3667 DMn}{E d^4}$$

Festigkeitsnachweis

Die vorhandene Biegespannung wird ermittelt und mit der zulässigen Spannung verglichen. Bei dynamischer Beanspruchung muss wiederum die korrigierte Spannung zum Vergleich herangezogen werden.

Biegespannung: $$\sigma = \frac{32 M}{\pi d^3}$$

- D mittlerer Durchmesser in mm
- d Drahtstärke in mm
- n Anzahl der federnden Windungen
- R_H Hebelarm der Federkraft in mm
- E Elastizitätsmodul in N/mm²

Korrigierte Biegespannung: $\sigma_q = q\sigma$

wobei für q gilt:

$$q = \frac{\dfrac{D}{d} + 0,07}{\dfrac{D}{d} - 0,75}$$

Zulässige Biegespannung: $\sigma_{zul} = 0,7 R_m$

q Spannungskorrekturfaktor
D mittlerer Durchmesser in mm
d Drahtstärke in mm
R_m Mindestzugfestigkeit in N/mm²

Bei dynamischer Beanspruchung müssen Unter- und Oberspannung (τ_{k1} und τ_{k2}) des entsprechenden Hubes ermittelt werden. Die Differenz ist die Hubspannung. Sowohl die Oberspannung als auch die Hubspannung dürfen die entsprechenden zulässigen Werte nicht überschreiten. Diese sind für Federstahldraht den Dauerfestigkeitsschaubildern der EN 13906-3:2001 zu entnehmen. Halten die Spannungen diesem Vergleich stand, ist die Feder dauerfest bei einer Grenzlastspielzahl von 10^7.

In Tabelle 15.8 sind Geometriebeziehungen, die wichtig für die Konstruktion des Bauteils sind, zusammengestellt:

Tabelle 15.8: Geometriebeziehungen bei Drehfedern

Federkenngröße	Berechnungsgleichung
Verkleinerung des Innendurchmessers bei maximaler Belastung	$D_{in} = \dfrac{Dn}{n + \dfrac{\alpha}{360}} - d$
Unbelastete Körperlänge	$L_K = (n + 1,5)\,d$
Körperlänge im maximal belasteten Zustand	$L_{Kn} = \left(n + 1,5 + \dfrac{\alpha}{360}\right) d$
Federweg	$s_n = \dfrac{\alpha_n R_H}{57,3}$

d Drahtstärke in mm
D mittlerer Durchmesser in mm
n Anzahl der federnden Windungen
α Drehwinkel in °
α_n maximaler Drehwinkel in °
R_H Hebelarm der Federkraft in mm

15.4 Berechnung

Zusätzlich müssen die Fertigungstoleranzen nach DIN 2194 berücksichtigt werden.

Eine kostenlose Version der Federnberechnungssoftware WinFSB kann auf der Internetseite www.gutekunst-federn.de heruntergeladen werden.

15.4.5 Tellerfedern
15.4.5.1 Allgemeines

Tellerfedern sind kegelig geformte Ringscheiben aus Federbandstahl. Sie werden axial auf Biegung beansprucht. Der Einsatz erfolgt entweder als **Einzelfeder** (Bild 15.10) oder geschichtet als **Tellerfedersäule** (Bild 15.2c). Durch ihre hohe Federrate finden Tellerfedern vor allem für große Kräfte und kleine Federwege Anwendung, z. B. in Kupplungen, als Spannelemente für Vorrichtungen und Werkzeuge oder zur Schwingungsdämpfung von Fahrzeugen. Die Federn werden aus warmgewalzten Stählen nach EN 10089 sowie aus Kaltband nach EN 10132-4 hergestellt.

Tellerfedern werden in drei Gruppen eingeteilt:

Gruppe 1: $t < 1{,}25$
Gruppe 2: $1{,}25 < t < 6$
Gruppe 3: $t > 6$ (mit Auflageflächen)

15.4.5.2 Berechnung von Einzeltellerfedern

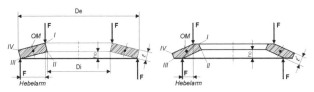

Bild 15.10: Einzeltellerfeder

Funktionsnachweis

Für Tellerfedern ohne Auflageflächen gilt nach DIN 2092 (siehe Bild 15.10):

Federkraft: $$F = \frac{4E}{1-\mu^2} \cdot \frac{t^4}{K_1 D_e^2} \cdot \frac{s}{t} \left[\left(\frac{h_0}{t} - \frac{s}{t} \right) \left(\frac{h_0}{t} - \frac{s}{2t} \right) + 1 \right]$$

Federrate: $$R = \frac{F}{s} = \frac{4E}{1-\mu^2} \cdot \frac{t^3}{K_1 D_e^2} \left[\left(\frac{h_0}{t} \right)^2 - \frac{3h_0 s}{t^2} + \frac{3s^2}{2t^2} + 1 \right]$$

Bei Tellerfedern der Gruppe 3 (mit Auflageflächen) ist für t die reduzierte Dicke t' einzusetzen. Mit dieser reduzierten Dicke wird einer Krafterhöhung durch den verkürzten Hebelarm entgegengewirkt.

Festigkeitsnachweis

Die vorhandenen Spannungen werden ermittelt und mit den zulässigen Spannungen verglichen:

Spannungen an den Kanten 0M, I, II, III und IV:

$$\sigma_{0M} = -\frac{4E}{1-\mu^2} \cdot \frac{t^2}{K_1 D_e^2} \cdot \frac{s}{t} \cdot \frac{3}{\pi}$$

$$\sigma_I = -\frac{4E}{1-\mu^2} \cdot \frac{t^2}{K_1 D_e^2} \cdot \frac{s}{t} \left[K_2 \left(\frac{h_0}{t} - \frac{s}{2t} \right) + K_3 \right]$$

$$\sigma_{II} = -\frac{4E}{1-\mu^2} \cdot \frac{t^2}{K_1 D_e^2} \cdot \frac{s}{t} \left[K_2 \left(\frac{h_0}{t} - \frac{s}{2t} \right) - K_3 \right]$$

$$\sigma_{III} = -\frac{4E}{1-\mu^2} \cdot \frac{t^2}{K_1 D_e^2} \cdot \frac{s}{t} \cdot \frac{1}{\delta} \left[(K_2 - 2K_3) \left(\frac{h_0}{t} - \frac{s}{2t} \right) - K_3 \right]$$

$$\sigma_{IV} = -\frac{4E}{1-\mu^2} \cdot \frac{t^2}{K_1 D_e^2} \cdot \frac{s}{t} \cdot \frac{1}{\delta} \left[(K_2 - 2K_3) \left(\frac{h_0}{t} - \frac{s}{2t} \right) + K_3 \right]$$

Bei positiven Ergebnissen handelt es sich um Zugspannungen, bei negativen um Druckspannungen.

F Kraft in N
s Federweg in mm
E Elastizitätsmodul in N/mm²
h_0 Innenhöhe des unbelasteten Federtellers
t Dicke des Federtellers
t' Dicke des Federtellers mit Auflageflächen
μ Reziprokwert der Poisson'schen Konstanten
D_e Außendurchmesser in mm

15.4 Berechnung

Kennwerte:

$$\delta = \frac{D_e}{D_i} \qquad K_1 = \frac{1}{\pi} \cdot \frac{\left(\dfrac{\delta-1}{\delta}\right)^2}{\dfrac{\delta+1}{\delta-1} - \dfrac{2}{\ln \delta}}$$

$$K_2 = \frac{6}{\pi} \cdot \frac{\dfrac{\delta-1}{\ln \delta} - 1}{\ln \delta} \qquad K_3 = \frac{3}{\pi} \cdot \frac{(\delta-1)}{\ln \delta}$$

Zulässige Spannungen bei statischer Beanspruchung in Planlage:

$\sigma_{\text{I zul}} = 2600$ N/mm^2 und $\sigma_{\text{0M zul}} = R_e$ (für Stähle nach EN 10089 sowie 10132 gilt: $R_e = 1400 \ldots 1600$ N/mm^2)

Zulässige Spannung bei dynamischer Beanspruchung:

Bei dynamischer Beanspruchung müssen Unter- und Oberspannung des entsprechenden Hubes an den besonders gefährdeten Stellen II oder III ermittelt werden. Die Differenz ist die Hubspannung. Sowohl die Oberspannung als auch die Hubspannung dürfen die entsprechenden zulässigen Werte nicht überschreiten. Diese sind den Dauerfestigkeitsschaubildern der DIN 2093 zu entnehmen. Halten die Spannungen diesem Vergleich stand, ist die Feder dauerfest bei einer Grenzlastspielzahl von $2 \cdot 10^6$.

15.4.5.3 Kombination von Einzeltellerfedern

Federpaket: gleichsinnig geschichtete Einzeltellerfedern.

Bei Vernachlässigung der Reibung entspricht die Gesamtkraft der Summe der Einzelkräfte. Der Gesamtfederweg entspricht dem Federweg des Einzeltellers.

Federsäule: wechselsinnig aneinandergereihte Einzeltellerfedern oder Federpakete.

Die Gesamtkraft entspricht bei Vernachlässigung der Reibung der Summe der Einzelkräfte. Ebenso entspricht der Gesamtfederweg der Summe der Federwege der einzelnen Teller oder Pakete.

Durch die Schichtung verschieden starker Einzelteller in verschiedenen Kombinationen ist fast jede gewünschte Kennlinie erreichbar. Sehr lange Federsäulen sollten jedoch auf Grund der immer größeren Reibung vermieden werden.

Quellen und weiterführende Literatur

Decker, K. H.: Maschinenelemente. München Wien: Carl Hanser Verlag, 2006
DIN-Taschenbuch 29: Federn 1. Berlin, Wien, Zürich: Beuth, 2003
DIN-Taschenbuch 349: Federn 2. Berlin, Wien, Zürich: Beuth, 2002
Meissner, M.; Schorcht, H. J.: Metallfedern. Berlin, Heidelberg: Springer-Verlag, 1997
Niemann, G.; Winter, H.; Höhn, B. R.: Maschinenelemente. Berlin, Heidelberg: Springer-Verlag, 2001

Firmenschriften und Kataloge der Firmen:
Gutekunst Federn, Metzingen
Sandvik, Düsseldorf
Scherdel, Marktredwitz

16 Grundlagen der Verzahnung

Dipl.-Ing. Jens-Uwe Goering

16.1 Grundlagen

Zahnräder übertragen Drehbewegungen und Drehmomente von einer Welle auf eine zweite durch Formschluss der im Eingriff befindlichen Zähne.

16.1.1 Bezeichnungen

Zahnräder werden meist paarweise betrachtet. Dabei gibt es immer ein treibendes Zahnrad (Index a) und ein getriebenes Zahnrad (Index b). Bei verschieden großen Zahnrädern wird das kleinere **Ritzel** genannt und erhält den Index 1. Das Größere wird **Großrad** oder einfach nur **Rad** genannt und trägt den Index 2.

16.1.2 Grundformen

Bild 16.1 zeigt die Grundformen von Zahnrädern

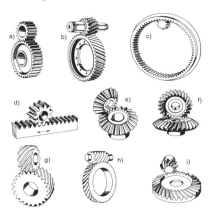

Bild 16.1: Grundformen. a) Stirnradpaar, geradverzahnt; b) Stirnradpaar, schrägverzahnt; c) Innenradpaar; d) Zahnstangenradpaar; e) Kegelradpaar, geradverzahnt; f) Kegelradpaar, schrägverzahnt; g) Stirnrad-Schraubräderpaar; h) Schneckenradsatz; i) Kegel-Schraubräderpaar [1]

Bild 16.2 stellt einen **zweistufigen Getriebezug** dar (aus DIN 3998).

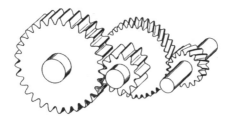

Bild 16.2: Zweistufiger Getriebezug [1]

Übersetzung: $\quad i = \dfrac{\omega_a}{\omega_b} = \dfrac{n_a}{n_b}$

n_a Drehzahl des treibenden Rades
n_b Drehzahl des getriebenen Rades

Zähnezahlverhältnis: $\quad u = \dfrac{z_2}{z_1}$

z_1 Zähnezahl des Ritzels
z_2 Zähnezahl des Rades

Bei Hohlrädern ist z_2 negativ. Somit haben Innenradpaare stets ein negatives Übersetzungsverhältnis u.

16.2 Verzahnung

16.2.1 Verzahnungsgesetz

Bild 16.3 zeigt ein im Eingriff befindliches Zahnradpaar. Vereinfacht können Zahnradpaare als zwei Zylinder dargestellt werden, die sich ohne Schlupf aufeinander abwälzen. Die Flächen dieser Zylinder werden allgemein als Wälzflächen bezeichnet. In der Ebene erscheinen die Wälzflächen als Kreise, die so genannten **Wälzkreise** w_1 und w_2. Sie berühren einander im **Wälzpunkt** C, der auf der Verbindungslinie der beiden Zahnradachsen liegt.

16.2 Verzahnung

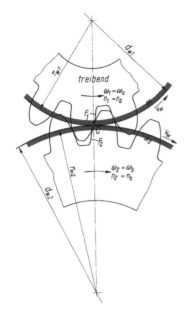

Bild 16.3: Wälzkreise [1]

Umfangsgeschwindigkeit der Wälzkreise:

$$|v_w| = d_{w1} \cdot \pi \cdot n_1 = d_{w2} \cdot \pi \cdot n_2$$

v_w Umfangsgeschwindigkeit der Wälzkreise in m/s
d_{w1} Wälzkreisdurchmesser des Ritzels in m
d_{w2} Wälzkreisdurchmesser des Rades in m
n_1 Drehzahl des Ritzels in s^{-1}
n_2 Drehzahl des Rades in s^{-1}

Übersetzung: $\quad |i| = \dfrac{n_a}{n_b} = \dfrac{n_1}{n_2} = \dfrac{d_{w2}}{d_{w1}} = \dfrac{r_{w2}}{r_{w1}} = \dfrac{\omega_1}{\omega_2} = \dfrac{z_2}{z_1} = u$

16.2.2 Evolventenverzahnung

Eingriffslinie: Verbindung aller Berührpunkte von zwei Zähnen zweier Zahnräder

Bildet die Eingriffslinie eine Gerade, so ergibt sich eine Evolventenverzahnung, d. h., die Zahnflanken beschreiben die mathematische Kurve einer Evolvente.

Eingriffswinkel α: Winkel zwischen Eingriffslinie und Tangente am Wälzpunkt C

Der Eingriffswinkel bei Evolventenverzahnung ist nach DIN 867 genormt und beträgt $\alpha = 20°$.

Bild 16.4 zeigt eine Evolventenverzahnung im Eingriff. Bei treibendem Rad 1 und Drehrichtung gegen den Uhrzeigersinn ergibt sich die Eingriffslinie AE.

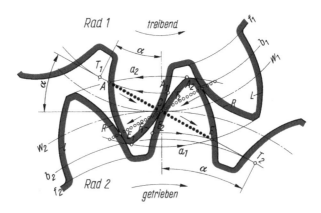

Bild 16.4: Evolventenverzahnung im Eingriff [1]

16.3 Geometrie von Zahnrädern

16.3.1 Null-Außenverzahnung

Null-Räder mit Nullverzahnung: Teilkreis = Wälzkreis

Bild 16.5 zeigt eine Null-Außenverzahnung.

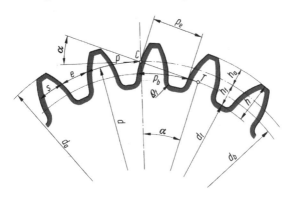

Bild 16.5: Null-Außenverzahnung [1]

h_a Kopfhöhe (normalerweise $h_a = m$)
h_f Fußhöhe = $h_a + c$ mit Kopfspiel $c = 0,25 \cdot m$ (im Normalfall)

Teilung p: Länge des Kreisbogens zwischen zwei aufeinander folgenden Zahnflanken

Teilung (Teilkreisteilung)

$$p = m \cdot \pi$$

Modul m: Bezugsmaß; Durchmesserteilung

Modul: $\qquad m = \dfrac{d}{z} = \dfrac{p}{\pi}$

Teilkreisdurchmesser: $d = z \cdot m$

Kopfkreisdurchmesser: $\quad d_a = d + 2h_a$
(Außendurchmesser)

Fußkreisdurchmesser: $\quad d_f = d - 2h_f$

Grundkreisdurchmesser: $\quad d_b = d \cdot \cos\alpha$

Eingriffsteilung p_e: Abstand zwischen zwei aufeinander folgenden Zahnflanken gemessen entlang der Eingriffslinie

Eingriffsteilung: $\quad p_e = p \cdot \cos\alpha = m \cdot \pi \cdot \cos\alpha$

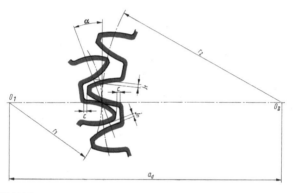

Bild 16.6: Zahnspiel, Null-Achsabstand [1]

Null-Achsabstand: $\quad a_d = r_1 + r_2 = \dfrac{m}{2}(z_1 + z_2)$

16.3.2 Planverzahnung, Bezugsprofil

Zahnstange: Kranz eines Stirnrades mit unendlich großem Wälzkreis

Da die Zahnstange ein Rad mit unendlich großem Wälzkreis ist, beträgt das Zähnezahlverhältnis $u = \infty$.

Planverzahnung: Ebene Verzahnung (nach DIN 868)

16.3 Geometrie von Zahnrädern

Wie der Wälzkreis werden bei Zahnstangen auch die Krümmungsradien der Flanken unendlich und somit gerade (Bild 16.7). Mit Hilfe einfacher, geradflankiger Werkzeuge ist es möglich, jedes Außenrad im Abwälzverfahren zu verzahnen.

Bezugsprofil = Zahnstangenprofil (gemäß DIN 867)

Profilbezugslinie = Teilgerade des Bezugsprofils

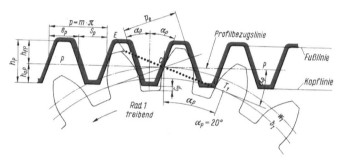

Bild 16.7: Evolventen-Planverzahnung (Zahnstangenprofil als Bezugsprofil) [1]

Profilwinkel: $\alpha_p = 20°$

Die Profilbezugslinie schneidet das Bezugsprofil so, dass gilt:

$$s_p = e_p = \frac{p}{2} = m \cdot \frac{\pi}{2}$$

s_p Zahndicke
e_p Lückenweite

Profilhöhe: $h_p = h_{ap} + h_{fp} = h_{ap} + (h_{ap} + c_p) = m + (m + c_p) = 2m + c_p$

16.3.3 Null-Schrägverzahnung

Schrägverzahnte Stirnräder: Zähne laufen schräg zu den Radachsen.

Schrägungswinkel β: Winkel zwischen Flankenlinie am Teilkreis und Radachse

Typische Werte für den Schrägungswinkel sind $\beta = 8 \ldots 25°$ (DIN 3978).

Bei schrägverzahnten Stirnradpaaren müssen beide Verzahnungen den gleichen, aber entgegengesetzten Schrägungswinkel β besitzen. Deshalb unterscheidet man zwischen **Rechtssteigung** und **Linkssteigung** (Bild 16.8).

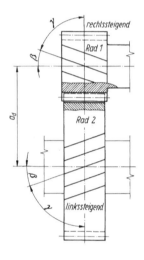

Bild 16.8: Schrägungs- und Steigungswinkel [1]

Bei sehr breiten Rädern würden sich die Zähne wie Gewindegänge um den Teilzylinder mit dem Steigungswinkel $\gamma = 90° - \beta$ winden. Schrägzahnräder werden daher auch als Schraubenräder bezeichnet.

Stirnmodul: $$m_t = \frac{m_n}{\cos \beta}$$

mit m_n = Normalmodul (Modul bezieht sich auf das Normalprofil)

Stirneingriffswinkel: $$\tan \alpha_t = \frac{\tan \alpha_n}{\cos \beta}$$

mit $\alpha_n = 20°$ (Normaleingriffswinkel bei Normalprofil)

Teilkreisdurchmesser: $$d = \frac{z \cdot m_n}{\cos \beta}$$

16.3 Geometrie von Zahnrädern

Kopfkreisdurchmesser:	$d_a = d + 2h_a$
Fußkreisdurchmesser:	$d_f = d - 2h_f$
Grundkreisdurchmesser:	$d_b = d \cdot \cos \alpha_t$
Normalteilung:	$p_n = m_n \cdot \pi$
Normaleingriffsteilung:	$p_{en} = p_n \cdot \cos \alpha_n = m_n \cdot \pi \cdot \cos \alpha_n$
Stirnteilung:	$p_t = m_t \cdot \pi = \dfrac{m_n}{\cos \beta} \pi$
Stirneingriffsteilung:	$p_{et} = p_t \cdot \cos \alpha_t = \dfrac{m_n}{\cos \beta} \pi \cdot \cos \alpha_t$
Ersatzzähnezahl:	$z_n = \dfrac{z}{\cos^2 \beta_b \cdot \cos \beta}$
Null-Achsabstand:	$a_d = r_1 + r_2 = \dfrac{m_n}{2 \cos \beta} (z_1 + z_2)$
Grundkreisschrägungswinkel:	$\cos \beta_b = \cos \beta \dfrac{\cos \alpha_n}{\cos \alpha_t} = \dfrac{\sin \alpha_n}{\sin \alpha_t}$
	$\sin \beta_b = \sin \beta \cdot \cos \alpha_n$

16.3.4 Profilverschiebung

Bei der Herstellung von Zahnrädern kann durch Variation des Werkzeugabstandes die Geometrie der Zähne verändert werden. Dies wird **Profilverschiebung** genannt. Sie kann sowohl positiv als auch negativ sein, je nachdem ob das Werkzeug weiter aus dem Rad heraus- oder hineingeschoben wird. Mit Hilfe der Profilverschiebung können Achsabstände angepasst werden.

Positive Profilverschiebung bedeutet eine Verbreiterung des Zahnfußes und bietet die Möglichkeit, höhere Kräfte zu übertragen. Zahnräder mit positiver Profilverschiebung werden V_{plus}**-Räder** genannt.

Bei negativer Profilverschiebung spricht man von V_{minus}**-Rädern**.

Nach DIN 3960 gilt:

> **Positive Profilverschiebung:** wenn die Profilbezugslinie vom Teilkreis in Richtung zum Kopfkreis verschoben ist. Dabei ist die Zahndicke am Teilkreis größer als beim Nullrad. $x > 0$

> **Negative Profilverschiebung:** wenn die Profilbezugslinie vom Teilkreis in Richtung zum Fußkreis verschoben ist. Dabei ist die Zahndicke am Teilkreis kleiner als beim Nullrad. $x < 0$

mit Profilverschiebungsfaktor x.

Null-Räder, V_{plus}- und V_{minus}-Räder können beliebig miteinander kombiniert werden. Je nach den Rädern ergeben sich folgende Paarungen:

> **Null-Radpaar:** Zwei Nullräder sind gepaart.

> V_{null}**-Radpaar:** Ein V_{plus}- und ein V_{minus}-Rad sind so gepaart, dass der Achsabstand dem eines Null-Radpaares entspricht.

> V_{plus}**-Radpaar:** V-Räder oder ein V_{plus}-Rad und ein Null-Rad sind so gepaart, dass der Achsabstand größer als der Null-Achsabstand ist.

> V_{minus}**-Radpaar:** V-Räder oder ein V_{minus}-Rad und ein Null-Rad sind so gepaart, dass der Achsabstand kleiner als der Null-Achsabstand ist.

Bild 16.9 zeigt eine positive Profilverschiebung.

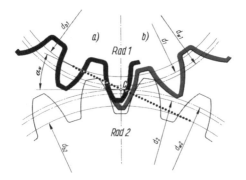

Bild 16.9: Positive Profilverschiebung. a) Nullrad; b) V_{plus}-Rad [1]

16.3 Geometrie von Zahnrädern

Bild 16.10 zeigt ein V_{plus}-Rad und ein Nullrad mit Zahnstangen-Bezugsprofil.

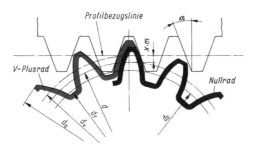

Bild 16.10: V_{plus}-Rad/Null-Rad und Zahnstangen-Bezugsprofil [1]

Profilverschiebung: Abstand der Profilbezugslinie der Zahnstange und dem Teilkreis

Profilverschiebung: $= x \cdot m$ bei Geradverzahnung
$ = x \cdot m_n$ bei Schrägverzahnung

V-Kreis-Durchmesser: $\quad d_v = d + 2x \cdot m_n$

Kopfkreisdurchmesser: $\quad d_a = d_v + 2h_a$

Fußkreisdurchmesser: $\quad d_f = d_v - 2h_f$

V-Achsabstand: $\quad a_v = r_{v1} + r_{v2} = a_d + (x_1 + x_2)\, m_n$

Betriebs-Eingriffswinkel: $\quad \cos \alpha_{wt} = \dfrac{a_d}{a_v} \cos \alpha_t$

Bei wechselnden Drehrichtungen oder Belastungsschwankungen darf kein Flankenspiel entstehen. Daher muss der Achsabstand $a_w < a_v$ sein. Dann sind:

Betriebs-Eingriffswinkel: $\quad \operatorname{inv} \alpha_{wt} = \operatorname{inv} \alpha_t + 2 \dfrac{x_1 + x_2}{z_1 + z_2} \tan \alpha_n$

W-Achsabstand: $\quad a_w = a_d \dfrac{\cos \alpha_t}{\cos \alpha_{wt}}$

Bei *V*-Innenradpaaren darf a_v nicht ausgeführt werden. Durch die Verringerung des Flankenspiels könnten die Flanken klemmen. Ist ein bestimmter Achsabstand a_w einzuhalten, gilt:

Betriebs-Eingriffswinkel: $\quad \cos\alpha_{wt} = \dfrac{a_d}{a_w}\cos\alpha_t$

Summe der Profilverschiebungsfaktoren:

$$x_1 + x_2 = \frac{z_1 + z_2}{2\tan\alpha_n}(\operatorname{inv}\alpha_{wt} - \operatorname{inv}\alpha_t)$$

Ist der Achsabstand a mit a_v oder a_w vorgegeben, gilt:

Betriebs-Wälzkreisdurchmesser: $\quad d_{w1} = \dfrac{2a}{u+1}; \quad d_{w2} = 2a - d_{w1}$

Stirneingriffsteilung: $\quad p_{et} = \dfrac{m_n}{\cos\beta}\pi\cdot\cos\alpha_{wt}$

16.3.5 Geometrische Grenzen

Durch die Relativbewegung von zwei Zahnrädern zueinander beschreibt ein Kopfpunkt eines Rades in der Zahnlücke des anderen Rades die so genannte **relative Kopfbahn** (Bild 16.11a).

Wird nun durch eine negative Profilverschiebung das Werkzeug zu weit in das Rad hineingeschoben, schneidet es einen Teil der Evolventen-Fußflanke aus (Bild 16.11b). Der dabei entstehende Unterschnitt vermindert die Festigkeit des Zahnes.

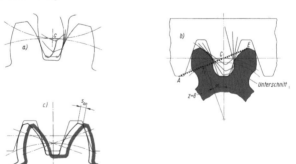

Bild 16.11: Geometrische Grenzen der Evolventenverzahnung. a) relative Kopfbahnen; b) Unterschnitt; c) Verringerung der Zahndicke am Kopfkreis durch Profilverschiebung [1]

16.3 Geometrie von Zahnrädern

Bei positiver Profilverschiebung werden die Zähne breiter, jedoch laufen sie am Kopf spitz zusammen (Bild 16.11c). In der Regel geht man mit der Profilverschiebung nur so weit, dass die Zahndicke am Kopfkreis noch $s_{an} = 0{,}2 m_n$ beträgt. In Sonderfällen geht man bis zur Spitzgrenze.

Durch die Unterschneidung und die Spitzgrenze sind für Außenräder Grenzen bei der minimalen Zähnezahl gegeben. Für Geradverzahnungen mit Bezugsprofil gilt nach DIN 867:

z_{min} = 17 mit $x = 0$ ohne Unterschnitt,
   = 14 mit $x = 0$ und geringem Unterschnitt,
   = 9 mit $x = +0{,}45$ bei $s_{an} = 0{,}2 \cdot m$,
   = 8 mit $x = +0{,}57$ bei Spitzgrenze,
   = 7 mit $x = +0{,}41$ bei geringem Unterschnitt

mit

$$d_a \geq d_b + 2 m_n$$

Bei Hohlrädern mit negativer Profilverschiebung wird die Zahnlücke spitzer. Vergleichbar zu s_{an} bei Außenrädern soll am Fußkreis dieser Wert $e_{fn} = 0{,}2 m_n$ nicht unterschreiten. Auch hier ergeben sich minimale Zähnezahlen.

$|z_{min}|$ = 34 mit $x = 0$ bei $d_a = d_b$
   = 21 mit $x = -0{,}38$ bei $e_{fn} = 0{,}2 m_n$
   = 16 mit $x = -0{,}52$ bei Spitzgrenze der Zahnlücken

Bei Schrägverzahnungen sind die Mindestzähnezahlen auf die Ersatzzähnezahlen z_n zu beziehen.

16.3.6 Profilüberdeckung

Damit eine ununterbrochene, kontinuierliche Drehbewegung gewährleistet werden kann, muss ein Zahnradpaar seinen Eingriff beginnen, bevor das gerade kämmende Paar seinen Eingriff beendet. Es muss also eine **Überdeckung** vorhanden sein. Legt ein Berührpunkt auf der Eingriffsstrecke AE (Bild 16.12) die Eingriffsteilung p_{et} zurück, beginnt das nächste Zahnpaar mit dem Eingriff. Eine Überdeckung ist vorhanden, wenn die Eingriffsstrecke g_α größer als die Eingriffsteilung p_{et} ist.

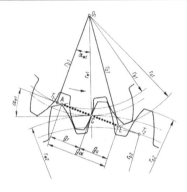

Bild 16.12: Profilüberdeckung [1]

Profilüberdeckung: $\varepsilon_\alpha = \dfrac{g_\alpha}{p_{et}}$

Der Wälzpunkt C teilt g_α in die Kopfeingriffsstrecke g_a und die Fußeingriffsstrecke g_f.

Profilüberdeckung bei:

Außenradpaaren: $\varepsilon_\alpha = \dfrac{\sqrt{d_{a1}^2 - d_{b1}^2} + \sqrt{d_{a2}^2 - d_{b2}^2} - 2a \cdot \sin \alpha_{wt}}{2 p_{et}}$

Zahnstangenradpaaren:

$$\varepsilon_\alpha = \dfrac{\sqrt{d_{a1}^2 - d_{b1}^2} + \dfrac{2 h_a (1 - x_1)}{\sin \alpha_t} - d_1 \cdot \sin \alpha_t}{2 p_{et}}$$

Innenradpaaren: $\varepsilon_\alpha = \dfrac{\sqrt{d_{a1}^2 - d_{b1}^2} - \sqrt{d_{a2}^2 - d_{b2}^2} - 2a \cdot \sin \alpha_{wt}}{2 p_{et}}$

mit:

d_{a1}, d_{a2}	Kopfkreisdurchmesser, bei Kopfkürzung d_{k1}, d_{k2}
d_{b1}, d_{b2}	Grundkreisdurchmesser
d_1	Teilkreisdurchmesser des Außenrades
α_{wt}	Betriebseingriffswinkel
α_t	Stirneingriffswinkel
a	ausgeführter Achsabstand (a_d, a_v oder a_w)
h_a	Kopfhöhe der Zahnstange (im Normalfall = m_n)
x_1	Profilverschiebungsfaktor am Rad 1
p_{et}	Stirneingriffsteilung

16.4 Gestaltung und Tragfähigkeit der Stirnräder

Es soll stets gelten: $\varepsilon_\alpha \geq 1{,}1$

Bei schrägverzahnten Radpaaren wird der Eingriff um den Sprung g_β verlängert.

Sprungüberdeckung: $\varepsilon_\beta = \dfrac{g_\beta}{p_t} = \dfrac{b \cdot \tan \beta}{p_t} = \dfrac{b \cdot \sin \beta}{m_n \cdot \pi}$

mit b = Zahnbreite.

Meistens wird $\varepsilon_\beta \approx 1$ verwendet.

Gesamtüberdeckung: $\varepsilon_\gamma = \varepsilon_\alpha + \varepsilon_\beta$

16.4 Gestaltung und Tragfähigkeit der Stirnräder

16.4.1 Zahnkräfte

Die Kraftübertragung findet zwischen den sich berührenden Flanken der beiden Räder statt. Wie in Bild 16.13a dargestellt, treten Kräfte in Flankennormalenrichtung (F_{N1}, F_{N2}) auf. Die Wirklinien der Zahnkräfte gehen stets durch den Wälzpunkt C, sodass die Kräfte dorthin verschoben und in Tangential- (F_{t1}, F_{t2}) und Radialkräfte (F_{r1}, F_{r2}) zerlegt werden können (Bild 16.13b, c).

Die Tangentialkraft F_t am getriebenen Rad wirkt stets in Drehrichtung, am treibenden Rad entgegen der Drehrichtung.

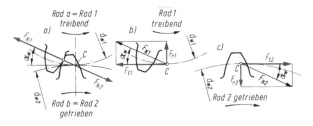

Bild 16.13: Kräfte an einem geradverzahnten Stirnradpaar. a) Kraftübertragung an den Flanken; b) Kräfte am treibenden Rad; c) Kräfte am getriebenen Rad [1]

Bei gleichförmigen Bewegungen wird die Nennleistung P_{Nb} übertragen. Bei ungleichförmigem Betrieb, z. B. durch Kolbenmaschinen, ist die Leistungsspitze P_b größer (DIN 3990).

Leistungsspitze: $P_b = P_{Nb} \cdot K_A$ mit K_A = Anwendungsfaktor

Bei schrägverzahnten Stirnradpaaren treten zusätzlich zu den Tangential- und Radialkräften auch Axialkräfte auf (Bild 16.14).

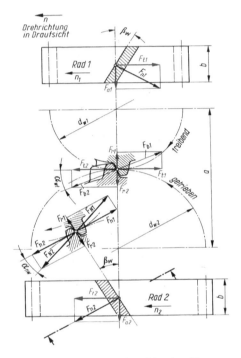

Bild 16.14: Kräfte am schrägverzahnten Stirnradpaar [1]

Treibendes Rad 1:

Tangentialkraft: $F_{t1} = \dfrac{P_b}{v_w} = F_{Nt} \cdot K_A$

Radialkraft: $F_{r1} = F_{t1} \cdot \tan \alpha_{wt}$

Axialkraft: $F_{a1} = F_{t1} \cdot \tan \beta_w$

mit:

P_b Leistungsspitze in W
v_w Umfangsgeschwindigkeit der Wälzkreise in m/s

16.4 Gestaltung und Tragfähigkeit der Stirnräder

F_{Nt} Nennumfangskraft am Wälzkreis in N
K_A Anwendungsfaktor
α_{wt} Betriebseingriffwinkel; bei Null-Schrägverzahnung = α_t, bei Null-Geradverzahnung = α in °
β_w Schrägungswinkel am Wälzkreis, kann ≈β gesetzt werden, in °

Getriebenes Rad 2:

Es wirken die betragsmäßig gleichen, aber entgegengesetzten Kräfte wie am treibenden Rad 1.

Drehmoment: $\quad M = F_t \cdot r_w$

16.4.2 Reibung, Wirkungsgrad, Übersetzung

Da im Eingriff befindliche Zähne an ihren Flanken nicht nur aufeinander abrollen, sondern auch gleiten, muss nach Bild 16.15 noch die Reibkraft $F_N \cdot \mu$ überwunden werden. Die Reibkraft wird mit der Geschwindigkeit v_g bewegt, was eine Reibleistung von $P_f = F_N \cdot \mu \cdot v_g$ ergibt und vollständig in Wärme umgesetzt wird. Die Antriebsleistung P_a muss also die Abtriebsleistung P_b und die Reibleistung P_f aufbringen.

Antriebsleistung: $\quad P_a = P_b + P_f$

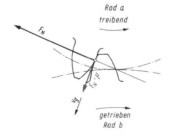

Bild 16.15: Reibkraft an den Flanken [1]

Wirkungsgrad: $\quad \eta = \dfrac{P_b}{P_a} \leq 1$

Einige Wirkungsgrade:

rohe, gegossene Zähne	$\eta \approx 0{,}9 \ldots 0{,}92$
geschlichtete, geschmierte Flanken	$\approx 0{,}94$
fein bearbeitete Flanken unter Flüssigkeitsreibung	$\approx 0{,}96$

Paarung Stahlrad/Kunststoffrad	trocken	$\approx 0{,}83$
	geschmiert	$\approx 0{,}88$
Paarung Kunststoffrad/Kunststoffrad	trocken	$\approx 0{,}8$
	geschmiert	$\approx 0{,}85$

Gesamtwirkungsgrad

$$\eta_{ges} = \eta_I \cdot \eta_{II} \cdot \eta_{III} \ldots$$

mit $\eta_I, \eta_{II}, \eta_{III} \ldots$ Wirkungsgrade der einzelnen Getriebestufen.

Antriebsleistung: $\quad P_a = \dfrac{P_b}{\eta_{ges}}$

Gesamtübersetzung: $\quad i_{ges} = i_I \cdot i_{II} \cdot i_{III} \ldots$

mit $i_I = n_1/n_2$ und $i_{II} = n_3/n_4$ und $i_{III} = n_5/n_6$, wobei $n_3 = n_2$ und $n_5 = n_4$.

Bei Übersetzung ins Langsame ist die Gesamtübersetzung $|i_{ges}| = u_I \cdot u_{II} \cdot u_{III} \ldots$ mit Zähnezahlverhältnis u. Es sollten möglichst keine ganzzahligen Einzelübersetzungen gewählt werden, damit nicht periodisch die gleichen Zahnpaare zum Eingriff kommen. Der Verschleiß wird dadurch gleichmäßiger auf alle Zahnflanken verteilt.

Als Einzelübersetzungen haben sich folgende Werte bewährt:

Getriebe des allg. Maschinenbaues	$\|i\| = 3 \ldots 7$
Hebemaschinen	$\|i\| = 7 \ldots 10$
Umformer (Turbinengetriebe etc.)	$\|i\| = 15 \ldots 30$

Antriebsdrehmoment $M_a = \dfrac{P_a}{\omega_a} = \dfrac{M_b}{|i_{ges}| \cdot \eta_{ges}}$ mit $\omega_a =$ Winkelgeschwindigkeit des Antriebsrades.

16.4.3 Tragfähigkeit

Nach DIN 3990 ist die Berechnung der Tragfähigkeit von Stirnrädern genormt. Dabei werden folgende Fälle unterschieden:

1. **Zahnfußtragfähigkeit:** Bei Eingriffsbeginn eines Zahnrades treten am Zahnfuß die größten Biegespannungen auf (Bild 16.16), die die

16.4 Gestaltung und Tragfähigkeit der Stirnräder

zulässige Zahnfußbeanspruchung nicht überschreiten dürfen. Bei Überlast würden die Zähne am Fuß einreißen und brechen.

Bild 16.16: Biegebeanspruchung des Zahnfußes [1]

2. **Grübchentragfähigkeit:** Überschreitet die größte Spannung durch Flankenpressung die zulässige Flächenpressung, brechen Teile der Zahnflanken aus und bilden grübchenartige Vertiefungen, so genannte **Pittings**. Bild 16.17 zeigt zwei Zahnflanken und die auftretende Hertz'sche Pressung.

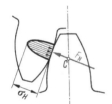

Bild 16.17: Pressung an den Zahnflanken [1]

3. **Fresstragfähigkeit:** Fressen tritt ein, wenn durch fehlende Schmierung und hohen Druck die Flanken bei Kontakt miteinander verschweißen und wieder auseinander brechen. Diese Erscheinung wird auch **Gallings** genannt.
4. **Verschleißtragfähigkeit:** Durch ungünstige Kombination von Beanspruchung, Gleitgeschwindigkeit, Zahnform usw. tritt Verschleiß durch Misch- oder Trockenreibung auf.

Damit die Tragfähigkeit der Zahnräder berechnet werden kann, sind einige Faktoren nötig:

Anwendungsfaktor K_A: erfasst alle Kräfte, die über die Nennumfangskraft F_{Nt} hinaus in das Getriebe eingeleitet werden. Dieser ist abhängig vom Antriebstrang.

16 Grundlagen der Verzahnung

Dynamikfaktor:

$$K_V \approx 1 + f_F \cdot K \cdot z_1 \cdot v \sqrt{\frac{u^2}{1+u^2}} \cdot 10^{-5}$$

f_F Lastkorrekturfaktor
K Verzahnungsfaktor in s/m
z_1 Zähnezahl des Ritzels
v Umfangsgeschwindigkeit der Teilkreise in m/s
u Zähnezahlverhältnis

Linienbelastung:

$$w_t = \frac{F_{Nt}}{b} K_A \cdot K_V = w \cdot K_V$$

F_{Nt} Nennumfangskraft am Teilkreis des betr. Zahnrades in N
b im Eingriff befindliche Zahnbreite in mm
K_A Anwendungsfaktor
w Linienbelastung ohne K_V in N/mm

Breitenfaktor für Zahnfußtragfähigkeit:

$$K_{F\beta} \approx 1 + (K_\beta - 1) f_w \cdot f_p$$

K_β Breitengrundfaktor
f_w Korrekturfaktor für die Linienbelastung
f_p Werkstoffpaarungsfaktor

Breitenfaktor für Grübchentragfähigkeit:

$$K_{H\beta} \approx K_{F\beta}^{1,39}$$

Stirnfaktor:

$$\varepsilon_\gamma \leq 2: \quad K_{F\alpha} = K_{H\alpha} \approx \frac{\varepsilon_\gamma}{2}\left(0,9 + 0,4\frac{c_\gamma(f_{pe} - y_p)}{w_t \cdot K_{F\beta}}\right)$$

$$\varepsilon_\gamma > 2: \quad K_{Fd} = K_{H\alpha} \approx 0,9 + 0,4\sqrt{\frac{2(\varepsilon_\gamma - 1)}{\varepsilon_\gamma}} \cdot \frac{c_\gamma(f_{pe} - y_p)}{w_t \cdot K_{F\beta}}$$

ε_γ Gesamtüberdeckung, bei $\beta = 0$ ist $\varepsilon_\gamma = \varepsilon_\alpha$
c_γ Eingriffssteifigkeit in N/(mm·μm)
f_{pe} zulässige Eingriffsteilungsabweichung im Getriebe in μm
y_p Einlaufbetrag, um den sich die Eingriffsteilungsabweichung beim Einlaufen verringert, in μm

16.4 Gestaltung und Tragfähigkeit der Stirnräder

Grenzbedingung für Zahnfußtragfähigkeit:

$$K_{F\alpha} = \frac{1}{Y_\varepsilon}$$

Überdeckungsfaktor für Zahnfußtragfähigkeit:

$$Y_\varepsilon = 0{,}25 + \frac{0{,}75}{\varepsilon_\alpha}$$

Grenzbedingung für Grübchentragfähigkeit:

$$K_{H\alpha} = \frac{1}{Z_\varepsilon^2}$$

Überdeckungsfaktor für Grübchentragfähigkeit:

$$Z_\varepsilon = \sqrt{\frac{4-\varepsilon_\alpha}{3}(1-\varepsilon_\beta) + \frac{\varepsilon_\beta}{\varepsilon_\alpha}}$$

16.4.4 Zahnfußtragfähigkeit der Stirnräder

Zahnfußnennspannung:

$$\sigma_{F0} = \frac{F_{Nt}}{b \cdot m_n} Y_{Fa} \cdot Y_{Sa} \cdot Y_\varepsilon \cdot Y_\beta = \frac{F_{Nt}}{b \cdot m_n} Y_{FS} \cdot Y_\varepsilon \cdot Y_\beta$$

F_{Nt}	Nennumfangskraft am Teilkreis in N
b	Zahnbreite in mm
m_n	Normalmodul in mm
Y_{Fa}	Formfaktor
Y_{Sa}	Spannungskorrekturfaktor
$Y_{FS} = Y_{Fa} \cdot Y_{Sa}$	Kopffaktor
Y_ε	Überdeckungsfaktor
Y_b	Schrägenfaktor

Schrägenfaktor:

$$Y_\beta = 1 - \varepsilon_\beta \frac{\beta}{120°}$$

ε_β Sprungüberdeckung, bei $\varepsilon_\beta > 1$ ist $\varepsilon_\beta = 1$ einzusetzen
β Schrägungswinkel, bei $\beta > 30°$ ist $\beta = 30°$ einzusetzen

Zahnfußspannung:

$$\sigma_F = \sigma_{F0} \cdot K_A \cdot K_V \cdot K_{F\beta} \cdot K_{F\alpha}$$

σ_{F0} Zahnfußnennspannung in N/mm²
K_A Anwendungsfaktor
K_V Dynamikfaktor
$K_{F\beta}$ Breitenfaktor
$K_{F\alpha}$ Stirnfaktor

Sicherheitsfaktor:

$$S_F = \frac{\sigma_{FE} \cdot Y_{NT} \cdot Y_\delta \cdot Y_R \cdot Y_X}{\sigma_F}$$

σ_{FE} Schwell-Dauerfestigkeit des Zahnradwerkstoffes in N/mm²
Y_{NT} Lebensdauerfaktor für Zahnfußbeanspruchung
Y_δ relative Stützziffer
Y_R relativer Oberflächenfaktor
Y_X Größenfaktor für Zahnfußfestigkeit
σ_F Zahnfußspannung in N/mm²

16.4.5 Grübchentragfähigkeit der Stirnräder

Nominelle Flankenpressung:

$$\sigma_{H0} = Z_H \cdot Z_E \cdot Z_\varepsilon \cdot Z_\beta \sqrt{\frac{F_{Nt}}{d_1 \cdot b} \cdot \frac{u+1}{u}}$$

Z_H Zonenfaktor, der die Krümmung der Flanken erfasst
Z_E Elastizitätsfaktor in N/mm²
Z_ε Überdeckungsfaktor
Z_β Schrägenfaktor $= \sqrt{\cos \beta}$, bei $\beta = 0$ ist $Z_\varepsilon = 1$
F_{Nt} Nennumfangskraft am Teilkreis in N
d_1 Teilkreisdurchmesser des Ritzels in mm
b Zahnbreite in mm
u Zähnezahlverhältnis

Zonenfaktor:

$$Z_H = \sqrt{\frac{2 \cos \beta_b}{\cos^2 \alpha_t \cdot \tan \alpha_{wt}}}$$

β_b Grundschrägungswinkel in °
α_{wt} Betriebseingriffswinkel in °
α_t Stirneingriffswinkel in °

16.4 Gestaltung und Tragfähigkeit der Stirnräder

Bei Null-Geradzahn-Stirnrädern wird $Z_H = \sqrt{\dfrac{2}{\tan \alpha}} \cdot (\cos \alpha)^{-1}$ und bei $\alpha = 20°$ ist $Z_H = 2{,}49$.

Elastizitätsfaktor:

$$Z_E = \sqrt{0{,}35 \, \frac{E_1 \cdot E_2}{E_1 + E_2}}$$

E_1 E-Modul des Ritzels in N/mm²
E_2 E-Modul des Rades in N/mm²

Maßgebende Flankenpressung:

$$\sigma_H = \sigma_{H0} \sqrt{K_A \cdot K_V \cdot K_{H\beta} \cdot K_{H\alpha}}$$

σ_{H0} nominelle Flächenpressung in N/mm²
K_A Anwendungsfaktor
K_V Dynamikfaktor
$K_{H\beta}$ Breitenfaktor
$K_{H\alpha}$ Stirnfaktor

Sicherheitsfaktor:

$$S_H = \frac{\sigma_{H\,\lim} \cdot Z_{NT}}{\sigma_H} Z_L \cdot Z_v \cdot Z_R \cdot Z_W \cdot Z_X$$

$\sigma_{H\,\lim}$ Dauerfestigkeit für Flankenpressung des Radwerkstoffes in N/mm²
Z_{NT} Lebensdauerfaktor
Z_L Schmierstofffaktor
Z_v Geschwindigkeitsfaktor
Z_R Rauheitsfaktor
Z_W Werkstoffpaarungsfaktor
Z_X Größenfaktor

Quellen und weiterführende Literatur

[1] *Decker, Karl-Heinz:* Maschinenelemente – Funktion, Gestaltung und Berechnung. München: Carl Hanser Verlag, 2006
[2] *Beitz, W.; Grote, K.-H.:* Dubbel – Taschenbuch für den Maschinenbau. Berlin: Springer-Verlag, 2001
[3] DIN – Deutsches Institut für Normung e.V.: DIN-Taschenbuch 106, Verzahnungsterminologie, Ausgabe 2003-01. Berlin: Beuth-Verlag, 2003
[4] DIN – Deutsches Institut für Normung e.V.: DIN-Taschenbuch 173, Zahnradkonstruktion, Ausgabe 1992-10. Berlin: Beuth-Verlag, 1992

DIN-Normen:

[a] DIN 867: Bezugsprofile für Evolventenverzahnung an Stirnrädern (Zylinderrädern) für den allgemeinen Maschinenbau und den Schwermaschinenbau
[b] DIN 868: Allgemeine Begriffe und Bestimmungsgrößen für Zahnräder, Zahnradpaare und Zahnradgetriebe
[c] DIN 3960: Begriffe und Bestimmungsgrößen für Stirnräder (Zylinderräder) und Stirnradpaare (Zylinderradpaare) mit Evolventenverzahnung
[d] DIN 3978: Schrägungswinkel für Stirnradverzahnungen
[e] DIN 3990-1 bis -5: Tragfähigkeitsberechnung von Stirnrädern
[f] DIN 3998: Benennungen an Zahnrädern und Zahnradpaaren

17 Getriebetechnik

Dipl.-Ing. Roland Denefleh

> Getriebe sind Vorrichtungen zur Übertragung von Drehzahl und Kräften. Getriebe werden benötigt, um rotatorische und lineare Bewegungen zu erzeugen.

Da in vielen Bereichen unseres Lebens Bewegungen notwendig sind, findet man eine Vielzahl von Getriebearten.

Man unterscheidet zwischen Getrieben für

- die mobile Antriebstechnik und
- die stationäre Antriebstechnik.

Das wohl bekannteste Getriebe für die **mobile Antriebstechnik** stellt das PKW-Getriebe dar. Die **stationäre Antriebstechnik** ist für den Laien auf den ersten Blick unbekannter, aber von einer enormen Bedeutung, denn ohne diese Art der Antriebstechnik wäre die Industrialisierung unvorstellbar gewesen. Beispiele für die enormen Anwendungsgebiete dieser Getriebetechnik sind: Transportieren von Waren auf Förderbändern, Rühren von Farben für die Lackierung von PKWs.

Nachfolgend werden die wesentlichen Merkmale der Getriebetechnik an ausgesuchten Beispielen der industriellen Antriebstechnik beschrieben.

17.1 Industrielle Antriebstechnik

Bild 17.1 zeigt stellvertretend für viele Industriebranchen, dass hier Getriebe benötigt werden, die für die Produktionsprozesse Drehzahlen und Kräfte in der richtigen Form bereitstellen.

Die unterschiedlichen Branchen stellen jedoch sehr unterschiedliche Anforderungen. In der Getränkeindustrie und im Automobilbau z. B. werden hohe Anforderungen bezüglich der Flexibilität bei der Bewegung gesetzt, in der Umwelt- und Recyclingtechnik dagegen werden sehr hohe Kräfte benötigt. Somit ergibt sich für die industrielle Antriebstechnik ein Portfolio, das sich gemäß Bild 17.2 in drei Hauptbereiche untergliedern lässt.

Bild 17.1: Getriebe in der Getränkeindustrie *(SEW Eurodrive GmbH & Co. KG)*

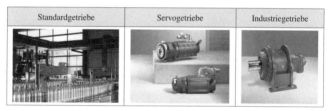

Bild 17.2: Bereiche der industriellen Antriebstechnik und ausgeführte Beispiele dazu *(SEW Eurodrive GmbH & Co. KG)*

Die **Standardgetriebe** sind durch eine große Anzahl von Ausführungsvarianten charakterisiert und in der Regel als so genannte **Getriebemotoren** (direkte Kopplung von Getriebe und Elektromotor) ausgeführt. Mit diesen Getrieben wird ein Drehmomentbereich von ca. 25 bis 20000 N · m abgedeckt. Servogetriebe gibt es für einen Drehmomentbereich von ca. 25 ... 3000 N · m. Sie sind dann erforderlich, wenn höchste Anforderungen an Dynamik und Präzision von Bewegungen gestellt werden.

Industriegetriebe findet man in Anwendungen, wo sehr große Kräfte übertragen werden (Drehmomentbereich ca. 20000 ... 1000000 N · m), sie werden meist nicht in direkter Kombination mit Elektromotoren ausgeführt.

Allen Getrieben ist gemeinsam, dass sie in einem sehr guten Preis-Leistungs-Verhältnis den Markt innerhalb kürzester Zeit zur Verfügung stehen müssen. Aus diesem Grund ist es unerlässlich, solche Produkte in einem **Baukastensystem** herzustellen.

17.2 Standardgetriebe

Der **Standardgetriebemotor** ist wegen seiner hohen Verbreitung der bekannteste Antriebstyp, er besteht aus einem **Getriebe** und einem **Motor**.

Auf Grund der Vielseitigkeit der Getriebemotoren ergibt sich eine Vielzahl von Einsatzmöglichkeiten. Sie kommen in fast allen Bereichen der industriellen Produktion, Fertigung und des Transports zum Einsatz. Um diesen gänzlich verschiedenen Anforderungen gerecht zu werden, sind viele verschiedene Bauarten, Leistungsgrößen und Ausführungen notwendig. Spezielle Getriebemotoren für alle Anwendungen herzustellen, wäre sehr teuer und mit langen Lieferzeiten verbunden.

Ziel eines **Baukastensystems** ist es daher, mit einer Kombination von wenigen Komponenten und Einzelteilen eine möglichst große Anzahl von Endprodukten realisieren zu können. Das bedeutet, dass sich Motoren, Getriebe und Anbauteile unterschiedlicher Baugröße und unterschiedlichen Typs miteinander kombinieren lassen müssen.

Die Bereitstellung der gewünschten Leistung, der Drehzahl und des Drehmoments erfordert es, dass das Getriebe mit unterschiedlichen Motoren (unterschiedlicher Leistung) kombinierbar sein muss und natürlich auch die entsprechende Leistungsfähigkeit besitzt, um die vorgegebene Leistung übertragen zu können (unterschiedliche Getriebegrößen).

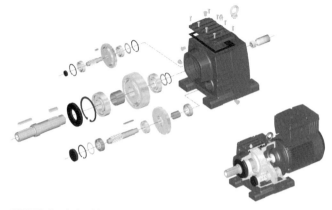

Bild 17.3: Standardgetriebemotor *(SEW Eurodrive GmbH & Co. KG)*

In der Regel werden Getriebe in einem Drehmomentbereich von 25 bis 20000 N · m in 10 ... 15 Drehmomentstufen untergliedert (Bild 17.4).

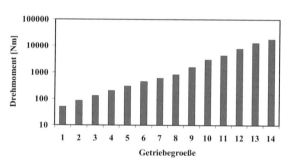

Bild 17.4: Getriebegrößen und deren Drehmomente

Somit entsteht die Notwendigkeit einer großen Vielfalt von Kombinationsmöglichkeiten zwischen Getriebe und Motor.

17.2 Standardgetriebe

Kombinatorik Getriebe-Motor

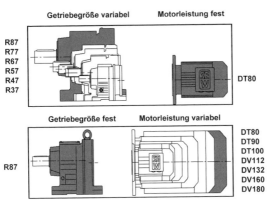

Bild 17.5: Kombinatorik Getriebe – Motor *(SEW Eurodrive GmbH & Co. KG)*

Die notwendige Fähigkeit, durch den Motor vorgegebene Drehzahlen und Drehmomente dem Produktionsprozess anzupassen, wird dadurch erreicht, dass eine Getriebeart innerhalb einer Leistungsgröße unterschiedliche **Übersetzungen** besitzt. Die Übersetzungs-Drehmoment-Kennlinie zeigt jedoch keinen konstanten Verlauf (Bild 17.6).

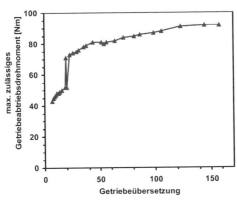

Bild 17.6: Übersetzungs-Drehmoment-Kennlinie

Neben der prinzipiellen Forderung, dass Getriebe Drehmomente und Drehzahlen wandeln sollen, müssen sie natürlich noch weitere Bedingungen erfüllen. Die industriellen Anlagen geben zum Beispiel unterschiedliche Einbaumöglichkeiten vor. In der Fördertechnik ist es nicht zulässig, dass Getriebe vom Förderband in Begehungswege ragen. Aus diesem Grunde werden Getriebe benötigt, die einen rechtwinkligen Kraftfluss besitzen. Somit wird unterschieden zwischen

- Koaxial- bzw. Parallelwellengetrieben und
- Winkelgetrieben.

Bei **Koaxial-** und **Parallelwellengetrieben** liegen eintreibende und abtreibende Welle in einer Ebene – der Kraftfluss ist **geradlinig**. Bei **Winkelgetrieben** stehen eintreibende und abtreibende Welle senkrecht zueinander – der Kraftfluss wird **rechtwinklig** umgelenkt.

Ein weiteres Unterscheidungsmerkmal ist die **Übersetzung**. In den meisten Fällen werden konstante Drehzahlen benötigt. Jedoch müssen die Drehzahlen in speziellen Applikationen stufenlos verstellbar sein. Bei diesen Anwendungen bedient man sich der **Getriebe mit variablen Übersetzungen** und unterscheidet zwischen

- Reibrad- und
- Zugmittelgetrieben.

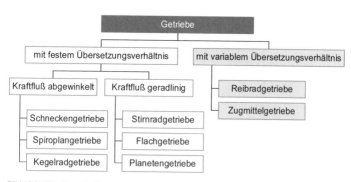

Bild 17.7: Einteilung der Getriebe

Daraus ergibt sich bei Standardgetriebemotoren ein Portfolio, das in Bild 17.8 gezeigt wird. Neben den unterschiedlichen Getriebeausführungen findet man diverse Anbaukomponenten, Motoren und natürlich die notwendige Steuerungs- und Regelungstechnik.

17.2 Standardgetriebe

Bild 17.8: Antriebstechnik im Baukastensystem *(SEW Eurodrive GmbH & Co. KG)*

17.2.1 Getriebetypen

17.2.1.1 Koaxialgetriebe

Zu den Koaxialgetrieben gehören die **Stirnradgetriebe**. Bei den Stirnradgetrieben erfolgt die Leistungsübertragung ausschließlich über **außenverzahnte, evolventische Stirnräder**, es sind zwei Ausführungen verfügbar. Diese Getriebe werden als zwei- oder dreistufige Getriebe ausgeführt und können Übersetzungen von $i = 3 \ldots 290$ bereitstellen. Werden sehr kleine Übersetzungen benötigt, so sind **einstufige Stirnradgetriebe** nötig, die jedoch den Begriff der Koaxialität verletzen. Diese Getriebe gehören genau genommen zu den Parallelwellengetrieben, sie werden jedoch – historisch bedingt (Variante des zwei- bzw. dreistufigen Getriebes) – zu den Stirnradgetrieben gezählt.

Bild 17.9: Stirnradgetriebemotor *(SEW Eurodrive GmbH & Co. KG)*

Das **außenverzahnte Stirnrad** gilt als das bedeutendste formschlüssige Kraftübertragungselement im Maschinenbau. Die zugehörige Verzahnungsart ist mit unkomplizierten Werkzeugen prozesssicher und kostengünstig herstellbar.

Mit diesem Getriebetyp können hohe Drehmomente und Querkräfte übertragen werden. Er zeichnet sich durch einen hohen Getriebewirkungsgrad aus, ist auf Grund seines Gehäusekonzeptes für einen harten Langzeitbetrieb geeignet und schwingungs- und geräuscharm.

Stirnradgetriebe werden in einem Drehmomentbereich von 50 bis 18 000 N · m bzw. Leistungsbereich von 0,09 … 160 kW eingesetzt.

17.2.1.2 Parallelwellengetriebe

Bei dem Parallelwellengetriebe verlaufen die eintreibende und die austreibende Welle parallel, aber innerhalb einer Ebene zueinander. Das Getriebe wird dadurch kurz und schmal, weshalb es vor allem bei beengten Platzverhältnissen eingesetzt wird. Wie bei den Stirnradgetrieben existieren **zwei-** und **dreistufige Ausführungen** und ebenfalls nur außenverzahnte. Evolventische Zahnräder sind für die Wandlung von Drehmoment und Drehzahl verantwortlich.

Bild 17.10: Parallelwellen-Getriebemotor
(SEW Eurodrive GmbH & Co. KG)

Durch die parallele Anordnung der Getriebewellen besteht gegenüber dem Stirnradgetriebe die Möglichkeiten des Einbaus einer **Abtriebswelle**, die als Hohlwelle ausgeführt werden kann. Dadurch ist es – zum Beispiel bei Fahrantrieben – möglich, durch eine durchgesteckte Welle die Kraft synchron auf beide Antriebsräder zu übertragen.

Merkmale dieser Getriebeart sind:

- hoher Getriebewirkungsgrad,
- Eignung für einen harten Langzeitbetrieb (auf Grund des Gehäusekonzeptes),
- schwingungs- und geräuscharm,
- Möglichkeit der Übertragung hoher Drehmomente und Querkräfte.

Parallelwellengetriebe werden in einem Drehmomentbereich von 130 bis 18 000 N · m bzw. einem Leistungsbereich von 0,12 ... 200 kW eingesetzt.

17.2.1.3 Winkelgetriebe

Zur Erzeugung eines rechtwinkligen Kraftflusses stehen unterschiedliche **Getriebeverzahnungen** zur Verfügung, die sich sehr stark in ihrem Aufbau und ihrer Komplexität unterscheiden. Die wichtigsten Verzahnungsarten sind:

- Spiroplan®-Verzahnung,
- Schneckenradverzahnung,
- Kegelradverzahnung/Hypoidverzahnung.

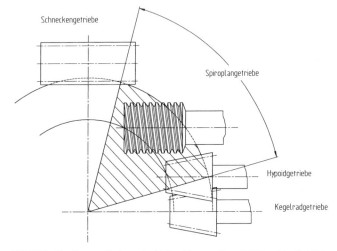

Bild 17.11: Verzahnungen für den rechtwinkligen Momentenfluss *(SEW Eurodrive GmbH & Co. KG)*

Spiroplan®-Getriebe

Müssen Antriebsaufgaben mit kleinen Antriebsleistungen und Übersetzungen bis $i = 75$ gelöst werden, z. B. bei einfachen Bandantrieben, so lassen sich diese kostengünstig mit **einstufigen Spiroplan®-Getrieben** lösen. Bei dieser Getriebeart liegt die Position des Ritzels zum Rad zwischen den Extremlagen der Kegelrad- bzw. Schneckenverzahnung.

17.2 Standardgetriebe

Spiroplan®-Getriebe haben

- einen besonders geräuscharmen Lauf,
- lebenslange Schmierung und
- im Gegensatz zur Schneckenverzahnung eine verschleißfreie Verzahnung.

Es stehen Abtriebsdrehmomente von 25 ... 70 N · m bzw. Leistungen von 0,09 ... 1,1 kW zur Verfügung.

Bild 17.12: Spiroplan®-Getriebemotor *(SEW Eurodrive GmbH & Co. KG)*

Schneckengetriebe

Die Verzahnung der Schneckengetriebe hat Vorteile in der hohen Schwingungsdämpfung und ist in der Herstellung ebenfalls sehr kostengünstig. Schneckenverzahnung bietet die Möglichkeit einer sehr hohen Übersetzung (bis $i = 40$) und damit verbunden der statischen Selbsthemmung. Gelegentlich wird diese **statische Selbsthemmung** als zusätzliche Sicherheitsbremse benutzt.

Schneckengetriebe werden im Drehmomentbereich von 90 ... 4000 N · m bzw. im Leistungsbereich von 0,12 ... 22 kW eingesetzt. Sie decken einen Übersetzungsbereich von 7 ... 290 ab, wenn diese Getriebeart als zweistufiges Stirnrad-Schneckengetriebe ausgeführt ist.

Bild 17.13: Schneckengetriebemotor *(SEW Eurodrive GmbH & Co. KG)*

Kegelradgetriebe

Große Antriebe, bei denen die Verlustleistung eine Rolle spielt, sollten mit **Kegelradgetrieben** ausgeführt werden, da Schneckengetriebe – je nach Übersetzungsverhältnis – einen geringeren Wirkungsgrad als Kegelradgetriebe aufweisen.

Im mittleren Leistungsbereich sind sowohl Schneckengetriebe als auch Kegelradgetriebe weitgehend gleichwertig. Dabei ist jedoch zu beachten, dass das Schneckenrad bei hohen Belastungen einem natürlichen Verschleiß unterliegt.

Kegelradgetriebe, die in der Regel als dreistufiges Stirn-Kegelradgetriebe ausgeführt sind, werden primär im Drehmomentbereich von $200 \ldots 50\,000\,\text{N} \cdot \text{m}$ bzw. im Leistungsbereich von $0{,}12 \ldots 200\,\text{kW}$ eingesetzt. Sie decken einen Übersetzungsbereich von $5 \ldots 200$ ab.

Tabelle 17.1 zeigt eine Zusammenfassung der Getriebearten hinsichtlich ihrer spezifischen Eigenschaften.

17.2 Standardgetriebe

Tabelle 17.1: Vergleich der wichtigsten Getriebetypen

Getriebetyp	Stirnrad-	Parallelwellen-	Kegelrad-	Schnecken-	Spiroplan®-
Kraftfluss	geradlinig		rechtwinklig		
Max. Drehmoment in N · m	18 000	18 000	50 000	4000	90
2. Abtriebswellenende	–	möglich	möglich	möglich	möglich
Abtriebs-Hohlwelle	–	möglich	möglich	möglich	möglich
Stufenzahl	1\2\3	2\3	3	2	1
max. Übersetzung pro Stufe	6,5	6,7	4,2	42	75
Min. Übersetzung pro Stufe	1,5	1,5	1,4	5,5	8,2
Übersetzungsbereich	1,5 … 290	4 … 282	5 … 198	7 … 288	6 … 75
Wirkungsgrad	97 %	97 %	96 %	40 … 93 %	45 … 90 %

Bild 17.14: Stirn-Kegelrad-Getriebemotor *(SEW Eurodrive GmbH & Co. KG)*

17.2.1.4 Mechanische Verstellgetriebe

Viele Aufgaben in der Antriebstechnik erfordern eine konstante Drehzahl und können mit den beschriebenen Getrieben mit fester Übersetzung realisiert werden. Es existieren jedoch auch Anwendungen, bei denen die Drehzahl des Getriebes **stufenlos** verändert werden muss, so z. B., wenn die Geschwindigkeit von Förderbändern an unterschiedliche Prozessabläufe angepasst werden muss. Trotz des immensen Fortschrittes im Bereich der elektronisch geregelten Antriebe haben hier **mechani-**

sche **Verstellgetriebemotoren** weiterhin ihren Platz in der Antriebstechnik.

Dies ist in der Robustheit begründet, weiterhin zeigt die Drehmomentwandlung bei Verstellgetrieben eine Drehzahl-Drehmoment-Charakteristik, die von den elektronisch geregelten Antrieben nicht realisierbar ist.

Bei **Verstellgetrieben** erhöht sich das Abtriebsdrehmoment mit abnehmender Drehzahl. Bei elektronisch geregelten Antrieben sinkt jedoch das Drehmoment, da auf Grund der geringeren Motordrehzahl das Drehmoment aus thermischen Gründen reduziert werden muss. Hohes Drehmoment bei geringen Drehzahlen ist jedoch zum Beispiel in der Rührwerkstechnik unabdingbar.

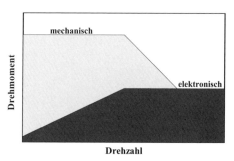

Bild 17.15: Vergleich der Drehzahl-Drehmoment-Kennlinien von Verstellgetriebe (mechanisch) und elektronisch geregeltem Motor

Bei den mechanischen Verstellgetrieben unterscheidet man zwei Arten von Getriebetypen:

Breitkeilriemengetriebe

Mit Breitkeilriemengetrieben können Übersetzungsverhältnisse ins Langsame (bis $i = 3:1$, d. h., zu Antriebsdrehzahlen von 1500 min^{-1} gehören Abtriebsdrehzahlen von 500 min^{-1}), aber auch Übersetzungen ins Schnelle (bis $i = 1:2.7$, d. h., bei Antriebsdrehzahlen von 1500 min^{-1} werden Abtriebsdrehzahlen von 4050 min^{-1} erreicht) realisiert werden.

17.2 Standardgetriebe

Bild 17.16: Breitkeilriemengetriebe
(SEW Eurodrive GmbH & Co. KG)

Prinzip der Drehzahlverstellung

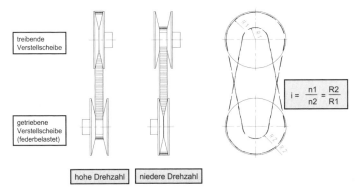

Bild 17.17: Prinzipdarstellung der Drehzahlwandlung beim Breitkeilriemengetriebe *(SEW Eurodrive GmbH & Co. KG)*

Der **Breitkeilriemen** verändert seinen wirksamen Laufdurchmesser auf der treibenden Verstellscheibe durch axiales Verschieben der Verstellscheiben. Im gleichen Maß verändert sich der Laufdurchmesser auf der getriebenen Verstellscheibe. Der Achsabstand beider Riemenscheiben bleibt dabei konstant.

Die Breitkeilriemen-Getriebemotoren werden in einem Leistungsbereich von 0,75 ... 45 kW eingesetzt und besitzen je nach Anordnung von Motor und Abtriebswelle zwei Kraftflussrichtungen (U und Z).

Bild 17.18: Breitkeilriemengetriebe
(SEW Eurodrive GmbH & Co. KG)

Reibradgetriebe

Reibradgetriebe können gegenüber den Breitkeilriemengetrieben identische Übersetzungsverhältnisse ins Langsame (bis $i = 3:1$, d. h., bei Antriebsdrehzahlen von 1500 min^{-1} werden Abtriebsdrehzahlen von 500 min^{-1} erreicht) realisieren. Die Übersetzungen ins Schnelle (bis $i = 1:1,6$, d. h., bei Antriebsdrehzahlen von 1500 min^{-1} werden Abtriebsdrehzahlen von 2400 min^{-1} erreicht) sind jedoch erheblich niedriger.

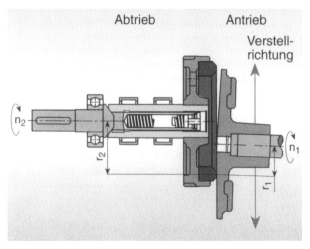

Bild 17.19: Prinzipdarstellung der Drehzahlwandlung beim Reibradgetriebe [1]

Eine **Feder** presst hier die Antriebswelle mit dem Reibring aus einem geeigneten nichtmetallischen Werkstoff gegen die Antriebsscheibe aus Stahl. Mit der **Verstellspindel** wird die Antriebsscheibe mit dem Antriebsmotor am Reibring entlang geführt. Die wirksamen Radien werden dabei verändert und damit auch das Übersetzungsverhältnis ins Langsame bzw. ins Schnelle $\left(i = \dfrac{n_1}{n_2} = \dfrac{r_2}{r_1}\right)$.

Das Einstellen der Drehzahl kann bei beiden Getriebearten von Hand, hydraulisch oder elektrisch erfolgen.

17.2.2 Getriebeauslegung

Die Auslegung von Getrieben ist durch folgende Schwerpunkte charakterisiert [1]:

- Getriebegehäuse,
- Zahnräder,
- Wellen und Lager,
- Schmierung.

17.2.2.1 Getriebegehäuse

Aufbau und Form eines Getriebegehäuses werden von verschiedenen Faktoren beeinflusst:

- Gehäusefestigkeit gegenüber Verformung und Schwingungen,
- Gehäuseabdichtung,
- Zahl und Art der eingebauten Zahnradstufen,
- Fertigungsverfahren,
- Montageanforderungen,
- Gehäusevarianten.

Getriebegehäuse werden überwiegend aus Grauguss EN-GJL-200 (GG-20) gefertigt. Grauguss ist verwindungssteif und neigt auch bei der Bearbeitung nicht zu Schwingungen, sodass die Gehäuse in einer Aufspannung maßhaltig und rationell gefertigt werden können. Bei kleinen Getriebebaugrößen, die in einer hohen Stückzahl gefertigt werden müssen, wird sehr häufig auch Aluminium als Gehäusewerkstoff (Alu-Druckguss) eingesetzt. Neben geringeren Kosten für die Rohteilherstellung sind die schnellere Bearbeitung und das deutlich geringere Gewicht weitere Vorteile. Dies ist insbesondere bei Applikationen wichtig, wo der Antrieb mitbewegt werden muss.

Allerdings unterscheiden sich beide Werkstoffe sehr wesentlich in ihrem Werkstoffverhalten, sodass der Gehäuseaufbau hinsichtlich seines Verformungsverhaltens (statisch und dynamisch) genauestens analysiert werden muss. Aus diesem Grunde werden Getriebegehäuse im Vorfeld einer **Verformungsanalyse** (statisch und dynamisch) mittels der **Finite-Elemente-Methode** (FEM) unterzogen.

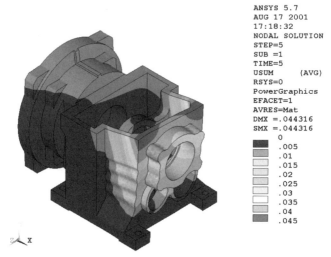

Bild 17.20: Analyse eines Getriebegehäuses mit der Finite-Elemente-Methode (FEM)
(SEW Eurodrive GmbH & Co. KG)

Idealerweise werden Getriebegehäuse so konzipiert, dass sie für jeden Getriebetyp die maximale Anzahl der vorgesehenen Zahnradstufen aufnehmen können. Die **Gehäusegröße** wird letztendlich nur durch die Größe der Zahnräder und Wellen bestimmt, d. h. durch das maximal übertragbare Drehmoment.

Die Gehäuseform ist eine Funktion einer angebotenen Variante:

- Fußgehäuse,
- Flanschgehäuse,
- Fuß-Flanschgehäuse,
- Flanschgehäuse mit verlängertem Flansch.

17.2 Standardgetriebe

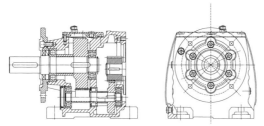

Bild 17.21: Fußgehäuse bei Stirnradgetrieben *(SEW Eurodrive GmbH & Co. KG)*

17.2.2.2 Zahnräder

Die Zahnräder sind die wichtigsten Bauteile eines Getriebes. Die richtige Auswahl von Werkstoffen, Bearbeitungsverfahren und Auslegungskriterien hat für den Betrieb des Getriebes große Bedeutung.

Die **Zahnradkonstruktion** ist in sieben Schritte unterteilt:

1. **Gewünschtes maximales Abtriebsdrehmoment des Getriebes festlegen**
   Damit liegen auch die Achsabstände der Wellen zueinander grob fest, da diese proportional zum Drehmoment sind.

2. **Gewünschten Gesamtübersetzungsbereich und Übersetzungsabstufung φ vorgeben**
   In der Praxis werden Übersetzungen zwischen $i_{min} \approx 4$ und $i_{max} \approx 200$ benötigt. Die minimale Abstufung zweier aufeinander folgender Übersetzungen ist mit $\varphi = 1{,}2$ hinreichend fein genug, sodass die Übersetzungsreihe eines Getriebes wie folgt aussehen könnte:

$i_{min} = 54$
$\downarrow$
$i_2 = \varphi \cdot i_1 = 6$ $\qquad\qquad\qquad\qquad\downarrow$
$\downarrow$ $\qquad\qquad\qquad\qquad\qquad\quad i_{n-1} = 159{,}74$
$i_3 = \varphi \cdot i_2 = 6$ $\qquad\qquad\qquad\qquad\downarrow$
$\downarrow$ $\qquad\qquad\qquad\qquad\qquad\quad \ldots\ldots$
$i_4 = \varphi \cdot i_3 = 8{,}64$ $\qquad\qquad\qquad\quad\; \downarrow$
$\qquad\qquad\qquad\qquad\qquad\qquad\qquad\; i_{max} = 191{,}69$

Diese Gesamtübersetzungen sind wiederum das Produkt aus den Übersetzungen der einzelnen Getriebestufen, gebildet aus dem Verhältnis der Zähnezahlen:

$$i_{ges} = \frac{z_2}{z_1} \cdot \frac{z_4}{z_3} \cdot \frac{z_6}{z_5} \cdot \ldots \cdot \frac{z_{2m}}{z_{2m-1}}$$

m Anzahl der Getriebestufen

3. **Anzahl der Getriebestufen festlegen**
In der Regel werden zwei- und dreistufige Getriebe in einem identischen Getriebegehäuse realisiert.

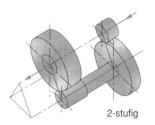 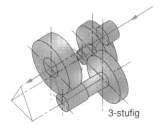

Bild 17.22: Wellenanordnungen bei zwei- und dreistufigen Koaxialgetrieben [1]

4. **Zähnezahlen eingrenzen**
Bei Zahnrädern mit sehr kleinen Zähnezahlen kommt es zum so genannten Unterschnitt im Zahnfuß mit der Gefahr des Zahnbruchs bei voller Belastung. Zahnräder mit sehr großen Zähnezahlen erfordern lange Bearbeitungszeiten. Deshalb beschränkt man sich auf einen Bereich von $11 \leq z \leq 118$. Eine weitere Beschränkung resultiert aus der Forderung, dass die Zähnezahlen einer Zahnradpaarung keine gemeinsame Teiler haben sollen, da in diesem Fall stets unterschiedliche Zähne im Eingriff sind, wodurch sich Verzahnungsabweichungen geringfügiger auswirken.

5. **Mögliche Zähnezahlen berechnen**
Unter Berücksichtigung der Randbedingungen aus den Schritten 1 bis 4 werden die möglichen Zähnezahlen berechnet. Das Ergebnis dient als Basis für die folgende Bestimmung der Zahnradgeometrie.

6. **Zahnradgeometrie festlegen**
Basierend auf Erfahrungswerten werden Geometriewerte wie Raddurchmesser, Zahnbreite, Nabenstärke usw. festgelegt. Hierbei werden auch bereits vorhandene Werkzeuge und Bearbeitungsmaschinen berücksichtigt.

7. **Sicherheiten berechnen**
Für jedes Zahnradpaar berechnet man nun für die unter Punkt 1 vorgegebene Belastung die **Zahnfußsicherheit** gegen Zahnbruch und die **Zahnflankensicherheit** gegen Pittingbildung. Grundlage ist hierbei die DIN 3990. Liegen die Rechenergebnisse im zulässigen Rahmen, wird das ermittelte Zahnradpaar akzeptiert, und es er-

17.2 Standardgetriebe

folgt die Überprüfung des nächsten Paars. Werden zulässige Grenzwerte überschritten, muss entweder die Zahnradgeometrie korrigiert oder sogar die Zähnezahl geändert werden.

Das Ergebnis dieser Iterationsschritte ist die Matrix in nachfolgender Tabelle. Das Innenleben eines neuen Stirnradgetriebes ist festgelegt.

Tabelle 17.2: Übersetzungen und Zahnradpaare eines fiktiven Stirnradgetriebes

Zwei- und dreistufiges Stirnradgetriebe						
i_{ges}	i_1	z_1/z_2	i_2	z_3/z_4	i_3	z_5/z_6
235,49	5,94	16/95	5,47	17/93	7,25	12/87
201,61	5,08	12/61				
169,98	4,29	21/90				
143,77	3,63	24/87				
117,57	2,96	28/83				
97,91	2,47	32/79				
80,69	2,03	29/59				
67,57	1,70	27/46				
56,85	1,43	30/43				
47,64	1,70	27/46	3,86	28/108		
40,08	1,43	30/43				
37,46	5,17	18/93			7,25	12/87
31,07	4,29	21/90				
26,10	3,60	30/108				
21,49	2,96	28/83				
17,90	2,47	32/79				
14,98	2,07	30/62				
12,50	1,72	29/50				
10,65	1,47	32/47				
10,20	3,60	30/108			2,83	18/51
8,40	2,96	28/83				
6,99	2,47	32/79				
5,86	2,07	30/62				
4,89	1,72	29/50				
4,16	1,47	32/47				

Für die Auslegung der Zahnradgeometrie (Makrogeometrie) und Berechnung der Tragfähigkeit stehen vielfältige, genormte **Berechnungsverfahren** (z. B. DIN 3960, 3990 für Stirnräder, DIN 3991 für Kegelräder, DIN 3975 für Zylinderschnecken) zur Verfügung.

Auf Grund der zunehmenden Leistungssteigerung und erhöhten Anforderungen bezüglich der Drehgleichförmigkeit müssen Verzahnungen zunehmend im Detail (Mikrogeometrie) unter Berücksichtigung der spezifischen Verzahnungseigenschaften und aller Einflussfaktoren analysiert werden.

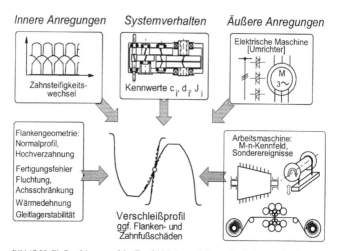

Bild 17.23: Einflussfaktoren auf das Tragfähigkeits- und Geräuschverhalten von Getrieben [3]

Stirnradverzahnung

Die Voraussetzung für den **gleichmäßigen Lauf** eines Zahnradpaares ist eine stets konstant bleibende Übersetzung $i = \omega_1/\omega_2$. Kommt ein treibender Zahn in Eingriff, so fängt zuerst sein Fuß an, sich mit dem Kopf des getriebenen Rades im Eingriffspunkt B (Bild 17.24) zu berühren. Das treibende Rad 1 dreht sich mit der Winkelgeschwindigkeit ω_1, das getriebene Rad 2 mit der Winkelgeschwindigkeit ω_2, wenn sich die beiden Wälzkreise W_1 und W_2 im Wälzpunkt C berühren. Im Verlauf der Drehung wandert der Eingriffspunkt B auf dem Zahnprofil, und zwar stets auf der gemeinsamen Normalen n–n bis zum Wälzpunkt C und anschließend darüber hinaus bis zum Ende des Eingriffs am Kopf des treibenden Rades. Die Bahn, die der Eingriffspunkt B vom Beginn über C bis zum Ende des Eingriffes beschreibt, wird als **Eingriffslinie** bezeichnet. **Eingriffsstrecke** ist der ausgenutzte Teil AE der Eingriffslinie. Er wird begrenzt durch den Kopfkreis K_2 zu Beginn A und durch den Kopfkreis K_1 am Ende E des Eingriffes [2, DIN 867].

17.2 Standardgetriebe

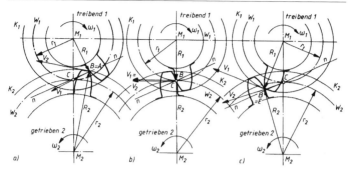

Bild 17.24: Eingriffsstellungen zum Verzahnungsgesetz [2]

Somit lautet die Definition des Verzahnungsgesetzes:

> Die Verzahnung ist nutzbar, d. h., die Drehbewegung wird mit konstanter Übersetzung übertragen, wenn die gemeinsame Normale n–n in jedem Eingriffspunkt (Berührpunkt) B zweier Flanken durch den Wälzpunkt C geht.

Durch

- Auslegungsfehler,
- Abweichungen in der Fertigung,
- Abweichungen in der Montage,
- Deformation unter Last

kann die Tragfähigkeit jedoch erheblich reduziert werden, und eine erhöhte Geräuschanregung liegt vor.

Schwerpunkt bei der Optimierung des Beanspruchungs- und Laufverhaltens von Stirnradverzahnungen ist die **Einflussanalyse von Flankentopographien**. In der Regel werden die Zahnflankenformen aus wirtschaftlichen Gründen hinsichtlich des Profilwinkelfehlers in der Verzahnungsmitte und bezüglich des Flankenwinkelfehlers und der Balligkeit auf dem Teilkreisdurchmesser messtechnisch analysiert.

Weiterführende Untersuchungen haben hier jedoch gezeigt, dass je nach Fertigungsverfahren, verbunden mit der Makrogeometrie, sehr unterschiedliche Flankentopographien entstehen können.

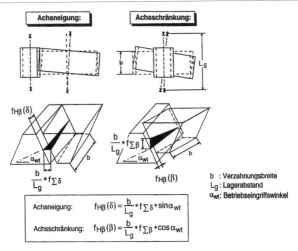

Bild 17.25: Montagebedingte Verzahnungsabweichungen [3]

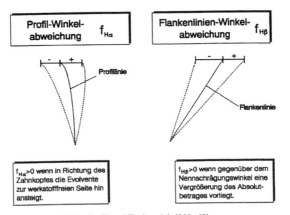

Bild 17.26: Definition Profil- und Flankenwinkelfehler [3]

Topologische Verzahnungsmessungen sind sehr zeit- und kostenintensiv, sodass solche messtechnischen Untersuchungen nur beschränkt möglich sind. Da sehr unterschiedliche Fertigungsverfahren (Schaben, Schleifen, Honen, Schälen, ...) Anwendung finden können, müssen spezielle Simulationswerkzeuge zur Ermittlung der Flankentopographie zum Einsatz kommen.

17.2 Standardgetriebe

Bild 17.27: Beispiel einer Verzahnungsschleifmaschine *(SEW Eurodrive GmbH & Co. KG)*

Durch Unterstützung solcher Simulationswerkzeuge ist man in der Lage, alle notwendigen Informationen über die **dreidimensionale Flankenform** zu erhalten.

Basierend auf den Ergebnissen der Fertigungssimulation können mit weiteren Simulationswerkzeugen sehr detaillierte Analysen bezüglich des Belastungs- und Laufverhaltens durchgeführt werden.

Ein Schwerpunkt bei der Belastungsanalyse ist die Betrachtung der **Flankenpressung** als Funktion der Wälzstellung. In einer numerischen Simulation (FEM) werden die vorliegenden Flankenpressungen für vorgegebene Wälzstellungen der Verzahnung ermittelt und hinsichtlich möglicher Überschreitungen von Grenzwerten analysiert. Hierbei sind die Einflüsse aller Anbauteile berücksichtigt (z. B. Lagersteifigkeit, Wellenverformung, ...).

Schneckenverzahnung

Nach den Grundkörpern von Rad und Schnecke unterscheidet man drei Paarungsarten, wobei die **Zylinderschnecke** (Variante a) hauptsächlich Verwendung findet.

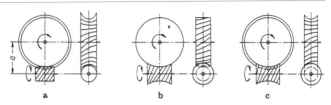

Bild 17.28: Paarungsarten der Schneckenradsätze (a Achsabstand) [5]

Nach den Herstellungsverfahren ergeben sich unterschiedliche Flankenformen, die nach DIN 3975 in fünf Arten untergliedert werden. Auf Grund der Wirtschaftlichkeit in der Herstellung sind die **Flankenformen K und I** am gebräuchlichsten.

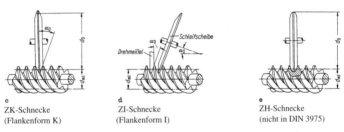

c
ZK-Schnecke
(Flankenform K)

d
ZI-Schnecke
(Flankenform I)

e
ZH-Schnecke
(nicht in DIN 3975)

Bild 17.29: Flankenformen von Zylinderschnecken ([5], DIN 3975)

Neben Vorteilen (hoher Übersetzungsbereich, kostengünstige Herstellung) besitzt die Schneckenverzahnung natürlich auch Nachteile, die im niedrigen Wirkungsgrad und in der Gefahr der Selbsthemmung bei großen Übersetzungen (d. h. bei eingängigen Schnecken mit Steigungswinkel <8°) liegen.

Schneckenverzahnungen (Schneckenrad) sind verschleißbehaftet und unterliegen einer endlichen Lebensdauer. Diese Lebensdauer ist nach DIN 3996 berechenbar und unterliegt zum Teil erheblichen Schwankungen infolge der Toleranzeinflüsse und realen Betriebslasten.

Gegenüber den Stirnrad- und Kegelradverzahnungen besitzt die Schneckenverzahnung je nach Übersetzung sehr hohe Gleitanteile bei der Bewegungsübertragung. Deshalb ist eine niedrige Reibungszahl von Vorteil. Des Weiteren soll die Materialpaarung ein gutes Einlaufverhalten zeigen, d. h. Anpassungsverschleiß zum Ausgleich von Fertigungsabweichungen und Verformungen unter Last zulassen. Aus diesem Grunde wird in der Regel die Schnecke aus Einsatzstahl ausgeführt und das Schneckenrad aus Bronze.

17.2 Standardgetriebe

Auf Grund des hohen Gleitanteils werden folgende Anforderungen an die Schmierung gestellt:

- niedrige Reibungszahl (mindert Verschleiß und Verlustleistung),
- hohe Viskosität (vergrößert und verbessert den hydrodynamischen Anteil),
- gute Wärmeableitung (Öl gut, Fett ungünstig).

Für eine minimale Verschleißrate ist ein gutes **Anfangstragbild** erforderlich. Das ideale Tragbild eines unbelasteten Schneckengetriebes wird in Bild 17.30 gezeigt und soll tendenzmäßig auf der Auslaufseite liegen. Auf der Einlaufseite sollen sich Schnecke und Schneckenrad nicht berühren, damit sich hier ein **Schmierfilmkeil** ausbilden kann.

Durch die Verwendung des Bronze-Werkstoffes beim Schneckenrad ist eine weitere Besonderheit gegeben. Wie bei allen anderen Getriebetypen erfolgt die Drehmomentübertagung in der Regel über eine formschlüssige Verbindung mittels Passfeder. Würde das Schneckenrad ausschließlich aus Bronze bestehen, müsste das zulässige Drehmoment erheblich reduziert werden, da gegenüber Stahl die zulässigen Flächenpressungen sehr viel geringer sind. Aus diesem Grunde wird ein Stahlteil als Nabe eingesetzt und der Bronzering mit der Schneckenverzahnung stoffschlüssig verbunden.

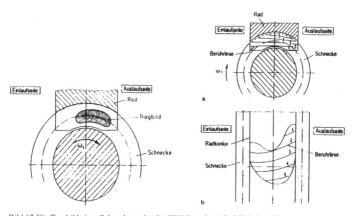

Bild 17.30: Tragbild einer Schneckenradstufe *(SEW Eurodrive GmbH & Co. KG)*

Kegelradverzahnung

Bei der Kegelradverzahnung unterscheidet man prinzipiell 2 Grundarten:

- Kegelradverzahnung,
- Hypoidverzahnung.

Bei der **Kegelradverzahnung** schneiden sich die Achsen, bei der **Hypoidverzahnung** kreuzen sie sich bei kleinem Achsversatz.

Bei Standardgetrieben kommen hauptsächlich bogenverzahnte Kegelradsätze (Spiralkegelradsatz) zum Einsatz. Durch das Fertigungsverfahren bedingt können die Zähne sehr unterschiedliche Formen besitzen.

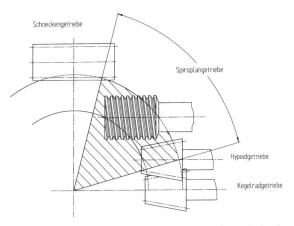

Bild 17.31: Verzahnungen für den rechtwinkligen Momentenfluss *(SEW Eurodrive GmbH & Co. KG)*

Im Vergleich zu den Hypoidverzahnungen besitzen die **Kegelradverzahnungen** (kein Achsversatz) einen höheren Wirkungsgrad und ermöglichen eine wirtschaftlichere Herstellung (gefräst, einsatzgehärtet und geläppt). Der geringere Wirkungsgrad der Hypoidverzahnung ist durch zusätzliche Gleitbewegungen auf Grund des Achsversatzes bedingt. Dadurch ist diese Verzahnung geräuschärmer, führt aber auch zu erhöhter Verschleiß- und Fressbeanspruchung.

Bezüglich der realisierbaren Übersetzungen besitzen die Hypoidverzahnungen den Vorteil, dass größere Übersetzungen erreichbar sind. Bei den Spiralkegelrädern finden wir einen Übersetzungsbereich von 1 bis 6, bei den Hypoidverzahnungen 3 bis 15.

17.2 Standardgetriebe

Gleason
Leitlinie: Kreisbogen
Zahndicke, Zahnhöhe und Lückenweite verjüngen sich zur Kegelspitze. — Spiralwinkel von 0° (Zerolverzahnung) bis etwa 45°; normal etwa 35°. — Gleicher Messerkopf für rechts- und linksgängige Verzahnung verwendbar.

Oerlikon-Spiromatic
Leitlinie: Epizykloide
Konstante Zahnhöhe. — *N-Verzahnung:* Normalmodul ist in der Zahnmitte am größten und verringert sich nach den beiden Seiten. Spiralwinkel meist 30...50°. — *G-Verzahnung:* Spiralwinkel von 0° bis etwa 50°. — Getrennte Messerköpfe für links- und rechtsgängige Verzahnung.

Klingelnberg-Palloid
Leitlinie: Evolvente
Konstante Zahnhöhe; annähernd konstante Normalteilung und Normalzahndicke. — Spiralwinkel normalerweise 35° bis 38°. — Leicht schuppige Oberfläche (hervorgerufen durch Hüllschnitte des kegeligen Wälzfräsers). — Lingsgängige Fräser für rechtsgängige Verzahnungen und umgekehrt erforderlich.

Klingelnberg-Zyklo-Palloid
Leitlinie: Epizykloide
Konstante Zahnhöhe; Normalmodul und Normalteilung je nach Spiralwinkel verjüngend bis annähernd konstant. Spiralwinkel von 0° bis etwa 45°. Ein zweiteiliger Messerkopf kann durch Auswechseln der Messer für links- und rechtsgängige Verzahnungen verwendet werden.

Modul-Kurvex
Leitlinie: Kreisbogen
Konstante oder verjüngende Zahnhöhe. — Spiralwinkel von 25° bis etwa 45°. — Werkzeug: Zweiteiliger Messerkopf. — Beide Kegelräder eines Radpaares können mit demselben Messerkopfsatz bearbeitet werden.

Bild 17.32: Geometrie und Herstellung von Kegelrad-Bogenverzahnungen [4]

Ebenso wie bei den Stirnradverzahnungen werden bei den Kegelradverzahnungen spezielle Fertigungs- und Berechnungssimulationswerkzeuge zur Optimierung des Belastungs- und Laufverhaltens eingesetzt.

Das ist bei den Kegelradverzahnungen umso bedeutender, da gegenüber der Stirnradverzahnung auf Grund zusätzlicher Fehlermöglichkeiten insbesondere die axiale Lage der Verzahnung genau festzulegen und zu tolerieren ist.

Spiroplan®-Verzahnung

Im Gegensatz zum Schneckengetriebe entstehen beim Spiroplan®-Getriebe radial nach außen verlaufende Berührlinien und dadurch eine annähernd gleiche **Schmierfilmdicke**. Beim Schneckengetriebe nimmt die Schmierfilmdicke durch die tangential verlaufende Berührlinie von der Einlaufseite her zunächst bis null ab, um dann zur Auslaufseite wieder anzusteigen. Deshalb muss hier der Werkstoff eines Verzahnungspartners gute Notlaufeigenschaften (Schneckenrad aus Bronze) aufweisen. Beim Spiroplan®-Getriebe können Rad und Ritzel aufgrund der annähernd konstanten Schmierfilmdicke aus Stahl gefertigt werden.

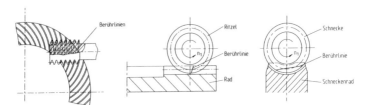

Bild 17.33: Berührlinien beim Spiroplan®-/Schneckengetriebe *(SEW Eurodrive GmbH & Co. KG)*

Die Spiroplan®-Verzahnung besteht aus einem zylindrischen Ritzel und einem Planrad mit bogenförmiger Verzahnung.

Bei neuen Verzahnungen sind die Zahnflanken noch nicht vollständig geglättet. Deshalb ist während der Einlaufphase der Reibungswinkel größer und somit der Wirkungsgrad niedriger als im späteren Betrieb. Dieser Effekt verstärkt sich mit größer werdender Übersetzung. Die Einlaufphase dauert üblicherweise 24 Stunden.

Ebenfalls wie bei der Schneckenverzahnung besteht die Gefahr der Selbsthemmung. Beim Spiroplan®-Getriebe liegt bei Übersetzungen >20 Selbsthemmung vor. Im Gegensatz zum Schneckengetriebe ist aber keine Tragbildeinstellung notwendig.

17.2.2.3 Wellen und Lager

Bild 17.34 zeigt, welche Bauteile eines Getriebes einer Belastung unterliegen. Die **Belastung** dieser Bauteile resultiert aus äußeren Kräften an der Getriebeabtriebsseite und aus der Drehmomenteinleitung auf der Antriebsseite.

Für die diversen Bauteile liegen sehr vielfältige, unterschiedliche Berechnungsverfahren vor, und es gilt zu klären, ob Wellen und Verzahnteile eine zeitfeste Auslegung erhalten können.

Ein Bauteil ist dann als dauerfest definiert, wenn es eine vorgegebene Lastspielzahl (= Anzahl der Belastungen) unbeschadet übersteht. Diese Lastspielzahl wird **Grenzlastspielzahl** n_g genannt und stellt den Übergang von der Zeitfestigkeit zur Dauerfestigkeit dar. Ein Bauteil erreicht nur dann die **Dauerfestigkeit**, wenn zum Beispiel im Falle des Getriebes

17.2 Standardgetriebe

ein bestimmtes Drehmoment nicht überschritten wird. Je nachdem, wie stark dieses „Grenzdrehmoment" überschritten wird, versagt das Bauteil früher oder später.

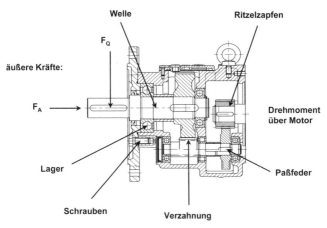

Bild 17.34: Belastete Getriebebauteile am Beispiel Stirnradgetriebe *(SEW Eurodrive GmbH & Co. KG)*

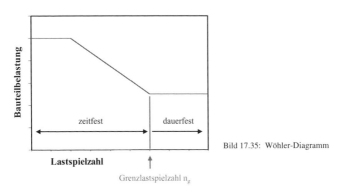

Bild 17.35: Wöhler-Diagramm

Für die unterschiedlichen Bauteile gelten folgende Grenzlastspielzahlen:

Zahnflanke $n_g = 5 \cdot 10^7$

Zahnfuß $n_g = 3 \cdot 10^6$

Welle $n_g = 1 \cdot 10^7$

Getriebehersteller gewährleisten ihren Kunden die Funktionsfähigkeit für mindestens 2 Jahre, wenn das Getriebe 8 Stunden am Tag und 5 Tage in der Woche seinen Dienst verrichten muss. Damit werden jedem Getriebe mindestens 2080 Betriebsstunden im Jahr zugesichert.

Mathematisch ist der Übergang von der Zeitfestigkeit zur Dauerfestigkeit wie folgt definiert:

$$n \text{ (in min}^{-1}) \geq n_g/(60 \cdot \text{Betriebsstunden})$$

Basierend auf dieser Gleichung können für verschiedene Drehzahlen die **Betriebsstunden** ermittelt werden, bei deren Überschreitung eine dauerfeste Auslegung erforderlich wird. Tabelle 17.3 enthält einige Zahlenwerte, und es wird ersichtlich, dass die Getriebebauteile eine dauerfeste Auslegung erhalten müssen.

Tabelle 17.3: Betriebsstunden für den Übergang zeitfest – dauerfest

	1400 min^{-1}	30 min^{-1}
Zahnflanke	595 h	27 778 h
Zahnfuß	36 h	1 667 h
Welle	119 h	5 556 h

Bei Getrieben, die nach einem Baukastensystem entwickelt werden, bedient man sich EDV-gestützter, in der Regel eigenentwickelter Berechnungsprogramme, um folgende Aussagen zu erhalten:

- Verzahnungssicherheiten von Stirn-, Kegel- und Schneckenverzahnungen,
- Wellensicherheiten an kritischen Querschnitten gegen Dauerbruch,
- Passfedersicherheiten,
- nominelle Lagerlebensdauerwerte,
- statische Lagertragsicherheiten,
- zulässige äußere Quer- und Axialkräfte.

Die Ergebnisse solcher Berechnungen sind jedoch für eine sichere Auslegung bzw. Projektierung von Getrieben nicht ausreichend, da den Berechnungen quasistationäre Dauerbelastungen zu Grunde gelegt werden. **Quasistationär** bedeutet, dass eine konstante Dauerbelastung angenommen wird. Das Getriebe wird hierbei durch das **maximale Getriebeabtriebsdrehmoment** $M_{a\,max}$ charakterisiert. Dieser Wert beschreibt das Abtriebsdrehmoment, bei dem das kritischste Bauteil gerade

17.2 Standardgetriebe

noch die Kriterien der Dauerfestigkeit erfüllt bzw. die geforderte Lagerlebensdauer vorliegt. Wird ein Getriebe mit diesem Drehmoment belastet, so wird es mit dem fb-Faktor = 1 gekennzeichnet (fb Betriebs- oder Servicefaktor). Der fb-Faktor ergibt sich aus dem Verhältnis von Getriebebelastungsmoment zu maximal zulässigem Getriebedauermoment.

Die realen Antriebsanwendungen verursachen manchmal kurzfristig **Drehmomentüberhöhungen**, die je nach Häufigkeit und Höhe die Zusicherung der dauerfesten Auslegung zunichte machen würden. Bei der Projektierung müssen daher zunächst Anfahr- und Bremsvorgänge berücksichtigt werden. Beim Einschalten von Elektromotoren kann sehr kurzfristig eine Überlast bis zum 2,5fachen des Nennmomentes entstehen. Diesem Phänomen ist Rechnung zu tragen, indem der zulässige fb-Faktor nach Schalthäufigkeit zu erhöhen ist. Die Höhe der Überschreitung ist eine Funktion der Massenverhältnisse. Liegt abtriebsseitig im Verhältnis zur Antriebsmasse eine sehr hohe externe Masse vor, so ist die Lastüberhöhung weitaus höher als bei sehr kleinen Massenverhältnissen.

Aus diesem Grunde ergibt sich der in Bild 17.36 gezeigte Verlauf, der eine ausreichend sichere Projektierung jedes Getriebemotors ermöglicht.

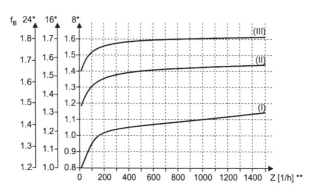

Bild 17.36: fb-Faktoren *(SEW Eurodrive GmbH & Co. KG)*

17.2.2.4 Schmierung

In der Regel werden den Anwendern sechs verschiedene **Grundbauformen**, auch **Raumlagen** genannt (M1 bis M6), angeboten. Bei genauer Betrachtung wird deutlich, dass durch die unterschiedlichen Raumlagen unterschiedliche **Mindestölmengen** notwendig sind, um die Schmierung aller Getriebebauteile gewährleisten zu können.

Im Verlauf der Betriebsphase erfolgt eine Temperaturzunahme des Getriebeöles bis zur Beharrung infolge von leerlauf- und lastabhängigen Verlusten. Aus dieser Temperaturzunahme resultiert eine **Innendruckerhöhung**, die bestimmte Grenzwerte nicht übersteigen darf. Wird dieser Überdruck nicht durch ein **Entlüftungsventil** beschränkt, entweicht er über den Weg des geringsten Widerstandes. Ein Ölaustritt an Dichtungen wäre die logische Konsequenz. Die Höhe des Überdruckes wird neben der Absoluttemperatur sehr stark vom Luft-Öl-Verhältnis im Inneren eines Getriebes beeinflusst und ist damit eine Funktion der Bauform.

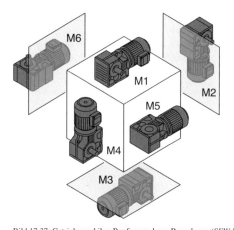

Bild 17.37: Getriebe und ihre Bauformen bzw. Raumlagen *(SEW Eurodrive GmbH & Co. KG)*

Schmierstoffart und **Gehäusewerkstoff** sind weitere Einflussfaktoren, die zu berücksichtigen sind. Bild 17.38 zeigt exemplarisch den Überdruckverlauf als Funktion des Füllgrades bei einer Erwärmung auf eine konstante Temperatur (karierte Fläche). Die gefüllte Fläche zeigt den Überdruchbereich bis 0,5 bar, die bei einer dynamischen Dichtung nicht überschritten werden darf. Aus dem Bild wird ersichtlich, dass ein **Überdruckventil** als Funktion der Bauform (Füllgrad) und der Temperatur zwingend notwendig ist.

Neben der Dimensionierung der Getriebebauteile ist die Gewährleistung einer entsprechenden und langfristigen **Schmierung** Grundvoraussetzung für die Aufrechterhaltung der Betriebssicherheit. Um eine ausreichende

17.2 Standardgetriebe

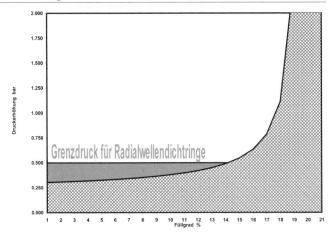

Bild 17.38: Getriebe-Innendruck *(SEW Eurodrive GmbH & Co. KG)*

Schmierung der Getriebe gewährleisten zu können, müssen weit reichende Kenntnisse in der Verzahnungs-, Lager-, Dichtungs- und Schmierstoff-Tribologie vorliegen und sehr vielfältige Einflussparameter berücksichtigt werden, die dieses Themengebiet äußerst komplex machen.

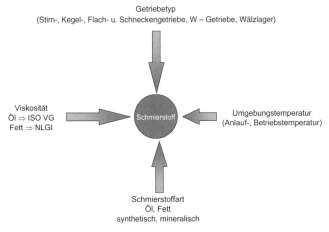

Bild 17.39: Auswahlkriterien für Schmierstoffe *(SEW Eurodrive GmbH & Co. KG)*

Hauptaufgaben des Schmierstoffes in einem Getriebe sind:

- Aufbau eines Schmierspaltes zwischen sich relativ zueinander bewegenden Partner (z. B. Verzahnung) und
- Wärmetransport.

Die Verzahnungsart bestimmt in einem ersten Schritt die Auswahl des Schmierstoffes, da in Abhängigkeit von der Berührungsart und den Werkstoffpartnern nicht jede Schmierstoffart geeignet ist.

Weiterhin von Bedeutung sind die **Umgebungsbedingungen**. Liegen sehr tiefe Umgebungstemperaturen vor, so ist prinzipiell Öl mit sehr niedriger Viskosität erforderlich. Die Viskosität des Schmieröls ist stark temperaturabhängig. Mit sinkender Temperatur werden Schmieröle dickflüssiger (viskoser), mit zunehmender Temperatur dünnflüssiger (niedrigviskoser). Ist die Viskosität zu niedrig, d. h., ist der Schmierstoff zu zähflüssig, ist unter Umständen ein Anlaufen eines Getriebes unmöglich.

Im Laufe des Betriebs wird sich die Betriebstemperatur erhöhen. Ist der Temperaturbereich sehr groß, besteht nun wiederum die Gefahr, dass die ausgewählte Viskosität für die niedrigen Anfahrtemperaturen zu hoch und für die hohen Temperaturbereiche zu niedrig ist und somit kein „funktionsfähiger" Schmierfilm erzeugt werden kann. Jeder Schmierstoff hat somit seinen ganz **spezifischen Einsatztemperaturbereich**, der sehr stark von der Schmierstoffqualität beeinflusst wird.

Die Temperatur ist nicht nur hinsichtlich der Viskosität zu berücksichtigen, auch bei der Lebensdauer bzw. Gebrauchsdauer besitzt sie enormen Einfluss.

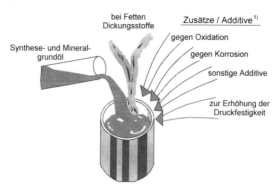

[1] Bei Synthesegrundölen nur in begrenzter Form möglich

Bild 17.40: Schmierstoffparameter

17.2.2.5 Wärmegrenzleistung

In Bezug auf die Betriebssicherheit spielt die Wärmegrenzleistung eine bedeutende Rolle.

> **Wärmegrenzleistung** ist diejenige mechanische Leistung, die bei einer vorgegebenen Umgebung eine vorgegebene maximal zulässige Öltemperatur im Getriebe verursacht.

Wird die Wärmegrenzleistung überschritten, so kann keine Schmierfähigkeit des Schmierstoffes gewährleistet werden. Dieser Sachverhalt stellt in der Getriebetechnik eines der schwierigsten und komplexesten Probleme dar.

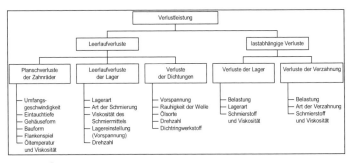

Bild 17.41: Öltemperatur bzw. Verlustleistung und seine Einflussfaktoren

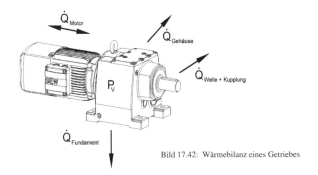

Bild 17.42: Wärmebilanz eines Getriebes

Die **thermische Wärmegrenzleistung** ist wie folgt definiert:

$$P_{th} = \frac{\dot{Q}_{ab} - P_{v0}}{(1-\eta_p)} \cdot 10^{-3} = \frac{f_2 \cdot f_3 \cdot A \cdot k \cdot \Delta T - P_{v0}}{(1-\eta_p)} \cdot 10^{-3}$$

P_{th}	Wärmegrenzleistung
$(1-\eta_p)$	lastabhängige Verlustleistung,
$\dot{Q}_{ab}$	abführbarer Wärmestrom
P_{v0}	Leerlaufverlustleistung
ΔT	$= (T_{öl} - T_{umgebung})$
f_2	Faktor für Wärmeableitung in Fundament, Kupplungen usw.
f_3	Faktor für Einschaltdauer je Stunde
A_{ges}	an der Wärmeabführung beteiligte Getriebeoberfläche
k	Wärmedurchgangskoeffizient

Einige dieser Faktoren müssen empirisch, also durch Versuche, an den jeweiligen Getrieben ermittelt werden. Somit ist die Ermittlung der Wärmegrenzleistung mit sehr hohen Aufwendungen, aber auch Unsicherheiten verbunden.

17.3 Servogetriebe

Hochdynamische Applikationen (Pic-and-place-Anwendungen, Handlinganlagen, Verpackungsmaschinen, Holz- und Kunststoffverarbeitungsmaschinen, Abfüllanlagen in der Lebensmittelindustrie, Produktions- und Montageanlagen) stellen höchste Anforderungen an die Leistungsfähigkeit der eingesetzten Getriebe. Extreme Winkelbeschleunigungen und Querkräfte sowie hohe Positionier- und Drehzahlgenauigkeit erfordern hohe Torsionssteifigkeit und geringstes Verdrehspiel. Weiterhin werden aus regelungstechnischen Gründen ausschließlich ganzzahlige Übersetzungen benötigt.

Um diesen Anforderungen gerecht zu werden, werden vornehmlich **Planeten-** oder **Exzentergetriebe** (z. B. Cyclo-Getriebe) eingesetzt. Bei beengten Einbauverhältnissen kommen dagegen **Winkelgetriebe** zum Einsatz. Hier gibt es sehr unterschiedliche Getriebevarianten (einstufige Schneckengetriebe, einstufige Kegelradgetriebe oder einstufige Hypoidgetriebe, zweistufige Stirnrad-Hypoid-Getriebe).

17.3 Servogetriebe

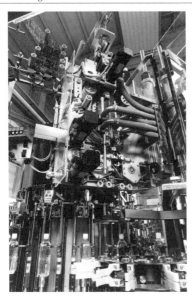

Bild 17.43: Applikationsbeispiel für hochdynamische Antriebssysteme

Bild 17.44: Beispiele für Servoplaneten- und Servowinkelgetriebe *(SEW Eurodrive GmbH & Co. KG)*

Auf Grund der hohen Anforderungen an Dynamik und Genauigkeit müssen Servogetriebe insbesondere hinsichtlich ihres Verdrehspiels und ihrer Verdrehsteifigkeit beschrieben sein.

17.3.1 Wichtige Definitionen der Servotechnik

17.3.1.1 Verdrehspiel

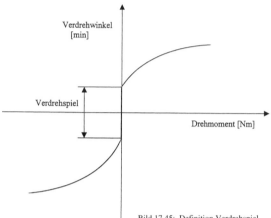

Bild 17.45: Definition Verdrehspiel

Als **Verdrehspiel** bezeichnet man den Winkel, um den die Abtriebswelle bei blockierter Antriebswelle bei einem Drehmoment von $0\,\text{N}\cdot\text{m}$ gedreht werden kann. Das Verdrehspiel ist ein rein theoretischer Wert, da für die Bewegung der Getriebeteile zur Überwindung der Reibung bereits ein Drehmoment aufgebracht werden muss. Deshalb werden zum Messen bei festgesetzter Antriebswelle ca. 1 … 3 % des Getriebenennmomentes am Abtrieb in Wechselrichtung aufgebracht.

Das Verdrehspiel resultiert aus dem **Zahn-** und **Lagerspiel** und wird, auf den Abtrieb bezogen, in Winkelminuten angegeben. **Spielarme Getriebe** werden in der Regel in unterschiedlichen Verdrehspielklassen angeboten. Als normales Spiel gilt ein Bereich von 3 … 6′. Um solch geringe Spiele garantieren zu können, müssen höchste Anforderungen an der Fertigung der Präzisionsgetriebe gestellt werden, was sich natürlich in den Kosten für solche Produkte widerspiegelt.

17.3.1.2 Verdrehsteifigkeit

Verdrehsteifigkeit ist das Torsionsverhalten eines Getriebes unter Belastung. Die **Steifigkeit** wird als Quotient aus Drehmoment und Verdrehwinkel in $\text{N}\cdot\text{m}/'$ oder $\text{N}\cdot\text{m}/\text{rad}$ angegeben. Die Verdrehsteifigkeit wird auch als **Federkonstante eines Getriebes** bezeichnet und gibt die

Summe der Verformungen aller Bauteile unter Drehmomenteinfluss an.

Verformungseinflüsse bei einem Planetengetriebe resultieren aus:

- Torsion der Wellen,
- Durchbiegung der Zähne, Wellen und Planetenbolzen,
- Abplattungen an den Kontaktstellen der Verzahnung und der Wälzkörper in den Lagern,
- Gehäuseverwindungen.

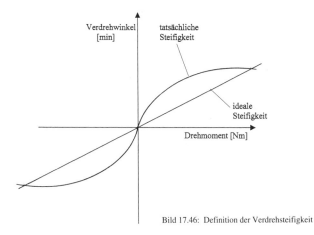

Bild 17.46: Definition der Verdrehsteifigkeit

17.3.2 Servoplanetengetriebe

Planetengetriebe gehören zur Familie der Umlaufgetriebe. Die im umlaufenden Planetenträger (**Steg**) gelagerten Zahnräder (**Planetenrad**) führen neben der Umlaufbewegung eine Eigendrehung aus, vergleichbar der der Planeten um die Sonne – daher die Bezeichnung Planetengetriebe.

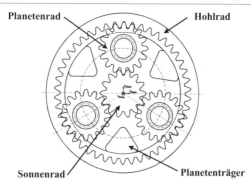

Bild 17.47: Getriebeschema eines Planetengetriebes

Das Planetengetriebe besteht aus folgenden Bauteilen:

- Sonnenrad,
- Hohlrad,
- Planetenräder,
- Planetenträger.

Grundsätzlich kann der Eintrieb oder Abtrieb über das Sonnenrad, Hohlrad oder den Planetenträger erfolgen. Bei Anwendungen in der Servotechnik wird in der Regel über das Sonnenrad eingetrieben, das Hohlrad (Gehäuse) ist fest stehend, und der Abtrieb erfolgt über den Planetenträger.

Bei fest stehendem Hohlrad drehen Ein- und Antriebswelle gleichsinnig, das Übersetzungsverhältnis ist ausschließlich eine Funktion der Zähnezahlen von Hohlrad und Sonnenrad. Die **Übersetzung** ergibt sich aus:

$$i = 1 + \frac{\text{Zähnezahl (Hohlrad)}}{\text{Zähnezahl (Sonnenrad)}}$$

Servoplanetengetriebe ermöglichen in der einstufigen Ausführung Übersetzungen von 3 bis 10. Auch bei Servoplanetengetrieben wird das Prinzip der Baukastensystematik verfolgt (mit wenig Bauteilen werden vielfältige Varianten realisiert), was viele Kombinationsmöglichkeiten zwischen Motor und Getriebe ergibt. Aus diesem Grunde findet man bei diesen Getrieben sehr häufig die Übersetzungen 3, 4, 5, 7 und 10. Begründet ist dies im Hohlrad. Nur bei diesen Übersetzungen ist die Verwendung eines identischen Hohlrades möglich. Werden größere Über-

17.3 Servogetriebe

setzungen benötigt, finden zwei- oder dreistufige Planetengetriebe Verwendung.

Es kommen ausschließlich evolventische Verzahnungen zum Einsatz. Ebenso wie bei den Standardgetrieben werden vielfältige Simulationswerkzeuge in der Entwicklung eingesetzt, um den hohen Anforderungen bezüglich des Belastungs- und Laufverhaltens gerecht zu werden.

Auf Grund der hohen Dynamik und geforderten Spielarmut zeigen Servoplanetengetriebe ausschließlich kraftschlüssige Welle-Naben-Verbindungen (z. B. Klemmring für die Verbindung Motorwelle zur Getriebeeintriebswelle).

Für die Abtriebswelle müssen zwei unterschiedliche Ausführungsvarianten zur Verfügung stehen. Parallel zur Standardausführung (Planetengetriebe mit Vollwelle) wird für spezielle Anwendungen das **Flanschblockgetriebe** benötigt. Diese Form der Abtriebswelle ist nach der EN ISO 9409 (Anforderungen für Industrieroboter) genormt und wird eingesetzt, wenn sehr hohe Querkräfte bei gleichzeitig hoher Kippsteifigkeit gefordert sind.

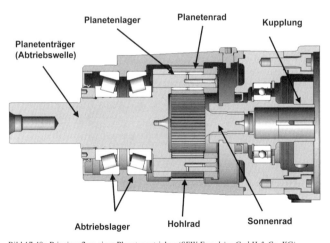

Bild 17.48: Prinzipaufbau eines Planetengetriebes *(SEW Eurodrive GmbH & Co. KG)*

Bild 17.49: Servoplanetengetriebe als Flanschblockgetriebe *(SEW Eurodrive GmbH & Co. KG)*

17.3.3 Servowinkelgetriebe

Bei den Servowinkelgetrieben findet man vielfältige Getriebearten. Neueste Entwicklung ist das zweistufige Stirnrad-Hypoid-Getriebe. Durch dessen Aufbau ist es möglich, annähernd alle Vorteile der unterschiedlichen Varianten zu vereinen. Damit sind hohe Übersetzungsbereiche (3 ... 40) mit hohem Wirkungsgrad realisierbar sowie höhere thermische Wärmegrenzleistungen bei gleichzeitig reduzierten Drehzahlen in der Hypoidstufe infolge der vorangegangenen Übersetzung in der Stirnradstufe.

Durch den konstruktiven Aufbau bieten Servowinkelgetriebe gegenüber der koaxialen Ausführung (Planetengetriebe) zusätzliche Abtriebsausführungen, z. B. die Hohlwelle.

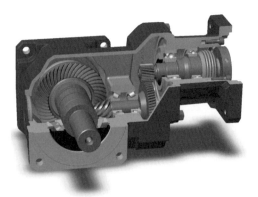

Bild 17.50: Prinzipaufbau eines zweistufigen Servowinkelgetriebes *(SEW Eurodrive GmbH & Co. KG)*

17.3.4 Berechnung und Projektierung von Servogetrieben

Die Berechnung bzw. Projektierung von Servogetrieben gestaltet sich gegenüber den Standardgetrieben weitaus schwieriger. Servogetriebe unterliegen so genannten **Lastkollektiven**, d. h., es liegt keine gleichbleibende Belastung und Drehzahl vor, sondern diese sind eine Funktion der Zeit. Deshalb ist es notwendig, dass das Lastkollektiv der Applikation auf eine **quasistatische Dauerbelastung** (S1-Betrieb) zur Nachrechnung der Getriebebauteile projiziert wird.

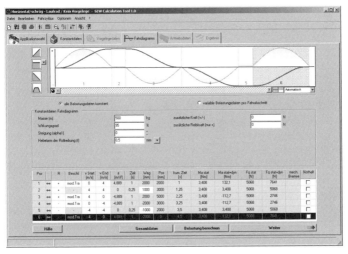

Bild 17.51: Beispiel eines Fahrdiagramms *(SEW Eurodrive GmbH & Co. KG)*

Das Servogetriebe wird hinsichtlich seiner zulässigen Belastung durch drei verschiedene Bereiche charakterisiert. In kleinen Drehzahlbereichen (Bereich 1) begrenzen die zulässigen Belastungen für Verzahnung, Wellen, Welle-Nabe-Verbindung und Gehäuse die Einsatzmöglichkeiten. Der weiterführende Bereich (Bereich 2) erhält seine Abgrenzung durch die Lagerlebensdauer und der 3. Bereich wird durch die zulässige Wärmegrenzleistung definiert.

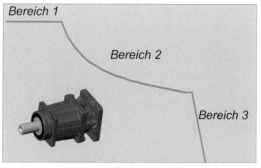

Bild 17.52: Projektierungskurve eines Servogetriebes *(SEW Eurodrive GmbH & Co. KG)*

Dieser Kurvenverlauf, aufgetragen in einer Momenten-Drehzahl-Kennlinie, wird als **Projektierungskurve** bezeichnet und ist bauart-, baugrößen- und übersetzungsabhängig.

Während der Projektierung erfolgt die Ermittlung des maximalen Beschleunigungsmomentes, der mittleren Drehzahlen, der kubischen und effektiven Momente sowie des thermischen Momentes. Die Werte müssen mit den entsprechenden Grenzwerten verglichen und hinsichtlich der Realisierbarkeit bewertet werden.

Solche Projektierung sind natürlich äußerst komplex und schwierig, sodass die Hersteller von Servogetrieben den Anwendern EDV-gestützte Projektierungsprogramme zur Verfügung stellen bzw. die Projektierungen im Auftrag durchführen.

17.4 Industriegetriebe

Industriegetriebe gehören zum dritten und letzten Bereich der Getriebe für die industrielle Anwendung. Die Applikationen, die Industriegetriebe erfordern, stellen sehr teure und komplexe Anlagen dar, sind durch einen enormen Drehmoment- bzw. Leistungsbedarf gekennzeichnet.

17.4 Industriegetriebe

Bild 17.53: Applikationsbeispiel für Industriegetriebe

In der Hauptsache kommen die Parallelwellengetriebe und Stirn-Kegelrad-Getriebe zum Einsatz, in Anwendungen, wo koaxiale Getriebe benötigt werden, auch Planetengetriebe.

Hohe Drehmomente und Querkräfte stellen gegenüber den Standardgetrieben erhöhte Anforderungen an die Verzahnungen, Wellen und Lager.

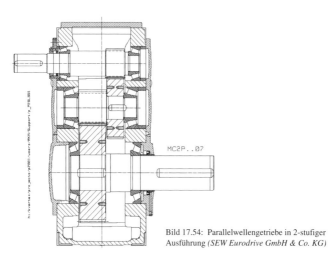

Bild 17.54: Parallelwellengetriebe in 2-stufiger Ausführung *(SEW Eurodrive GmbH & Co. KG)*

Als wesentliches Unterscheidungsmerkmal zu den Standardgetrieben ist die Fülle von Optionen zu nennen, die solche Getriebetypen zur Verfügung stellen müssen.

Beispiel hierfür ist der so genannte Becherwerksantrieb. Er besteht aus einem dreistufigen Kegelstirnradgetriebe mit Hilfsantrieb, das mit einem getrennt gelieferten Hauptantriebsmotor gekoppelt wird. Der Becherwerksantrieb treibt das Becherwerk und einen vertikalen Stetigförderer, der das Schüttgut in Bechern vertikal transportiert. Bei Stillstand der Anlage verhindert eine in das Getriebe eingebaute Rücklaufsperre den Rückwärtslauf des gesamten Becherwerkes. Für die langsame Bewegung des Becherwerkes während der Wartung sorgt bei abgeschaltetem Hauptmotor ein direkt angebauter Hilfsantrieb. Der Anlagenbetreiber ist so in der Lage, einen eventuellen Verschleiß von Kette, Gurt oder Becher festzustellen.

Bild 17.55: Becherwerksgetriebe *(SEW Eurodrive GmbH & Co. KG)*

Aus Gründen der Sicherheit müssen Becherwerksantriebe zusätzlich mit einer Drehzahlüberwachung ausgerüstet sein.

17.4 Industriegetriebe

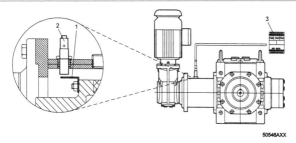

(1) Schaltnocken
(2) Induktiver Impulsgeber
(3) Drehzahlwächter

Bild 17.56: Drehzahlüberwachung von Hilfsantrieben *(SEW Eurodrive GmbH & Co. KG)*

Die Drehzahl der Überholkupplung wird über einen Schaltnocken und einen induktiven Impulsgeber erfasst. Die Impulse werden von einem Drehzahlwächter mit einer definierten Referenzdrehzahl verglichen. Wird die vorgegebene Drehzahl überschritten (z. B. durch eine Funktionsstörung der Überholkupplung), schaltet das Ausgangsrelais (wahlweise Öffner oder Schließer). Dadurch werden Überdrehzahlen an Hilfsantrieben vermieden.

Eine weitere wichtige Option ist die Ausführungsvariante Getriebe mit Lüfter. Auf Grund des hohen Leistungsbedarfes bei Industriegetrieben reduzieren die thermischen Wärmegrenzleistungen gegenüber den Standardgetrieben die Einsatzmöglichkeiten. Deshalb müssen solche Getriebe sehr häufig mit einem integrierten Lüfter zum Einsatz kommen. Alternativ können auch Ölkühler verwendet werden.

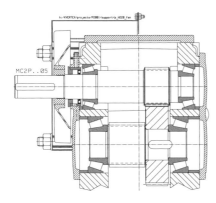

Bild 17.57: Getriebe mit Lüfter *(SEW Eurodrive GmbH & Co. KG)*

Auch die Schmierung der Getriebe gestaltet sich schwieriger. Auf Grund der geforderten Wartungsfreundlichkeit kann keine Fettschmierung der Lager erfolgen. Werden z. B. Getriebe in einer Horizontallage eingesetzt, müssen die oben liegenden Lager über eine Wellenendpumpe mit Schmierstoff versorgt werden.

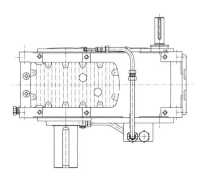

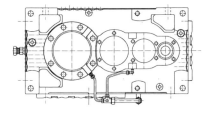

Bild 17.58: Getriebe mit Wellenendpumpe *(SEW Eurodrive GmbH & Co. KG)*

Die dargestellten Getriebeoptionen stellen nur einen sehr geringen Anteil der Möglichkeiten dar. Prinzipiell ist zu beachten, dass Industriegetriebe hinsichtlich der notwendigen Getriebeoptionen einer sehr detaillierten Projektierung zu unterziehen sind, um mögliche Fehlerzustände zu vermeiden. Fehlprojektierungen können immense Schäden und Kosten verursachen.

Quellen und weiterführende Literatur

[1] *Mack, F.; Wagner-Ambs, M.:* Getriebemotoren. Landsberg/Lech: Verlag Moderne Industrie, 2001
[2] *Decker:* Maschinenelemente – Funktion, Gestaltung und Berechnung. München Wien: Carl Hanser Verlag, 2006
[2a] *Roloff, M.; Matek, W.:* Maschinenelemente. Wiesbaden: Vieweg, 2001
[3] *Ehren, H.-P.:* Verbesserung des dynamischen Laufverhaltens von Stirnradgetrieben durch beanspruchungsgerechte Toleranzfeldlagen und -gestaltung in Verbindung mit Flankenkorrekturen. FVA-Forschungsvorhaben Nr. 214; RWTH Aachen, 1996
[4] *Weck, M.:* Moderne Leistungsgetriebe: Verzahnungsauslegung und Betriebsverhalten. Berlin: Springer, 1992
[5] *Niemann, G.; Winter, H.:* Maschinenelemente Band III. Berlin: Springer, 1983

Klement, W.: Fahrzeuggetriebe. Leipzig: Fachbuchverlag, 2005
Loomann, J.: Zahnradgetriebe. Berlin: Springer, 1996

18 Zugmittelgetriebe – Ketten

Dr.-Ing. Erhard Vogt

18.1 Aufbau von Rollenketten

Rollenketten haben im Vergleich zu allen Stahlgelenkketten auf Grund ihres hohen Verschleißwiderstandes die größte Bedeutung und vielseitigste Anwendung.

Bild 18.1 zeigt den Aufbau der Rollenkette. Das **Innenglied** besteht aus den Buchsen (a), den Innenlaschen (b) und den Rollen (c). In den Buchsen sind die Bolzen (d) gelagert, die mit den Außenlaschen (e) das Außenglied bilden. Die **Buchsen** sind in die Innenlaschen und die **Bolzen** in die Außenlaschen eingepresst. Zusätzlich sichert eine **Vernietung** die Verbindung des Bolzens in der Außenlasche.

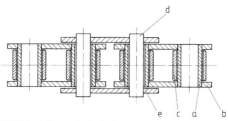

Bild 18.1: Aufbau der Rollenkette

Das **Lagerspiel** des Kettengelenks zwischen Bolzen und Buchse, Buchse und Rolle sowie das **Axialspiel** zwischen Innen- und Außenglied ist den jeweiligen Anwendungsgebieten angepasst und gewährleistet auch bei ungünstigen Einflüssen die Beweglichkeit der Kette.

Durch das Abrollen der Rolle an der Zahnflanke wird der Verschleiß der Kette an der Verzahnung gering gehalten, da die Rolle am ganzen Umfang gleichmäßig belastet wird. Geräuschdämpfend wirken an der Rollenkette die **Schmierstoffpolster** zwischen Rolle und Buchse sowie zwischen Buchse und Bolzen.

Bei der **Mehrfachrollenkette** sind die einzelnen Kettenstränge mit durchgehenden Bolzen verbunden. Der weitere Aufbau gleicht dem der Einfachrollenkette. Um eine gleichmäßige Belastung aller Kettenstränge zu gewährleisten, wird die Mehrfachrollenkette mit besonders hoher Präzision hergestellt.

18.1 Aufbau von Rollenketten

Bild 18.2: Rollenketten nach DIN 8187, einfach, zweifach, dreifach *(Arnold & Stolzenberg)*

Die **Mehrfachketten** ermöglichen die Übertragung größerer Leistungen bei hohen Drehzahlen und Raum sparender Konstruktion. Häufig werden an Stelle von Einfachrollenketten mit größerer Teilung kleinteilige Mehrfachketten eingesetzt, wodurch die Zähnezahlen der Kettenräder optimal gewählt und die Kettengeschwindigkeit relativ klein gehalten werden können. In den einschlägigen Normen sind Mehrfachketten bis zu **Dreifachrollenketten** genormt. Für Anwendungen in der Ölgewinnung sind Mehrfachketten bis zwölffach bekannt.

Für fördertechnische Aufgaben werden Rollenketten mit diversen Mitnehmer- und Winkellaschen ausgestattet. Diese sind teilweise genormt bzw. auf den speziellen Anwendungsfall zugeschnitten.

Normung:

- DIN 8187-1: 1996 Rollenketten Europäische Bauart, Einfach-, Zweifach-, Dreifach-Rollenketten

- DIN 8187-2: 1998 Rollenketten Europäische Bauart, Einfach-Rollenketten mit Befestigungslaschen, Anschlussmaße

- DIN 8187-3: 1998 Rollenketten Europäische Bauart, Einfach-Rollenketten mit verlängerten Bolzen, Anschlussmaße

- DIN 8188-1: 1996 Rollenketten Amerikanische Bauart, Einfach-, Zweifach-, Dreifach-Rollenketten

- DIN 8188-2: 1998 Rollenketten Amerikanische Bauart, Einfach-Rollenketten mit Befestigungslaschen, Anschlussmaße

- DIN 8188-3: 1998 Rollenketten Amerikanische Bauart, Einfach-Rollenketten mit verlängerten Bolzen, Anschlussmaße

- ISO 606:2004 Short-pitch transmission precision roller and bush chains, attachments and associated sprockets

18.2 Langgliedrige Rollenketten

Bei langgliedrigen Rollenketten entsprechen die Abmessungen der Bolzen, Buchsen und Rollen den Rollenketten nach DIN 8187-1 bzw. DIN 8188-1, während die Laschen die **doppelte Teilung** haben. Eine langgliedrige Rollenkette hat die gleiche Bruchkraft und Gelenkfläche wie die entsprechende Rollenkette mit Normalteilung. Sie ist jedoch leichter und in der Herstellung geringfügig kostengünstiger.

Haupteinsatzgebiet der langgliedrigen Rollenketten sind Ketten-Förderanlagen, besonders mit extrem großen Achsabständen. Wegen der geringen Gliederzahl sind sie weniger elastisch und somit auch weniger stick-slip-anfällig (Ruck-Gleiten). Die große Kettenteilung ermöglicht den Einbau von Laufrollen, was die stick-slip-Erscheinung noch weiter dämpft.

Weitere Anwendungen findet man in gering belasteten Kettentrieben mit geringer Geschwindigkeit und großen Kettenrädern.

Bild 18.3: Langgliedrige Rollenkette nach DIN 8181 *(Arnold & Stolzenberg)*

Bild 18.4: Langgliedrige Rollenkette mit Laufrollen *(Arnold & Stolzenberg)*

Normung:

- DIN 8181: 2000 Rollenketten langgliedrig

- ISO 1275: 1995 Double-pitch precision roller chains and sprockets for transmission and conveyors

18.3 Aufbau von Zahnketten

Neben der Rollenkette ist die **Zahnkette** die wichtigste Antriebskette. Ihre Kettenglieder setzen sich je nach Kettenbreite aus mehreren nebeneinander liegenden Laschen zusammen, die von Glied zu Glied versetzt angeordnet sind, sodass jede zweite Lasche zum nächstfolgenden Kettenglied gehört. Auf diese Weise lassen sich Ketten mit sehr großer **Tragfähigkeit** aufbauen. Die Kettenglieder werden durch **Rundbolzen** bzw. bei den modernen Hochleistungsketten durch **Wiegegelenke** verbunden. Das Wiegegelenk besteht aus einem Lager- und einem Wiegezapfen. Der Lagerzapfen hat entweder eine ebene Auflagerfläche, auf der der Wiegezapfen mit seiner gekrümmten Fläche anliegt, oder aber Wiege- und Lagerzapfen sind querschnittsgleich. Beide Zapfen sind in den Laschen fixiert. Beim Ein- bzw. Auslauf der Zahnkette im Rad führen Wiege- und Lagerzapfen aufeinander eine **Wiegebewegung** aus, was zu einer sehr niedrigen Gelenkreibung und damit zu geringem Gelenkverschleiß und hohem Wirkungsgrad führt.

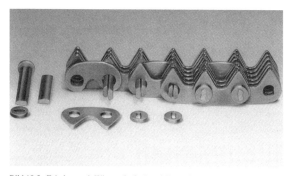

Bild 18.5: Zahnkette mit Wiegegelenk *(Bosch Rexroth)*

Die Kraftübertragung erfolgt bei Zahnkettengetrieben durch die äußeren Flanken der Zahnlasche, welche an den Flanken der Kettenradzähne zur Anlage kommen.

Das seitliche Ablaufen der Zahnkette vom Kettenrad wird durch **Führungslaschen** verhindert, die je nach Zahnbreite entweder als **Außenlaschen** bei Außenführung oder als **Innenlasche** bei Innenführung ausgeführt werden. Eine Innenführung wird bevorzugt bei breiten Ketten und hohen Kettengeschwindigkeiten gewählt, da diese unempfindlicher gegen Schiefstellungen der Kette ist. Allerdings wird das Kettenrad durch die Ringnut geschwächt.

Zahnketten zeichnen sich durch einen besonders geräuscharmen Lauf aus und werden deshalb in der amerikanischen Fachliteratur auch als „silent chain" bezeichnet. Die dort auch gebräuchliche Bezeichnung „inverted tooth chain" wurde von der Laschenform abgeleitet. Die modernen Hochleistungszahnketten werden für maximale Kettengeschwindigkeiten bis 30 m/s ausgelegt, müssen dann aber wegen der erforderlichen Wärmeabfuhr im Ölbad geschmiert werden.

Normung:

- DIN 8190: 1988 Zahnketten mit Wiegegelenk und 30° Eingriffswinkel,

- DIN 8191: 1998 Verzahnung der Kettenräder für Zahnketten nach DIN 8190.

18.4 Kettenräder

Die einwandfreie Funktion und das gute Betriebsverhalten von Kettengetrieben hängen außer von der Stahlgelenkkette als Zugmittel auch von der richtigen Auswahl und Gestaltung der **Kettenräder** ab. Durch die konstruktive Gestaltung der Kettenräder werden folgende Eigenschaften des Kettengetriebes beeinflusst:

- die Genauigkeit der Übertragung und die Gleichförmigkeit der Übersetzung,

- die Laufruhe und die Empfindlichkeit gegen Schwingungen,

- die Geräuschentstehung,

- die Lebensdauer des Gesamtsystems,

- der Wirkungsgrad,

- die Empfindlichkeit gegen äußere Einflüsse wie Schmutz und Fremdkörper.

Die Radkörper sind ähnlich denjenigen von Zahnrädern gestaltet. Die **Zahnkranzbelastung** ist bei den Kettenrädern auf Grund des großen Umschlingungswinkels der Kette von üblicherweise 100 ... 250° und der damit verbundenen Lastverteilung auf mehrere Zähne deutlich geringer als bei Zahnrädern. Dadurch können die Kettenräder bei gleichen übertragbaren Drehmomenten kleiner gestaltet werden. Die konstruktive Gestaltung der Kettenräder wird durch die Kettenart, die Zähnezahl und das zu übertragende Drehmoment bestimmt. Nach DIN 8192 sind zwei Ausführungen von Kettenradkörpern für Rollenketten genormt: **Form A**

18.4 Kettenräder

(Kettenradscheibe) und **Form B** (Kettenrad mit einseitiger Nabe). Nicht genormt ist die **Form C** (Kettenrad mit beidseitiger Nabe).

Alle Bauformen können für Einfach- und Mehrfachkettenräder verwendet werden. Scheibenräder der Form A sind die einfachste und preiswerteste Ausführung. Bei der Montage durch Schrauben oder Schweißen muss jedoch darauf geachtet werden, dass in radialer und axialer Richtung keine Lauffehler auftreten. Kettenräder mit einseitiger Nabe der Form B sind **Standardräder** und können ebenso wie Kettenräder mit zweiseitiger Nabe der Form C sowohl nur mit Vorbohrung versehen als auch einbaufertig gebohrt und genutet vom Hersteller bezogen werden.

Außer diesen Grundbauformen werden verschiedene Sonderausführungen hergestellt. Hierbei handelt es sich um **Speichen-Kettenräder**, Kettenräder mit **angeschweißter Nabe** und **Erleichterungslöchern** (für große Durchmesser), **geteilte Kettenräder** (häufig aus Montagegründen erforderlich), **Schaftkettenräder** (für extrem kleine Zähnezahlen) und Kettenräder mit **Rutschnabe** oder **Scherbolzen** (zur Begrenzung des Drehmoments).

18.4.1 Verzahnung, Abmessungen

Die Verzahnung des Kettenrades muss den sicheren Formschluss mit der Kette gewährleisten und die maximal zulässige Kettenverschleißlängung aufnehmen können. Weiterhin soll die Verzahnung ein zwangloses Ablaufen der Kette sicherstellen. Das Betriebsverhalten von Kettengetrieben wird wesentlich durch den Fußkreisdurchmesser d_f, den Rollenbettradius r_1, das Zahnlückenspiel und den Zahnfasenradius r_3 beeinflusst.

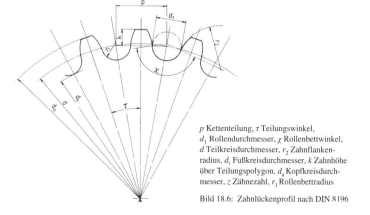

p Kettenteilung, τ Teilungswinkel, d_1 Rollendurchmesser, χ Rollenbettwinkel, d Teilkreisdurchmesser, r_2 Zahnflankenradius, d_f Fußkreisdurchmesser, k Zahnhöhe über Teilungspolygon, d_a Kopfkreisdurchmesser, z Zähnezahl, r_1 Rollenbettradius

Bild 18.6: Zahnlückenprofil nach DIN 8196

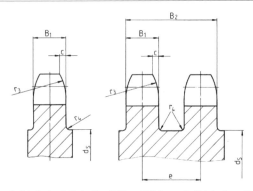

B_1 Zahnbreite, B_2 Breite über 2 Zähne, C Abfasung der Zahnbreite, r_4 Radfasenradius, e Querteilung, d_s Durchmesser der Freidrehung

Bild 18.7: Zahnbreitenprofil nach DIN 8196

Der Fußkreisdurchmesser wird mit negativer Toleranz, die Kette mit positiven Toleranzen gefertigt. Durch diese Kombination wird ein **Klemmen der Kette** in der Verzahnung verhindert. Der Rollenbettradius r_1 ist nach DIN 8196 mit 0,505 × Rollendurchmesser d_1 festgelegt. Dadurch entsteht ein **Zahnlückenspiel** zur Aufnahme von Fertigungstoleranzen der Kette. Die Zahnflanke muss so ausgebildet sein, dass ein störungsfreier Lauf der Kette, eine optimale Kraftübertragung mit kleinen Reaktionskräften und eine günstige Stoßrichtung der Rollen gewährleistet werden. Der Zahnfasenradius r_3 bewirkt ein störungsfreies Auf- und Ablaufen der Kette.

In der DIN 8196 sind auch die zulässigen Rund- und Planlaufabweichungen sowie die Durchmessertoleranzen festgelegt. Dort findet man auch die Bestimmungsgleichungen zur Berechnung der Verzahnungsgeometrie.

18.4.2 Werkstoffe

Die Kettenräder werden üblicherweise bis 30 Zähne aus unlegiertem Stahl mit 500 N/mm² Mindestzugfestigkeit (E295, 2 C 35, 2 C 45 u. Ä.) hergestellt. Dies gilt bis zu einer Kettengeschwindigkeit von 7 m/s.

Bei höheren Geschwindigkeiten wird für die Kettenräder eine Wärmebehandlung empfohlen, z. B. bei Vergütungsstählen (2 C 35, 2 C 45, 42 CrMo 4 u. Ä.) eine Vergütung oder Flamm- bzw. Induktionshärtung der Zähne auf 485 bis 585 HV10, und bei Einsatzstählen (C 15 E, 17 Cr 3, 16 MnCr 5 u. Ä.) eine entsprechende Einsatzhärtung.

18.4 Kettenräder

Für Kettenräder mit mehr als 30 Zähnen genügt bei normaler Beanspruchung Grauguss mit 200 N/mm² Mindestzugfestigkeit. Höhere Kettengeschwindigkeiten erfordern Stahlguss oder Schweißkonstruktionen aus Stahl mit 500 N/mm² Mindestzugfestigkeit, z. B. S355JO.

In Abhängigkeit von den Betriebsbedingungen kommen auch rost- und säurebeständige Stähle, NE-Metalle sowie Kunststoffe, z. B. PA und POM, zum Einsatz.

18.4.3 Triebstockverzahnung

Häufig werden Rollenketten als **Zahnstange** oder **Zahnkranz** an großen Trommeln eingesetzt. Um in solchen Fällen optimale Betriebsverhältnisse zu erreichen, müssen die Antriebsräder mit **Zykloidenverzahnung** (Triebstockverzahnung) hergestellt werden.

Diese Verzahnung ist auch für Kettenantriebe zu empfehlen, bei denen die Kette geradlinig an den Kettenrädern vorbeiläuft. Die Kettenräder können dabei nur mit ein bis zwei Zähnen in die Kette eingreifen. Solche Eingriffsverhältnisse kommen bei Rollbahnen vor, wo eine Kette zehn und mehr Kettenräder tangential antreibt. Für die Herstellung der Zykloidenverzahnung wird für jede Zähnezahl ein entsprechendes **Verzahnungswerkzeug** benötigt. Die Zahnform wird außerdem durch die Form des Gegenrades (Zahnstange oder Zahnkranz) bestimmt.

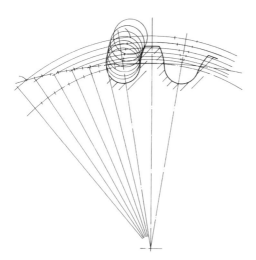

Bild 18.8: Triebstockverzahnung

18.5 Kettenspanner und Kettenführungen

Durch Verschleiß zwischen Bolzen und Buchse wird die Kette in Abhängigkeit von der Laufzeit länger, was zu einem größeren Durchhang der Kette im Lostrum und häufig zu unerwünschten Schwingungen führt. Ist ein Kettenradlager verstellbar angeordnet, so kann die Kettenlänge durch Vergrößern des Achsabstandes ausgeglichen werden. Ist dies nicht der Fall, so sind im Kettengetriebe Zusatzeinrichtungen vorzusehen, die nicht der Drehmomentübertragung dienen. **Spannvorrichtungen** haben die Aufgabe, die verschleißbedingte Verlängerung der Kette sowie die eventuell infolge von Wärmeausdehnung zusätzlich auftretende Kettenlängung auszugleichen und Kettenschwingungen zu verhindern. Sie werden durch Federkraft, Hydraulik oder Gewichtsbelastung gegen den Lostrum gedrückt oder von Hand starr verstellt.

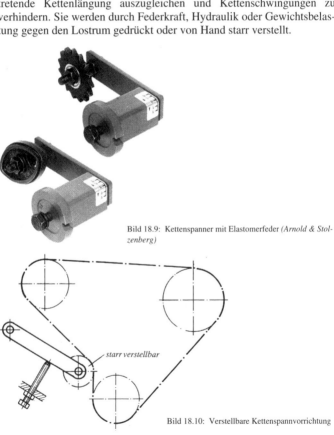

Bild 18.9: Kettenspanner mit Elastomerfeder *(Arnold & Stolzenberg)*

Bild 18.10: Verstellbare Kettenspannvorrichtung

18.5 Kettenspanner und Kettenführungen

Seit einigen Jahren ist ein neuartiger Kettenspanner, der **Roll-Ring**, auf dem Markt verfügbar. Es handelt sich dabei um eine Innovation aus Hochleistungskunststoff, die aus einem Zahnprofil und einem Ringprofil besteht. Die Funktionen Spannen, Dämpfen, Steuern und selbsttätiges Lagesichern sind in einem Maschinenelement integriert.

Bild 18.11: Roll-Ring, eingebaut in eine Dreifachkette *(Ebert Kettenspanntechnik)*

Der elastische Kunststoffring, im Betriebszustand ellipsenähnlich vorgespannt, hat ein **außenliegendes Zahnprofil**, das in die Kette eingreift. Das Zahnprofil erfüllt die Funktion der Lagesicherung im Kettentrieb sowie die Vermittlerfunktion für Spannkraft und Dämpfung. Sobald sich die stets gegenläufigen Trume des Kettentriebes bewegen, überlagern sich die Bewegungen von Last- und Leertrum zu einer Nullsummenbewegung. Damit hält sich der Roll-Ring reversierfähig drehend im Kettentrieb, ohne seine Lage im Kettentrieb zu verändern. Bild 18.11 zeigt zwei in einen Dreifach-Kettentrieb eingebauten Roll-Ringe. Zu den herausragenden Vorteilen der Roll-Ring-Kettenspanner zählt die **Snap-in-Montage**. Die Kettenspanner werden von Hand ellipsenähnlich zusammengedrückt, in diesem vorgespannten Zustand zwischen die Trume gesetzt und losgelassen. Ohne aufwändige Justagearbeiten und ohne den Einsatz von Werkzeugen sind diese Spannelemente in Sekundenschnelle betriebsbereit.

Optimal ist der Roll-Ring bei Rollgangantrieben einzusetzen, da hier in aller Regel das Übersetzungsverhältnis 1:1 beträgt. In Abhängigkeit von den geometrischen Bedingungen können auch Kettengetriebe mit einem Übersetzungsverhältnis von 2:1 verwendet werden.

18.6 Auslegung von Kettengetrieben

18.6.1 Kinematik des Kettengetriebes

Die Kettenglieder bilden auf dem Kettenrad ein Polygon und führen beim Einlaufen nacheinander eine unterbrochene Kurbelbewegung aus. Hierbei verändert sich der wirksame Durchmesser am Kettenrad, sodass sich bei einer gleichmäßigen Drehbewegung des Rades eine ungleichförmige Geschwindigkeit des Kettentrums ergibt. Diese Ungleichförmigkeit wird auch als **Polygoneffekt** bezeichnet. Die Geschwindigkeit der Kette ändert sich periodisch zwischen den Grenzwerten

$$v_{max} = \frac{p \cdot n \cdot \pi}{\sin(\tau/2)} \text{ in m/s} \quad \text{und}$$

$$v_{min} = \frac{p \cdot n \cdot \pi}{\tan(\tau/2)} \text{ in m/s} \quad \text{wobei} \quad \frac{\tau}{2} = \frac{180}{z}$$

Die mittlere Kettengeschwindigkeit, die auch für die Kettengetriebeauslegung zu Grunde gelegt wird, errechnet man nach der Formel:

$$v = p \cdot n \cdot z \text{ in m/s}$$

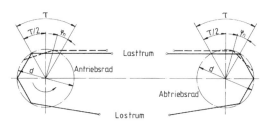

Bild 18.12: Ablauf einer Kette über zwei Kettenräder

Bild 18.13 zeigt das kinematische Verhalten der Kette als Funktion der Zähnezahl beim Ablauf über das Kettenrad.

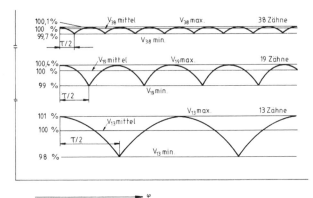

Bild 18.13: Einfluss der Zähnezahl auf den Verlauf der Kettengeschwindigkeit

18.6 Auslegung von Kettengetrieben

Bei Zähnezahlen ≥ 19 ist die Ungleichförmigkeit so gering, dass sie in der Praxis kaum eine Bedeutung hat.

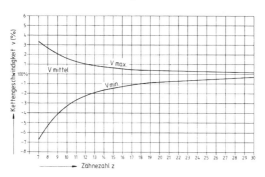

Bild 18.14: Ungleichförmigkeit der Kettengeschwindigkeit in % als Funktion der Zähnezahl z

18.6.2 Dynamik des Kettengetriebes

Die Berechnung der statischen Kettenzugkraft erfolgt nach der Gleichung

$$F = \frac{P}{v} \quad \text{in kN}$$

P in kW übertragbare Leistung, v in m/s Kettengeschwindigkeit.

Die so ermittelte **Kettenzugkraft** wird von Schwellkräften überlagert. Die resultierende Schwellkraft setzt sich aus folgenden Komponenten zusammen:

- der Fliehzugkraft F_F,
- der Stützzugkraft F_{st},
- den Schwell- und Stoßkräften aus den antriebs- und abtriebsseitig einwirkenden Ungleichförmigkeiten und
- den Schwell- und Stoßkräften durch den Polygoneffekt.

Die **Fliehzugkraft** F_F wirkt als Reaktion der radialen Fliehkraft in beiden Kettentrumen und ist abhängig vom Metergewicht q der Kette und dem Quadrat der Kettengeschwindigkeit:

$$F_F = q \cdot v^2 \quad \text{in N}$$

q in kg/m Gewicht der Kette pro Meter, v in m/s Kettengeschwindigkeit.

Die Fliehzugkraft F_F wird mit zunehmender Umfangsgeschwindigkeit eine wichtige bis dominante Komponente der Kettenschwellkraft.

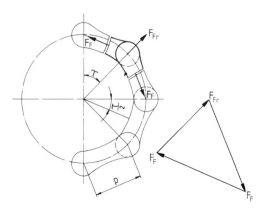

Bild 18.15: Zerlegung der Fliehkraft F_{Fr} in die Fliehzugkraft F_F

Die **Stützzugkraft** F_{st} wirkt im Los- und Leertrum. Sie ist abhängig von dem Trumgewicht qL_T und dem Durchhang h_d sowie dem Neigungswinkel δ des jeweiligen Trums. Bei einwandfrei montiertem Kettengetriebe mit 1 … 2 % Durchhang des Kettentrums ist die Stützzugkraft ohne Bedeutung. Sie erreicht jedoch sehr hohe Werte, wenn das Kettengetriebe einen zu großen Achsabstand hat oder durch einen Kettenspanner unzulässig stark gespannt wird.

Die Stützkräfte am oberen und unteren Kettenrad F_{st-o} und F_{st-u} sind nicht gleich groß, ausgenommen bei einem Trumneigungswinkel $\delta = 0°$.

Sie werden wie folgt berechnet:

$$F_{st-o} = 10^{-3} \cdot g \cdot q \cdot L_T \cdot (\xi + \sin \delta) \quad \text{in N}$$

$$F_{st-u} = 10^{-3} \cdot g \cdot q \cdot L_T \cdot \xi \quad \text{in N}$$

q in kg/m Gewicht der Kette pro Meter, h_d in mm Durchhang des Lostrumes, h_r relativer Durchhang ($h_d/L_T \cdot 100$ %), L_T in mm Länge des Kettentrumes, g in m/s² Fallbeschleunigung ($\approx$ 9,81 m/s²), δ Neigungswinkel des Kettentrums, ξ spezifische Stützzugkraft nach Bild 18.17.

18.6 Auslegung von Kettengetrieben

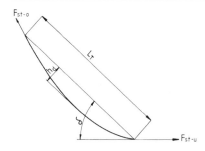

Bild 18.16: Richtung der Stützzugkräfte $F_{st\text{-}o}$ und $F_{st\text{-}u}$

Bei waagerechter Lage des Lostrums und einem relativen Durchhang von $h_r \leq 10\ \%$ kann die Stützzugkraft F_{st} nach der folgenden Näherungsgleichung bestimmt werden:

$$F_{st} \approx 9{,}81 \cdot \frac{q \cdot L_T^2}{8000 \cdot h_d} \quad \text{in N}$$

Treibende und/oder getriebene Aggregate erzeugen durch Ungleichförmigkeiten Schwell- und Stoßkräfte in den Kettengetrieben. Sie werden in den Berechnungen durch **Stoßbeiwertfaktoren** y berücksichtigt. Für weitere Details wird auf die DIN ISO 10823 Hinweise zur Auswahl von Rollenkettentrieben verwiesen. Darüber hinaus gibt es von den deutschen Kettenherstellern Berechnungssoftware auf CD-ROM.

Durch den Polygoneffekt treten ebenfalls zusätzliche Schwell- und Stoßkräfte auf. Dieser bewirkt, dass die Rollen bzw. Buchsen beim Einlaufen der Kette in das Kettenrad stoßartig auf die Zahnflanken schlagen und die typischen **Kettengeräusche** verursachen. Die Aufschlagkraft F_a begrenzt die Lebensdauer der Kettenrollen und -buchsen und beschleunigt den Verschleiß an den Zahnflanken. Nach *Niemann* kann die **Aufschlagkraft** durch folgende Gleichung berechnet werden:

$$F_a = 1{,}662 \sqrt{B_1 \cdot q \cdot p} \cdot \frac{v}{z_1} \cdot \sin\left(\frac{360}{z_1} + \gamma\right) \quad \text{in N}$$

q in kg/m Gewicht der Kette pro Meter, p in mm Kettenteilung, B_1 Zahnbreite des Kettenrades, v in m/s Kettengeschwindigkeit, z_1 Zähnezahl des Kleinrades, γ Flankenwinkel.

Bei hoher Kettengeschwindigkeit und kleiner Zähnezahl kann die Aufschlagkraft F_a erhebliche Werte annehmen.

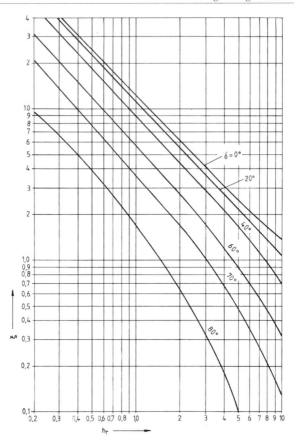

Bild 18.17: Spezifische Stützzugkraft ξ als Funktion des relativen Durchhanges h_r und des Trumneigungswinkels δ

18.6.3 Geometrie des Kettengetriebes

Wichtig für die geometrische Auslegung des Kettengetriebes ist der Zusammenhang zwischen dem Achsabstand a und der Gliederzahl der Kette X bei gegebener Kettenteilung p und gegebenen Zähnezahlen z_1 und z_2. Weitere Parameter sind die an den Kettenrädern vorliegenden Umschlingungswinkel β_1 und β_2 und der Durchhang des Lostrums h_d.

18.6 Auslegung von Kettengetrieben

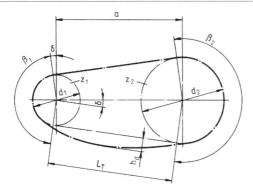

a in mm Achsabstand, a_0 in mm ungefährer Achsabstand, d_1, d_2 in mm Teilkreisdurchmesser der Kettenräder, L_T in mm Trumlänge, z_1, z_2 Zähnezahlen der Kettenräder, p in mm Kettenteilung, X Kettenlänge in Anzahl der Glieder, X_0 errechnete Kettenlänge in Anzahl der Glieder, f_4 Faktor für die Berechnung des Achsabstandes bei $i \neq 1$, $f_ü$ Übersetzungsfaktor $= (X - z_1)/(z_2 - z_1)$, β_1, β_2 Umschlingungswinkel, δ Trumneigungswinkel, $\sin \delta = (d_2 - d_1)/2a$

Bild 18.18: Kettengetriebe über zwei Kettenräder

18.6.3.1 Berechnung der Kettenlänge

Die Kettenlänge in Anzahl der Glieder X_0 kann nach der folgenden Gleichung ermittelt werden:

$$X_0 = \frac{2 \cdot a_0}{p} + \frac{z_1 + z_2}{2} + \left(\frac{z_2 - z_1}{2 \cdot \pi}\right)^2 \frac{p}{a_0}$$

Ist die Übersetzung $i = 1$, so vereinfacht sich die Gleichung zu

$$X_0 = \frac{2 \cdot a_0}{p} + z_1$$

Die errechnete Gliederzahl X_0 ist auf eine möglichst gerade Anzahl X zu runden. Ungerade Gliederzahlen sind zu vermeiden, da sie den Einbau von gekröpften Gliedern erfordern, welche die Dauerfestigkeit der Kette herabsetzen.

18.6.3.2 Berechnung des Achsabstandes

Bei der Berechnung von Kettengetrieben mit vorgegebener oder errechneter Gliederzahl X und nachträglich nicht mehr veränderbarem Achsabstand ist eine genaue Berechnung erforderlich. Es gilt die vorgegebene Gleichung nach DIN ISO 10823:

$$a = [2X - (z_1 + z_2)] \cdot p \cdot f_4 \quad \text{in mm}$$

Der Faktor f_4 kann nach folgender Gleichung berechnet werden:

$$f_4 = \frac{1}{4 \cdot \sin\delta\,(\delta + \cot\delta)} \quad \text{mit} \quad \sin\delta = \frac{d_2 - d_1}{2 \cdot a}$$

Da der Faktor f_4 auch vom gesuchten Achsabstand abhängt, kann die transzendente Gleichung für den Achsabstand a nur iterativ gelöst werden. DIN ISO 10823 enthält eine Tabelle, in der der Faktor f_4 in Abhängigkeit vom Übersetzungsfaktor $f_ü$ angegeben ist.

Tabelle 18.1: Faktor f_4 für Kettentriebe $i \neq 1$

$f_ü$	f_4	$f_ü$	f_4	$f_ü$	f_4
13,0	0,24991	2,00	0,24421	1,33	0,22968
12,0	0,24990	1,95	0,24380	1,32	0,22912
11,0	0,24988	1,90	0,24333	1,31	0,22854
10,0	0,24986	1,85	0,24281	1,30	0,22793
9,0	0,24983	1,80	0,24222	1,29	0,22729
8,0	0,24978	1,75	0,24156	1,28	0,22662
7,0	0,24970	1,70	0,24081	1,27	0,22593
6,0	0,24958	1,68	0,24048	1,26	0,22520
5,0	0,24937	1,66	0,24013	1,25	0,22443
4,8	0,24931	1,64	0,23977	1,24	0,22361
4,6	0,24925	1,62	0,23938	1,23	0,22275
4,4	0,24917	1,60	0,23897	1,22	0,22285
4,2	0,24907	1,58	0,23854	1,21	0,22090
4,0	0,24896	1,56	0,23807	1,20	0,21990
3,8	0,24883	1,54	0,23758	1,19	0,21884
3,6	0,24868	1,52	0,23705	1,18	0,21771
3,4	0,24849	1,50	0,23648	1,17	0,21652
3,2	0,24825	1,48	0,23588	1,16	0,21526
3,0	0,24795	1,46	0,23524	1,15	0,21390
2,9	0,24778	1,44	0,23455	1,14	0,21245
2,8	0,24758	1,42	0,23381	1,13	0,21090
2,7	0,24735	1,40	0,23301	1,12	0,20923
2,6	0,24708	1,39	0,23259	1,11	0,20744
2,5	0,24678	1,38	0,23215	1,10	0,20549
2,4	0,24643	1,37	0,23170	1,09	0,20336
2,3	0,24602	1,36	0,23123	1,08	0,20104
2,2	0,24552	1,35	0,23073	1,07	0,19848
2,1	0,24493	1,34	0,23022	1,06	0,19564

18.6 Auslegung von Kettengetrieben

Ist die Übersetzung $i = 1$, kann der Achsabstand wie folgt ermittelt werden:

$$a = \frac{X - z_1}{2} \cdot p \quad \text{in mm}$$

Die nach den Gleichungen berechneten **Achsabstände** stellen das Größtmaß dar. Danach liegt die Kette theoretisch straff auf den Kettenrädern. Die Kettenlänge wird mit Plus-Toleranz, die Fußkreisdurchmesser der Kettenräder werden mit Minus-Toleranz hergestellt. Dadurch erreicht das Kettengetriebe nach kurzer Einlaufzeit den erforderlichen Lostrumdurchhang $h_d \geq 0{,}01a$.

18.6.4 Bestimmende Faktoren der Lebensdauer von Kettengetrieben

Für die Belastbarkeit und Lebensdauer der Kettengetriebe mit Rollen- und Buchsenketten sind der Verschleißwiderstand und die Betriebszeitfestigkeit der Laschen und Bolzen bzw. die Betriebszeitfestigkeit der Rollen und Buchsen maßgebend. Diese Kriterien bilden die Grenzwerte für den nutzbaren Leistungsbereich.

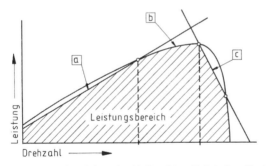

Bild 18.19: Nutzbarer Leistungsbereich (doppelt logarithmische Darstellung)

Die **Lebensdauer des Kettengetriebes** wird bestimmt

- im Bereich „a" durch die Betriebszeitfestigkeit der Laschen und Bolzen. Die messtechnische Bestimmung der Dauerfestigkeit von Rollenketten ist in ISO 15654:2004 Fatigue Test Method for Transmission Roller Chains geregelt. In ISO 606:2004 wurden erstmals Mindestanforderungen bezüglich der Dauerfestigkeit von Rollenketten aufgenommen.

- im Bereich „b" durch den Verschleißwiderstand zwischen Bolzen und Buchsen,
- im Bereich „c" durch die Betriebszeitfestigkeit der Rollen und Buchsen.

Die Erfahrung zeigt, dass Kettengetriebe hauptsächlich durch den Verschleiß unbrauchbar werden (Bereich „b").

Der Verschleiß entsteht durch Reibarbeit in den Kettengelenken beim Abknicken der Kettengelenke unter Last. Die einsatzgehärteten Randschichten von Bolzen und Buchsen werden abgetragen. Durch Verwendung hochwertiger Werkstoffe in Verbindung mit zweckmäßiger Wärmebehandlung, optimierter Buchseninnenkontur und entsprechender Schmierung wird ein hoher Verschleißwiderstand erreicht.

Die Kettenverschleißlängung sollte 3 % nicht überschreiten, damit die Verzahnung die Längenzunahme der Kette und die entstehenden Teilungsdifferenzen von Innenglied zu Außenglied noch aufnehmen kann.

Oft darf die Kettenverschleißlängung nicht größer sein als 2 %, wenn z. B.

- die Zähnezahl eines Kettenrades größer ist als 90,
- eine phasengenaue Übertragung notwendig ist,
- bei großen Achsabständen die Kette nicht gespannt werden kann.

Bei Sonderanwendungen kann es notwendig sein, die zulässige Verschleißlängung noch weiter einzuschränken, z. B. Steuerketten in Motoren usw.

18.6.5 Einflüsse veränderlicher Parameter

Die in Bild 18.19 dargestellten Belastungsgrenzen verschieben sich unter dem Einfluss der Anzahl der Kettenräder, der Zähnezahlen, der Kettenteilung, des Schmierzustandes, der gewünschten Lebensdauer und der zulässigen Längenänderung durch Verschleiß. Diese Parameter werden sowohl in der Berechnungsnorm DIN ISO 10823 als auch in der Berechnungs-Software des Kettenherstellers berücksichtigt. Der Parametereinfluss wird nachstehend diskutiert, um dem Konstrukteur Gestaltungshinweise zu geben.

Anzahl der Kettenräder

Je mehr Kettenräder im Kettengetriebe vorhanden sind, desto häufiger treten Gelenkbewegungen auf. Dadurch erhöht sich der Verschleiß und die Betriebszeitfestigkeit sinkt.

18.6 Auslegung von Kettengetrieben

Zähnezahlen

Der Reibweg in den Kettengelenken bei Auflaufen auf das Kettenrad ist umgekehrt proportional zur Zähnezahl, d. h., die Abwinkelung des Kettengelenks ist bei kleinen Zähnezahlen größer als bei großen. Damit ist eine Erhöhung des Verschleißes verbunden. Kleinere Zähnezahlen bewirken außerdem eine Vergrößerung der Aufschlagkraft auf die Zahnflanken. Entsprechend wird die Betriebszeitfestigkeit der Kette reduziert. Der Verschleiß an der Verzahnung steigt.

Kettenlänge

Kurze Ketten bzw. kleine Achsabstände ergeben eine größere Anzahl von Kettenumläufen und somit häufigere Gelenkbewegungen. Höherer Verschleiß und eine geringere Betriebszeitfestigkeit sind die Folgen.

Schmierzustand

Die Schmierung beeinflusst den Verschleiß und damit die Längenzunahme der Kette entscheidend. Bei Trockenlauf oder Mangelschmierung ist der Verschleiß um ein Vielfaches größer als bei einer guten Schmierung.

Lebensdauer

Wird eine geringere oder größere Lebensdauer als 15 000 Betriebsstunden angestrebt, so verschieben sich die Belastungsgrenzen zu höheren bzw. niedrigeren Werten.

Verschleißlängung

Die Verschleißlängung der Kette ist, abgesehen von der relativ kurzen Einlaufzeit, direkt proportional der Betriebszeit

18.6.6 Wartungsarme Ketten

Für Anwendungsfälle, in denen eine Nachschmierung nicht möglich oder erwünscht ist, sind in den letzten Jahren vermehrt so genannte **wartungsarme Ketten** auf den Markt gekommen. Die wesentlichen Konstruktionsmerkmale dieser Ketten sind gehärtete und vakuumgetränkte Sinterbuchsen sowie chemisch vernickelte Bolzen. Da diese Ketten konstruktionsbedingt nicht nachgeschmiert werden, sind die Komponenten Laschen und Rollen häufig mit auf den Anwendungsfall zugeschnittenen Korrosionsschutzschichten versehen. Für die Auslegung dieser Ketten gelten andere Grenzbedingungen, als in der DIN ISO 10823 beschrieben. Es wird empfohlen, sich entweder an die Kettenhersteller zu wenden oder deren Auslegungssoftware zu benutzen.

Quellen und weiterführende Literatur

Berents, R.; Maahs, G.; Schiffner, H.; Vogt, E.: Handbuch der Kettentechnik. Einbeck: Arnold & Stolzenberg, 1989

Funk, W.: Zugmittelgetriebe. Grundlagen, Aufbau, Funktion. Berlin: Springer-Verlag, 1995

Kraus, M.: Systematische Entwicklung einer wartungsarmen Antriebskette. VDI-Fortschrittsberichte, Reihe 1, Konstruktionstechnik/Maschinenelemente Nr. 282

Niemann, G.; Winter, H.: Maschinenelemente. Band III. Berlin: Springer-Verlag, 1983

Vogt, E.; Ragnitz, D.: Dauerfestigkeit von Rollenketten – ein Qualitätsmerkmal. Prüfverfahren nach der neuen Norm ISO/FDIS 15654 und Vergleich mit FEM Rechnungen. VDI-Berichte NR. 1758, 2003

19 Zugmittelgetriebe – Flachriemen

Dr.-Ing. Thomas Kämper

19.1 Definition

Der **Flachriemen** ist als Bestandteil eines Zugmittelgetriebes ein reibschlüssiges Maschinenelement zur Übertragung von Umfangskräften, und zwar bevorzugt endlos.

Es gibt auch Flachriemen-Zugmittelgetriebe mit endlichen Riemen, diese sind jedoch Sonderbauformen mit eingeschränkter Bedeutung.

19.2 Aufbau von Flachriemen

Beim Aufbau der Flachriemen ist zwischen dem Aufbau des **Zugträgers** und der **Reib-** bzw. **Funktionsschicht** zu unterscheiden. Bild 19.1 zeigt die unterschiedlichen Zugträgerkonstruktionen.

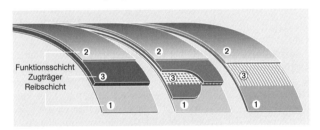

Bild 19.1: Aufbau von Flachriemen. links PA-Reihe, Mitte Gewebe-Reihe, rechts endloser Riemen *(Siegling)*

Als Zugträger wird bei der in Bild 19.1 links gezeigten Variante eine hochverstreckte **Polyamid-Folie** (PA) verwendet. Die Dicke der verwendeten Folien beträgt 0,18 ... 4,4 mm. Zugträger ab einer Dicke von ca. 1,1 mm werden durch eine entsprechende Laminierung von dünneren Folien hergestellt. Die Vorteile der PA-Folie als Zugträger liegen im elastischen Verhalten und einer großen Kantenstabilität. Im Gegensatz zu **endlos hergestellten Riemen** bietet der Einsatz von PA-Folien eine große Variabilität bezüglich der Riemendimensionen. Riemenbreiten von bis zu 1000 mm sind möglich. Durch die verwendete Verbindungstechnik sind praktisch keine Längenbegrenzungen vorhanden.

Dieser Vorteil gilt auch bei der Verwendung von **Geweben** als Zugträger (Bild 19.1 Mitte). Die Gewebe sind in der Regel in eine **thermoplas-**

tische **Matrix**, z. B. aus Polyurethan (PUR), eingebettet. Durch diese Matrix wird die Verbindungsherstellung gewährleistet. Bei dieser Art der Endlosverbindung werden beide Enden des Riemens fingerförmig gestanzt, dann die beiden Enden ineinander geschoben und verschweißt. Der Kraftfluss im Bereich der Verbindung erfolgt so von einem Ende des Gewebes auf das andere nur über die thermoplastische Beschichtung des Gewebes. Mit dieser Art der Verbindung lässt sich eine Festigkeit von 50 ... 60 % der Riemenfestigkeit erreichen. Verglichen mit der Verbindungsherstellung bei PA-Folien als Zugträger (Anschleifen der beiden Verbindungsenden und Verkleben) ist die **Endlostechnik** bei Verwendung von Geweben vorteilhafter hinsichtlich Handhabung und Herstellungsdauer.

Als Gewebe kommen sowohl reine Polyester-Gewebe (E) als auch Gewebe mit Aramid (A) als zugkraftübertragendem Kettfaden zum Einsatz. Spezielle Gewebekonstruktionen mit gerade liegendem Kettfaden ermöglichen ein Spannungs-Dehnungs-Verhalten, das dem von endlos gewickelten Riemen entspricht. Ein wesentlicher Vorteil neben der Endlostechnik sind die gegenüber PA-Folie erreichbaren kleineren Umlenkdurchmesser.

Als Zugträger werden auch **Corde** (Bild 19.1 rechts) verwendet. Damit werden Flachriemen endlos gewickelt. Material ist bei dieser Art Polyester, Aramid oder Stahl. Um den Einfluss der Filament-Drehungen auf das Laufverhalten der Riemen gering zu halten, werden abwechselnd Corde mit entgegengesetzter Filament-Drehung bzw. Schlagrichtung verwendet. Dieses gilt übrigens auch für die Kettfäden bei der Verwendung von Geweben als Zugträger. Vorteile der Riemen ohne Endlosverbindung liegen in der großen Laufruhe und in den erreichbaren hohen Laufgeschwindigkeiten.

Als Sonderformen des Zugträgers gibt es auch endliche Riemen mit nebeneinander liegenden Corden, die z. B. bei der Kraftübertragung im Aufzugsbau eingesetzt werden [*Contitech*].

Bei den Funktionsschichten lassen sich im Wesentlichen vier Beschichtungsmaterialien unterscheiden: Leder, Gummi, Thermoplaste (z. B. Polyurethan) und Gewebe.

Trotz der großen Fortschritte bei der Entwicklung von synthetischen Materialien hat **Leder** als Beschichtungswerkstoff bei Flachriemen nach wie vor seinen Stellenwert. Die Vorteile des Leders liegen in der Öl- und Wasserbeständigkeit und in seiner Überlastungstoleranz. Bei ständig auftretendem großen Schlupf oder beim Blockieren von Teilen des Riemengetriebes reagiert Leder gutmütiger als Gummi oder thermoplastische Materialien.

Funktionsbeschichtungen aus **Gummi** bestehen in der Mehrzahl der Fälle aus synthetischen Kautschukmischungen. Vorteile gegenüber Leder sind die niedrigen Kosten und die Möglichkeit, dünnere Beschichtungen zu realisieren. Durch die geringere Schichtdicke ist es möglich, kleinere zulässige Umlenkdurchmesser zu realisieren.

Der Vorteil der geringen Schichtdicke gilt auch für **thermoplastische Beschichtungswerkstoffe**, wobei meist Polyurethan oder Polymer-Blends mit PUR als Hauptkomponente verwendet werden. Ein weiterer Vorteil von thermoplastischen Funktionsschichten ist die Möglichkeit, diese auch als Matrix beim Zugträgergewebe einzusetzen. Durch die Verschweißeigenschaft ergibt sich eine einfache Verbindungsherstellung.

Außerdem sei auf die Verwendung von Geweben als Funktionsschicht hingewiesen. Gewebe wird auf Grund des niedrigen Reibwertes allerdings nicht bei reinen Antriebsriemen verwendet, sondern meist bei so genannten **Maschinenbändern**. Diese erfüllen in der Regel Transportaufgaben, z. B. im Papier- und Printingbereich in Druckmaschinen oder in Briefverteilanlagen, wo sich die Reibung von Geweben mit oder ohne Imprägnierung im Kontakt zum Papier bewährt hat.

Die genannten Materialien werden auch als **Kombination** eingesetzt, teils um Kosten zu sparen (in der Kombination Leder – Textil) oder aus funktionalen Gründen (Kombination Gummi – Textil oder PUR – Textil), um eine Antriebsseite mit hohem Reibwert und eine Transportseite, z. B. zum Papiertransport, mit niedrigem Reibwert zu erreichen.

In den Flachriemen ist fast immer eine elektrisch leitfähige Komponente vorhanden, die dafür sorgt, dass sich die Riemen im Lauf nicht unzulässig hoch elektrisch aufladen. Die antistatische Ausrüstung kann aus kohlenstoffhaltigen Klebschichten oder im Gewebe vorhandenen leitfähigen Filamenten bestehen.

19.3 Auslegung von Flachriemen

Zur Auslegung von Flachriemengetrieben sei auf die VDI-Richtlinie 2758 verwiesen. Sie enthält neben allgemeinen Hinweisen zu Riemengetrieben auch Grundlagen zur **Berechnung**. Daneben sind bei jeder Auslegung allerdings auch die Vorgaben der jeweiligen Riemenhersteller zu beachten. Als weiteres zu beachtendes Normwerk sei die DIN 111 erwähnt, sie legt die **Abmessungen** von Riemenscheiben fest. Einen groben Überblick über mit Flachriemengetrieben erreichbare Eckdaten gibt Tabelle 19.1. Die genannten Werte sind Maximalwerte und können sich bei entsprechenden Materialkombinationen reduzieren.

19 Zugmittelgetriebe – Flachriemen

Tabelle 19.1: Übersicht über Flachriemen

Zug-träger	Zugträger-Material	Reib- bzw. Funktions-schicht	Umfangs-kraft F_n pro Breite in N/mm	Auflege-dehnung ε in %	Wellen-kraft F_w bei 1 % Dehnung in N/mm	Ge-schwin-digkeit v in m/s
Band	Polyamid	Leder, Gummi, Textil	max. 80	max. 3,0	4 ... 80	max. 70
Gewebe	Polyamid, Polyester, Aramid	Gummi, PUR, Textil	max. 40	max. 2,0	max. 160	max. 100
Endlos gewickelt	Polyester, Aramid	Leder, Gummi, PUR, Textil	max. 54	max. 1,8	20 ... 280	> 100

Die in der Tabelle genannten Größen finden sich in Bild 19.2 wieder. Bild 19.3 zeigt den Verlauf des Schlupfs in Abhängigkeit von der übertragenen Umfangskraft. Dem Bild lässt sich entnehmen, dass es für jeden Riementrieb drei **Betriebsbereiche** gibt:

a) den Bereich unterhalb des Nennpunktes, d. h. unterhalb der Nennumfangskraft. In diesem Bereich mit ausschließlich Dehnschlupf auf den Riemenscheiben ist ein sicherer Betrieb gewährleistet.

b) den Bereich zwischen Nennumfangskraft und 1,5facher Nennumfangskraft. Dieser Bereich sollte als ständiger Betriebsbereich gemieden werden. Lastspitzen durch z. B. Beschleunigung und Bremsen können aber noch mit übertragen werden.

c) den Bereich oberhalb der 1,5fachen Nennumfangskraft. Dieser Betriebsbereich ist unzulässig, da bereits Gleitschlupf auf den Riemenscheiben auftritt. Dieser hohe Schlupf kann auf Dauer zum Versagen des Riementriebes führen.

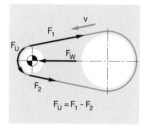

Bild 19.2: Kräfte am Flachriemen

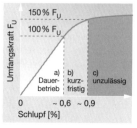

Bild 19.3: Verlauf des Schlupfs

19.4 Typische Anwendungen von Flachriemen

Merkmale von Flachriemen gegenüber anderen Zugmittelgetrieben sind:

- **Hoher Wirkungsgrad.** Mit einem Flachriemengetriebe lassen sich Wirkungsgrade von über 98 % realisieren.

- **Große übertragbare Leistungen pro Riementrieb.** Mit Flachriemen lassen sich große Leistungen übertragen. Es sind Getriebe im Wasserturbinen-Bereich realisiert worden, die mit einem 1000 mm breiten Riemen 1,5 MW übertragen.

- **Große Gleichlaufgenauigkeit.** Bei Flachriemen lässt sich die Lage der neutralen (geschwindigkeitsbestimmenden) Faser sehr konstant halten. Hinzu kommt, dass es keinerlei Polygon-Effekt gibt. Aus diesem Grund lassen sich abhängig von dem Höhenschlag der Riemenscheiben sehr gute Gleichlaufgenauigkeiten (<20 Winkelminuten bei Übersetzungsverhältnis 1:1) erreichen, was z. B. im Werkzeugmaschinenbau erforderlich ist.

- **Große Umfangsgeschwindigkeiten.** Auf Grund der geringen Riemendicke und großen Flexibilität lassen sich bestimmte Flachriemenausführungen mit über 100 m/s Umfangsgeschwindigkeit betreiben. Typische Anwendungen mit hohen Riemengeschwindigkeiten sind z. B. Prüfstandsantriebe.

- **Große Biegefrequenzen.** Die bereits erwähnte geringe Riemendicke (bezogen auf die übertragbaren Kräfte) macht den Flachriemen besonders für Anwendungen geeignet, in denen hohe Biegewechselfrequenzen auftreten. Ein *Beispiel* dafür sind Spinnereimaschinen mit z. B. einem Antrieb und 1000 Abtriebsstellen. Bei jeder Abtriebstation tritt mindestens ein Biegewechsel auf. Mit einer typischen Riemenlänge von 80 000 mm und einer Geschwindigkeit von 25 m/s ergibt sich so eine Biegewechselfrequenz von 313 Hz.

- **Überlastungstoleranz.** Da der Flachriemen sehr gute Dämpfungseigenschaften besitzt und die Leistungsübertragung durch Reibschluss (kein Formschluss) erfolgt, können auch Antriebe mit Lastspitzen, z. B. Zerkleinerungsmaschinen oder Pressen, und ungleichem Lauf betrieben werden.

Typische Anwendungsbeispiele zeigen Bild 19.4 und Bild 19.5.

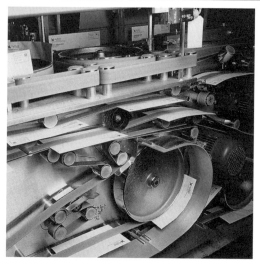

Bild 19.4: Briefverteilanlage *(Siegling)*

Bild 19.5: 710-kW-Lüfterantrieb *(Siegling)*

Quellen und weiterführende Literatur

DIN 111: Flachriemenscheiben. 1982
VDI 2758: Riemengetriebe. 1993
Siegling: Druckschrift Nr. 201, Nr. 225, Nr. 272
Contitech: Datenblatt CONTI SYNCHRODRIVE PU-Flachriemen

20 Zugmittelgetriebe – Keil- und Keilrippenriemen

Ing. Peter Möllers

20.1 Funktion und Betriebsverhalten

Kraftschlüssige Zugmittelgetriebe übertragen Drehmomente und Drehzahlen durch Reibschluss. Die Übertragung der Umfangskraft erfolgt dabei durch das Zugorgan über Antriebs- und Abtriebsscheiben in Abhängigkeit von der Anpresskraft und den Reibungskoeffizienten.

Eine typische Eigenschaft der kraftschlüssigen Riemengetriebe ist der **Schlupf**. Eine winkelgenaue und synchrone Leistungsübertragung ist nicht gegeben. Der normale Betriebsschlupf ist **Dehnschlupf** und entsteht infolge des Ausgleichs der unterschiedlichen Dehnungen der beiden verschieden gespannten Riementrums. **Gleitschlupf**, d. h. vollständiges Gleiten des Riemens auf dem gesamten Scheibenumfang, kommt nur bei Überlastung oder Unterspannung des Getriebes vor und muss vermieden werden, da er zur schnellen Zerstörung des Riemens führt.

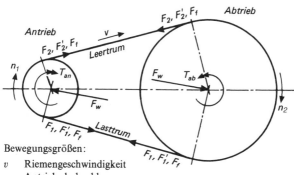

Bewegungsgrößen:
- v Riemengeschwindigkeit
- n_1 Antriebsdrehzahl
- n_2 Abtriebsdrehzahl
- s Schlupf

Bild 20.1: Größen am Riemengetriebe

20 Zugmittelgetriebe – Keil- und Keilrippenriemen

Kraftschlüssige Riemengetriebe bieten Vorteile gegenüber Ketten- und Zahnradgetrieben durch:

- hohe elastische Leistungsübertragung,
- Überbrückung großer Wellenabstände,
- hohe Umfangsgeschwindigkeiten,
- gute Laufruhe,
- Geräuschminimierung,
- kurze Montagezeiten und
- geringen Wartungsaufwand.

20.2 Grundlagen der Drehmomentübertragung

Die Grundlage zur Auslegung und zur Beschreibung des **Betriebsverhaltens** der kraftschlüssigen Riemengetriebe bilden für Flachriemen die auf *Euler* und *Eytelwein* zurückgehenden Gleichungen.

Bei Keilriemen und Keilrippenriemen erfolgt die reibschlüssige Übertragung der Umfangskraft über die seitlichen Flanken des Riemenprofils. Betrachtet man die Scheibe und den Riemen im Ruhezustand, so ergibt sich am Riemenelement das dargestellte Kräfteverhältnis (Bild 20.2).

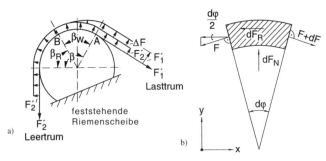

Bild 20.2: Kraft- und Reibverhältnisse a) an der fest stehenden Scheibe, b) am Riemenelement

Die beiden einander gleich großen Kräfte F_1' und F_2' rufen eine Anpresskraft des Riemenelements in radialer Richtung hervor:

$$F_1' = F_2'.$$

20.2 Grundlagen der Drehmomentübertragung

Wird das Lasttrum F_1 mit einer Kraft dF beaufschlagt, dehnt sich der Riemen im Lasttrum zusätzlich. Die Zusatzkraft dF erzeugt eine gleich große Reaktionskraft, sodass sich ein **Kräftegleichgewicht** einstellt. Sie stellt im Betriebszustand den nutzbaren Kraftanteil dar, der durch die Reibkraft an die Scheibe übertragen wird und das Drehmoment erzeugt. Unter Voraussetzung einer konstanten Reibungszahl μ innerhalb des Umschlingungswinkels ergibt sich für ein Riemenelement die **Reibungskraft** aus dem Kräftegleichgewicht in x-Richtung

$$dF_R = \mu \cdot dF_N = dF \cdot \cos\frac{d\varphi}{2}$$

und die **Normalkraft** aus dem Kräftegleichgewicht in y-Richtung

$$dF_N = 2 \cdot F \cdot \sin\frac{d\varphi}{2} + dF \cdot \sin\frac{d\varphi}{2}.$$

Da bei dieser Betrachtung das Winkelelement dφ sehr klein sein soll, kann $\cos(d\varphi/2) \approx 1$ und $\sin(d\varphi/2) \approx d\varphi$ gesetzt werden. Das Produkt $dF \cdot \sin(d\varphi/2)$ kann als Glied zweiter Ordnung vernachlässigt werden. Damit ergibt sich die Reibungskraft

$$dF_R = \mu \cdot F \cdot d\varphi = dF \quad \text{bzw.} \quad \frac{dF}{F} = \mu \cdot d\varphi.$$

Durch die Integration dieser Gleichung zwischen den Grenzen A und B mit den Randbedingungen $F = F_1'$ bei $\varphi = 0$ und $F = F_2'$ bei $\varphi = \beta$ ergibt sich

$$\ln F_1' - \ln F_2' = \ln\frac{F_1'}{F_2'} = \mu \cdot \beta$$

und das **Trumkraftverhältnis**

$$m = \frac{F_1'}{F_2'} = e^{\mu \cdot \beta}.$$

Die *Eytelwein*'sche Gleichung beschreibt die Kraftübertragung bei Keilriemengetrieben nur unzureichend. *Gogolin* verdeutlicht dieses in seiner Ausarbeitung sehr deutlich.

Die Übertragung der Kräfte zwischen Riemen und Riemenscheibe erfolgt durch Reibung in ihren Berührungsflächen. Beim Keilriemengetriebe ist nur eine Richtung durch den Keilwinkel α geometrisch bedingt. Die Elementarkräfte bilden ein räumliches Vektorfeld.

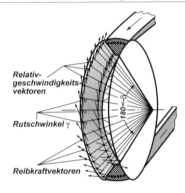

Bild 20.3: Schematische Darstellung des Vektorfeldes der Reibkraft und Relativgeschwindigkeit
[*Keilriemen – Eine Monografie*]

20.3 Produktübersicht

Keilriemen sind grundsätzlich nach den geometrischen Abmessungen, dem Höhen-Breiten-Verhältnis der Profile und deren Bauarten zu unterscheiden.

Hochleistungs-Schmalkeilriemen nach DIN 7753 Teil 1 und 2 für den Maschinenbau übertragen bei gleicher Wirkbreite weitaus höhere Leistungen als klassische Keilriemen nach DIN 2215.

Keilrippenriemen nach DIN 7867 vereinen in sich die hohe Flexibilität der Flachriemen mit dem hohen Leistungsniveau der Keilriemen. Damit können gegenläufige Antriebe mit Keilrillen- und Flachscheiben realisiert werden. Solche Riemen eignen sich dadurch besonders für große Übersetzungsverhältnisse auf kleinem Bauraum und Mehrwellenantriebe, realisiert in einer Scheibenebene.

Bild 20.4:
Keilriemen DIN 2215
[*Optibelt*]

Bild 20.5:
Keilriemen DIN 7753
[*Optibelt*]

Bild 20.6:
Keilrippenriemen DIN 7867
[*Optibelt*]

20.4 Riementypen

20.4.1 Ummantelte Keilriemen und Kraftbänder

Ummantelte Keilriemen und Kraftbänder sind aus folgenden Elementen aufgebaut.

20.4 Riementypen

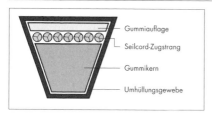

Bild 20.7: Aufbau eines ummantelten Keilriemens
[Optibelt]

Bild 20.8: Kraftband
[Optibelt]

Im Regelfall besteht der **Seilcord-Zugstrang** aus hochwertigem Polyestercord. Das Umhüllungsgewebe ist mit einer abriebfesten Gummimischung behandelt und hat öl- und temperaturbeständige Eigenschaften.

Das **Kraftband** besteht aus Einzelkeilriemen, die durch eine Deckplatte miteinander verbunden sind. Kraftbandantriebe werden u. a. eingesetzt bei pulsierendem Lauf, großen Achsabständen, vertikalen Wellen und Kupplungsfunktionen.

20.4.2 Flankenoffene Keilriemen und Breitkeilriemen

Flankenoffene Keilriemen und Breitkeilriemen sind aus folgenden Elementen aufgebaut.

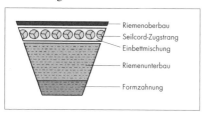

Bild 20.9: Aufbau eines flankenoffenen Keilriemens
[Optibelt]

Bild 20.10: Breitkeilriemen
[Optibelt]

Die **Verzahnung** der Riemen verringert die Biegespannung und führt zu guter Biegewilligkeit. Die Riemen übertragen höhere Leistungen insbesondere bei kleinen Scheibendurchmessern und hohen Drehzahlen.

Breitkeilriemen finden Anwendung bei Stellantrieben mit stufenlos einstellbarer Übersetzung. Durch die axial verschiebbaren Scheibenhälften verändert sich der Rollkreis des Riemens in der Scheibe.

Verstellgetriebe mit Breitkeilriemen kommen in vielseitiger Form im allgemeinen Maschinenbau, z. B. in Bohreinheiten, und an Landmaschinen, z. B. im Fahrantrieb, zum Einsatz.

20.5 Normung

Keilriemen

Kennzeichnende Angaben:
Normbezeichnung – Norm – Profilkurzzeichen – Nennlänge
Beispiel: Schmalkeilriemen DIN 7753-XPZ 710

Profilform im Querschnitt:
(Angabe der Hauptmaße) 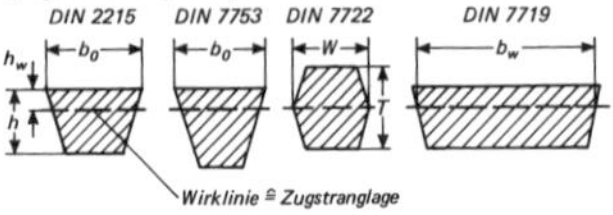
DIN 2215   DIN 7753   DIN 7722   DIN 7719

Wirklinie ≙ Zugstranglage

h	Gesamthöhe	W	Gesamtbreite bei Doppel-KR
h_w, h_0	Wirklinienabstand	T	Gesamthöhe bei Doppel-KR
b_0	obere Breite	l_i	Innenlänge
b_w	Wirkbreite	l_w	Wirklänge

Profilliste:

Kurzzeichen und kennzeichnende Breite									
Normal			Schmal			Doppel		Breit-KR	
$b_0/h \approx 1{,}6$			$b_0/h \approx 1{,}25$			$W/T \approx 1{,}3$		$b_w/h \approx 3{,}1$	
DIN 2215	ISO 4184	b_0	DIN 7753 T1	ISO	b_0	DIN 7722	W	DIN 7719	b_w
(5)	–	5							
6	Y	6							
(8)	–	8							
10	Z	10	SPZ, XPZ		9,7				
13	A	13	SPA, XPA		12,7	HAA	13		
17	B	17	SPB, XPB		16,3	HBB	17	W16	16
(20)	–	20						W20	20
22	C	22	SPC, XPC		22,0	HCC	22		
(25)	–	25						W25	25
32	D	32				HDD	32	W31,5	31,5
40	E	40						W40	40
								W50	50
								W63	63
Profile in ( )								W71	71
möglichst nicht								W80	80
mehr verwenden								W100	100

Profile für endliche Keilriemen (DIN 2216) entsprechen denen nach DIN 2215 (6 bis 32).

Verbund-Keilriemen (bis zu 5 Einzelriemen durch gemeinsames Deckband stoffschlüssig verbunden) werden aus Riemen nach DIN 2215 bzw. DIN 7753 gebildet.

Längenangaben:
Die Nennlänge ist in den Normen nicht einheitlich festgelegt. Bei Normal-Keilriemen nach DIN 2215 ist die Innenlänge l_i Nennmaß, bei anderen Typen ist das Nennmaß die Wirklänge l_w bzw. die diesem Wert entsprechende Bezugslänge l_r (auch l_D). Für die Wirklänge l_w der Riemen nach DIN 2215 gilt angenähert
$$l_w (= l_r = l_D) \approx l_i + 2{,}4 \, b_0$$

Bild 20.11: Normung Keilriemen
[VDI 2758]

Keilriemenscheiben

Kennzeichnende Angaben:
Scheibe – Norm – Profil – ungeteilt/geteilt – Richt- oder Wirkdurchmesser – Rillenzahl – Nabenausführung

Bezeichnungsbeispiel:
Scheibe DIN 2211 – SPC – 1T 500×8×90 PN

Rillenform: 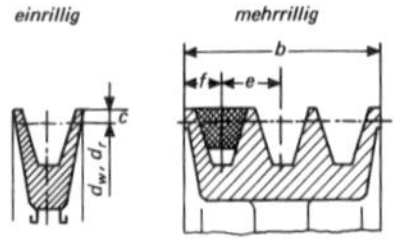
einrillig   mehrrillig

d_r	Richtdurchmesser
d_w	Wirkdurchmesser ($d_w = d_r$)
d_a	Außendurchmesser ($d_a = d_r + 2c$)
c	Wirklinienabstand
f	Randabstand
e	Rillenabstand
b	Scheibenbreite $b = 2f + (z-1)e$
z	Rillenzahl

Durchmesserbereich (d_r, d_w), Abstände

Profil	DIN	d_{min}	d_{max}	e	f_{min}	c
(5)	2217	20	80	6	5	1,3
6	2217	28	125	8	6	1,6
(8)	2217	40	200	10	7	2
SPZ	2211	63	500	12	8	2
XPZ	2211	50	500	12	8	2
10	2217	50	500	12	8	2
SPA	2211	90	630	15	10	2,8
XPA	2211	63	630	15	10	2,8
HAA	2211	80	630	15	10	2,8
13	2211	71	630	15	10	2,8
SPB	2211	140	800	19	12,5	3,5
XPB	2211	100	800	19	12,5	3,5
HBB	2211	125	800	19	12,5	3,5
17	2211	112	800	19	12,5	3,5
(20)	2217	160	2000	23	15	5,1
SPC	2211	224	2000	25,5	17	4,8
XPC	2211	160	2000	25,5	17	4,8
HCC	2211	224	2000	25,5	17	4,8
22	2211	180	2000	25,5	17	4,8
(25)	2217	250	2000	29	19	6,3
32	2217	355	2000	37	24	8,1
HDD	2217	355	2000	37	24	8,1
40	2217	500	2000	44,5	29	12,0

Die Stufung der Durchmesser entspricht der Normzahlreihe R20. Für endliche Keilriemen nach DIN 2216 gelten größere Mindestdurchmesser. Durchmesser für gezahnte Breitkeilriemen nach DIN 7719 sind nicht genormt, als Richtwert für den Mindestdurchmesser gilt der 5,6fache Wert der Riemenhöhe.

Bild 20.12: Normung Keilriemenscheiben
[VDI 2758]

20.6 Geometrische und kinematische Beziehungen

Keilrippenriemen
Kennzeichnende Angaben:
Normbezeichnung – Norm – Rippenzahl – Profilkurzzeichen – Nennlänge
Beispiel:
Keilrippenriemen DIN 7867 – 6 PK 800
Profilform im Querschnitt (DIN 7867):
(Angabe der Hauptmaße)

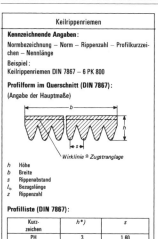

h Höhe
b Breite
s Rippenabstand
l_b Bezugslänge
z Rippenzahl

Profilliste (DIN 7867):

Kurz-zeichen	h*)	s
PH	3	1,60
PJ	4	2,34
PK	6	3,56
PL	10	4,70
PM	17	9,40

*) Die Maße für h können in der Praxis von den angegebenen Werten abweichen.

Längenangaben:

Die Nennlänge ist die Bezugslänge l_b, die unter genormten Meßbedingungen ermittelt wird; l_b ist die Riemenlänge in der Lage des Bezugsdurchmessers d_b der Scheiben. Die Differenz zur Wirklänge ist $2 \cdot h_b \cdot \pi$.

Bild 20.13: Normung Keilrippenriemen [VDI 2758]

Keilrippenscheiben
Kennzeichnende Angaben:
Keilrippenscheibe – Norm – Rillenzahl – Profil – Bezugsdurchmesser
Bezeichnungsbeispiel:
Keilrippenscheibe DIN 7867 – 6 K × 90
Rillenform:

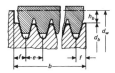

d_b Bezugsdurchmesser
d_a Außendurchmesser ($d_a < d_b$, da Kürzung der Profilköpfe zulässig)
d_w Wirkdurchmesser ($d_w = d_b + 2 h_b$)
h_b Wirklinienabstand
f Randabstand
e Rillenabstand
b Scheibenbreite $b = 2f + (z-1) e$
z Rillenzahl

Durchmesserbereich (d_b), Abstände (DIN 7867)

Profil	$d_{b\,min}$	$d_{b\,max}$	e	f_{min}	h_b
H	13	140	1,60	1,3	0,8
J	20	500	2,34	1,8	1,25
K	45	315	3,56	2,5	1,6
L	75	800	4,70	3,3	3,5
M	180	1000	9,40	6,4	5,0

Die Stufung der Durchmesser entspricht der Normzahlreihe R20.

Bild 20.14: Normung Keilrippenscheiben [VDI 2758]

20.6 Geometrische und kinematische Beziehungen

Beim **offenen Zweischeibengetriebe** sind die geometrischen Abmessungen der Getriebe im Wesentlichen durch die konstruktiven Größen des Achsabstandes und der Übersetzungsverhältnisse vorgegeben.

Die Berechnung der Übersetzung und der Drehfrequenz ergibt sich aus:

$$i_{\text{vorh}} = \frac{d_{d2}}{d_{d1}} = \frac{n_1}{n_2} \, .$$

Das **Übersetzungsverhältnis** sollte dabei möglichst den Wert 10 oder bei Spannrolleneinsatz den Wert 15 nicht übersteigen. Der Berechnungsdurchmesser/Richtdurchmesser d_d ist abhängig vom Riementyp und ergibt sich aus dem Zusammenwirken von Riemen und Scheibe. Die Richtbreite b_d ist ein definierter Wert und liegt gewöhnlich in Höhe der

Wirkzone des Keilriemens, für welche die Scheibenrille vorzugsweise bestimmt ist. Die Richtlänge L_d des Riemens ist die Länge des unter einer vorgeschriebenen Zugspannung stehenden Keilriemens, die dieser im Niveau des Richtdurchmessers der Messscheiben aufweist.

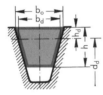

Bild 20.15: Keilriemen in Keilrillenscheibe [*Optibelt*]

Der Achsabstand bzw. die Durchmesser der Scheiben werden durch die Empfehlung festgelegt:

$a \geq 0{,}7(d_{dg} + d_{dk})$

$a \leq 2(d_{dg} + d_{dk})$

Der **Trumneigungswinkel** ergibt sich aus:

$$\sin \alpha = \frac{d_{dg} + d_{dk}}{2 \cdot a}.$$

Der **Umschlingungswinkel** beträgt:

kleine Scheibe: $\beta_k = 180° - 2\alpha$

große Scheibe: $\beta_g = 180° + 2\alpha$

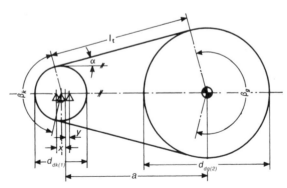

Bild 20.16: Geometrie der Riemengetriebe

20.6 Geometrische und kinematische Beziehungen

Die theoretische Richtlänge des Riemens kann aus den Konstruktionsdaten ermittelt werden. Bei Keil- und Keilrippenriemen ist vorzugsweise die Standard-Riemenlänge nach Normzahlreihe R40 oder nach Herstellerangaben zu berücksichtigen.

Berechnungsformeln für die Richtlänge und den Achsabstand:

Richtlänge des Keilriemens

$$L_{dth} \approx 2a + 1{,}57(d_{dg} + d_{dk}) + \frac{(d_{dg} - d_{dk})^2}{4a}$$

Genau:

$$L_{dth} = 2a \cdot \sin\frac{\beta}{2} + \frac{\pi}{2}(d_{dg} + d_{dk}) + \frac{\alpha \cdot \pi}{180°}(d_{dg} - d_{dk})$$

Achsabstand

Berechnung aus L_{dSt} und L_{dth}

(wenn $L_{dSt} > L_{dth}$) $a_{nom} \approx a + \dfrac{L_{dSt} - L_{dth}}{2}$

(wenn $L_{dSt} < L_{dth}$) $a_{nom} \approx a - \dfrac{L_{dth} - L_{dSt}}{2}$

genau:

$$a_{nom} = \frac{L_{dSt} - \frac{\pi}{2}(d_{dg} + d_{dk})}{4} + \sqrt{\left[\frac{L_{dSt} - \frac{\pi}{2}(d_{dg} + d_{dk})}{4}\right]^2 - \frac{(d_{dg} - d_{dk})^2}{8}}.$$

Mindest-Spann- und -Verstellwege x/y

Für das Auflegen und Spannen der Riemen ist der Achsabstand a um die Verstellwege x und y zu verändern. Die Riemen sind laut Montageanleitung der Hersteller zwanglos aufzulegen.

Spannweg: $x > 0{,}03 \cdot L_d$

Auflegeweg: $y > 0{,}015 \cdot L_d$

Riemengeschwindigkeit v (in m/s)

$$v = \frac{d_{dk} \cdot n_k}{19100}$$

v_{max} = 42 m/s für Keilriemen, v_{max} = 60 m/s für Keilrippenriemen.

20.7 Berechnung

Die Berechnung kraftschlüssiger Riemengetriebe beschränkt sich ausschließlich auf Zweischeibengetriebe. Um bei der Konstruktion von industriellen Getrieben mit Keilriemen – Keilrippenriemen optimale Bedingungen zu erreichen, wird empfohlen, die Antriebsauslegung nach den Berechnungshandbüchern der Riemenhersteller durchzuführen.

Die VDI-Richtlinie 2758 kann als Abschätzung für die Auslegung genutzt werden. Die Zahlenwerte sind Mittelwerte, die aus den Leistungstabellen namhafter deutscher Hersteller berechnet wurden. Es wird darauf hingewiesen, dass bei Auslegung mit diesen Werten nur dann eine hinreichende Lebensdauer bzw. Funktionssicherheit zu erreichen ist, wenn die eingesetzten Riemen im Qualitätsniveau diesen Werten entsprechen.

20.7.1 Berechnungsschritte

Die Berechnung läuft nach folgenden Schritten ab:

- Erfassen technischer Daten (s. Datenblatt),
- Ermittlung des Belastungsfaktors (s. Tabelle),
- Wahl des Riementyps (s. Tabelle),
- Berechnung der Riemenanzahl und Länge,
- Bestimmung der Vorspannwerte.

20.7.2 Datenblatt zur Berechnung von Antrieben

Antriebsmaschine

Art (z. B. Elektromotor, Dieselmotor 3 Zyl.) _____

Größe des Anlaufmoments (z. B. M_A = 1,8 M_N) _____

Anlaufart (z. B. Stern-Dreieck) _____

tägliche Betriebsdauer _____ Stunden

Anzahl der Schaltungen _____ stündlich ☐ täglich ☐

Drehrichtungsänderung _____ pro Minute ☐ Stunde ☐

Leistung: P normal _____ kW

P maximal _____ kW

oder max. Drehmoment _____ Nm bei n_1 _____ min^{-1}

Drehfrequenz n_1 _____ min^{-1}

Anordnung der Wellen: horizontal ☐ vertikal ☐

schräg ☐ ⊀_____°

Maximal zulässige Achskraft $S_{a\,max}$ _____ N

Richt- oder Außendurchmesser der Scheibe:

d_{d1} _____ mm d_{a1} _____ mm

$d_{d1\,min}$ _____ mm $d_{a1\,min}$ _____ mm

$d_{d1\,max}$ _____ mm $d_{a1\,max}$ _____ mm

Scheibenbreite $b_{2\,max}$ _____ mm

Arbeitsmaschine

Art (z. B. Drehmaschine, Kompressor) _____

Anlauf: unter Last ☐ im Leerlauf ☐

Art der Belastung: konstant ☐ pulsierend ☐

stoßartig ☐

Leistungsbedarf: P normal _____ kW

P maximal _____ kW

oder max. Drehmoment _____ Nm bei n_2 _____ min^{-1}

Drehfrequenz n_2 _____ min^{-1}

$n_{2\,min}$ _____ min^{-1}

$n_{2\,max}$ _____ min^{-1}

Maximal zulässige Achskraft $S_{a\,max}$ _____ N

Richt- oder Außendurchmesser der Scheibe:

d_{d2} _____ mm d_{a2} _____ mm

$d_{d2\,min}$ _____ mm $d_{a2\,min}$ _____ mm

$d_{d2\,max}$ _____ mm $d_{a2\,max}$ _____ mm

Scheibenbreite $b_{2\,max}$ _____ mm

Übersetzung i _____

Achsabstand a _____ mm

Spann-/Führungsrolle: Innenrolle ☐

Außenrolle ☐

d_d _____ mm Keilscheibe ☐

d_a _____ mm Flachscheibe ☐

i_{min} _____ i_{max} _____

a_{min} _____ mm a_{max} _____ mm

im gezogenen Trum ☐

im ziehenden Trum ☐

beweglich ☐ (z. B. Feder) _____

fest ☐

Betriebsbedingungen: Umgebungstemperatur _____ °C minimal

_____ °C maximal

Einfluß von Öl ☐ (z. B. Ölnebel, Tropfen) _____

Wasser ☐ (z. B. Spritzwasser) _____

Säure ☐ (Art, Konzentration, Temperatur) _____

Staub ☐ (Art) _____

Bild 20.17: Datenblatt zur Berechnung von Antrieben [*Optibelt – Technisches Handbuch*]

20.7.3 Belastungsfaktor C_b

	Beispiele von Antriebsmaschinen	
	Wechsel- und Drehstrommotoren mit normalem Anlaufmoment (bis 1,8fachem Nennmoment), z. B. Synchron- und Einphasenmotoren mit Anlasshilfsphase, Drehstrommotoren mit Direkteinschaltung, Stern-Dreieck-Schaltung oder Schleifring-Anlasser; Gleichstromnebenschlussmotoren, Verbrennungsmotoren und Turbinen $n > 600$ min^{-1}	Wechsel- und Drehstrommotoren mit hohem Anlaufmoment (über 1,8fachem Nennmoment), z. B. Einphasenmotoren mit hohem Anlaufmoment; Gleichstromhauptschlussmotoren in Serienschaltung und Compound; Verbrennungsmotoren und Turbinen $n \leq 600$ min^{-1}
Beispiele von Arbeitsmaschinen	**Belastungsfaktor C_b** für tägliche Betriebsdauer (Stunden)	**Belastungsfaktor C_b** für tägliche Betriebsdauer (Stunden)
	bis 10 | über 10 bis 16 | über 16	bis 10 | über 10 bis 16 | über 16

Beispiele von Arbeitsmaschinen	bis 10	über 10 bis 16	über 16	bis 10	über 10 bis 16	über 16
Leichte Antriebe Kreiselpumpen und Kompressoren, Bandförderer (leichtes Gut), Ventilatoren und Pumpen bis 7,5 kW	1,1	1,1	1,2	1,1	1,2	1,3
Mittelschwere Antriebe Blechscheren, Pressen, Ketten- und Bandförderer (schweres Gut), Schwingsiebe, Generatoren und Erregermaschinen, Knetmaschinen, Werkzeugmaschinen (Dreh- und Schleifmaschinen), Waschmaschinen, Druckereimaschinen, Ventilatoren und Pumpen über 7,5 kW	1,1	1,2	1,3	1,2	1,3	1,4
Schwere Antriebe Mahlwerke, Kolbenkompressoren, Hochlast-, Wurf- und Stoßförderer (Schneckenförderer, Plattenbänder, Becherwerke, Schaufelwerke), Aufzüge, Brikettpressen, Textilmaschinen, Papiermaschinen, Kolbenpumpen, Baggerpumpen, Sägegatter, Hammermühlen	1,2	1,3	1,4	1,4	1,5	1,6
Sehr schwere Antriebe Hochbelastete Mahlwerke, Steinbrecher, Kalander, Mischer, Winden, Kräne, Bagger, hochbelastete Holzbearbeitungsmaschinen	1,3	1,4	1,5	1,5	1,6	1,8

Bild 20.18: Belastungsfaktoren [*Optibelt – Technisches Handbuch*]

20.7.4 Wahl des Riementyps

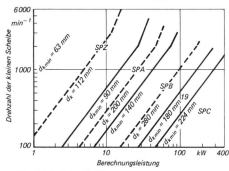

Bild 20.19: Ummantelte Schalkeilriemen [*Optibelt*]

Ummantelte Schmalkeilriemen

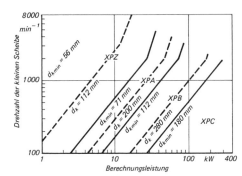

Bild 20.20: Flankenoffene Schmalkeilriemen [*Optibelt*]

Flankenoffene Schmalkeilriemen

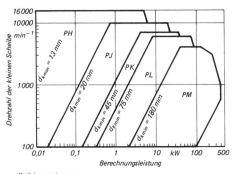

Bild 20.21: Keilrippenriemen [*Optibelt*]

Keilrippenriemen

20.7.5 Berechnung der Riemenanzahl

Nach Auswahl von Riementyp und Profil ist die Riemen-/Rippenanzahl (Z) zu ermitteln.

$$Z_{erf} = \frac{F_{u,b}}{F_{u,zul}}$$

$F_{u,b}$ zu übertragende Umfangskraft (in N) pro Riemen/Rippe
$F_{u,zul}$ zulässige spezifische Umfangskraft (in N)

Die größte zu übertragene **Umfangskraft** $F_{u,b}$ ergibt sich aus

$$Z_{u,b} = \frac{10^3 \cdot P_b}{v} \quad P_b = P \cdot C_b .$$

P vom Riemen zu übertragene Leistung
C_b Belastungsfaktor

Die pro Riemen/Rippe zu übertragene Umfangskraft $F_{u,zul}$ je wird mit folgenden Formeln und den Konstanten $C_1, \ldots, C_4$, l_{bez} aus folgender Tabelle berechnet.

$$F_{u,zul} = K(F_{u,b} + \Delta F_{u1} + \Delta F_{u2}) \cdot 10^3 .$$

Darin bedeuten:

$$F_{u,b} = 2\left[C_1 - C_2 \cdot \frac{1}{d_w} - C_3(2v)^2 - C_4 \log(2v) \right]$$

die übertragbare Umfangskraft eines Bezugsriemens,

$$\Delta F_{u1} = 2C_4 \log\left(\frac{2}{1 + 10^Q} \right)$$

mit

$$Q = \frac{C_2}{C_4} \cdot \frac{d_k - d_g}{d_g \cdot d_k}$$

einen Übersetzungszuschlag,

$$\Delta F_{u2} = 2C_4 \log\left(\frac{l}{l_{bez}} \right)$$

einen Längenzuschlag und

$$K = 1{,}25(1 - 5^{-(\beta_k/\pi)})$$

einen Winkelfaktor.
Anzahl der einzusetzenden Riemen:

Z = nächste Ganzzahl > Z_{erf} .

20.7 Berechnung

Tabelle 20.1: Konstanten

Konstanten für Keilriemen-Berechnung

Profil	c_1	c_2	c_3	c_4	l_{bez}	m'	L_{max}
Ummantelte Keilriemen nach DIN 7753, $v_{max}=42$ m/s, $f_{B\,max}=100\,s^{-1}$							
SPZ	0,3650	14,20	$8,560 \cdot 10^{-6}$	0,0493	1600	0,070	3550
SPA	0,6210	33,40	$1,370 \cdot 10^{-5}$	0,0867	2500	0,119	4500
SPB	0,9950	73,00	$2,320 \cdot 10^{-5}$	0,1330	3550	0,194	8000
SPC	1,8200	199,00	$4,300 \cdot 10^{-5}$	0,2360	5600	0,360	12500
Flankenoffene Keilriemen nach DIN 7753, $v_{max}=42$ m/s, $f_{B\,max}=120\,s^{-1}$							
XPZ*)	0,3800	11,50	$6,020 \cdot 10^{-6}$	0,0604	1600	0,065	3550
XPA*)	0,6130	27,10	$1,059 \cdot 10^{-5}$	0,0765	2500	0,111	3550
XPB*)	0,9710	58,80	$1,730 \cdot 10^{-5}$	0,0886	3550	0,183	3550
XPC*)	1,5400	129,00	$2,840 \cdot 10^{-5}$	0,1320	5600	0,340	3550

Konstanten für Keilrippenriemen-Berechnung

Profil	c_1	c_2	c_3	c_4	l_{bez}	m'	L_{max}	v_{max}
PH*)	0,0248	0,208	$5,600 \cdot 10^{-7}$	0,00359	813	0,005	2155	60
PJ*)	0,0458	0,393	$6,090 \cdot 10^{-7}$	0,00745	1016	0,009	2489	50
PK*)	0,1170	3,370	$2,130 \cdot 10^{-6}$	0,01830	1600	0,020	3492	50
PL*)	0,2090	6,480	$2,590 \cdot 10^{-6}$	0,03910	2095	0,036	6096	40
PM*)	0,7240	48,500	$1,675 \cdot 10^{-5}$	0,13200	4090	0,159	15265	30

*) Bei diesen Profilen bestehen teilweise merkliche Unterschiede bei den Leistungsangaben der Firmenkataloge. In kritischen Fällen sollte bei den Herstellern rückgefragt werden.

20.7.6 Bestimmung der Vorspannwerte – Wellenbelastung

Zur Übertragung der Umfangskraft ist eine ausreichend hohe **Anpresskraft** der Riemen in den Rillenscheiben notwendig. Die daraus resultierenden **Vorspannkräfte** müssen als radial wirkende Kräfte von Wellen und Lagern aufgenommen werden.

Belastung im Lasttrum S_1 (dynamisch)

Keilriemen:

$$S_1 \approx \frac{1020 \cdot P_b}{K \cdot v}$$

Keilrippenriemen:

$$S_1 \approx \frac{1030 \cdot P_b}{K \cdot v} \quad K \text{ Winkelfaktor}$$

Belastung im Leertrum S_2 (dynamisch)

Keilriemen:

$$S_2 \approx \frac{1000 \cdot (1{,}02 - K) \cdot P_b}{K \cdot v}$$

Keilrippenriemen:

$$S_2 \approx \frac{1000 \cdot (1{,}03 - K) \cdot P_b}{K \cdot v}$$

Grafische Ermittlung der Wellenbelastung F_w:

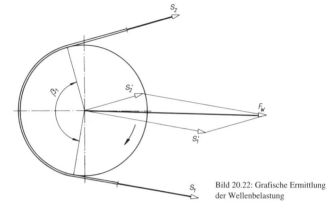

Bild 20.22: Grafische Ermittlung der Wellenbelastung

Wellenbelastung im dynamischen Zustand:

$$F_w \approx \sqrt{S_1'^2 + S_2'^2 - 2S_1' \cdot S_2' \cdot \cos\beta}$$

20.7.7 Vorspannen von Keilriemen und Keilrippenriemen

Für einwandfreie Leistungsübertragung und Erreichen der üblichen Riemenlebensdauer ist eine korrekte Riemenvorspannung unerlässlich. Häufig führt zu geringe oder zu hohe Vorspannung zum frühzeitigen Riemenausfall. Die im unbelasteten Riementrum zu erzeugende Vorspannkraft T ergibt sich aus:

für Keilriemen:

$$T \approx \frac{500 \cdot (2{,}02 - K) \cdot P_b}{K \cdot z \cdot v} + g + v^2$$

für Keilrippenriemen:

$$T \approx \frac{500 \cdot (2{,}03 - K) \cdot P_b}{K \cdot z \cdot v} + g + v^2$$

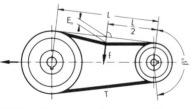

Bild 20.23: Bestimmung der Vorspannung [*Optibelt*]

E = Eindrücktiefe je 100 mm Trumlänge (mm)
E_a = Eindrücktiefe des Trums (mm)
f = Prüfkraft je Keilriemen (N)
g = Konstante zur Berechnung der Zentrifugalkraft
L = Trumlänge (mm)
K = Winkelfaktor
T = Mindest-Trumkraft im statischen Zustand je Keilriemen/Rippe (N)

20.7 Berechnung

Berechnung der Eindrücktiefe des Trums E_a

$$E_a \approx \frac{E \cdot L}{100} \qquad L = a_{norm} \cdot \sin\frac{\beta}{2}.$$

Die Eindrücktiefe je 100 mm Trumlänge E und die Prüfkraft f ist den Diagrammen (Bilder 20.24 und 20.25) zu entnehmen.

Die Prüfkraft f ist rechtwinklig zum Trum aufzubringen, die Eindrücktiefe zu messen und, falls erforderlich, ist die Vorspannung zu korrigieren.

Hinweis:

Die Vorspannwerte beruhen auf Erfahrungswerte der Fa. Optibelt. Es empfiehlt sich, Vorspannungsmessgeräte der Hersteller zu verwenden, z. B. Vorspannmessgeräte Optikrik oder Frequenzmessgerät TT3 bzw. TT mini.

20.7.8 Riemenvorspannkennlinien

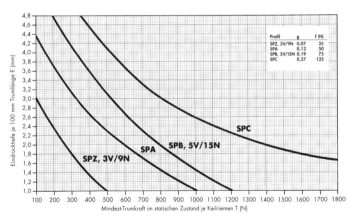

Bild 20.24: Diagramm Schmalkeilriemen

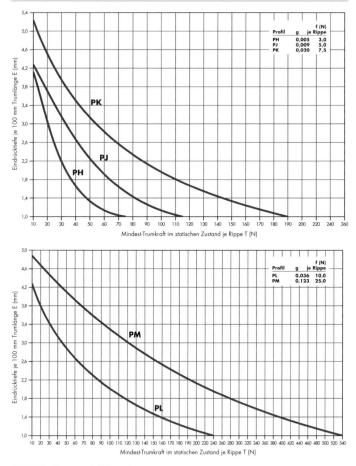

Bild 20.25: Diagramm Keilrippenriemen

20.8 Einsatzgebiete in der Praxis

Die Auswahl von Keilriemen bzw. Keilrippenriemen ergibt sich aus den Kriterien der Funktion und Wirtschaftlichkeit.

a) Funktion

Das Riemengetriebe muss unter den vorgegebenen Betriebsbedingungen – Drehmomente, Drehzahlen, Überlastungen, Umwelteinflüsse, Raumbedarf – über eine angemessene Zeitdauer sicher funktionieren.

b) Wirtschaftlichkeit

Sie ergibt sich u. a. aus den Faktoren Riementyp und Profil, konstruktive Maßnahmen, Betriebs- und Wartungskosten, Transport und Einbaugegebenheiten.

Haupteinsatzgebiete für Keilriemen:

Allgemeiner Maschinenbau, Schwermaschinenbau, Sondermaschinen, Ventilatoren, Pumpen, Mischer, Mahlwerke, Kompressoren, Axialgebläse, Dreh- und Bohrmaschinen, Textilmaschinen, Holzbearbeitungsmaschinen, Erntemaschinen.

Haupteinsatzgebiete für Keilrippenriemen:

Offset-Maschinen, Textilmaschinen, Werkzeugmaschinen, Waschmaschinen/Trocknerantriebe, Serpentinen-Antriebe, z. B. Nebenaggregate in Kfz. Die Herstellerfirmen leisten bei der Auswahl eines für die jeweiligen Anforderungen geeigneten Riemengetriebes Unterstützung.

20.9 Bewertbare Eigenschaften von Riemengetrieben

Anforderung		Zugmittel	
		Keilriemen	Keilrippenriemen
Kraftübertragung		kraftschlüssig	kraftschlüssig
max. Drehzahl	min^{-1}	10 000	12 500
Leistungsgrenze	kW	3000	1000
max. Umfangsgeschwindigkeit	m/s	42	60
max. Biegefrequenz	Hz	100	200
Kriterium für Überlast		Durchrutschen	Durchrutschen
Wellenbelastung		$1{,}3 F_u$	$1{,}3 F_u$
Wirkungsgrad	%	96	96
Übersetzung		bis 1 : 12	bis 1 : 35
Übersetzungsverhältnis (Regelbereich)		konstant ($R_{max} = 1{,}6$ mit Verstellscheiben möglich)	konstant
Synchronlauf		nein	nein
Temperaturbereich	°C	−35 bis +80	−35 bis +80
Spannweg (siehe ISO 155)		0,03 Lw	0,03 Lw
Montageverstellweg (siehe ISO 155)		0,015 Lw	0,015 Lw

Einflüsse durch Temperaturen, Sauerstoff, Ozon, Feuchtigkeit, Lösungsmittel, Spann- und Umlenkrollen können sich von Fall zu Fall unterschiedlich auswirken. Rückfragen dazu sind beim Hersteller erforderlich.

Quellen und weiterführende Literatur

Funk, W.: Zugmittelgetriebe. Grundlagen, Aufbau, Konstruktion. Berlin: Springer, 1995
Gogolin: Untersuchung zur Relationsbewegung zwischen Keilriemen und Keilriemenscheiben. 1972
Arntz-Optibelt-Gruppe: Keilriemen – Eine Monografie, 1972
Optibelt: Technisches Handbuch für Antriebssysteme. 418042/0103
Optibelt: Technisches Handbuch für Antriebssysteme. 2090/3/III/97.401081

Normen und Richtlinien
VDI-Richtlinie 2758: Riemengetriebe. Düsseldorf 1993
DIN 2211: Schmalkeilriemenscheiben
DIN 2215: Endlose klassische Keilriemen
DIN 7753: Endlose Schmalkeilriemen
DIN 7867: Keilrippenriemen und Scheiben
ISO 4183: Rillenscheiben für klassische Keilriemen und Schmalkeilriemen
ISO 4184: Klassische Keilriemen. Antriebe, Berechnungen
ISO 5292: Industrie-Keilriemen. Antriebe, Berechnungen
ISO 9982: Riemengetriebe, Scheiben und Keilrippenriemen

21 Zugmittelgetriebe – Zahnriemengetriebe

Dr.-Ing. Thomas Nagel

21.1 Aufbau und Eigenschaften

Zahnriemengetriebe, auch als **Synchronriemengetriebe** bezeichnet, gehören wie die Kettengetriebe zu den formschlüssigen Zugmittelgetrieben.

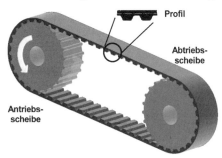

Bild 21.1: Zahnriemengetriebe, Prinzipaufbau (hier AT-Profil)

Die Kraftübertragung erfolgt von der verzahnten Antriebsscheibe auf den passfähig gestalteten Riemen und von diesem auf die Abtriebsscheibe (Bild 1). Zahnriemengetriebe vereinen durch ihren besonderen Aufbau die Vorteile der kraftschlüssigen Getriebe (wie Flach- und Keilriemengetriebe) mit denen der Kettengetriebe und zeichnen sich durch folgende Eigenschaften aus:

- hohe Leistungsdichte,
- synchrone und schlupffreie Bewegungsübertragung,
- geräuscharm,
- massearm,
- preiswert,
- hohe Riemengeschwindigkeiten möglich (bis 80 m/s),
- schwingungsdämpfend bei Drehstößen,
- Wirkungsgrad bis 98 % bei Nennlast,
- niedrige Wellenbelastung auf Grund geringer Vorspannkräfte,

- wartungsfrei (kein Schmieren, kein Nachspannen),
- Kraftübertragung auch bei geschränkten Wellen möglich,
- teilweise genormt (ISO 5296; DIN 7721; ISO 13050 u. a.).

Ein großes Teilungs- und Längensortiment der Riemen sowie genormte und nicht genormte Profilgeometrien gewährleisten einen sehr breiten Einsatz dieser Getriebeart. Zweifellos die bekannteste Anwendung im Kfz stellt der **Nockenwellenantrieb** dar, bei dem die drehwinkeltreue Kraftübertragung von der Kurbelwelle auf die Nockenwelle sowie der gleichzeitige Antrieb weiterer Nebenaggregate erfolgen. Aber auch in der **Automatisierungstechnik** (z. B. in so genannten Linearachsen), in **Werkzeugmaschinen** (z. B. für den Antrieb von Werkzeugspindeln oder Walzen), in der **Fördertechnik** (z. B. in Regalbediengeräten oder Paketsortieranlagen), in der **Fahrzeugtechnik** (z. B. in Getrieben der Lenkhilfe oder als Hinterradantrieb im Motorrad), in der **Feinwerktechnik** (z. B. in Druckern oder Kopierern) und in vielen weiteren Bereichen sind diese Getriebe zu finden.

Gegenüber den genannten Vorzügen sind folgende einschränkende Eigenschaften erkennbar:

- bedingte Beständigkeit (je nach Riemenart) gegenüber Ölen, Fetten, Säuren, Laugen und Wasser (bei Standardmaterialien),
- zulässiger Temperaturbereich muss beachtet werden (siehe Tabelle 21.1),
- anfällig gegenüber Sand oder ähnlich körnigem Material.

Zahnriemen

Zahnriemen teilt man nach der Art des Riemen-Basismaterials in **Gummiriemen** (kurz CR-Riemen) und **Polyurethan-Riemen** (PU-Riemen) ein. Der grundsätzliche Aufbau des Riemens ist bei beiden Arten ähnlich. Längsstabile Zugträger sind im Basismaterial vollständig eingebettet, eine schützende und stabilisierende Nylon-Gewebeschicht über der Verzahnung ist nur bei CR-Riemen erforderlich (Bild 21.2). PU-Riemen können aber zusätzlich mit einer solchen Schutzschicht zur Senkung des Reibwertes versehen werden, z. B. für den Fall des Gleitens über Stützschienen in Transportsystemen.

Gummiriemen werden im Vulkanisationsverfahren, Polyurethan-Riemen im Gieß- oder Extrusionsverfahren hergestellt. CR-Zahnriemen sind mit Zugsträngen aus Glasfaser oder Aramid, PU-Zahnriemen mit solchen aus Stahllitze oder Aramid ausgerüstet.

21.1 Aufbau und Eigenschaften

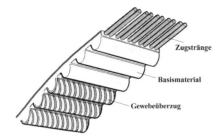

Bild 21.2: Aufbau eines Zahnriemens

Im Gummibereich werden neben der **Standard-CR-Mischung** (CR – Polychloropren) derzeit eine Vielzahl verschiedener Mischungen eingesetzt, um z. B. die Temperatur- und Ölbeständigkeit zu verbessern. So zwangen die besonders hohen Anforderungen im Kfz-Bereich den Übergang von der CR-Mischung zur heute häufig verwendeten **HNBR-Mischung** (HNBR – hydrierter Nitrilkautschuk). Um die Leistungsfähigkeit der Riemen weiter zu erhöhen, sind dem Basismaterial von neueren Hochleistungszahnriemen häufig zusätzliche Fasern beigemischt.

Auch im PU-Bereich sind Sondermischungen erhältlich, die für spezifische Anwendungen, z. B. für Transportaufgaben in explosionsgefährdeter Umgebung, optimiert wurden.

Da die Einsatzbedingungen maßgeblich über die Auswahl der Riemen entscheiden, sind einige Beständigkeiten in Tabelle 21.1 aufgelistet.

Tabelle 21.1: Beständigkeiten von Zahnriemen

Eigenschaften	Zahnriemen-Basismaterial aus	
	Gummi	**Polyurethan**
Temperaturbeständig	–40 ... +130 °C (HNBR) –30 ... +120 °C (CR)	–30 ... +80 °C –30 ... +100 °C (Spezialmischung)
Öl- u. fettbeständig	bedingt (Sondermischungen verfügbar)	ja
Tropenbeständig	ja	ja
Ozonbeständig	ja	ja
Witterungsbeständig	ja	bedingt bei Wasserkontakt
Alterungsbeständig	ja	ja

Zahnriemen können auch auf beiden Seiten verzahnt ausgeführt werden (**Doppelverzahnung**), wodurch das Realisieren von Mehrwellenantrieben erleichtert wird. Die Herstellung von Zahnriemen als Meterware erlaubt das Verwirklichen von so genannter **Lineartechnik**, z. B. von Linearschlitten, die im Handlingbereich weit verbreitet sind.

Das Montieren von Nocken der unterschiedlichsten Formen auf dem Riemenrücken zum Transport verschiedenster Güter ist im PU-Bereich weit verbreitet. Die Befestigung der aus Polyurethan gefertigten Nocken in kundenspezifisch geforderten Abständen erfolgt bisher häufig durch nachträgliches Aufschweißen. Neueste Riemenentwicklungen ermöglichen ein Wechseln anschraubbar gestalteter Nocken in einem Rastermaß und somit auch ein Ändern der Nockenabstände und -formen durch den Kunden selbst, was für das schnelle Reagieren auf Markterfordernisse vorteilhaft ist [*Mulco*]. Darüber hinaus ist das Beschichten des PU-Riemenrückens mit weichen oder harten, mit genoppten oder anderweitig profilierten Schichten für den Transport verschiedenster Güter eine vorteilhafte Möglichkeit bei PU-Zahnriemen.

Zahnscheiben

Die Zahnscheiben für beide Riemenarten unterscheiden sich grundsätzlich nicht. Charakteristisch sind neben der Verzahnung die **Bordscheiben** zur Riemenführung, um ein seitliches Ablaufen des Riemens zu verhindern. Diese Bordscheiben sind in der Regel nur an der kleinen Zahnscheibe beiderseitig vorzusehen, bei größeren Achsabständen aber auch an beiden Zahnscheiben oder auch wechselseitig. Es ist darauf zu achten, dass die Bordscheiben einen leichten Schrägungswinkel von 8 ... 25° zum besseren Einlaufen des Riemens erhalten. Übliche Materialien für Zahnscheiben sind Stahl (z. B. E295, C45), Aluminium höherer Festigkeit (z. B. AlCuMgPb-F38), Gusseisen (Grauguss, z. B. EN-GJL-200), Sintereisen und Kunststoffe (z. B. Polyamid, Polyacetalharz).

Getriebe

Für das Funktionieren des Getriebes ist es zwingend erforderlich, dass die Profilgeometrien von Riemen und Scheibe exakt zueinander passen. Zur einfacheren Zuordnung werden diese **Profilgeometrien** (kurz Profile) mit speziellen Kürzeln angegeben. So bezeichnet beispielsweise HTD das spezielle krummlinige Zahnprofil „High Torque Drive". Die Vielzahl verschiedenster angebotener Profilgeometrien ist verwirrend. Es sind klassische **Trapezprofile** (metrische Teilungen T sowie zollgeteilte Profile XL, L, H u. a.), **Hochleistungsprofile** mit Kreisbogenform (HTD) oder mit parabolischer Flanke (S, STD, GT u. a.) oder auch **speziell geformte Profile** (AT, ATP, RPP, OMEGA u. a.) in einem breiten Teilungs- und Längensortiment verfügbar. Nur ein Teil der Profilgeometrien ist genormt (siehe Literatur sowie spezielle Normen für Kfz-Profile).

21.2 Dimensionierung

Die so genannten **Hochleistungsprofile** zeichnen sich gegenüber den älteren Trapezprofilen grundsätzlich durch ein vergrößertes Riemenzahnvolumen (Bild 21.3) und verstärkte Zugstränge aus, was zu einer deutlichen Steigerung der Leistungsfähigkeit führte [*Nagel*].

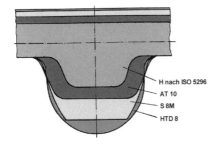

Bild 21.3: Verschiedene Profile in teilungsnormierter Größe

21.2 Dimensionierung

Eine allgemein gültige, für alle einschlägigen Profile nutzbare internationale Norm zur Dimensionierung dieser Getriebe existiert bisher nicht. Die Richtlinie [*VDI 2758*] enthält die grundlegenden Gleichungen und Werte, ist aber nur eingeschränkt auf die zollgeteilten Trapezprofile und das HTD-Profil anwendbar. Eine ausführliche Darstellung zur Auswahl und Dimensionierung enthält darüber hinaus [*Funk*].

Tabelle 21.2: Richtwerte zum Einsatzgebiet von Zahnriemengetrieben

	Teilung in etwa 2 mm	Teilung in etwa 5 mm	Teilung in etwa 10 mm	Teilung in etwa 20 mm
Übertragbare Leistung	bis 1 kW	bis 5 kW	bis 60 kW	bis 220 kW
Max. Drehzahl	40 000 min^{-1}	40 000 min^{-1}	15 000 min^{-1}	6000 min^{-1}
Riemengeschwindigkeit	bis 80 m/s	bis 80 m/s	bis 60 m/s	bis 48 m/s
Min. Scheibenzähnezahl	>10	>10	>12	>15
Anwendungsbeispiele	Miniaturantriebe; Steuerantriebe; Büromaschinen (Drucker; Scanner; Plotter)	Lineartechnik; Werkzeugmaschinen; Textilmaschinen; Roboterantriebe; Haushaltgeräte	Nockenwellenantriebe; Lineartechnik; Baumaschinen; Pumpen; Papiermaschinen; Verdichter; Holzbearbeitungsmaschinen	Schwerlastantriebe; Holzbearbeitungsmaschinen; Mühlen; Baumaschinen

Die Dimensionierung eines Zahnriemengetriebes ist in folgenden, grundsätzlichen Schritten durchführbar:

1. Wahl der **Zahnriemenart** (z. B. nach Kriterien zur Verträglichkeit),
2. Wahl einer **Profilform** (z. B. nach profiltypischen Eigenschaften, Preis oder Verfügbarkeit),
3. Wahl einer **Teilung** (z. B. nach Referenzanwendungen oder Leistungsübersichten, Tabelle 21.2),
4. Berechnung der **Getriebegeometrie** (Zähnezahlen, Achsabstände, Umschlingungsbögen, Soll-Riemenlänge),
5. Wahl einer **Riemenlänge** (aus dem Angebotskatalog eines Herstellers),
6. **Nachrechnen** der geometrischen Getriebedaten mit der gewählten Ist-Riemenlänge,
7. Berechnen der notwendigen **Riemenbreite**,
8. Wahl der nächst größeren **Standardbreite**.

Bei der Festlegung des Getriebes ist außerdem auf das Einhalten zulässiger Werte zu achten, so z. B. für die minimale **Scheibenzähnezahl** (profilabhängig), für die maximalen Trumkräfte, für die minimale Größe der Spannrolle und für die maximale Riemengeschwindigkeit.

Es wird ersichtlich, dass auf Grund nicht genormter Leistungswerte, Riemenlängen, -breiten und weiterer Daten eine Dimensionierung des Getriebes ohne konkrete Herstellerangaben nicht möglich ist. Zusätzlich kommt erschwerend hinzu, dass die Hersteller verschiedene Verfahren zur Berechnung der notwendigen Riemenbreite benutzen. So ist es im Allgemeinen nicht verwunderlich, dass die Auslegung des Getriebes als Service vom gewählten Hersteller angeboten wird.

21.3 Vorspannung

Obwohl Zahnriemengetriebe vergleichsweise kleine Vorspannungen benötigen, sind diese gewissenhaft zu berechnen und einzustellen. Zu kleine Vorspannkräfte führen zum Überspringen der Verzahnung des Riemens über die der Abtriebsscheibe und somit zum Ausfall des Getriebes. Zu große Werte führen zum vorzeitigen Verschleiß des Riemens und zu unnötig hohen Lagerbelastungen.

Eine allgemeine Berechnungsgleichung für diese wichtige, durch den Anwender selbst zu realisierende Kraft existiert nicht. Das liegt u. a. daran, dass eine Vielzahl riemen- und getriebespezifischer Faktoren,

21.3 Vorspannung

aber auch Faktoren der Anwendung selbst die Größe der notwendigen Vorspannkraft beeinflussen.

Als Richtwert kann gelten:

für Zweiwellengetriebe $F_{TV} = F_t/2$

für Linearachsen $F_{TV} = F_t$

F_{TV} Vorspannkraft im Riementrum; F_t Umfangs- bzw. Tangentialkraft, aus dem zu übertragenden Drehmoment herrührend

Bei sehr kleinen Umfangskräften bzw. Drehmomenten sind Mindestwerte für die Vorspannung zu beachten!

Das Verwenden einer **Spannrolle** oder die geringfügige Lageänderung einer der beiden Wellenlagerungen erleichtert das Montieren des Riemens sowie das Aufbringen der Vorspannung. Spannrollen können grundsätzlich „innen" oder „außen" angeordnet werden, wobei eine äußere Spannrolle den Riemen bezüglich Biegewechsel höher belastet, aber den Umschlingungswinkel vergrößert. Eine innen angeordnete Spannrolle verkleinert den Umschlingungswinkel und läuft auf der Riemenverzahnung. Sie sollte daher entweder selbst verzahnt oder aber außen glatt sein. Für den Durchmesser gelten profilabhängige Mindestmaße.

Das Prüfen der Vorspannung mittels einfacher Daumenprüfmethode nach Gefühl oder mittels Messen der Durchdrückung am Riemen führt zu großen Abweichungen vom Nennwert und ist für hochwertige Antriebsaufgaben (Lineartechnik, Robotik, Kfz usw.) sowie für die Qualitätssicherung von Produkten der Serienfertigung wenig geeignet. Deshalb sind eine Reihe einfach zu bedienender, elektronischer Vorspannungs-Messgeräte auf dem Markt, die eine hohe Sicherheit bei der Prüfung der Vorspannkraft gewährleisten, z. B. [*Contitech*]. Diese Geräte arbeiten häufig als Schwingungsmesssystem und nutzen dabei den bekannten Zusammenhang zwischen der Kraft und der Frequenz einer gespannten Saite, wobei der Riementrum (Trum = Abschnitt zwischen zwei Scheiben) als Saite angesehen werden kann.

$$F_{TV} = 4 \cdot m \cdot L_f^2 \cdot f^2$$

F_{TV} Vorspannkraft im Trum in N; m Riemenmasse in kg/m; L_f Länge des Trums in m; f Eigenfrequenz des Trums in Hz

Quellen und weiterführende Literatur

ISO 5294 Synchronous belt drives – Pulleys. 1989
ISO 5296 Synchronous belt drives – Belts. 1989
ISO 13050 Curviliniear toothed synchronous belt drive systems. 1999
DIN 7721 Synchronriemengetriebe, metrische Teilung. 1989
VDI 2758 VDI-Richtlinie – Riemengetriebe. 1993
Contitech: Conti VSM-1/VSM2 – Vorspannungsmessgerät für Antriebsriemen. Firmenschrift. Hannover: ContiTech Antriebssysteme GmbH, 2003
Funk, W.: Zugmittelgetriebe. Berlin: Springer-Verlag, 1995
Mulco: ATN – Zahnriemen mit integrierter Nockenverbindung. Firmenschrift Mulco, 2002
Nagel, T.: Stand der FEM-Simulationen am IFWT. Konferenzband „7. Tagung Zahnriemengetriebe", Dresden 2002

22 Kupplungen und Bremsen

Prof. Dr.-Ing. Frank Rieg

22.1 Einteilung

Kupplungen lassen sich unterteilen in:

- Ausgleichskupplungen
  - drehsteife Ausgleichskupplungen
  - drehelastische Ausgleichskupplungen

- Schaltkupplungen
  - fremdgeschaltete Schaltkupplungen
  - automatisch schaltende Schaltkupplungen

Bremsen lassen sich unterteilen in

- Trommelbremsen,

- Scheibenbremsen.

22.2 Ausgleichskupplungen

22.2.1 Drehsteife Ausgleichskupplungen

Antriebsmaschine und Arbeitsmaschine müssen mit einer Ausgleichskupplung verbunden werden, um Fundament- und Montageungenauigkeiten sowie Temperaturdehnungen auszugleichen (Bild 22.1).

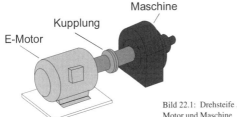

Bild 22.1: Drehsteife Ausgleichskupplung zwischen Motor und Maschine

Drehsteife Ausgleichskupplungen gleichen aus:

- Axialversatz,

- Radialversatz,

- Winkelversatz.

In den Bildern 22.2 bis 22.4 sind einige Baumuster drehsteifer Ausgleichskupplungen gezeigt. Genaue Angaben zu den übertragbaren Drehmomenten, Drehmassen, zulässigen Versatzen sind den Druckschriften der Hersteller zu entnehmen. Allgemein gültige Angaben lassen sich nicht machen.

Bild 22.2: Ausgleichskupplung
(RINGSPANN, www.ringspann.de)

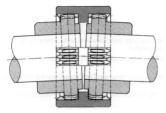

Bild 22.3: Bogenzahnkupplung
(KTR, www.ktr.de)

Bild 22.4: Stahllamellenkupplung
(Tschan, www.tschan.de)

Im weiter gefassten Sinne zählen auch die **Gelenkwellen** („Kardanwellen") zu den drehstarren Ausgleichskupplungen (Bild 22.5).

Bild 22.5: Gelenkwelle
(Elbe, www.elbe-group.de)

22.2.2 Drehelastische Ausgleichskupplungen

Elastische Ausgleichskupplungen gleichen aus:

- Axialversatz,
- Radialversatz,
- Winkelversatz,
- Torsionsschwingungen.

Die Bilder 22.6 bis 22.9 zeigen einige Baumuster drehelastischer Ausgleichskupplungen. Genaue Angaben zu den übertragbaren Drehmomenten, Drehmassen, zulässigen Versatzen sind den Druckschriften der Hersteller zu entnehmen. Allgemein gültige Angaben lassen sich nicht machen. Manche Hersteller unterscheiden in **elastische** und **hochelastische Kupplungen**, die Grenzen sind aber fließend.

Bild 22.6: Drehelastische Ausgleichskupplungen
(R+W, www.rw-kupplungen.de)

Bild 22.7: Eupex-Kupplung *(Flender, www.flender.com)*

Bild 22.8: Nor-Mex-Kupplung
(Tschan, www.tschan.de)

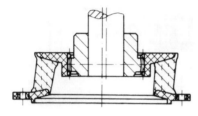

Bild 22.9: Hochelastische Ausgleichskupplung Bowex-HE zum Anbau an Verbrennungsmotoren *(KTR, www.ktr.de)*

22.2.3 Berechnung der drehelastischen Kupplungen

Bei der Berechnung geht man von einem Einmassen- oder Zweimassen-Drehschwinger aus. Die Schwingungs-Differenzialgleichung lautet

beim Einmassenschwinger:

$$m\ddot{x} + k\dot{x} + cx = F(t)$$
$$\widehat{m}\ddot{\varphi} + \widehat{k}\dot{\varphi} + \widehat{c}\varphi = T(t)$$

beim Zweimassenschwinger:

$$\ddot{\varphi} + \frac{\widehat{k}}{\widehat{m}^*}\dot{\varphi} + \frac{\widehat{c}}{\widehat{m}^*}\varphi = \frac{T(t)}{\widehat{m}_1} \quad \text{mit} \quad \varphi = \varphi_1 - \varphi_2$$

$$\text{und} \quad \widehat{m}^* = \frac{\widehat{m}_1 \cdot \widehat{m}_2}{\widehat{m}_1 + \widehat{m}_2}$$

22.2 Ausgleichskupplungen

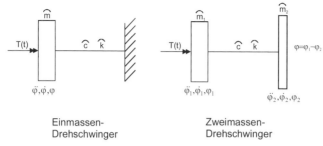

Bild 22.10: Berechnungsgrößen beim Einmassen- und Zweimassen-Drehschwinger

Dann wird die erste Eigenkritische der Torsion:

$$\omega_0 = \sqrt{\frac{\hat{c}}{\hat{m}}} \quad \text{bzw.} \quad \omega_0 = \sqrt{\frac{\hat{c}}{\hat{m}*}}$$

$$\omega = 2 \cdot \pi \cdot f, \quad \text{Schwingungsdauer } T = \frac{2\pi}{\omega}, \quad f = \frac{1}{T}$$

Bei der gedämpften Schwingung kommen die folgenden Kennwerte hinzu:

Dämpfungskonstante $\hat{k}$

Abklingkonstante $\delta = \dfrac{\hat{k}}{2 \cdot \hat{m}}$

Dämpfungsgrad $D = \dfrac{\delta}{\omega_0} = \dfrac{\hat{k} \cdot \omega_0}{2 \cdot \hat{c}} = \dfrac{\psi}{4 \cdot \pi}$

Anhaltswerte für den **Dämpfungsgrad**:

$D = 0{,}001 \ldots 0{,}01$ Wellen aus Stahl
$D = 0{,}04 \ldots 0{,}08$ Getriebeverzahnungen
$D = 0{,}04 \ldots 0{,}2$ elastische Kupplungen
$D = 0{,}01 \ldots 0{,}04$ Zahnkupplungen, Gelenkwellen, Ganzstahlkupplungen

Der Dämpfungsgrad kann nicht direkt bestimmt werden. Es wird im Versuch die verhältnismäßige Dämpfung ermittelt und umgerechnet:

verhältnismäßige Dämpfung ψ

$$D = \frac{\psi}{4\pi} \qquad \psi = \frac{\text{Dämpfungsarbeit}}{\text{elastische Verformungsarbeit}} = \frac{A_D}{A_e}$$

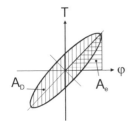

Bild 22.11: Theoretische Kupplungskennlinie

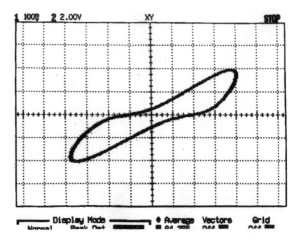

Bild 22.12: Reale gemessene Kupplungskennlinie *(Universität Bayreuth)*

Die Lösung der Schwingungs-Differenzialgleichung ist:

$T(t) = T_0 \cdot \cos(\Omega t)$

$\varphi = \varphi_{h(omogen)} + \varphi_{p(artikulär)}$

Die homogene Lösung ist:

$\varphi_h = A \cdot e^{(-\delta \cdot t)} \cdot \cos(\omega t - \gamma)$

A und γ werden aus den Anfangsbedingungen bestimmt

22.2 Ausgleichskupplungen

Die partikuläre Lösung ist:

$$\varphi_p = \frac{T_0^*}{c} \cdot \frac{1}{\sqrt{(1-\eta^2)^2 + 4D^2\eta^2}} \cdot \cos(\Omega t - \varepsilon)$$

mit $\tan \varepsilon = \dfrac{2D\eta}{1-\eta^2}$ Phasenwinkel

$$\varphi_p = \frac{T_0^*}{c} \cdot V \cdot \cos(\Omega t - \varepsilon)$$

mit folgenden Größen:

Frequenzverhältnis $\eta = \dfrac{\Omega}{\omega_0}$

$T_0^* = T_0$ beim Einmassenschwinger

$T_0^* = \dfrac{\widehat{m}_2}{\widehat{m}_1 + \widehat{m}_2} T_0$ beim Zweimassenschwinger

Folgender Term in der partikulären Lösung wird als **Vergrößerungsfunktion** bezeichnet:

Vergrößerungsfunktion $V = \dfrac{1}{\sqrt{(1-\eta^2)^2 + 4D^2\eta^2}} = \dfrac{T}{T_0^*}$

Die Bilder 22.13 und 22.14 zeigen die Vergrößerungsfunktion und den Phasenwinkel.

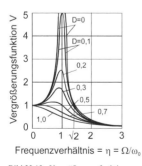

Bild 22.13: Vergrößerungsfunktion

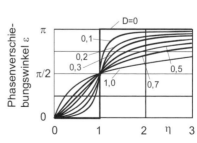

Bild 22.14: Phasenwinkel

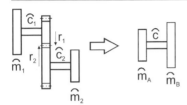

Bild 22.15: Berücksichtigung von Übersetzungen

Übersetzungen werden wie folgt berücksichtigt (Bild 22.15):

- mit der **Eigenkritischen** des Zweimassenschwingers

$$\omega_0 = \sqrt{\hat{c} \cdot \frac{\hat{m}_A + \hat{m}_B}{\hat{m}_A \cdot \hat{m}_B}}$$

- und der **Ersatz-Drehfedersteifigkeit**

$$\frac{1}{\hat{c}} = \frac{1}{\hat{c}_2} \cdot \left(\frac{r_2}{r_1}\right)^2 + \frac{1}{\hat{c}_1}$$

- sowie den **Drehmassen** des Ersatzsystems

$$\hat{m}_A = \hat{m}_1, \qquad \hat{m}_B = \left(\frac{r_1}{r_2}\right)^2 \hat{m}_2$$

22.3 Fremdgeschaltete Schaltkupplungen

Die Berechnungsgrößen einer Schaltkupplung ergeben sich aus Bild 22.16.

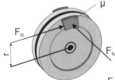

F_N = Normalkraft
F_R = Reibungskraft
μ = Reibwert
r = Kupplungsradius

Bild 22.16: Berechnungsgrößen einer Schaltkupplung

Das Kupplungsmoment T_K einer Einscheibenkupplung ist:

$$T_K \leq \mu \cdot F_N \cdot r \cdot 2$$

22.3 Fremdgeschaltete Schaltkupplungen

Bei Mehrscheibenkupplungen mit z aktiven Reibflächen (Bild 22.17) wird T_K:

$$T_K \leq \mu \cdot F_N \cdot r \cdot z$$

22.3.1 Berechnung des Schaltvorgangs

Mit Antriebsmoment T_A, Lastmoment T_L, Beschleunigungsmoment T_B ergeben sich:

Beschleunigungsmoment:

$$T_B = \widehat{m} \cdot \dot{\omega} \quad (F = m \cdot a)$$

Kinetische Energie:

$$W = \tfrac{1}{2} \widehat{m} \cdot \omega^2$$

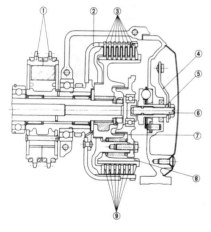

Bild 22.17: Mehrscheibenkupplung der Honda CB750 K2. 1 Primärtrieb, 2 Kupplungskorb, 3 Reiblamellen, 4 Kupplungshebel, 8 Kupplungsnabe, 9 Stahllamellen *(Honda Motors)*

Anfahrvorgang:

$$\sum T = 0 \rightarrow T_A - T_L - T_B = 0$$

$$T_B = T_A - T_L = \widehat{m} \cdot \dot{\omega} = \widehat{m} \cdot \frac{d\omega}{dt}$$

$$d\omega = \frac{T_B}{\widehat{m}} \cdot dt \rightarrow \int_0^\omega d\omega = \int_0^t \frac{T_B}{\widehat{m}} \, dt = \frac{1}{\widehat{m}} \int_0^t T_B \, dt$$

454 22 Kupplungen und Bremsen

Die Situation zeigen die Bilder 22.18 und 22.19. Dabei gelten folgende Zeiten: t_0 = Einschalten, t_B = Synchronisieren, t_C = Erreichen der Lastdrehzahl.

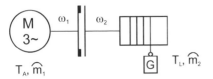

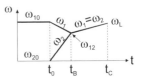

Bild 22.18: Schaltkupplung zwischen Motor und Last

Bild 22.19: Zeitverläufe beim Schaltvorgang

Auf der **Antriebsseite** gilt:

$$\int_{\omega_{10}}^{\omega_1} d\omega = \int_{t_0}^{t} \frac{T_{B1}}{\widehat{m}_1} dt$$

Auf der **Abtriebsseite** gilt:

$$\int_{\omega_{20}}^{\omega_2} d\omega = \int_{t_0}^{t} \frac{T_{B2}}{\widehat{m}_2} dt$$

Folgende Annahmen werden zu Grunde gelegt:

$$T_{B1} = T_A - T_K = \text{const}$$
$$T_{B2} = T_K - T_L = \text{const}$$

In der Zeit t_0 bis t_B gilt auf der **Antriebsseite**:

$$\omega_1 - \omega_{10} = \frac{T_A - T_K}{\widehat{m}_1}(t - t_0)$$

In der Zeit t_0 bis t_B gilt auf der **Abtriebsseite**:

$$\omega_2 - \omega_{20} = \frac{T_K - T_L}{\widehat{m}_2}(t - t_0)$$

Subtrahiert man diese beiden Gleichungen voneinander, ergibt sich:

$$\omega_1 - \omega_2 = \omega_{10} - \omega_{20} + \left(\frac{T_A - T_K}{\widehat{m}_1} - \frac{T_K - T_L}{\widehat{m}_2}\right)(t - t_0)$$

Zur Zeit t_B ist:

$$\omega_1 = \omega_2 = \omega_{12} \rightarrow \omega_1 - \omega_2 = 0$$

22.3 Fremdgeschaltete Schaltkupplungen

daher:

$$t_B - t_0 = \frac{\omega_{10} - \omega_{20}}{\dfrac{T_K - T_L}{\hat{m}_2} - \dfrac{T_A - T_K}{\hat{m}_1}}$$

Beachte: $T_K = \mu \cdot F_N \cdot r_m$

Zur Zeit t_B ist:

$$\omega_{12} = \left(\frac{T_K - T_L}{\hat{m}_2}\right)(t_B - t_0) + \omega_{20}$$

In der Zeit t_B bis $t_C \rightarrow$ gekuppeltes Gesamtsystem: $\omega_1 = \omega_2 = \omega$

$$\int_{\omega_{12}}^{\omega} d\omega = \int_{t_B}^{t} \frac{T_{B_{ges}}}{\hat{m}_1 + \hat{m}_2} dt \qquad \omega - \omega_{12} = \left(\frac{T_A - T_L}{\hat{m}_1 + \hat{m}_2}\right)(t - t_B)$$

Bei t_C ist $\omega = \omega_L$, daher

$$t_C - t_B = (\omega_L - \omega_{12})\frac{\hat{m}_1 + \hat{m}_2}{T_A - T_L}$$

Es ist die **Erwärmung beim Schaltvorgang** zu beachten (Bild 22.20).

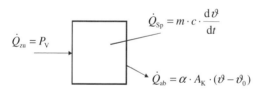

Bild 22.20: Wärmeströme beim Schalten einer Kupplung

Aufheizen:

$$P_V = m \cdot c \cdot \frac{d\vartheta}{dt} + \alpha \cdot A_K \cdot (\vartheta - \vartheta_0)$$

m Masse, c spezifische Wärmekapazität, α Wärmeübergangskoeffizient, A_K Oberfläche der Kupplung

Die Lösung dieser Differenzialgleichung ist:

$$\vartheta - \vartheta_0 = \frac{P_V}{\alpha \cdot A_K} \cdot \left(1 - e^{\frac{-t}{T}}\right)$$

Dabei ist die Zeitkonstante

$$T^* = \frac{m \cdot c}{\alpha \cdot A_K}$$

Die Zeitkonstanten T^* für Aufheizen und T' für Abkühlen zeigt Bild 22.21.

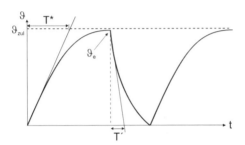

Bild 22.21: Aufheiz- und Abkühlvorgang beim Schalten

Beim **Abkühlen** gilt:

$$0 = -m \cdot c \cdot \frac{d\vartheta}{dt} + \alpha' \cdot A_K \cdot (\vartheta - \vartheta_0)$$

Die Lösung der Differenzialgleichung ist:

$$\vartheta = \vartheta_e \cdot e^{\frac{-t'}{T'}} \quad \text{mit} \quad T' = \frac{m \cdot c}{\alpha' \cdot A_K}$$

Der Wärmeübergangskoeffizient α kann näherungsweise wie folgt angesetzt werden (v Umfangsgeschwindigkeit in m/s):

$$\alpha = 6 \cdot v^{0,75} \quad \frac{W}{m^2 \cdot K}$$

Jetzt ist festzustellen, ob **Schaltpause** oder **Dauerschaltbetrieb** gegeben ist.

1. Fall: Schaltpausen $> 3 \ldots 4\, T^*$:

$$P_{V_{zul}} \leq m \cdot c \cdot \frac{\vartheta_{zul} - \vartheta_0}{t_B - t_0}$$

22.3 Fremdgeschaltete Schaltkupplungen

2. Fall: Dauerschaltbetrieb:

$$P_{V_{zul}} \leq \alpha \cdot A_K \cdot (\vartheta_{zul} - \vartheta_0)$$

$$\dot{Q}_{zu} = \dot{Q}_{ab}$$

Bei den Reibungszahlen kann man sich an den Werten der Tabelle 22.1 orientieren, genaue Angaben sind den Druckschriften der Reibbelaghersteller zu entnehmen.

Tabelle 22.1: Verschiedene Reibwertpaarungen

	Reibungszahl Ruhe	Reibungszahl Bewegung
Stahl/Stahl, Stahl/GG, Ölnebel	0,12 ... 0,17	0,08 ... 0,1
Reibbelag/Stahl, trocken	0,27 ... 0,30	0,2 ... 0,25
Reibbelag/GG, trocken	≥ 0,4	0,3 ... 0,4
Reibbelag/Stahl, ölbenetzt	≥ 0,16	0,08 ... 0,12

Fremdgeschaltete Kupplungen können mechanisch (Bild 22.17), pneumatisch, hydraulisch oder elektrisch (Bild 22.22) betätigt werden. Bei den **elektrisch betätigten Schaltkupplungen** unterscheidet man zwischen der Bauart mit durchfluteten Lamellen und der Bauart mit nichtdurchfluteten Lamellen (Bild 22.23).

Bild 22.22: BSD-Elektromagnet-Kupplung *(Rexnord Antriebstechnik, www.rexnord-antrieb.de)*

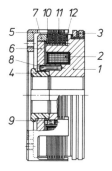

Bild 22.23: BSD-Elektromagnet-Kupplung mit nichtdurchfluteten Lamellen. 2 Spule, 3 Schleifring, 6 Ankerscheibe, 10, 11 Lamellen *(Rexnord Antriebstechnik, www.rexnord-antrieb.de)*

22.4 Automatisch schaltende Kupplungen

Man unterscheidet:

- Überlast- und Sicherheitskupplungen,
- drehrichtungsschaltende Kupplungen (Freiläufe).

22.4.1 Überlast- und Sicherheitskupplungen

Diese Kupplungen sind mechanische Sicherheitseinrichtungen, die bei Erreichen eines eingestellten Grenzmoments den Antrieb vom Abtrieb trennen. Die einfacheren Bauarten arbeiten **reibschlüssig** (Bild 22.24), ein präziseres Schalten wird mit **formschlüssig** arbeitenden Bauarten erreicht (Bilder 22.25 bis 22.27). Die einschlägigen Hersteller bieten eine große Vielfalt von Bauarten für die verschiedensten Zwecke an. Die Kupplungen werden häufig in Verbindung mit induktiven Schaltern und Drehzahlwächtern eingesetzt.

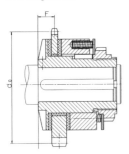

Bild 22.24: RIMOSTAT-Rutschnabe RS
(RINGSPANN, www.ringspann.de)

Bild 22.25: SYNTEX-Kupplung
(KTR, www.ktr.de)

Bild 22.26: SIKUMAT mit Einfachrollen
(RINGSPANN, www.ringspann.de)

Bild 22.27: EAS-compact
(Mayr, www.mayr.de)

22.4.2 Freiläufe

Freiläufe sind **drehrichtungsgeschaltete Kupplungen**. Sie sind geeignet als

- Vorschubfreiläufe,
- Überholkupplungen,
- Rücklaufsperren.

Die Funktionsweise zeigt schematisch Bild 22.28.

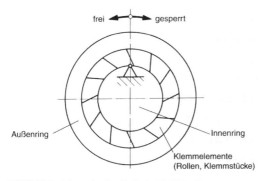

Bild 22.28: Funktionsweise eines Freilaufs *(RINGSPANN, www.ringspann.de)*

Man unterscheidet **Klemmrollen-** und **Klemmstück-Freiläufe** (Bild 22.29). Beide Bauarten haben Vorteile, wobei besonders hochwertige Freiläufe fast immer Klemmstücke aufweisen. Die Auslegung und Berechnung ist Spezialistensache. Freiläufe weisen meist eine progressive Drehfeder-Kennlinie auf. Hier geben die einschlägigen Hersteller detaillierte Auskünfte.

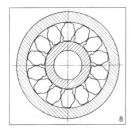 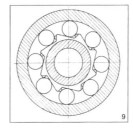

Bild 22.29: Klemmstück- und Klemmrollenfreilauf *(RINGSPANN, www.ringspann.de)*

Vorschubfreiläufe werden verwendet

- in Material-Vorschubeinrichtungen an Stanzen, Schmiedepressen und Drahtverarbeitungsmaschinen,
- zur Erzeugung schrittweiser Vorschübe in Verpackungs-, Papierverarbeitungs-, Druck- und Textilmaschinen
- als Untersetzungsgetriebe, ggf. mit stufenlos einstellbarer Untersetzung, in Sämaschinen, Durchlauföfen, Druckmaschinen und Starkstromschaltern,
- zum automatischen Verschleißausgleich in Bremsen,
- als Vorschubeinrichtung in Schleifmaschinen.

Der Freilauf als **Überholkupplung** kann vielfach Schaltkupplungen ersetzen:

- Bei Kriechgangantrieben trennt er den Kriechgangmotor vom Hauptmotor, sobald dieser eingeschaltet wird.
- In Anlassern trennt er den Anwurfmotor vom Verbrennungsmotor, sobald dieser angesprungen ist.
- In Schaltgetrieben und Planetengetrieben übernimmt er die Funktion von Schaltkupplungen und Bremsen, mit zwei Freiläufen lässt sich ein Zweigang-Schaltgetriebe ohne Schaltkupplung konstruieren.
- In Windengetrieben ermöglicht er ein kraftschlüssiges Senken der Last bei unveränderter Motordrehrichtung.
- In Ventilatoren und Gebläsen trennt er beim Abschalten die schnelllaufenden Teile vom Antrieb und verhindert, dass die Schwungmasse des Ventilators den Antrieb von rückwärts mitzieht.
- In Rollgängen von Walzwerken, Durchlauföfen und Transportanlagen bewirkt der Freilauf, dass das Gut schneller über den Rollgang geschoben werden kann, als es der Antriebsdrehzahl der Rollen entspricht.
- Bei Mehrmotorenantrieben kuppelt er die nicht laufenden Motoren automatisch ab (Bild 22.30).

Freiläufe als **Rücklaufsperren** werden verwendet

- in Schrägförderbändern und Elevatoren, um zu verhindern, dass das Fördergut bei Stromausfall oder abgestelltem Motor zurückläuft,
- in Pumpen, Gebläsen und Ventilatoren, um ein Rückwärtslaufen unter dem Druck des Fördermediums nach dem Abstellen zu verhindern,

22.5 Trommelbremsen

- in bzw. an Getrieben, Elektromotoren und Getriebemotoren für den Antrieb von Förderanlagen zum Verhindern des Rücklaufens nach dem Abstellen,
- in Drehmomentwandlern zur Abstützung des Leitrades bei Wandlerbetrieb,
- in schaltbaren Planetengetrieben als Drehmomentabstützung,
- in Kränen, Winden, Bauaufzügen und sonstigen Hebewerkzeugen.

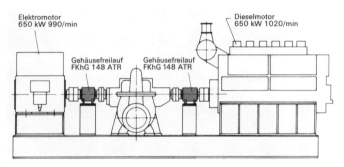

Bild 22.30: Zwei große Freiläufe als automatische Kupplungen für eine Kesselspeisepumpe (*RINGSPANN, www.ringspann.de*)

22.5 Trommelbremsen

Trommelbremsen werden mit **Außen-** oder **Innenbacken** gebaut, wobei heute meist **Innenbackenbremsen** verwendet werden. Im Allgemeinen werden zwei Bremsbacken genutzt. Wenn beide Backen von einem gemeinsamen Bremsnocken oder einem gemeinsamen Nehmerzylinder betätigt werden, läuft die eine Backe auf (Selbstverstärkung), während die andere Backe abläuft (Selbstschwächung). Man spricht von einer **Simplexbremse**. Werden beide Backen jeweils von einem getrennten Nocken oder Nehmerzylinder betätigt, laufen in der einen Drehrichtung beide Backen auf, was zu einer beachtlichen Selbstverstärkung führt (**Duplexbremse**). Hier ist die Grenze zwischen sehr hoher Bremswirkung und Festbeißen der Bremse sehr fließend, daher dürfen nur die vom Bremsenhersteller vorgesehenen Beläge verwendet werden. Durch den Selbstverstärkungseffekt liefern gut konstruierte Trommelbremsen durchaus höhere Bremsleistungen als vergleichbare Scheibenbremsen! Dafür sind die Kühlungsverhältnisse spürbar schlechter. Hochleistungs-Trommelbremsen werden deshalb gezielt innenbelüftet.

Trommelbremsen sind in Personenwagen und schweren Motorrädern praktisch nicht mehr vorgesehen; lediglich in Leichtrollern und Mofas sind sie noch zu finden, ebenso in älteren Krananlagen. In Krananlagen finden sich mitunter elektrisch belüftete Außenbackenbremsen. Eine Domäne der Trommelbremsen sind immer noch die schweren Nutzkraftwagen; dort werden sie allerdings pneumatisch betätigt.

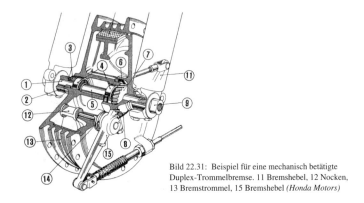

Bild 22.31: Beispiel für eine mechanisch betätigte Duplex-Trommelbremse. 11 Bremshebel, 12 Nocken, 13 Bremstrommel, 15 Bremshebel *(Honda Motors)*

22.6 Scheibenbremsen

Hier unterscheidet man deutlich zwischen **Fahrzeugbremsen** und **Industriebremsen**. Obwohl man prinzipiell Bremsscheiben und Bremssättel aus Fahrzeugen auch für Industriezwecke verwenden könnte, ist dies aus wirtschaftliche Gründen nicht sinnvoll. Im Maschinen- und Anlagenbau werden Scheibenbremsen meist von den Firmen geliefert, die auch die sonstigen Komponenten industrieller Antriebstechnik im Programm haben.

Scheibenbremsen weisen im Gegensatz zu Trommelbremsen keine Selbstverstärkungsmechanismen auf (obwohl es solche Konstruktionen gegeben hat), daher sind im Fahrzeugbereich Scheibenbremsen fast immer mit **Bremskraftverstärkern** gekoppelt, die entweder pneumatisch oder elektrisch arbeiten. Bei Industrieanwendungen ist man meist vom Platz her nicht so beengt, sodass man dann einfach einen größeren Scheibendurchmesser und/oder eine stärkere Bremszange vorzieht.

22.6 Scheibenbremsen

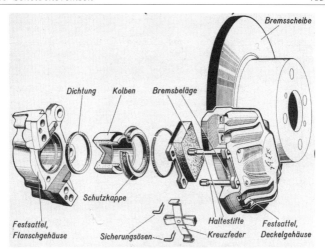

Bild 22.32: Automobil-Scheibenbremse *(Continental-Teves)*

Bild 22.33: Doppel-Scheibenbremse bei einem schweren Sportmotorrad, zusätzlich mit ABS und elektrohydraulischer Servounterstützung *(BMW)*

Die Berechnung einer Scheibenbremse ist identisch mit der Berechnung einer Kupplung, vgl. Bild 22.16. Es gilt auch hier analog:

$T_B \leq \mu \cdot F_N \cdot r \cdot 2$

Während die Scheibenbremsen bei Fahrzeugen fast immer hydraulisch betätigt werden, existieren bei Industrie-Scheibenbremsen diese Möglichkeiten:

22 Kupplungen und Bremsen

- pneumatisch betätigt – federgelüftet
- hydraulisch betätigt – federgelüftet
- federbetätigt – pneumatisch gelüftet
- federbetätigt – hydraulisch gelüftet
- handbetätigt

Nachfolgende Bilder zeigen verschiedene Bauarten und Baugrößen auf.

Bild 22.34: Bremszange DH 5 P, pneumatisch betätigt und federgelüftet. Betriebsdruck bis 6 bar
(RINGSPANN, www.ringspann.de)

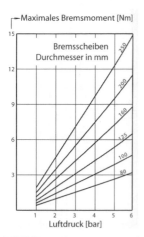

Bild 22.35: Mögliche Bremsmomente für die Bremszange aus Bild 22.34 *(RINGSPANN)*

Bild 22.36: Bremssattel HPW 101R, hydraulisch betätigt, federgelüftet. Betriebsdruck von 15 bis 90 bar, max. Bremsmoment 20 000 N · m bei 1100 mm Bremsscheibendurchmesser *(RINGSPANN)*

22.6 Scheibenbremsen

Bild 22.37: Bremszange DH 30 FPA, federbetätigt, pneumatisch gelüftet. Luftdruck von 5 bis 8 bar, max. Bremsmoment 2200 N · m bei 520 mm Bremsscheibendurchmesser *(RING-SPANN)*

Quellen und weiterführende Literatur

Decker, K.-H.: Maschinenelemente. München Wien: Carl Hanser Verlag, 2006
Merkel, M.; Thomas, K.-H.: Taschenbuch der Werkstoffe. Leipzig: Fachbuchverlag Leipzig, 2003

23 Wälzlagerungen

Prof. Dr.-Ing. Peter Stelter

23.1 Grundlagen und Einteilung

23.1.1 Entwicklung der Wälzlagertechnik

Bereits die Ägypter zur Zeit der Pharaonen nutzten die Vorteile der rollenden Reibung. Zum Bau der Pyramiden mussten Steinblöcke mit vielen Tonnen Gewicht über weite Strecken bewegt werden. Zeitgenössische Darstellungen zeigen, dass man zum Transport der riesigen Blöcke lange Rollen aus Holz parallel zueinander vor den zu bewegenden Stein legte. Der Stein wurde dann über die Rollen gezogen. Die hinter dem Block liegen gebliebenen Rollen wurden wieder nach vorn getragen tragen und dienten erneut als „Wälzkörper".

Bild 23.1: Transport von Steinblöcken mit Holzrollen als Wälzkörpern [2]

Um den umständlichen Transport der Wälzkörper, der heute bei Geradführungen und Kugelumlaufspindeln in ähnlicher Weise erfolgen muss, zu vermeiden, wurde die „Starrachse" erfunden, auf der sich das Rad drehen konnte, zunächst als Gleitlager und später mit Rollen.

Der Durchbruch bei der Entwicklung der **Kugellager** wurde im Jahre 1853 mit der Erfindung des Fahrrades mit Tretkurbel bei der Firma *Fischer* in Schweinfurt und der Firma *Michaux* in Frankreich erreicht. Weitere Entwicklungsschritte waren die Erfindung der Kugelschleifmaschine von Fischer, die zur Begründung der Wälzlagerindustrie mit dem Fertigungsschwerpunkt in Schweinfurt führte.

In der heutigen Zeit sind die **Wälzlager** (Kugellager, Nadellager, Zylinderrollenlager) aus der Technik nicht mehr wegzudenken. Schätzungen ergaben, dass allein in jedem Haushalt bis zu 160 Wälzlager Verwendung finden. Sie werden z. B. eingesetzt in: Waschmaschinen, Trocknern, Kühlschränken, Fahrrädern, Autos, Staubsaugern, Inlineskates usw. In der Industrie haben standardisierte Wälzlager als universell verwendbares genormtes Maschinenelement die Gleitlager weitgehend verdrängt.

23.1.2 Darstellung der Rollreibung

In einer vereinfachten Form ist die **Rollreibung** vorstellbar als elastische Verformung des Wälzkörpers und der Rollbahn. Dies führt dazu, dass die Normalkraft an dem Hebelarm der Rollreibung f angreift. Eine Momentenbilanz führt zu folgendem Ausdruck für die horizontale Kraftkomponente F_W:

$$F_W = \frac{f}{r} F_N$$

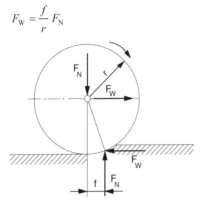

Bild 23.2: Darstellung der Rollreibung

Die Hebelarme der rollenden Reibung haben folgende Größenordnung: normaler Baustahl $f = 0{,}5$ mm, gehärteter Stahl $f = 0{,}05$ mm.

23.1.3 Beschreibung der Wälzlagerbauarten

Die Wälzkörper der ersten Wälzlager aus Stahl waren Kugeln. In der Folgezeit wurden weitere Bauarten mit unterschiedlichen Wälzkörperformen entwickelt. Neben Kugeln setzt man heute Zylinderrollen, Kegelrollen, Nadeln und tonnenförmige Rollen ein, siehe Bild 23.3. Jede Bauart hat dabei ihre speziellen Vorteile und Anwendungsgebiete. Kugeln mit Punktkontakt erlauben höchste Drehzahlen, Wälzkörper mit Linienkontakt hohe radiale Belastungen.

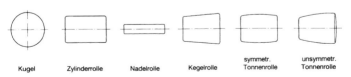

Bild 23.3: Wälzkörperformen

23.1.4 Einreihige Rillenkugellager

Beide Ringe von Rillenkugellagern haben Laufrillen mit gleich hohen Schultern. Der Radius der Rillen ist geringfügig größer als der Kugelradius, um eine optimale Schmiegung der Kugeln an die Laufbahnen zu gewährleisten. Rillenkugellager können neben radialen auch axiale Kräfte aufnehmen. Sie sind daher als **Fest-** und **Loslager** geeignet. Bei einem Rillenkugellager als Loslager muss der Außenring Punktlast aufweisen und eine Übergangspassung, die ein axiales Verschieben im Gehäuse zulässt. Wegen ihres geringen Reibmoments sind sie für hohe und höchste Drehzahlen geeignet. Rillenkugellager sind zudem sehr geräuscharm. Da sie in großen Stückzahlen produziert werden, sind sie besonders kostengünstig und haben die höchste Verbreitung.

Ein großer Anteil der einreihigen Rillenkugellager wird außer in der offenen Ausführung auch in den Ausführungen mit Deckscheiben, mit nichtschleifenden und schleifenden Dichtscheiben angeboten. Die beidseitig geschlossenen Lager werden, den jeweiligen Anforderungen entsprechend, mit unterschiedlichen Fettsorten und Füllungsgraden geliefert, so genannte **For-Life-Fettfüllung**. Auf diese Weise lassen sich preiswert wartungsfreie Lagerungen herstellen.

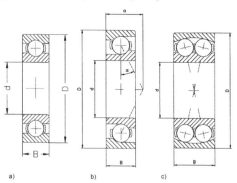

Bild 23.4: Rillenkugellager. a) einreihiges RKL, b) einreihiges Schrägkugellager, c) Pendelkugellager (*Werkbild ASK Kugellagerfabrik Korntal-Münchingen*)

23.1.5 Gehäuselager

Gehäuselager sind eine Sonderbauart der einreihigen Rillenkugellager. Sie haben einen einseitig verlängerten Innenring, an dem das Lager mit einem **Exzenterring** oder zwei Gewindestiften auf der Welle befestigt werden kann. Die Mantelfläche des Außenrings ist ballig ausgeführt, sodass sich das Lager in einem entsprechend ausgebildeten Gehäuse einstellen kann. Gehäuselager haben immer eine beidseitige Abdichtung.

23.1 Grundlagen und Einteilung

23.1.6 Zweireihige Rillenkugellager

Zweireihige Rillenkugellager entsprechen in Aufbau und Funktion einem Paar einreihiger Rillenkugellager. Die Tragfähigkeit wird entsprechend der zwei Kugelreihen erhöht. Außen- und Innenring haben auf beiden Stirnseiten **Einfüllnuten** zum Einbringen der Kugel bei der Herstellung. Im Bereich der Füllnuten sind die Laufbahnen unterbrochen, was die axiale Belastbarkeit dieser Lager einschränkt. Zweireihenrillenkugellager eignen sich nicht zum Ausgleich von Winkelfehlern.

23.1.7 Schulterkugellager

Schulterkugellager entsprechen in ihrem Aufbau den einreihigen Rillenkugellagern. Sie haben am Außenring jedoch nur **eine Schulter** und sind deshalb zerlegbar. Diese Besonderheit kann die Montage und Demontage erleichtern. Axialkräfte sind nur in einer Richtung übertragbar. Schulterkugellager erfordern immer ein zweites Lager, das zur Gegenführung spiegelbildlich angeordnet sein muss. Schulterkugellager sind nur bis zu einem Bohrungsdurchmesser von 20 mm erhältlich.

23.1.8 Einreihige Schrägkugellager

Die Laufbahnen von Schrägkugellagern werden so ausgeführt, dass die Kräfte in einem Winkel, dem so genannten **Druckwinkel**, zur radialen Ebene übertragbar sind. Es sind Druckwinkel von 15°, 25°, 30° und 40° verfügbar. Mit zunehmend größerem Druckwinkel sind auch entsprechend größere Axialkräfte in einer Richtung übertragbar. Einteilige Schrägkugellager mit den Druckwinkeln von 15° und 25° finden sich bevorzugt im Werkzeugmaschinenbereich, wo hohe Drehzahlen und hohe Genauigkeiten und Steifigkeiten erforderlich sind.

23.1.9 Zweireihige Schrägkugellager

Zweireihige Schrägkugellager entsprechen in ihrem Aufbau einem Paar einreihiger Schrägkugellager in O-Anordnung. Sie nehmen Radial- und Axialkräfte in beiden Richtungen auf. Auch Kippkräfte (Momente) können übertragen werden. Die zweireihigen Schrägkugellager werden in zwei Ausführungen mit unterschiedlichen Druckwinkeln hergestellt. Bei der Ausführung mit einem Druckwinkel von 32° haben die Lager auf einer Seite **Einfüllnuten**. Diese Lager sind deshalb so einzubauen, dass die überwiegende Axialkraft von der nutfreien Lagerreihe übertragen wird. Bei der Ausführung mit einem Druckwinkel von 25° sind keine Einfüllnuten vorhanden, weshalb die Lagerreihen Axialkräfte in beiden Richtungen in gleicher Höhe übernehmen können. Zweireihige

Schrägkugellager eignen sich sehr gut zur Übertragung hoher Axialkräfte bei gleichzeitiger radialer Führung. Sie sind als ideale Lager zur Aufnahme von Axialkräften im Einsatz.

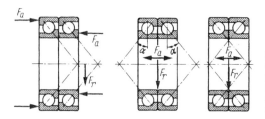

Bild 23.5: Anordnungen von Schrägkugellagern. Links Tandem-Anordnung, mitte O-Anordnung, rechts X-Anordnung [3]

23.1.10 Vierpunktlager

Vierpunktlager haben am Innen- und Außenring je zwei kreisbogenförmige **Laufbahnen**, deren Krümmungsmittelpunkte so liegen, dass die Kugeln die Laufringe bei radialer Belastung in vier Punkten berühren. Der Innenring ist geteilt, damit die Kugeln eingefüllt werden können. In der Praxis sollten die Vierpunktlager nur so verwendet werden, dass sie nie in allen Berührungspunkten gleichzeitig tragen, d. h., die Lager sollten nur für die Aufnahme reiner Axialbelastung eingesetzt werden. Bei kombinierter Belastung muss die Axialbelastung deutlich überwiegen. Wegen dieser Einschränkungen werden Vierpunktlager nur in Sonderfällen eingesetzt.

23.1.11 Pendelkugellager

Pendelkugellager sind zweireihige Lager mit hohlkugeligen Außenring-Laufbahnen. Der Innenring besitzt zwei **Laufrillen**, die denen bei Rillenkugellagern ähnlich sind. Durch diesen Aufbau sind die Lager winkeleinstellbar und deshalb zum Ausgleich von Fluchtfehlern und höheren Wellendurchbiegungen sehr gut geeignet. Pendelkugellager können mittlere Radialbelastungen und kleine Axialbelastungen in beiden Richtungen aufnehmen.

23.1.12 Zylinderrollenlager

Bei Zylinderrollenlagern werden die Rollen zwischen den festen Borden entweder des Innen- oder des Außenrings geführt. Je nach Bauform hat der jeweils andere Ring keinen oder einen festen Bord. Da sich einer der beiden Ringe abziehen lässt, werden Ein- und Ausbau deutlich erleichtert. Da Zylinderrollenlager *Hertz'*schen Linienkontakt haben, nehmen sie hohe Radialbelastungen auf und sind für hohe Drehzahlen geeignet.

23.1 Grundlagen und Einteilung

Zylinderrollenlager sind vergleichsweise empfindlich gegenüber Wellenverkippungen. Durch die modifizierte Gestaltung der Berührungsflächen (logarithmische Kantenrundungen) werden jedoch schädliche Kantenspannungen weitgehend verhindert.

Die Bauform NU hat Borde am Außenring, die Bauform N zwei feste Borde am Innenring. Die jeweils anderen Ringe weisen keine Borde auf. Beide Bauformen lassen eine zwanglose Axialverschiebung, vor allem bei Rotation der Welle, zu. Sie sind deshalb als **ideale Loslager** zu verwenden.

Bei der Bauform NJ hat der Außenring zwei feste Borde und der Innenring einen festen Bord. Somit ist die Führung der Welle in einer Axialkraftrichtung möglich. Zylinderrollenlager der Bauform NUP haben zwei feste Borde am Außenring, einen festen Bord am Innenring sowie eine lose Bordscheibe. Lager dieser Bauform führen die Welle in beiden Axialkraftrichtungen und werden deshalb als **Festlager** eingesetzt. Durch die kinematischen Verhältnisse (Gleitreibung) entstehen beim Auftreten von Axialkräften leicht **Überhitzungen**. Letztlich dienen sie nur zur axialen Fixierung und können keine nennenswerten Axialkräfte aufnehmen.

Bild 23.6: Zylinderrollenlager. a) mit Scheibenkäfig, b) vierreihiges Zylinderrollenlager *(Werkbilder INA-Schaeffler KG Herzogenaurach)*

23.1.13 Nadellager

Nadellager sind eine Sonderbauart der Zylinderrollenlager mit langen zylindrischen Rollen, die einen kleinen Durchmesser haben. Nadellager sind nur als **Loslager** einsetzbar. Sie werden entweder mit massiven Ringen oder mit Außenringen aus gehärtetem Stahlblech hergestellt. Bei besonders geringer radialer Bauhöhe können Innenring und Außenring entfallen und lediglich Nadelkäfige mit Nadeln eingesetzt werden. In diesem Fall werden Welle und Gehäuse gehärtet und geschliffen und dienen direkt als Laufbahn für die Nadeln. Typische Einsatzbereiche für Nadellager sind z. B. Kardanwellen, aber auch teilbare Kurbelwellen können mit Nadellagern ausgerüstet werden. Getriebezahnräder, die über Synchronringe mit der Welle gekoppelt werden, sind typischerweise in Nadellagern gelagert.

a)

b)

c)

Bild 23.7: Nadellager. a) ohne Borde, b) kombiniertes Nadelkugellager, c) Nadelhülse *(Werkbilder INA-Schaeffler KG Herzogenaurach)*

23.1.14 Kegelrollenlager

Kegelrollenlager besitzen Wälzkörper, die in ihrer Form einem Kegelstumpf gleichen. Die Innenringe haben am großen Kegeldurchmesser einen hohen, speziell ausgebildeten Bord, der anteilig auch Axialkräfte überträgt. Am kleinen Kegeldurchmesser befindet sich ein Haltebord, der die Rollen zusammen mit dem Käfig am Herausfallen hindert. Der Außenring ist bordlos und zur Demontage einfach abziehbar.

Die Kegelrollen sind **schräg** angeordnet, sodass sich ihre verlängerten Mantelflächen mit den verlängerten Laufbahnen in einem Punkt auf der Lagerachse schneiden. Kegelrollenlager sind geeignet für hohe Radial- und Axialbelastungen in einer Richtung. Bei paarweiser Anordnung sind Axialbelastungen in beiden Richtungen möglich. Kegelrollenlager sind nicht für hohe Drehzahlen geeignet.

Hervorgerufen durch den Druckwinkel entsteht in einem Kegelrollenlager, selbst bei rein äußerer Radiallast, eine in axialer Richtung wirkende

23.1 Grundlagen und Einteilung

Kraft, die durch eine entsprechende Gegenkraft ausgeglichen werden muss. Daher muss ein zweites Lager zur Gegenführung vorgesehen werden. Verschiedene Kegelrollenlagertypen werden auch als in X-Anordnung zusammengepasste Paare mit vorgegebener Axialluft gefertigt.

Kegelrollenlager müssen vorgespannt werden, z. B. durch eine Wellenmutter. Bei thermischer Längenausdehnung treten undefinierte Zusatzkräfte auf. Sie werden daher bevorzugt für kurze Lagerabstände, z. B. für Radlagerungen (**Hub-Units**), eingesetzt.

23.1.15 Pendelrollenlager

Pendelrollenlager haben als Wälzkörper tonnenförmige Rollen, die in zwei Reihen nebeneinander angeordnet sind. Der Innenring hat zwei getrennte Laufbahnen. Die Rollen werden durch Borde, Bordringe oder die Käfige geführt. Beide Rollenreihen rollen in einer hohlkugeligen gemeinsamen Laufbahn im Außenring ab. Pendelrollenlager sind deshalb **winkeleinstellbar** und somit unempfindlich gegen Fluchtfehler und Wellendurchbiegungen (<2°). Pendelrollenlager nehmen hohe Radial- und Axialkräfte in beiden Richtungen auf und sind für mittlere Drehzahlen geeignet.

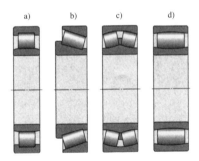

Bild 23.8: Rollenlager für hohe Radialkräfte. a) Zylinderrollenlager, b) Kegelrollenlager, c) Pendelrollenlager, d) Toroidalrollenlager *(Werkbild SKF)*

23.1.16 Axial-Rillenkugellager

Axial-Rillenkugellager werden als einseitig oder zweiseitig wirkende Lager hergestellt. Das einseitig wirkende Lager besteht aus zwei Scheiben mit den Laufrillen und einem Käfig, der die Kugeln führt und zusammenhält. Axial-Rillenkugellager nehmen nur reine Axialkräfte auf. Bei höheren Drehzahlen und niedrigen Belastungen versuchen die Kugeln infolge ihrer Fliehkraft, aus dem Rillengrund herauszulaufen. Deshalb erfordern die Lager immer eine **Mindestaxialbelastung**. Wenn statische Fluchtfehler ausgeglichen werden müssen, verwendet man Lager, deren Gehäusescheiben eine kugelige Auflagefläche und entsprechend geformte Unterlegscheiben haben. Es sind ideale Axiallager für Maschinen mit senkrechter Achse, bei denen die Gewichtskraft für die immer vorhandene Vorspannung sorgt.

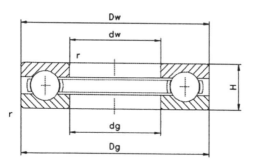

Bild 23.9: Axial-Rillenkugellager, einseitig wirkend *(Werkbild ASK Kugellagerfabrik Korntal-Münchingen)*

23.1.17 Axial-Pendelrollenlager

Axial-Pendelrollenlager haben als Wälzkörper unsymmetrische **Tonnenrollen**, deren große Stirnfläche sich an dem hohen Bord der Wellenscheibe abstützt. Die Rollen können sich in der hohlkugeligen Laufbahn der Gehäusescheibe einstellen, weshalb die Lager geeignet sind, Fluchtfehler auszugleichen. Neben hohen Axialkräften können Axial-Pendel-

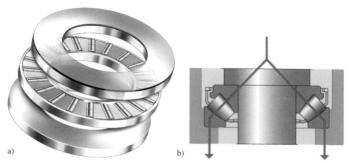

Bild 23.10: Axialrollenlager. a) Axial-Zylinderrollenlager, b) Axial-Pendelrollenlager *(Werkbilder INA-Schaeffler KG Herzogenaurach)*

23.1 Grundlagen und Einteilung

rollenlager auch Radialkräfte aufnehmen. Diese dürfen aber 55 % der auftretenden Axialkräfte nicht überschreiten. Die Lager sind nur für geringe Drehzahlen geeignet und erfordern eine Mindestaxialbelastung, die u. U. durch Vorspannung sichergestellt werden muss. Axial-Pendelrollenlager weisen ungünstige Bohrreibung auf, daher sollten Axial-Pendelrollenlager mit Öl geschmiert werden.

23.1.18 Verwendete Passungen und Lagerluft

Die **Lagerluft** ist das Maß, um das sich ein Lagerring gegenüber dem anderen in radialer Richtung (Radialluft) oder in axialer Richtung (Axialluft) von einer Endlage zur anderen verschieben lässt. Bei einigen Lagerbauarten hängen **Radial-** und **Axialluft** voneinander ab. Man unterscheidet zwischen der Lagerluft des nicht eingebauten Lagers und der Luft des eingebauten betriebswarmen Lagers (Betriebsluft, Betriebsspiel). Für eine einwandfreie Führung der Welle sowie zur Reduktion der Wellenvibrationen soll die Betriebsluft so klein wie möglich sein. Die Lagerluft des nicht eingebauten Lagers wird beim Einbau durch feste Passungen der Lagerringe vermindert. Sie muss deshalb in der Regel größer sein als die Betriebsluft. Außerdem wird die Radialluft im Betrieb verkleinert, wenn der Innenring – wie es meistens der Fall ist – wärmer wird als der Außenring.

Für die Radialluft der Wälzlager gibt die DIN 620 Normwerte an. Dabei ist die normale Luft (Luftgruppe CN) so bemessen, dass das Lager bei üblichen Einbau- und Betriebsverhältnissen eine zweckentsprechende Betriebsluft hat. Als normale Passungen gelten:

	Welle	Gehäuse
Kugellager	j5 ... k5	H7 ... J7
Rollenlager	k5 ... m5	H7 ... M7

Oberflächengüten sind mit $R_a = 1,6$ ($R_z = 6,3$) für die Welle und $R_a = 1,6$ und $R_z = 10$ bei Gehäusen sinnvoll. Für Normaltoleranz PN und $d > 120$ mm zu wählen. Abweichende Einbau- und Betriebsverhältnisse, z. B. feste Passungen für beide Lagerringe oder eine Temperaturdifferenz >10 K, erfordern weitere Radialluftgruppen. Die jeweils geeignete Luftgruppe wählt man anhand einer Passungsbetrachtung.

Nachsetzzeichen für die Luftgruppen nach DIN 620:

C2   Radialluft kleiner als normal (CN)
C3   Radialluft größer als normal (CN)
C4   Radialluft größer als C3

Die Verminderung der Radialluft durch Erwärmung kann mit folgender Gleichung abgeschätzt werden:

$$\Delta s = \alpha \cdot \Delta t \cdot (d + D)/2$$

Für die wichtigsten Lagerbauarten sind Luftwerte der nicht eingebauten Lager im Wälzlagerkatalog angegeben.

Bewegungs-verhältnisse	Beispiel	Schema	Belastungsfall	Passung
Innenring rotiert Außenring steht still Lastrichtung unveränderlich	Welle mit Gewichtsbelastung	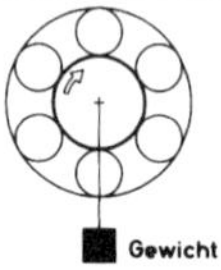	Umfanglast für den Innenring und Punktlast für den Außenring	Innenring: feste Passung notwendig Außenring: lose Passung zulässig
Innenring steht still Außenring rotiert Lastrichtung rotiert mit dem Außenring	Nabenlagerung mit großer Unwucht	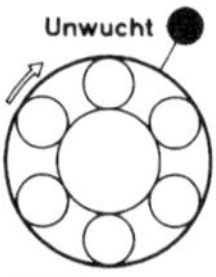		
Innenring steht still Außenring rotiert Lastrichtung unveränderlich	Kfz-Vorderrad Laufrolle (Nabenlagerung)	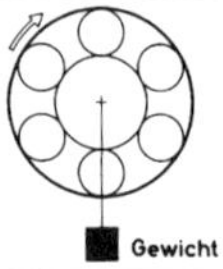	Punktlast für den Innenring und Umfanglast für den Außenring	Innenring: lose Passung zulässig Außenring: feste Passung notwendig
Innenring rotiert Außenring steht still Lastrichtung rotiert mit dem Innenring	Zentrifuge Schwingsieb	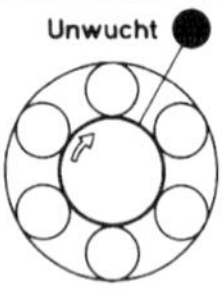		

Bild 23.11: Festlegung der Passungen in Abhängigkeit der Belastungsverhältnisse von den Umlaufverhältnissen [1]

23.2 Wälzlagerwerkstoffe

23.2.1 Werkstoffe für Wälzkörper und Ringe

Die heute erreichte Reife und Zuverlässigkeit der Wälzlager sind maßgeblich auf die hochrein erschmolzenen und vakuumgasten Wälzlagerwerkstoffe zurückzuführen. Vor allem wegen der verbesserten Qualität der Wälzlagerstähle konnten die Wälzlagerhersteller die Tragzahlen

23.2 Wälzlagerwerkstoffe

in den letzten Jahren beträchtlich erhöhen. Forschungsergebnisse und die praktische Erfahrung bestätigen, dass Lager aus dem heutigen Standardstahl bei nicht zu hohen Belastungen sowie günstigen Schmierungs- und Sauberkeitsbedingungen die Dauerfestigkeit erreichen.

Werkstoffe für Ringe und Rollkörper der Wälzlager sind in der Regel **niedriglegierte durchhärtende Chromstähle** von hoher Reinheit. Für stark stoß- und biegewechselbeanspruchte Lager wird auch Einsatzstahl verwendet. In nachfolgender Tabelle ist eine Auswahl zusammengefasst.

Tabelle 23.1: Werkstoffe für Wälzkörper und Laufringe

Werkstoff-Nr.	DIN-Bezeichnung	Anwendung
1.3505 1.3520 1.3537 1.3536 1.3539	100 Cr6 100 CrMn6 100 CrMo7 100 CrMo73 100 CrMnMo8	durchhärtbare Wälzlagerstähle mit hohem Chromgehalt (<2,5 % Cr) mit einer Härte von 58 HRC; höhere Molybdängehalte für gleichmäßige Durchhärtung auch größerer Wanddicken
1.3521 1.3631 1.3533	17 MnCr5, 16 CrNiMo6 17 CrNiMo14	Einsatzstähle für überwiegende Stoß- oder Biegebeanspruchung (z. B. im Walzwerkbereich)
1.3563 1.1219	43 Cr Mo 4 42 Cr Mo 4 Cf 54	randschichtgehärtete Stähle für Sonderlager mit zusätzlicher Bauteilfunktion (z. B. Hub-Units im Kfz-Bereich)
1.3541 1.3543	X 45 Cr 13 X 102 Cr Mo 17	korrosionsbeständige Stähle für die Lebensmittelindustrie, Luft- und Raumfahrt
1.3551 1.3558	80 MoCrV42 16 X 75 WCrV18 4 1 X 15 Cr Mo N 15 Stellite Alloy 19 PM	warmfeste Werkstoffe, z. B. für Flugzeugtriebwerke bei Temperaturen bis 600 °C; Legierungen aus gegossenem Hartmetall (Stellite)
	Kunststoffe, Keramik, mit Si_3N_4 (Siliziumnitrid) beschichtete Werkstoffe	Werkstoffe für Sonderanwendungen, z. B. Trockenlauflager oder Wasserschmierung; Keramik-Hybridspindellager mit Kugeln aus Siliziumnitrid

Die Lagerringe und Rollkörper der Wälzlager sind so wärmebehandelt, dass sie in der Regel bis 150 °C maßstabil sind. Für höhere Betriebstemperaturen ist eine besondere Wärmebehandlung (Maßstabilisierung) erforderlich.

Gegenüber Stahlkugeln haben die **Keramikkugeln** eine erheblich geringere Dichte. Fliehkräfte und Reibung werden dadurch deutlich geringer. Hybridlager (Ringe St, Kugeln Keramik) ermöglichen höchste Drehzahlen (auch bei Fettschmierung), lange Gebrauchsdauern und niedrige Betriebstemperaturen.

23.2.2 Funktion und Werkstoffe für Käfige

Käfige übernehmen vielfältige Funktionen in Wälzlagern. Die Auswahl kann über Erfolg und Misserfolg des Wälzlagereinsatzes entscheiden. Käfige in Wälzlagern haben folgende Aufgaben:

- Sie halten die Rollkörper voneinander getrennt, um Reibung und Wärmeentwicklung möglichst gering zu halten.
- Sie halten die Rollkörper in gleichem Abstand voneinander, damit sich die Last gleichmäßig verteilt.
- Sie verhindern bei zerlegbaren und ausschwenkbaren Lagern das Herausfallen der Rollkörper.
- Sie führen die Rollkörper in der unbelasteten Zone des Lagers.

Die **Wälzlagerkäfige** unterteilt man in Blechkäfige und Massivkäfige.

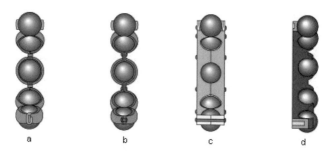

Bild 23.12: Ausführungsarten von Käfigen. a) Blechkäfig, b) genieteter Blechkäfig, c) Massivkäfig, d) Polyamidkäfig *(Werkbild SKF GmbH Schweinfurt)*

Ein anderes Unterscheidungsmerkmal der Käfige ist die Führungsart. Die meisten Käfige werden von den **Rollkörpern** geführt. Wälzkörpergeführte Käfige und haben kein Nachsetzzeichen für die Führungsart. Bei Führung durch den Lageraußenring wird das Nachsetzzeichen **A** – Außenbordgeführt – verwendet. Käfige, die am Innenring geführt werden, haben das Nachsetzzeichen **B**.

Wälzkörpergeführte Käfige eignen sich beispielsweise gut für fettgeschmierte Lagerungen, während außenringgeführte Käfige sich gut für hohe Drehzahlen eignen. Zu beachten ist, dass außenbordgeführte Käfige gegen Ölspritzdüsen abdichten und es zu Mangelschmierung kommen kann.

Tabelle 23.2: Werkstoffe für Käfige

Werkstoff	Anwendung
Stahlblech	für Standardanwendungen $t < 300\ °C$
Messing	hohe Drehzahlen, hohe Belastungen
Aluminium	bei hohen Drehzahlen
Kunststoff PA 66 GF	gute Gleiteigenschaften, geringe Dichte, wirtschaftliche Fertigung (Spritzguss). Temperatur $< 120\ °C$ und Schmierstoffverträglichkeit sind zu beachten.

23.3 Wälzlageranordnungen

Wellen und Rotoren werden in den meisten Anwendungsfällen durch zwei Lager abgestützt und geführt. In vielen Fällen stehen das Gehäuse und der Rahmen fest und die Welle läuft in diesem um. Es gibt drei grundlegende **Lageranordnungen**:

1. Fest-Loslageranordnung,
2. Schwimmende Lageranordnung,
3. Trag-Stützlagerungen oder angestellte Lagerung.

Die **Fest-Loslagerungen** erlauben die thermische Längenausdehnung infolge der Erwärmung, die praktisch bei allen Maschinen bis zu Temperaturdifferenzen von 40…60 °C im „kalten Maschinenbau" und bei thermischen Turbomaschinen bis zu mehreren 100 °C auftreten. Durch die statische Bestimmtheit sind die Lagerkäfte genau vorher bestimmbar und damit die Lebensdauer ebenfalls. Fest-Loslagerungen sind für hohe Radialkräfte und kombinierte Radial- und Axialkräfte möglich. Dieser Anordnung sollte in den überwiegenden Fällen für langlebige Maschinen der Vorzug gewährt werden.

Die **schwimmende Lagerung** hat praktisch zwei Loslager und ist damit nur in waagerechter Einbaulage ohne Axialkräfte verwendbar.

Angestellte Lagerungen werden meist vorgespannt und spielfrei eingesetzt. Thermische Längenausdehnung führt zu weitgehend undefinierter Lagerkrafterhöhung. Daher sollte der Lagerabstand möglichst klein gewählt werden. Hohe Drehzahlen sind mit dieser Anordnung meist nicht realisierbar.

Tabelle 23.3: Häufig verwendete Wälzlageranordnungen [2]

Anordnung		Bemerkungen	Anwendung
fest	los		
		häufige Anwendung bei gleicher radialer Belastung der Lagerstellen; nur kleine Axiallasten möglich; Loslager wird häufig zur Geräuschminderung durch Federn leicht vorgespannt	kleine Elektromotoren, Bandrollen, kleine Getriebe
		häufig angewendete Anwendung für klassische Fest-Loslagerung; Rillenkugellager ist Festlager; NU-Lager ist Loslager mit größerer Radiallast	mittlere Elektromotoren, Gebläse, Pumpen, Zentrifugen; Getriebe
		Diese Anordnung ist günstig für hohe Radialbelastung beider Lagerstellen. Die Axialkräfte dürfen nur sehr klein sein.	Papiermaschinen, Walzen, Rollgangsrollen.
		für hohe Radiallasten an beiden Lagerstellen und mittlere Axiallasten; gute Ausrichtung des Zylinderrollenlagers ist zu beachten	Papiermaschinen, Pumpen, Getriebe
		für hohe Radial- und Axiallasten; die X-Anordnung der Kegelrollenlager lässt etwas größere Fluchtfehler als die O-Anordnung zu	Ritzelwellen in Getrieben
schwimmend			
		schwimmende Lagerungen für mittlere Radialbelastungen; Außenringe werden zur Geräuschminderung oft durch Federn angestellt; keine Axialkräfte zulässig!	kleine Elektromotoren und Getriebe
		schwimmende Lagerung für hohe radiale Belastungen; Festsitz für Innen- und Außenring möglich; die Innenringborde dürfen nicht gegeneinander verspannt werden	kleine und mittlere Getriebe, Vibrationsmotoren

23.3 Wälzlageranordnungen

Tabelle 23.3: (Fortsetzung)

angestellt		
	Standardlagerung für hohe radiale und axiale Belastung; gut geeignet bei kurzem Lagerabstand, da durch die O-Anordnung der Lagerabstand vergrößert wird; bei der Montage ist eine Einstellung der Lagerluft (meist mit Vorspannung) erforderlich	Kegelritzelwellen in Getrieben, Radlagerung von Fahrzeugen (Hub-Units).
	Die X-Anordnung wird gewählt, wenn ein Festsitz der Innenringe erforderlich ist; einfache Montage und Anstellung; die X-Anordnung verkürzt den Lagerabstand; Lufteinstellung ist bei der Montage erforderlich.	kleine und mittlere Getriebe
	für hohe Drehzahlen mit mittleren Radial- und Axiallasten geeignet; bei Verwendung entsprechender Lagerausführungen ist auch Vorspannung (eventuell durch Federn) möglich; auch X-Anordnung möglich; Einstellung der Luft bzw. Vorspannung ist bei der Montage erforderlich	kleine Getriebe Werkzeugmaschinen

Für Lagerungen mit erhöhten Anforderungen an die Verformung unter Last spielt die **Steifigkeit einer Lagerung** eine zunehmende Rolle. Die Steifigkeiten von Einzelwälzkörpern ergeben sich aus den *Hertz*'schen Gleichungen. Die **Gesamtsteifigkeit** hängt von der Anzahl der Wälzkörper ab, die sich im Kraftfluss befinden. Weiterhin ist die Steifigkeit vom Lagernenndurchmesser abhängig. Für die drei Lagertypen Rillenkugellager, Zylinderrollenlager und Kegelrollenlager ist der Zusammenhang der Steifigkeit mit der Lagergröße in Bild 23.14 dargestellt. Es ist zu erkennen, dass das Zylinderrollenlager durch den Linienkontakt im Vergleich zu den Rillenkugellagern eine erheblich höhere Steifigkeit aufweist. Dies ist insbesondere bei Schwingungsproblemen zur Erhöhung der Eigenfrequenz zu verwenden.

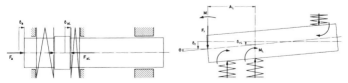

Bild 23.13: Axiale und radiale Steifigkeit von Wälzlagern [1]

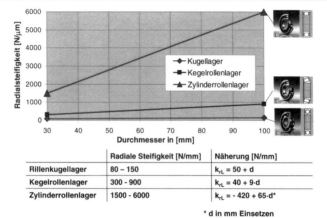

	Radiale Steifigkeit [N/mm]	Näherung [N/mm]
Rillenkugellager	80 – 150	$k_{rL} = 50 + d$
Kegelrollenlager	300 - 900	$k_{rL} = 40 + 9 \cdot d$
Zylinderrollenlager	1500 - 6000	$k_{rL} = -420 + 65 \cdot d^*$

* d in mm Einsetzen

Bild 23.14: Steifigkeit in Abhängigkeit vom Wellendurchmesser und Lagertyp (d ist in mm einzusetzen!)

23.4 Berechnung der nominellen Lebensdauer

23.4.1 Versagensmechanismus

Grundlage für die Berechnung der in der DIN ISO 281 genormten Lebensdauer-Berechnung ist die Ermüdungstheorie von *Lundberg* und *Palmgren*, die immer zu endlichen Lebensdauern führt. Der klassische **Versagensmechanismus** durch Ermüdung ist in Bild 23.15 dargestellt.

Spannungsverläufe unter der Oberfläche

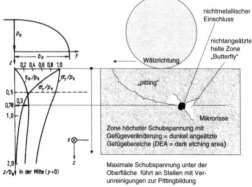

Bild 23.15: Versagensmechanismus bei Wälzlagern

23.4 Berechnung der nominellen Lebensdauer

Durch den *Hertz*'schen Kontakt entsteht unterhalb der Oberfläche ein Schubspannungsmaximum. Befindet sich an dieser Stelle eine Verunreinigung, so ist dies ein Ausgangspunkt für Mikrorisse, die sich bis an die Oberfläche ausbreiten und dann ein **Pitting** herausbrechen. Die herausgelösten Pittings werden anschließend wieder überrollt, und es entsteht ein schnell fortschreitender Verschleiß.

23.4.2 Festlegung der Lagerlebensdauer

Für bestimmte Maschinen und Branchen existieren übliche Lebensdauern, die unter wirtschaftlichen Randbedingungen einzuhalten sind. Bild 23.16 gibt einen Überblick über typische nominelle Lebensdauern von Wälzlagern.

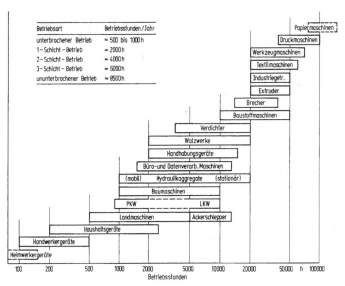

Bild 23.16: Erfahrungswerte für die nominelle Lebensdauer von Wälzlagern

23.4.3 Statische Beanspruchung

Wälzlager sind während ihres Betriebes einer Vielzahl von Einflüssen ausgesetzt, die sich zum Teil nicht genau vorhersehen bzw. rechnerisch erfassen lassen. Auch wenn Belastung und Drehzahl eines Lagers bekannt sind, müssen zusätzliche Einflüsse wie Temperatur, Schwingungen, Sauberkeit, Zustand des Schmiermittels usw. berücksichtigt werden.

Bei der **Dimensionierung von Wälzlagern** wird unterschieden, ob die Lager dynamischer oder statischer Beanspruchung unterliegen. Umlaufende Lager sind dynamisch beansprucht. Statische Beanspruchung liegt vor, wenn die Lager lediglich Schwenkbewegungen ausführen oder stillstehend belastet werden.

> Bis zu einer Drehzahl von ca. 20 min^{-1} können Wälzlager als im Wesentlichen statisch beansprucht angesehen werden.

Die Tragfähigkeit von Wälzlagern, deren Belastung im Stillstand oder bei sehr niedrigen Drehzahlen erfolgt, wird nicht von der Werkstoffermüdung bestimmt. Maßgebend ist vielmehr die Größe der sich ergebenden bleibenden (plastischen) Verformung. Die **statische Tragzahl** eines Lagers ist als diejenige Belastung definiert, bei der die gesamte bleibende Verformung zwischen Wälzkörpern und Laufbahnen an der am höchsten beanspruchten Berührungsstelle etwa das 0,0001fache des Wälzkörperdurchmessers beträgt. Dabei wird eine max. Flächenpressung in der Mitte der HERTZ'schen Druckfläche von

- 4000 MPa für Rollenlager,
- 4200 MPa für alle anderen Kugellager,
- 4600 MPa für Pendelkugellager

zu Grunde gelegt (MPa = N/mm^2).

23.4.3.1 Statische Tragsicherheit s_0

Um zu berechnen, ob ein statisch belastetes Lager ausreichend dimensioniert ist, wird die statische Tragfähigkeit C_0 zur statisch äquivalenten Lagerbelastung P_0 ins Verhältnis gesetzt.

$$s_0 = \frac{C_0}{P_0}$$

Die erforderliche statische Tragsicherheit ist abhängig von den vorliegenden Betriebsbedingungen und den Ansprüchen an die Laufruhe. Folgende Werte für die statische Tragsicherheit sollten angestrebt werden:

Tabelle 23.4: Erforderliche statische Tragzahlen

s_0	Anwendung
0,5 ... 1,0	für Lager, die nicht umlaufen, sondern reine Schwenkbewegungen ausführen
1,0 ... 1,5	für umlaufende Lager mit *normalen* Ansprüchen an die Laufruhe
1,5 ... 2,5	für umlaufende Lager mit hohen Ansprüchen an die Laufruhe.

23.4.3.2 Statisch äquivalente Lagerbelastung P_0

Die statisch äquivalente Lagerbelastung ist definiert als eine gedachte, in Größe und Richtung konstante Radialbelastung bei Radiallagern bzw. Axialbelastung bei Axiallagern, die im Lager die gleichen bleibenden Verformungen hervorruft wie die tatsächlich wirkende Belastung. Die **statisch äquivalente Belastung** wird errechnet nach der Formel:

$$P_0 = X_0 \cdot F_r + Y_0 \cdot F_a$$

Hierin ist F_r die vorhandene Radialbelastung an der Lagerstelle, F_a ist die auftretende Axialbelastung. Die Faktoren X_0 und Y_0 können den Katalogen der Wälzlagerhersteller entnommen werden.

23.4.4 Die dynamische Tragzahl C

Die **dynamische Tragzahl** gibt eine nach Größe und Richtung unveränderliche Kraft an, bei der eine Anzahl gleicher Lager (Kollektiv) eine nominelle Lebensdauer von einer Million Umdrehungen erreicht.

Ein Wälzlager kann eine Belastung in Höhe der dynamischen Tragzahl aufnehmen, wenn seine Drehzahl $n = 33{,}33$ min^{-1} und die Lebensdauererwartung $L = 500$ h beträgt. Die Tragzahlen der einzelnen Lager sind den Katalogen der Hersteller zu entnehmen.

23.4.5 Nominelle Lebensdauer L_{h10}

Die **nominelle Lebensdauer** ist die Lebensdauer, die eine Gruppe von offensichtlich gleichen Lagern, die unter gleichen Bedingungen laufen, mit einer Erlebenswahrscheinlichkeit von 90 % erreicht.

Das Ende der Lebensdauer wird dabei angezeigt durch das erste Anzeichen von Materialermüdung an einem der Lagerringe oder Wälzkörper. Die **Lebensdauerformel** für dynamisch beanspruchte Wälzlager lautet:

$$L_{10} = \left(\frac{C}{P}\right)^p$$

Hierin bedeuten die Formelzeichen:

- L_{10} nominelle Lebensdauer (in 10^6 Umdrehungen)
- C dynamische Tragzahl (in kN)
- P dynamisch äquivalente Lagerbelastung (in kN)
- p Lebensdauerexponent für Punktbelastung (Kugellager $p = 3$) für Linienbelastung (Rollenlager $p = 10/3$)

Bei konstanter Drehzahl des zu berechnenden Lagers ist es oft hilfreich, die nominelle Lebensdauer in **Betriebsstunden** auszudrücken. Dies geschieht nach der Formel:

$$L_{10h} = \frac{1\,000\,000}{60 \cdot n} \cdot \left(\frac{C}{P}\right)^p$$

L_{10h} nominelle Lebensdauer (in Betriebsstunden)
n Drehzahl (in min^{-1})
C dynamische Tragzahl (in kN)
P dynamisch äquivalente Lagerbelastung (in kN)
p Lebensdauerexponent für Punktbelastung (Kugellager $p = 3$)
  für Linienbelastung (Rollenlager $p = 10/3$)

23.4.5.1 Verwendung von Drehzahl- und Lebenslauffaktoren

Die Beziehungen können unter Verwendung von Faktoren vereinfacht werden. Unter Verwendung des **Drehzahlfaktors**, der sich aus der Wellendrehzahl n wie folgt ergibt:

$$f_n = \left(\frac{n}{33{,}33}\right)^p$$

und des **Lebensdauerfaktors**, der sich aus der zu erwartenden Lebensdauer berechnen lässt:

$$f_L = \sqrt[p]{\frac{L_h}{500}}$$

lautet der Zusammenhang

$$f_L = f_n \cdot \frac{C}{P}$$

Hieraus ist die erforderliche Tragzahl berechenbar:

$$C_{erf} = \frac{f_L \cdot P}{f_n}$$

In den Katalogen der Wälzlagerhersteller sind Lebensdauerwerte in Abhängigkeit von den Lebensdauerfaktoren und Drehzahlfaktoren in Abhängigkeit von der Drehzahl aufgeführt. Die folgende Tabelle gibt eine grobe Richtlinie für die Wahl des Lebensdauerfaktors f_L:

23.4 Berechnung der nominellen Lebensdauer

Betriebsart	Lagerwechsel stört nicht sehr f_L	Lagerwechsel stört ernstlich f_L
Kurzbetrieb	1 ... 2,5	2 ... 3,5
8-h-Betrieb	2 ... 4	3 ... 4,5
24-h-Betrieb	3,5 ... 5	4 ... 5,5

23.4.5.2 Dynamisch äquivalente Lagerbelastung *P*

Die dynamisch äquivalente Lagerbelastung ist definiert als eine gedachte, in Größe und Richtung konstante Radialbelastung bei Radiallagern bzw. Axialbelastung bei Axiallagern, die auf die Lebensdauer den gleichen Einfluss wie die tatsächlich wirkenden Kräfte ausübt. *P* wird beim Auftreten kombinierter, unveränderlicher Belastungen ermittelt nach der Formel:

$$P = X \cdot F_r + Y \cdot F_a$$

F_r Radialbelastung (in kN)
F_a Axialbelastung (in kN)
X Radialfaktor
Y Axialfaktor

Die Faktoren X und Y hängen von der Lagerbauart und von der Größe der Axialkraft ab. Sie sind den Katalogen der Lagerhersteller zu entnehmen.

23.4.5.3 Veränderliche Drehzahl und Belastung

Bei veränderlicher Drehzahl und veränderlicher Belastung kann die äquivalente Lagerbelastung *P* aus **Kollektiven** berechnet werden: Für unterschiedliche Drehzahlen n_1, n_2 ... n_Z und unterschiedliche Belastungen P_1, P_2 ... P_Z ergibt sich mit den relativen Zeitanteilen q_i und der mittleren Drehzahl $n_m = \sum n_i \cdot q_i$

$$P = \sqrt[p]{P_1^p \cdot \frac{n_1}{n_m} \cdot q_1 + P_2^p \cdot \frac{n_1}{n_m} \cdot q_2 + ... + P_Z^p \cdot \frac{n_1}{n_m} \cdot q_Z}$$

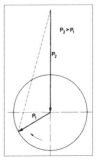

Viele Rotoren werden durch die raumfeste Gewichtskraft und eine umlaufende Fliehkraft (Restunwucht) belastet (siehe Bild). Die dynamisch äquivalente Belastung *P* für $P_2 > P_1$ ergibt sich für diesen Fall näherungsweise zu:

$$P = P_2 \left[1 + \frac{1}{2} \left(\frac{P_1}{P_2} \right)^2 \right]$$

23.4.5.4 Mindestbelastungen von Wälzlagern

Folgende Mindestbelastungen für Radiallager sollten nicht unterschritten werden, um das so genannte **Skidding** zu vermeiden. Dieses kann auftreten, wenn die Belastung zu gering wird, sodass die Reibungskräfte nicht mehr ausreichen, um den Rollkörper beim Eintritt in die Lastzone zu beschleunigen. Bei Axiallagern kann es durch Kreiselmomente regelrecht zum „Durchfräsen" des Schmierfilms kommen.

Lagerart	Mindestbelastung
Kugellager mit Käfig	$P/C > 0{,}01$
Rollenlager mit Käfig	$P/C > 0{,}02$
Vollrollige Lager	$P/C > 0{,}04$

23.5 Schmierung von Wälzlagern

23.5.1 Aufgabe des Schmierstoffes

Eine wichtige Grundlage der Lebensdauertheorie von Wälzlagern, vor allem der erweiterten Lebensdauertheorie, ist die Annahme, dass in den Lagern während der Drehung ein **hydrodynamischer Schmierfilm** vorhanden ist, der im Betrieb metallischen Kontakt zwischen den Laufbahnen und den Wälzkörpern weitgehend verhindern soll. Vom Vorhandensein eines ausreichenden Schmierfilmes hängt es also in erheblichem Maße ab, ob die ermittelte theoretische Lebensdauer auch tatsächlich erreicht wird. Ob sich ein trennender Schmierfilm aufbauen kann, liegt an der Lagerbauart, der Lagergröße, der Drehzahl, insbesondere aber an der **kinematischen Viskosität** des Schmierstoffes bei Betriebstemperatur.

Bei Wälzlagern sind neben den Wälzkontakten auch **Gleitkontakte** vorhanden. Die Größe und Art der Gleitkontakte ist bei den einzelnen Lagerbauarten sehr unterschiedlich. Zu den Gleitkontakten in einem Wälzlager zählen die Berührungen Wälzkörper – Käfig, Wälzkörperstirnfläche – Bord und Käfig – Käfigführungsfläche. Diese Gleitkontakte unterliegen im Gegensatz zu den Wälzkontakten verhältnismäßig geringen Belastungen. Bei der Herstellung der Wälzlager werden die Gleitflächen so gefertigt, dass sich auf möglichst günstige Weise ein ausreichender **Schmierfilm** aufbauen kann. Zur Schmierung der Gleitkontakte Wälzkörper/Käfig und Käfig/Käfigführungsfläche ist also in erster Linie eine hinreichende Schmierstoffmenge erforderlich.

23.5.2 Schmierverfahren

Dem Konstrukteur stehen im Wesentlichen drei Schmierverfahren zur Verfügung. In der Reihenfolge ihrer Anwendungshäufigkeit sind dies:

- Fettschmierung,
- Ölschmierung,
- Feststoffschmierung.

Die Art der Schmierung ist konstruktiv und kostenmäßig vorzuplanen. Dabei spielen technische und wirtschaftliche Überlegungen sowie vorliegende Erfahrungen mit ähnlichen Lagerungen eine wichtige Rolle. Bei der **Auswahl des Schmierverfahrens** sind folgende Punkte von Bedeutung:

- die Betriebsbedingungen der Lager, insbesondere der Drehzahlkennwert $n \cdot d_m$,
- der erforderliche Aufwand für die Abdichtung,
- das Temperaturverhalten der Lagerung,
- die Einschalt- und Nutzungsdauer der Maschine,
- die Kosten für das Schmiersystem,
- die Möglichkeiten für Wartung und Reparatur.

23.5.3 Öl- oder Fettschmierung

Da Ölschmierungen konstruktiv immer aufwändiger als Fettschmierungen sind, kann eine erste Entscheidung über den so genannten **Drehzahlkennwert** (= Produkt aus Drehzahl und mittlerem Lagerdurchmesser) erfolgen. Es gilt:

Drehzahlkennwert $n \cdot d_m$	Anmerkungen
$< 0{,}5 \cdot 10^6$	ist sicher mit Fettschmierung beherrschbar
$(0{,}5 \ldots 1) \cdot 10^6$	unter best. Voraussetzung Fettschmierung
$> 1 \cdot 10^6$	muss als Ölschmierung vorgesehen werden

Genauere Angaben finden sich in nachfolgender Tabelle:

Tabelle 23.5: Schmierverfahren

Schmier-verfahren	Drehzahl-kennwert $n \cdot d_m$	Geräte	Bemerkungen
Fettschmierungen			
„for life"	siehe Katalog	–	Kein Wartungsaufwand. Überwiegend bei Rillenkugellager mit Dichtungen. Fettlebensdauer beachten. Drehzahlgrenzen bei berührenden Dichtungen beachten.
Nach-schmierung	$0,5 \cdot 10^6$	Schmiernippel und Handfettpresse	Mittlerer Wartungsaufwand. Bei allen Bauarten möglich. Nachschmierfristen festlegen.
Zentral-schmierung	$0,5 \cdot 10^6$	Zentralschmier-anlage	Geringer Wartungsaufwand. Gute Sicherheit. Fettmenge gut dosierbar. Bei allen Bauarten möglich.
Sonderfette	$1,2 \cdot 10^6$	Schmiernippel und Handfettpresse oder Zentral-schmieranlage	Bei Fettschmierung ist keine Wärme-abfuhr mit dem Schmierstoff möglich. Höhere Drehzahlkennwerte sind mit Sonderfetten erreichbar.
Ölschmierungen			
Tauch-schmierungen	$0,5 \cdot 10^6$	Ölstab, Standrohr	Geringer Wartungsaufwand. Bei großem Ölvorrat und großer Gehäuse-oberfläche Wärmeabfuhr möglich. Ölstand regelmäßig kontrollieren .Ölwechsel einfach. Bei allen Bauarten möglich.
Umlauf-schmierung	$0,8 \cdot 10^6$	Pumpe, Filter, Ölbehälter, Ölkühler	Wärmeabfuhr gut möglich. Laufende Ölsäuberung durch Filter. Ölzu- und -ablaufbohrungen mit ausreichenden Querschnitten vorsehen. Pumpenfunktion überwachen. Bei allen Bauarten möglich. Höhere Drehzahlkennwerte durch Versuche erreichbar.
Einspritzung	$3,0 \cdot 10^6$	Pumpe, Filter, Ölbehälter, Düsen, Ölkühler	Wie Umlaufschmierung, aber für höhere Drehzahlen geeignet. Öl-strahlgeschwindigkeit mind. 15 m/s. Ölstrahl gut ausrichten. Eigenförderung der Lager beachten.
Minimal-mengen-schmierung	$1,5 \cdot 10^6$	Ölnebel-Öl-Luft-Anlage, Absaugung wegen Umwelt-belastung	Verlustschmierung. Zur Schmierung wird immer frisches sauberes Öl verwendet. Kühlung unbedeutend. Bei allen Bauarten möglich, aber nicht immer sinnvoll.

23.5.4 Fettauswahl

Die Auswahl eines geeigneten Fettes kann nach der Belastung und dem Drehzahlbereich mit nachfolgendem Diagramm durchgeführt werden.

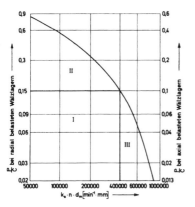

Bild 23.17: Diagramm zur Fettauswahl [1]

Bereich I
Normaler Betriebsbereich.
Wälzlagerfette K nach DIN 51825.

Bereich II
Bereich hoher Belastungen.
Wälzlagerfette KP nach DIN 51825 T2 oder andere geeignete Fette.

Bereich III
Bereich hoher Drehzahlen.
Fette für schnell laufende Lager. Bei Lagerbauarten mit $k_a > 1$ Fette nach DIN 51825 T2 oder andere geeignete Fette.

k_a-Werte
$k_a = 1$ Rillenkugellager, Schrägkugellager, Vierpunktlager, Pendelkugellager, radial belastete Zylinderrollenlager, Axial-Rillenkugellager.

$k_a = 2$ Pendelrollenlager, Kegelrollenlager, Nadellager.

$k_a = 3$ axial belastete Zylinderrollenlager, vollrollige Zylinderrollenlager.

23.5.5 Fettkonsistenz

Ein weiterer zu beachtender Parameter ist die **Fettkonsistenz**. Zu „hartes" Fett lässt sich schwer pumpen und ist nicht in der Lage, kleine Räume zu füllen. Dafür haftet es sehr gut an den Lagerbauteilen, während zu weiches Fett wegfließen kann.

NLGI-Klasse (DIN 51818)	Walkpenetration in 0,1 mm	Allgemeine Konsistenz-Beurteilung	Anwendungsgebiete
000	445 bis 475	fließend	Getriebefette
00	400 bis 430	schwach	
0	355 bis 385	halbflüssig	
1	310 bis 340	sehr	Wälzlagerfette
2	265 bis 295	weich	
3	220 bis 250	mittelfest	
4	175 bis 205	fest	Wasserpumpenfette
5	130 bis 160	sehr	Blockfette
6	85 bis 115	hart	

23.5.6 Drehzahlgrenzen

23.5.6.1 Reibungsmoment

Das Reibungsmoment eines Wälzlagers setzt sich aus dem **lastunabhängigen Reibungsmoment** M_0 und aus dem lastabhängigen Reibungsmoment M_1 zustimmen: $M = M_0 + M_1$. Der **lastunabhängige Reibungsmomentenanteil** M_0 in N · mm berechnet sich aus folgender Formel:

$$M_0 = 10^{-7} \cdot f_0 \cdot (v \cdot n)^{2/3} \cdot d_m^3$$

Hierin bedeuten n die Drehzahl in min^{-1}, v die kinematische Viskosität, f_0 ist ein Beiwert, der die Lagerbauart und Schmierungsart berücksichtigt ($f_0 = 2$ für Kugellager und für Zylinderrollenlager Reihe 22; $f_0 = 3$ bei Ölbadschmierung). Der **lastabhängige Momentenanteil** berechnet sich zu

$$M_1 = f_1 \cdot P_1 \cdot d_m$$

f_1 Beiwert, der die Höhe der Last berücksichtigt
= (0,0005 ... 0,0009) $(P_0/C_0)^{0,5}$, Kugellager
$P_1 = F_r$ oder $3{,}3 F_a - 0{,}1 F_r$ für Rillenkugellager
$d_m = (d + D)/2$, Teilkreisdurchmesser des Lagers

23.5.6.2 Thermische Bezugsdrehzahl

Im Allgemeinen wird die höchste erreichbare Drehzahl der Wälzlager von der **zulässigen Betriebstemperatur** bestimmt. Diese hängt ab von der im Lager erzeugten Reibungswärme, eventuell von außen zugeführter Wärme und der aus der Lagerung abgeführten Wärme. Einfluss auf die thermisch zulässige Drehzahl haben Lagerart und Lagergröße, Genauigkeit des Lagers und der Umbauteile, Lagerluft, Käfigausführung, Schmierung und Belastung. Als neuer Kennwert für die Drehzahleignung ist in den Maßtabellen für die meisten Lager die **thermische Bezugsdrehzahl** angegeben. Sie wird nach dem in DIN 732 Teil 1 angegebenen Verfahren für Bezugsbedingungen ermittelt.

Die an die Umgebung abgeführte **Wärmemenge** kann durch folgende Gleichung abgeschätzt werden:

$$Q_L = q_{LB}[(t - t_U)/50\,°C] \cdot K_t \cdot 2 \cdot 10^{-3} \cdot \pi \cdot B \cdot d_m \ .$$

q_{LB} lagerspezifische Bezugswärmestromdichte (in kW/m^2)
K_t Kühlfaktor = 0,5 bei schlechter, = 1 bei normaler und = 2,5 bei sehr guter (erzwungene Konvektion) Wärmeableitung
$d_m = (d + D)/2$, Teilkreisdurchmesser des Lagers

23.5 Schmierung von Wälzlagern

Bei **Ölumlaufschmierung** schleppt das Öl folgende Wärmemenge aus dem Lager:

$$Q_{\text{Öl}} = m \cdot \rho \cdot c \cdot (t_A - t_E)$$

Bei üblichem Mineralöl mit $\rho = 0{,}9$ kg/dm^3 und $c = 2$ kJ/(kg K) ergibt sich die folgende Zahlenwertgleichung, wobei $\dot{V}_{\text{Öl}}$ in l/min eingesetzt wird:

$$Q^*_{\text{Öl}} = 30 \cdot \dot{V}_{\text{Öl}} (t_A - t_E)$$

23.5.6.3 Kinematisch zulässige Drehzahl

Ein anderes Grenzkriterium ist die **kinematisch zulässige Drehzahl**, die von der thermischen Bezugsdrehzahl nach oben oder unten abweichen kann. Dieser Kennwert wird in den Lagertabellen auch für solche Lager angegeben, für die laut Norm keine thermische Bezugsdrehzahl definiert ist, z. B. für Lager mit berührenden Dichtungen. Die kinematisch zulässige Drehzahl darf nur nach Rücksprache mit den Wälzlagerherstellern überschritten werden. Maßgebend für die kinematisch zulässige Drehzahl sind z. B. die Festigkeitsgrenze der Lagerteile, die Geräuschentwicklung oder die Gleitgeschwindigkeit berührender Dichtungen. So liegen für Lager mit berührenden Dichtscheiben (Ausführungen RSR, 2RSR, bei Kleinstlagern RS, 2RS) die kinematisch zulässigen Drehzahlen deutlich niedriger als die thermischen Bezugsdrehzahlen der gleich großen Lager ohne Dichtungen. Bei Lagern mit nicht berührenden Deckscheiben (ZR, 2ZR, bei Kleinstlagern Z, 2Z) liegt die kinematisch zulässige Drehzahl niedriger als bei nicht abgedichteten Lagern.

Kinematisch zulässige Drehzahlen, die höher sind als die thermischen Bezugsdrehzahlen, werden erreicht durch:

- besondere Auslegung der Schmierung,
- auf die Betriebsverhältnisse ausgelegte Lagerluft,
- genaue Bearbeitung der Lagersitze,
- besondere Berücksichtigung der Wärmeabfuhr.

In nachfolgender Tabelle sind typische Grenzdrehzahlen dargestellt:

Lagertyp	$n \cdot d_m$ (in 10^6 m/min)
Rillenkugellager	0,5 ... 3,0
Schrägkugellager	0,4 ... 0,8
Zylinderrollenlager	0,4 ... 0,8
Kegelrollenlager	0,2 ... 0,4
Pendelrollenlager	0,2 ... 0,4

23.5.6.4 Öldurchflusswiderstand

Die Sicherstellung der Schmierung und die Beherrschung der Temperaturen ist ein wichtiges Auslegungskriterium für Wälzlagerungen. Der Zu- und Abfluss des Öles ist daher sorgfältig auszulegen.

Mit folgender Gleichung ist der **Druckverlust für einen Schmierkanal** berechenbar:

$$\Delta p = \frac{QDv}{6132 \cdot d_h^4}$$

Δp Druckverlust in MPa,
Q Durchflussmenge in l/min
D Außendurchmesser des Lagers in mm
v kinematische Viskosität in mm²/s
d_h $d_h = 4\,A/O$, hydraulischer Durchmesser in mm

Beispiel: $Q = 5$ l/min, $v = 220$ mm²/s, $d_h = 5,18$ mm, $D = 400$ mm

$$\Delta p = \frac{5 \cdot 400 \cdot 220}{6132 \cdot 5,18^4} \text{ MPa} = 0,1 \text{ MPa} \quad (1 \text{ bar})$$

Diesen Druck muss die Zuführpumpe allein aufbringen, um die Reibungswiderstände zu überwinden. Hinzu kommt der Druckverlust der Düse.

23.5.6.5 Bemessung des Ölablaufes

Die Ölabläufe erfolgen meist unter Schwerkraftwirkung, wenn teure sog. „**Push-Pull-Aggregate**" vermieden werden sollen. Vor allem beim Anfahren und bei tiefen Temperaturen kann es zu Rückstauungen in die Ölleitungen kommen. Für einen definierten Öldurchfluss in l/min, die kinematische Ölviskosität bei der niedrigsten Betriebstemperatur v, die Länge der Rohrleitungen l und die Anzahl von 90°-Bögen n sowie die Ölstandsdifferenzhöhe h lässt sich der **Mindestleitungsdurchmesser** nach folgender Zahlenwertgleichung berechnen:

$$d = 2{,}2 \cdot \sqrt[4]{\frac{(2{,}5 + 0{,}2n) \cdot Q^2 \cdot 10^3 + 3vlQ}{h}}$$

Beispiel: An einem Lagergehäuse befindet sich eine 3000 mm lange Ölabflussleitung mit zwei 90°-Winkeln ($n = 2$). Die Ölstandsdifferenz beträgt $h = 1000$ mm. Beim Anfahren ist mit einer Öltemperatur von $t = 40$ °C zu rechnen, bei dieser Temperatur hat das Öl eine kinematische Viskosität von 220 cSt (mm²/s). Die Ölmenge beträgt 4 l/min.

$$d = 2{,}2 \cdot \sqrt[4]{\frac{(2{,}5 + 0{,}2 \cdot 2) \cdot 4^2 \cdot 10^3 + 3 \cdot 220 \cdot 3000 \cdot 4}{1000}} \text{ mm} = 21 \text{ mm}$$

Bei Behinderung des Ölflusses durch die Wände des Lagergehäuses ist der Durchmesser noch um 50 % zu erhöhen. Also ist ein sicherer Ölabfluss mit den Werten $d = 1{,}5 \cdot 21$ mm $= 31{,}5$ mm zu erreichen.

23.6 Erweiterte Lebensdauerberechnung

23.6.1 EHD-Kontakt

Infolge verbesserter Fertigungstechnik und der Verwendung hochwertiger vakuumentgaster Werkstoffe konnte die Lebensdauer der Wälzlager stetig gesteigert werden. Es wurde sowohl versuchstechnisch als auch in der Praxis gezeigt, dass Wälzlager bei Vorliegen des elastohydrodynamischen Kontaktes (**EHD-Kontakt**) praktisch **dauerfest** sein können. Die klassische nominelle Lebensdauerberechnung kann zu einer Überdimensionierung führen, die dann Unterbelastung und damit nicht berechenbare Effekte wie Skidding zur Folge hat. Moderne Lager hoher Qualität können jedoch bei günstigen Betriebsbedingungen die errechneten Werte der nominellen Lebensdauer erheblich übertreffen. *Ioannides* und *Harris* haben dazu ein Modell über die Ermüdung im Wälzkontakt entwickelt, das die Theorie von *Lundberg/Palmgren* erweitert. Dieses Verfahren ist nach DIN ISO 281 Beiblatt 1, April 2003, genormt.

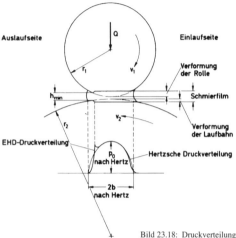

Bild 23.18: Druckverteilung im EHD-Kontakt [1]

Im Bild 23.19 sind die Ausfallkurven dargestellt, die mit der nominellen Lebensdauer und nach der erweiterten Lebensdauertheorie berechnet wurden. Es zeigt sich, dass analog zu Werkstoffen unter zyklischer Last auch bei Wälzlagern ab einer bestimmten *Hertz*'schen Pressung kein Lagerausfall mehr auftritt. Ab einer *Hertz*'schen Pressung von $p < 2500$ MPa sind die Lager praktisch als dauerfest anzusehen.

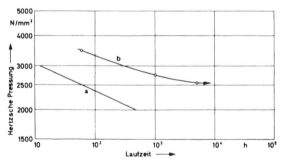

Bild 23.19: Ausfallkurve bei a) nomineller und b) erweiterter Lebensdauerberechnung [1]

Auf der Basis von Labor- und Feldversuchen wurde von den Wälzlagerherstellern eine Theorie zur **erweiterten Lebensdauerberechnung** entwickelt. Sie berücksichtigt die statistische *Weibull*-Ausfallwahrscheinlichkeit, die Schmierverhältnisse des elastohydrodynamischen Kontaktes (EHD-Kontakt) und die Sauberkeit, d. h. die Menge und Größe von Par-

23.6 Erweiterte Lebensdauerberechnung

tikeln mit einer Härte >50 HRC. Die Ausfallwahrscheinlichkeit von Wälzlagern schwankt beträchtlich. Bild 23.20 zeigt die erreichten Lebensdauern eines Kollektivs von 30 Lagern.

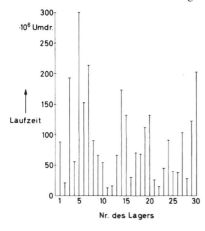

Bild 23.20: Lebensdauer von 30 Lagern [1]

23.6.2 Praktische Durchführung der Berechnung

Die Durchführung der erweiterten Lebensdauerberechnung erfolgt nach dem folgendem Schema.

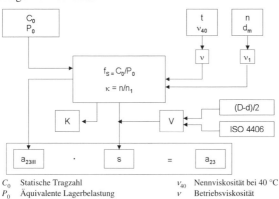

C_0 Statische Tragzahl	v_{40} Nennviskosität bei 40 °C
P_0 Äquivalente Lagerbelastung	v Betriebsviskosität
f_s Belastungskennzahl	v_1 Bezugsviskosität
$K = K_1 + K_2$ Bestimmungsgröße	n Betriebsdrehzahl
$a_{23\mathrm{II}}$ Basiswert	d_m mittlerer Durchmesser
s Sauberkeitsfaktor	κ Viskositätsverhältnis
t Betriebstemperatur in °C	s Verunreinigungsfaktor

Bild 23.21: Schema zur erweiterten Lebensdauerberechnung [5]

Tabelle zur Ermittlung des Lebensdauerbeiwertes a_1

WEIBULL-Erlebens-wahrscheinlichkeit	90 %	95 %	96 %	97 %	98 %	99 %
Lebensdauerbeiwert a_1	1	0,62	0,53	0,44	0,33	0,21

90 % repräsentiert die 10-%-Ausfallwahrscheinlichkeit, die den nominellen Lebensdauerberechnungen zu Grunde liegen. Bei höherer statistischer Sicherheit (gemäß der *WEIBULL*-Verteilung) erniedrigt sich die Lebensdauer entsprechend.

$$L = a_1 \cdot a_{23} \cdot f_\theta \cdot L_{10h}$$

Bei erhöhter Temperatur ist ein Temperaturfaktor f_θ einzusetzen:

Temperatur in °C	Temperaturfaktor f_θ
150	1
200	0,73
250	0,42
300	0,22

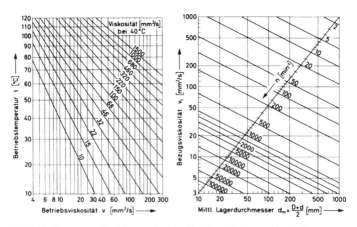

Bild 23.22: Diagramm zur Ermittlung der Betriebsviskosität und der Bezugsviskosität [1]

23.6 Erweiterte Lebensdauerberechnung

a) K_1 in Abhängigkeit von der Kennzahl f_s^* und der Lagerbauart

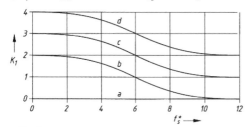

a Kugellager
b Kegelrollenlager, Zylinderrollenlager
c Pendelrollenlager, Axial-Pendelrollenlager[1)]
d vollrollige Zylinderrollenlager[2), 3)]

[1)] Mindestbelastung beachten.
[2)] Nur in Verbindung mit Feinfilterung des Schmierstoffs entsprechend $V < 1$ erreichbar, sonst $K_1 \leq 6$ annehmen.
[3)] Beachte bei der Bestimmung von V: Die Reibung ist mindestens doppelt so hoch wie bei Lagern mit Käfigen.

b) K_2 in Abhängigkeit von der Kennzahl f_s^* für nicht additivierte Schmierstoffe und für Schmierstoffe mit Additiven, deren Wirksamkeit in Wälzlagern nicht geprüft wurde

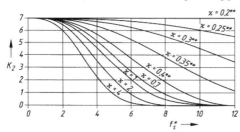

K_2 wird 0 bei Schmierstoffen mit Additiven, für die ein entsprechender Nachweis der Wirksamkeit in Wälzlagern vorliegt.

** Bei $\kappa \geq 0{,}4$ dominiert der Verschleiß im Lager, wenn er nicht durch geeignete Additive unterbunden wird.

Bild 23.23: Diagramm zur Ermittlung der K-Faktoren [5]

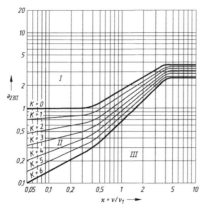

Bereich
I: Übergang zu Dauerfestigkeit
Voraussetzung: höchste Sauberkeit im Schmierspalt und nicht zu hohe Belastung, geeigneter Schmierstoff

II: Normale Sauberkeit im Schmierspalt (bei wirksamen, in Wälzlagern geprüften Additiven sind auch bei $\kappa < 0{,}4\, a_{23\mathrm{II}}$-Werte > 1 möglich)

III: Ungünstige Schmierbedingungen
Verunreinigungen im Schmierstoff
Ungeeignete Schmierstoffe

Bild 23.24: Diagramm zur Ermittlung des Basiswertes $a_{23\mathrm{II}}$ [5]

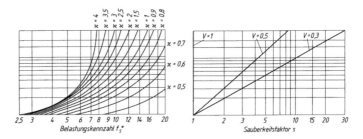

Sauberkeitsfaktor s für mäßig verunreinigten ($V = 2$) und stark verunreinigten ($V = 3$) Schmierstoff

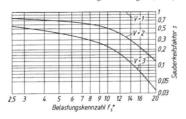

Ein Sauberkeitsfaktor $s > 1$ ist für vollrollige Lager nur erreichbar, wenn durch hochviskosen Schmierstoff und äußerste Sauberkeit (Ölreinheit nach ISO 4406 mindestens 11/7) Verschleiß in den Kontakten Rolle/Rolle ausgeschlossen ist.

Bild 23.25: Diagramm zur Ermittlung des Sauberkeitsfaktors s [5]

Das Diagramm (Bild 23.24) ist so skaliert, dass bei einem Viskositätsverhältnis von 1 auch gerade der Basisfaktor $a_{23} = 1$ wird. Um höhere Lebensdauern erreichen zu können, muss die Betriebsviskosität das 2- bis 5fache der Bezugsviskosität erreichen. Im oberen Bereich bildet sich

23.6 Erweiterte Lebensdauerberechnung

ein voller EHD-Kontakt aus. Damit sind eine vollständige metallische Trennung und extrem lange Laufzeiten möglich. Die erweiterte Lebensdauer enthält viele Annahmen. Vor allem das Thema „Sauberkeit" ist in der Praxis nicht einfach einzuschätzen. Ebenso erniedrigen Partikel mit großer Härte >50 HRC (Schleifstaub) die Laufzeit signifikant. Die erweiterte Lebensdauer als Nachweisberechnung hat sich daher in der Praxis noch nicht allgemein durchgesetzt. Trotzdem erhöht das Verfahren das Verständnis für die Vorgänge im Lager und erlaubt durch geeignete Maßnahmen, die Lebensdauern von Wälzlagerungen zu erhöhen.

Quellen und weiterführende Literatur

[1] *Brändlein; Eschmann; Hasbargen; Weigand:* Die Wälzlagerpraxis – Handbuch für die Berechnung und Gestaltung von Lagerungen. Mainz: Vereinigte Fachverlage, 1995
[2] *Ackermann, J.:* Wälzlager, Bauarten, Eigenschaften, neue Entwicklungen. Landsberg/Lech: verlag moderne industrie, 1990
[3] *Decker, K.-H.:* Maschinenelemente. Funktion, Gestaltung und Berechnung. München Wien: Carl Hanser Verlag, 2000/2006
[4] *Haberhauer, H.; Bodenstein, F.:* Maschinenelemente. Gestaltung, Berechnung, Anwendung. Berlin: Springer-Verlag, 2004
[5] FAG Wälzlagerkatalog WL 41520/3DB, Ausg. 1999
[6] SKF Hauptkatalog 5000 G, Ausg. 2004

24 Lineare Wälzführungen

Dipl.-Ing. Dietmar Rudy

24.1 Einleitung

Zur Lagerung von linearen Achsen stehen dem Konstrukteur eine Vielzahl von Konstruktionsprinzipien zur Verfügung. Diese reichen von der einfachen Gleitführung über Hydrostatik, Aerostatik, Magnettechnologie bis hin zur linearen Wälzführung. Zu den bedeutendsten Ausführungen der linearen Wälzführungen zählt die **Profilschienenführung** (PSF), die heute einen Entwicklungsstand erreicht hat, der sie vergleichbar zu rotativen Wälzlagern als Hochleistungskomponente im allgemeinen Maschinenbau unverzichtbar macht.

Aus technischer Sicht charakterisieren Tragfähigkeit, Steifigkeit, Gebrauchsdauer, Genauigkeit, Dynamik, Dämpfungsverhalten, Bauraum und Reibung die linearen Führungskomponenten.

Neben den technischen Eigenschaften machen aber auch besonders wirtschaftliche Vorteile Profilschienenführungen als Maschinenelement interessant.

24.2 Grundlagen

Profilschienenführungen bestehen aus einer profilierten Schiene und einem oder mehreren Führungsschlitten. Schienenprofil und Schlitten enthalten gehärtete Laufbahnen, auf denen Wälzkörper umlaufen.

Bild 24.1: Profilschienenführungen

Je nach Wälzkörperart unterscheidet man **Kugelumlaufeinheiten** oder **Rollenumlaufeinheiten**. Anzahl, Anordnung und Kontaktgeometrie der Wälzkörperreihen entscheiden über die technischen Eigenschaften und das Anwendungsfeld einer PSF.

24.2 Grundlagen

Typische Wälzkörperanordnungen und Kontaktgeometrien von Profilschienenführungen sind in Bild 24.2 dargestellt.

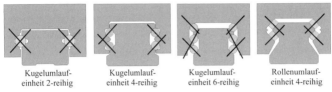

Kugelumlauf-einheit 2-reihig   Kugelumlauf-einheit 4-reihig   Kugelumlauf-einheit 6-reihig   Rollenumlauf-einheit 4-reihig

Bild 24.2: Typische Wälzkörperanordnungen

Kugelumlaufeinheiten können 2, 4 oder 6 Wälzkörperreihen enthalten. Rollenumlaufeinheiten verfügen vorwiegend über 4 Wälzkörperreihen. Vierreihige Systeme können in X- oder O-Anordnung ausgeführt sein.

Ausführungen in O-Anordnung weisen höhere Momentensteifigkeiten um die Führungsachse auf als Systeme in X-Anordnung.

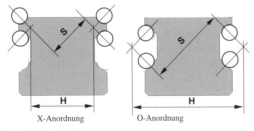

X-Anordnung   O-Anordnung

Bild 24.3: X- und O- Anordnung

Bei Kugelumlaufeinheiten unterscheidet man zwischen Zwei- und Vierpunkt-Kontakt. Kugeln einer 2-reihigen Kugelumlaufeinheit berühren den Laufbahnkanal an 4 Punkten unter einem Kontaktwinkel von 45° zur Drehachse (**Vierpunkt-Kontakt**).

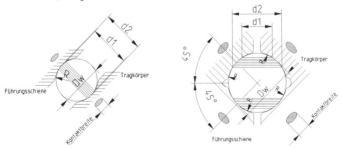

Bild 24.4: Zwei- und Vierpunkt-Kontakt

Die Wälzkörper übertragen somit Zug- und Druckkräfte gleichzeitig. Da die Abwälzradien in der Kontaktzone zur Drehachse stark variieren, ist die Reibung (Kontaktreibung) bei Systemen mit Vierpunkt-Kontakt höher als beim Zweipunkt-Kontakt. Je nach Belastung ändert sich die Lage der Drehachse.

Höchste Tragfähigkeiten weisen Rollenumlaufeinheiten auf. Die erreichbaren Tragzahlen sind von der Gestaltung des Rollenprofils (ballig oder zylindrisch mit Endprofilierung) abhängig. Der ideale Linienkontakt ist bei zylindrischem Rollenprofil gegeben.

24.3 Abmessungen von Profilschienenführungen

Die Abmessungen von Profilschienenführungen (PSF) sind mittlerweile international genormt. Nennmaß ist die **Schienenbreite** in mm. Die Führungswagen können verschiedene genormte Bauformen aufweisen. Für jede Schienenbreite stehen Wagen in Normalausführung, normal lange, hohe, hohe lange, schmale, schmal lange, niedrige und niedrig lange Ausführungen zur Verfügung. Die Typen der Hersteller sind unabhängig von der Wälzkörperanordnung untereinander austauschbar. Vom Konstrukteur muss lediglich beachtet werden, dass Rollenumlaufeinheiten gegenüber den Kugelumlaufeinheiten auf Grund der hohen Tragfähigkeit über die doppelte Anzahl an Schienenschrauben verfügen. Man unterscheidet die PSF in Miniaturausführung von den restlichen PSF. Für die Abmessungen des Miniaturbereiches gelten DIN 645-2 und ISO/CD 12090-2, für die restlichen PSF DIN 645-1 und ISO/CD 12090-1.

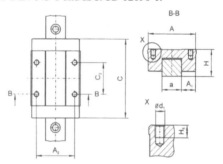

Größe	A	A_2	a	C max.	C_2	A_1	d_1	H	H_6 min.
7	17	12	7	25	8	5	M2	8	2,5
9	20	15	9	32	10	5,5	M3	10	3
12	27	20	12	36	15	7,5	M3	13	3,5
15	32	25	15	44	20	8,5	M3	16	4

Bild 24.5: Bauraum und Anschlussmaße der Größen 7 bis 15 (nach DIN 645-2)

24.4 Genauigkeiten von Profilschienenführungen

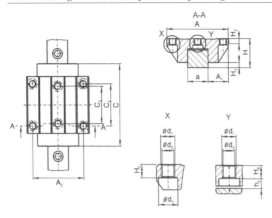

Größe	A	A_2	a	C Ausführung 1M	1L	C_2	$C_3{}^{1)}$	A_1	d_1	$d_2{}^{2)}$	$d_3{}^{3)}$	$H^{2)}$	$H_2{}^{4)}$	H_1	H_5	h_5	H_6
				max.						max.		min.	min.	min.	min.	min.	
15	47	38	15	72	–	30	26	16	M5	4,4	M4	24	4,5	3,6	5	3,3	4
20	63	53	20	92	112	40	35	21,5	M6	5,4	M5	30	5	4	6	4	4,8
25	70	57	23	100	118	45	40	23,5	M8	6,8	M6	36	5	5	8	4,5	6,4
30	90	72	26	113	139	52	44	31	M10	8,6	M8	42	6	5	10	5,2	8
35	100	82	34	130	155	62	52	33	M10	8,6	M8	48	6,5	6	10	5,5	8
45	120	100	45	159	190	80	60	37,5	M12	10,5	M10	60	9	8	12	7	9,6
55	140	116	53	191	235	95	70	43,5	M14	12,5	M12	70	11	10	14	8	11,2
65	170	142	63	229	303	110	82	53,5	M16	14,5	M14	90	14	11,5	16	9	12,8

[1]) Die beiden mittleren Befestigungsbohrungen bzw. -gewinde sind bei Wälzkörper-Ausführung Rolle immer vorhanden, bei Wälzkörper-Ausführung Kugel zu vereinbaren.

Bild 24.6: Bauraum und Anschlussmaße der Größen 15 bis 65 (nach DIN 645-1)

Mit „M" ist die Normalausführung und „L" die normal lange Ausführung gekennzeichnet. Größere Abmessungen wie Baugröße 85, 100 und 120 sind ebenfalls am Markt erhältlich.

24.4 Genauigkeiten von Profilschienenführungen

Anschluss- und Führungsgenauigkeiten von PSF sind ebenso wie die Abmessungen international genormt. Für Miniatureinheiten gilt ISO/CD 12090-2, für normale PSF gilt ISO/CD 12090-1. Die Genauigkeiten von PSF werden in Genauigkeitsklassen „Normal", P3 bis P6 eingeteilt.

Führungsgenauigkeiten eines einzelnen Schienenstranges sind von der Schienenlänge abhängig (Bild 24.7).

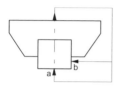
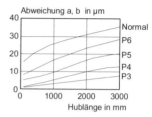

Bild 24.7: Ablaufgenauigkeit (nach ISO/CD 12090-1)

24.5 Tragfähigkeit und nominelle Lebensdauer

Für die lastabhängige nominelle Lebensdauer ist die **dynamische Tragfähigkeit** der Führung entscheidend. Diese wird vom Ermüdungsverhalten des Werkstoffes bestimmt. Berechnungsbasis zur Bestimmung der nominellen Lebensdauer ist die **dynamische Tragzahl**. Grundlage zur Berechnung der dynamischen Tragzahl einer PSF ist die internationale Norm ISO 14728-1 oder DIN 636-2 für Kugel- und Rollenumlaufeinheiten.

> Die **dynamische Tragzahl** ist diejenige Belastung in N, bei der die Führung mit einer Überlebenswahrscheinlichkeit von 90 % eine Laufstrecke von 100 km erreicht (C_{100}).

Die Angaben der dynamischen Tragzahlen in den Katalogen der Hersteller können sehr unterschiedlich sein. Einige Hersteller beziehen sich bei der Angabe der dynamischen Tragzahl nicht auf die Bezugsstrecke von 100 km, sondern auf 50 km (C_{50}). Um die Tragzahlen miteinander vergleichen zu können, gilt folgende Umrechnung:

Für Kugelumlaufeinheiten gilt: $C_{100} = 0{,}79 \times C_{50}$

Für Rollenumlaufeinheiten gilt: $C_{100} = 0{,}81 \times C_{50}$

Einige Hersteller geben im Katalog keine nach ISO oder DIN ermittelten Tragzahlen an, sondern beziehen sich auf *Weibull*-Versuche, die unter sehr hoher Belastung, langsamer Verfahrgeschwindigkeit und Beschleunigung mit einer bestimmten Befettung gefahren wurden. Nach zweiparametrischer Auswertung der *Weibull*-Verteilung liegen die so ermittelten Tragzahlwerte in der Regel (bis zu 30 %) über den Werten nach ISO 14728-1, sind jedoch nicht mit diesen vergleichbar.

24.5 Tragfähigkeit und nominelle Lebensdauer

Aus der dynamischen Tragzahl errechnet sich die **nominelle Lebensdauer**:

$$L = (C_{100}/P_{\text{äq}})^p \cdot 100 \quad \text{in km}$$

$P_{\text{äq}}$ äquivalente Lagerbelastung in N
p Lebensdauerexponent
Kugelumlaufeinheiten: $p = 3$
Rollenumlaufeinheiten: $p = 10/3$

$$L_h = 1666/v_m \cdot (C_{100}/P)^p \quad \text{in h}$$

v_m mittlere Geschwindigkeit in m/min

Allgemein gilt für die äquivalente Belastung $P_{\text{äq}}$:

$$P_{\text{äq}} = \sqrt[p]{\int_0^T v(t) \cdot F^p(t) \bigg/ \int_0^T v(t)\, dt}$$

$v(t)$ Geschwindigkeit über Zeit, $F(t)$ Belastung über Zeit

Bei stufenweise veränderlicher Belastung F wird die dynamische äquivalente Lagerbelastung $P_{\text{äq}}$ bestimmt mit:

$$P_{\text{äq}} = \sqrt[p]{\frac{q_1 \cdot F_1^p + q_2 \cdot F_2^p + \ldots + q_z \cdot F_z^p}{100}}$$

q Zeitanteil in %

Bei stufenweise veränderlicher Belastung und Geschwindigkeit gilt:

$$P_{\text{äq}} = \sqrt[p]{\frac{q_1 \cdot v_1 \cdot F_1^p + q_2 \cdot v_2 \cdot F_2^p + \ldots + q_z \cdot v_z \cdot F_z^p}{q_1 \cdot v_1 + q_2 \cdot v_2 + \ldots + q_z \cdot v_z}}$$

Für kombinierte Belastungen gilt:

$$P = |F_y| + |F_z|$$

Bild 24.8 zeigt eine Übersicht über typische dynamische Tragzahlen nach ISO 14728-1 zur Vorauslegung von Achsen mit PSF.

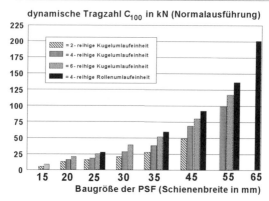

Bild 24.8: Dynamische Tragzahl über Bauart und Baugröße

Die in Bild 24.8 enthaltenen Tragzahlen gelten für Führungswagen in Normalausführung. Bei langen Ausführungen erhöhen sich die Werte um 25 ... 35 %.

Die **statische Tragzahl** C_0 stellt diejenige Belastung des Führungswagens dar, bei der die *Hertz*'sche Pressung in Wälzkontakt im Falle einer Kugelumlaufeinheit einen Wert von 4200 N/mm² und im Falle einer Rollenumlaufeinheit einen Wert von 4000 N/mm² erreicht. Berechnungsbasis ist DIN 636-1 oder ISO 14728-2.

Zur Auslegung von Maschinenachsen wird neben der nominellen Lebensdauer die statische Tragsicherheit S_0 herangezogen.

$S_0 = C_0/P_0$

C_0 statische Tragsicherheit in N
P_0 maximale äquivalente Lagerbelastung in N

Als Auslegungshilfe gilt:

$S_0 = 20$ über Kopf hängende Anordnungen mit hohem Gefährdungspotenzial

$S_0 = 8 ... 12$ hohe dynamische Beanspruchung im Stillstand, Verschmutzung

$S_0 = 5 ... 8$ normale Auslegung von Maschinen und Anlagen, wenn nicht alle Belastungsparameter oder Anschlussgenauigkeiten vollständig bekannt sind

$S_0 = 3 ... 5$ alle Belastungsdaten sind vollständig bekannt. Erschütterungsfreier Lauf ist gewährleistet

24.6 Vorspannung und Steifigkeit

Profilschienenführungen sind in der Regel vorgespannt. Durch die **Vorspannung** wird eine deutlich höhere Steifigkeit erzielt als bei spielfreien Systemen. Die Vorspannung bewirkt eine Grundbelastung auf den Wälzkörpersatz, die in % der dynamischen Tragzahl angegeben wird. Typische Vorspannungswerte liegen bei 4, 8, 10 und 13 % von C_{100}.

Bild 24.9 zeigt typische Steifigkeitswerte einzelner Führungswagen in Normalausführung bei Druckbelastung. Bei langen Ausführungen der Wagen erhöht sich die Steifigkeit bis zu 35 %. Steifigkeitswerte in Zug- und Seitenrichtung können je nach Ausführung bis zu 25 % niedriger liegen. Genaue Angaben sind den Produktinformationen der Hersteller zu entnehmen.

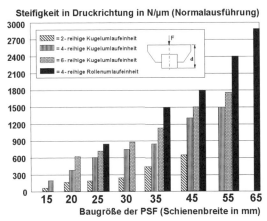

Bild 24.9: Steifigkeit über Bauart und Baugröße

24.7 Reibung

Die Reibung eines Führungswagens wird bestimmt durch

- Wälzkontakt,
- Belastung,
- Schmierung und
- Dichtung.

Standardmäßig sind Führungswagen mit rund umlaufenden Dichtlippen vor Eindringen von Verschmutzung geschützt. Je nach Anzahl der

Dichtlippen und Ausführung kann die Reibung variieren. Zur Abschätzung des Reibverhaltens dient die Darstellung in Bild 24.10. Diese zeigt den Bereich typischer Reibbeiwerte (Reibungszahlen) μ in Abhängigkeit vom Belastungsverhältnis eines einzelnen Führungswagens mit Standarddichtungen. Mit PSF sind Reibbeiwerte von unter 0,001 möglich.

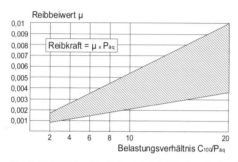

Bild 24.10: Reibbeiwerte in Abhängigkeit der Belastung einzelner Wagen

24.8 Schmierung

Profilschienenführungen können beölt oder befettet werden. Unabhängig von der Art der Schmierung gilt für die Grundöl- bzw. Ölviskosität:

Kugelumlaufeinheiten: ISO-VG 68 ... ISO VG 100
Fett: KP2P-35 nach DIN 51825

Rollenumlaufeinheiten: ISO-VG 150 ... ISO VG 220
Fett: KP2N-25 nach DIN 51825

Für besonders lange Nachschmierfristen und bei hohen Belastungen sollten EP-legierte Fette mit einer Grundölviskosität von ISO VG 150 ... 220 eingesetzt werden.

Entscheidend für die Nachschmierfrist ist die Schmierfett-Gebrauchsdauer einer PSF. Diese ist abhängig von Führungstyp, der Dichtungsgestaltung, der Belastung, Verfahrgeschwindigkeit, den Umweltbedingungen und dem Hub. Die Berechnung der Schmierfettgebrauchsdauer richtet sich nach den Katalogangaben der Hersteller.

Liegt die Schmierfett-Gebrauchsdauer über der nominellen Lebensdauer einer Anwendung, dann ist diese als **wartungsfrei** zu bezeichnen.

Zur Erhöhung der Schmierfett-Gebrauchsdauer gibt es mehrere patentierte Lösungen der Hersteller. Eine hochwirksame konstruktive Lösung stellt die sog. **statische Schmiernut** in unmittelbarer Nähe der Lastzonen im Wagen dar, wie Bild 24.11 verdeutlicht.

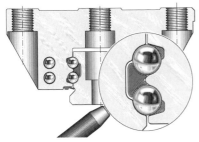

Bild 24.11: PSF mit integrierter statischer Schmiernut

Eine weitere Erhöhung der Schmierfett-Gebrauchsdauer bewirken zusätzliche **Langzeitschmiereinheiten** gemäß Bild 24.12. Diese enthalten ein Reservoir, das lageunabhängig bei Bewegung des Wagens den Schmierstoff optimal dosiert an die Laufbahnen abgibt. Viele Anwendungen können mit diesem Zubehör als „wartungsfrei" bedient werden.

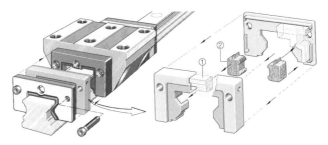

Bild 24.12: PSF mit integrierter Langzeitschmiereinheit

24.9 Montage und Anschlussgenauigkeiten

Maschinenschlitten verfügen über wenigstens zwei parallele Schienenstränge mit mind. zwei Laufwagen pro Schiene. Die Ablaufgenauigkeit der Achse hängt wesentlich von der Genauigkeit und Steifigkeit der Bezugs- und Montageflächen ab. Schienen und Wagen werden gegen eine Bezugsfläche gepresst. Dabei werden bestimmte Anforderungen an die Form- und Lagegenauigkeiten der Bezugsflächen gestellt, wie Bild 24.13 verdeutlicht.

24 Lineare Wälzführungen

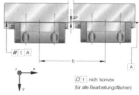

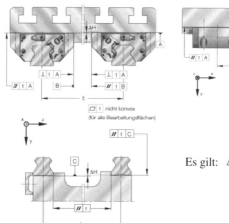

Es gilt: $\Delta H = a \cdot b$

Bau-größe	t in μm 2-reihige Kugelum-laufeinheit	t in μm 4-reihige Kugelum-laufeinheit	t in μm 6-reihige Kugelum-laufeinheit	t in μm 4-reihige Kugelum-laufeinheit
15	10	5		
20	12	6	6	
25	14	7	7	7
30	17	8	8	
35	20	10	10	10
45	25	12	12	10
55		15	15	10
65				10

Faktor a 2-reihige Kugel-umlaufeinheit	0,2
Faktor a 4-reihige Kugel-umlaufeinheit	0,1
Faktor a 6-reihige Kugel-umlaufeinheit	0,1
Faktor a 4-reihige Rollen-umlaufeinheit	0,075

Bild 24.13: Erforderliche Genauigkeit der Bezugsflächen

24.10 Auswahl von Führungen

24.10.1 Zweireihige Kugelumlaufeinheit

Merkmale:

- große Kugeldurchmesser
- hohe Robustheit
- Geschwindigkeiten bis 3 m/s

Einsatzbereiche:

Handhabung, Automatisierungstechnik, Holzbearbeitung

24.10.2 Vierreihige Kugelumlaufeinheit

Merkmale:

- gute Laufeigenschaften
- hohe Tragfähigkeit
- Geschwindigkeiten bis 6 m/s

Einsatzbereiche:

Handhabung, Automatisierungstechnik, Holzbearbeitung, Werkzeugmaschinen, Medizintechnik, Productronic, Linearmotoren

24.10.3 Sechsreihige Kugelumlaufeinheit

Merkmale:

- gute Laufeigenschaften
- sehr hohe Tragfähigkeit
- Geschwindigkeiten bis 5 m/s
- hohe Steifigkeit

Einsatzbereiche:

Automatisierungstechnik, Werkzeugmaschinen, Medizintechnik, Productronic, Linearmotoren

24.10.4 Vierreihige Rollenumlaufeinheit

Merkmale:

- gute Laufeigenschaften
- Geschwindigkeiten bis 3 m/s
- höchste Tragfähigkeit
- höchste Steifigkeit
- höchste Genauigkeit

Einsatzbereiche:

Werkzeugmaschinen, Linearmotoren, Präzisionsanwendungen

24.11 Geräuschreduktion

Insbesondere bei hochdynamischen Anwendungen können sich Laufgeräusche störend auf die Umgebung auswirken. Zur Reduktion der Geräuschemission können Führungswagen mit **Spacerelementen** oder **Zugketten** zur Trennung der Wälzkörperreihen aus elastischem Kunststoffmaterial ausgestattet werden. Diese verhindern das Aneinanderschlagen der Wälzkörper und dämpfen den Aufprall auf die Schienenlaufbahnen.

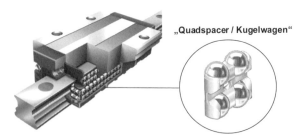

Bild 24.14: Quadspacer zur Reduktion der Geräuschemission

Durch die Verwendung von **Trennelementen** wird die tragende Anzahl an Wälzkörper reduziert. Dies führt zu einer Verringerung der dynamischen Tragfähigkeit nach DIN 626-2 oder ISO 14728-1 um 5 ... 9 %.

24.12 Dämpfung

Lineare Wälzführungen verfügen über eine geringe Eigendämpfung. Für bestimmte Anwendungen oder zur Simulation von Eigenschwingungsmoden (FEA, rechnerische modale Analyse) sind genaue Angaben für die absolute Dämpfung notwendig. Die absolute Dämpfung eines Führungswagens liegt zwischen 4 und 10 N s/mm.

Sollte die Dämpfung für bestimmte Anwendungen nicht ausreichend sein, kann mit zusätzlichen Dämpfungsschlitten Abhilfe geschaffen werden. Diese werden zusätzlich zu den Führungswagen auf der Profilschiene angeordnet (Bild 24.16). Dadurch können Platten- oder Festkörperschwingungen (Bild 24.15) vermieden werden.

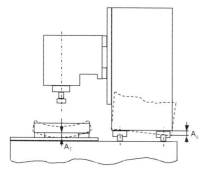

Bild 24.15: Platten und Festkörperschwingung

Die Funktion des **Dämpfungsschlittens** basiert auf dem Squeeze-Effekt. Zwischen Schlitten- und Schienenprofil befindet sich ein Spalt von 10 ... 30 µm, der mit Öl der Viskositätsklasse ISO VG 32 ... ISO VG 220 gefüllt ist. Durch Schwingungsamplituden ausgelöste Spaltänderungen führen zu Querströmungen und damit zu Reaktions- bzw. Dämpfungskräften.

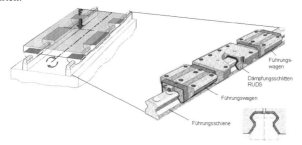

Bild 24.16: Anordnung und Funktionsweise eines Dämpfungsschlittens

Bereits bei einer Amplitude von 2 µm können ab 10 Hz bei Verwendung eines Öles ISO VG 68 Dämpfungskräfte von über 1 kN gemessen werden (Bild 24.17).

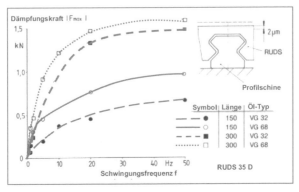

Bild 24.17: Gemessene Dämpfungskraft eines Dämpfungsschlittens

Je nach Länge des Dämpfungsschlittens, der Baulänge (150 oder 300 mm), der Ölviskosität, der Baugröße und der Frequenz liegt die absolute Dämpfung zwischen 338 N s/mm und 1609 N s/mm (Tabelle 24.1).

Tabelle 24.1: Absolute Dämpfung in Abhängigkeit der Schlittenlänge

	RUDS 35 D		RUDS 45 D	
	100 Hz N s/mm	200 Hz N s/mm	100 Hz N s/mm	200 Hz N s/mm
150/32	616	338	740	405
300/32	1218	736	1461	883
150/68	694	413	820	495
300/68	1341	811	1609	937

Die **dynamische Nachgiebigkeit** lässt sich durch den Einsatz eines zusätzlichen Dämpfungsschlittens wirksamer verringern als durch die zusätzliche Applikation eines Führungswagens.

24.13 Integration von Funktionen

Eine Steigerung der Leistungsdichte einer Maschinenachse kann durch Integration unterschiedlicher Funktionen in eine Profilschienenführung erzielt werden. Ein typisches Beispiel stellt die Integration einer Antriebsverzahnung in die Profilschiene dar (Bild 24.18).

Bild 24.18: Integrierte Verzahnungsschiene

Bild 24.19: Integriertes Längenmesssystem

Ein weiteres Beispiel ist die Integration linearer Meßsysteme in die Führungsschiene. Hierzu eignen sich magnetoresistive oder induktive Messprinzipien (Bild 24.19).

Magnetoresistive Längenmesssysteme (MR-Sensor) sind äußerst unempfindlich gegen Verschmutzung. Daher sind solche Systeme besonders geeignet für Holz- oder Blechbearbeitung.

Das letzte Beispiel zeigt die Integration einer Brems- und Klemmfunktion in eine Profilschienenführung (Bild 24.20). Besonders wichtig ist die Funktion der Notbremsung im Falle eines Energieausfalles bei Betrieb von Antrieben ohne Selbsthemmung, z. B. bei Lineardirektantrieben. Notbremssysteme erreichen nach max. 40 ms ihre größte Bremskraft. In den meisten Fällen werden Klemmsysteme hydraulisch bis 300 bar und Bremssysteme hydraulisch bis max. 50 bar versorgt. Die Notbremsung wird bei Druckabfall automatisch ausgelöst.

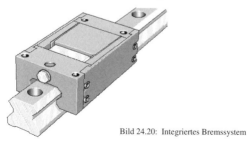

Bild 24.20: Integriertes Bremssystem

Vorteile der Integration:

- weniger Bauraum,
- Verringerung des Montageaufwandes,
- Reduktion der Teilevielfalt,
- Erhöhung der Leistungsdichte,
- Kosteneinsparung.

Quellen und weiterführende Literatur

ISO/FDIS 14728-2, 14728-1, 12090-1, 12090-2 ISO copyright office, case postale 56, CH-1211 Geneva 20
DIN 626-2, DIN 645-1, DIN 645-2 Deutsches Institut für Normung e.V. Berlin
INA-Schaeffler KG: Profilschienenführungen Katalog 605 Sach-Nr. 004-356-373 2003
Ruß, A.: Linearlager und Linearführungssysteme Renningen: Expert-Verlag, 2000
Grunau, A.: Neueste Erkenntnisse zu RUDS, INA Sonderdruck Mai 1991

25 Tribologie

Prof. Dr.-Ing. Ludger Deters

25.1 Einführung

Aufgabe der Tribologie ist es, Reibung und Verschleiß für den jeweiligen Anwendungsfall zu optimieren. Das bedeutet, neben der Erfüllung der geforderten Funktion, einen hohen Wirkungsgrad und ausreichende Zuverlässigkeit bei möglichst geringen Herstell-, Montage- und Instandhaltungskosten sicherzustellen.

Reibung und Verschleiß sind Systemeigenschaften. Schon wenn eine Einflussgröße des tribotechnischen Systems geringfügig modifiziert wird, kann sich das Reibungs- und/oder das Verschleißverhalten des Systems gravierend verändern.

Schmierung wird eingesetzt, um Reibung zu verringern und Verschleiß zu verkleinern oder ganz zu vermeiden. Außerdem können mit dem Schmierstoff Verschleißpartikel und Wärme aus dem Reibkontakt abtransportiert (bei Ölschmierung), Korrosion (Rostbildung) verhindert und die Reibstelle abgedichtet werden (bei Fettschmierung).

25.2 Tribotechnische Systeme (TTS)

Reibung und Verschleiß finden innerhalb eines tribotechnischen Systems (TTS) statt. Die an Reibung und Verschleiß beteiligten Stoffe und Bauteile sind die Elemente des TTS und durch ihre Stoff- und Formeigenschaften charakterisiert. Ein TTS kann in allgemeiner Form wie in Bild 25.1 dargestellt werden. Es wird durch die zu erfüllende Funktion, die Eingangsgrößen (Belastungskollektiv), die Ausgangsgrößen, die Verlustgrößen und die Struktur beschrieben. Die gewollten **Eingangsgrößen** und die ungewollten **Störgrößen** beeinflussen zusammen mit der Struktur die **Ausgangs-** und **Verlustgrößen** des TTS.

Aufgabe bzw. Funktion eines TTS ist die Umsetzung von Eingangsgrößen (z. B. Eingangsdrehmoment, Eingangsdrehzahl) in **technisch nutzbare Ausgangsgrößen** (z. B. Ausgangsdrehmoment, Ausgangsdrehzahl) unter Nutzung der Systemstruktur.

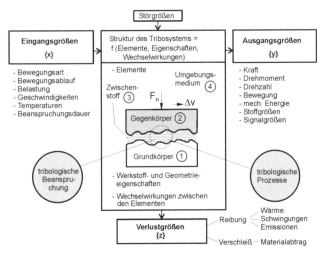

Bild 25.1: Erweiterte Darstellung des tribotechnischen Systems (TTS) in Anlehnung an [*Chichos, Habig* 2003]

Die Struktur von TTS wird beschrieben durch die beteiligten **Elemente**, deren **Eigenschaften** und die **Wechselwirkungen zwischen den Elementen**. Die Grundstruktur aller TTS besteht aus vier Elementen: Grundkörper (1), Gegenkörper (2), Zwischenstoff (3) und Umgebungsmedium (4).

Die Elemente des TTS werden durch eine Vielzahl von Eigenschaften gekennzeichnet. Beim Grund- und Gegenkörper wird hauptsächlich zwischen **Geometrieeigenschaften** (z. B. Abmessungen, Form- und Lageabweichungen, Welligkeiten, Oberflächenrauheiten) und **Werkstoffeigenschaften** (z. B. Festigkeit, Härte, Gefüge) unterschieden, die durch **physikalische Größen** (z. B. Wärmeleitfähigkeit, Wärmeausdehnungskoeffizient, Schmelzpunkt usw.) ergänzt werden. Zwischenstoff und Umgebungsmedium können in unterschiedlichen Aggregatzuständen auftreten, wovon dann weitere wichtige tribologische Eigenschaften (z. B. Viskosität, Konsistenz, chemische Zusammensetzung, Benetzungsfähigkeit usw.) abhängen. Bei den Werkstoffeigenschaften von Grund- und Gegenkörper muss zwischen dem Grundmaterial und dem oberflächennahen Bereich unterschieden werden. Dabei sind die Eigenschaften des oberflächennahen Bereiches für die tribologischen Prozesse von besonderer Bedeutung.

Nicht nur das Werkstoffgefüge und die Festigkeit des oberflächennahen Bereiches, sondern auch seine chemische Zusammensetzung unterschei-

25.2 Tribotechnische Systeme (TTS)

den sich in der Regel deutlich vom Grundmaterial. Der Werkstoff unter der Oberfläche verändert sich bereits mit der Fertigung hinsichtlich der Konzentration vorhandener Elemente gegenüber dem Grundmaterial. Weitere erhebliche Veränderungen erfahren die Elementekonzentrationen des oberflächennahen Bereiches durch den Einlauf und während der Betriebszeit.

Reibung und Verschleiß von Grund- und Gegenkörper und der Schmierungszustand des tribotechnischen Systems werden stark von der Kontaktfläche beeinflusst. Bei den Kontaktflächen werden die **nominelle Kontaktfläche** und **reale Kontaktflächen** unterschieden (Bild 25.2).

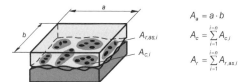

$$A_a = a \cdot b$$
$$A_c = \sum_{i=1}^{i=n} A_{c,i}$$
$$A_r = \sum_{i=1}^{i=n} A_{r,as,i}$$

Bild 25.2: Verschiedene Arten von Kontaktflächen

Die **nominelle Kontaktfläche** A_a entspricht der makroskopischen Kontaktfläche der sich berührenden Körper, z. B. der Berührfläche $a \cdot b$ eines Quaders auf einer Ebene. Die **realen Kontaktflächen** $A_{r,as,i}$ resultieren aus den Rauheitskontakten, die bei nicht vollständiger Trennung der Reibkörper durch einen Schmierfilm auftreten oder bei Anwendungsfällen, bei denen kein Schmierstoff verwendet wird (Trockenreibung). Bei der Betrachtung der realen Kontaktflächen sind neben den Rauheiten auch die Welligkeiten auf den Reibkörperoberflächen zu berücksichtigen. Auf Grund der Welligkeiten bilden sich so genannte **Konturenflächen** $A_{c,i}$ und innerhalb der Konturenflächen die realen Kontaktflächen an den Rauheitskontakten.

In der Regel ist die resultierende reale Kontaktfläche A_r, die von den Rauheitsverteilungen und der Annäherung der beiden Reibkörperoberflächen abhängig ist, wesentlich kleiner als die nominelle Kontaktfläche ($A_r \approx 10^{-1} \ldots 10^{-4} A_a$). Daher sind auch die realen Flächenpressungen in den Rauheitskontakten wesentlich höher als die nominelle Pressung.

Tribologische Beanspruchungen in einem TTS umfassen hauptsächlich Kontaktvorgänge, Kinematik und thermische Vorgänge [*Chichos, Habig* 2003] und werden eingeleitet über die realen Kontaktflächen.

Bei Kontakten zwischen den Reibkörpern finden in den realen Kontaktflächen und in den oberflächennahen Bereichen **Wechselwirkungen** statt.

Es treten zum einen **atomare/molekulare Wechselwirkungen** (Adhäsion) und zum anderen **mechanische Wechselwirkungen** (elastische und plastische Kontaktdeformationen) auf, wobei die Wechselwirkungen durch den Reibungszustand, die wirkenden Reibungs- und Verschleißmechanismen und den Kontaktzustand beschrieben werden können.

Die in den realen Berührungsflächen stattfindenden tribologischen Beanspruchungen rufen **tribologische Prozesse** hervor. Darunter werden die dynamischen physikalischen und chemischen Mechanismen von Reibung und Verschleiß und Grenzflächenvorgänge, die auf Reibung und Verschleiß zurückzuführen sind, zusammengefasst.

Das **Beanspruchungskollektiv** des TTS (Eingangsgrößen) setzt sich aus der Bewegungsart und dem zeitlichen Bewegungsablauf der in der Systemstruktur enthaltenen Reibkörper, aus der Belastung, den Geschwindigkeiten und den Temperaturen der Reibkörper und der Beanspruchungsdauer zusammen.

Neben diesen gewollten Eingangsgrößen müssen u. U. auch **Störgrößen**, z. B. Vibrationen, Staubpartikel usw., berücksichtigt werden.

Die **Verlustgrößen** eines TTS werden im Wesentlichen durch Reibung und Verschleiß gebildet. Die bei der Reibung entstehenden Energieverluste werden zum weitaus größten Teil in Wärme umgewandelt.

25.3 Reibung, Reibungsarten, Reibungszustände und Reibungsmechanismen

Reibung ist auf Wechselwirkungen zwischen sich berührenden, relativ zueinander bewegten Stoffbereichen von Körpern zurückzuführen und wirkt einer Relativbewegung entgegen.

Reibung wird je nach Anwendungsfall durch die Reibungskraft F_f, das Reibmoment M_f oder die Reibungszahl bzw. den Reibungskoeffizienten f gekennzeichnet. Für die Reibungszahl bzw. den Reibungskoeffizienten wird an Stelle von f auch häufig das Zeichen μ verwendet. Die Reibungszahl f wird aus dem Verhältnis von Reibungskraft F_f zur Normalkraft F_n gebildet.

$$f = \frac{F_f}{F_n} \tag{25.1}$$

In Abhängigkeit von der Art der Relativbewegung der Reibkörper wird zwischen verschiedenen **Reibungsarten** unterschieden. Es gibt die drei Haupt-Reibungsarten **Gleitreibung**, **Rollreibung**, **Bohrreibung** (spin).

25.3 Reibung, Reibungsarten, Reibungszustände ...

Daneben können auch Überlagerungen (Mischformen) auftreten, nämlich **Gleit-Rollreibung** (Wälzreibung), **Gleit-Bohrreibung** und **Roll-Bohrreibung**. Ein Maschinenelement, bei dem sowohl Gleitreibung als auch Roll- und Bohrreibung auftritt, stellt das Schrägkugellager dar.

Wird Reibung in Abhängigkeit vom Aggregatzustand der beteiligten Stoffbereiche geordnet, können verschiedene Reibungszustände definiert werden. Allgemein werden die **Reibungszustände** Festkörperreibung, Grenzreibung, Mischreibung und Flüssigkeitsreibung unterschieden.

Bei **Festkörperreibung** wirkt die Reibung zwischen Stoffbereichen, die Festkörpereigenschaften aufweisen und sich in unmittelbarem Kontakt befinden. Liegt auf den Kontaktflächen eine Grenzschicht aus einem molekularen Film vor, der von einem Schmierstoff stammt, so wird von **Grenzreibung** gesprochen.

Flüssigkeitsreibung ist innere Reibung im Schmierfilm zwischen den Reibkörperoberflächen, wobei die Oberflächen durch den Schmierfilm vollkommen voneinander getrennt sind.

Mischreibung stellt eine Mischform von Reibungszuständen dar, und zwar der Grenzreibung und der Flüssigkeitsreibung.

Allgemein kann bei Festkörperreibung zwischen folgenden vier **Reibungsmechanismen** unterschieden werden, die in Bild 25.3 schematisch zusammengestellt sind:

- Scherung adhäsiver Bindungen,
- plastische Deformation,
- Furchung,
- Hysterese bei elastischer Deformation.

Die **Adhäsion** stellt einen atomar/molekular bedingten Reibungsmechanismus dar. Ihre Wirkung bezüglich der Reibung beruht darauf, dass in den realen Kontaktflächen aufgebaute atomare oder molekulare Bindungen bei Relativbewegung wieder getrennt werden, wodurch ein Energieverlust entsteht.

Deformation, Furchung und **Hysterese** können den mechanisch bedingten Reibungsmechanismen zugeordnet werden. Bei Deformation und Furchung ist die Reibungswirkung auf Verdrängen von Überschneidungen der Mikroerhebungen zurückzuführen. Die Hysterese beruht auf innerer Reibung und hat eine dämpfende Wirkung. Häufig treten unterschiedliche Reibungsmechanismen gleichzeitig auf.

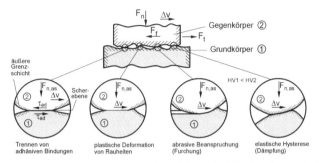

Bild 25.3: Grundlegende Reibungsmechanismen bei mikroskopischer Betrachtungsweise (F_n Normalkraft auf nomineller Berührungsfläche, F_f Reibungskraft zwischen Grund- und Gegenkörper, F_t Tangentialkraft, $F_{n,as}$ Normalkraft auf Rauheitskontakt, Δv Relativgeschwindigkeit, τ_{ad} Scherspannung zum Scheren einer adhäsiven Bindung, HV Vickershärte) in Anlehnung an [*Chichos, Habig* 2003]

In Tabelle 25.1 sind Bereiche von Reibungszahlen bei verschiedenen Reibungsarten und -zuständen wiedergegeben. Es soll hier jedoch noch einmal darauf hingewiesen werden, dass die Reibung nicht einen konstanten Kennwert eines Werkstoffes oder einer Werkstoffpaarung darstellt, sondern vom Belastungskollektiv und der Systemstruktur abhängt, d. h. von der Beanspruchung und den am Reibungsvorgang beteiligten Elementen mit ihren Eigenschaften und Wechselwirkungen.

Tabelle 25.1: Reibungszahlen bei unterschiedlichen Reibungsarten und -zuständen nach [*Habig*]

Reibungsart	Reibungszustand	Reibungszahl f
Gleitreibung	Festkörperreibung Grenzreibung Mischreibung Flüssigkeitsreibung Gasreibung	0,1 … 1 0,1 … 0,2 0,01 … 0,1 0,001 … 0,01 0,0001
Wälzreibung	(Fettschmierung)	0,0001 … 0,005

25.4 Verschleiß, Verschleißverhalten, Verschleißmechanismen

Sobald Grund- und Gegenkörper sich berühren, d. h., wenn die Schmierspalthöhe zu klein wird oder kein Schmierstoff vorhanden ist, tritt Verschleiß auf.

25.4 Verschleiß, Verschleißverhalten, Verschleißmechanismen

Verschleiß ist fortschreitender Materialverlust aus der Oberfläche eines festen Körpers, hervorgerufen durch mechanische Ursachen, d. h. durch Kontakt und Relativbewegung eines festen, flüssigen oder gasförmigen Gegenkörpers [*GfT-Arbeitsblatt* 7].

Anzeichen von Verschleiß sind losgelöste kleine Verschleißpartikel, Werkstoffüberträge von einem Reibkörper auf den anderen sowie Stoff- und Formänderungen des tribologisch beanspruchten Werkstoffbereiches eines oder beider Reibpartner.

Verschleißvorgänge können nach der Art der tribologischen Beanspruchung und der beteiligten Stoffe in verschiedene **Verschleißarten** eingeteilt werden, wie z. B. Gleitverschleiß, Schwingungsverschleiß, Furchungsverschleiß, Werkstoffkavitation usw. Verschleiß wird durch **Verschleißmechanismen** bewirkt, wobei die folgenden vier Verschleißmechanismen besonders wichtig sind:

- Oberflächenzerrüttung,
- Abrasion,
- Adhäsion,
- tribochemische Reaktion.

Das Wirken der Verschleißmechanismen wird schematisch in Bild 25.4 gezeigt. Die Verschleißmechanismen können einzeln, nacheinander oder überlagert auftreten.

Oberflächenzerrüttung äußert sich durch Rissbildung, Risswachstum und Abtrennung von Verschleißpartikeln, hervorgerufen durch wechselnde Beanspruchungen.

Bei **Abrasion** führen Ritzungen und Mikrozerspanungen des Grundkörpers durch harte Rauheitshügel des Gegenkörpers oder durch harte Partikel im Zwischenstoff zu Verschleiß.

Bei **Adhäsion** werden zunächst nach Durchbrechen eventuell vorhandener Deckschichten atomare Bindungen (Mikroverschweißungen) an den Mikrokontakten gebildet. Ist die Festigkeit der Bindungen höher als die des weicheren Reibpartners, kommt es zu Ausbrüchen aus Letzterem und zum Materialübertrag auf den härteren Reibpartner.

Bei **tribochemischen Reaktionen** finden chemische Reaktionen von Bestandteilen des Grund- und/oder Gegenkörpers mit Bestandteilen des Schmierstoffes oder des Umgebungsmediums statt. Die Reaktionsprodukte können nach Erreichen einer gewissen Dicke zum spröden Ausbrechen neigen.

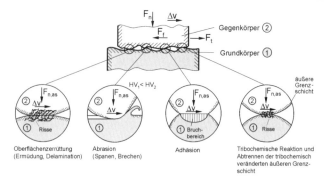

Bild 25.4: Grundlegende Verschleißmechanismen bei mikroskopischer Betrachtungsweise (F_n Normalkraft auf nomineller Berührungsfläche, F_f Reibungskraft zwischen Grund- und Gegenkörper, $F_{n,as}$ Normalkraft auf Rauheitskontakt, Δv Relativgeschwindigkeit, HV Vickershärte) in Anlehnung an [*Chichos, Habig* 2003]

Neben den Verschleißarten und Verschleißmechanismen sind für die Interpretation der Verschleißergebnisse auch die **Verschleißerscheinungsformen** von großem Interesse (Tabelle 25.2). Hierunter sind die sich durch Verschleiß ergebenden Veränderungen der Oberflächenschicht eines Körpers sowie Art und Form der anfallenden Verschleißpartikel zu verstehen.

Tabelle 25.2: Typische Verschleißerscheinungsformen durch die Haupt-Verschleißmechanismen nach [*GfT-Arbeitsblatt* 7]

Verschleißmechanismus	Verschleißerscheinungsformen
Adhäsion	Fresser, Löcher, Kuppen, Schuppen, Materialübertrag
Abrasion	Kratzer, Riefen, Mulden, Wellen
Oberflächenzerrüttung	Risse, Grübchen
Tribochemische Reaktionen	Reaktionsprodukte (Schichten, Partikel)

Zur Abschätzung der Lebensdauer von Bauteilen ist es notwendig, den Verschleißverlauf über der Beanspruchungsdauer und/oder die Verschleißgeschwindigkeit (Verschleißbetrag durch Beanspruchungsdauer) zu kennen (Bild 25.5). Abhängig von den wirkenden Verschleißmechanismen ergeben sich unterschiedliche Verschleißverläufe.

25.5 Grundlagen der Schmierung

Bild 25.5: Verschleißbetrag in Abhängigkeit von der Beanspruchungsdauer

25.5 Grundlagen der Schmierung

Bei der **Schmierung** werden die Oberflächen der Reibkörper durch die gezielte Einbringung eines reibungs- und verschleißmindernden Zwischenstoffes (Schmierstoffes) ganz oder teilweise getrennt.

Die meisten Schmierstoffe sind flüssig. Es werden jedoch auch feste und konsistente Schmierstoffe (Fette) eingesetzt. In Bild 25.6 sind die Einsatzbereiche unterschiedlicher Schmierstoffe wiedergegeben [*Deyber*].

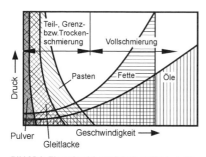

Bild 25.6: Einsatzbereich von Schmierstoffen in Anlehnung an [*Deyber*]

Ähnlich wie bei den Reibungszuständen können auch bei der Schmierung unterschiedliche **Schmierungszustände** definiert werden, und zwar Voll-, Grenz-, Teil- und Trockenschmierung.

25.5.1 Vollschmierung

Vollschmierung, d. h. die vollkommene Trennung der reibenden Oberflächen durch einen Schmierfilm, kann durch eine hydrodynamische, elastohydrodynamische oder hydrostatische Schmierung erreicht werden (Tabelle 25.3). Es entsteht im Schmierfilm ein Tragdruck, wodurch die Belastung aufgenommen werden kann.

25.5.1.1 Hydrodynamische Schmierung

Um eine **hydrodynamische Schmierung** zu erreichen, muss ein viskoser Schmierstoff eingesetzt werden, der an den Reibkörpern haftet. Ferner muss ein sich verengender Schmierspalt vorliegen und eine Schmierstoffförderung in den engsten Spalt. Durch die relativ zum engsten Schmierspalt bewegten Reibkörper wird der an den Oberflächen haftende Schmierstoff in den engsten Spalt gezogen. Da sich der Spalt in Bewegungsrichtung verengt, staut sich die Ölmenge vor dem engsten Querschnitt. So entsteht ein Überdruck, woraus die Tragfähigkeit der Reibstelle resultiert.

25.5.1.2 Elastohydrodynamische Schmierung

Die **elastohydrodynamische Schmierung** (EHD) ist eine Form der hydrodynamischen Schmierung, bei der elastische Deformationen der geschmierten Oberflächen signifikant werden. Es gibt zwei unterschiedliche Formen der EHD, und zwar EHD bei harten Oberflächen (harte EHD) und EHD bei weichen Oberflächen (weiche EHD).

Elastohydrodynamische Schmierung bei harten Oberflächen (harte EHD) bezieht sich auf Materialien mit hohen Elastizitätsmodulen wie bei Metallen. Bei dieser Schmierungsart sind sowohl die elastischen Deformationen als auch die Druckabhängigkeit der Viskosität gleichermaßen von Bedeutung. Typische Anwendungsfälle für die harte EHD sind Zahnradgetriebe, Wälzlager und Nocken-Stößel-Paarungen.

Elastohydrodynamik bei weichen Oberflächen (weiche EHD) bezieht sich auf Materialien mit geringem Elastizitätsmodul, wie z. B. bei Gummi. Bei weicher EHD kommen große elastische Verformungen schon bei geringen Belastungen vor. Der hier auftretende geringe Schmierfilmdruck beeinflusst die Viskostität beim Durchlauf durch den Schmierspalt nur in vernachlässigbarer Weise. Anwendung findet die weiche EHD z. B. bei Dichtungen, bei künstlichen menschlichen Gelenken und bei Reifen.

25.5 Grundlagen der Schmierung

Tabelle 25.3: Verschiedene Arten der Vollschmierung

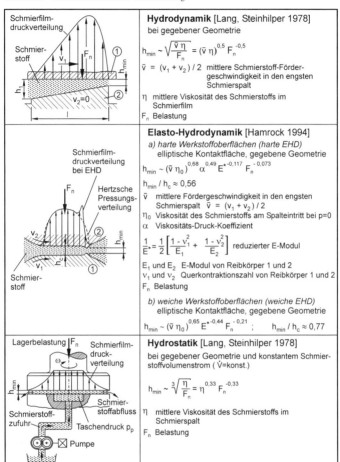

Hydrodynamik [Lang, Steinhilper 1978]
bei gegebener Geometrie

$$h_{min} \sim \sqrt{\frac{\bar{v}\,\eta}{F_n}} = (\bar{v}\,\eta)^{0,5}\, F_n^{-0,5}$$

$\bar{v} = (v_1 + v_2)/2$ mittlere Schmierstoff-Fördergeschwindigkeit in den engsten Schmierspalt

η mittlere Viskosität des Schmierstoffs im Schmierfilm

F_n Belastung

Elasto-Hydrodynamik [Hamrock 1994]
a) *harte Werkstoffoberflächen (harte EHD)*
elliptische Kontaktfläche, gegebene Geometrie

$$h_{min} \sim (\bar{v}\,\eta_0)^{0,68}\, \alpha^{0,49}\, E^{*\,-0,117}\, F_n^{-0,073}$$

$h_{min}/h_c \approx 0,56$

$\bar{v}$ mittlere Fördergeschwindigkeit in den engsten Schmierspalt $\bar{v} = (v_1 + v_2)/2$

η_0 Viskosität des Schmierstoffs am Spalteintritt bei p=0

α Viskositäts-Druck-Koeffizient

$$\frac{1}{E^*} = \frac{1}{2}\left[\frac{1-v_1^2}{E_1} + \frac{1-v_2^2}{E_2}\right] \text{ reduzierter E-Modul}$$

E_1 und E_2 E-Modul von Reibkörper 1 und 2
v_1 und v_2 Querkontraktionszahl von Reibkörper 1 und 2
F_n Belastung

b) *weiche Werkstoffoberflächen (weiche EHD)*
elliptische Kontaktfläche, gegebene Geometrie

$$h_{min} \sim (\bar{v}\,\eta_0)^{0,65}\, E^{*\,-0,44}\, F_n^{-0,21} \quad ; \quad h_{min}/h_c \approx 0,77$$

Hydrostatik [Lang, Steinhilper 1978]
bei gegebener Geometrie und konstantem Schmierstoffvolumenstrom ($\dot{V}$=konst.)

$$h_{min} \sim \sqrt[3]{\frac{\eta}{F_n}} = \eta^{0,33}\, F_n^{-0,33}$$

η mittlere Viskosität des Schmierstoffs im Schmierspalt

F_n Belastung

25.5.1.3 Hydrostatische Schmierung

Bei der **hydrostatischen Schmierung** von Reibkörpern wird in der Kontaktstelle in einen Reibkörper gegenüber der äußeren Belastung eine Tasche eingearbeitet, in die von außen ein Fluid mit konstantem Druck eingepresst wird. Der Schmierstoffdruck wird durch eine Pumpe außerhalb des Lagers erzeugt. Die Tragfähigkeit einer Reibstelle mit hydrostatischer Schmierung ist auch bei stillstehenden Oberflächen gewährleistet.

25.5.2 Grenzschmierung

Bei **Grenzschmierung** werden die Reibkörper nicht durch einen Schmierstoff getrennt. Die hydrodynamischen Schmiereffekte sind vernachlässigbar. Es gibt beträchtliche Rauheitskontakte und damit Verschleiß. Die Schmiermechanismen im Kontakt werden beherrscht durch die physikalischen und chemischen Eigenschaften von dünnen Oberflächenfilmen von molekularer Dicke, sog. Grenzschichten. Die Grenzschichten werden durch Physisorption, Chemisorption und/oder durch tribochemische Reaktion gebildet.

25.5.3 Teilschmierung

Wenn der Schmierfilm zu dünn wird, sodass an einigen Stellen Rauheitskontakte auftreten, liegt **Teilschmierung** bzw. Mischreibung vor, bei der die Reibungszustände Grenzreibung und Flüssigkeitsreibung nebeneinander vorkommen. Bei Teilschmierung wird die Belastung zum Teil durch hydrodynamische Staudrücke und zum Teil durch Deformation der Reibflächen in den Rauheitskontakten aufgenommen.

25.5.4 Trockenschmierung

Bei der **Trockenschmierung** sind die wichtigsten Maßnahmen zur Verbesserung der Reibung, zur Vermeidung von Fressen und zur Verringerung von Verschleiß das Aufbringen von metallischen oder nichtmetallischen Schichten, die Bildung von Reaktionsschichten durch chemische Umsetzungen, z. B. Phosphatieren, und die Anwendung von festen Schmierstoffen.

25.6 Schmierstoffe

Im Maschinenbau sind vor allem flüssige, konsistente oder feste Schmierstoffe im Einsatz. Zu den **flüssigen Schmierstoffen** zählen die Mineralöle, die synthetischen, tierischen und pflanzlichen Öle. Schmierfette gehören den **konsistenten Schmierstoffen** an. **Festschmierstoffe** werden häufig in flüssige oder konsistente Trägersubstanzen eingebracht. Festschmierstoffe in reiner Form finden nur bei besonderen Betriebsbedingungen Anwendung.

Neben der Verminderung von Reibung und Verschleiß und der Abfuhr von Wärme bieten **flüssige Schmierstoffe** als weitere Vorteile, dass sie

25.6 Schmierstoffe

Ablagerungen und Abriebpartikel aus dem Schmierspalt entfernen und die Metalloberflächen vor Korrosion schützen. **Konsistente Schmierstoffe** ermöglichen neben der Schmierung, die Schmierstellen auch noch gegen Verunreinigungen von außen abzudichten. Sie gewährleisten trotz geringer Schmierstoffmengen relativ lange Schmierfristen, da sie die flüssigen Schmierstoffanteile über längere Zeit nur langsam abgeben.

Neben den unlegierten, einfachen Ölen und Fetten werden auch legierte Schmierstoffe angewendet, bei denen dem Grundöl chemische Zusätze (so genannte **Additive**) mit speziellen Eigenschaften beigemengt werden.

25.6.1 Schmieröle

Bei den flüssigen Schmierstoffen werden Mineralöle, synthetische und biologisch leicht abbaubare Flüssigkeiten unterschieden.

Mineralöle werden aus natürlich vorkommendem Rohöl mit Hilfe von Destillation und Raffination gewonnen. Mineralöle sind Gemische aus Kohlenwasserstoffen, welche sich in Abhängigkeit von der Struktur in kettenförmige Kohlenwasserstoffe (Paraffine) und in ringförmige Kohlenwasserstoffe (Naphthene, Aromaten) unterteilen lassen, die jeweils gesättigt oder ungesättigt sein können. Die Eigenschaften der Mineralöle werden durch die Zusammensetzung beeinflusst.

Synthetische Schmieröle (z. B. Polyalphaolefine, Polyglykole, Siliconöle, Esteröle) werden durch eine chemische Synthese aus chemisch definierten Bausteinen (z. B. Ethylen) hergestellt. Gegenüber Mineralölen bieten synthetische Schmierstoffe eine Reihe von Vorteilen. So besitzen sie beispielsweise eine bessere Alterungsbeständigkeit, weisen eine wesentlich geringe Abhängigkeit der Viskosität von der Temperatur auf, zeigen ein besseres Fließverhalten bei tiefen Temperaturen und können einen wesentlich erweiterten Temperatureinsatzbereich abdecken.

Andererseits sind synthetische Schmieröle z. B. in stärkerem Maße hygroskopisch (wasseranziehend), scheiden Luft nur schlecht ab (Verschäumungsgefahr) und sind gekennzeichnet durch eine geringe Verträglichkeit mit anderen Werkstoffen (Gefahr chemischer Reaktion mit Dichtungen, Lacken, Buntmetallen) und durch eine schlechte Löslichkeit für Additive. Ferner ist ihr Preis häufig wesentlich höher.

Biologisch leicht abbaubare Öle werden z. B. in Fahrzeugen und Geräten in Wasserschutzgebieten und im Wasserbau, in Fahrzeugen der Land- und Forstwirtschaft und in offen laufenden Getrieben mit Verlustschmierung (Bagger, Mühlen) zunehmend eingesetzt. Sie sind leicht und schnell abbaubar, weisen eine niedrige Wassergefährdungsklasse auf und sind toxikologisch unbedenklich. Zu ihnen zählen u. a. native Öle, synthetische Esteröle und Polyglykole.

Durch **Wirkstoffe (Additive)** können Mineral-, Synthese- oder Pflanzenölen neue Charakteristika verliehen werden. Verbesserungen durch Additive werden bei der Kältebeständigkeit, der Alterungsstabilität, dem Viskositäts-Temperatur-Verhalten und dem Korrosionsschutz erzielt. Ein gutes Reinigungsvermögen, günstiges Dispersionsverhalten, Fressschutz-Eigenschaften und Schaumverhütung lassen sich nur durch Additive erreichen.

Additive lassen sich unterscheiden in solche, die Oberflächenschichten bilden, und in solche, die die Eigenschaften des Schmierstoffes selbst verändern. Oberflächenschichten bildende Additive wirken vor allem bei Mangelschmierung. Zu dieser Additivgruppe zählen u. a. die Verschleißschutzwirkstoffe – Anti Wear (AW)-Zusätze –, die Fressschutzwirkstoffe – Extreme Pressure (EP)-Zusätze – und die Reibungsverminderer – Friction Modifier. Schmierstoff verändernde Additive nehmen z. B. Einfluss auf das Schaumverhalten, das Korrosionsverhalten, die Schlammbildung, den Stockpunkt usw.

25.6.2 Konsistente Schmierstoffe

Konsistente oder plastische Schmierstoffe (Schmierfette) haben eine Fließgrenze. Unterhalb einer schmierstoffspezifischen Schubspannung tritt keine Bewegung auf. Erst beim Überschreiten dieser Fließgrenze sinkt die Viskosität von einem quasi unendlich hohen Wert auf messbare Größen.

Schmierfette bestehen aus drei Komponenten: einem Grundöl (75 ... 96 Gew.-%), einem Eindicker (4 ... 20 Gew.-%) und Additiven (0 ... 5 Gew.-%). Geeignete Eindicker können sowohl in Mineralölen als auch in Synthese- oder Pflanzenölen dispergiert werden, sodass konsistente Schmierstoffe entstehen. Die weitaus meisten Schmierfette werden mit Seifen (Metallsalze von Fettsäuren) als Eindicker hergestellt.

Seifenverbindungen bilden in der Regel ein faseriges Gerüst, welches das Grundöl festhält. Im Betrieb soll unter Belastung und bei Erwärmung das Grundöl langsam und in ausreichender Menge abgegeben werden, um Reibung und Verschleiß zu mindern. Für die Schmiereigenschaften sind der Grundöltyp, dessen Viskosität und die enthaltenen Additive entscheidend.

Schmierfette werden überwiegend bei niedrigen Geschwindigkeiten eingesetzt, da die Reibungswärmeabfuhr durch den Schmierstoff gegenüber Ölschmierung gering ist.

Beim Mischen von unterschiedlichen Schmierfetttypen ist größte Vorsicht geboten, da nicht alle Schmierfetttypen miteinander verträglich sind.

25.6.3 Festschmierstoffe

Festschmierstoffe kommen besonders dann zum Einsatz, wenn flüssige und konsistente Schmierstoffe die geforderte Schmierwirkung nicht erfüllen können. Dieses tritt häufig bei niedrigen Gleitgeschwindigkeiten, oszillierenden Bewegungen, hohen spezifischen Belastungen, hohen oder tiefen Betriebstemperaturen, sehr niedrigen Umgebungsdrücken (Vakuum) und aggressiven Umgebungsatmosphären auf. Festschmierstoffe wirken zum einen in Form von Pulver, Pasten oder Gleitlacken direkt am Schmierfilmaufbau mit oder verbessern zum anderen in Ölen, Fetten oder in Lagerwerkstoffen das Schmierungsverhalten.

Als **Festschmierstoffe** finden Stoffe mit Schichtgitterstruktur (z. B. Graphit, Sulfide (MoS_2, WS_2), organische Stoffe (Polytetrafluorethylen (PTFE), Amide, Imide), weiche Nichtmetalle, weiche Nichteisenmetalle und Reaktionsschichten an den Oberflächen Verwendung. Graphit braucht zum Haften und zur Minderung der Scherfestigkeit (niedrigere Reibung) Wasser und ist daher für den Einsatz in trockener Atmosphäre oder im Vakuum ungeeignet.

25.6.4 Eigenschaften von Schmierstoffen

Zu den Eigenschaften von Schmierstoffen werden neben der Viskosität die Dichte, die spezifische Wärmekapazität, die Wärmeleitfähigkeit, der Stockpunkt, der Flammpunkt, der Brennpunkt, die Alterungsbeständigkeit, das Schaumverhalten, die Verträglichkeit mit Dichtungsmaterialien usw. gezählt.

25.6.4.1 Viskosität

Eine der wichtigsten rheologischen Eigenschaften von Schmierstoffen ist deren **Viskosität**. Die **dynamische** (oder absolute) **Viskosität** η eines Fluids ist ein Maß für dessen Widerstand, den es einer Relativbewegung entgegensetzt, und ist folgendermaßen definiert:

$$\eta = \frac{F_f/A}{dv/dy} = \frac{\tau}{\dot{\gamma}} \tag{25.2}$$

Darin bedeuten F_f/A die Reibungs- bzw. Scherkraft F_f pro Einheitsfläche A, τ die Scherspannung, $\dot{\gamma} = dv/dy = \Delta v/h$ das Scher- bzw. Geschwindigkeitsgefälle oder auch die Scherrate mit Δv als die Relativ geschwindigkeit zwischen zwei Flächen und h als die Schmierfilmhöhe dazwischen. Flüssigkeiten, welche bei konstanten Temperaturen und Drücken sich mit Hilfe von Gleichung (25.2) charakterisieren lassen, werden auch **Newton'sche Fluide** genannt.

Das Verhältnis von dynamischer Viskosität η und Dichte ρ ist als **kinematische Viskosität** ν bekannt, sodass gilt:

$$\nu = \frac{\eta}{\rho} \tag{25.3}$$

Die kinematische Viskosität ν ist eine rechnerische Größe, d. h. keine Stoffeigenschaft. Die kinematische Viskosität hat sich in Industrie und Handel allgemein zur Kennzeichnung der Zähigkeit von Schmierstoffen eingebürgert.

Die Viskosität von Schmierölen ist sehr stark von der Betriebstemperatur abhängig. Mit zunehmender Temperatur fällt die Viskosität des Schmieröles beträchtlich ab.

Für die in der DIN 51519 in 18 **Viskositätsklassen** (ISO VG) unterteilten flüssigen Industrie-Schmierstoffe ist das Viskositäts-Temperatur-Verhalten in Bild 25.7 dargestellt.

Das Viskositäts-Temperatur-Verhalten wird in der Praxis auch häufig mit dem **Viskositätsindex** (VI) nach DIN ISO 2909 beschrieben. Ein hoher VI ist durch eine relativ geringe und ein niedriger VI durch eine relativ starke Änderung der Viskosität mit der Temperatur gekennzeichnet. Übliche paraffinbasische Öle weisen einen VI von 90 ... 100 auf, synthetische Schmierstoffe einen von ca. 200 und darüber.

Die Viskosität von Schmierölen nimmt mit steigendem Druck zu. Allerdings macht sich die Druckabhängigkeit der Viskosität erst bei recht hohen Drücken ($p > 100$ MPa, abhängig von der Temperatur) bemerkbar.

25.6 Schmierstoffe

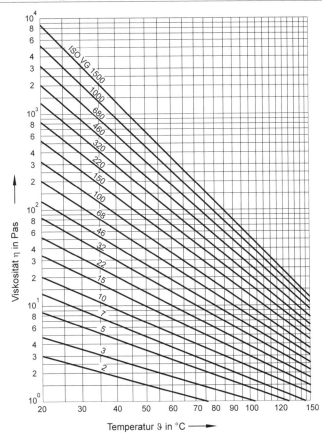

Bild 25.7: Abhängigkeit der dynamischen Viskosität η von der Temperatur ϑ bei einer Dichte $\rho = 900$ kg/m^3 nach DIN 31653, T2

Reine Mineralöle weisen i. Allg. bis zu Scherraten von $10^5 \ldots 10^6$ s^{-1} ein *Newton*'sches Verhalten auf. Bei höheren Scherraten, die relativ häufig in tribotechnischen Kontakten, z. B. Zahnradgetrieben, Wälzlagern, Nocken-Stößel-Paarungen usw., vorkommen, fällt die Viskosität jedoch mit zunehmender Scherrate ab. Die Viskosität hängt nun von der Scherrate ab. **Pseudoplastisches Verhalten** zeichnet sich durch eine Viskositätsverringerung mit anwachsender Scherrate aus (Bild 25.8 a) und tritt z. B. bei Mineralölen mit polymeren Additiven auf. Das Gegenteil von pseudoplastischem Verhalten, d. h. die Verdickung eines Schmierstoffes mit zunehmender Scherrate, offenbaren dilatante Fluide. **Dilatante Fluide** sind normalerweise Suspensionen mit einem hohen Festkörperanteil.

Das Fließverhalten von Fetten kann mit dem eines *Bingham*-Stoffes verglichen werden. Um ein Fließen zu erzeugen, muss zunächst eine Schwellschubspannung überwunden werden (Bild 25.8 b).

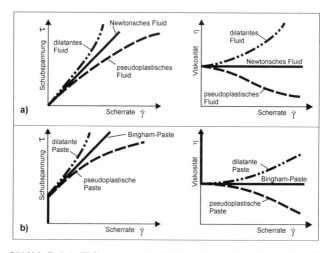

Bild 25.8: Typische Fließkurven von unterschiedlichen Schmierstoffen. a) *Newton*'sches, dilatantes und pseudoplastisches Fluid; b) *Bingham*-Paste, dilatante und pseudoplastische Paste

25.6.4.2 Konsistenz von Schmierfetten

Das Verhalten des Schmierfettes wird häufig durch die **Konsistenz** (Verformbarkeit) beschrieben. Als Kennwert wird die Penetration nach DIN 51804/1 benutzt. Unterschieden wird zwischen Ruh- und Walkpenetration. Die **Ruhpenetration** wird am unbenutzten Schmierfett gemessen, die Walkpenetration am schon gescherten Fett, das unter genormten Bedingungen (DIN 51804) gewalkt wurde. Je höher die **Walkpenetration**, desto weicher ist das Fett. Einen Zusammenhang zwischen der Penetration und den Konsistenzklassen liefert die Tabelle 25.4.

25.6 Schmierstoffe

Tabelle 25.4: NLGI-Konsistenzklassen und Anwendung von Schmierfetten nach [*Möller, Nassar*]

NLGI-Klasse	Penetration 0,1 mm	Konsistenz	Gleit-lager	Wälz-lager	Zentral-schmier-anlagen	Getriebe	Wasser-pumpen	Block-fette
000	445 ... 475	fast flüssig			+	+		
00	400 ... 430	halbflüssig			+	+		
0	355 ... 385	besonders weich			+	+		
1	310 ... 340	sehr weich			+	+		
2	265 ... 295	weich	+	+				
3	220 ... 250	mittel	+	+				
4	175 ... 205	ziemlich fest		+			+	
5	130 ... 160	fest					+	
6	85 ... 115	sehr fest						+

+ geeignet

Quellen und weiterführende Literatur

Deyber, P.: Möglichkeiten zur Einschränkung von Schwingungsverschleiß. In: *H. Chichos* (Federführender Autor): Reibung und Verschleiß von Werkstoffen, Bauteilen und Konstruktionen. Grafenau: Expert-Verlag, 1982, S. 149

GfT-Arbeitsblatt 7: Tribologie – Verschleiß, Reibung, Definitionen, Begriffe, Prüfung, Gesellschaft für Tribologie e.V. (GfT) 2002

Habig, K.-H.: Tribologie. In: *K.-H. Grote* und *J. Feldhusen* (Hrsg.): Dubbel – Taschenbuch für den Maschinenbau. Berlin: Springer-Verlag, 2004

Hamrock, B. J.: Fundamentals of fluid film lubrication. New York: Mc Graw-Hill Inc., 1994

Möller, U. J.; Nassar, J.: Schmierstoffe im Betrieb. Berlin: Springer-Verlag, 2002

Lang, O. R.; Steinhilper, W.: Gleitlager. Berlin: Springer-Verlag, 1978

26 Gleitlager

Prof. Dr.-Ing. Ludger Deters

26.1 Aufgabe, Einteilung und Anwendungen

Gleitlager sollen relativ zueinander bewegte Teile möglichst genau, reibungsarm und verschleißfrei führen und Kräfte zwischen den Reibpartnern übertragen.

Je nach Art und Richtung der auftretenden Kräfte werden **statisch** oder **dynamisch belastete Radial-** und **Axialgleitlager** unterschieden. Gleitlager werden mit Öl, Fett oder Festschmierstoffen, die aus dem Lagerwerkstoff stammen, geschmiert.

Gleitlager sind unempfindlich gegen Stöße und Erschütterungen und wirken schwingungs- und geräuschdämpfend. Sie vertragen geringe Verschmutzungen und erreichen bei permanenter Flüssigkeitsreibung, richtiger Werkstoffwahl und einwandfreier Wartung praktisch eine unbegrenzte Lebensdauer. Gleitlager können auch bei sehr hohen und bei niedrigen Gleitgeschwindigkeiten eingesetzt werden. Der Aufbau ist relativ einfach, der Platzbedarf gering. Sie können **ungeteilt**, aber auch **geteilt** ausgeführt werden, was den Ein- und Aufbau stark vereinfacht. Nachteilig sind bei Gleitlagern das hohe Anlaufreibmoment und der verschleißbehaftete Betrieb bei niedrigen Drehzahlen (Ausnahme: hydrostatische Gleitlager) und die höhere Reibung gegenüber Wälzlagern.

Gleitlager werden in Maschinen und Geräten jedweder Art verwendet. Hauptsächlich werden Gleitlager u. a. in folgenden Anwendungen genutzt: Verbrennungsmotoren (Kurbelwellen-, Pleuel-, Kolbenbolzen- und Nockenwellenlager), Kolbenverdichter und -pumpen, Getriebe, Dampf- und Wasserturbinen, Generatoren, Kreisel- und Zahnradpumpen, Werkzeugmaschinen, Schiffe, Walzwerke, Pressen, aber auch in Führungen und Gelenken (häufig bei Mischreibung und trockener Reibung) bei niedrigen Geschwindigkeiten, in der Land- und Hauswirtschaftstechnik, Bürotechnik und Unterhaltungselektronik.

26.2 Wirkprinzipien

Für eine **hydrodynamische Schmierung** sind ein sich verengender Schmierspalt, ein viskoser, an den Oberflächen haftender Schmierstoff und eine Schmierstoffförderung in Richtung des sich verengenden Spaltes erforderlich. Wird genügend Schmierstoff in den konvergierenden Spalt gefördert, kommt es zu einer vollkommenen Trennung der Ober-

26.2 Wirkprinzipien

flächen durch den Schmierstoff. Bei Radialgleitlagern wird der sich verengende Schmierspalt durch die Exzentrizität der Welle im Lager erzeugt. Sie stellt sich so ein, dass das Integral der Druckverteilung über der Lagerfläche mit der äußeren Lagerkraft im Gleichgewicht steht, siehe Bild 26.1.

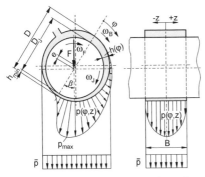

Bild 26.1: Radialgleitlager (schematisch) mit Druckverteilung. F Lagerkraft, ω_F Winkelgeschwindigkeit der Lagerkraft, ω_J Winkelgeschwindigkeit der Welle, ω_B Winkelgeschwindigkeit des Lagers, D_J Wellendurchmesser, D Lagerinnendurchmesser, B Lagerbreite, $h(\varphi)$ Schmierspalthöhe, h_{min} minimale Schmierspalthöhe, e Exzentrizität, $p(\varphi, z)$ Druckverteilung im Schmierfilm, p_{max} größter Schmierfilmdruck, $\bar{p}$ spezifische Lagerbelastung, β Verlagerungswinkel (Winkel zwischen der Lage der minimalen Schmierspalthöhe und der Lastrichtung), φ und z Koordinaten

Bei Axialgleitlagern wird der konvergierende Spalt beispielsweise durch Keilflächen, die in einer fest stehenden Spurplatte eingearbeitet sind, oder durch mehrere unabhängig voneinander kippbewegliche Gleitschuhe sichergestellt (Bild 26.9).

Bei hydrostatischer Schmierung werden in die Lagerschale (Radiallager) bzw. in die Spurplatte (Axiallager; Bild 26.10) Taschen eingebracht, in die von außen ein Fluid mit Druck eingepresst wird. Der Schmierstoffdruck, der außerhalb des Lagers durch eine Pumpe erzeugt wird, sorgt für die Tragfähigkeit des Lagers.

Bei **Feststoffschmierung** wird ein gewisser Verschleiß benötigt, um den im Lagerwerkstoff eingebundenen Festschmierstoff (z.B. PTFE, Graphit) oder den Lagerwerkstoff selbst (z. B. PA, POM) freizusetzen, wenn dieser als Schmierstoff wirken soll. Der Festschmierstoff wird besonders beim Einlauf auf den Gegenkörper übertragen und setzt dort die Rauheitstäler zu (Transferschicht), sodass bei günstigen Bedingungen der Kontaktbereich vollständig mit Festschmierstoff gefüllt ist.

Reibungszustände

In der in Bild 26.2 dargestellten **Stribeck-Kurve** wird der Zusammenhang zwischen der Reibungszahl f und dem bezogenen Reibungsdruck $\eta\omega_J/\bar{p}$ mit der Schmierstoffviskosität η gezeigt. Es gilt: $f = F_f/F$ mit F_f als Reibungskraft und F als Lagerkraft.

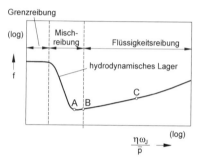

Bild 26.2: *Stribeck*-Kurve für Gleitlager (schematisch)

Beim Anfahren aus dem Stillstand wird zunächst das Gebiet der **Grenzreibung** durchlaufen. Mit zunehmender Gleitgeschwindigkeit wird die hydrodynamische Schmierung mehr und mehr wirksam. Bei **Mischreibung** liegen Grenz- und Flüssigkeitsreibung nebeneinander vor. Der Übergang von der Mischreibung in den Zustand der **Flüssigkeitsreibung** erfolgt bei B. Der Betriebspunkt C sollte von B weit genug entfernt liegen. Beim An- und Auslauf sollten die zu Verschleiß führenden Gebiete der Misch- und Grenzreibung möglichst schnell durchfahren werden.

26.3 Bauarten

Als Bauarten werden bei Gleitlagern grundsätzlich **Axial-** und **Radiallager** unterschieden. Bei Radiallagern werden die Lagerbuchsen geteilt (2 Halbschalen) oder ungeteilt jeweils mit oder ohne axiale Gleitflächen ausgeführt (Bild 26.3). Die Buchsen und Halbschalen können dick- oder dünnwandig sein.

Dickwandige Buchsen und **Schalen** sind auch ohne steifes Gehäuse formstabil. Bei ihnen wird die gewünschte Gleitflächengeometrie auch bei geringem oder ohne Presssitz im Gehäuse gewährleistet. Die Oberflächenstruktur der Gehäuseaufnahmebohrung hat bei ihnen keinen nennenswerten Einfluss auf die Gleitflächen. Sie werden in der Regel

26.3 Bauarten

aus einem einzigen Lagerwerkstoff (Massivlager) hergestellt oder aus einem Stützkörper mit einer Lagerwerkstoff-Ausgussschicht (Verbundlager). Buchsen werden i. Allg. aus einem Rohr oder aus Stangenmaterial produziert.

Dünnwandige Buchsen und **Schalen** erreichen erst nach dem Einbau ins Gehäuse bei ausreichender Pressung zwischen Gehäuse und Lager ihre endgültige Form. Im freien Zustand sind sie nicht formstabil und unrund. Sie werden meistens aus einem Bandabschnitt (Platine) durch Biegen, Pressen oder Rollen hergestellt, welches aus einem einzigen (massiv) oder aus einem mehrschichtigen (2-, 3- oder 4-schichtigen) Werkstoff (meistens mit Stahlrücken) besteht. Bei **Mehrschichtlagern** werden die guten Eigenschaften der einzelnen Werkstoffschichten zu einem optimalen Gesamtverhalten des Lagers verknüpft.

Die Schichtdicke des Lagerwerkstoffes sollte so gering wie möglich sein, wobei die untere Grenze durch fertigungstechnische Gründe, durch eine genügende Verschleißdicke und durch eine ausreichende Einbettfähigkeit von Verschleiß- und Schmutzpartikeln gegeben ist. Die Belastbarkeit (Quetschgrenze und Ermüdungsfestigkeit) steigt an, wenn die Schichtdicke abnimmt.

Neben zylindrischen Radialgleitlagern werden auch **Mehrgleitflächenlager** eingesetzt, letztere vor allem bei hohen Drehzahlen und als Präzisionslager mit sehr hoher Steifigkeit. Bei Mehrgleitflächenlagern können die Gleitsegmente fest eingearbeitet oder kippbeweglich ausgeführt sein. **Gelenklager** mit sphärischen Gleitflächen kommen bei niedrigen Geschwindigkeiten bei Gefahr von Schiefstellungen und Fluchtungsfehlern zum Einsatz.

In den meisten Anwendungsfällen werden Lagerschalen und Buchsen in die Gehäusebohrung eingepresst, Bilder 26.3a) und b). Wichtig ist, dass die Pressung bei allen Betriebszuständen so groß bleibt, dass eine Verschiebung der Schale in der Bohrung verhindert wird. Die bei Lagerschalen und gerollten Buchsen auftretenden Teilfugen sollten beim Einbau so gelegt werden, dass sie sich senkrecht zur Lastrichtung befinden.

Als **Axiallager** werden z. B. Axialsegmentlager mit fest in einen Spurring eingearbeiteten Keilflächen oder Axialkippsegmentlager mit kippbeweglichen Segmenten verwendet. In beiden Fällen können die Gleitsegmente entweder aus Massivwerkstoff oder aus Verbundmaterial hergestellt werden.

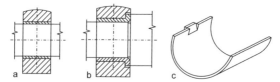

Bild 26.3: Bauformen von Radialgleitlagern. a) dünnwandige Buchse, b) dickwandige Buchse mit einseitiger axialer Gleitfläche, c) dünnwandige Halbschale mit Arretierungsnocken

26.4 Werkstoffe

Die Lagerwerkstoffe sollten besondere Gleiteigenschaften besitzen. Hierfür spielen eine gute Benetzbarkeit und eine hohe Kapillarität durch den eingesetzten Schmierstoff, Notlaufeigenschaften und ausreichendes Einlauf-, Einbettungs- und Verschleißverhalten eine wichtige Rolle.

Als **metallische Lagerwerkstoffe** werden Blei-, Zinn-, Kupfer- und Aluminiumlegierungen eingesetzt. Für eine Auswahl von Lagerwerkstoffen sind in der Tabelle 26-1 Werte für die höchstzulässige spezifische Lagerbelastung angegeben.

Tabelle 26.1: Erfahrungsrichtwerte für die höchstzulässige spezifische Lagerbelastung $\bar{p}_{lim}$

Lagerwerkstoff-Gruppe	$\bar{p}_{lim}$ in N/mm² *)
Pb- und Sn-Legierungen	5 (15)
CuPb-Legierungen	7 (20)
CuSn-Legierungen	7 (25)
AlSn-Legierungen	7 (18)
AlSn-Legierungen	7 (20)

*) Klammerwerte nur ausnahmsweise auf Grund besonderer Betriebsbedingungen, z. B. bei niedrigen Gleitgeschwindigkeiten, zulässig

Für bestimmte Anwendungsfälle (Wasserschmierung, chemisch aggressive Medien) werden auch **nichtmetallische Werkstoffe**, z. B. Gummi, Kunststoff und Keramik, verwendet. Bei **wartungsfreien Lagern** kommen z. B. Kunststoffe, Sintermetalle mit inkorporierten Festschmierstoffen oder auch ölgetränkte Sintermetalle zum Einsatz.

Der Werkstoff, der mit einer Umfangslast beaufschlagt wird (meistens die Welle oder bei Axiallagern die Spurscheibe), sollte eine höhere Härte aufweisen als der Werkstoff, der mit einer Punktlast beansprucht wird (meistens die Lagerbuchse oder bei Axiallagern das Gleitsegment). Nach

[*Spiegel/Fricke*] gilt: $(H/E)_{\text{Umfangslast}} = 1{,}5 \ldots 2\,(H/E)_{\text{Punktlast}}$ mit H als Härte und E als E-Modul. Der Werkstoff, auf den die äußere Last als Punktlast wirkt, sollte als Lagerwerkstoff ausgebildet sein (Konstruktionsregel: Punktlast für Lagerwerkstoff!).

26.5 Gestaltung von Lagern und Lagerumgebung

Durch die sich unter Belastung einstellende Verformung der Welle (Schiefstellung, Krümmung) wird in starr angeordneten Lagern die Parallelität des Schmierspaltes gestört. Das führt zu **Kantentragen** (erhöhte Kantenpressung) und zu **Tragkraftminderungen**, die bei Lagerbreiten $B/D > 0{,}3$ deutlich spürbar werden. Durch konstruktive Maßnahmen zur Anpassung des Lagers an den Verformungszustand der Welle kann dem entgegengewirkt werden (Bild 26.4). Bei Axiallagern können Schiefstellungen der Spurplatte durch eine elastische Abstützung der Spurplatte oder der einzelnen Segmente ausgeglichen werden, Bild 26.8 b. Letzteres bewirkt auch ein gleichmäßiges Tragen aller Segmente.

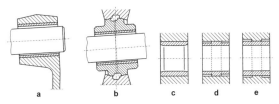

Bild 26.4: Konstruktive Maßnahmen zur Minderung des Kantentragens [*Steinhilper/Röper*]. a) elastische Nachgiebigkeit, b) Kippbeweglichkeit des Lagerkörpers, c) konische Erweiterung der Lagerbohrungsenden, d) und e) elastische Verformung der Lagerbuchse bei verringerter Stützbreite im Lagerkörper

26.6 Schmierung und Kühlung

Bei Radialgleitlagern kann die Schmierung durch feste oder lose Schmierringe oder durch Umlaufschmierung (Bild 26.5) erfolgen. **Feste Schmierringe** mit Abstreifer sind für Geschwindigkeiten von 10 m/s am Ringaußendurchmesser geeignet. Bei festen Schmierringen im geschlossenen Ringkanal oder mit geeignetem Ringquerschnitt liegt der Einsatzbereich bei 14 ... 24 m/s. **Lose Schmierringe** können zwischen 10 und 20 m/s eingesetzt werden und zwischen 1 und 4 l/min fördern. Die oberen Werte werden aber nur mit profilierten Ringen erreicht. Bei dynamischer Belastung oder Stößen sind lose Ringe ungeeignet.

Ölumlaufschmiersysteme versorgen meist mehrere Lager zentral mit gekühltem und gefiltertem Öl, wobei der Zuführdruck zwischen 0,5 und 5 bar liegen kann.

Die Schmierstoffzufuhr sollte in der unbelasteten Zone im Bereich des divergierenden Spalts stattfinden, um in der belasteten Zone einen ungestörten Druckaufbau mit maximaler Tragwirkung zu erzielen und die Verschäumungsgefahr für den Schmierstoff zu mindern. Die Schmierstoffzufuhr erfolgt in der Regel entweder über eine Tasche (ca. 70 % der Lagerbreite), eine Bohrung oder über eine Ringnut (ganz oder teilweise umlaufend).

Bei Axiallagern wird der Schmierstoff über radial verlaufende Nuten verteilt, die am Außendurchmesser abgedrosselt werden, oder über die Zwischenräume bzw. über Zuführleitungen mit Spritzdüsen in den Zwischenräumen bei Segmentlagern (Bild 26.8 und 26.9). Bei vertikal angeordneten Wellen ist darauf zu achten, dass trotz der Wirkung der Fliehkraft die innen liegenden Bereiche der Gleitflächen ausreichend mit Schmierstoff versorgt werden.

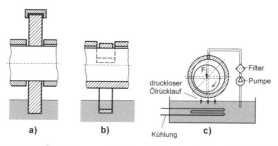

Bild 26.5: Ölschmierungsarten. a) fester Schmierring mit Abstreifer für beidseitige Ölversorgung, b) loser Schmierring, c) Ölumlaufschmierung mit Kühlung (schematisch)

Bei Lagern mit **Ringschmierung** wird die Reibungswärme überwiegend über das Lagergehäuse an die Umgebung abgegeben. Bei **Umlaufschmierung** wird die Wärme hauptsächlich mit dem Schmierstoff abgeführt. Ohne zusätzliche Kühlung des Ölvorrats sind dabei Ölabkühlungen bis zu 10 K möglich. Durch den Einbau von **Rohrschlangen**, die von gekühltem Wasser oder Kühlöl durchflossen werden, in den Ölsumpf oder -sammelbehälter lässt sich eine Ölrückkühlung von 20 ... 30 K erzielen.

26.7 Berechnung hydrodynamischer stationär belasteter Radialgleitlager

Die Berechnung basiert auf numerischen Lösungen der *Reynolds*'schen Differenzialgleichung für ein vollumschlossenes Lager mit endlicher Lagerbreite.

Es gelten die Bezeichnungen nach Bild 26.1, ferner $\omega_{eff} = \omega_J + \omega_B - 2\omega_F$ als effektive Winkelgeschwindigkeit, η_{eff} als effektive dynamische Viskosität des Schmierstoffs und $h = (D/2)\,\psi_{eff}(1 + \varepsilon \cos\varphi)$ als Spalthöhe ohne Berücksichtigung von Deformationen und Rauigkeiten mit ψ_{eff} als effektives relatives Lagerspiel und $\varepsilon = 2e/(D - D_J)$ als relative Exzentrizität. Die Lösungen gelten für betragskonstante Belastungen, wobei die Welle, das Lager oder die Kraft mit jeweils gleichförmiger Geschwindigkeit rotieren können. Außerdem sollten laminare Strömungsverhältnisse vorliegen.

26.7.1 Tragfähigkeit, Reibung, Schmierstoffdurchsatz und Wärmebilanz

Zur Beurteilung der **mechanischen Beanspruchung der Lagerwerkstoffe** wird bei Radialgleitlagern die Lagerkraft F auf die projizierte Lagerfläche BD bezogen und die **spezifische Lagerbelastung** $\bar{p} = F/(BD)$ gebildet, die dann anhand der zulässigen spezifischen Lagerbelastung $\bar{p}_{lim}$ aus Tabelle 26.1 zu überprüfen ist.

Für die relative Lagerbreite $B^* = B/D$ werden i. Allg. Werte von $B/D = 0{,}2 \ldots 1$ gewählt. Bei Konstruktionen mit $B/D > 1$ sollte eine Einstellbarkeit der Lager vorgesehen werden, um der Gefahr von Kantenpressungen vorzubeugen (Abschn. 26.5).

Das sich im Betrieb einstellende effektive Lagerspiel $C_{D,\,eff} = D_{eff} - D_{J,\,eff}$ mit den im Betrieb effektiv auftretenden Wellen- und Lagerinnendurchmessern D_{eff} und $D_{J,\,eff}$ beeinflusst das Betriebsverhalten von Radialgleitlagern. Zweckmäßige Werte für das **effektive relative Lagerspiel** $\psi_{eff} = C_{D,\,eff}/D_{eff}$ werden häufig nach [Vogelpohl] in Abhängigkeit von der Umfangsgeschwindigkeit der Welle U_J mit Hilfe der Beziehung $\psi_{eff,\,rec} = 0{,}8\sqrt[4]{U_J}$ mit U_J in m/s und $\psi_{eff,\,rec}$ in ‰ abgeschätzt.

Das sich im Betrieb einstellende effektive relative Lagerspiel ψ_{eff} kann bestimmt werden aus $\psi_{eff} = \bar{\psi} + \Delta\psi_{th}$, wobei $\bar{\psi}$ das mittlere relative Lagerspiel nach dem Einbau bei Umgebungstemperatur und $\Delta\psi_{th}$ die thermische Änderung des relativen Lagerspiels bei Betriebstemperatur darstellen. Für die Lagerberechnung ist auch die Kenntnis der im Betrieb auftretenden **dynamischen Viskosität des Schmierstoffes** η_{eff} erforderlich. Wenn der Schmierstoff gegeben ist und die effektive Temperatur T_{eff} entweder bekannt ist oder zunächst geschätzt wird, kann die Schmierstoffviskosität für den entsprechenden Schmierstoff aus einem Viskositäts-Temperatur-Diagramm entnommen werden (siehe Kapitel 25). Bei Gleitlagern kann die Abhängigkeit der Viskosität vom Druck i. Allg. vernachlässigt werden.

Tabelle 26.2: Erfahrungsrichtwerte für die kleinstzulässige minimale Schmierfilmdicke h_{lim} im Betrieb in µm nach DIN 31652

Wellendurch- messer D_j in mm	Gleitgeschwindigkeit der Welle U_j in m/s				
	<1	1 … 3	3 … 10	10 … 30	>30
24 … 63	3	4	5	7	10
63 … 160	4	5	7	9	12
160 … 400	6	7	9	11	14
400 … 1000	8	9	11	13	16
1000 … 2500	10	12	14	16	18

Die **Tragfähigkeit** von hydrodynamischen Radialgleitlagern kann mit Hilfe der dimensionslosen **Sommerfeld-Zahl**

$$So = \bar{p}\psi_{eff}^2/(\eta_{eff}\omega_{eff}) \tag{1}$$

beschrieben werden. Wenn die relative Exzentrizität ε mittels So und B/D anhand von Bild 26.6 bestimmt wird, kann anschließend die **minimale Schmierspalthöhe** h_{min} berechnet werden:

$$h_{min} = (D/2)\,\psi_{eff}(1-\varepsilon) \tag{2}$$

Um Verschleiß zu vermeiden, sollte die im Betrieb auftretende minimale Schmierspalthöhe h_{min} größer als die zulässige minimale Schmierfilmdicke im Betrieb h_{lim} sein ($h_{min} > h_{lim}$). Erfahrungsrichtwerte für h_{lim} können Tabelle 26.2 oder der VDI-Richtlinie 2204 entnommen werden. Die Lage der kleinsten Schmierspalthöhe im Lager wird durch den Verlagerungswinkel β angegeben, Bild 26.7. Die Verlagerung des Wellenmittelpunktes liegt angenähert auf einem Halbkreis, dem sog. **Gümbel'schen Halbkreis**.

26.7 Berechnung hydrodynamischer Radialgleitlager

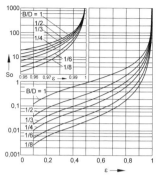

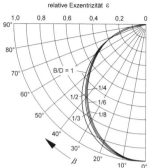

Bild 26.6: Sommerfeld-Zahl So für vollumschlossene Radialgleitlager in Abhängigkeit von B/D und ε nach [Lang/Steinhilper]

Bild 26.7: Verlagerungswinkel β für vollumschlossene Radialgleitlager in Abhängigkeit von B/D und ε nach [Lang/Steinhilper]

Die im Radialgleitlager anfallende **Reibungsleistung** wird berechnet mit der Gleichung

$$P_f = fF(U_J - U_B) \tag{3}$$

Die auf das effektive relative Lagerspiel ψ_{eff} bezogene Reibungszahl f lässt sich nach [Lang/Steinhilper] näherungsweise aus

$$f/\psi_{\text{eff}} = \pi/(So\sqrt{1-\varepsilon^2}) + (\varepsilon/2)\sin\beta \tag{4}$$

bestimmen. Die im Lager entstehende Reibungsleistung ist eine Verlustleistung und wird nahezu vollständig in Wärme umgewandelt.

Infolge Druckentwicklung im Schmierfilm fließt Schmierstoff an beiden Seiten des Lagers ab, der durch Schmierstoff, der dem Spaltraum neu zugeführt wird, ersetzt werden muss. Der hierfür erforderliche **Schmierstoffbedarf** kann mit folgender Gleichung näherungsweise berechnet werden:

$$Q_3 = [(B/D) - 0{,}223(B/D)^3]\,\varepsilon D^3 \psi_{\text{eff}}\,\omega_{\text{eff}}/4 \tag{5}$$

Die Zufuhr von Q_3 kann drucklos erfolgen. Wenn der Schmierstoff mit dem Druck p_{en} zugeführt wird ($p_{\text{en}} \approx 0{,}5 \ldots 5$ bar), erhöht sich der Schmierstoffdurchsatz, was sich günstig auf den Wärmetransport aus dem Lager auswirkt. Dieser Anteil Q_p des Schmierstoffdurchsatzes infolge des Zuführdrucks kann nach DIN 31652 für verschiedene Schmierstoff-Zuführungselemente (Schmierloch, Schmiernut, Ringnut oder Schmiertasche) bestimmt werden. Der gesamte Schmierstoffdurchsatz beträgt bei druckloser Schmierung $Q = Q_3$ und bei Druckschmierung $Q = Q_3 + Q_p$.

Zur Berechnung der Tragfähigkeit und der Reibung ist die im Betrieb auftretende effektive Schmierstoffviskosität erforderlich, die wiederum von der effektiven Schmierstofftemperatur abhängt. Diese resultiert aus der **Wärmebilanz** von im Lager erzeugter Reibungsleistung und den abfließenden Wärmeströmen. Bei drucklos geschmierten Lagern, z. B. bei Ringschmierung, wird die Wärme hauptsächlich durch Konvektion an die Umgebung abgeführt. Lager mit Umlaufschmierung geben die Wärme vorwiegend durch den Schmierstoff ab.

Für die Lagertemperatur T_B gilt bei reiner **Konvektionskühlung**

$$T_B = [P_f/(k_A A)] + T_{amb} \tag{6}$$

mit dem der Wärme abgebenden Fläche A zugeordneten äußeren Wärmedurchgangskoeffizienten k_A und der Umgebungstemperatur T_{amb}.

Bei **Umlaufschmierung** werden i. Allg. die Schmierstofftemperatur am Eintritt ins Lager T_{en}, der Schmierstoffzuführdruck p_{en} und die Art des Zuführungselements mit der entsprechenden Geometrie vorgegeben. Bestimmt werden müssen hier der gesamte Schmierstoffdurchsatz durch das Lager $Q = Q_3 + Q_p$, die Schmierstofftemperatur beim Austritt aus dem Lager T_{ex} und die effektive Schmierstofftemperatur T_{eff}. Die beiden Temperaturen T_{ex} und T_{eff} werden ermittelt aus

$$T_{ex} = [P_f/(c_p \rho Q)] + T_{en} \tag{7}$$

und

$$T_{eff} = (T_{en} + T_{ex})/2. \tag{8}$$

Die volumenspezifische Wärmekapazität des Schmierstoffs $c_p \rho$ weist für Mineralöl einen Wert von ungefähr $c_p \rho = 1{,}8 \cdot 10^6$ N · m/(m³ · K) auf. Es sollte sichergestellt werden, dass T_B und T_{ex} die höchstzulässige Lagertemperatur T_{lim} aus Tabelle 26.3 nicht überschreiten.

Im iterativen Berechnungsablauf zur Bestimmung von T_{eff} sind am Anfang häufig nur T_{amb} und T_{en} bekannt. Zunächst werden daher je nach Wärmeabgabebedingung T_B oder T_{ex} geschätzt (Empfehlung: $T_B = T_{amb} + 20$ °C und $T_{ex} = T_{en} + 20$ °C). Aus der Wärmebilanz ergibt sich dann ein neuer Wert für T_B bzw. T_{ex}, der durch Mittelwertbildung mit dem zuvor zu Grunde gelegten Temperaturwert so lange iterativ korrigiert wird, bis in der Rechnung die Differenz zwischen Ein- und Ausgangswert akzeptabel ist.

26.8 Hydrodynamische Axialgleitlager

Tabelle 26.3: Erfahrungswerte für die höchstzulässige Lagertemperatur T_{lim} nach DIN 31652

Art der Lagerschmierung	T_{lim} in °C *) Verhältnis von Gesamtschmierstoffvolumen zu Schmierstoffvolumen pro Minute (Schmierstoffdurchsatz)	
	bis 5	über 5
Druckschmierung (Umlaufschmierung)	100 (115)	110 (125)
drucklose Schmierung (Eigenschmierung)	90 (110)	

*) Klammerwerte nur ausnahmsweise bei besonderen Betriebsbedingungen zulässig

26.7.2 Betriebssicherheit

Der Übergang in die Mischreibung kann durch die mindestzulässige Übergangsschmierspalthöhe $h_{lim,tr}$ gekennzeichnet werden. Diese kann aus den quadratischen Mittenrauwerten $R_{q,J}$ und $R_{q,B}$ von Welle und Lager, der Verkantung und der Durchbiegung der Welle $qB/2$ bzw. $f_b/2$ innerhalb der Lagerbreite mit dem Verkantungswinkel q im Bogenmaß und der Durchbiegung f_b und den effektiven Welligkeitsamplituden $W_{t,J}$ und $W_{t,B}$ von Welle und Schale ermittelt werden und hängt vom Einlaufzustand ab. Es gilt:

$$h_{lim,tr} = 3\sqrt{R_{q,J}^2 + R_{q,B}^2} + \sum W_t + f_b/2 + qB/2 \tag{9}$$

Mit bekanntem $h_{lim,tr}$ kann dann nach [*Spiegel*] die Gleitgeschwindigkeit für den Übergang in die Mischreibung U_{tr} näherungsweise aus folgender Gleichung bestimmt werden:

$$U_{tr} = \sqrt{2/3} \; \bar{p}\psi_{eff} \, h_{lim,tr}/\eta_{eff} \tag{10}$$

Das Lager sollte so ausgelegt werden, dass $U_{tr} < U_{lim,tr}$, die zulässige Gleitgeschwindigkeit für den Übergang in die Mischreibung, ist. Für $U_{lim,tr}$ gilt nach [*Noack*]: $U_{lim,tr} = 1$ m/s für $U > 3$ m/s und $U_{lim,tr} = U/3$ für $U < 3$ m/s.

26.8 Hydrodynamische Axialgleitlager

Als **Axialgleitlager** werden beispielsweise Lager mit mehreren festen Keilflächen, die in einer fest stehenden Spurplatte eingearbeitet sind, oder Lager mit mehreren unabhängig voneinander kippbeweglichen Gleitschuhen (viereckig oder kreisrund) eingesetzt (Bild 26.8 und 26.9). Bei Letzteren stellen sich, abhängig von der Lagergeometrie und den Betriebsbedingungen, die Neigung der Gleitschuhe und die kleinste

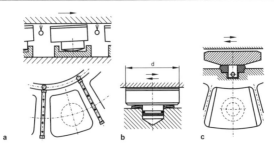

Bild 26.8: Ausführungsvarianten für Axialgleitlager. a) kippbeweglicher segmentförmiger Gleitschuh für eine Drehrichtung mit starrer kugelförmiger Abstützung und Schmierölversorgung mittels Einspritzung zwischen den Gleitschuhen, b) kippbeweglicher kreisförmiger Gleitschuh für gleich bleibende und wechselnde Drehrichtung mit elastischer Abstützung über eine Tellerfeder (d Durchmesser des Kreisgleitschuhs), c) kippbeweglicher segmentförmiger Gleitschuh für gleich bleibende und wechselnde Drehrichtung mit elastischer Abstützung

Schmierspalthöhe selbstständig ein. Mittig abgestützte kippbewegliche Gleitschuhe sind für beide Drehrichtungen geeignet.
Die Auswahl der Lagerbauart hängt von den Betriebsbedingungen ab. Bei hohen Flächenpressungen und häufigem An- und Auslaufen unter Last sind **Kippsegmentlager** zu bevorzugen. Bei ihnen bewirkt der beim An- und Auslauf auftretende Verschleiß keine nennenswerten Spalt-

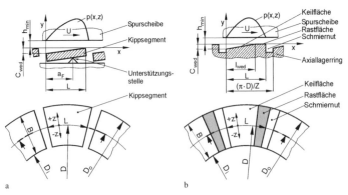

Bild 26.9: a) Axialkippsegmentlager (schematisch) mit Druckverteilung, b) Axialsegmentlager mit fest eingearbeiteten Keil- und Rastflächen (schematisch) mit Druckverteilung: $p(x, z)$ Druckverteilung im Schmierfilm, U Gleitgeschwindigkeit auf dem mittleren Gleitdurchmesser, D mittlerer Gleitdurchmesser, D_i Innendurchmesser der Gleitfläche, D_0 Außendurchmesser der Gleitfläche, B Segmentbreite, L Segmentlänge in Umfangsrichtung, a_F Abstand der Unterstützungsstelle vom Spalteintritt in Umfangsrichtung, l_{wed} Keillänge, C_{wed} Keiltiefe, h_{min} kleinste Schmierspalthöhe, x, y und z Koordinaten

geometrieänderungen. Geschlossene Lagerringe mit eingearbeiteten Keilspalten werden genutzt, wenn ein An- und Auslauf unter Last nicht oder nur selten auftritt und niedrige Flächenpressungen oder auch instationäre Belastungsverhältnisse vorliegen. Um bei Segmentlagern mit festen eingearbeiteten Keilflächen im Stillstand das Gewicht des Rotors und eventuell eine zusätzliche Lagerkraft aufnehmen zu können, sollte bei allen Lagersegmenten eine **Rastfläche** vorgesehen werden, Bild 26.9b).

26.9 Berechnung hydrostatischer Gleitlager

Bei hydrostatischen Gleitlagern wird der zum Tragen erforderliche Druck im Schmierspalt von einer externen Pumpe erzeugt. Der unter Druck stehende Schmierstoff kann den Schmiertaschen im Lager mit jeweils einer Pumpe pro Tasche oder mit einer Pumpe für alle Schmiertaschen und jeweils einer Drossel (Kapillare, Blende usw.) vor jeder Tasche zugeführt werden. Die Schmierspalthöhe im Lager stellt sich entsprechend der Belastung ein.

Stellvertretend für die hydrostatischen Gleitlager soll hier ein **Mehrflächen-Axiallager** mit Schmiertaschen und Kapillaren als Drosseln vorgestellt werden. Für die Berechnung gelten die in Bild 26.10 angegebenen Bezeichnungen. Es wird angenommen, dass bei der Bestimmung der Tragkraft und des Schmierstoffdurchsatzes die Scher- gegenüber der

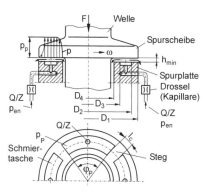

Bild 26.10: Hydrostatisches Mehrflächen-Axialgleitlager (schematisch). F Lagerkraft, ω Winkelgeschwindigkeit der Spurscheibe, p Druckverteilung, p_p Taschendruck, p_{en} Zuführdruck (Pumpendruck), φ_p Umfangswinkel der Schmiertasche, Z Anzahl der Schmiertaschen, Q Schmierstoffdurchsatz des Lagers, D_1 Spurplattenaußendurchmesser, D_2 Schmiertaschenaußendurchmesser, D_3 Schmiertascheninnendurchmesser, D_4 Spurplatteninnendurchmesser, l_c Stegbreite in Umfangsrichtung auf dem mittleren Spurplattendurchmesser

Druckströmung vernachlässigt werden kann (gültig für kleine Umfangsgeschwindigkeiten). Außerdem bleiben die Tragfähigkeit und die Reibung im Stegbereich zwischen den Schmiertaschen unberücksichtigt.

Die Tragkraft F kann dann näherungsweise bestimmt werden aus

$$F = (Z\varphi_p/16)\,[p_{en}/(1+\xi)]\,[(D_1^2 - D_2^2)/\ln(D_1/D_2) - (D_3^2 - D_4^2)/\ln(D_3/D_4)]$$

mit dem Umfangswinkel der Schmiertasche $\varphi_p = (2\pi/Z) - 2l_c/D$ und dem mittleren Spurplattendurchmesser $D = (D_1 + D_4)/2$. Der Schmierstoffdurchsatz Q ergibt sich aus

$$Q = (Z\varphi_p/12)\,(h_{min}^3/\eta_B)\,[p_{en}/(1+\xi)]\,[1/\ln(D_1/D_2) + 1/\ln(D_3/D_4)]$$

Für das Reibungsmoment M_f gilt

$$M_f = (\pi/32)\,(\eta_B\omega/h_{min})\,(D_1^4 - D_2^4 + D_3^4 - D_4^4)$$

Die Reibungsleistung P_f folgt aus $P_f = M_f\,\omega$ und mit der Pumpenleistung $P_p = P_{en}Q$ kann die Gesamtleistung $P_{tot} = P_f + P_p$ ermittelt werden. Das Drosselverhältnis $\xi = (p_{en} - p_p)/p_p$ sollte bei $\xi = 1$ liegen und die Spaltweite h_{min} größer als $h_{lim} = 1{,}25\,\sqrt{(DRz)/3000}$ sein mit D als dem mittleren Spurplattendurchmesser und Rz als der Mittelwert der größten Profilhöhen der Spurscheibe jeweils in m.

Quellen und weiterführende Literatur

DIN 31652: Hydrodynamische Radial-Gleitlager im stationären Betrieb. Berlin: Beuth-Verlag, 1983
DIN 31654: Gleitlager; Hydrodynamische Axial-Gleitlager im stationären Betrieb; Berechnung von Axial-Kippsegmentlagern. Berlin: Beuth-Verlag, 1991
Lang, O. R.; Steinhilper, W.: Gleitlager. Berlin: Springer-Verlag, 1978
Noack, G.: Berechnung hydrodynamisch geschmierter Gleitlager – dargestellt am Beispiel der Radiallager. In: Gleitlager als moderne Maschinenelemente. Tribotechnik Bd. 400. Ehningen bei Böblingen: Expert-Verlag, 1993
Spiegel, K.: Konstruktive Fragen des Gleitlagers unter Berücksichtigung der Schmierung. In: Gleitlager als moderne Maschinenelemente. Tribotechnik Bd. 400. Ehningen bei Böblingen: Expert-Verlag, 1993
Spiegel, K.; Fricke, J.: Bemessungs- und Gestaltungsregeln für Gleitlager: Herkunft – Bedeutung – Grundlagen – Fortschritt. Tribologie + Schmierungstechnik, 47. Jahrgang, 2000, Heft 5, S. 32–41
Steinhilper, W.; Röper, R.: Maschinen- und Konstruktionselemente. Berlin: Springer-Verlag, 1994
VDI 2204: Auslegung von Gleitlagerungen; Berechnung. Düsseldorf: VDI-Verlag, 1992
Vogelpohl, G.: Betriebssichere Gleitlager. Berlin: Springer-Verlag, 1967

27 Dichtungen

Dr.-Ing. Eberhard Bock
Dr.-Ing. Thomas Klenk

27.1 Einleitung

Dichtungen sind eine sehr breite und diversifizierte Klasse von Konstruktionselementen mit sehr unterschiedlichen Eigenschaften und Anforderungsprofilen. Es gibt quasi keine Geräte oder Aggregate, die ohne Dichtungen auskommen. Dem Konstrukteur sei empfohlen, sehr frühzeitig in der Konzeptions- oder Konstruktionsphase die verschiedenen Dichtungen mit ihren jeweiligen Einbaumaßen und Randbedingungen zu berücksichtigen.

Dieses Kapitel soll einen Überblick über die Grundlagen der Dichtungstechnik, über die am meisten eingesetzten Dichtungen und deren Einsatzgebiete und -grenzen und auch über die gängigsten Dichtungswerkstoffe geben. Es soll helfen, für jeden Anwendungsfall die geeignete Dichtung auszuwählen und die für die einwandfreie Funktion erforderlichen Bedingungen zu berücksichtigen.

Die Dichtungen lassen sich einteilen in

- statisch beansprucht oder
- dynamisch beansprucht,

- berührend oder
- berührungslos,

- hermetisch oder
- nicht hermetisch,

- aktiv oder
- passiv,

- metallisch oder
- nichtmetallisch/polymer.

Bild 27.1 zeigt die am weitesten verbreitete **Einteilung nach der Relativbewegung** der Gegenfläche, aus der die Vielfalt an Arten, Aufgaben, Werkstoffen etc. abgeleitet werden kann.

Dieses Kapitel kann nicht die ganze Vielfalt an existierenden Dichtungen einschließlich deren Einsatzgebiete im Detail und erschöpfend behandeln. Deshalb schließt es mit einem umfassenden Literaturverzeichnis ab, das dem Interessierten eine Auswahl an Informationsquellen verfügbar macht.

27.2 Technische Dichtheit

Es ist nicht möglich, das Übertreten eines Mediums in den angrenzenden Raum absolut zu verhindern. Beispielsweise wird beim Abdichten von Wasserstoff oder CO_2 immer eine Diffusion durch den Dichtungswerkstoff stattfinden, beim Abdichten von Staub werden Partikel durch den Dichtspalt eindringen oder beim Abdichten von unter Druck stehendem Öl wird eine geringe Menge nach außen treten und sich dort z. B. als Meniskus am Dichtspalt sammeln.

Man wird also immer eine bestimmte Anforderung hinsichtlich der Dichtheit definieren. Ist diese erfüllt, so ist die Dichtung „**technisch dicht**".

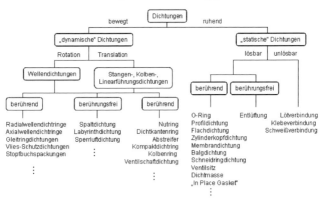

Bild 27.1: Einteilung von Dichtungen für statische und dynamische Dichtstellen [*Freudenberg*, nach [4]]

27.3 Dichtungswerkstoffe

Die von Dichtungen geforderten Eigenschaften sind auf Grund der Vielzahl der mannigfaltigen Einsatzfälle derart unterschiedlich, dass sie nicht von einem einzigen Werkstoff bzw. einer einzelnen Werkstoffgruppe erfüllt werden können. Unabhängig von dieser Tatsache haben sich jedoch für spezielle Dichtungsaufgaben einzelne Werkstoffe bzw. Werkstoffkombinationen etabliert.

27.3 Dichtungswerkstoffe

Besondere Bedeutung besitzt hierbei die Werkstoffgruppe der **Elastomere**. In der Regel verfügen Elastomere über eine hohe elastische Verformbarkeit und Flexibilität zur Anpassung an die Dichtfläche auch bei dynamischen Beanspruchungen.

Wichtige in der Dichtungstechnik eingesetzten Elastomere sind u. a.:

Acrylnitril-Butadien-Kautschuk (NBR), hydrierter Acrylnitril-Butadien-Kautschuk (HNBR), Fluorkautschuk (FKM), Silikonkautschuk (Vinyl-Methyl-Polysiloxan (VMQ), Acrylat-Kautschuk (ACM), Ethylen-Acrylat-Kautschuk (AEM), Ethylen-Propylen-Dien-Kautschuk (EPDM), Polyurethan (AU).

Diese Elastomere unterscheiden sich dabei deutlich hinsichtlich Alterungsverhalten (z. B. in Ozon oder unter UV-Einstrahlung), Verschleißverhalten, Relaxationsverhalten, Temperatureinsatzbereich, Medienbeständigkeit und Preis.

Beispielhaft zeigt Bild 27.2 die **Beständigkeit wichtiger Elastomere** in einem Referenzöl.

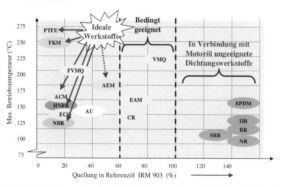

Bild 27.2: Quellung unterschiedlicher Dichtungswerkstoffe in Referenzöl *(Freudenberg)*

Die Quellung der Elastomere in diesem aromatenreichen Öl ist dabei viel höher als beispielsweise in Motorölen und zeigt daher die unterschiedliche **Medienbeständigkeit** der Elastomere besonders deutlich.

Liegt beispielsweise die Quellung eines Elastomers in einem bestimmten Medium unter definierten Testbedingungen oberhalb von 5 %, so sollte ein anderer Dichtungswerkstoff gewählt werden. Weitere Einsatzkriterien sind die Änderung von Zugfestigkeit und Bruchdehnung.

Zusätzlich werden die elastomeren Werkstoffe noch mit **Füllstoffpartikeln** wie Ruß, Mineralien, Kurzfasern usw. in ihrer Härte (Shorehärte), ihrem Relaxationsverhalten und in ihrer Verschleißbeständigkeit für die jeweilige Anwendung, z. B. als O-Ring, Radialwellendichtring oder als Stangendichtung, optimiert. Bei **Flachdichtungen** werden darüber hinaus häufig meist Hochleistungsfasern wie Kohle-, Graphit-, Aramid-, Glasfasern mit mehreren Millimetern Länge zugesetzt. In speziellen Fällen werden diese Langfasern mit geringem Bindemittelanteil z. B. in Form von Papier- oder Vliesdichtungen verwendet.

In Anwendungen, bei denen auf Grund der chemischen bzw. thermischen Beständigkeit dem Einsatz von Elastomeren Grenzen gesetzt sind, haben sich heute Dichtungen auf Basis von **Polytetrafluorethylen** (PTFE, teilkristalliner Thermoplast) durchgesetzt, die jedoch auf Grund der geringeren Flexibilität des Werkstoffs sowie erhöhter Kriechneigung besondere Dichtungsdesigns erfordern.

Zur Reduzierung der genannten Kriechneigung, zur Verbesserung des Verschleißverhaltens sowie zur Erhöhung der Wärme- bzw. elektrischen Leitfähigkeit von PTFE werden auch hier gezielt spezielle **Füllstoffe** zugesetzt.

Bei weiter gesteigerten Temperaturen (>280 °C) kommen in vielen Fällen Dichtungen aus **flexiblem Graphit** zum Einsatz. Über deren Lebensdauer und Einsatzgrenzen bei höheren Temperaturen entscheiden dann vor allem die dabei wirkenden Oxidationsvorgänge. Deswegen werden hier in vielen Fällen spezielle Kombinationen mit metallischen Werkstoffen (Kammerungen usw.) eingesetzt. Weitere Werkstoffe zum Einsatz in Hochtemperaturdichtungen sind z. B. **Glimmer** und **Mica**.

Kombinationen mit Metall zur Armierung, Kammerung, Anpressung und Ausblassicherheit insbesondere bei höheren Drücken bzw. bei Gefahr von Spaltextrusion finden praktisch mit allen anderen in der Dichtungstechnik eingesetzten Werkstoffen Verwendung.

Im Bereich von Hochdruckapparaten oder Hochdruckrohrleitungen werden bei Kapillarverbindungen am häufigsten **Kegelverbindungen** eingesetzt, bei denen die Dichtheit auf einem rein metallischen Kontakt beruht.

Vermehrt finden bei statischen Dichtungen auch so genannte **Klebedichtungen** Verwendung, die zwar in der Regel nicht mehr lösbar sind, aber in bestimmten Anwendungen große wirtschaftliche Vorteile bieten können.

Für die Abdichtung rotierender Wellen bei geringem Schmierstoffangebot bzw. Medien mit schlechten Schmierstoffeigenschaften finden heutzutage speziell in Pumpen, Rührmaschinen, Verdampfern überwiegend **Gleitringdichtungen** Anwendung. Vorherrschende Werkstoffe für die Gleitringe sind Kunststoffe, Kunstkohle und Hartkeramik.

27.4 Dynamische Dichtungen

Als **dynamische Dichtungen** werden alle Dichtsysteme bezeichnet, die verhindern, dass entlang eines relativ zu einem Gehäuse bewegten Maschinenelements – wie beispielsweise einer rotierenden Welle oder einer Hydraulikstange – Fluid von einem in einen anderen Raum gelangt.

27.4.1 Grundlagen dynamischer Dichtungen

Dynamische Dichtungen [1–6] haben die Aufgabe, zwei relativ zueinander bewegte Flächen gegeneinander abzudichten, d. h. das Übertreten der gegeneinander abzudichtenden Medien von einem Raum in den anderen zu verhindern (Bild 27.3). Abzudichtende Medien sind häufig Öle, wässrige Flüssigkeiten, Gase, mit Staubpartikeln beladene Gase (Luft), Schmutz, …

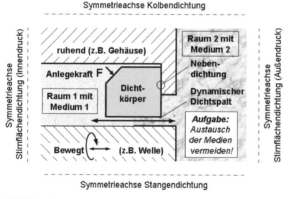

Bild 27.3: Aufgabe und Elemente einer dynamischen Dichtung *(Freudenberg)*

27.4.1.1 Elemente der dynamischen Dichtung

Bild 27.3 zeigt schematisch die **Grundelemente** aller dynamischen Dichtungen, die im Bild durch die unterschiedlichen Symmetrieachsen dargestellt sind. Jeder Dichtkörper wird durch eine Kraft sowohl an die ruhende als auch an die bewegte Gegenfläche angepresst und bildet dadurch die **statische Nebendichtung** bzw. den **dynamischen Dichtspalt**.

27.4.1.2 Starrer und dynamischer Dichtspalt, hydrostatische und hydrodynamische Spaltbildung

Sind die beiden den dynamischen Dichtspalt bildenden Maschinenelemente unelastisch, so ist der Dichtspalt **starr**. Einfaches Beispiel hierfür ist der eine Strömungsdrossel bildende Ringspalt zwischen Welle/Stange und Bohrung (Bild 27.4a). Bei **Drosselspaltdichtungen** mit beweglichem Schwimmring, wie sie in Turboverdichtern eingesetzt werden, ist der Dichtspalt beispielsweise starr und nur einige hundertstel Millimeter hoch. Ein weiteres Beispiel mit höherem starrem Dichtspalt sind berührungslose **Fanglabyrinthdichtungen**, wie sie zum Abdichten schnell laufender Werkzeugmaschinenspindeln eingesetzt werden. Starre Dichtspalte arbeiten **verschleißfrei**.

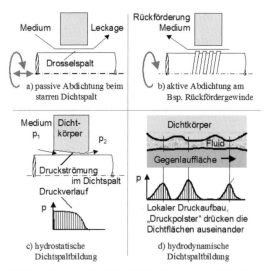

Bild 27.4: Starrer und dynamischer Dichtspalt; passive und aktive Dichtung; hydrostatische und hydrodynamische Spaltbildung *(Freudenberg)* [5]

Ist der Dichtkörper aus elastischem Werkstoff, so schließt der **„elastische" Dichtspalt** bei ruhender Gegenfläche im Idealfall vollständig. Erst durch hydrostatische oder hydrodynamische Spaltbildung entsteht ein Dichtspalt geringer Höhe. Beispiele hierfür sind **Radialwellendichtringe** oder **Hydraulikstangendichtungen**, deren Dichtkanten sich bei ruhender Welle/Stange ganz an deren Oberfläche anlegen und den Dichtspalt schließen.

27.4 Dynamische Dichtungen

> Bei der **hydrostatischen Spaltbildung** dringt unter Überdruck stehendes Fluid zwischen die beiden Dichtflächen ein und strömt durch den Dichtspalt hindurch. Dabei fällt der Druck auf den Gegendruck ab. Das entstehende Druck- und Spaltprofil hängt hauptsächlich von der Anpressung des Dichtkörpers an die Gegenfläche ab (Bild 27.4c).
>
> Bei der **hydrodynamischen Spaltbildung** entsteht bei Relativbewegung der Dichtflächen durch hydrodynamische Vorgänge ein mit dem abzudichtenden Medium gefüllter Dichtspalt, dessen Höhe in der Regel weniger als 1 µm beträgt (Bild 27.4d).

Dabei wird durch die Bewegung der Gegenlauffläche Flüssigkeit relativ zum Dichtkörper mitgeschleppt. Durch die Oberflächenrauheiten und die Welligkeit der Dichtflächen entstehen konvergente **Mikrospalte** im Dichtspalt, in denen sich durch Schleppströmung ein **hydrodynamischer Spaltdruck** aufbaut. Dieser Vorgang ist vergleichbar mit der Funktionsweise eines hydrodynamischen Gleitlagers und tritt bei allen **dynamischen Berührungsdichtungen** auf. Der Pressungsverlauf im Dichtspalt bestimmt zusammen mit der Viskosität der Flüssigkeit und der Relativgeschwindigkeit der Dichtflächen zueinander die Dichtspalthöhe. Der Schmierfilm trennt die Dichtflächen im Idealfall vollständig voneinander, sodass bei permanenter Relativbewegung der Verschleiß vernachlässigbar gering ist.

Während ein starrer Drosselspalt keine das abzudichtende Medium zurückfördernde Eigenschaft besitzt, kann die in einer dynamischen Dichtung wirkende Hydrodynamik genutzt werden, um in den Nachbarraum übertretendes Medium zurückzufördern. Im Gegensatz zum „passiven" Drosselspalt werden solche Dichtungen als **aktive Dichtungen** bezeichnet. Rückfördermechanismen sind beispielsweise Fördergewinde (Bild 27.4 b), in dynamische Dichtsysteme integrierte Schleuderscheiben oder hydrodynamisch wirkende Mechanismen von Radialwellendichtringen oder Hydraulikdichtungen, auf die im Zusammenhang mit diesen Dichtungen später eingegangen wird.

27.4.2 Ausführungsformen und Einsatzbeispiele

Im Folgenden werden die am häufigsten eingesetzten Dichtungstypen einschließlich ihrer Einsatzgebiete, besonderen Merkmale und bei der Auslegung und Montage zu beachtenden Punkte erläutert.

27.4.2.1 Radialwellendichtringe (RWDR)

RWDR sind die am meisten eingesetzten Vertreter der dynamischen Wellendichtungen. Sie dichten Wellendurchtrittsstellen vieler unterschiedlicher Aggregats-Typen gegen die meisten Flüssigkeiten ab. Die **Dichtlippen** der meisten RWDR bestehen aus Elastomeren, in vielen Anwendungen, z. B. in der chemischen Industrie oder in Verbrennungsmotoren, wird Polytetrafluorethylen (PTFE) eingesetzt.

Generell sind die Grenzen hinsichtlich chemischer und thermischer Verträglichkeit zu beachten (vgl. Kap. Werkstoffe). Als Einsatzgrenze für Drehzahl und Druck wird oft deren Produkt, der sog. pv-Wert, herangezogen. Mit Sonderbauformen können Drücke bis 20 MPa bei sehr kleinen Gleitgeschwindigkeiten ($v = 0{,}2$ m/s) abgedichtet werden. Drucklos sind hinsichtlich Reibung optimierte RWDR bis ca. 50 m/s einsetzbar [7].

Vor allem bei Druckanwendungen oder höherer Gleitgeschwindigkeit entsteht durch Reibung eine hohe thermische Belastung. Die Temperatur im Dichtspalt kann in kritischen Fällen leicht 50 K über der Temperatur des abzudichtenden Mediums liegen. Dies muss bei der Auswahl des RWDR berücksichtigt werden.

RWDR sollten generell bereits in der Konzeptionsphase in Anlehnung an die Herstellerkataloge und -empfehlungen und in kritischen Fällen nur nach Rücksprache mit dem Hersteller ausgewählt werden. Einsatzgrenzen (pv-Wert, max. zulässige Exzentrizität, Schlag, Abmessungen, ...) sind meist in Tabellen- oder Diagrammform vorhanden.

Abhängig vom abzudichtenden Fluid werden unterschiedliche Elastomere oder PTFE-Compounds eingesetzt. Bild 27.5 zeigt die beiden am häufigsten eingesetzten Bauformen nach DIN 3760 und 3761 (**Elastomer-RWDR**, Bild 27.5a) und ISO 6194 (**PTFE-RWDR**, Bild 27.5b und c) sowie eine Auswahl weiterer RWDR-Bauformen zum Abdichten unter Druck stehender Medien.

Hauptsächlich zum Abdichten der Kurbelwelle in Verbrennungsmotoren werden neuerdings auch **Elastomer-RWDR** eingesetzt, die im Design den in Bild 27.5c dargestellten PTFE-RWDR entsprechen.

27.4 Dynamische Dichtungen

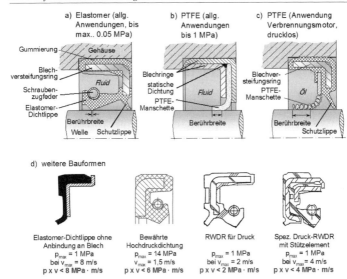

Bild 27.5: RWDR-Bauformen *(Freudenberg)*

Funktionsweise, „Natürlicher Dichtmechanismus"

RWDR aus Elastomer entsprechend Bild 27.5a und d verfügen über einen so genannten „natürlichen" oder „dynamischen" Dichtmechanismus [1–7], dessen Funktion auf den unterschiedlich großen Kontaktflächenwinkeln $\alpha > \beta$ zwischen Dichtkante und Welle basiert (vgl. Bild 27.6).

Vereinfacht lässt sich die Pumpwirkung wie folgt erklären: Die Dichtkante legt sich an die Welle an und wird abgeplattet. Die höchste Anpressung tritt an der Stelle auf, an der die Dichtkante am stärksten verformt wird. Diese Stelle liegt auf Grund der asymmetrischen Kontaktflächenwinkel nicht in der Mitte der Berührbreite, sondern ist zur Ölseite hin verlagert. Die Welle verzerrt bei Rotation die geringfügig raue Oberfläche der Dichtkante tangential und erzeugt dadurch eine gerichtete Struktur (Bild 27.6). Das Maß dieser **elastischen Verzerrung** hängt von der lokalen Anpressung ab, ist deshalb an der Stelle des Pressungsmaximums am größten und klingt nach beiden Seiten zu den Berandungen der Berührbreite hin ab.

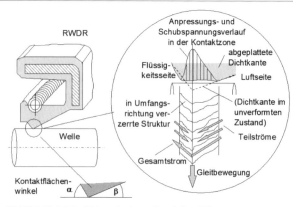

Bild 27.6: Natürlicher Dichtmechanismus *(Freudenberg)* [5]

Die entstandene Verzerrungsstruktur lässt sich mit zwei gegeneinander arbeitenden Fördergewinden unterschiedlicher Länge und Steigung vergleichen, die zu gegeneinander gerichteten **Schleppströmungen** führen. Prinzipiell wird also Flüssigkeit in beide Richtungen gefördert. Das luftseitige Fördergewinde ist jedoch länger und hat deshalb ein größeres Fördervermögen. Flüssigkeit wird so lange auf die Ölseite und damit in den abzudichtenden Raum gefördert, bis auf der Luftseite keine Flüssigkeit mehr angeboten wird und sich im Dichtspalt ein Gleichgewicht der beiden Förderströme einstellt.

Der natürliche Dichtmechanismus eines RWDR ist – bedingt durch die rein elastische Verzerrung der Oberfläche – von der Drehrichtung der Welle unabhängig. Durch diese Erklärung wird deutlich, warum ein RWDR zwei flüssigkeitsgefüllte Räume nicht trennen kann und beispielsweise auch Spritzwasser und eventuell sogar Schmutz in den abzudichtenden Raum hineinfördert. Ferner wird verständlich, warum ein RWDR, der mit seiner Bodenseite zum abzudichtenden Raum hin eingebaut wird, undicht sein muss.

Hydrodynamisch aktive Rückförderstrukturen

Für viele Anwendungen werden **RWDR mit Rückförderstrukturen** eingesetzt, die häufig als **Drall** bezeichnet werden und bei Elastomer-RWDR den natürlichen Dichtmechanismus unterstützen. Dies sind erhabene oder vertiefte Strukturen im oder am Kontaktbereich, die in den Dichtspalt eingedrungenes Medium in das abzudichtende Aggregat zurückfördern. Das im Dichtspalt von der Welle in Umfangsrichtung

27.4 Dynamische Dichtungen

mitgeschleppte Medium wird dabei durch die Strukturen axial abgelenkt und zurückgepumpt. Es gibt Strukturen für nur eine oder für beide Wellendrehrichtungen.

Standard-RWDR (Katalogware, z. B. [7]) werden in der Regel ohne Drall ausgeführt, da deren Einsatzgebiet unbekannt ist und der Drall unter bereits geringem Überdruck nicht immer zuverlässig funktioniert und schaden kann.

Beschaffenheit der Wellenoberfläche als Gegenlauffläche

Im Gegensatz zur Gleitringdichtung wird die **Gegenlauffläche** beim RWDR in der Regel nicht vom Dichtungshersteller mitgeliefert. Das Funktions- und Verschleißverhalten von RWDR hängt aber maßgeblich von der Beschaffenheit der Gegenlauffläche ab. Entsprechend DIN 3761 oder ISO 6194 werden folgende Rauheitswerte gefordert:

$$R_z = 1 \ldots 5 \,\mu\text{m}, \qquad R_a = 0{,}2 \ldots 0{,}8 \,\mu\text{m}, \qquad R_{max} \approx 6{,}3 \,\mu\text{m}.$$

Diese Werte sind für die Charakterisierung der Gegenlaufflächen erforderlich, aber nicht ausreichend, da sie die Oberflächenstruktur nicht eindeutig beschreiben. Oberflächen mit gleichen Rauheitswerten können gegenüber der Dichtlippe unterschiedlich aggressiv sein und mit einer förderwirksamen Struktur behaftet sein, die die Funktion des RWDR beeinflusst. Deshalb werden bevorzugte Fertigungstechniken zum Erzeugen der Gegenlaufflächen vorgeschrieben. Meistens werden sie mit nach Möglichkeit drallfrei abgerichteten Schleifscheiben im Einstich geschliffen und ausreichend lange ausgefeuert.

Während bis vor einigen Jahren vom Drehen von Gegenlaufflächen abgeraten wurde, konnte diese Fertigungstechnik mit hochsteifen Maschinen, geeigneten Werkzeugen und Parametersätzen zum Erzeugen geeigneter Gegenlaufflächen entwickelt werden. Das **Tangential-Drehen** ist ein neues Fertigungsverfahren, mit dem drallfreie Oberflächen hergestellt werden können. Drehen mit anschließendem Glattwalzen (Rollieren) wird ebenfalls vereinzelt angewandt.

Wellenwerkstoff

Meistens werden Stahlwellen eingesetzt. Bei manchen Anwendungen, z. B. bei Hydraulikpumpen, kommen thermische Spritzschichten zum Einsatz, die geschliffen und versiegelt sind. Zum Herstellen dieser Schichten ist allerdings viel Erfahrung erforderlich.

Hinweise zur Konstruktion des Dichtungsumfelds und der Montage von RWDR

Die Beschädigung der Dichtlippe ist häufige Ausfallursache. Deshalb sollte bei der Konstruktion darauf geachtet werden, dass

- der RWDR nicht über Wellenbohrungen, Kanten und kleine Radien gezogen werden muss,
- eine ausreichende Einfahrschräge vorhanden ist und
- beispielsweise der Sitz eines Wälzlagers größer gewählt wird als der Abdichtdurchmesser, damit dieser bei der Lagermontage nicht beschädigt wird.

Weitere Hinweise sind in nahezu jedem RWDR-Katalog zu finden.

27.4.2.2 Gleitringdichtungen (GLRD)

Früher wurden die Wellendurchtrittsstellen von Pumpen, Kompressoren und weiteren Aggregaten hauptsächlich in der chemischen und allgemeinen Industrie mit **Stopfbuchspackungen** abgedichtet. Die GLRD als deren Nachfolger ist wesentlich günstiger hinsichtlich Dicht- und Reibverhalten, Lebensdauer und Einsatzbereich und hat sich als druckbelastbare Wellendichtung zum Abdichten von Fluiden durchgesetzt.

> Im Gegensatz zum Radialwellendichtring ist die GLRD eine **Axialdichtung** mit Stirnflächen als Gleitdichtflächen. Beide Gleitdichtflächen werden immer zusammen geliefert, sodass bei der Konstruktion zwar genau auf die Einbaumaße und -verhältnisse, nicht aber auf die Fertigung der Gegenlauffläche geachtet werden muss.

Bild 27.7a zeigt eine einfache Standard-GLRD mit rotierendem Gleitring und stationärem Gegenring. Die Gleitdichtflächen beider Ringe sind extrem fein und plan geläppt. Der Gleitring wird über eine Feder an den Gegenring angelegt, die Verschleiß und Axialbewegungen kompensiert. Sie erzeugt zusammen mit dem abzudichtenden Druck die spaltschließende Dichtkraft. Die Federkraft wird über den Druckring und den O-Ring gleichmäßig auf den Gleitring übertragen. Gleit- und Gegenring sind durch O-Ringe als Sekundärdichtungen zur Welle bzw. zum Gehäuse hin abgedichtet. Weitere Aufgaben der O-Ringe sind das Zentrieren und Lagern der Gleitdichtringe und – sofern keine formschlüssige Verdrehsicherung vorhanden – das Übertragen des Reibmoments von der Welle auf das Gehäuse.

27.4 Dynamische Dichtungen

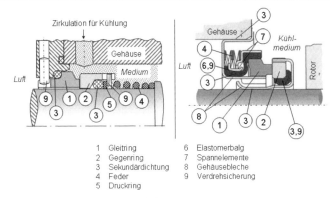

1 Gleitring
2 Gegenring
3 Sekundärdichtung
4 Feder
5 Druckring
6 Elastomerbalg
7 Spannelemente
8 Gehäuseblech
9 Verdrehsicherung

Bild 27.7: Beispiele von GLRD *(Freudenberg)*

Bild 27.7b zeigt eine einbaufertige Kassetten-GLRD zum Abdichten von Kfz-Wasserpumpen. Der in diesem Beispiel rotierende Gegenring aus Siliziumkarbid bildet mit seinem Sekundär-Dichtelement aus Elastomer und dem Blechrotor, der über einen Wulst unverlierbar mit der statischen Einheit verbunden ist, eine Baugruppe. In der statischen Einheit ist der Gleitring aus imprägnierter Kohle auf dem Blechstator axial verschiebbar zentriert und über einen durch eine Wellfeder angepressten Elastomerbalg statisch abgedichtet.

Belastungsfaktor

Die den Dichtspalt schließende Kraft setzt sich aus der Federkraft und der aus dem hydraulischen Druck resultierenden Kraft zusammen. Der Belastungsfaktor k ist definiert als das Verhältnis von hydraulisch belasteter Fläche A_H zur Gleitfläche A. Bild 27.8 verdeutlicht am Beispiel der geringfügig modifizierten GLRD aus Bild 27.7a unterschiedliche Belastungsfaktoren. Bei $k > 1$ spricht man von einer belasteten, bei $k < 1$ von einer entlasteten GLRD. Übliche k-Werte liegen zwischen 0,6 und 2. Oberhalb von 1 MPa abzudichtenden Drucks werden in der Regel nur entlastete GLRD eingesetzt. Wo extreme Anforderungen hinsichtlich Reibungsarmut und Lebensdauer bestehen, kommen ausschließlich die aufwändiger aufgebauten entlasteten GLRD zum Einsatz.

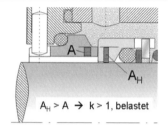 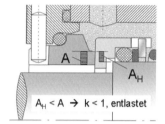

$A_H > A$ → $k > 1$, belastet $A_H < A$ → $k < 1$, entlastet

Bild 27.8: Belastungsfaktor *(Freudenberg)*

Dichtspalt

Die beiden aufeinander gepressten Dichtringe bilden einen starren Dichtspalt, dessen Höhe in der Regel wesentlich kleiner als 1 µm ist. Durch diesen Spalt kann prinzipiell Fluid nach außen dringen, auch bei nicht rotierender Welle (**hydrostatische Leckage**). Der Volumenstrom ist proportional zum abzudichtenden Druck und bei einer abzudichtenden Druckdifferenz <1 MPa in der Regel sehr klein und vernachlässigbar. Bei Hochdruckdichtungen kann diese Leckage, die auch mit kleiner werdendem Belastungsfaktor steigt, nicht mehr vernachlässigt werden.

Im Betrieb bildet sich durch die (Mikro-)Welligkeit der starren Dichtringe ein **hydrodynamischer Spaltdruck**, der die beiden Ringe trennt. Dennoch tritt vor allem bei GLRD mit $k > 1$ häufig Mischreibung auf, die zu lokalen Übertemperaturen im Dichtspalt führt. Durch hohe Temperaturen kann es im Dichtspalt zur Verdampfung des Mediums, zu Druckanstieg und damit zu einem pulsierenden Dichtspalt kommen.

Vor allem bei Hochleistungs- und Gas-GLRD werden häufig hydrodynamisch wirksame Strukturen in den härteren der beiden Dichtringe eingebracht, um den Dichtspalt zu stabilisieren und den Verschleiß zu reduzieren.

Werkstoffe

In DIN 24960 wird eine Vielfalt von Werkstoffen für die Dichtringe genannt. Eine häufige Paarung besteht aus einem Karbid-Ring (SiC oder WC) und einer imprägnierten Kohle (hart/weich-Paarung). Der Grund liegt darin, dass der Dichtring mit der kleineren, die Dichtspaltlänge bestimmenden Dichtfläche aus einem feinverschleißfähigen Material bestehen sollte, damit sich die Dichtfläche an den härteren Dichtring anpassen kann. Im Falle von Mischreibung oder nur linienförmiger Berührung kann es sonst zu lokalen Spitzentemperaturen und zum Fressen kommen.

27.4 Dynamische Dichtungen

Bei **Hochdruckdichtungen** werden häufig Paarungen von Karbid-Dichtringen eingesetzt (Hart/hart-Paarung), da Dichtringe aus weniger steifen und harten Werkstoffen den Belastungen nicht mehr standhalten.

Die früher häufig eingesetzten Stahl- und Graugussringe werden kaum mehr verwendet. Eine Ausnahme bilden hier die so genannten **Laufwerksdichtungen**, die hauptsächlich zum Abdichten der Achsgetriebe von Baumaschinen eingesetzt werden und aus zwei durch O-Ringe axial aneinander gepressten Stahl- oder Graugussringen bestehen, vgl. Bild 27.18.

27.4.2.3 Berührungsfreie Dichtungen

Dynamische Dichtungen werden als **berührungsfrei** bezeichnet, wenn die beiden den Dichtspalt bildenden Maschinenteile ohne Relativbewegung und äußere Kraft dauerhaft voneinander getrennt sind. Berührungsfreie Dichtungen werden als **Haupt-(Primär-)Dichtungen** und auch als **Schutzdichtungen** eingesetzt.

Die Reibungs- und Verschleißfreiheit bringt weitere **Vorteile** mit sich: kein Heißlaufen und keine Beschränkung der Relativgeschwindigkeit, keine Einschränkung in der Werkstoffauswahl, quasi unbegrenzte Lebensdauer, keine Schmierung erforderlich, keine Temperaturbeschränkung.

Die **Nachteile** bestehen darin, dass sie meistens nicht ganz dicht, für überflutete Abdichtstellen gänzlich ungeeignet und kaum als Standardprodukte erhältlich sind. Deshalb sind sie vom Konstrukteur auszulegen.

Bild 27.9 zeigt eine Reihe von Konzepten sowie handelsübliche berührungslose Schutzdichtungen. Sie sind ausgelegt, um mit Flüssigkeit bespritzte Wellendurchtrittsstellen abzudichten. Konzepte mit internem **Flüssigkeitsrücklauf**, wie in Bild 27.9 (a 8 und b D) dargestellt, funktionieren generell besser als die ohne Rücklauf und sollten, falls der Aggregataufbau dies zulässt, vorgezogen werden.

Eine besondere Gruppe der berührungslosen Wellendichtungen bilden die **Fanglabyrinthdichtungen**, die hauptsächlich zum Abdichten der Spindeln von Werkzeugmaschinen in deren Gehäuse integriert werden. Weitere Einsatzgebiete sind Achsen von Schienenfahrzeugen und Windkraftanlagen.

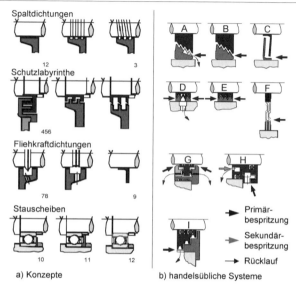

Bild 27.9: Berührungsfreie Schutzdichtungen nach [4]

Beim Auslegen der Fanglabyrinthdichtungen ist besonders darauf zu achten, dass die wesentlichen acht Wirkprinzipien (Grundfunktionen) in das Dichtsystem integriert werden, die in Bild 27.10 aufgelistet und sowohl in idealisierter als auch praxisrelevanter Form umgesetzt sind.

Sperrluftdichtungen

Bei einer Sperrluftdichtung wird Luft oder ein anderes Gas über eine Ringnut als Barriere für das abzudichtende Medium in den Spalt einer berührungslosen Dichtung geblasen. Diese Art von Dichtung eignet sich sehr gut, um Flüssigkeiten, Stäube, Dämpfe etc. abzudichten. Voraussetzung für die Funktion ist, dass der Luftdruck größer als der Druck des abzudichtenden Mediums ist.

Eine Kombination aus Fanglabyrinthdichtung und Sperrluftdichtung weist hervorragende Abdichteigenschaften aus. Eine Fanglabyrinthdichtung kann durch Integration der Sperrluftbarriere zusätzlich Gase, Nebel oder Dämpfe abdichten oder mit weniger Labyrinthstufen auskommen und so kleiner bauen.

27.4 Dynamische Dichtungen

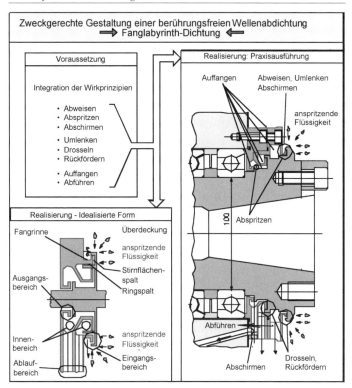

Bild 27.10: Gestaltung einer Fanglabyrinth-Dichtung. Realisierung der Gesamtfunktion – anspritzende Flüssigkeit berührungsfrei abdichten – durch Integrieren von acht Wirkprinzipien (Grundfunktionen) [4; 10; 11]

27.4.2.4 Hydraulikdichtungen

Bild 27.11 zeigt schematisch einen Hydraulikzylinder mit den erforderlichen translatorischen Dichtungen sowie deren Aufgaben. Hydraulikdichtungen funktionieren nur über eine zufrieden stellende Gebrauchsdauer, wenn eine dauerhafte Trennung des Dichtkörpers vom Gegenkörper (Stange oder Zylinderrohr) durch die Hydraulikflüssigkeit gewährleistet ist, da nur dadurch exzessiver Verschleiß der Dichtung verhindert werden kann.

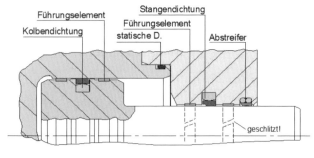

Stangendichtungen	verhindern das Austreten der Flüssigkeit in die Umwelt
Kolbendichtungen	verhindern das Überströmen der Flüssigkeit vom Hochdruck- in den Niederdruckraum innerhalb des Zylinders
Abstreifer	verhindern das Eintreten von Fremdstoffen in den Hydraulikzylinder und den Hydraulikkreislauf
Führungselemente	stützen äußere Querkräfte auf die Stange im Zylinder ab
Statische Dichtungen	verhindern das Austreten der Flüssigkeit an den Trennfugen der Zylinderteile

Bild 27.11: Hydraulikzylinder mit erforderlichen Dichtungen (schematisch) *(Freudenberg)*

Schmierfilmaufbau und -berechnung

Voraussetzung für den Aufbau eines tragfähigen elastohydrodynamischen Schmierfilms ist neben einer geeigneten glatten Gegenlauffläche und der Relativbewegung eine nicht zu scharf abstreifende Dichtkante, die das Einschleppen der Hydraulikflüssigkeit in den Dichtspalt verhindern würde.

Der Flüssigkeitsdruck im Dichtspalt entspricht der Anpressung der Dichtung an den Gegenkörper. Ist der Pressungsverlauf im Dichtspalt bekannt, so lässt sich die Höhe des Schmierfilms nach der eindimensionalen, nach $h(x)$ aufgelösten, so genannten **inversen Form der Reynolds-Gleichung** berechnen, Bild 27.12. Demzufolge hängt die Schmierfilmhöhe unmittelbar nur von der dynamischen Viskosität der Hydraulikflüssigkeit, von der maximalen Steigung des Pressungsverlaufs unter der Dichtkante in Bewegungsrichtung und von der Relativgeschwindigkeit der Gegenlauffläche zur Dichtung ab.

Der Druck der abzudichtenden Flüssigkeit wirkt sich nur indirekt durch die Beeinflussung des Pressungsverlaufs aus. Durch die Gestaltung der Dichtkante kann der Pressungsverlauf im Dichtspalt beeinflusst werden.

27.4 Dynamische Dichtungen

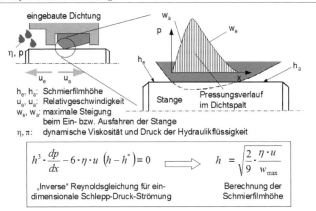

Bild 27.12: Berechnung der Höhe des auf der Gegenlauffläche verbleibenden Schmierfilms [1] bis [3]

Stangendichtungen

Eine Stangendichtung ist dann dicht, wenn die Höhe h_a des unter der Dichtkante nach außen gezogenen Schmierfilms kleiner ist als die Höhe h_e des potenziell nach innen transportierbaren Schmierfilms. Aus diesem Grund ist die Dichtkante einer Stangendichtung immer asymmetrisch mit einer steileren Flanke zum abzudichtenden Raum hin ausgebildet (Bild 27.12). Die steilere Flanke führt zu einer größeren Steigung w_a und sorgt somit für eine bessere Abstreifwirkung.

Da die Schmierfilmhöhe auch von der Relativgeschwindigkeit abhängt, kann es vorkommen, dass auch beim Einsatz einer optimal ausgelegten Stangendichtung Leckage austritt, wenn die Stange viel schneller aus- als einfährt. Bei einem **Stangendichtsystem** muss auch der Abstreifer generell in die Leckagebetrachtung einbezogen werden. Wird ein dicker Schmierfilm nach außen transportiert, so kann dieser beim Einfahren der Stange vom Abstreifer abgestreift und deshalb nicht mehr in den Zylinder zurücktransportiert werden. Ein Abstreifer mit zu scharfer Dichtkante kann so für die Leckage eines Stangendichtsystems verantwortlich sein.

Um die Extrusion der Dichtung in den Spalt zwischen Stange und Zylinder zu vermeiden, muss dieser Spalt unbedingt möglichst klein und steif ausgeführt sein. Angaben hierzu sind in nahezu jedem Produktkatalog zu finden.

In Bild 27.13 sind die am häufigsten eingesetzten Bauformen von Stangendichtungen aus verschiedenen Dichtungsmaterialien dargestellt. Die umlaufende Nut des Nutrings wird unterschiedlich groß ausgeführt und ist bei kompakten Stangendichtungen, wie sie beispielsweise in Teleskopzylindern eingesetzt werden, teilweise gar nicht vorhanden.

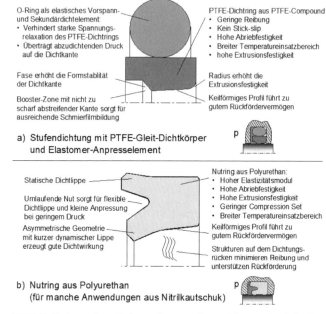

Bild 27.13: Bauformen der am häufigsten eingesetzten Stangendichtungen *(Freudenberg)*

Kolbendichtungen

Kolbendichtungen von doppelt wirkenden Zylindern haben die Aufgabe, das Überströmen der Hydraulikflüssigkeit auf die andere Seite des Kolbens zu verhindern. Zu hohe Schmierfilme und geringes Überströmen führen nicht zum Austreten von Leckage in die Umwelt. Deshalb werden Kolbendichtungen so ausgelegt, dass im Betrieb ein dicker Schmierfilm entsteht und so Reibung und Verschleiß auf ein Minimum reduziert werden.

Bild 27.14 zeigt einige gängige Kolbendichtungen und Kolben-Kompaktdichtungen mit integrierten Führungselementen.

Kolbendichtungen für einseitig druckbeaufschlagte Kolben werden wie Stangendichtungen ausgelegt.

27.4 Dynamische Dichtungen

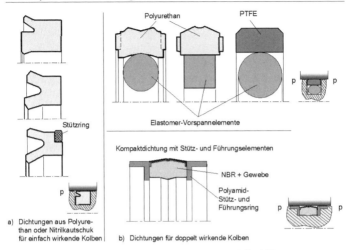

Bild 27.14: Bauformen häufig eingesetzter Kolbendichtungen *(Freudenberg)* [7]

Abstreifer

Abstreifer haben die schwierige Aufgabe, einerseits Fremdstoffe durch Abstreifen auf der Stange außerhalb des Hydrauliksystems zu halten und andererseits den Schmierfilm, der unter der Stangendichtung hindurch nach außen getragen wurde, nicht abzustreifen, um ihn wieder in das System zurückgelangen und nicht als Leckage auftreten zu lassen. Bild 27.15 zeigt Ausführungsformen und Aufgaben von Abstreifern.

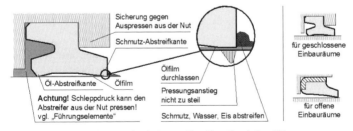

Bild 27.15: Ausführungsformen und Aufgaben von Abstreifern *(Freudenberg)* [7]

Führungselemente

Da Dichtungen keine Querkräfte aufnehmen können, müssen zusätzliche Führungselemente eingesetzt werden, die ebenfalls zum Dichtsystem gehören und bei Kolbendichtungen teilweise integriert sind (Bild 27.14).

Je nach aufzunehmender Last stehen unterschiedlich harte und geformte Führungselemente zur Verfügung. Meistens kommen **Führungsbänder** zur Anwendung (Bild 27.11).

Die Führungselemente bilden zur Gegenlauffläche immer einen sehr kleinen gefluteten Spalt, durch den durch die Relativbewegung Flüssigkeit geschleppt wird. Ist der Raum, in den die Flüssigkeit geschleppt wird, durch Dichtelemente abgeschlossen, so kann sich ein sehr hoher Schleppdruck aufbauen, der umgekehrt proportional zum Quadrat der Spalthöhe ist und die Funktion des Zylinders stören und das Dichtsystem zerstören kann. Deshalb muss in jedem Fall darauf geachtet werden, dass Führungsbänder geschlitzt und nicht auf Stoß verbaut sind und Führungsbuchsen über eine Entlastungsnut verfügen.

Dachmanschettensätze und Stopfbuchspackungen

Einzelne Dichtungsringe werden in einen relativ langen Einbauraum eingelegt und über den so genannten **Druck-** bzw. **Brillenring** axial vorgespannt. Durch Querdehnung legt sich das Packungsmaterial radial an das Stopfbuchsgehäuse sowie die Spindel an und kann dabei relativ große Spalte überbrücken.

Die hierbei eingesetzten Packungsmaterialen sind sehr vielfältig und können bis zu höchsten Temperaturen (z. B. Graphit und Bornitrid) eingesetzt werden. Durch ihre Eignung für Abdichtaufgaben bei hohen Temperaturen, bei hohen Drücken oder bei chemisch aggressiven Medien bei relativ moderaten Gleitgeschwindigkeiten gelten Stopfbuchsabdichtungen bei Armaturen in der Chemie- sowie Prozesstechnik oder bei Hochdruck-Plungerpumpen als Standard.

Durch Nachziehen bzw. Tellerbefederung bestehen besondere Möglichkeiten zur Erhöhung der Lebensdauer.

Dachmanschetten besitzen einen V-förmigen Querschnitt und verfügen daher nach definierter Vorspannung über einen selbstverstärkenden Dichtmechanismus (Einbaurichtung beachten).

Oberflächenbeschaffenheit von Stange und Zylinderrohr

Die Oberflächen sind meist hartverchromt und gehont. Als letzter Bearbeitungsgang empfiehlt sich ein umformendes Verfahren wie Glattwalzen oder Rollieren, da dadurch die Abrasivität der Oberfläche reduziert wird. Mit glatter werdender Oberfläche sinkt der Abrasionsverschleiß, allerdings nimmt gleichzeitig der Adhäsionsverschleiß vor allem beim Anfahren zu.

27.4 Dynamische Dichtungen

Als minimale Anforderungen an die Oberflächengüte werden empfohlen:

Zylinderrohre und Stangen: $R_{max} \leq 2{,}5$ µm, $R_a \leq 0{,}05 \ldots 0{,}3$ µm
Einbauräume: Nutgrund: $R_{max} \leq 6{,}3$ µm, $R_a \leq 1{,}6$ µm
Nutflanken: $R_{max} \leq 15$ µm, $R_a \leq 3$ µm

Alle Oberflächen sollten einen Materialtraganteil von $M_r = 50 \ldots 90\,\%$ in einer Schnitttiefe $c = 0{,}5 \times R_z$, ausgehend von einer Bezugslinie von $C_{ref} = 0\,\%$ aufweisen.

27.4.2.5 Pneumatikdichtungen

In Pneumatikzylindern eingesetzte Dichtsysteme entsprechen generell den in Hydraulikzylindern eingesetzten Dicht- und Führungselementen, sie haben prinzipiell auch die gleichen Aufgaben. Es gibt jedoch einen entscheidenden Unterschied hinsichtlich des abzudichtenden Mediums Luft: Luft ist stark kompressibel und schmiert nicht. Auf die Dichtungen wirkt sich dies folgendermaßen aus:

Sie gleiten auf einem **Fettfilm** und werden von diesem über die ganze Lebensdauer geschmiert. Da das Fett nicht abgestreift werden darf, sind die Dichtkanten so ausgeführt, dass keine abstreifenden Kanten mit steilen Pressungsgradienten entstehen.

Die Anpresskraft muss möglichst klein gehalten werden, da die Kompressibilität der Luft bei hohen Reibkräften zu unerwünschtem Stick-Slip führt und der Kolben vor allem nach längerem Stehen nicht anfährt oder sehr ruckartig losschnellt.

Als Dichtungsmaterialien kommen überwiegend Elastomere (z. B. NBR 75 ... 80 Shore A) oder Polyurethan zum Einsatz.

Bild 27.16 zeigt am Beispiel einer Stangendichtung die unterschiedliche Gestaltung von Dichtlippe und Dichtkante von Hydraulik- und Pneumatikdichtung. Zusätzlich ist ein Beispiel für ein Stangendichtungs-Abstreifer-Kombielement, eine einseitig und eine doppelseitig wirkende Kolbendichtung und einen als Einheit einsetzbaren Komplettkolben mit angebundenen Dichtlippen dargestellt. Beim Komplettkolben sind die Dichtkanten so ausgeführt, dass das Fett im Fettraum gehalten bzw. von diesem „gesammelt" wird und damit nicht in den Endpositionen des Kolbens angehäuft wird, sondern über die Einsatzdauer wirksam zur Verfügung steht.

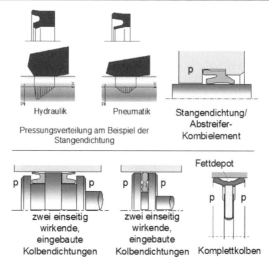

Bild 27.16: Pneumatikdichtungen *(Freudenberg)*

27.4.2.6 Bälge und Membranen

Bälge und **Membranen** gehören zu den dynamischen Dichtelementen und finden in vielen, teilweise sehr unterschiedlichen Einsatzgebieten Anwendung. Das macht es für den Dichtungshersteller schwierig, Standardproduktreihen festzulegen, und viele Produkte werden erst auf Anfrage entworfen und hergestellt.

Sie zeichnen sich dadurch aus, dass sie – trotz der Abdichtung von bewegten Maschinenteilen – keine dynamische Dichtstelle aufweisen. Aus diesem Grund gehören sie zur Kategorie der **hermetischen Dichtungen**. Bild 27.17 zeigt Beispiele für Bälge und Membranen.

Bälge

Die Produktgruppe der Bälge ist aufgeteilt in Einfalten- und Mehrfaltenbälge. **Einfaltenbälge** werden hauptsächlich als Schutzdichtungen für Gelenke und Wellengelenke eingesetzt, schützen diese vor Verschmutzung und verhindern auch den Austritt von Schmiermittel. **Mehrfaltenbälge** schützen hauptsächlich axial bewegte Stangen und Maschinenteile vor Verschmutzung, Spritzwasser oder Witterungseinflüssen (Bild 27.17a). Je nach Auslegung sind sie in der Lage, auch quer zur Achsrichtung verlaufende Bewegungen oder eine Kombination aus Quer-, Längs- und Schwenkbewegung aufzunehmen.

27.4 Dynamische Dichtungen

Beispiele für Anwendungen von Bälgen sind die Abdichtung von Gelenkwellen (die Achsmanschetten im Kfz-Antriebsstrang), Getriebeschalthebel, Schubstangen und Verbindungen von Rohrenden.

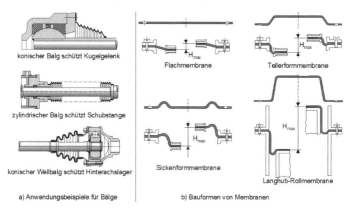

Bild 27.17: Beispiele für Bälge und Membranen *(Freudenberg)* [7]

Membranen

Membranen kommen beispielsweise als Pumpmembranen zum Einsatz, in Druckluftbremssystemen, als Trennelement in Druckausgleichsbehältern oder als Rollmembrane zum hermetischen Abdichten von Stößeln oder Stangen mit kleinem Hub in hydraulisch oder pneumatisch betätigten Steuer- und Regelgeräten, Druckschaltern etc.

Funktionsprinzip von Membranen
Der Arbeitsbereich von Membranen wird durch den Gehäusedurchmesser außen und den Kolbendurchmesser innen begrenzt, wo sie jeweils statisch dichtend eingeklemmt sind (Bild 27.17b). Zwischen Gehäuse und Kolben befindet sich der **Rollspalt**, über den der Walkbereich der Membrane mehr oder weniger stark gespannt ist. Besteht zwischen Ober- und Unterseite eine Druckdifferenz, so wird der Walkbereich unter der Druckbelastung in den Rollspalt gedrückt. Beim Durchfahren des Hubes „rollt" der Walkbereich im Rollspalt ab.

Bauformen (Bild 27.17b)
Die Vielzahl von Ausführungen lässt sich in wenige Grundbauformen zurückführen: Flach-, Sickenform-, Tellerform- und Rollmembrane.

Flachmembranen können nur bei relativ kleinem Hub eingesetzt werden, sind beidseitig mit Druck beaufschlagbar und ändern in der Regel ihren – für die aus dem Druck resultierende Kraft maßgeblichen, zwischen dem Kolben- und dem Gehäusedurchmesser liegenden – Wirkdurchmesser sehr stark mit dem Hub.

Bei **Sickenformmembranen** ist eine Rollfalte mit kreisförmigem Querschnitt bereits im unbelasteten Zustand gegeben, die ein Druckgefälle in Richtung ihrer Ausprägung erfordert. Ihr Wirkdurchmesser ist vom Hub nahezu unabhängig.

Tellerformmembranen sind wie die Flachmembranen beidseitig mit Druck beaufschlagbar, lassen jedoch wesentlich größere Hübe zu. Auch ihr Wirkdurchmesser ist vom Hub abhängig. Die Langhub-Rollmembranen sind eine Sonderform der Tellerformmembranen und werden vom Gehäuse nach außen und vom Kolben nach innen abgestützt. Wie bei Sickenformmembranen ist ein Druckgefälle zur Rollfalte hin erforderlich, damit die Membrane nicht umstülpt.

Mechanisch hoch belastete Membranen sind häufig durch eine in der Mitte des Membranquerschnitts oder auf die Membrane aufgelegte Gewebeein- bzw. -auflage verstärkt. Die relativ zum Elastomer begrenzte Verformbarkeit des Gewebes schränkt die Einsatzmöglichkeiten der Membrane ein. Chemisch hoch belastete Pumpmembranen sind häufig durch eine PTFE-Auflage geschützt.

27.4.2.7 Schutzdichtungen

> **Schutzdichtungen** ist ein Überbegriff, der unterschiedliche Dichtungstypen umfasst, die bereits großenteils in den vorangegangenen Kapiteln erwähnt sind. Dazu gehören, falls entsprechend eingesetzt: Ausführungen von Radialwellendichtringen, Abstreifer für Hydraulik und Pneumatik, berührungsfreie Dichtungen und nahezu alle Bälge.

Der **Filzring** nach DIN 5419 ist eine der ältesten Schutzdichtungen und wird nach Einölen einfach in eine Nut eingelegt, Bild 27.18 A. Er ist gut geeignet, um Staub und trockenen, lose anfallenden Schmutz am Eindringen zu hindern. Zum Abhalten flüssiger Medien ist er ungeeignet.

Lamellenringe B, Kolbenringe C und federnde Deckscheiben D–F sind einfache **metallische Dichtelemente**. D–F können bis ca. 5 m/s eingesetzt werden, B und C bis zu weit höherer Gleitgeschwindigkeit, da sie auch berührungsfrei laufen können. Die Schutzdichtungen B–F sind geeignet, Fett im Lager zu halten und Schmutz am Eindringen zu hindern, flüssigkeitsdicht sind sie aber nicht.

27.4 Dynamische Dichtungen

Ebenfalls weit verbreitet sind **V-Ringe** (Bild 27.18 G und I) und **Gamma-Ringe** (Bild 27.18 H), die auf die Welle montiert werden. Sie bestehen aus Elastomer und können deshalb auch flüssigkeitsdicht sein. Da es sich um Axialdichtungen handelt, ist ihre Dichtwirkung durch Fliehkraft unterstützt. Ihre Einsatzgrenze ist durch ihr Abheben von der Welle gegeben und liegt bei einer Umfangsgeschwindigkeit von ca. 15 m/s.

Eine weitere **Elastomer-Axialschutzdichtung** ist in Bild 27.18 K dargestellt. Ihre Dichtlippe wird durch eine Stahlfeder angepresst. Schmutz kann durch die Fliehkraft allerdings in das System hineingefördert werden. Bild 27.18 M zeigt eine weit verbreitete lagerintegrierte Dichtscheibe.

Die in Bild 27.18 L dargestellte **Laufwerksdichtung** besteht aus zwei durch Sekundär-Dichtelemente (O-Ringe) gegeneinander gepresste Gussringe und ist sehr robust. Sie gehört prinzipiell zu den Gleitringdichtungen und wurde zum Abdichten von Lagern für Kettenfahrzeuge entwickelt.

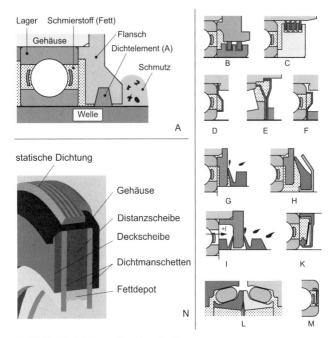

Bild 27.18: Schutzdichtungen (A – M aus [1; 4])

Eine sehr gute, auch gegen Flüssigkeiten wirksame Schutzdichtung ist in Bild 27.18 N dargestellt. Sie ist neu entwickelt und hat den Markt noch nicht flächendeckend durchdrungen. Sie wird beispielsweise als **Vorschaltdichtung** zum Abdichten der Kurbelwelle wattfähiger Fahrzeuge eingesetzt oder als Schutzdichtung für Schiffsantriebe gegen das Eindringen von Sand unter Wasser. Dichtwirkung und auch Trockenlauffähigkeit werden durch zwei Dichtmanschetten erreicht, die aus einem mit PTFE-Dispersion imprägnierten Aramidfaservlies bestehen und ein Fettpolster umschließen, das zusätzlich als Schmutzfangkammer dient. Zusätzlich zur ausgezeichneten Trockenlauffähigkeit zeichnen sie sich durch sehr geringe Reibung und hohe ertragbare Gleitgeschwindigkeiten aus. Bei der Montage werden die Dichtmanschetten in Montagerichtung umgestülpt und legen sich an die Welle an (vgl. Bild 27.5 b und c).

27.4.2.8 Drosseldichtungen für Flüssigkeiten und Gase

> Drosseldichtungen werden vor allem für Wasserkraftmaschinen, Gas- und Dampfturbinen eingesetzt. Prinzipbedingt weisen sie hohe Leckströme auf, was aber je nach abzudichtendem Medium unproblematisch ist, solange der Wirkungsgrad des abzudichtenden Aggregats nicht zu stark beeinträchtigt wird.

Bei inkompressiblen Medien (Flüssigkeiten) hat eine laminare Strömung die größte Drosselwirkung. Deshalb dichtet ein enger **Drosselspalt** mit geringstem Leckstrom, der aber relativ zur Leckage einer teureren Gleitringdichtung sehr groß ist.

Auch zum Abdichten von Dämpfen und Gasen können – sofern Temperatur, Gleitgeschwindigkeit und Radial-, Axial- sowie Taumelbewegungen der Welle dies zulassen – platzsparende **Gleitringdichtungen** eingesetzt werden. Sie sind aber sehr viel teurer als Drosseldichtungen. Bei Dämpfen und Gasen wird die beste Drosselwirkung bei turbulenter Strömung erzielt. Deshalb werden vor allem bei Dampf- und Gasturbinen **Drossellabyrinthdichtungen** eingesetzt, die über die lange Einsatzdauer der Maschinen verschleiß- und wartungsfrei laufen. Bild 27.19 zeigt mögliche Bauformen.

Beim Eintreten in den engen Spalt wird der Gasstrom annähernd isentrop beschleunigt, um dann beim Austreten in die relativ großvolumige Kammer zu verwirbeln und dabei idealerweise die gesamte Energie zu dissipieren. So verliert der Gasstrom in jeder Drosselstufe Energie und damit Druck, und der Leckstrom wird kleiner.

27.4 Dynamische Dichtungen

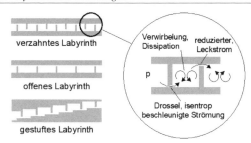

Bild 27.19: Bauformen von Drossellabyrinthen und ihr Wirkprinzip, nach [1]–[3]

In modernen Flugzeugtriebwerken werden hauptsächlich platzsparende Bürstendichtungen und zunehmend gasgeschmierte Gleitringdichtungen eingesetzt.

Bauformen, Thermodynamik und Auslegung von Drosseldichtungen sind in der Literatur umfassend beschrieben [1–3], [8], [9].

27.4.2.9 Dichtungen mit Sperrfluiden

Gelingt es, ein bestimmtes Sperrfluid (meist eine Flüssigkeit, seltener ein Gas) an der Wellendurchtrittsstelle zu halten, so eignet es sich hervorragend als Dichtung. Die bereits beschriebene **Sperrluftdichtung** ist eine Dichtung mit Sperrgas. Ein Dichtsystem mit zwei hintereinander eingebauten **Gleitringdichtungen** mit Sperrflüssigkeit im Zwischenraum gehört ebenfalls zur Gruppe der Sperrdichtungen.

Generell besteht die Möglichkeit, das abzudichtende Medium selbst als Sperrmedium einzusetzen, wenn dieses nicht toxisch ist. Zum Abdichten von Gasen eignen sich vor allem Sperrflüssigkeiten, die im Betrieb leckagefrei abdichten.

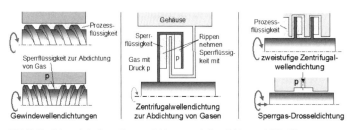

Bild 27.20: Schematische Darstellung von Dichtungen mit Sperrfluiden, nach [1]–[3]

Mögliche Bauformen sind in Bild 27.20 dargestellt. In der **Gewindewellendichtung** wird der von der Spaltauslegung und der Fluidviskosität abhängige Sperrdruck p an der Dichtstelle durch den axialen Fördereffekt eines Gewindes erzeugt. Das Gewinde kann sich auf der Welle oder im Gehäuse befinden und fördert entweder gegen das abzudichtende Medium oder baut bei zwei gegenläufigen Gewinden den Sperrdruck in der Dichtung auf. Bei **Zentrifugalwellendichtungen** wird der Sperrdruck durch die Fliehkraft in der Dichtung selbst erzeugt. Im rotierenden Flüssigkeitsring entsteht durch Fliehkraft eine Druckbarriere gegen den Druck des abzudichtenden Fluids. Hinsichtlich der Reibungsverluste ist eine mehrstufige Dichtung mit kleinerem Durchmesser günstiger als eine einstufige mit großem Durchmesser. Bei **Drosseldichtungen** wird das Sperrfluid unter Druck in eine umlaufende Ringnut eingespeist. Zur Berechnung und Auslegung wird [1–3] empfohlen.

Sowohl Zentrifugal- als auch die Gewindewellendichtungen mit Sperrflüssigkeit dichten nur bei laufendem Aggregat ab, da die Flüssigkeit durch die Rotation in der Dichtung gehalten wird. Sie brauchen deshalb ein zusätzliches Dichtelement, welches die Sperrflüssigkeit im Stillstand in der Dichtung hält.

27.5 Statische Dichtverbindungen

27.5.1 Grundlagen statischer Dichtverbindungen

> **Flanschverbindungen** werden in allen technischen Bereichen eingesetzt, in denen fluide Medien gefördert, gelagert und/oder verarbeitet werden [3–6], [16]. Sie dienen dazu, die zu einer Anlage gehörenden Teile in Abhängigkeit von den Dichtheitsanforderungen dicht und lösbar miteinander zu verbinden.

Flanschverbindungen bestehen grundsätzlich aus mindestens drei verschiedenen Konstruktionselementen:

- den Flanschen,
- den Spannelementen (Schrauben usw.),
- der Dichtung.

Flanschverbindungen würden ohne **Dichtung** zwischen den Flanschen (bzw. zwischen Flansch und Deckel) immer Spalte aufweisen, die bei voneinander getrennen Räumen mit Konzentrationsunterschieden der abzudichtenden Medien meist zu einer ungewollten Leckage führen würden.

27.5 Statische Dichtverbindungen

Dichtungen müssen daher den Spalt mit seinen makroskopischen und mikroskopischen Unebenheiten auf Dauer verschließen. Eine Leckage kann dabei sowohl durch diese Spalte als auch durch die Dichtung selbst erfolgen.

Die **Dichtheit einer statischen Flanschverbindung** wird im Wesentlichen bestimmt durch:

- das abzudichtende Medium mit Stoffeigenschaften und Betriebsparametern (Druck und Temperatur),

- die Abdichteigenschaften der Dichtung,

- die Montage (das Montageverfahren) bzw. eine ausreichende Flächenpressung in allen Betriebszuständen.

Im Rahmen einer fachgerechten Auslegung muss ein Versagen der Verbindung durch Begrenzung der mechanischen, chemischen und thermischen Beanspruchung der Einzelkomponenten Flansch, Spannelemente und Dichtung sowohl bei der Montage als auch im Betrieb ausgeschlossen werden.

Je nach Anwendungsfall sind dabei außer den Montagekräften und dem Medium (Art, Druck und Temperatur) noch äußere **Axialkräfte** sowie **Biege-** und **Torsionsmomente** zu berücksichtigen (statische und dynamische Beanspruchungen).

Von besonderer Bedeutung für die Auswahl einer Dichtung ist die Art der Kraftübertragung. In der Praxis wird daher zwischen Flanschverbindungen im **Krafthauptschluss** (KHS) und **Kraftnebenschluss** (KNS) unterschieden (Bild 27.21).

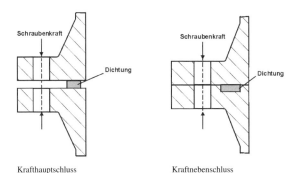

Bild 27.21: Flanschverbindung im Krafthauptschluss und Kraftnebenschluss [16]

Im **Krafthauptschluss** liegt die Dichtung zwischen den Flanschtellern, die sich nicht berühren. Bei der Montage wird prinzipiell die ganze Schraubenkraft durch die Dichtung übertragen. Die Dichtung muss neben der Abdichtfunktion noch die Übertragung von Kräften übernehmen, was die Auslegung und Gestaltung der Dichtverbindung erschwert. Im Betrieb ändert sich die Vorspannkraft in Abhängigkeit von den Belastungen und den Steifigkeiten.

Im **Kraftnebenschluss** berühren sich die Flansche nach der Montage, wobei die Dichtung so auszuwählen ist, dass nur ein definierter Teil der Schraubenkraft über die Dichtung übertragen wird. Der Kontakt der Flansche soll in allen Betriebszuständen erhalten bleiben, sodass sich die Dichtungskraft nicht durch äußere Belastungen ändert. Eine Verminderung der Dichtungskraft ist nur durch Relaxation möglich.

27.5.2 Dichtungen im Krafthauptschluss

Die Berechnung und Auslegung von Flanschverbindungen im KHS ist in DIN EN 1591 festgelegt und basiert auf Dichtungskennwerten nach pr EN 13555 [17–18]. Bild 27.22 zeigt ein Konzept zur Gewährleistung der Dichtheit von KHS-Flanschverbindungen [16].

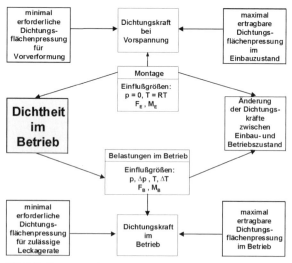

Bild 27.22: Konzept zur Gewährleistung der Dichtheit von Flanschverbindungen mit der Dichtung im Krafthauptschluss [16]

27.5 Statische Dichtverbindungen

Dichtungen für Anwendungen im Krafthauptschluss können allgemein in drei Gruppen eingeteilt werden:

1. **Weichstoffdichtungen**
   - Gummidichtungen
   - Faserdichtungen, Papierdichtungen
   - Graphitdichtungen, Glimmer u. Ä.
   - PTFE-Dichtungen

2. **Kombinierte Dichtungen**
   - Kammprofildichtungen
   - mit Metalleinlage verstärkte Weichstoffdichtungen
   - mit metallischen Folien gebördelte Dichtungen
   - Spiraldichtungen

3. **Metallische Dichtungen**
   - Flachdichtungen
   - Ring-joint-Dichtungen
   - Linsendichtungen

Zur Charakterisierung der Einsatzeignung der genannten Flachdichtungstypen in Krafthauptschlussdichtungen wurden in der DIN 28090 [19] Kennwerte und Messmethoden zu deren Bestimmung definiert.
Wichtige Kennwerte für Flachdichtungen sind z. B. Kalt- und Warmstauchwert, Kalt- und Warmrückverformung, Druckstandfestigkeit, Abdichtverhalten.
Die DIN 28091 [20] spezifiziert Werkstoffklassen und deren Lieferbedingungen.

Metall-Gummi-Sickendichtungen
Flachdichtungen, insbesondere aus den bereits vorgestellten porösen Weichstoffen, lassen sich in der Regel auf Grund ihrer hohen Porosität bei der Montage gut verformen und passen sich so den Unebenheiten und Rauigkeiten der Flansche an. Auf der anderen Seite sind reine Weichstoffdichtungen im Gegensatz zu Metallen nur bedingt mit hohen Flächenpressungen (z. B. bei hohen Drücken) belastbar [5].

Besonders im Automobilbau haben sich daher in der jüngsten Zeit Metall-Gummi-Sickendichtungen etabliert, die die Nachteile der bislang schon aufgezeigten Kombinationsdichtungen wie eingeschränkte Medien- und Temperaturbeständigkeit sowie Setzverhalten der Polymeranteile in den Kombinationsdichtungen verringern.

Ausgangspunkt der aus so genannten **Softmetallen** bestehenden Dichtungen sind dünne, mit nur wenigen Mikrometern Elastomer beschichtete Bleche, die mit Hilfe von speziellen Prägewerkzeugen zusätzlich mit einer Sicke versehen werden.

Das Elastomer übernimmt dabei nur noch die Mikroabdichtung der Rauigkeiten. Die Sicke dagegen übernimmt die Makroanpassung an die Dichtfläche als auch das Rückstellvermögen. Das Blech sorgt für die mechanische Festigkeit. Auf Grund der technisch möglichen geringen Sickenbreiten können gegenüber reinen Weichstoffdichtungen, bei denen die notwendige Flächenpressung über die gesamte Dichtungsbreite aufgebracht wird, die für die Dichtheit notwendigen Flächenpressungen mit wesentlich geringeren Schraubenkräften erzielt werden.

Als **Elastomerwerkstoffe** werden meist NBR oder FKM eingesetzt, die in einem **Pre-Coating-Prozess** (Beschichtung des ganzen Blechs vor Weiterverarbeitung zur Dichtung) oder in einem **After-Coating-Prozess** (Beschichtung des vorbereiteten Metallrohlings, häufig auch nur partiell durch Siebdruck, Spraycoating usw.) auf das Blech aufgebracht werden. Als Blechwerkstoff finden überwiegend Federstahl, Edelstahl und Kohlenstoffstahl Verwendung.

In Abhängigkeit von der auszulegenden Dichtstelle werden häufig **Halb-** und **Vollsicken** eingesetzt (Bild 27.23).

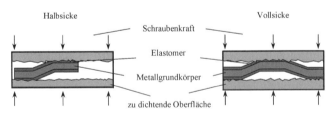

Bild 27.23: Halb- und Vollsickendesign bei Gummi-Metall-Sickendichtungen *(Freudenberg)*

Auf Grund der bei Halbsicken im Vergleich zu Vollsicken entstehenden geringeren Linienpressungen bei gleicher Blechdicke und Sickentiefe (sowie gleichem Material) werden sie im Automobilbau überwiegend zur Abdichtung von Flüssigkeitsdurchtritten bei geringen Betriebsdrücken eingesetzt.

27.5 Statische Dichtverbindungen

Die mittels Vollsicken erzeugbaren hohen Linienpressungen werden in der Praxis meist bei Zylinderkopfdichtungen oder allgemein zur Abdichtung hoher Drücke angewendet.

Zusätzlich zum Sickendesign werden bei Gummi-Metall-Dichtungen häufig noch **Stopper**, meist in Form von Mehrlagenstahldichtungen (MLS), verwendet (Bild 27.24).

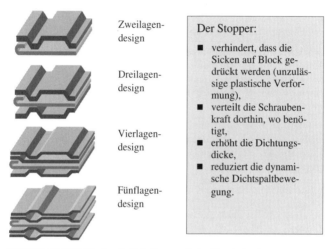

Bild 27.24: Beispiele für unterschiedliche Stoppervarianten *(Freudenberg)*

Anmerkung:
Der Stopper macht aus einer KHS-Sicke eine Kraftnebenschlussverbindung, auf deren besondere Vorteile nachfolgend weiter eingegangen wird.

27.5.3 Dichtungen im Kraftnebenschluss

Dichtungen im Kraftnebenschluss werden hauptsächlich bei Flanschverbindungen mit höheren, insbesondere dynamischen Belastungen eingesetzt. Dabei kann die Dichtung entweder in eine ausgewählte Nut eingelegt werden, oder es werden Dichtungen mit speziellen Stützkörpern verwendet.

Für **KNS-Verbindungen** existieren zurzeit keine Normen, d. h. für Flansche, Dichtungen sowie deren Berechnung. Auf der anderen Seite werden für KNS-Dichtungen praktisch nur drei Kennwerte benötigt [16]:

- die zum Erreichen der Blocklage bzw. des KNS notwendige **Dichtungsflächenpressung**
  (Anmerkung: Bei der Auslegung der Flanschverbindung muss dann sichergestellt werden, dass der KNS bei allen wirkenden Betriebsbedingungen erhalten bleibt),
- der dann in der Blocklage maximal abdichtbare **Innendruck** in Abhängigkeit von der geforderten Dichtheitsklasse,
- die **Relaxation** der Dichtungsflächenpressung bei KNS unter dem Einfluss von Zeit und Temperatur.

Das Verhalten von Dichtungen im KNS hängt dabei wesentlich von den Abmessungen der Dichtung sowie der Nut ab und stellt dabei große Anforderungen an die Einhaltung festgeleger Toleranzen am Außen- und Innendurchmesser der Dichtung bzw. Nut sowie an Nuthöhe bzw. Dichtungsdicke.

Auf der anderen Seite sind die meisten Dichtungen im Kraftnebenschluss, vor allem elastomere Dichtungen und Lippenringe mit elastischer Stahlfeder, in einem weiten Maße gegen **Spannungsrelaxation** unempfindlich, da diese durch den Systemdruck in ihrer Wirkungsweise unterstützt werden, was im Folgenden am Beispiel des O-Rings erläutert wird.

O-Ringe werden daher auch als **aktive Dichtelemente** bezeichnet und stellen so Dichtelemente mit hoher Betriebssicherheit dar:

O-Ringe sind aus elastomeren Werkstoffen (Gummi) hergestellt. Sie erzielen ihre Dichtwirkung dadurch, dass der runde Querschnitt in einer Nut verformt wird, sie also im Kraftnebenschluss eingesetzt werden.

Bei einem um ca. 20 % verformten O-Ring mittlerer Härte (70 ... 80 IRHD) wird dabei eine mittlere Flächenpressung von ca. 1 ... 2 MPa erzeugt. Dabei tritt das Maximum der Flächenpressung in der Mitte der Berührbreite auf (Bild 27.25 a).

Da Elastomere sich unter Druck nahezu inkompressibel verhalten, reagiert ein O-Ring unter der Einwirkung von Drücken wie eine Flüssigkeit und gibt den Systemdruck in Form einer erhöhten Dichtflächenpressung weiter (Bild 27.25 b).

Das Maximum der Dichtflächenpressung ergibt sich dann aus der Überlagerung der durch die Verformung eingeleiteten Druckspannung an den Berührflächen und dem Systemdruck.

27.5 Statische Dichtverbindungen

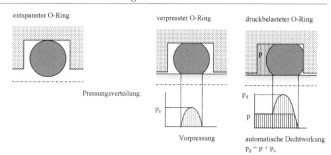

Bild 27.25: Schematische Darstellung des Kontakt-Flächenpressungsverlaufs an O-Ringen. a) nach Einbau, b) nach Druckaufgabe [1, 2]

Voraussetzung für den Start des so genannten **Selbstdichtungsmechanismus** ist jedoch in allen Fällen, dass bei der Montage eine bestimmte Mindestpressung erzeugt wird.

Auf der anderen Seite darf die Nut nach der Montage nicht zu stark befüllt sein, da sonst die Druckaktivierung stark eingeschränkt ist und die Funktion nicht gewährleistet werden kann. Daher werden an die Fertigung der O-Ringe nach DIN 3771 [21] und der Nut hohe Anforderungen hinsichtlich der zu erzielenden Toleranzen und Oberflächenrauigkeiten gestellt. Bei der Montage selbst ist zu beachten, dass die O-Ringe nicht zu stark gedehnt und über keine scharfen Kanten geschoben werden. Auf Grund der Gefahr der Verdrillung des O-Rings bei der Montage haben sich für spezielle Anwendungen besondere Querschnittsformen wie Rechteck- oder ein X-förmiger Querschnitt für O-Ringe etabliert.

Tipps für die Anwendung von O-Ringen:
Für viele Anwendungen hat sich eine Mindestverpressung des O-Rings bei der Montage von ca. 10 … 30 % bewährt, um den für Betriebsdichtheit notwendigen Selbstdichtmechanismus zu starten. Dabei ist jedoch in solchen Anwendungen höchste Vorsicht geboten, bei denen sich auf Grund der Druckaufgabe oder -erhöhung das Gehäuse stark dehnen kann und sich so der Abstand zwischen Nutgrund und Auflagefläche des O-Rings deutlich vergrößert. Dies kann dazu führen, dass der O-Ring in den atmenden Spalt extrudieren kann und gegebenenfalls „abgekniffen" oder „angeknabbert" wird. Im Extremfall kann das notwendige Vorpressmaß so weit reduziert werden, dass der Selbstdichtmechanismus nicht mehr gestartet werden kann. Zusätzlich kann hier bei schlagartiger Druckaufgabe der Fall eintreten, dass der O-Ring auf Grund seiner

visko-elastischen Eigenschaften nicht mehr in der Lage ist, sich schnell genug zurückzuformen und die Dichtverbindung so durch Blow-by versagt.

Das bekannteste auf diesem Schadensmechanismus basierende Unglück stellt mit Sicherheit die Challenger-Katastrophe dar, bei der auf Grund sehr niedriger Außentemperaturen die FKM-O-Ringe so stark verhärtet waren, dass sie beim Startvorgang der schlagartigen Aufweitung der Gehäusewand im Feststofftriebwerk nicht mehr folgen konnten und so das heiße Brenngas ausströmen ließen.

27.5.4 Sonderformen statischer Dichtverbindungen

Sonderformen statischer Dichtverbindungen stellen beispielsweise **In-Place-Gaskets** (IPG) und **Klebedichtungen** dar, bei denen die Dichtung bzw. das Dichtmittel in der Regel fest verbindend auf mindestens einer Flanschhälfte appliziert wird.

Bei den IPG-Dichtungen wird mit Hilfe einer speziellen Applikationsvorrichtung, z. B. einer Raupenauftragsmaschine, das Flüssigdichtmittel, meist Silikon, verliersicher auf das Flanschbauteil aufgetragen.

Um eine möglichst gute Verbindung zwischen dem aufgetragenen Flüssigdichtmittel und der Flanschoberfläche zu erzielen, empfiehlt es sich, die Flanschoberfläche einer gezielten Oberflächenreinigung zu unterziehen, um bei der Applikation Bindefehler weitestgehend auszuschließen.

Im Anschluss an die Applikation des verwendeten Silikonwerkstoffs erfolgt dann noch die Vernetzung des aufgetragenen Materials, z. B. durch Wärmeeinbringung oder UV-Strahlung.

Dabei ist zu beachten, dass die IPG-Dichtverbindungen auf Grund der Schwachstelle, an der die Raupenenden ineinander übergehen, auf Anwendungsfälle bei niedrigeren Drücken beschränkt sind. Zudem können IPG-Verbindungen bei Beschädigung oder Undichtheit meist nur durch einen aufwändigen Austausch des Flanschbauteils inklusive applizierter Dichtung repariert werden. Auf Grund häufig sehr niedriger Material- bzw. Fertigungskosten sowie von Montagevorteilen, z. B. durch die Verliersicherheit der Dichtung oder an schwer zugänglichen Stellen, haben sich trotzdem IPG-Dichtverbindungen im Vergleich zu konventionellen Lösungen mit separater Dichtung mehr und mehr am Markt etabliert. Ein besonderer Vorteil stellt die Möglichkeit zur Herstellung praktisch beliebiger dreidimensionaler Dichtungsdesigns dar.

Bild 27.26 zeigt beispielhaft eine zur Applizierung von Flüssigdichtmitteln geeignete Roboteranlage sowie eine dreidimensional applizierte IPG-Raupe aus Silikon auf einer Kunststoffhülse.

27.5 Statische Dichtverbindungen

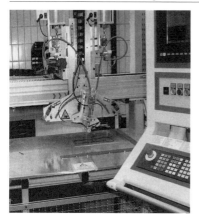 

Bild 27.26: IPG-Roboteranlage und IPG-Raupe *(Freudenberg)*

In Anwendungsfällen mit geringen Dichtspaltbewegungen können zusätzlich zu den aufgeführten IPG-Verbindungen noch typische Klebeverbindungen als Dichtverbindungen eingesetzt werden.

Dabei ist jedoch Voraussetzung, dass beim Klebstoffeinsatz sichergestellt werden kann, dass das Klebemittel den Dichtspalt vollständig mit Material ausfüllt und wie die IPG-Dichtungen über eine gute Haftung zu den Flanschbauteiloberflächen verfügt.

Da bei Klebeverbindungen ein späteres Trennen der Bauteile zur Reparatur innen liegender Funktionsteile bzw. ein Nachziehen der Dichtverbindung auf Grund z. B. vorhandener Leckagen in der Regel nicht ohne eine Zerstörung der Dichtung möglich ist, ergeben sich auch bei Klebverbindungen entsprechende Nachteile hinsichtlich ihrer Instandhaltung.

Wegen der Vielzahl der bei Klebeverbindungen eingesetzten Werkstoffe seien hier als Beispiele genannt:

- lösemittelhaltige oder wasserhaltige Dichtstoffe auf Basis von Lösemittel- oder Dispersions-Acrylaten (Polyacrylate PAC),
- haftklebende Dichtstoffe auf Basis von Polyisobutylen (PIB) und/oder Butylkautschuk (BR),

Quellen und weiterführende Literatur

[1] *Müller, H. K.:* Abdichtung bewegter Maschinenteile. Waiblingen: Medienverlag U. Müller, 1995
[2] *Müller, H. K.:* Abdichtung bewegter Maschinenteile. Als Download unter http://www.fachwissen-dichtungstechnik.de
[3] *Müller, H. K.; Nau, B. S.:* Fluid Sealing Technology, Principles and Applications. New York: Marcel Dekker, Inc., 1998
[4] *Haas, W.:* Grundlehrgang Dichtungstechnik. Als Download unter http://www.ima.uni-stuttgart.de
[5] *Tietze, W.* (HRSG.): Handbuch Dichtungspraxis. Essen: Vulkan-Verlag, 2003
[6] *Tietze, W.; Riedl, A.* (Hrsg.): Taschenbuch Dichtungstechnik. Essen: Vulkan-Verlag, 2005
[7] http://www.simrit.de
[8] *Trutnovsky, K.:* Berührungsfreie Dichtungen. Düsseldorf, 1964
[9] *Trutnovsky, K.; Komotori, K.:* Berührungsfreie Dichtungen. Düsseldorf: VDI-Verlag, 1981
[10] *Fritz, E.; Haas, W.; Müller, H. K.:* Berührungsfreie Spindelabdichtung im Werkzeugmaschinenbau. Konstruktionskatalog. Stuttgart, Universität, Institut für Maschinenelemente, Bericht Nr. 39, 1992
[11] *Haas, W.:* Berührungsfreies Abdichten im Maschinenbau unter besonderer Berücksichtigung der Fanglabyrinthe. Habilitationsschrift, Stuttgart 1997
[12] *Feodor Burgmann:* Burgmann Lexikon „Das ABC der Gleitringdichtung". Wolfratshausen, 1988

Normen und Richtlinien:

[13] DIN 3760: Radial-Wellendichtringe, 1996–2009. Berlin: Beuth Verlag
[14] DIN 3761: Radial-Wellendichtringe für Kraftfahrzeuge, Teil 1–10, 1984–2001. Berlin: Beuth Verlag
[15] ISO 6194: Rotary Shaft Seals, Teil 1–5, 1982–2010. Berlin: Beuth Verlag
[16] Unveröffentlichter Entwurf der VDI-Richtlinie 2200, Flanschverbindungen, April 2004
[17] DIN EN 13555: Dichtungskennwerte und Prüfverfahren bezogen auf die Regeln für die Auslegung von Flanschverbindungen mit runden Flanschen und Dichtungen, 2002–2007, Berlin: Beuth Verlag
[18] DIN EN 1591: Flansche und ihre Verbindungen – Regeln für die Auslegung von Flanschverbindungen mit runden Flanschen und Dichtung, 2004–2010. Berlin: Beuth Verlag
[19] DIN 28090: Statische Dichtungen für Flanschverbindungen, Teil 1–3, 1995–2009. Berlin: Beuth Verlag
[20] DIN 28091: Technische Lieferbedingungen für Dichtungsplatten, Teil 1–3, 1995–2009. Berlin: Beuth Verlag
[21] DIN 3771: Fluidtechnik; O-Ringe, 1984–2012. Berlin: Beuth Verlag

28 Rohrleitungen

Obering. Dipl.-Ing. Günter Wossog

28.1 Vorschriften, Einstufung

Industrielle Rohrleitungen dienen zum Fortleiten von Fluiden zwischen Maschinen, Behältern, Aggregaten und sonstigen Ausrüstungen in stationären konventionellen Anlagen. Für zulässige Drücke >0,5 bar unterliegen sie der Druckgeräterichtlinie [1], deren sicherheitstechnische Anforderungen durch DIN-EN-Reihe 13480 umgesetzt sind.

Die Einteilung in Rohrleitungsklasse 0 bis III erfolgt nach DIN EN 13480-1 in Abhängigkeit vom Druck, von der Nennweite und der Fluidgruppe (Bild 28.1). Man unterscheidet zwei **Fluidgruppen**:

- **gefährliche Fluide** mit den Gefährlichkeitsmerkmalen explosionsgefährlich, hoch- und leichtentzündlich, entzündlich, sehr giftig, giftig und brandfördernd

- **weniger gefährliche und ungefährliche Fluide**, also z. B. auch mit den Gefährlichkeitsmerkmalen gesundheitsschädlich, ätzend, reizend, sensibilisierend, krebserzeugend, fortpflanzungsgefährdend

Die Rohrleitungsklassen I bis III (in der Druckgeräterichtlinie als Kategorien bezeichnet) sind CE-kennzeichnungspflichtig. Die Kategorien haben Einfluss auf Prüfmodul (das Konformitätsbewertungsverfahren), Herstellerzulassung, Art und Umfang der Prüfungen. An Rohrleitungsklasse III werden die höchsten Anforderungen gestellt.

Rohrleitungen nach anderen Vorschriften und Regeln:

- Fernleitungen, Versorgungsleitungen und -netze, z. B. für Wärmeträger, Trink- und Abwasser, Erdgas, Erdöl,

- sicherheitsrelevante Rohrleitungen in kerntechnischen Anlagen,

- Rohrleitungen in Heizungsanlagen.

28.2 Begriffe, Grundlagen

28.2.1 Bestandteile einer Rohrleitung

- Rohre einschließlich innerer und äußerer Korrosionsschutz

- lösbare und unlösbare (dauerhafte) Rohrverbindungen

- Rohrformstücke und andere Rohrleitungsteile, z. B. Kompensatoren

- Armaturen und weitere Ausrüstungsteile, z. B. Siebe, Kühler
- Rohrleitungszubehör, z. B. Durchführungen, elektrische Isolierung
- Rohrhalterungen einschließlich Bauwerkanschlüsse
- Wärme-, Kälte-, Schwitzwasser-, Berührungsschutzdämmung
- Kennzeichnung und Beschilderung

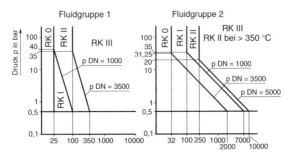

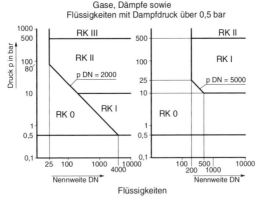

Bild 28.1: Rohrleitungsklassen (RK) entsprechend DIN EN 13480-1 (auf der Linie liegende Werte gehören zur unteren Rohrleitungsklasse)

28.2.2 Nennweite DN und Nenndruck PN

Die **Nennweite** dient gemeinsam mit dem **Nenndruck** als kennzeichnende dimensionslose Größe für zueinander passende Rohrleitungsteile, insbesondere für Flansche, Flanschverbindungen und Armaturen. Die Nennweite entspricht dem auf- oder abgerundeten Innendurchmesser in mm, der Nenndruck ungefähr dem Ratingdruck bei Raumtemperatur in bar.

28.2 Begriffe, Grundlagen

Tabelle 28.1: Nennweiten DN nach DIN EN ISO 6708 (eingeklammerte Nennweiten wegen begrenzter Liefermöglichkeiten vermeiden)

10	15		20	25	32	40		50	(60)	65	80	
100	125		150	200	250	350	400	(450)| 500	600	700	800	(900)
ab DN 1000 bis DN 4000 in Sprüngen von 200, zuzüglich (DN 1100) und (DN 1500)

Tabelle 28.2: Nenndrücke PN nach DIN EN 1333 (Fettdruck) und ISO 2944

PN 1	–	–	PN 2,5	–	–	PN 6	–
PN 10	–	**PN 16**	**PN 25**	–	**PN 40**	PN 63[1]	
PN 100	**PN 160**	PN 200[2]	**PN 250**	**PN 320**[3]	**PN 400**	PN 630	PN 800
PN 1000	PN 1250	PN 1600	PN 2000	PN 2500	PN 3600	PN 4000	–

[1]) früher mit PN 64 bezeichnet [2]) in der BRD ungebräuchlich
[3]) früher mit PN 315 bzw. PN 325 bezeichnet

Im Gegensatz zu den mit DN und PN bezeichneten Flanschen, Flanschverbindungen und Armaturen sind Rohre und Rohrformstücke in der Regel durch den **Außendurchmesser** D_0 und die **Bestellwanddicke** e_{ord} charakterisiert.

28.2.3 Druck- und Temperaturangaben

Drücke sind als **Überdrücke** anzugeben. Drücke im Vakuumbereich (Unterdrücke) tragen demzufolge ein Minuszeichen. Umrechnung von prozentualem Vakuum V_p auf Überdruck:

$$p_{\text{Überdruck}} = \frac{V_p}{100} - 1{,}013 \text{ bar}$$

- **Zulässige Parameter p/t**

Gemäß DIN EN 764-1 sind dies die Grenzwerte aus zulässigem Druck und zulässiger Temperatur, die in Abhängigkeit von den Sicherheitseinrichtungen (z. B. Sicherheitsventile und geregelte Dampfkühler) festzulegen sind. Sie sind meist mit den Berechnungsparametern identisch.

Die zulässigen Parameter müssen mindestens den maximalen Arbeitsparametern entsprechen, dürfen aber die Ratingparameter nicht übersteigen (Bild 28.2).

- **Ratingparameter p_{rat}/t_{rat}**

Die Ratingparameter für ein Bauteil ergeben sich aus dem höchstzulässigen Innendruck, der auf Grund des Werkstoffs, der Festigkeitsberechnung und weiterer Kriterien bei der jeweiligen zugeordneten Temperatur möglich ist. Ratingparameter sind aus Normen (z. B. für Flanschverbindungen nach DIN EN 1092-1) oder Herstellerunterlagen zu entnehmen oder durch Festigkeitsberechnung zu ermitteln (z. B. Rohre, Rohrformstücke). Für eine komplette Rohrleitung, z. B. abgegrenzt durch eine Rohrklasse, lassen sich die Ratingparameter als innere Hüllkurve aus den Ratingparametern der in ihr enthaltenen Bauteile darstellen (Bild 28.2).

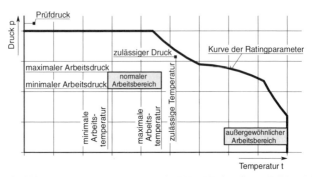

Bild 28.2: Druck- und Temperaturangaben nach DIN EN 764 (der außergewöhnliche Arbeitsbereich kann z. B. beim Anfahren auftreten)

28.2.4 Sinnbilder für Rohrleitungen

Häufig vorkommende Sinnbilder als Auswahl aus DIN 2481, DIN 2429-2 und DIN EN ISO 10628 siehe Tabelle 28.3.

Bei symmetrischen Sinnbildern ist die Durchflussrichtung beliebig, bei asymmetrischen Sinnbildern (z. B. Rückschlagarmatur, Kondensatableiter) wird die Durchflussrichtung von links nach rechts bzw. von oben nach unten vorausgesetzt.

Sinnbilder für Schweißnähte siehe DIN EN 22553 bzw. Kapitel 7.

28.3 Planung von Rohrleitungen

28.3.1 Rohrleitungsabstände, Kreuzungen, Näherungen

Zwecks ungehinderter Montage ist zu benachbarten Rohrleitungen, elektrischen Anlagen bis 1 kV, Informationsleitungen, Ausrüstungen und dem Baukörper ein Zwischenraum von mindestens 100 mm erforderlich, gemessen ab Außendurchmesser Rohrleitung bzw. Dämmung. In Ausnahmefällen darf unter Berücksichtigung von Wärmedehnungen der Abstand örtlich bis auf 20 mm verringert werden. Abstände zu elektrischen Anlagenteilen über 1 kV siehe BGV A 2.

28.3 Planung von Rohrleitungen

Für Kreuzungen und Näherungen im öffentlichen Verkehrsraum sowie für erdverlegte Rohrleitungen gelten spezielle Vorschriften.

Tabelle 28.3: Sinnbilder für Rohrleitungen

Beschreibung	Symbol	Beschreibung	Symbol
oben: Rohrleitung mit Angabe der Fließrichtung Mitte: Schlauch oder Schlauchleitung unten: Wirklinie, Steuer- oder Signalleitung		Kennzeichnungen: – ölhaltiger Dampf – ölhaltiges Wasser – Schmutzwasser – Chemikalien – feste Brennstoffe	Beispiele nach DIN 2481
oben: Begleitheizung oder -kühlung Mitte: Reduzierung unten: Verschluss, z. B. Boden		oben: Armatur, allgemein (außer Klappe) in Durchgangsform unten: Reduzierarmatur	
oben: Ventil unten: Schieber		oben: Hahn, allgemein unten: Kugelhahn	
oben: Klappe unten: Rückschlagarmatur		Kondensatableiter in senkrechter Rohrleitung, geflanscht	
oben: Schweiß-, Kleb-, Lötverbindung (dauerhafte Werkstoffverbindung) Beispiel: eingeschweißtes Regelventil		oben: Flanschverbindung Beispiel: eingeflanschte Absperrklappe	

28.3.2 Trassierungshinweise

- Rohrleitungen sind auf kürzestem Weg lot- und waagerecht zu führen. Abweichungen vom rechten Winkel sind auf Ausnahmen beschränkt.
- Erst große, dann kleine Nennweiten – erst dickwandige, dann dünnwandige Rohrleitungen trassieren.
- Säcke und tote Abschnitte vermeiden.
- Verkehrs- und Fluchtwege nicht einengen. Steigende Spindeln von Armaturen berücksichtigen. Mindestmaße von Fluchtwegen: Breite 1 m, Durchgangshöhe 2,2 m, in Ausnahmefällen 2 m.

- Stolperleitungen sind unzulässig.
- Bauwerkanschlüsse zur Befestigung von Halterungen nutzen.

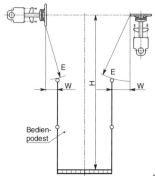

Bild 28.3: Griffabstände für Armaturen

- Armaturen und Messgeräte zugänglich anordnen (Bild 28.3).
  Griffhöhe H: 600 bis 1500 mm, bei horizontaler Spindel bis 1800 mm.
  Griffenge E: ≥ 80 mm (auch zwischen Handrädern benachbarter Armaturen).
- Griffweite W: ≤ 600 mm.
- Platz für Wärmedehnungen vorsehen.
- Außendurchmesser der Dämmung beachten.
- Wasserleitungen nicht in der Nähe von Fenstern und Türen anordnen (Frostgefahr).

28.3.3 Richtwerte für Gefälle

- Flüssigkeiten: ≥ 1 % im kalten Zustand, zähflüssige Stoffe ≥ 3 %.
- Wasserdampf: ≥ 1 % im kalten Zustand, möglichst auch im Betriebszustand, bei Gefälle entgegen der Strömungsrichtung ≥ 3 %.
- Trockene Gase: ohne Gefälle.
- Feuchte Gase (Druckluft, Acetylen, Sauerstoff): 0,5 bis 1 %.
- Probeentnahmeleitungen, Druckmessleitungen: ≥ 2 %.
- Wirkdruckleitungen: ≥ 7 % (gemäß DIN 19216).

28.3.4 Anschlüsse an Aggregaten, Ausrüstungsteilen, Druckgeräten

Sie dürfen aus Festigkeitsgründen nur ebenso hoch belastet werden wie die anschließende Rohrleitung. Die **ertragbaren Belastungen** sind mit dem Hersteller abzustimmen. Gebräuchliche allgemeine Forderungen:

- **Spannungsarmer Anschluss** (weitgehend kraft- und momentenfrei): Rohrleitungen bis DN 200 müssen durch Handkraft ohne mechanische Hilfsmittel planparallel zum Anschluss bewegt werden können. Über DN 200 ist eine Kraft äquivalent zur Eigenmasse einer Armatur gleicher Nennweite als angemessen anzusehen.

- **Spannungsfreier Anschluss**: Die Rohrleitung muss im Montagezustand nach dem Lösen der Anschlussverbindung ihre Lage beibehalten. Das bedingt zusätzliche Halterungen zum Abfangen des Gewichtes.

28.3.5 Prüfgerechte Gestaltung

Mindestprüflängen beiderseits von Schweißnähten (Bild 28.4):

- Durchstrahlungsprüfung (RT): $L \geq 20$ mm und $L' \geq 20$ mm
- Ultraschallprüfung (UT) mit üblichen Einschallwinkeln:
  $L \geq 3,5e + 35$ mm für $e = 8 \ldots 20$ mm und $L \geq 5,5t + 35$ (45) mm für e über 20 mm sowie $L' \geq 0,5L$. Klammerwert gilt für e über 40 mm. Einseitige UT ist für $e \leq 40$ mm zulässig.

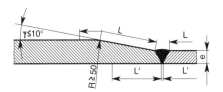

Bild 28.4: Prüflängen zur zerstörungsfreien Schweißnahtprüfung

Bei gleichzeitig innerem und äußerem Wanddickenausgleich mit γ_1 bzw. γ_2 gilt $\gamma_1 + \gamma_2 \leq 10°$.

Für Rohrleitungsklassen I bis III ist eine hydrostatische Druckprüfung gefordert. Der Presskreis soll durch definitive Absperrarmaturen, Blindflansche oder Steckscheiben absperrbar und für Wiederholungsprüfungen ohne zusätzliche Maßnahmen geeignet sein. Die Zuführung und Ableitung des Prüfmediums muss mit möglichst geringem Aufwand erfolgen, z. B. über Schlauchleitungen. An der tiefsten Stelle sind Anschlüsse zum Füllen bzw. Entleeren, an der höchsten zum Entlüften erforderlich. Die Rohrhalterungen von Gas- und Dampfleitungen sind für das Gewicht des Prüfmediums auszulegen. Federnde Halterungen müssen Blockierungen besitzen.

Im Ausnahmefall ist statt der hydrostatischen eine pneumatische Druckprüfung zulässig. **Prüfdruck** in beiden Fällen:

$$p_{test} = \max\left\{1{,}43p;\ 1{,}25p\,\frac{f_{test}}{f}\right\}$$

p zulässiger Druck der Rohrleitung nach Abschnitt 28.2
f zulässige Spannung bei der zulässigen Temperatur t
f_{test} zulässige Spannung bei Umgebungstemperatur

Für Acetylenleitungen gelten gemäß TRAC 204 und TRAC 401 erhöhte Prüfdrücke. Für Trink- und Feuerlöschwasserleitungen ist $p_{test} = 1{,}1p$.

28.3.6 Hinweise zur Berücksichtigung der Instandhaltung

- Rohrleitungen ab DN 800 sollten für Innenrevisionen über Zugangsöffnungen ≥ DN 500 befahrbar sein. Freischaltungsmöglichkeiten siehe BGR 117. Sie sind auch für nicht befahrbare Rohrleitungen anwendbar.

- Inspektionsstellen für wiederkehrende Prüfungen müssen zugänglich sein. Hierzu gehören auch Maßnahmen der Lebensdauerüberwachung bei zeitstandbeanspruchten Rohrleitungen.

- Rohrleitungen für Lebensmittel, Pharmaka und Kosmetika müssen turnusmäßig gereinigt werden. Entsprechende Maßnahmen sind einzuplanen.

28.4 Werkstoffe

28.4.1 Einsatzbedingungen

Allgemeine **Auswahlkriterien**:

- Fluideigenschaften (chemische Beständigkeit, Abrasion),
- zulässige Parameter (Druck, Temperatur),
- äußere Korrosion (Erdverlegung, atmosphärische Bedingungen, Nassreinigung),
- Verbindungsart (lösbar, unlösbar),
- Lebensdauer (definitive Leitungen, Provisorien),
- Regelwerke, Bestimmungen (Vorgabe zulässiger Werkstoffe),

28.4 Werkstoffe

- Erhaltung der Reinheit des Fluids (z. B. Steuerluft),
- hygienische Unbedenklichkeit (Lebensmittel, Pharmaka, Kosmetika),
- Brand- und Explosionsgefährdung (unbrennbare Werkstoffe).

Die **Werkstoffwahl** kann zusätzlich beeinflusst werden durch

- Auskleidungen, z. B. Gummi, Kunststoffe, Basalt,
- Innenbeschichtungen, z. B. Email, Zementmörtel, Zink,
- Außenbeschichtungen, z. B. Kunststoff, Bitumen, Anstriche.

Für drucktragende Teile der Rohrleitungsklasse I bis III sind nur Werkstoffe nach harmonisierten Normen, europäischen Werkstoffzulassungen oder Werkstoff-Einzelgutachten (hierzu gehören auch nationale Regeln bewährter Werkstoffe) zugelassen. Die Werkstoffeigenschaften sind durch **Prüfbescheinigungen** nach DIN EN 10204 zu belegen:

Rohrleitungsklasse I   Werkszeugnis 2.2
Rohrleitungsklasse II und III   Abnahmeprüfzeugnis 3.1.B

Für nicht drucktragende Teile (z. B. Halterungen) und Rohrleitungsklasse 0 sind auch andere Werkstoffe einsetzbar.

28.4.2 Stahl

Häufig verwendete Rohrstähle für Temperaturen bis 450 °C siehe Tabelle 28.4. Über 450 °C sind meist zeitabhängige Festigkeitskennwerte maßgebend. Weitere spezielle Rohrstähle:

- martensitische Stähle für Temperaturen bis 700 °C,
- hitzebeständige austenitische Stähle für Temperaturen bis 800 °C,
- Sondergüten ferritischer und austenitischer Stähle für den Primärkreislauf und die äußeren Systeme in kerntechnischen Anlagen,
- Werkstoffe für Kälteleitungen, wobei die austenitischen Stähle 1.4541 und 1.4507 in Tabelle 28.4 bis −196 °C verwendbar sind.

Bei Schmiedestücken, Stabstahl und Blech können die Festigkeitskennwerte erzeugnisbedingt gegenüber nahtlosem Rohr etwas abweichen.

28.4.3 Gusswerkstoffe

Werkstoffkennwerte sind meist nicht erforderlich, da die Hersteller für ihre Erzeugnisse häufig Ratingdrücke angeben.

- Stahlguss nach DIN EN 10213-2 bis 10213-4: ohne Einschränkung für Rohrleitungsklasse I bis III einsetzbar.

- ferritisches Gusseisen mit Kugelgraphit GJS nach DIN EN 1563 und austenitisches Gusseisen mit Kugelgraphit GJS nach DIN EN 13835: für Rohrleitungsklasse I bis III sind zusätzliche Einsatzbedingungen nach DIN EN 13445-6 zu beachten.

- lamellares ferritisches Gusseisen GJL nach DIN EN 1561 und lamellares austenitisches Gusseisen GJL nach DIN EN 13835: für Rohrleitungsklasse 0 zulässig.

- Temperguss nach DIN EN 10242: für Rohrleitungsklasse 0 zulässig.

Tabelle 28.4: Festigkeitskennwerte für nahtloses Rohr mit Wanddicken ≤40 mm

Werkstoff und Werkstoff-nummer		Festigkeitskennwert in MPa bei Temperatur in °C							
		20	100	150	200	250	300	350	400	450
Ferritische Stähle: obere Streckgrenze R_{eH} bzw. 0,2-%-Dehngrenze $R_{p0,2t}$										
P235TR1[1])	1.0254	235	160	147	(133)	(121)	(108)	–	–	–
P235TR2[2])	1.0255	235	185	175	161	145	130	–	–	–
P235GH[2])[3])	1.0345	235	208	197	180	160	142	130	112	108
P265GH[2])[3])	1.0425	265	236	223	202	181	164	151	134	128
16Mo3	1.5415	270	243	237	224	205	173	159	156	150
13CrMo4-5	1.7335	290	264	253	245	236	192	182	174	168
10CrMo9-10	1.7380	280	249	241	234	224	219	212	207	193
Austenitische Stähle: 1,0-%-Dehngrenze $R_{p0,2t}$										
X6CrNiTi18-10[4])	1.4541	215	181	162	147	137	127	121	116	112
X6CrNiNb18-10	1.4550	240	210	195	185	175	167	161	156	152

[1]) Für Rohrleitungsklasse I bis III nicht zulässig. Werte für ≥100 °C nach DIN EN 13480-3 errechnet, Klammerangaben sind Richtwerte.
[2]) Für Wanddicken > 16 mm liegen die Werte 10 MPa niedriger.
[3]) Lieferung erfolgt in Prüfkategorie 1 und 2. Prüfkategorie 1 sollte auf ≤160 bar bei ≤450 °C beschränkt werden.
[4]) Werte für $R_{p1,0t}$ gelten auch für X6CrNiMoTi17-12-2 (1.4571). Für 20 °C liegt jedoch $R_{p1,0t}$ um 10 MPa höher.

28.4.4 Nichteisenmetalle

Von Bedeutung sind

- Kupfer und Kupfer-Knetlegierungen: AD 2000-Merkblatt W 6/2,
- Aluminium und Aluminium-Knetlegierungen: DIN EN 13480-7,
- Blei und Bleilegierungen: DIN 17640-1,
- Titan und Titan-Knetlegierungen: DIN 17850, DIN 17851 u. a.

28.4.5 Nichtmetallische Werkstoffe

Für die Erzeugnisse sind meist Ratingdrücke angegeben, sodass Berechnungen entfallen.

- Thermoplastische und duroplastische Kunststoffe (Tabelle 28.6),
- Elastomere für Gummirohre, Schlauchleitungen, Kompensatoren,
- Borosilicatglas 3.3 (DIN ISO 3585), Keramik (Porzellan, Steinzeug),
- Faserzement, Stahl- und Spannbeton: für Rohrleitungsklasse 0.

28.5 Rohre

28.5.1 Nahtlose Stahlrohre

Herstellung: vorzugsweise warm gewalzt oder gestoßen, kleine Abmessungen kalt gewalzt oder gezogen.

Rohrsortiment:

- DIN EN 10216-1: unlegierte Stähle mit festgelegten Eigenschaften bei Raumtemperatur, z. B. P235TR1, P235TR2 nach Tabelle 28.4
- DIN EN 10216-2: unlegierte und legierte Stähle mit Warmfestigkeitseigenschaften, z. B. P235GH bis 10CrMo9-10 nach Tabelle 28.4
- DIN EN 10216-5: nichtrostende Stähle, z. B. austenitische Stähle nach Tabelle 28.4. Die Lieferung erfolgt in verschiedenen Oberflächenzuständen, z. B. gebeizt, poliert. Kalt gefertigte austenitische Rohre haben gegenüber warm gefertigten häufig höhere Festigkeitskennwerte. Sie gehen beim Schweißen oder bei Wärmebehandlungen verloren.

28.5.2 Geschweißte Stahlrohre

Herstellung: aus Blech oder Band gebogen und mittels Längs- oder Wendelnaht (Spiralnaht) verschweißt. Die Wendelnaht hat gegenüber der Längsnaht bei gleicher Schweißausführung die höhere Festigkeit. Das Zeitstandverhalten von geschweißten Rohren gegenüber nahtlosen Rohren ist noch nicht ausreichend bekannt.

Rohrsortiment mit Schweißnahtfaktor $z = 1$:

- DIN EN 10217-1: unlegierte Stähle mit festgelegten Eigenschaften bei Raumtemperatur, z. B. P235TR1, P235TR2 nach Tabelle 28.4, Schweißverfahren nach Wahl des Herstellers
- DIN EN 10217-2: unlegierte und legierte Stähle mit Warmfestigkeitseigenschaften, z. B. P235GH bis 16Mo3 nach Tabelle 28.4, elektrisch geschweißt

- DIN EN 10217-5: P235GH bis 16Mo3 nach Tabelle 28.4, UP-geschweißt
- DIN EN 10217-7: nichtrostende Stähle, z. B. austenitische Stähle nach Tabelle 28.4, Schweißverfahren nach Wahl des Herstellers. Bezüglich Oberflächenzustand und Festigkeitskennwerten im kalten Zustand gilt das Gleiche wie für nahtlose Rohre.

28.5.3 Vorzugsabmessungen für nahtlose und geschweißte Stahlrohre

Für die in Tabelle 28.5 angegebenen Abmessungen sind die zugehörigen Formstücke, Flansche, Flanschverbindungen, Armaturen und Rohrhalterungen genormt, sodass viele Teile ab Lager lieferbar sind. Die Bezeichnung der Wanddickenreihen entspricht denjenigen der Formstücke nach DIN 2609. Gleiche Wanddickenreihen, aber mit anderen Bezeichnungen, enthält DIN EN 10253-2.

Tabelle 28.5: Vorzugsabmessungen und passende Vorschweißflansche für Rohrleitungen aus Stahl DN 15 bis 400

Nenn-weite DN	Außendurchmesser in mm	Reihe 2: geschweißte Rohre		Reihe 3: nahtlose Rohre	
		Wanddicke	Nenndruck PN	Wanddicke	Nenndruck PN
15	21,3	–	–	2	6 bis 160
20	26,9	–	–	2,3	6 bis 40
25	33,7	–	–	2,6	6 bis 100
32	42,4	–	–	2,6	6 bis 40
40	48,3	–	–	2,6	6 bis 40
50	60,3	–	–	2,9	6 bis 64
65	76,1	–	–	2,9	6 bis 64
80	88,9	–	–	3,2	6 bis 40
100	114,3	–	–	3,6	6 bis 40
125	139,7	–	–	4	6 bis 40
150	168,3	4	6 bis 16	4,5	6 bis 40
200	219,1	4,5	6 bis 10	6,3	6 bis 40
250	273	5	6 bis 10	6,3	6 bis 25
300	323,9	5,6	6 bis 10	7,1	6 bis 25
350	355,6	5,6	6 bis 10	8	6 bis 25
400	406,4	6,3	6 bis 10	8,8	6 bis 25

28.5.4 Rohre aus NE-Metallen

Die Abmessungen weichen von denjenigen für Stahl ab:

- Kupfer und Kupfer-Knetlegierungen: DIN EN 12449, DIN EN 1057 (Installationsrohr), DIN EN 12735-1, DIN EN 13348,
- Aluminium und Al-Knetlegierungen: DIN EN 754-7, DIN EN 1592-1, DIN EN 755-7.
- Titan und Titan-Knetlegierungen: DIN 17861 (nahtlos), DIN 17866 (geschweißt).

28.5.5 Rohre aus Kunststoffen

Tabelle 28.6: Rohre aus Kunststoffen (gefüllt: mit Zuschlagstoffen, z. B. Quarzsand)

Werkstoff	Erzeugnisnorm für Rohre		Zul. Temperatur in °C	
	Lieferbedingungen	Maße	von	bis
Thermoplastische Kunststoffe				
PVC-U	DIN EN ISO 15493 (DIN 8061, 8062)		0	+60
PVC-C 250	DIN EN ISO 15493 (DIN 8080, 8079)		0	+95
PE 80, PE 100	DIN EN ISO 15494 (DIN 8075, 8074)		–50	+60
PP-H, PP-B, PP-R	DIN EN ISO 15494 (DIN 8078, 8077)		–10	+95
PB 125	DIN EN ISO 15494 (DIN 16968, 16969)		–10	+95
PVDF	DIN EN ISO 10931		–20	+150
PE-Xa, -Xb, -Xc	DIN 16892	DIN 16893	–50	+95
PE-MDXa, -MDXc	DIN 16894	DIN 16895	–50	+60
ABS	DIN EN ISO 15493		–40	+60
Duroplastische Kunststoffe, gewickelt				
UP-GF, PHA-GF	ungefüllt	DIN 16964	DIN 16965-1, -2, -4, -5	–20	+95
EP-GF		Herstellervorschrift	DIN 16870-1	–20	+130
UP-GF	gefüllt	DIN 16868-2	DIN 16868-1	–20	+95
Duroplastische Kunststoffe, geschleudert				
UP-GF	gefüllt	DIN 16869-2	DIN 16869-1	–20	+95
EP-GF	ungefüllt	Herstellervorschrift	DIN 16871	–20	+130

28.6 Rohrsysteme

Sie bestehen aus Rohren, Fittings, Armaturen, Zubehör einschließlich ihrer lösbaren und unlösbaren Verbindungen und werden häufig komplett ab Lager geliefert.

28.6.1 Rohrsysteme aus Stahl

Rohrleitungen aus Stahl mit Gewindeverbindungen

Rohre nach DIN EN 10255 schwarz (z. B. für Heizungswasser) oder verzinkt (z. B. für Erdgas, Trinkwasser) mit beidseitig angeschnittenem Gewinde und Temperguss-Fittings nach DIN EN 10242 oder Stahlfittings nach DIN EN 10241. Zuordnung der Abmessungen siehe Tabelle 28.7. Dichtmaterial nach DIN 30660. Anwendung bis etwa PN 16 und DN 65, ab DN 80 sind erhebliche Kräfte bei Montage der Gewindeverbindungen erforderlich.

Tabelle 28.7: Abmessungen und Einschraublängen von Rohrleitungen mit Gewindeverbindungen

Nennweite DN	10	15	20	25	32	40	50	65
Außendurchmesser in mm	17,2	21,3	26,9	33,7	42,4	48,2	60,3	76,1
Gewindegröße in Zoll	3/8"	1/2"	3/4"	1"	1 1/4"	1 1/2"	2"	2 1/2"
Einschraublänge in mm	10	13	15	17	19	19	24	27

Rohrleitungen aus Stahl mit Pressverbindungen

Dünnwandige Rohre aus kunststoffummanteltem oder verzinktem unlegiertem oder austenitischem Stahl mit gummi- oder metalldichtenden Pressfittings aus analogen Stählen (auch aus Kupfer nach DIN EN 1254-2). Anwendung bis etwa PN 40 und DN 100.

Rohrleitungen aus nichtrostendem Stahl für den Hygienebereich (Lebensmittel, Pharmaka, Kosmetika)

Dünnwandige Rohre nach DIN 11850, vorwiegend aus Stahl 1.4301, Innenoberfläche mit niedrigem Mittenrauhwert, Formstücke nach DIN 11852 und Herstellerangaben mit totraumfreien Sterilverschraubungen nach DIN 11851. Anwendung bis etwa PN 40 und DN 150.

Emaillierte Rohrleitungen, geflanscht

Flanschrohre verschiedener Längen, geflanschte Formstücke, Flansche und Distanzstücke nach DIN 2873. Anwendung bis PN 10 und DN 500.

Gummierte und kunststoffausgekleidete Rohrleitungen, geflanscht

Flanschrohre verschiedener Längen, geflanschte Formstücke, Flansche und Distanzstücke nach DIN 2848 für Gummiauskleidungen nach DIN 2875, für Kunststoffauskleidungen (z. B. PVC) nach DIN 28055-1. Anwendung bis PN 10 und DN 500.

28.6.2 Rohrsysteme aus Kunststoffen

PVC-C und PVC-U, Verbindungen vorzugsweise geklebt

Rohre mit Außendurchmessern von 10 bis 450 mm, Fittings mit Klebmuffe und verschiedene Adapterstücke nach DIN-Reihe 8063.

PVC-C und PVC-U mit Steckmuffenverbindungen für Abwasser

Rohre und Formstücke mit Steckmuffe DN 100 bis 600 aus PVC-C nach DIN 19538-10 und DIN EN 1566-1, aus PVC-U nach DIN 19534-3 und DIN EN 1401-1.

PE 80 und PE 100, Verbindungen vorzugsweise geschweißt

Rohre mit Außendurchmessern von 10 bis 1600 mm, Fittings zum Heizelement-Stumpfschweißen oder Muffenschweißen, Heizwendel-Schweißfittings und verschiedene Adapterstücke nach DIN-Reihe 16963, Klemmverbinder nach DIN 8076-1.

PP-H, PP-B, PP-R, Verbindungen vorzugsweise geschweißt

Rohre mit Außendurchmessern von 10 bis 1000 mm, Fittings zum Heizelement-Stumpfschweißen oder Muffenschweißen, Heizwendel-Schweißfittings und verschiedene Adapterstücke nach DIN-Reihe 16962.

UP-GF, Verbindungen geflanscht, geklebt oder laminiert

Rohre gewickelt DN 25 bis 1000 mit verschiedener Auskleidung nach DIN 16965-1 bis 16965-5, Formstücke mit unterschiedlichen Anschlüssen nach DIN-Reihe 16966.

28.6.3 Rohrsysteme aus sonstigen Werkstoffen

Rohrleitungen aus duktilem Gusseisen, gemufft oder geflanscht

Rohre und Formstücke mit oder ohne Innen- und/oder Außenkorrosionsschutz für Wasserleitungen nach DIN EN 545, Abwasserleitungen nach DIN EN 598 und Gasleitungen nach DIN EN 969. Je nach Anwendungsgebiet bis etwa PN 40 und DN 2000.

Rohrleitungen aus Faserzement mit Kupplungsverbindungen

Rohre, Formstücke und Kupplungen für Wasserleitungen nach DIN EN 512, für Abwasserleitungen nach DIN 19850-1 und DIN EN 588-1. In der BRD sind nur asbestfreie Stoffe (Kennzeichnung NT) zugelassen. Je nach Anwendungsgebiet bis etwa PN 16 und DN 2400.

28.6.4 Verbundmantelrohrsysteme (Kunststoffmantelrohr-System KMR)

Bestandteile

Produktrohr aus unlegiertem Stahl, GJS, Kupfer, ABS oder anderen Kunststoffen DN 25 bis 800, Mantelrohr aus PE-HD von 110 bis 1000 mm Außendurchmesser, Zwischenraum mit PUR ausgeschäumt.

Technische Bedingungen für erdverlegte Fernwärmenetze

Rohre: DIN EN 253 und DIN EN 254, *Formstücke:* DIN EN 448, *Rohrverbindungen:* DIN EN 489.

Technische Bedingungen für oberirdische Wärmeleitungen, auch mit zusätzlicher Mineralwolledämmung für Temperaturen bis 450 °C oder mit Begleitheizung, sowie für Kälteleitungen:

nach Herstellervorschrift

28.7 Nicht lösbare Rohrverbindungen

28.7.1 Einteilung

Dauerhafte Rohrverbindungen

Definition gemäß Druckgeräterichtlinie: Trennung nur durch zerstörende Verfahren.

Demontierbare Rohrverbindungen

Demontage in der Regel ohne zerstörende Verfahren.

28.7.2 Dauerhafte Rohrverbindungen

Hierunter fallen Schweiß-, Löt-, Kleb-, Laminatverbindungen. Lötverbindungen sind auf Kupfer und Kupferlegierungen beschränkt. Für Kunststoffe kommen Schweiß-, Kleb- und Laminatverbindungen in Betracht (siehe Abschnitt 28.6).

Das ausführende Personal muss zum Zeitpunkt der Arbeiten gültige **Prüfzeugnisse** besitzen. Zusätzlich muss für die Rohrleitungsklassen II und III der Hersteller, für Rohrleitungsklasse III auch der Prüfer von einer unabhängigen Stelle zugelassen sein.

28.7.3 Schweißverbindungen für Metalle

Gebräuchliche Schweißverfahren: Tabelle 28.8

Tabelle 28.8: Gebräuchliche Schweißverfahren

Schweißverfahren und Kurzzeichen				vorzugsweiser Anwendungsbereich (Wanddicke, Außendurchmesser, Werkstoff)
Gasschmelzschweißen	G	≤6	≤114,3	unlegierter Stahl, 16Mo3
Elektrodenhandschweißen	E	≤6	≥152,4	alle Stähle
		>6	alle	
Wolfram-Inertgasschweißen	WIG	alle	alle	CrMo-, CrMoV-Stähle, austenitische Stähle[1])
Unterpulverschweißen	UP	≥3	≥152,4	unlegierter Stahl, 16Mo3, CrMo-Stähle
Metall-Aktivgasschweißen	MAG	alle	≥101,6	
Metall-Inertgasschweißen	MIG	≥3	≥152,4	austenitische Stähle
[1]) Wurzelschweißen: alle Stähle				

Fugenformen

Einseitig geschweißte Stumpfnähte siehe Tabelle 28.9. Nahtformen für beidseitig geschweißte Stumpfnähte, Eck- und Kehlnähte siehe DIN EN 29692. Bei unterschiedlichen Wanddicken sind Abschrägungen mit $\alpha \leq 30°$ entsprechend Bild 28.5 zulässig. Für beidseitige Ultraschallprüfung sind die Bedingungen nach Bild 28.4 maßgebend.

Fugenformen für Formnähte (z. B. Abzweige): DIN EN 1708-1

Abstände zu benachbarten Schweißnähten: nach Bild 28.6

Anschweißungen (z. B. Ringversteifungen, Haltenocken, Tragösen, angeschweißte Rohrhalterungen) unterliegen im Anschweißbereich von

$$L_i \geq 1{,}41 \sqrt{(D_0 - e)\,e} \geq 50 \text{ mm}$$

den schweißtechnischen Grundsätzen wie das druckbeanspruchte Bauteil.

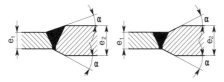

Bild 28.5: Wanddickenausgleich an Stumpfnähten

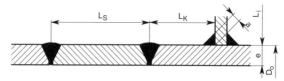

Bild 28.6: Abstände benachbarter Stumpfnähte: $L_S \geq \sqrt{D_0 \, e} \geq 50$ mm, Abstand zu Anschweißungen: $L_K = \max\{2e; 5a\} \geq 50$ mm

Tabelle 28.9: Fugenformen für einseitig geschweißte Stumpfnähte in Anlehnung an DIN EN 29692

Fugenform und Kennzahl	Zeichnungssinnbild	Maße in mm (bei austenitischen Stählen ist $b = 0$)	
I-Naht 1.2	||	*(Skizze mit Maßen e, b)*	$e < 3{,}2$ $b \approx t$
Y-Naht 1.5	Y	*(Skizze mit $\alpha \approx 60°$, Maßen b, c, e)*	$e = 3{,}2 \ldots 16$ $b = 1{,}5 \pm 0{,}5$ $c = 2 \ldots 4$
U-Naht auf V-Wurzel 1.3.7	⋎	*(Skizze mit $\beta = 8$ bis $10°$, $\alpha = 50$ bis $60°$, Maßen b, c, e, R)*	$e > 16$ $b = 2 \ldots 3$ $c = 3 \ldots 4$ $\beta = 8 \ldots 10°$ $R = 6 \ldots 9$

28.7.4 Dauerhafte Rohrverbindungen für Kunststoffe

Tabelle 28.10: Werkstoffgerechte Fügeverbindungen für Kunststoffe

Fügeverfahren[1])	Fugenvorbereitung	Werkstoffe	DVS
Thermoplaste			
Kleben mit spaltfüllendem Klebstoff	Klebmuffe, konisch oder zylindrisch	PVC-U, PVC-C, ABS	2204-1
		PTFE, PE	[2]
Kleben mit Kleblack[2])	Klebmuffe, leichter Presssitz	PVC-U, PVC-C	–
Warmgas-Fächelschweißen (WF)	ohne (I-Naht)	PVC-U, PVC-C	2207-3
Heizelementstumpfschweißen (HS)	ohne (I-Naht)	PE, PP, PVDF	2207-1
Heizelement-Muffenschweißen (HD)	Schweißmuffe	PE, PP, PVDF, PB	2207-1
Heizwendelschweißen (HM)	Heizelementschweißmuffe	PE, PP, PB, PE-X	2207-11
WNF–Schweißen (HM-WNF)[3])	ohne (I-Naht)	PVDF	[3]
Infrarotschweißen	ohne (I-Naht)	PP, PVDF	[3]
Duroplaste			
Kleben	Klebmuffe, konisch (bis DN 200 zylindrisch)	EP-GF, UP-GF	–
Laminieren	ohne (Geradschnitt)		–

[1]) in Klammern: Kurzzeichen nach DIN 1910-3
[2]) manuell angepasste Muffen für geringe Beanspruchungen
[3]) WNF: wulst- und nutfrei

28.7.5 Demontierbare Rohrverbindungen

- Gewindeverbindungen
  Stahl: siehe Abschnitt 28.6
  PVC: Gewindemuffen aus PVC mit und ohne Metallringverstärkung. Abdichtung vorzugsweise mit PTFE-Band.

- Pressverbindungen, zugfest
  Zur Montage sind manuell, elektrisch oder hydraulisch betätigte Presswerkzeuge erforderlich.
  Stahl im ND-Bereich: siehe Abschnitt 28.6.
  Stahl im HD-Bereich (je nach Nennweite 125 bis 520 bar bei maximal 425 °C): mittels spezieller metallisch dichtender Pressmuffen.
  Kunststoff (PE, UP-GF) bis etwa DN 50: Pressfittings aus Rotguss mit eingelegtem Klemmring aus glasfaserverstärktem Kunststoff, auch mit Schiebe- statt Presshülsen.

- Muffenverbindungen (Beispiel siehe Bild 28.7)
Einsatz vorzugsweise für Gussrohre, aber auch für Keramik- und Kunststoffrohre (z. B. PVC).

Bild 28.7: Steckmuffenverbindung, nicht zugfest, mit TYTON®-Dichtring (zweigeteilter Gummi-Dichtring von unterschiedlicher Härte)

Einteilung nach der Kraftübertragung: zugfeste (formschlüssige, längskraftschlüssige) und nicht zugfeste (kraftschlüssige) Verbindungen. Zusätzliche Dichtschweißungen gelten nicht als zugfest. Kraftschlüssige Muffenverbindungen erfordern an Umlenkungen, Abzweigen und Reduzierungen Betonwiderlager. Bemessung nach DVGW-Arbeitsblatt GW 310.

Einteilung nach der Konstruktion: Steck-, Schraub- und Stopfbuchsmuffenverbindungen.

Sonderform: Sprengmuffen (Rohr wird durch Innensprengung als Muffe aufgeweitet, Gegenrohr eingesteckt, Verbindung durch Außensprengung kraftschlüssig hergestellt) mit zusätzlicher zugfester Schweißverbindung für dünnwandige Stahlrohre großer Nennweite.

28.8 Lösbare Rohrverbindungen

28.8.1 Flanschverbindungen

Die Hauptabmessungen sind seit fast achtzig Jahren genormt, sodass Flanschverbindungen gegenüber anderen lösbaren Verbindungen am meisten verbreitet sind (Beispiel Bild 28.8).

Bestandteile: Flansch, Dichtung, Verbindungselemente, Zubehör

Flancharten: Vorschweißflansche, glatte Flansche zum Anschweißen (Anschweißflansche), Gewindeflansche zum Aufschrauben auf Gewinderohrleitungen, Bunde (Vorschweißbunde, Vorschweißbördel, glatte Anschweißbunde) mit Losflansch zum Ausgleich von radialem Versatz, Blindflansche, Integralflansche (angegossen, angeschmiedet), Spezialflansche (z. B. für Glas).

Flansche bis PN 100 sind in DIN EN-Reihe 1092, Vorschweißflansche für PN 160 bis 400 in DIN 2637, 2638, 2627 bis 2629 genormt (zzt. Einarbeitung in DIN EN 1092-1).

28.8 Lösbare Rohrverbindungen

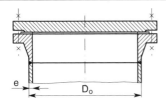

Bild 28.8: Flanschverbindung, bestehend aus Vorschweißflansch, Blindflansch und Flachdichtung

Dichtungen: siehe Tabelle 28.11

Tabelle 28.11: Dichtungsarten und Dichtsysteme für Flanschverbindungen

Bezeichnung		DIN	Einsatz für PN
Dichtungsart	Dichtsystem		
nichtmetallische Flachdichtung[2])	glatte Dichtleiste	EN 1514-1	≤40
nichtmetallische Flachdichtung	Feder und Nut		≤40[1])
nichtmetallische Flachdichtung	Vor- und Rücksprung		≤40[1])
Spiraldichtung[2])	glatte Dichtleiste	EN 1514-2	≤160
PTFE-Dichtung, ummantelt	glatte Dichtleiste	EN 1514-3	≤40
Wellring mit und ohne Füllstoff	glatte Dichtleiste	EN 1514-4	≤100
Flachdichtung, metallummantelt		EN 1514-7	
Runddichtring	O-Ring-Vor- und -Rücksprung	EN 1514-8	≤40
Membran- oder Schweißdichtung	glatte Dichtleiste	2695	63 bis 400
Dichtlinse	Abschrägung von 70°	2696	63 bis 400
Kammprofilierte Dichtung[2])	glatte Dichtleiste	EN 1514-6	63 bis 400

[1]) Bis PN 100 nach Herstellerunterlagen
[2]) Die Zentrierung erfolgt durch den Außenrand der Dichtung.

Dichtungswerkstoffe: nichtmetallische Werkstoffe (Weichdichtungen) wie Gummi, Kunststoffe (z. B. PTFE), Graphit, Pressfasern, Kork mit und ohne stützende Einlagen (z. B. Cord- oder Drahtgewebe, Spießblech), Weicheisen, legierter Stahl, austenitischer Stahl, Kupfer.

Schrauben bzw. Schraubenbolzen und Muttern
Die Anzahl der Schraubenlöcher in den Flanschen ist durch 4 teilbar. Die Flansche sind so anzuordnen, dass die Schraubenlöcher symmetrisch zu den Hauptachsen der Rohrleitung liegen, aber nicht mit diesen zusammenfallen. Übliche Verbindungselemente siehe Tabelle 28.12.

Zubehör: Unterlegscheiben, Schraubensicherungen bei dynamischen Belastungen, Dehnhülsen bei geringen Klemmlängen (DIN 2510-7), Spritzschutz für aggressive Fluide.

Tabelle 28.12: Verbindungselemente für Flanschverbindungen

Verbindungs-element	DIN		Einsatzbereich		Festigkeitsklasse	
	Schraube	Mutter			Schraube	Mutter
Sechskant-schraube	EN 24016	EN 24034	≤120 °C	≤PN 40	4.6	5
	EN 24014	EN 24032	≤300 °C		5.6	5
			≤300 °C		A2-70 bzw. A2-50	
Schraubenbolzen ohne Dehnschaft	2509	2510-5	≤400 °C		Werkstoffe entsprechend Temperatur nach DIN EN 1515-1	
Schraubenbolzen mit Dehnschaft	2510-3		>400 °C	≥PN 63		

28.8.2 Verschraubungen

Verwendung: vorzugsweise bis DN 50 und zum Anschluss von Schlauchleitungen.

Arten:

- nach DIN EN 10242 als **Gewindefitting** aus Temperguss. Dichtung: Flachdichtung oder metallisch dichtender Konus.

- nach DIN 2353 mit **Schneidring** (Ermeto-Verschraubung) zum zugfesten Anschluss an Präzisionsstahlrohr. Dichtung: metallisch dichtender Konus.

- nach DIN 7601 mit angeschweißter **Kugelbuchse**. Dichtung: metallisch dichtender Konus gegen Kugelbuchse.

- nach DIN 8063-3 für PVC mit **Klebemuffe**, DIN 16963-15 für PE und DIN 16962-13 zum Anschweißen. Verwendung auch als Adapter zu metallischen Rohrleitungen. Dichtung: Flachdichtung oder Runddichtring.

28.8.3 Kupplungen

Einteilung nach der Kraftübertragung: zugfeste (formschlüssige) und nicht zugfeste (kraftschlüssige) Kupplungen. Kraftschlüssige Kupplungen erfordern analog den Muffenverbindungen an Umlenkungen, Abzweigen und Reduzierungen Betonwiderlager.

Einteilung nach den Rohrenden: Kupplungen für glatte Rohrenden und für angeformte oder -geschweißte Rohranschlüsse. Letztere sind in der Regel zugfest.

Abdichtung: mittels speziell geformter Radial- oder Axial-Dichtungen. Einige Kupplungen können Abwinkelungen aufnehmen.

28.8 Lösbare Rohrverbindungen

Häufig verwendete Arten:

- **Stahlrohr-Kupplung** (Keula- oder Gibault-Kupplung): für glatte Rohrenden, kraftschlüssig, gegen Losflansche und Hülse axial verpresste Radial-Dichtung. Zum Verbinden von Rohren aus Faserzement.

- **PV-Rohrkupplung**: für glatte Rohrenden, kraftschlüssig, gegen ein- oder zweiteilige Schelle radial verpresste Radial-Dichtung. Anwendung bis etwa DN 200 bei niedrigen Drücken, auch als Reparaturkupplung bei Leckagen.

- **REKA-Kupplung**: für glatte Rohrenden, kraftschlüssig, mehrere radial verpresste Radial-Dichtungen. Meist zum Verbinden von Rohren aus Faserzement oder Duroplasten.

- **STRAUB- oder NORMA-Kupplung**: für glatte Rohrenden, kraftschlüssig oder formschlüssig mittels radialer Lamellenzähne, gegen einteilige Schelle radial verpresste Radial-Dichtung. Zum Verbinden metallischer Rohre bis PN 40, auch für Rohre aus Kunststoff mit zusätzlicher Stützhülse.

- **GRAYLOG-Kupplung**: angeschweißte Bunde, formschlüssig, gegen zweiteilige Schelle axial verpresste Axial-Dichtung. Zum Verbinden metallischer Rohre bis PN 2000.

- **VICTAULIC-Kupplung**: genutete Rohrenden, formschlüssig (auch für glatte Rohrenden, formschlüssig mittels radialer Lamellenzähne), gegen zweiteilige Schelle radial verpresste Radial-Dichtung. Zum Verbinden metallischer Rohre bis PN 63.

- **Storzkupplungen**: formschlüssige Schnellverbindungen als Gewindekupplung der Größe D (1″) bis A (4 ½″) mit axial verpresster Axial-Dichtung. Für Feuerlösch- und Druckluftleitungen bis PN 16.

28.8.4 Sonstige lösbare Verbindungen

- **Klammerverbindungen**: Vorschweißbunde mit spezieller Formgebung und Axialdichtung, die nicht über Losflansche, sondern durch Gewinde- oder Bolzen-Klammern axial verpresst wird. Verwendung im Hochdruck-Bereich für hohe Temperaturen.

- **System SCHLEMENAT**: keilförmige Spannelemente, die mittels Schrauben verspannt werden und einen günstigen Kraftfluss bewirken.

- **Schnellverbindungen**: z. B. mit Bajonettverschluss für Beregnungsanlagen und Entwässerungen im Bergbau und Bauwesen, Tankwagenkupplungen, selbstschließende Schnellverschlusskupplungen.

28.9 Formstücke aus Stahl

28.9.1 Allgemeines

Genormte Formstücke (Übersicht Tabelle 28.13) von vermindertem Ausnutzungsgrad, aber erhöhter Wanddicke sind gegenüber solchen mit vollem Ausnutzungsgrad meist kostengünstiger.

Tabelle 28.13: Genormte Formstücke

Formstück		Ausnutzungsgrad	
		vermindert	voll
Bogen		DIN 2605-1	DIN 2605-2
Segmentkrümmer		SEB 520 050	–
T-Stücke		DIN 2615-1	DIN 2615-2
Reduzierungen	konzentrisch	–	DIN 2616-2
	exzentrisch	DIN 2616-1	DIN 2616-2
Korbbogenböden		–	DIN 2617, DIN 28013
Klöpperböden		DIN 28011	–

28.9.2 Bogen, Biegungen

Der ideale Bogen ist wie das anschließende Rohr belastbar. Die Innenwand muss verstärkt, die Außenwand darf verschwächt sein (Bild 28.9):

$$B_{int} = \frac{e_{int}}{e} = \frac{(R/D_0) - 0{,}25}{(R/D_0) - 0{,}5} \geq 1$$

$$B_{ext} = \frac{e_{ext}}{e} = \frac{(R/D_0) + 0{,}25}{(R/D_0) + 0{,}5} \leq 1$$

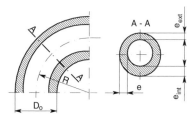

Bild 28.9: Bezeichnungen am Bogen

Erforderliche Verstärkung bzw. mögliche Verschwächung siehe Bild 28.10.

28.9 Formstücke aus Stahl

Bogenarten:

- **Glattrohrbogen**
  Kaltrohrbogen: unter Werkstattbedingungen auf stationären Biegemaschinen gefertigt, bis DN 50 auch vor Ort auf transportablen Biegemaschinen aus der Rohrstange gebogen.
  Warmrohrbogen: auf der Biegeplatte bei Umformtemperatur gebogen. Ist weitgehend durch Induktivbiegungen ersetzt. Für untergeordnete Rohrleitungen bis DN 50 ist Herstellung vor Ort noch üblich.
  Kalt- und Warmrohrbogen erfordern an beiden Bogenseiten Mindestschenkellängen zum Einspannen. Biegeradien ab etwa $R \approx 1{,}5 D_0$. Durch den Biegevorgang entstehen Verstärkungen bzw. Verschwächungen, die bei Biegeradien ab etwa $R \approx 4 D_0$ dem Idealbogen nahe kommen.

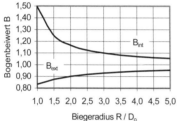

Bild 28.10: Bogenbeiwerte

- **Induktivbiegungen**
  Durch Einbringen einer definierten Wärmemenge, verbunden mit gesteuerter Biegegeschwindigkeit und örtlicher Abkühlung, sind ideale Biegungen auch bei kleinen Biegeradien ab etwa $R \approx 1 D_0$ möglich. Herstellungsbedingt sind Mindestschenkellängen zum Einspannen erforderlich. Anwendung des Verfahrens aus Kostengründen vorzugsweise für den HD-Bereich.

- **Einschweißbogen**
  Auf der Biegemaschine wird das Rohr auf Umformtemperatur gebracht und über einen konischen Dorn geschoben. Verfahrensbedingt besitzen die Bogen keine Schenkel. Mindestbiegeradius: $R \approx 0{,}8 D_0$. Die Rohrwand ist über den Umfang gleich, sodass beliebige Winkel durch Trennen von 90°-Bogen herstellbar sind.
  Verstärkungen an der Innenwand werden bisweilen durch Auftragsschweißen und Beschleifen hergestellt.

- **Halbschalenbogen**
  Zwei aus Blech gepresste Halbschalen werden durch Längsnähte miteinander verbunden. Mindestbiegeradius und Wanddicke über den Umfang wie beim Einschweißbogen.

28.9.3 Segmentschnitte, Segmentkrümmer

Wegen fehlender Innenwandverstärkung sind sie gegenüber dem geraden Rohr nur im Verhältnis $1/B_{int}$ (B_{int} nach Bild 28.10) belastbar.

Maximal zulässiger Winkel: $\Theta \leq 22{,}5°$ (Bild 28.11). Winkel von $\Theta \leq 1{,}5°$ (Abwinkelung $2\Theta \leq 3°$) gelten als Rundnähte.

Einsatzbegrenzungen gemäß DIN EN 13480-3: $p \leq 20$ bar, im zeitabhängigen Bereich $p \leq 4$ bar bei maximal 100 Volllastzyklen.

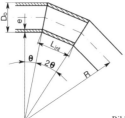

Bild 28.11: Segmentkrümmer $L_{int} \geq 2e \geq 25$ mm

28.9.4 Abzweige, T-Stücke

Herstellung: Einschweißen von aufgesetzten, eingesetzten oder durchgesteckten Stutzen, Schmieden, Aushalsen, Ausbauchen. Aufgesetzte Stutzen sind bei geschweißten Rohren zu vermeiden, da das Blech am Ausschnitt in Dickenrichtung auf Zug beansprucht ist.

Verstärkungsmöglichkeiten für den Ausschnitt:

- Wanddickenerhöhung des Grundrohrs und/oder des Abzweigs,
- Scheibenförmige Verstärkung des Grundrohrs,
- Rippenversteifung von Grundrohr und/oder Abzweig.

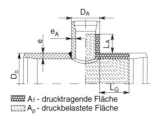

Bild 28.12: T-Stück (dargestellt ist ein eingeschweißter Stutzen)

▨ A_f - drucktragende Fläche
▧ A_p - druckbelastete Fläche

Ausschnittdurchmesser, bei dem keine Verstärkung erforderlich ist (Formelzeichen nach Bild 28.12):

$$D_A \leq 0{,}14 \sqrt{(D_0 - e)\,e}\ .$$

28.9 Formstücke aus Stahl

Verstärkungsbedingung (f zulässige Spannung):

$$\frac{f}{p} \geq \frac{A_p}{A_f} + 0{,}5 \,.$$

Die druckbelastete und die drucktragende Fläche A_p bzw. A_f sind entsprechend Bild 28.12 zu ermitteln. Mittragende Längen:

$$L_G = \sqrt{(D_0 - e)\, e}$$

$$L_A = \sqrt{(D_A - e_A)\, e_A}$$

28.9.5 Reduzierungen

Herstellung: Schmieden, Stauchen von nahtlosem Rohr in der Matrize bei Umformtemperatur, Walzen aus Blech und Verschweißen mittels Längsnaht, Drehen aus Rundstahl (kleine Nennweiten).

Die festigkeitsmäßig höchsten Beanspruchungen treten am Übergang vom Konus zum großen Zylinderquerschnitt auf. Sie steigen mit dem Einziehwinkel, sodass exzentrische gegenüber konzentrischen Reduzierungen bei gleichem Winkel höher belastet sind.

28.9.6 Böden (Kappen)

Herstellung: Schmieden oder Pressen bei Umformtemperatur, ebene Böden ohne Krempe auch durch mechanische Bearbeitung aus Blech.

- **Halbkugelböden**
  Festigkeitsmäßig am günstigsten. Die Wanddicke braucht gegenüber dem Anschlussrohr bei gleichem Werkstoff nur die Hälfte zu betragen.

- **Korbbogenböden** (Kugelradius = 0,8 Außendurchmesser)
  Festigkeitsmäßig optimiert, die erforderliche Wanddicke ist mit derjenigen des Anschlussrohrs identisch (Bild 28.13).

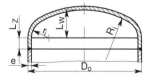

Bild 28.13: Korbbogenboden

- **Klöpperböden** (Kugelradius = 1 Außendurchmesser)
  Die erforderliche Wanddicke ist fallweise zu berechnen.

■ **Ebene Böden mit und ohne Krempe**
Die erforderliche Wanddicke liegt merkbar über derjenigen des Anschlussrohrs. Die Schweißverbindung Boden/Rohr ist bei ebenen Böden ohne Krempe so zu wählen, dass der Boden nicht in Dickenrichtung beansprucht ist, z. B. nach Bild 28.14. Das gilt auch für ebene Böden mit Entlastungsnut.

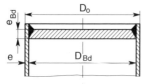

Bild 28.14: Ebener Boden ohne Krempe

28.10 Dehnungsausgleich

28.10.1 Größe der Wärmedehnungen

Lineare Wärmeausdehnung einer Rohrlänge L bei Erwärmung um Δt:

$$\Delta L_W = L \alpha_h \cdot \Delta t$$

Linearer Wärmeausdehnungskoeffizient:

Stahl $\quad \alpha_h = (11 \ldots 15) \cdot 10^{-3}$ mm/(m · K)

Kunststoff $\quad \alpha_h = (80 \ldots 200 \cdot 10^{-3}$ mm/(m · K)

Bei Rohrleitungen für tiefe Temperaturen ist ΔL_W negativ (Verkürzung). Bewegungen von Ausrüstungsanschlüssen sind vektoriell zu berücksichtigen.

Durch behinderte Wärmedehnung bauen sich Zusatzspannungen auf. Zulässige Temperaturgrenzen, unabhängig von der Rohrleitungslänge:

Ferritische Stähle $\quad \Delta t_{zul} = 50$ K

Austenitische Stähle $\quad \Delta t_{zul} = 40$ K

Thermoplastische Kunststoffe $\quad \Delta t_{zul} = 30 \ldots 50$ K

Duroplastische Kunststoffe $\quad \Delta t_{zul} \approx 100$ K

Rohrleitungen mit $L \geq 35 D_0$ (D_0 Außendurchmesser) knicken seitlich aus, wenn sie nicht durch Zwangsführungen behindert sind. Wird bisweilen bei kleinen Nennweiten zugelassen.

28.10.2 Natürlicher Dehnungsausgleich

Er erfolgt durch seitliches Auslenken der Schenkel eines Rohrleitungssystems. Die Überprüfung der zulässigen Spannungen erfolgt fast ausnahmslos durch Rechenprogramme.

Vereinfachte Berechnungsverfahren sind anwendbar für ebene überschaubare Rohrleitungssysteme mit L-, Z- und U-Ausgleichern (Beispiel Bild 28.15).

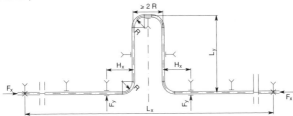

Bild 28.15: U-Ausgleicher; der Dehnungsausgleich erfolgt durch die beiden Schenkel mit der Länge L_y

Natürlicher Dehnungsausgleich ist meist wirtschaftlicher als die Verwendung künstlicher Kompensatoren.

28.10.3 Künstlicher Dehnungsausgleich (Kompensatoren)

Kompensatoren sind druckhaltende Ausrüstungsteile, die der Druckgeräterichtlinie unterliegen.

Bauarten sind:

- *Schiebe-Kompensatoren* (Gleitrohr-Kompensatoren)
  Ein Gleit- oder Degenrohr verschiebt sich in axialer Richtung und wird mittels Stopfbuchsen abgedichtet. Anwendung nur noch in Ausnahmefällen (kostenintensiv, Wartung erforderlich).

- *Dreh- und Kugelgelenke, Gelenkbogen-Kompensatoren*
  Anwendung in verschiedenen Kombinationen vorzugsweise zur Tankwagenbe- und -entladung (Verladearme).

- *Weichstoff-Kompensatoren, Gummi- und PTFE-Kompensatoren*
  Der elastische Balg ermöglicht allseitige Bewegungen. Besonders geeignet zur Aufnahme von Schwingungen.

- *Tuch-Kompensatoren*
  Als elastisches Element dient flexibler Stoff, der zwischen zwei

Rohrenden eingespannt ist. Einsatz für niedrige Drücke bei großen Nennweiten, z. B. für Rauchgasleitungen.

- *Schlauch-Kompensatoren*
  Elastomer- oder Metallschlauchleitungen ermöglichen allseitige Bewegungen. Anwendung insbesondere für kleine Nennweiten.

- *Metall-Kompensatoren*
  Der elastische Metallbalg, vorzugsweise mehrlagig, kann Axial-, Lateral- und Angular-Bewegungen aufnehmen.
  Axial-Kompensatoren zur Aufnahme von Axialbewegungen: Sie bedingen hohe Axialkräfte (Druck × Innenquerschnitt), falls keine speziellen entlasteten Axial-Kompensatoren verwendet werden.
  Angular-Kompensatoren zur Aufnahme von Winkelbewegungen: Sie sind mittels Gelenken verspannt, sodass sie für hohe Drücke geeignet sind. Drehgelenke ermöglichen Winkelbewegungen in der Ebene (Bild 28.16). Auf richtige Einbaulage ist zu achten. Kardangelenke gestatten unabhängig von ihrer Einbaulage räumliche Bewegungen. Die Rohrhalterungen dürfen die Bewegung der Gelenke nicht behindern.
  Lateral-Kompensatoren zur Aufnahme seitlicher Bewegungen: Sie sind mittels Gestängen verspannt, sodass sie ebenfalls für hohe Drücke einsetzbar sind. Je nach Ausführung wirken die Gestänge in einer oder beiden Ebenen. Die Herstellervorschriften zur Lage der Gestänge und zur Halterung des Systems sind zu beachten, damit die Bewegung nicht beeinträchtigt wird. Ein Lateral-Kompensator (Bild 28.17) kann durch zwei Angular-Kompensatoren mit Zwischenrohr der Länge L_R ersetzt werden.
  Universal-Kompensatoren zur Aufnahme axialer, angularer und seitlicher Bewegungen: Sie sind nur für niedrige Drücke geeignet, da sie nicht verspannt werden können.

Bild 28.16: Angular-Kompensator

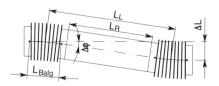

Bild 28.17: Lateral-Kompensator

28.11 Armaturen

28.11.1 Einteilung

Armaturen sind Druckgeräte. Ihre Einteilung erfolgt in fünf Grundbauarten nach DIN EN 736-1 (siehe Tabelle 28.14).

Funktionsmerkmale der Armaturen: siehe Tafel 28.15

Einteilung nach der möglichen Schaltstellung des Abschlusskörpers:

- Absperrarmatur: „geschlossen" oder „vollständig offen"
- Regulierarmatur: jede beliebige Stellung

Tabelle 28.14: Grundbauarten von Armaturen

Arbeitsweise des Abschlusskörpers				
geradlinig		Drehung um eine Achse quer zur Strömung		Deformation des flexiblen Bauteils
Strömungsrichtung im Abschlussbereich				
quer zur Bewegung des Abschlusskörpers	gleiche Richtung wie Abschlusskörper	durch den Abschlusskörper	um den Abschlusskörper	unterschiedlich je nach Ausführung
Bezeichnung der Grundbauart				
Schieber	Ventil	Hahn	Klappe[1])	Membranarmatur
Art des Abschlusskörpers				
Keil, Platte, Kolben, Scheibe	Teller, Kegel, Zylinder (Kolben), Kugel, Nadel	Kugel, Kegel (Küken), Zylinder	Scheibe, Platte, Drehkegel	Membran, Schlauch

[1]) Hierzu gehört auch die exzentrische Drehkegelarmatur.

28.11.2 Stellantriebe für Armaturen

Einteilung nach der Art des Antriebs (DIN 19226-1):

- Steuerantriebe für Absperrarmaturen
- Regelantriebe für Regulierarmaturen

Einteilung nach der Energiequelle: manuelle, elektrische, hydraulische, pneumatische, kombinierte, eigenmediumbetriebene Stellantriebe

Antriebszubehör: Stellungsanzeigen, Schaltkästen, Signallampen, Steuer- und Regeleinrichtungen

Fernbedienungsteile: Flursäulen, Spindelverlängerungen, Gestänge, Einbaugarnituren

Bauarten:

- Drehantriebe mit mindestens einer vollen Umdrehung,
- Schwenkantriebe mit weniger als einer vollen Umdrehung,
- Schubantriebe.

Tabelle 28.15: Funktionsmerkmale von Armaturen

Armaturen- bauart	Art der Beeinflussung des Durchflussstoffs	Beispiele
Absperr- armatur	Unterbrechung und Freigabe des Stoffstroms	Absperrventil, -schieber, -klappe
Regulier- armatur	Reduzierung des Arbeitsdruckes	Druckminder-, Drosselventil
	Entnahme von Durchflussstoff	Probeentnahmeventil
Stellgerät	Getrennte oder gemischte Regelung von Druck, Temperatur und Menge	Regelventil, -klappe, -hahn, Stellventil
	Regelung eines Flüssigkeitsstandes	Niveaustandsregler
Sicherheits- ventil	Verhinderung von Drucküberschreitungen, anschließendes Absperren	Auslaufarmatur, Sicherheitsventil, Sicherheitsabsperrventil
Berstscheiben- einrichtung	Verhinderung von Drucküberschreitungen, kein anschließendes Absperren	Berstscheibensicherung
Rückfluss- verhinderer	Verhinderung einer Strömungsumkehr	Rückschlagventil, -klappe
Verteil- armatur	Umleiten des Strömungsweges	Umleitventil, Wechselventil
Misch- armatur	Mischen verschiedener Stoffströme	Mischventil
	Dosieren von Fluiden	Dosierventil
Kondensat- ableiter	Abscheiden (Trennen) und Ableiten von Flüssigkeit aus Gasen und Dämpfen	Kondensatableiter, Entlüftungsventil

28.11.3 Auswahl der Armaturen

Vorschriften für spezielle Armaturen

- Sicherheitsarmaturen: DIN EN 764-7, AD 2000-Merkblätter A 1, A 2
- Armaturen in Trinkwasserleitungen: DIN 3230-4
- Armaturen für Brenngas und brennbare Fluide: DIN 3230-5 und -6
- Armaturen in Kraftwerksrohrleitungen: VGB-R107 L

28.11 Armaturen

Anschlussverbindungen

- ≤PN 16: vorzugsweise geflanscht
- PN 25: vorzugsweise eingeschweißt
- ≥PN 40: fast ausnahmslos eingeschweißt

Einsatzhinweise

- *Absperr- und Rückschlagarmaturen:* siehe Tafel 28.16. Schieber mit druckdichtender Deckelverbindung sollten für warme Fluide mit einer Überdrucksicherung ausgestattet sein.
- *Sicherheitsarmaturen:* federbelastete Sicherheitsventile in Eckform
- *Regulierarmaturen:* Regelventile und Druckminderer in Durchgangsform; Umleit- und Reduzierstationen in Eckform
- *Armaturen im Vakuumbereich:* Spindelabdichtung mit Faltenbalg oder mit Sperrstopfbuchse
- *internes und/oder externes Armaturenzubehör:* z. B. Spindelschutzhülsen für steigende Spindeln, Armaturenschlösser
- *molchbare Armaturen:* voller Durchgang im Abschlussorgan erforderlich

Tabelle 28.16: Einsatzempfehlungen für Absperr- und Rückschlagarmaturen in wärmetechnischen Anlagen

Einsatzempfehlung für Absperrarmaturen		
≤DN 65	–	Absperrventile
≥DN 80	≤PN 16	■ Schieber mit starrem Keil ■ Kugelhähne bei hohen Dichtheitsforderungen, in REA-Anlagen und für Trinkwasser ■ Absperrklappen mit zentrischer Klappenwelle bei großen Nennweiten ■ Quetschventile in REA-Anlagen
	PN 25 und 40	■ Schieber mit elastischem Keil ■ Absperrklappen mit einfacher oder doppelt exzentrischer Klappenwelle bei großen Nennweiten
	≥PN 63	Keilplattenschieber
Einsatzempfehlung für Rückschlagarmaturen		
≤DN 65	–	Rückschlagventile
≥DN 80	≤PN 16	■ Rückschlagklappen ■ Doppel- oder Gruppenrückschlagklappen bei großen Nennweiten
	≥ PN 25	Rückschlagklappen

28.12 Halterungen

28.12.1 Aufgabe, Bestandteile

Halterungen (Abstützungen) dienen zur Abtragung der Rohrleitungslasten mit oder ohne gewollte Bewegungseinschränkung. Bestandteile einer Lastkette zeigt Bild 28.18. Die Halterung muss nicht alle Bestandteile enthalten. Beispiel: geschelltes Gleitlager auf einem bauwerkseitigen Profilstahl (Bild 28.19).

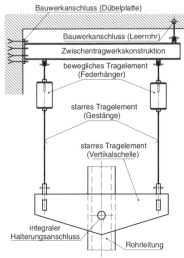
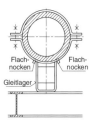

Bild 28.18: Bestandteile von Rohrhalterungen   Bild 28.19: Gleitlager

28.12.2 Arten von Lagerstellen

- *Festpunkt*
  Verhinderung von Verschiebungen und Verdrehungen, Aufnahme von Belastungen (Kräfte und Momente) in allen Achsen.

- *Teilfestpunkt, Axialstop, Verdrehlager*
  Teilfestpunkt: je nach Ausführung sind bis zu fünf Verschiebungs- und/oder Verdrehungsrichtungen zugelassen. Belastungsaufnahme ist nur in den behinderten Richtungen möglich.
  Axialstop: ein spezieller Teilfestpunkt, bei dem nur die axiale Bewegung behindert ist.
  Verdrehlager (Drehlager, Drehpunkt): Es sind nur Verdrehungen, aber keine Verschiebungen möglich.

28.12 Halterungen

- *Führung*
  Zugelassen sind Axialbewegungen, Querbewegungen sind behindert. Beispiel: gegen Abheben gesichertes Gleitlager.

- *Gleitlager* (Bild 28.19)
  Stützende Lagerstelle für horizontale Rohrleitungen. Aufnahme von Vertikalkräften sowie Horizontalkräften infolge Lagerreibung. Reibungsarme Gleitlager: Reibungszahl $\mu \leq 0{,}1$ (Tabelle 28.17).

- *Rollenlager, Wälzlager*
  Eine der Gleitflächen ist durch Rollen-, Kugel- oder Wälzlager ersetzt. Manche Konstruktionen gestatten auch Querbewegungen.

- *Pendelstütze*
  Schlanke Stütze, auf der die Rohrleitung lose oder befestigt aufliegt. Ihr Biegewiderstand ist geringer als die Reibungskraft am Stützenkopf.

Tabelle 28.17: Reibungszahlen von Rohrhalterungen

Reibpaarung			Reibungszahl μ
Lager	**Gegenauflage**		
Gleitschuh aus unlegiertem Stahl	unlegierter Stahl	im Freien	0,5
		in Innenanlagen	0,3
	selbstschmierend mit Festschmierstoff		0,1
dto. mit Austenitsohle	PTFE	–	0,1
Rollenlager, längs	Stahl	rollend	0,03 ... 0,04
Rollenlager, quer		rollend	0,03 ... 0,04
		verschiebbar	0,06
Hängung	mit mindestens 2 Gelenken		≈ 0

- *Starre Aufhängung*
  Hängende Lagerstelle mit Behinderung der Vertikalbewegung, geeignet auch für schräge und senkrechte Rohrleitungen.

- *Federhänger* (Bild 28.18)
  Gegenüber der starren Aufhängung sind Vertikalbewegungen möglich. Die Federkräfte sind wegabhängig.

- *Federstütze*
  Wie Federhänger, jedoch als stützende Lagerstelle. Zusätzliche Horizontalbewegungen sind möglich.

- *Konstanthänger*
  Wie Federhänger, jedoch mit ausgeglichenen Federkräften, sodass die Last während der Bewegung nahezu konstant bleibt.

- *Konstantstütze*
  Wie Konstanthänger, jedoch als stützende Lagerstelle mit zusätzlichen Horizontalbewegungen.

- *Stoßdämpfer, Stoßbremse*
  Selbstsperrende oder selbstbremsende, mechanisch oder hydraulisch wirkende Lagerstelle zum Begrenzen plötzlicher Bewegungen infolge von Stößen und Schlägen. Quasistatische Bewegungen durch Wärmeausdehnung werden nicht behindert.

- *Schwingungsdämpfer*
  Lagerstelle zum Dämpfen der Schwingungsamplituden und zur Aufnahme von Schwingungsenergie, ohne die Bewegung der Rohrleitung zu behindern. Sie wirken nach mechanischen oder hydraulischen Prinzipien sowie mittels viskoelastischer Flüssigkeiten.

- *Gelenkstrebe*
  Lagerstelle zur Verhinderung unplanmäßiger Auslenkungen, z. B. bei Wasserschlag, Rohrbruch, Explosion, sowie als Zwangsführung zur Lagesicherung der Rohrleitung beim planmäßigen Betrieb. Die Anschlüsse müssen weitgehend spielfrei sein.

- **Rohrumschließende Tragelemente** sind
  Horizontalschellen: Gurtschellen, Bügelschellen, Grip-Schellen, 2- und 3-Loch-Biegeschellen, z. B. nach DIN 3567
  Vertikalschellen: Kastenschelle nach Bild 28.18, Jochschelle oder 4-Loch-Biegeschelle
  Wechsellastschellen: Spielfreie Schellen zum Anschluss von Stoßbremsen, Schwingungsdämpfern und Gelenkstreben
  Schraubbügel (Rohrbügel): z. B. nach DIN 3570 als Führung oder Festpunkt für ungedämmte Rohrleitungen
  Bei Temperaturen ab etwa 300 °C müssen die rohrumschließenden Bauteile durch angeschweißte Nocken und Knaggen (integrale Halterungsanschlüsse) gegen Verschieben und Verdrehen gesichert sein.

28.13 Dämmungen

28.13.1 Bestandteile

Allgemeine Anforderungen nach DIN 4140:

- *Wärmedämmungen:* Dämmstoffe, Stütz- und Tragkonstruktion, Ummantelung, evtl. zusätzliche Maßnahmen für Begleitheizungen

- **Kältedämmungen:** Dämmstoffe, Stütz- und Tragkonstruktion, Ummantelung, Dampfbremse (Sperrschicht zum Vermeiden von Dampfdiffusion). Der Dämmstoff und die Ummantelung müssen formstabil sein, damit spezielle Halterungen daran befestigt werden können.

Zusätzliche Anforderungen: Schalldämmung, Eignung zur Nassreinigung, Dekontaminierbarkeit in kerntechnischen Anlagen.

28.13.2 Dämmstoff

Häufig verwendete Dämmstoffe zeigt Tabelle 28.17. Die Werte für die praktische Wärmeleitfähigkeit λ_{pr} sind zur Berechnung maßgebend, nicht die in Normen und Prospekten angegebene Labor-Wärmeleitfähigkeit.

Tabelle 28.18: Dämmstoffe für Wärme- und Kältedämmungen

Dämmstoff	Wärmeleitfähigkeit λ_{pr} in W/(m · K) bei Temperatur t_m in °C							
	–150	–100	–50	0	50	100	200	300
Luft	–	–	–	0,027	0,028	0,031	0,038	–
Mineralwolle-Schalen (Formteile)	–	–	–	0,035	0,04	0,05	0,07	0,1
Mineralwolle-Matten auf Drahtgeflecht gesteppt, Dichte $\rho \geq 80$ kg/m³	–	–	–	0,04	0,045	0,05	0,075	0,1[1])
Mineralwolle-Lamellenmatten auf Trägermaterial geklebt, $\rho \geq 80$ kg/m³	–	–	–	0,04	0,05	0,06	–	–
Mineralwolle, lose Stopfdichte ≥ 100 kg/m³	–	–	–	0,045	0,055	0,065	0,085	0,12[2])
Schaumglas Druckfestigkeit > 0,7 N/mm²	0,03	0,035	0,04	0,045	0,055	0,065	0,09	0,12
Polystyrol-Hartschaum Rohdichte > 20 kg/m³	0,02	0,025	0,03	0,035	0,04	–	–	–
Polyurethan-Ortschaum, FCKW-frei Rohdichte 52 bis 60 kg/m³	–	–	0,03	0,032	0,037	–	–	–
Kork, Rohdichte 80 bis 200 kg/m³	0,025	0,03	0,035	0,04	0,045	–	–	–

[1]) 400 °C: 0,145 W/(m · K)   [2]) 400 °C: ≈ 0,17 W/(m · K)

28.13.3 Stütz- und Tragkonstruktion

- **Stützkonstruktion**
  Halterung der Ummantelung für Dämmstoffe mit geringer Druckbelastbarkeit, z. B. Mineralwolle. Bestandteile: Abstandshalter, Ringe oder Schienen. Abstände: ≤ 1 m. Werkstoffe: Metall von geringer Wärmeleitfähigkeit (z. B. Austenit), Formstücke aus Mineralfasern, Calciumsilicat, Schaumglas.

- **Tragkonstruktion**
  Halterung zur Lastabtragung des Dämmgewichtes bei senkrechten Rohrleitungen. Bestandteile: rohrumschließende Schellen, an denen die Abstandshalter aufliegen. Bei hohen Temperaturen und/oder großen Nennweiten sind Haltenocken an der Rohrleitung erforderlich (integrale Anschlüsse). Abstände: $\leq 3{,}8$ m. Werkstoff: vorzugsweise Metall von geringer Wärmeleitfähigkeit (z. B. Austenit).

28.13.4 Ummantelung (Mantel)

Aufgabe: Schutz des Dämmstoffs und der Dampfbremse gegen mechanische Beschädigungen und Witterungseinflüsse. Bei PUR-Ortschaum dient die Ummantelung gleichzeitig als Dampfbremse.

Mantelwerkstoff: Blech aus beschichtetem ferritischem Stahl, Aluminium, austenitischem Stahl, schlagzähe Kunststofffolien (z. B. in der Haustechnik). Verbindungsmittel: Blechschrauben und Blindniete aus nichtrostendem Stahl.

28.14 Kennzeichnung

28.14.1 Herstellerschild

Zwingend vorgeschrieben für Rohrleitungsklasse I bis III. Mindestinhalt:

- Kurzzeichen „CE", Kennnummer der zuständigen benannten Stelle
- Name und Anschrift des Herstellers
- Herstellungsjahr
- eindeutige Identifizierung, z. B. Rohrleitungsnummer
- zulässige Grenzwerte (Druck, Temperatur)
- Haupt-Nennweite DN
- Kategorie des Rohrleitungssystems
- Prüfdruck in bar

Die Herstellerschilder müssen gut sichtbar, deutlich lesbar und unauslöschlich sein.

28.14.2 Anlagenkennzeichnung

Rohrleitungen, Armaturen, Ausrüstungsteile, Messwertentnahmen sollen eindeutig und verwechslungsfrei gekennzeichnet sein. Maßgebend ist die Vorgabe des Bestellers. Beispiele:

- Kraftwerksrohrleitungen: Kennzeichnungssystematik nach DIN 6779-10 bzw. Kraftwerk-Kennzeichen-System (KKS)

- Kennzeichnung nach dem Durchflussstoff gemäß DIN 2403: vorgeschrieben für Sauerstoffleitungen (BGV B 7) und Gasleitungen (BGV B 6), empfehlenswert auch für andere Rohrleitungen.

28.14.3 Warnschilder (Sicherheitskennzeichen)

Anbringung von Warnzeichen gemäß EG-Richtlinie über Mindestvorschriften für die Sicherheits- und/oder Gesundheitsschutzkennzeichnung [4] an Anschlussstellen und Bedienarmaturen zur Warnung vor:

- feuergefährlichen Stoffen – W01

- explosionsgefährlichen Stoffen – W02

- giftigen Stoffen – W03

- ätzenden Stoffen – W04

- radioaktiven Stoffen oder ionisierenden Strahlen – W05

- brandfördernden Stoffen – W11

- gesundheitsschädlichen oder reizenden Stoffen – W18

Ausführung der Warnzeichen: BGV A 8

28.14.4 Gefahrenkennzeichnung

Kennzeichnung der Einengungen von Durchgängen infolge von Rohrleitungen, Halterungen, Armaturen und Antriebsgestängen mittels schräger schwarz/gelber oder rot/weißer Streifen. Ist am Hindernis selbst keine Kennzeichnung möglich (z. B. ausfahrende Armaturenspindel), ist eine zusätzliche gekennzeichnete Projektionsfläche anzubringen.

28.15 Ermittlung des Innendurchmessers

$$D_i = \sqrt[2]{\frac{\dot{m} \cdot v}{\pi \cdot w}}$$

$\dot{m}$ Massenstrom in kg/s

w Fluidgeschwindigkeit nach Tabelle 28.19. Die hohen Werte gelten für kurze Rohrleitungen und vor Drosselstellen, z. B. Druckminderer.

v spezifisches Volumen in m³/s

Der errechnete Innendurchmesser ist unter Berücksichtigung der Wanddicke auf den nächstliegenden genormten Durchmesser zu runden.

Zusätzliche Druckverlustberechnungen sind erforderlich, wenn:

- der Druckverlust aus wirtschaftlichen oder funktionellen Gründen begrenzt ist,
- beim Verbraucher ein Mindestdruck erwartet wird,
- bei Heizungen örtlich eine bestimmte Wärmemenge notwendig ist,
- die Nennweite zu optimieren ist.

Der nach obiger Gleichung errechnete Innendurchmesser dient hierbei als erster Iterationswert.

Tabelle 28.19: Richtwerte für Durchflussgeschwindigkeiten

Leitungssystem/ Fluid		Fluidgeschwindigkeit *w* in m/s
Gase und Dämpfe allgemein	geräuscharm, ohne besondere Maßnahmen	Ma < 0,1[1])
	geräuscharm, strömungsgünstige Gestaltung	Ma = 0,1 bis 0,2[1])
	Höchstgrenze	Ma = 0,3[1])
Wasserdampf	Nassdampf	10 bis 20
	Sattdampf	20 bis 40
	Heißdampf	40 bis 70
Brenngas	Niederdruckleitungen ≤ 0,1 bar	3 bis 8
	Mitteldruckleitungen > 0,1 bar bis < 1 bar	5 bis 10
	Hochdruckleitungen ≥ 1 bar	10 bis 25
Luft	Druckluft	10 bis 20
	Be- und Entlüftungen	0,8 bis 1
Flüssigkeiten allgemein	Druckleitungen	2 bis 5
	Saugleitungen	0,5 bis 1
	Sattwasser nach Drosselstelle	wie Nassdampf
Heizöl	Heizöl EL (EL – extra leicht)	1 bis 2
	Heizöl S (S – schwer)	0,5 bis 1,2
Feststoffe	Ascheschlamm	1,7 bis 2,5
	Kohlebrei	1,0 bis 1,5

[1]) Ma = *w*/*a* (Schallgeschwindigkeit *a* nach Tabelle 28.20)

28.16 Festigkeitsberechnungen

Tabelle 28.20: Schallgeschwindigkeit von Gasen

Fluid	Heißdampf	Sattdampf	Gas	Luft
Schallgeschwindigkeit a	$333\sqrt{pv}$	$323\sqrt{pv}$	$\sqrt{\kappa RT}$	$20\sqrt{T}$

p Druck in bar; T Temperatur in K; $v = 1/\rho$ spezifisches Volumen, bezogen auf p/T
κ Adiabatenexponent (Luft: $\kappa = 1{,}41$; Heißdampf $\kappa = 1{,}3$)
R Gaskonstante in J/kg · K (z. B. Erdgas: $R = 475$; Sauerstoff: $R = 260$; Stickstoff: $R = 297$)

28.16 Festigkeitsberechnungen

28.16.1 Erforderliche Wanddicke für das gerade Rohr

Rechnerische **Wanddicke** ohne Zuschläge:

$$e = \frac{pD_0}{2fz + p}$$

Bestellwanddicke:

$$e_{ord} = e + c_{0,i} + c_{0,a} + c_1 + c_2 + \varepsilon$$

D_0 Außendurchmesser in mm
p zulässiger Druck in MPa (1 bar entspricht 0,1 MPa)
f zulässige Spannung bei der Temperatur t. Bei den Werkstoffen nach Tabelle 28.4 ist der angegebene Festigkeitskennwert durch den Sicherheitsbeiwert 1,5 zu dividieren.
z Schweißnahtfaktor: für nahtloses und geschweißtes Rohr nach Abschnitt 28.5 beträgt $z = 1$.
$c_{0,i}$ Korrosions-, Abrasions- und Erosionszuschlag an der Rohrinnenoberfläche, abhängig vom Werkstoff und den Fluideigenschaften. Beispiele:
ungeschützte ferritische Stähle für Dampf, Wasser: $c_{0,i} \approx 1$ mm
nicht korrodierende Fluide, z. B. Öl: $c_{0,i} = 0$
Aschebreileitungen (örtlicher Verschleiß) $c_{0,i} = 1$ mm/a
$c_{0,a}$ Korrosionszuschlag an der Rohraußenoberfläche, bei Korrosionsschutzanstrichen, Umhüllungen und korrosionsbeständigen Werkstoffen ist $c_{0,a} = 0$.
c_1 Herstellungstoleranz, sie entspricht der größten Minustoleranz entsprechend Liefernorm (nahtlose Rohre: 10 bis 15 % von e_{ord}, geschweißte Rohre: 8 bis 10 %)
c_2 Wanddickenabnahme durch nachträgliche Bearbeitung, z. B. Aufschneiden von Gewinde, Kalibrieren durch Aufweiten
ε Aufrundungszuschlag bis zur nächsten genormten Wanddicke

28.16.2 Wanddicke von Formstücken

Hinweise siehe Abschnitt 28.9.

Bei Rohrbogen ist die rechnerische Wanddicke an der Innen- und Außenfaser nach Abschnitt 28.9.2 zu ermitteln und mit den Toleranzen der Liefernorm zu vergleichen. Ist die Wanddicke e nach Abschnitt 28.16.1 nicht ausreichend, ist die nächsthöhere Wanddicke e_{ord} zu wählen und erneut zu prüfen.

Bei Abzweigen ist Abschnitt 28.9.4 gleichermaßen anzuwenden.

28.16.3 Flanschverbindungen

Ratingdrücke für Flanschverbindungen bis PN 400 enthält DIN EN 1092-1 bis 1092-4 (Beispiel: Tabelle 28.21).

Tabelle 28.21: Ratingdrücke für Flanschverbindungen nach DIN EN 1092-1

Werkstoffe	PN	Ratingdruck p_{rat} in bar bei Temperatur °C							
		≤50 °C	100 °C	150 °C	200 °C	250 °C	300 °C		
Flansch: S235JRG2 Schraube: 5.6 Mutter: 5	2,5	2,5	2	1,9	1,7	1,5	1,3		
	6	6	4,8	4,5	4,1	3,6	3,1		
	10	10	8	7,5	6,9	6	5,2		
	16	16	12,8	11,9	11	9,7	8,3		
	25	25	20	18,7	17,2	15,1	13		
	40	40	32	29,9	27,6	24,2	20,8		
Werkstoffe	PN	Ratingdruck p_{rat} in bar bei Temperatur °C							
		≤50 °C	100 °C	150 °C	200 °C	250 °C	300 °C	350 °C	400 °C
Flansch: X6CrNiTi18-10 Schraube und Mutter: A2-70 bzw. A2-50	2,5	2,5	2,3	2,2	2,1	1,9	1,9	1,8	1,7
	6	6	5,6	5,2	4,9	4,7	4,5	4,3	4,2
	10	10	9,3	8,7	8,2	7,8	7,4	7,2	6,9
	16	16	14,9	13,9	13,2	12,4	11,9	11,4	11,1
	25	25	23,3	21,7	20,6	19,4	18,6	17,9	17,3
	40	40	37,3	34,7	32,9	31,1	29,7	28,6	27,7
	63	63	58,8	54,6	51,8	49	46,8	45,1	43,7
	100	100	93,3	86,7	82,2	77,8	74,2	71,6	69,3

Näherungsweise Berechnung für andere Werkstoffe und Nenndrücke (f – zulässige Spannung des Flanschwerkstoffes in MPa):

$$p_{rat} = \text{PN} \frac{f}{225/1,5} \leq \text{PN}$$

Die Werte liegen auf der sicheren Seite.

28.16 Festigkeitsberechnungen

Quellen und weiterführende Literatur

[1] Richtlinie 97/23/EG des Europäischen Parlaments und des Rates vom 29. Mai 1997 zur Angleichung der Rechtsvorschriften der Mitgliedsstaaten über Druckgeräte

[2] ergo® – Das universelle Klebstoffprogramm. Prospekt der KISLING & Cie AG, Tagelswangen, Schweiz (2002)

[3] Kunststoffrohr-Handbuch. Herausgegeben vom Kunststoffrohrverband e.V., 4. Auflage. Essen: Vulkan-Verlag, 2000

[4] Richtlinie 92/58/EWG des Rates vom 24. Juni 1992 über Mindestvorschriften für die Sicherheits- und/oder Gesundheitsschutzkennzeichnung am Arbeitsplatz

Bullack, H.-J.: Berechnung metallischer Rohrleitungsbauteile 1 nach EN 13480-3: 2002. Würzburg: Vogel Buchverlag, 2004

Bullack, H.-J.: Berechnung metallischer Rohrleitungsbauteile 2 nach EN 13480-3: 2002. Würzburg: Vogel Buchverlag, 2005

Kecke, H. J.; Kleinschmidt, P.: Industrie-Rohrleitungsarmaturen. Düsseldorf: VDI-Verlag, 1994

Tabellenbuch für den Rohrleitungsbau. Hrsg. von der vom hagen mce GmbH. 14. Auflage. Essen: Vulkan-Verlag, 2001

Wossog, G.: Handbuch Rohrleitungsbau – Band I: Planung, Herstellung, Errichtung. – 2. Auflage. Essen: Vulkan-Verlag, 2001

Wossog, G.: Handbuch Rohrleitungsbau – Band II: Berechnung. – 2. Auflage. Essen: Vulkan-Verlag, 2002

Wossog, G.: FDBR-Taschenbuch Rohrleitungstechnik – Band 1: Planung und Berechnung. Essen: Vulkan-Verlag, 2005

Wagner, W.: Rohrleitungstechnik. 8. Auflage. Würzburg: Vogel Buchverlag, 2000

Normen

Nationale Normen werden kontinuierlich durch europäische und internationale Normen ersetzt. Die Angaben im Text sind deshalb nur unter Vorbehalt gültig. Der aktuelle Stand ist z. B. unter www//beuth.de zu ermitteln.

Regeln

AD 2000-Merkblätter, herausgegeben vom Verband der Technischen Überwachungs-Vereine e.V.

AD 2000 A 1: Ausrüstung, Aufstellung und Kennzeichnung von Druckbehältern; Sicherheitseinrichtungen gegen Drucküberschreitung; Berstsicherungen

AD 2000 A 2: Ausrüstung, Aufstellung und Kennzeichnung von Druckbehältern; Sicherheitseinrichtungen gegen Drucküberschreitung; Sicherheitsventile

AD 2000 W 6/2: Werkstoffe für Druckbehälter; Kupfer und Kupfer-Knetlegierungen

Berufsgenossenschaftliches Vorschriften- und Regelwerk (BGV), herausgegeben vom Hauptverband der gewerblichen Berufsgenossenschaften (HVBG)

BGR 117: Richtlinien für Arbeiten in Behältern und engen Räumen

BGV A 2: Elektrische Anlagen und Betriebsmittel

BGV A 8: Sicherheits- und Gesundheitsschutzkennzeichnung am Arbeitsplatz

BGV B 6: Gase
BGV B 7: Sauerstoff

DVGW-Regelwerk, herausgegeben vom DVGW Deutscher Verein des Gas- und Wasserfaches e.V.
DVGW GW 310-1: Hinweise und Tabellen für die Bemessung von Betonwiderlagern an Bogen und Abzweigen mit nicht längskraftschlüssigen Verbindungen; Teil I, mit Beilage „Kurzfassung"
DVGW GW 310-2: Hinweise und Tabellen für die Bemessung von Betonwiderlagern an Bogen, Abzweigen und Reduzierstücken mit nicht längskraftschlüssigen Rohrverbindungen; Teil II (ab NW 500)

Stahl-Eisen-Betriebsblätter (SEB), herausgegeben vom Verein Deutscher Eisenhüttenleute
SEB 520 050: Segmentbogen

Technische Regeln für Acetylenanlagen und Calciumcarbidlager (TRAC), herausgegeben vom Verband der Technischen Überwachungs-Vereine e.V.
TRAC 204: Acetylenleitungen
TRAC 401: Richtlinie für die Prüfungen von Acetylenanlagen durch Sachverständige (Prüfrichtlinie)

VGB-Richtlinien, herausgegeben von der Technischen Vereinigung der Großkraftwerksbetreiber e.V.
VGB-R 107 L: Bestellung und Ausführung von Armaturen in Wärmekraftwerken

29 Maschinenakustik

Dr.-Ing. Rainer Storm

Die praktische Maschinenakustik befasst sich in erster Linie mit der Messung und Berechnung der **Luft- und Körperschallentstehung** bei technischen Strukturen (Motoren, Getriebe, Werkzeugmaschinen, Hydroaggregate usw.), der **Körperschallweiterleitung** in angeschlossene Bauteile und der **Schallemission** in die Umgebung. Darüber hinaus gehört die akustische Optimierung von Maschinenstrukturen unter Berücksichtigung besonderer Randbedingungen (Leichtbau, Einsatz alternativer Werkstoffe, modifizierte Mechanismen oder Funktionsprinzipien, Integration von Aktuatoren usw.) zu den wichtigsten Zielsetzungen bei der Entwicklung geräuscharmer Produkte. Ein wesentliches Ziel ist es dabei, die Anregung von Körperschall und die Abstrahlung von Luftschall mittels konstruktiver Modifikationen an der Maschinenstruktur zu reduzieren, ohne die eigentliche Funktion der Maschinenstruktur negativ zu beeinträchtigen.

In der Forschung befasst sich die Maschinenakustik u. a. mit der Entwicklung neuer experimenteller und vor allem numerischer Methoden (NVH-Simulationen) zur Beschreibung und zur Beeinflussung von Körperschall- und Luftschallfeldern. Dabei gewinnen vor allem aktive Maßnahmen (ANC – Active Noise Control; AVC – Active Vibration Control) immer mehr an Bedeutung. Auch maschinendiagnostische Verfahren mit akustischen Methoden gehören zu den zunehmend wichtiger werdenden Fragestellungen (**akustischer Fingerprint**). Damit können Prozesssteuerungen optimiert, Wartungszyklen verbessert und Maschinenausfälle infolge sich anbahnender Defekte frühzeitig erkannt und vermieden werden.

Zu den grundlegenden konstruktiven Geräuschminderungsmaßnahmen zählen:

- Detektion, Überprüfung und Analyse der maßgebenden dynamischen Anregungskräfte mit dem Ziel, deren Oberwellenhaltigkeit zu reduzieren, Resonanzanregungen zu verhindern und die Krafteinleitung in die Strukturoberfläche durch hohe Eingangsimpedanzen zu erschweren,

- quantitative Beschreibung des dynamischen Anregungs- und Abstrahlungsverhaltens von Maschinenstrukturen im akustischen Hörbereich mit dem Ziel, die Körperschallentstehung und Körperschallausbreitung zu verringern sowie die Schallabstrahlung zu reduzieren,

- Untersuchung der in Frage kommenden konstruktiven Geräuschminderungsmaßnahmen hinsichtlich ihrer qualitativen und vor allem quantitativen Wirkungen unter besonderer Berücksichtigung von Zusatzbedingungen und Forderungen (→ Pflichtenheft),

- quantitative Geräuschprognosen für Neu- oder Folgeentwürfe.

In der Maschinenakustik unterscheidet man bei der Auswahl von konstruktiven Geräuschminderungsmaßnahmen

- **aktive** und **passive** Maßnahmen sowie
- **Primär-** und **Sekundär**maßnahmen.

Die Geräuschminderung mittels **aktiver Maßnahmen** beruht darauf, an geeigneten Stellen der Konstruktion von technischen Schallquellen mittels sensorgesteuerter, adaptiv geregelter Aktuatoren (z. B. Piezoelemente in Gestalt von Patches oder Sticks) Körperschallschwingungen zu kompensieren. Diese Maßnahmen werden als **AVC-Maßnahmen** bezeichnet. Die sog. **ANC-Maßnahmen**, die auf der Kompensation von Luftschallwellen mittels geregelter Zusatzlautsprecher beruhen, spielen in der Maschinenakustik nur eine untergeordnete Rolle.

Alle anderen Maßnahmen werden den **passiven Maßnahmen** zugeordnet.

Unter **Primärmaßnahmen** versteht man solche Maßnahmen, die eine Reduzierung Körperschall anregender Kräfte oder eine Verringerung der Körperschallleistung in den Strukturen zur Folge haben. Dies ist die Hauptaufgabe der traditionellen Maschinenakustik (Motto: Körperschall gar nicht erst entstehen lassen).

Die **Sekundärmaßnahmen** befassen sich mit der Reduzierung bereits entstandenen Schalls durch nachträgliche Maßnahmen (z. B. Schalldämpfer, Kapselung, Schallschirme, raumakustische Maßnahmen, persönlicher Schallschutz, Abkoppelung und Isolierung von Körperschall durch Stahlfedern oder Elastomere usw.).

Bemerkung: In der Maschinenakustik gibt es einige gesicherte Näherungs- und Berechnungsverfahren, mit denen die Körperschallausbreitung, die Körperschallleitung und die Körperschallverteilung untersucht und Prognosen und Abschätzungen für die Schallleistungsemission vorgenommen werden können. Die Erfahrung zeigt aber, dass es kaum allgemein gültige „Kochrezepte" gibt, die sich im konkreten Einzelfall für einen speziellen Nachweis eignen. Statt dessen wird man auf numerische Rechnungen (FEM, BEM, Ray-Tracing-Verfahren) angewiesen sein.

Im Abschnitt 29.2 werden die generellen Zusammenhänge, die bei der Schallentstehung von technischen Strukturen zusammenwirken, dargestellt. Sie basieren auf der sog. **maschinenakustischen Grundglei-**

chung, welche den Zusammenhang zwischen der dynamischen Anregungskraft, dem akustischen Übertragungsverhalten der Maschinenstruktur und der abgestrahlten Schallleistung herstellt.

29.1 Wichtige Begriffe und Definitionen

29.1.1 Akustische und mechanische Begriffe

Akustischer Hörbereich: Er umfasst in drei Frequenzdekaden den vom menschlichen Ohr wahrgenommen Frequenzbereich zwischen 20 Hz und 20 kHz. Maschinenakustisch relevant ist erfahrungsgemäß der Bereich von 40 Hz bis 8 kHz.

A-Bewertung: Der A-bewertete Schalldruckpegel L_A wird zur Kennzeichnung der Lautstärke von Geräuschen verwendet und vielfach als **Geräuschpegel** mit der Benennung dBA oder dB(A) bezeichnet.

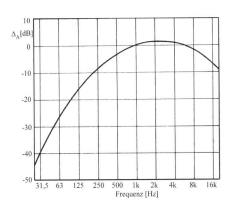

Bild 29.1: A-Bewertungskurve nach DIN 45633

Die A-Bewertungsfunktion berücksichtigt näherungsweise die frequenzabhängige Empfindlichkeit des menschlichen Ohres, welches seine höchste Empfindlichkeit zwischen 1 kHz und 5 Hz besitzt und sowohl zu tieferen als auch höheren Frequenzen hin stark abnimmt. Die A-Bewertung ist in DIN 45633 festgelegt (Bild 29.1). Die Umrechnung von unbewerteten Pegeln L [dB] in A-bewertete Pegel L_A [dBA] erfolgt mit der Benennung gemäß Bild 29.1 mit

$$L_A[\text{dBA}] = L[\text{dB}] + \Delta_A$$

Mit der A-Bewertung korrigierte unbewertete Schallleistungspegel L_W werden als A-bewertete Schallleistungspegel L_{WA} bezeichnet.

Frequenz: Formelzeichen f; Einheit Hz = 1/s

Sie ist der Quotient aus der Zahl periodisch aufeinander folgender Schwingungen n und der dafür benötigten Zeit t:

$$f = n/t$$

Der Kehrwert der Frequenz ist die Schwingungs- oder Periodendauer T:

$$f = 1/T$$

Kreisfrequenz: Formelzeichen ω, Einheit 1/s

$$\omega = 2\pi \cdot f = 2\pi/T$$

Wellenlänge: Formelzeichen λ; Einheit m

Die Wellenlänge ist mit der Frequenz f und der Phasengeschwindigkeit c (Wellenausbreitungsgeschwindigkeit) verknüpft:

$$\lambda \cdot f = c \qquad \lambda = c/f$$

Luftschall: Darunter versteht man mechanische Schwingungen und Wellen im Trägermedium Luft im akustischen Hörbereich. Eine Schallwelle ist eine Bewegung mit periodischer Lageänderung von Molekülen des Trägermediums, wobei sich die Energie dieser Schwingungen mit Schallgeschwindigkeit c (**„Phasengeschwindigkeit"**) ausbreitet, während die einzelnen Moleküle mit der Schwinggeschwindigkeit v (**„Schnelle"**) um eine Ruhelage pendeln. In Fluiden und gasförmigen Medien einschließlich Luft sind nur **Dichtewellen** (Longitudinalwellen) möglich.

Körperschall: Die Ausbreitung mechanischer Wellen in Festkörpern mit Frequenzen im Hörbereich wird als Körperschall bezeichnet. Man unterscheidet Longitudinalwellen (z. B. in Stäben) und Transversalwellen (z. B. in Strukturen mit platten- oder schalenförmigen Oberflächen). Die wichtigste Transversalwelle ist die **Biegewelle**.

Dämpfung und **Dämmung:** Bei der **Dämmung** wird die Luft- und Körperschallintensität in Ausbreitungsrichtung durch Reflexionen in andere Richtungen abgelenkt, im Durchgang verringert (z. B. Schalldämmung durch Wände) oder in eine andere Bewegungsform umgesetzt (z. B. mit „Sperrmassen"). Es findet keine Umwandlung in andere Energieformen statt. Im Gegensatz dazu bezeichnet man mit **Dämpfung** die Umwandlung von Schall- und Bewegungsenergie in Wärme (Absorption).

Schallgeschwindigkeit: Formelzeichen c; Einheit m/s

29.1 Wichtige Begriffe und Definitionen

In Luft (Temperatur t (in °C)) breitet sich der Schall mit der frequenzunabhängigen Geschwindigkeit

$$c_L = 331{,}4 \cdot \sqrt{1 + t/273}$$

aus. Die Ausbreitung von Biegewellen in festen Körpern erfolgt mit der frequenzabhängigen Geschwindigkeit

$$c_B = \sqrt{\omega} \cdot \sqrt[4]{B'/m'} = c_L \cdot \sqrt{f/f_g}$$

Dabei sind B' die **Biegesteifigkeit**

$$B' = \frac{E \cdot h^3}{12 \cdot (1 - \mu^2)}$$

m' die Massenbelegung mit

$m' = $ Masse/Fläche

(für ebene, homogenen Platten: $m' = \rho \cdot h$), ρ die Dichte, h die Wanddicke, E der E-Modul und f_g die **Koinzidenzfrequenz**

$$f_g = \frac{c_L^2}{2\pi} \cdot \sqrt{m'/B'}$$

Schalldruck: Formelzeichen p; Einheit N/m^2, bar oder Pa

Unter dem Schalldruck versteht man den sich mit der Frequenz örtlich und zeitlich ändernden Wechseldruck, der dem atmosphärischen Druck (≈ 1 bar $= 10^5$ N/m^2) überlagert und im Vergleich zu ihm sehr klein ist.

Die Amplitude an der Hörschwelle beträgt bei 1 kHz ca. $2 \cdot 10^{-5}$ N/m^2. Die Amplitude an der Schmerzschwelle ist ca. 10^6fach größer. Der Schalldruck wird gewöhnlich als Effektivwert angegeben

$$\tilde{p} = \sqrt{\frac{1}{t_m} \cdot \int_0^{t_m} p^2(t)\, dt} \ ; \qquad t_m = \text{Mittelungszeit}$$

Schallpegelmesser: $t_m = 1$ s („slow"), 125 ms („fast") oder 35 ms („impulse").

Der von einer Schallquelle emittierte Schalldruck hängt von der Strahlerart (Punktstrahler, Flächenstrahler), von der Abstrahlcharakteristik, von der Entfernung zur Schallquelle und von den akustischen Umgebungsbedingungen ab.

Schallschnelle: Formelzeichen v; Einheit m/s

Bei Luft- und Fluidschall oszillieren die Moleküle des Trägermediums mit der Schallschnelle v um ihre Ruhelage. Der Zusammenhang zwischen dem Schalldruck $\tilde{p}$ und der Schallschnelle $\tilde{v}$ wird als **spezifische Impedanz** Z_Medium bezeichnet

$$\tilde{p}/\tilde{v} = \rho \cdot c_\text{L} = Z_\text{Medium}$$

In Luft ($\rho \approx 1{,}21$ kg/m^3; $c \approx 331$ m/s) lautet die spezifische Impedanz

$$\text{Luft: } Z_\text{Medium} = Z_\text{Luft} \approx 400 \text{ N} \cdot \text{s} \cdot \text{m}^{-3}$$

Schallleistung: Formelzeichen W (früher P); Einheit W = Watt

Die (Luft-)Schallleistung ist die von einem Schallstrahler in Luft abgegebene Leistung. Sie ist eine strahlerspezifische Größe und damit unabhängig von Umgebungsbedingungen.

Schallintensität: Formelzeichen I; Einheit W/m^2

Die Schallintensität I ist die auf die durchstrahlte Fläche S bezogene Schallleistung: $I = W/S$. Zwischen der Schallleistung W, der Schallintensität I, der durchstrahlten Fläche S, dem Trägermedium Z_Medium und dem Schalldruck p bzw. der Schallschnelle v besteht der Zusammenhang

$$W = I \cdot S = \tilde{p} \cdot \tilde{v} \cdot S = \frac{\tilde{p}^2}{Z_\text{Luft}} \cdot S = \tilde{v}^2 \cdot Z_\text{Medium} \cdot S$$

Erregerkraft/dynamische Kraft: Formelzeichen F; Einheit N

Die Ursache für den von Maschinen, Anlagen und anderen technischen Strukturen abgestrahlten Schall sind dynamische Betriebskräfte, die periodisch (z. B. Zahneingriffe in Getrieben, drehzahlabhängige Kräfte), stochastisch (z. B. Strömungsrauschen) und impulsförmig (z. B. Stöße, Spieldurchläufe) sein können. In der Maschinenakustik sind nur die dynamischen Kraftamplituden im Frequenzbereich $f > 20$ Hz maßgebend. Die statischen oder quasistatischen Kräfte (z. B. Ruhemasse, Gewicht, langsam sich ändernde Kraftverläufe (<20 Hz), Kräfte aus Drehmomenten usw.), die für die konstruktive und festigkeitsmäßige Auslegung von Maschinenelemente benötigt werden, sind dagegen unwesentlich.

Impedanz: Formelzeichen Z; Einheit N $\cdot$ s $\cdot$ m^{-1}

Die Impedanz beschreibt den Schwingwiderstand einer Struktur gegen einwirkende dynamische Kräfte. Sie ist der Quotient von Anregungskraft und entstehender Schnelle:

$$Z(f) = F(f; x_0, y_0)/v(f; x_\text{S}, y_\text{S})$$

29.1 Wichtige Begriffe und Definitionen

Eine große Impedanz ist aus maschinenakustischer Sicht immer günstig. Die Impedanzen der Grundelemente der Mechanik (Masse m, Feder mit Steifigkeit k, Dämpfer mit geschwindigkeitsproportionaler Dämpferkonstante b und homogene Platte) lauten:

Massenimpedanz: $\quad Z_M = j\omega \cdot m \rightarrow |Z_M| = \omega \cdot m$

Federimpedanz: $\quad Z_F = k/j\omega \rightarrow |Z_F| = k/\omega$

Dämpferimpedanz: $\quad b$

Mittlere Plattenimpedanz: $Z_{Pl} \approx 8 \cdot \sqrt{m' \cdot B'}$

Eingangsimpedanz: Formelzeichen Z_E; Einheit N · s · m^{-1}

Sie ist der Quotient aus Erregerkraft und Schwinggeschwindigkeit an der **gleichen** Stelle:

$$Z_E = F_0/v_0$$

Admittanz: Formelzeichen H; Einheit N^{-1} s^{-1} m

Sie ist der Kehrwert der Impedanz und wird mit $H = 1/Z$ bezeichnet. Sie beschreibt die Schwingungsfreudigkeit einer Struktur.

Terz- und Oktavfilter: Mit Filtern dieser Art werden Terz- und Oktavspektren gebildet. Es handelt sich hierbei um eine sehr häufig angewendete Form einer Frequenzdarstellung von technischen Geräuschen. Die Filter sind in DIN 45652, DIN 45401 bzw. DIN IEC 29(CO)186 genormt. Der Durchlassbereich der Filter wird durch eine untere und eine obere Grenzfrequenz (f_u und f_o) angegeben. Das geometrische Mittel aus diesen Grenzfrequenzen ist die jeweilige Terz- oder Oktavmittenfrequenz f_m: $f_m = \sqrt{f_u \cdot f_o}$. Ein **Oktavfilter** ist ein Bandpassfilter, dessen Frequenzgrenzen im Verhältnis 2 : 1 stehen. Es umfasst die Breite von drei Terzen. Bei den Terzfiltern stehen die Frequenzgrenzen im Verhältnis $2^{1/3} : 1$.

Tabelle 29.1: Terz- und Oktavfilter sowie A-Bewertung (Angaben in Hz); die mit Raster hinterlegten Zahlen sind den Oktaven zugeordnet (Beispiel: Terz f_m = 200 Hz reicht von f_u = 178 Hz bis f_o = 223 Hz mit Δ_A = –10,9 dB für A-Bewertung; Oktave f_m = 250 Hz reicht von f_u = 178 Hz bis f_o = 355 Hz mit Δ_A = –8,6 dB für A-Bewertung); 1 Oktave = 3 Terzen)

f_m	f_u	f_o	Δ_A	f_m	f_u	f_o	Δ_A
25	22,3	28	–44,7	800	710	890	–0,8
31,5	28	35,5	–39,4	1 000	890	1 120	0
40	35,5	45	–34,6	1 250	1 120	1 410	+0,6
50	45	56	–30,2	1 600	1 410	1 780	+1,0
63	56	71	–26,2	2 000	1 780	2 230	+1,2
80	71	89	–22,5	2 500	2 230	2 800	+1,3
100	89	112	–19,1	3 150	2 800	3 550	+1,2
125	112	141	–16,1	4 000	3 550	4 500	+1,0
160	141	178	–13,4	5 000	4 500	5 600	+0,5
200	178	223	–10,9	6 300	5 600	7 100	–0,1
250	223	280	–8,6	8 000	7 100	8 900	–1,1
315	280	355	–6,6	10 000	8 900	11 200	–2,5
400	355	450	–4,8	12 500	11 200	14 100	–4,3
500	450	560	–3,2	16 000	14 100	17 800	–6,6
630	560	710	–1,9	20 000	17 800	22 300	–9,3

29.1.2 Pegelrechnung

Die Berechnung und Darstellung von maschinenakustischen Größen wird überwiegend in der Pegelschreibweise vorgenommen. Damit schrumpfen die Beträge mit Dynamikumfängen von mehreren Größenordnungen auf handliche Zahlen: Der Dynamikumfang für den Schalldruck, den ein gesundes menschliches Gehör umfasst, reicht von der **Hörschwelle** mit $p_{min} \approx 2 \cdot 10^{-5}$ Pa (1 Pa = 1 N/m²) bis zur **Schmerzgrenze** mit $p_{max} \approx 20$ Pa (6 Größenordnungen). Die dazugehörigen Intensitäten haben einen Umfang von $I_{min} = 10^{-12}$ W/m² bis $I_{max} = 1$ W/m² (12 Größenordnungen).

Der Pegel wird mit dem Buchstaben „L" gebildet, dessen Index mit dem Formelzeichen derjenigen Größe übereinstimmt, die damit ausgedrückt werden soll (Ausnahme: Schallleistung P bekommt den Index W). Grundsätzlich stellt der Pegel das dimensionslose Verhältnis zweier leistungs- oder energieproportionaler Größen X oder – da $X \sim Y^2$ bzw. $X \sim Y_1 \cdot Y_2$ gilt – das **quadratische** dimensionslose Verhältnis zweier Feldgrößen Y dar:

29.1 Wichtige Begriffe und Definitionen

Pegel von Leistungsgrößen: $\quad L_X = 10 \cdot \lg \dfrac{X}{X_0}$ dB

Pegel von Feldgrößen: $\quad L_Y = 10 \cdot \lg \dfrac{Y^2}{Y_0^2}$ dB $= 20 \cdot \lg \dfrac{Y}{Y_0}$ dB

Leistungsgrößen X sind z. B. *Schallleistung, Intensität, Energie, Fläche* und Feldgrößen Y z. B. *Schalldruck, Schnelle, Beschleunigung, Kraft.* Die **Referenzgrößen** sind mit „0" indiziert. Ihre Werte sind genormt, voneinander abgeleitet oder als Einheiten festgelegt (s. Tabelle 29.2).

Tabelle 29.2: Akustisch relevante Referenzwerte

Referenzwerte von akustischen Größen	nach DIN 45630 abgeleitet oder Einheit	nach DIN EN 21683 abgeleitet oder Einheit
Schnelle v Beschleunigung a	$v_0 = 5 \cdot 10^{-8}$ m/s; $a_0 = \pi \cdot 10^{-7}$ m/s²	$v_0 = 10$ nm/s; $a_0 = 10$ µm/s
Kraft F Masse m ($= F/a$)	$F_0 = 2 \cdot 10^{-5}$ N; $m_0 = 200/\pi$ kg	$F_0 = 10^{-6}$ N $= 10$ µN
Fläche S	$S_0 = 1$ m²	
Frequenz f	$f_0 = 1$ Hz	
Leistung P; Intensität I	$P_0 = 1$ pW; $I_0 = 1$ pW/m²	$P_0 = 1$ pW; $I_0 = 1$ pW/m²
Schalldruck p (nur Luft)	$p_0 = 2 \cdot 10^{-5}$ N/m² $= 20$ µPa	$p_0 = 2 \cdot 10^{-5}$ N/m² $= 20$ µPa
Schalldruck p (außer Luft)		$p_0 = 10^{-6}$ N/m² $= 1$ µPa
Impedanz Z; (Schallkennimpedanz Z_{Luft})	$Z_0 = 400$ Ns/m; ($Z_{\text{Luft}} = 400$ Ns/m³)	$Z_0 = 1$ kNs/m

29.1.3 Schallabstrahlung von Schallquellen

Die **Schallleistung** ist ausschließlich eine physikalische Eigenschaft der Schallquelle. Der **Schalldruck** hängt dagegen auch von vielen anderen Einflüssen ab: Art, Aufstellung, Position und Richtcharakteristik des Strahlers, Raumeigenschaften und Umgebungsbedingungen, Entfernung und Position des Messortes zur Schallquelle usw. Damit ist der **Schalldruckpegel** zur Angabe der Schallemission einer Schallquelle kein objektives und vergleichbares Beurteilungskriterium, wohl aber dessen **Schallleistungspegel**. Dieser ist deshalb dem Schalldruckpegel grundsätzlich vorzuziehen, falls er nicht bereits vorgeschrieben ist.

29.1.4 Schallleistungsbestimmung

29.1.4.1 Schallleistungsbestimmung im idealen Frei- oder Hallfeld und in realen Feldern

Idealer Freifeldcharakter liegt vor, wenn sich die Schallquelle in einer Umgebung befindet, in der die emittierten Schallwellen an keiner Begrenzungsfläche reflektiert werden (z. B. ein hoch fliegendes Flugzeug oder ein Hubschrauber, Schallquelle in einem rundum absorbierend ausgekleideten Raum). Ein rundum schallschluckend ausgekleideter Raum kann keine Echos erzeugen (engl. anechoic room); er wird deshalb auch als schalltoter Raum bezeichnet. Eine solche Umgebung ist für technische Schallquellen aber wenig praktikabel, weil man meistens ein festes Fundament benötigt. Dies ist im sog. **halbschalltoten Raum** (Bild 29.2), bei dem nur der Boden stabil und schallhart – also im Idealfall vollständig reflektierend – ist und alle anderen Begrenzungsflächen schallabsorbierend bedeckt sind, der Fall (engl. semi-anechoic room).

Bild 29.2: Beispiel für einen halbschalltoten Raum [*Honda*]

In solchen Räumen wirkt der schallharte Boden wie ein akustischer Spiegel, in dem sich nicht nur die Schallquelle, sondern auch die übrigen Wände spiegeln. Der reale Raum und der gespiegelte Raum können somit wie ein doppelt so großer, allseitig schallabsorbierender Raum betrachtet werden, in dem sich nun aber auch **zwei** absolut identische (kohärente) Schallquellen befinden. Quelle und Spiegelquelle haben somit phasengleiches Abstrahlverhalten. Bei der Umrechnung des

29.1 Wichtige Begriffe und Definitionen

Schalldruckpegels in einen Schallleistungspegel darf somit nur der **halbe** Wert berücksichtigt werden, was aber durch die Umrechnungsgleichungen von Schalldruck in Schallleistung bereits berücksichtigt wird. Unabhängig davon ergeben sich aber Fehler infolge von Interferenzen zwischen den direkt abgestrahlten und den am Boden reflektierten Schallwellen, deren Fehlereinflüsse nur über die Mittelung sehr vieler Messpunkte auf einer Hüllfläche verringert werden können.

Bei Abstrahlung in eine rundum schallabsorbierende Umgebung (**Abstrahlung in den Vollraum**) besteht zwischen dem Schalldruck p und der Schallleistung W der Zusammenhang:

$$W = I \cdot S_V = \tilde{p} \cdot \tilde{v} \cdot S_V = \frac{\tilde{p}^2}{Z_{Luft}} \cdot S_V$$

mit der Hüllfläche (= Messfläche der vollen Kugel) $S_V = 4\pi \cdot r^2$, wobei r der Abstand der Mikrofonpositionen auf der Hüllfläche zum akustischen Zentrum der Schallquelle ist.

In einem halbschalltoten Raum (**Abstrahlung in den Halbraum**) erfolgt die Umrechnung ebenfalls nach dieser Gleichung, wobei aber für die Hüllfläche $S_V = 2S_H$ (Hüllfläche $S_H = 2\pi \cdot r^2$ für die Halbkugel – Bild 29.3) gesetzt wird. S_H ist die halbe Oberfläche einer Vollkugel. Somit bleibt die Schallleistung gleich.

$$W = 2 \cdot I \cdot S_H = 2 \cdot \tilde{p} \cdot \tilde{v} \cdot S_H = \frac{2 \cdot \tilde{p}^2}{Z_{Luft}} \cdot S_H$$

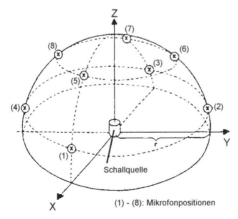

Bild 29.3: Hüllfläche mit möglichen Mikrofonpositionen [nach ISO 3746, ISO 4872 bzw. DIN 45635T1]

Da die Hüllfläche S_H quadratisch mit dem Abstand r anwächst ($S_H \sim r^2$), verringert sich der Schalldruckpegel ΔL bei Abstandsverdopplung um 6 dB (**6-dB-Gesetz**):

$$\Delta L = 10 \cdot \lg \left(\frac{2r}{r}\right)^2 \mathrm{dB} = 10 \cdot \lg \left(2^2\right) \mathrm{dB} \approx 6 \, \mathrm{dB}$$

Für den Schallleistungspegel aus einer Messung des Schalldrucks in einem Freifeld gilt:

$$L_W(f) = L_p(f) + 10 \cdot \lg \left(S_{\mathrm{mess}}/1\,\mathrm{m}^2\right) \mathrm{dB}$$

mit $S_{\mathrm{mess}} = S_V$ bzw. S_H (abhängig vom Messraum). Die Frequenzabhängigkeit des Schallleistungspegels $L_W(f)$ ergibt sich aus der Frequenzabhängigkeit des Schalldruckpegels $L_p(f)$.

Das Freifeldverfahren ist auch unter den Bezeichnung **Hüllflächenverfahren** oder **Direktschallfeldverfahren** bekannt. Es ist in der DIN-Norm 45635, Teil 1, und in den Normen DIN EN ISO 3744, 3745 und 3746 ausführlich beschrieben.

Idealer Hallraumcharakter liegt vor, wenn alle Begrenzungsflächen eines akustischen Messraumes schallhart sind und auftreffende Schallwellen vollständig reflektiert werden. Wegen der zahllosen Reflexionen werden solche Räume auch als Echoräume (engl. echo chamber oder reverberant room) bezeichnet. Sie haben meist ein Volumen zwischen 100 m³ und 400 m³. Kennzeichnend für solche Räume sind oft schiefe Wänden und eine schräge Decke (Bild 29.4) sowie gewölbte, frei im Raum aufgehängte Reflektoren. Damit wird die Bildung stehender Schallwellen vermieden, die Diffusität des Schallfeldes erhöht und ein statistisch gleichmäßiger Schalleinfall an jeder Messposition im Raum erzielt (**statistisches Schallfeld** bzw. **Diffusfeld** im Gegensatz zum o. a. Direktschallfeld). In einem solchen Akustiklabor stellt sich eine sehr ausgeglichene Schallenergieverteilung ein. Kennzeichnend für solche Räume ist die sog. **äquivalente Absorptionsfläche** $A(f)$, die man z. B. aus der Messung der frequenzabhängigen Nachhallzeit $T_N(f)$ erhält. Die **äquivalente Absorptionsfläche** ist eine gedachte Fläche mit dem Absorptionsgrad α. Der Absorptionsgrad ist ein Maß für das Schallschluckverhalten einer Fläche.

$\alpha = 1$ bedeutet vollständige Absorption (100 %), $\alpha = 0$ bedeutet vollständige Reflexion. Die äquivalente Absorptionsfläche kann man sich als die Fläche S_F eines offenen (nicht reflektierenden) Fensters (mit $\alpha = 1$) in einem ansonsten mit vollständig reflektierenden Wänden (Fläche S_W mit $\alpha = 0$) eingeschlossenen Raum (Volumen V) vorstellen.

29.1 Wichtige Begriffe und Definitionen

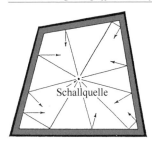

Bild 29.4: Typischer Grundriss eines Hallraumes

In **realen Räumen** (z. B. Werkshallen) mit dem Raumvolumen V herrschen i. Allg. weder ideale Freifeld- noch Hallraumbedingungen, sondern es überlagern sich das Freifeld (Direktschallfeld) mit dem Hallfeld (Diffusfeld): In der unmittelbaren Nähe der Schallquellen herrscht das Freifeld vor, welches am Hallradius r_H in das Diffusfeld übergeht. Der Hallradius ist diejenige Entfernung von einer Schallquelle in einem geschlossenen Raum, bei welcher der Schallpegel des Direktschalls gleich dem des Hallfeldes (Diffusfeld) ist. Der Hallradius $r_H(f)$ hängt von der Nachhallzeit $T_N(f)$ bzw. von der äquivalenten Absorptionsfläche $A(f)$ ab. Er ist somit selbst auch frequenzabhängig:

$$r_H(f) \text{ (in m)} \approx 0{,}056 \cdot \sqrt{\frac{V}{T_N(f)}} \approx 0{,}14 \cdot \sqrt{A(f)}$$

Wird durch Anbringen schallschluckender Verkleidungen das Schallschluckvermögen verstärkt und damit die Nachhallzeit vermindert, erhöht sich der Hallradius.

In gewöhnlichen Fabrikhallen ohne besondere schallschluckende Verkleidung kann man als Hallradius näherungsweise annehmen:

$$r_H \approx 0{,}08 \cdot \sqrt[3]{V} \text{ (in m)}$$

Man findet den Hallradius annähernd dadurch, dass man sich mit einem Handschallpegelmesser aus größerer Entfernung auf die Schallquelle zu bewegt und regelmäßig die Schallpegelanzeige notiert. Solange man sich im Diffusfeld befindet, wird die Pegelanzeige entfernungsunabhängig um einen Mittelwert herum schwanken. Bei Annäherung an das Direktfeld steigt die Pegelanzeige allmählich an, bis sie dann in der Nähe der Schallquelle (also im Direktschallfeld) in eine nahezu nach dem 6-dB-Gesetz zu beobachtende Entfernungsabhängigkeit übergeht. Der Hallradius befindet sich an der Stelle, bei der die Pegelanzeige im Mittel 3 dB über dem Diffusschallfeldpegel befindet.

29.1.4.2 Schallleistungsbestimmung nach dem Vergleichsverfahren

Beim Vergleichsverfahren wird der an verschiedenen Stellen mit Terz- und Oktavfiltern gemessene Schalldruckpegel der Maschine L_M mit Hilfe des an den gleichen Positionen gemessenen Schalldruckpegels L_V einer Vergleichsschallquelle – oft auch als Referenz- oder Bezugsschallquelle bezeichnet – mit dem bekannten Schallleistungspegel $L_{W,V}$ in den Schallleistungspegel der Maschine $L_{W,M}$ umgerechnet:

$$L_{W,M} = L_{W,V} + L_M - L_V$$

Weitere Details zur Bestimmung des Schallleistungspegels nach diesem Verfahren findet man in der Norm ISO 3747.

Ein großer Vorteil des Vergleichsverfahrens besteht in dem Umstand, dass an die akustische Qualität des Messraumes und der verwendeten Mikrofone keine besonderen Anforderungen gestellt werden. Einzig wichtig ist es, dass die umgebenden Störgeräusche deutlich niedriger sind als die Schallpegel des Prüfobjekts und der Bezugsschallquelle und die Mikrofone nicht defekt sind. Die Mikrofone müssen auch nicht zwingend kalibriert werden, da sich wegen der Differenz $L_M - L_V$ Fehler infolge Linearitätsabweichungen und in der Empfindlichkeitseinstellung ausgleichen.

Bei der Vergleichsmethode unterscheidet man die

- **Substitutionsmethode** (genauestes Verfahren): Die Vergleichsschallquelle wird exakt an der gleichen Stelle wie das Prüfobjekt aufgestellt, nachdem dieses gegen die Vergleichsschallquelle ausgetauscht wurde (gleiches akustisches Zentrum).

- **Vergleichsmethode:** Die Vergleichsschallquelle wird an einer akustisch möglichst gleichwertigen Stelle vermessen, wenn das Prüfobjekt nicht entfernt werden kann.

Eine häufig verwendete Vergleichsschallquelle ist ein Schallstrahler mit allseitig gleichmäßiger Abstrahlung eines breitbandigen Rauschens und mit unveränderlichem Schallleistungspegel $L_{W,V}$. Sie ist meist ein lüfterähnliches Gerät, welches in einem Hallraum auch zur Bestimmung der äquivalenten Absorptionsfläche A eingesetzt werden kann:

$$10 \cdot \lg \{A(f)\} \, dB = L_{W,V}(f) - L_V(f) + 6 \, dB$$

29.1.4.3 Schallintensitätsmessverfahren

Sind die Messbedingungen eines Raumes schwierig, weil beispielsweise die Immissionen von Störgeräuschen das Emissionsgeräusch einer zu messenden Schallquelle erreichen oder überdecken, versagen die o. a.

29.1 Wichtige Begriffe und Definitionen

Verfahren. Dafür eignet sich nun das **Schallintensitätsverfahren** nach DIN EN ISO 9614-1 und 9614-2.

Es werden dafür Intensitätsmesssonden eingesetzt, die gewöhnlich aus einem Paar ausgewählter Druckmikrofone (DIN EN 61043) je Raumrichtung bestehen. Man unterscheidet 1D-Sonden mit einem Mikrofonpärchen und 3D-Sonden mit drei senkrecht zueinander angeordneten Mikrofonpärchen (Bild 29.5).

Die Abstände der beiden Mikrofone zueinander sind genau vorgeschrieben (6 mm, 12 mm und 50 mm) und werden meist durch im Lieferumfang enthaltene Distanzhalter eingestellt. Der gewählte Abstand ist entscheidend für den messtechnisch erfassbaren Frequenzbereich:

50-mm-Distanzstück:	$f_u \approx 20$ Hz $< f < f_o \approx 1{,}2$ kHz
12-mm-Distanzstück:	$f_u \approx 80$ Hz $< f < f_o \approx 5$ kHz
6-mm-Distanzstück:	$f_u \approx 160$ Hz $< f < f_o \approx 10$ kHz

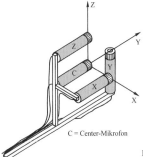

C = Center-Mikrofon

Bild 29.5: Beispiel für eine 3D-Sonde

Nähere Einzelheiten über dieses Verfahren zur Schallleistungsbestimmung findet man in zahlreichen Literaturquellen und Produktbeschreibungen.

29.1.5 Strahlerarten und Entfernungsgesetze

Man unterscheidet in der Maschinenakustik zwei akustisch relevante Strahlerarten:

Kugelstrahler: Die meisten technischen Schallquellen können unabhängig von ihrer tatsächlichen geometrischen Gestalt als Kugelstrahler aufgefasst werden, solange sich die Hauptabmessungen in allen Raumrichtungen nicht um eine Größenordnung unterscheiden und sie kleiner als die Luftschallwellenlänge der tiefsten auszuwertenden Frequenz sind.

In einem Freifeld (Vollraum oder Halbraum) gilt für Kugelstrahler (Hüllfläche S_K) das sog. **6-dB-Gesetz**: Je Abstandsverdoppelung von der Schallquelle nimmt der Schalldruckpegel um 6 dB ab:

$$\Delta L_p = L_2 - L_1 = 10 \cdot \lg \frac{S_{K,2}}{S_{K,1}} \, \mathrm{dB} = 10 \cdot \lg \frac{r_2^2}{r_1^2} \, \mathrm{dB}$$

$$= 10 \cdot \lg \frac{(2 \cdot r_1)^2}{r_1^2} \, \mathrm{dB} = 10 \cdot \lg(4) \, \mathrm{dB} = 6 \, \mathrm{dB}$$

Linienstrahler: Ein Linienstrahler liegt vor, wenn eine der Hauptabmessungen wesentlich größer ist als alle anderen Abmessungen (z. B. Brücke, Zug, dicht befahrene Straße). Dann gilt als Hüllfläche die Zylinderfläche S_Z:

$S_{Z,V} = 2\pi \cdot r$ (im Vollraum) bzw. $S_{Z,H} = \pi \cdot r$ (im Halbraum).

In einem Freifeld (Vollraum oder Halbraum) gilt für Linienstrahler das sog. **3-dB-Gesetz**: Je Abstandsverdoppelung von der Schallquelle nimmt der Schalldruckpegel um 3 dB ab:

$$\Delta L_p = L_2 - L_1 = 10 \cdot \lg \frac{S_{Z,2}}{S_{Z,1}} \, \mathrm{dB} = 10 \cdot \lg \frac{r_2}{r_1} \, \mathrm{dB}$$

$$= 10 \cdot \lg \frac{2 \cdot r_1}{r_1} \, \mathrm{dB} = 10 \cdot \lg(2) \, \mathrm{dB} = 3 \, \mathrm{dB}$$

29.2 Maschinenakustische Zusammenhänge
29.2.1 Entstehung von Maschinengeräuschen

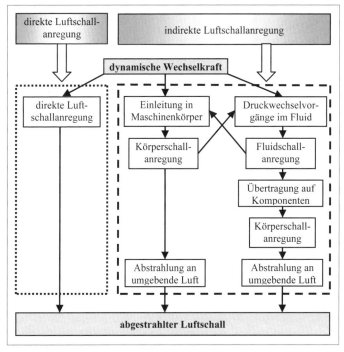

Bild 29.6: Wege der direkten und indirekten Luftschallentstehung

Maschinengeräusche entstehen (Bild 29.6):

- **Auf direktem Wege:**
  Hierbei ruft eine Maschine in der sie umgebenden Luft unmittelbar Luftdruckschwingungen hervor. Diese breiten sich mit Schallgeschwindigkeit aus und werden im Hörbereich als Luftschall wahrgenommen. Beispiele: Ventilatoren, Ansaug- und Auspufföffnungen, Dampf-/Gasstrahlen, Brenner- und Strömungsgeräusche usw.

- **Auf indirektem Wege:**
  Durch zeitlich veränderliche Betriebskräfte in einer Maschine wird die Maschinenstruktur zu elastischen Schwingungen angeregt, die

im Hörbereich als Körperschall bezeichnet werden. Erst diese Körperschallschwingungen regen ihrerseits die Maschinenoberflächen zur Abstrahlung des – indirekt erzeugten – Luftschalls an. Beispiele: Zahnradgetriebe, hydraulische Maschinen, Antriebe usw.

In Maschinen, die Geräusch erzeugen, wirken stets **dynamische Betriebskräfte** (Gaskräfte, Verzahnungskräfte, hydraulische Kräfte, Druckwechselvorgänge, Massenkräfte durch Unwuchten, elektrodynamische und elektromagnetische Kräfte usw.), welche für die mechanische Funktion der Maschine kennzeichnend und maßgebend sind. Diese Betriebskräfte wechseln i. Allg. in einem bestimmten Rhythmus (Arbeitstakt), sind also periodisch, und setzen sich gewöhnlich aus einer oder mehreren Grundfrequenzen und einer Vielzahl dazugehöriger Oberwellen aus, deren Frequenzen dann meist im akustischen Frequenzbereich auftreten. Die zu diesen Grundfrequenzen und deren Vielfachen gehörenden Betriebskräfte werden als **Erregerkräfte** bezeichnet. Sie regen die gesamte im geschlossenen Kraftfluss befindliche, elastische Maschinenstruktur zu erzwungenen Schwingungen an (Prinzip der **Krafterregung**). Diese Schwingungen werden, sofern sie im Hörbereich liegen, als **Körperschall** bezeichnet. Von Maschinenoberflächen wird dieser Körperschall besonders dann gut als Luftschall abgestrahlt, wenn er in Form von Biegeschwingungen auftritt. Biegschwingungen können sowohl durch Querkräfte als auch durch Biegemomente angeregt werden.

Der in kraftflussführenden Maschinenstrukturen (Primärstruktur) erzeugte Körperschall ist aber auch in der Lage, in angekoppelten, aber außerhalb des Hauptkraftflusses liegenden Maschinenteilen (Sekundärstrukturen) Körperschall zu erzeugen (z. B. in Ölwannen, auf Schutzblechen, Klappen, Abdeckungen usw.), von wo er ebenfalls als Luftschall abgestrahlt wird. Man bezeichnet diese Art der Körperschallanregung als **Fußpunkterregung** (oft auch als Geschwindigkeitsanregung bezeichnet), weil an den Befestigungs- oder Koppelpunkten, also am „Fuß", ein Schwingweg bzw. eine Schwinggeschwindigkeit auf diese Sekundärstrukturen einwirkt (Bild 29.7).

29.2 Maschinenakustische Zusammenhänge

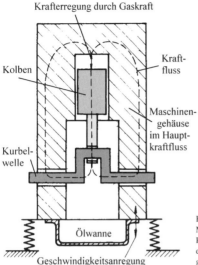

Bild 29.7: Einfaches Beispiel für eine Maschinenstruktur, bestehend aus einer Primärstruktur im Hauptkraftfluss und einer Sekundärstruktur mit Fußpunkterregung

29.2.2 Maschinenakustische Grundgleichung

Die **maschinenakustische Grundgleichung** beschreibt den formelmäßigen Zusammenhang zwischen Erregerkraft F und der abgestrahlten Schallleistung W einer durch diese Kraft zu Körperschall angeregten Struktur. Das lässt sich am anschaulichsten durch das folgende Blockschaubild erklären (Bild 29.8), bei der die Struktur als Zweipol (Eingangsgröße Erregerkraft – Ausgangsgröße Schallleistung) wirkt. Man kann den Zweipol auch als ein aktives Filter mit einem bestimmten Übertragungsverhalten interpretieren, welches die Eingangsgröße F in eine Ausgangsgröße W umwandelt. Dazu gehört eine Übertragungsfunktion, die bei Maschinen durch ihre Konstruktionsdaten und Werkstoffdaten, durch die konstruktive Gestaltung, durch die Art und Lage der Krafteinleitungsorte und durch die Führung der Kraftflusswege bestimmt ist.

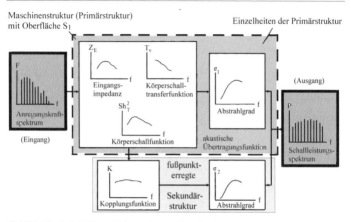

Bild 29.8: Blockschaltbild zur Erklärung der maschinenakustischen Grundgleichung

Bild 29.8 zeigt, wie sich das Amplitudenspektrum der Erregerkraft stufenweise in das Amplitudenspektrum der abgestrahlten Schallleistung verändert: In der ersten Stufe wirkt das aktive Filter „Eingangsimpedanz", in der zweiten Stufe das aktive Filter „Körperschallschnelleübertragungsfunktion" und in der dritten Stufe das aktive Filter „Abstrahlgrad". Alle drei Filter sind Struktureigenschaften, welche typische Frequenzabhängigkeiten aufweisen.

- **Stufe 1:** Die Krafteinleitungsstelle hat die **Eingangsimpedanz** Z_E. Der am Krafteinleitungsort entstehende Körperschall (Schnelle v_E) beträgt infolge der Anregungskraft F:

$$\tilde{v}_E^2(f) = \frac{\tilde{F}^2(f)}{Z_E^2(f)}$$

Die Eingangsimpedanz Z_E ergibt sich aus dem Zusammenwirken von Massen-, Dämpfungs-, Steifigkeits- und Plattenimpedanz. Es gilt näherungsweise:

$$Z_E(f) = |Z_M(f)| + Z_D + |Z_F(f)| + Z_{\text{Platte}}$$
$$= 2\pi f \cdot m + b + \frac{k}{2\pi f} + 8 \cdot \sqrt{m' \cdot B'}$$

Z_E ist von der konstruktiven Gestaltung abhängig und muss im konkreten Einzelfall entweder numerisch, experimentell oder nach einem Abschätz- oder Näherungsverfahren bestimmt werden.

29.2 Maschinenakustische Zusammenhänge

- **Stufe 2:** Der sich auf der gesamten Oberfläche bildende mittlere Körperschall $\overline{\tilde{v}^2}$ hängt mit der Schnelle am Anregungsort über die **Körperschall-Transferfunktion** $T_v(f)$ zusammen:

$$\overline{\tilde{v}^2}(f) = T_v^2(f) \cdot \tilde{v}_E^2(f)$$

Die Körperschalltransferfunktion ist von der konstruktiven Gestaltung der Maschinenstruktur abhängig und muss im jeweiligen Einzelfall entweder numerisch, experimentell oder nach einem Näherungs- oder Abschätzverfahren bestimmt werden. Für homogene, glatte, ebene Oberflächensegmente einer Maschinenstruktur kann die Transferfunktion einfach abgeschätzt werden:

$$T_v^2(f) \approx \frac{1{,}2}{\eta(f) \cdot f} \cdot \sqrt{\frac{B'(f)}{m'}}$$

- **Stufe 3:** Der im Mittel auf der Maschinenoberfläche vorhandene Körperschall regt das an die Oberfläche angrenzende Trägermedium „Luft" zu Dichteschwingungen an und erzeugt damit Luftschall. Die abgestrahlte Schallleistung $P(f)$ hängt außer vom **Abstrahlgrad** $\sigma(f)$ auch von der spezifischen Impedanz Z_{Medium} des Mediums und von der Oberfläche S der Maschinenstruktur ab:

$$P(f) = \sigma(f) \cdot S \cdot Z_{\text{Medium}} \cdot \overline{\tilde{v}_2(f)}$$

Der Abstrahlgrad ist von der konstruktiven Gestaltung der Maschinenstruktur abhängig und muss im konkreten Einzelfall entweder numerisch, experimentell oder nach einem Näherungs- oder Abschätzverfahren bestimmt werden. Für überschlägige Abschätzzwecke („Worst-case-Szenario") kann der Abstrahlgrad nach der folgenden Gleichung angenommen werden:

$$\sigma(f) = \frac{f^2}{f^2 + f_0^2} \quad \text{mit} \quad f_0 = \frac{c_{\text{Luft}}}{\sqrt{\pi \cdot S}}$$

Darin ist S die Oberfläche des Strahlers. Werkstoffeigenschaften und Detailgestalt werden dabei nicht berücksichtigt.

Durch Zusammenfassen dieser Gleichungen stellt man einen Zusammenhang zwischen der anregenden Betriebskraft, den Struktureigenschaften und der abgestrahlten Schallleistung her. Man erhält damit die **maschinenakustische Grundgleichung**:

$$P(f) = \tilde{F}^2(f) \cdot \frac{T_v^2(f)}{Z_E^2(f)} \cdot S \cdot \sigma(f) \cdot Z_{\text{Medium}}$$

Der Ausdruck

$$\frac{T_v^2(f)}{Z_E^2(f)} \cdot S = Sh_T^2(f)$$

wird üblicherweise als **Körperschallfunktion** bezeichnet. Der Buchstabe „h" weist auf einen Admittanzcharakter hin.

Der Ausdruck

$$\frac{T_v^2(f)}{Z_E^2(f)} \cdot S \cdot \sigma(f) = Sh_T^2(f) \cdot \sigma(f) = T_{ak}^2(f)$$

ist die **akustische Transferfunktion** einer Maschinenstruktur. Sie gibt das Übertragungsverhalten der Maschinenstruktur nach Bild 29.8 an.

In der Pegelschreibweise lautet die maschinenakustische Grundgleichung:

$$L_W(f) = L_F(f) - L_{Z,E}(f)$$
$$+ L_{T,v}(f) + L_\sigma(f) + L_S + L_{Z,\text{Medium}}$$

In dieser Gleichung beträgt der Term $L_{Z,\text{Medium}}$ bei Luft unter Normalbedingungen gewöhnlich 0 dB und kann unberücksichtigt bleiben. Damit reduziert sich die Gleichung auf die Form

$$L_W(f) = L_F(f) - L_{Z,E}(f) + L_{T,v}(f) + L_\sigma(f) + L_S$$
$$= L_F(f) + L_{T,ak}(f)$$

Die akustischen Struktureigenschaften „Körperschallfunktion" und „Abstrahlgrad" lassen sich für einfache Strukturen quantitativ abschätzen. Im Fall der einfachen, glatten, ebenen und homogenen Platte (Seitenabmessungen a, b; Dicke h; Werkstoff ρ, E und μ) gilt:

Erste Eigenfrequenz $f_{1,1}$ bei allseitig gelenkiger Lagerung:

$$f_{1,1} = \frac{\pi}{2} \cdot \left(\frac{1}{a^2} + \frac{1}{b^2} \right) \cdot \sqrt{\frac{B'}{m'}}$$

Körperschallfunktion im quasistatischen Frequenzbereich ($f < f_{1,1}$):

$$Sh_{T,q}^2(f) = \frac{\overline{\tilde{v}^2(f)}}{\overline{F^2(f)}} \cdot S = \frac{f^2}{8\pi \cdot (1 + \eta^2) \cdot f_{1,1}^3 \cdot m' \cdot \sqrt{m'B'}}$$

Körperschallfunktion im Eigentonbereich ($f_{1,1} \leq f$):

$$Sh_{T,e}^2(f) = \frac{\tilde{v}^2(f)}{\tilde{F}^2(f)} \cdot S = \frac{1}{16\pi \cdot \eta(f) \cdot f \cdot m' \cdot \sqrt{m'B'}}$$

Abstrahlgrad (mit „worst case" = Kugelstrahler nullter Ordnung):

$$\sigma = \frac{f^2}{f^2 + f_0^2}; \qquad f_0 = \frac{c_L}{\sqrt{\pi \cdot S}}; \qquad S = \text{Oberfläche}$$

29.3 Konstruktive Geräuschminderung

29.3.1 Grundsätzliche Überlegungen

Die **maschinenakustische Grundgleichung** stellt die serielle Verkettung der Anregungskraft mit der Eingangsimpedanz Z_E, mit der Körperschalltransferfunktion T_v und mit dem Abstrahlgrad σ dar. Damit verursacht jede Änderung an einem Block in dieser Übertragungskette eine betragsgleiche Änderung im Spektrum der abgestrahlten Schallleistung:

1. $\Delta L_F(f) = \Delta L_W(f)$
2. $\Delta L_{Z,E}(f) = -\Delta L_W(f)$
3. $\Delta L_{T,v}(f) = \Delta L_W(f)$
4. $\Delta L_\sigma(f) = \Delta L_W(f)$.

Daraus ergeben sich folgende Überlegungen bei der Auswahl und Beurteilung von Geräuschminderungsmaßnahmen:

Erste Überlegung: Können die dynamischen Anteile der Betriebskraft (Grundfrequenz, Oberwellen und deren Amplituden) reduziert werden, ohne dass die Funktion der Maschine in Frage gestellt wird? Jede akustisch günstige Veränderung im Amplitudenspektrum der Anregungskraft macht sich bei der gleichen Frequenz und mit gleicher Amplitude in der abgestrahlten Schallleistung bemerkbar:

$$\Delta L_F(f) \Rightarrow \Delta L_W(f) \, !$$

Beispiele: Lassen sich die Überdeckungsgrade (Profil- und Sprungüberdeckung) einer Verzahnung ganzzahlig gestalten? Können steile Kraftsprünge „sanfter" gestaltet werden (z. B. Gleitschnitt statt Hackschnitt, Druckentlastungskerben bei Axialkolbenpumpen, ruckfreie Nocken statt Kreisbogennocken bei der Ventilsteuerung usw.).

Zweite Überlegung: Wie groß ist die Eingangsimpedanz und welchen dominierenden Charakter (Massen-, Feder- und/oder Dämpfercharakter) hat sie in den maßgebenden Frequenzbereichen? Lässt sich die Eingangsimpedanz einer Struktur noch sinnvoll erhöhen, denn

$$\Delta L_{Z,E}(f) \Rightarrow -\Delta L_W(f) \ !$$

Die Berechnungsformeln für die Impedanzen der mechanischen Grundelemente *Masse, Dämpfung, Steifigkeit, Platte* zeigen ein unterschiedliches Frequenzverhalten: Besitzt das Schallleistungsspektrum des zu reduzierenden Maschinengeräusches im mittleren (>500 Hz) und hohen Frequenzbereich (>2 kHz) zu große Schallleistungsamplituden, dann würde sich vor allem das Vorschalten von konzentrierten Massen am Krafteinleitungsort anbieten, weil die Massenimpedanz proportional mit der Frequenz zunimmt und somit hauptsächlich bei höheren Frequenzen besonders gute Wirkung zeigt. Die Erhöhung der Steifigkeit (Federcharakter) hingegen wäre weniger wirkungsvoll und die Wirkung würde mit zunehmender Frequenz sogar geringer werden. Andererseits eignet sich die Erhöhung der Steifigkeit am Anregungsort bei dominierenden tieffrequenten Schallleistungsamplituden besser als das Vorschalten von Massen. Das Einbringen einer geschwindigkeitsproportionalen Dämpfung am Erregerort scheitert in der Regel an konstruktionsbedingten Kriterien.

Dritte Überlegung: Welche Maßnahmen kann man ergreifen, um die Körperschallausbreitung von der Anregungsstelle über die Strukturoberfläche zu verringern und damit den mittleren Körperschallpegel auf der Strahleroberfläche zu reduzieren? Denn es gilt

$$\Delta L_{T,v}(f) \Rightarrow \Delta L_{\bar{v}}(f) \Rightarrow \Delta L_W(f) \ !$$

Maßnahmen, die sich dazu eignen, die Körperschallausbreitung über die Oberfläche zu verringern, gibt es einige. Sie lassen sich grob einteilen in **biegesteifigkeitserhöhende, massenbelegungserhöhende** und **dämpfende Maßnahmen**.

Durch eine geeignete **Erhöhung der Biegesteifigkeit** (z. B. Rippen, Sicken, Kantungen, Hohlprägungen, Wölbungen, Werkstoffe mit größerem E-Modul, doppelwandige Konstruktionen, Einsatz von Metallschäumen, Umsetzung von Sandwich- und Integralbauweisen) erzielt man eine Zunahme an Impedanz, ohne dass die Masse erhöht werden muss. Es sind sogar Lösungen denkbar, wo man durch eine massive Erhöhung der Biegesteifigkeit Massen infolge einer dann vertretbaren Verringerung der Wanddicke gewinnen kann, wobei die zusätzliche Rippenmasse kleiner ist als die durch Wanddickenreduktion eingesparten Massen. Das ist im Sinne der Leichtbauweise eine besonders geeignete Maßnahme zur Geräuschminderung („leicht und leise"). Maßnah-

29.3 Konstruktive Geräuschminderung

men mit überwiegend biegesteifigkeitserhöhendem Charakter sind besonders im tief- und mittelfrequenten Bereich (<1 kHz) angebracht.

Der Einsatz von **Maßnahmen mit überwiegendem Massenbelegungscharakter** (viel Masse pro Fläche) wirkt sich dagegen mehr im mittel- und hochfrequenten Bereich (>500 Hz) günstig aus. Zu solchen Maßnahmen zählen schwere, aber biegeweiche Oberflächen, die beispielsweise durch „Negativrippen" (in Form von kreuzweise genuteten Oberflächen ähnlich der Struktur von Tafelschokolade) gestaltet werden können.

Körperschalldämpfende Maßnahmen haben sich in der Regel immer dann bewährt, wenn die Maschinenstruktur an sich nur eine geringe Konstruktionsdämpfung aufweist. Eine wesentliche Erhöhung der Dämpfung erreicht man vorzugsweise durch Auftrag von Dämpfungsbelägen, durch Sandwichbauweisen mit eingeschlossenen viskosen Zwischenlagen, durch Anbringen von (meist abstimmbaren) Schwingungstilgern und durch Erzeugen von großzügig angelegten, zusätzlichen Reib-, Füge- oder Scheuerflächen.

Vierte Überlegung: Gibt es geeignete Maßnahmen, welche die Umsetzung von Körperschallleistung in Luftschallleistung verringern? Denn

$$\Delta L_\sigma(f) \Rightarrow \Delta L_W(f) \,!$$

Eine Beeinflussung des Abstrahlgrades in der Weise, dass weniger Körperschallleistung in Luftschallleistung umgesetzt wird, z. B. durch bessere Nutzung des „akustischen Kurzschlusses" auf der biegeschwingenden Strukturoberfläche mit konstruktiven Mitteln, ist prinzipiell möglich. Aber alle Änderungen mit der Zielsetzung, das akustische Abstrahlverhalten zu verringern, wirken sich auch auf die Körperschallfunktion aus. **Erfahrungsgemäß ist eine Verringerung des Abstrahlgrades fast immer mit einer überproportionalen Erhöhung der Körperschallfunktion gekoppelt.** Trotz eines geringeren Abstrahlgrades kann mit einer daran gekoppelten stärkeren Körperschallanregung in der Gesamtwirkung eine Erhöhung der Schallleistungsemission verbunden sein.

Zusammenfassung

Aus diesen vier Überlegungen resultiert allgemein, dass sich eine Reduzierung der abgestrahlten Schallleistung aus den Verringerungen der Anregungskraft, der Körperschallübertragungsfunktion und des Abstrahlgrades und aus einer Erhöhung der Eingangsimpedanz zusammensetzt:

$$\Delta L_W(f) = \Delta L_F(f) - \Delta L_{Z,E}(f) + \Delta L_{T,v}(f) + \Delta L_\sigma(f)$$

29.3.2 Beispiele für charakteristische Geräuschminderungsmaßnahmen

29.3.2.1 Reduzierung der dynamischen Anregungskraft

Zwischen dem Zeitverlauf und dem Amplitudenspektrum einer dynamischen Anregungskraft gibt es einen typischen Zusammenhang (Bild 29.9): Ein Kraftimpuls mit der Impulsdauer τ erzeugt ein Amplitudenspektrum, dessen Einhüllende bis zur Frequenz $f_0 = 1/\tau$ voll besetzt ist und oberhalb von dieser Frequenz ($f > f_0$) stetig abnimmt. Die geringste Pegelabnahme mit –20 dB/Frequenzdekade erzeugt eine Rechteckfunktion. Eine solche Impulsform ist zeitlich nicht mehr ableitbar. Die Abnahme vergrößert sich um weitere –20 dB/Frequenzdekade mit jeder weiteren zeitlichen Ableitbarkeit bis zum Auftreten eines Sprunges im Zeitverlauf (z. B. Dreieckfunktion mit –40 dB/ Frequenzdekade).

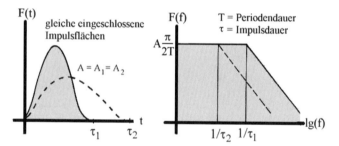

Bild 29.9: Prinzipieller Zusammenhang zwischen Zeitverlauf und der Einhüllenden des Amplitudenspektrums einer Kraft

Die Darstellung zeigt:

- Kurze Kraftimpulse erzeugen ein Amplitudenspektrum, das im höheren Frequenzbereich höhere Kraftpegel aufweist und somit akustisch ungünstig ist. Daraus lässt sich die Regel ableiten, dass man **Anregungskräfte** nach Möglichkeit **zeitlich spreizen** soll.

- Unterschiedliche Kraftverläufe mit gleicher Impulsfläche erzeugen unterhalb der Eckfrequenz gleich hohe Amplituden im Spektrum.

- Eine Schlussfolgerung daraus ist, dass man Kraftspitzen, kurzzeitige Druckwechselvorgänge sowie Wechselkräfte mit steilen und starken Amplitudensprüngen vermeiden soll. Die **Impulsfläche** unter den Kraft-Zeit-Verläufen soll **möglichst klein** sein.

Beispiele für Anregungskräfte

1. Kräfte in Form von Antriebskräften:

a) Wechseldruckkräfte und Druckwechselvorgänge (z. B. Verbrennungsmotor, Kompressor, hydraulische Maschinen)

Beispiel (Bild 29.10): Durch die Entlastungskerbe an den nierenförmigen Öffnungen in der Steuerscheibe einer Axialkolbenpumpe wird eine Vorentlastung in der Druckänderung erreicht, wodurch der harte Übergang von der Saugseite in die Druckseite und umgekehrt **zeitlich gespreizt** wird. Dies bedeutet eine geringere Anregung hoher Frequenzen, ohne dass die Pumpenfunktion beeinträchtigt wird. Diese Ausgleichsschlitze sollen vorzugsweise an beiden Übergängen (Saugraum ⇨ Druckraum, Druckraum ⇨ Saugraum) angebracht werden.

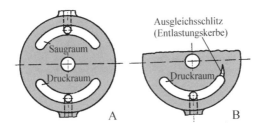

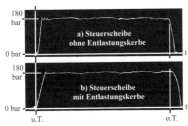

Bild 29.10: Maßnahmen an einer Axialkolbenpumpe [*FKM-Forschungsheft 26*]

b) **Massenkräfte und Unwuchten** (z. B. Motoren, Turbinen, Schlitten in Arbeitsmaschinen, Kurvengetriebe, Kurvenscheiben, ungleichförmig übersetzende Getriebe)

Massenkräfte entstehen durch Unwuchten von rotierenden Maschinenteilen und durch oszillierende Maschinenteile. Ist eine rotierende Maschine mit einer oszillierenden Masse gekoppelt (z. B. Kurbeltrieb in einem Motor), so werden auch Schwingungen höherer Ordnung angeregt. Beim Einzylindermotor treten neben der ersten alle geradzahligen Ordnungen auf, bei Mehrzylindern hängen die angeregten Ordnungen von der Winkelteilung der Kurbelwelle ab. Die Schwingungsanregung durch oszillierende Massen kann durch gegenphasige Massenkräfte verhindert werden.

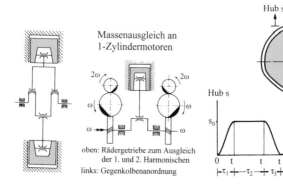

Bild 29.11: Massenausgleich am Einzylindermotor [*FKM-Forschungsheft 26*]

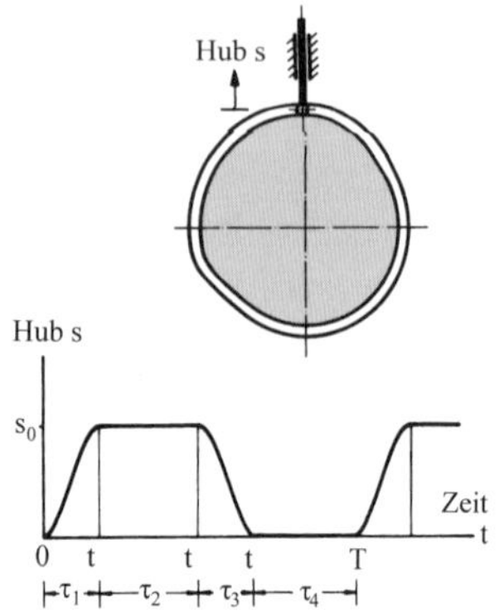

Bild 29.12: Formschlüssiges Rast-in-Rast-Kurvengetriebe [*FKM-Forschungsheft 26*]

Bild 29.12 zeigt ein formschlüssiges Rast-in-Rast-Kurvengetriebe mit seiner Erhebungskurve. Die Größe der Massenkraft richtet sich nach den auftretenden Beschleunigungen. Diese ergeben sich aus der 2. Ableitung des Hubes (Erhebungsgesetzes) nach der Zeit. Da der Kraftverlauf und dessen Ableitungen die Geräuschanregung bestimmen, ist diese abhängig vom gewählten Kurvengesetz. Erhebungsgesetze mit drei oder mehr stetigen Ableitungen bedeuten geringere Geräuschanregung; das wird durch Polynome höheren Grades oder Sinoiden erreicht. Akustisch besonders schlecht erweisen sich aus Parabelästen zusammengesetzte Erhebungsgesetze, weil diese nur zweimal ableitbar sind. Damit weist die Beschleunigung bereits Sprünge auf, sodass damit die akustisch schlechteste Lösung vorliegt.

Als Beispiel für den Einfluss des Erhebungsgesetzes auf die Geräuschentwicklung zeigt Bild 29.13 den Vergleich zweier Nocken zur Ventilsteuerung eines Verbrennungsmotors. Der links dargestellte Nocken ist ein **Kreisbogennocken** mit einem Öffungsbereich von 120°, der rechte ist ein **ruckfreier Nocken** (Öffnungsbereich mit Vornocken 180°), der sich dadurch auszeichnet, dass die Beschleunigung praktisch ohne Sprung verläuft. Die höhere zeitliche Ableitbarkeit bedeutet gerin-

29.3 Konstruktive Geräuschminderung

gere Geräuschanregung höherer Frequenzen. Durch die Vornockensteuerung findet außerdem eine zeitliche Dehnung statt.

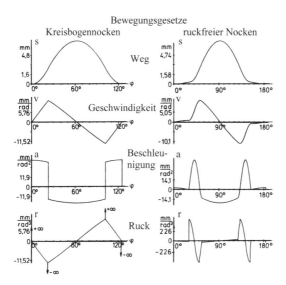

Bild 29.13: Bewegungsgesetze eines Kreisbogennockens und eines ruckfreien Nockens (mit Vornocken) [*FKM-Forschungsheft 26*]

c) Wechselkräfte infolge diskontinuierlicher Kraftübernahme (z. B. Zahneingriffe, Wälzlager, Polygoneffekte)

Der von einem **Zahnradgetriebe** erzeugte Schall stammt hauptsächlich aus dem Zahneingriff. Eine akustische maßgebende Größe ist der Gesamtüberdeckungsgrad ε_{ges}, der sich aus der Summe der Profilüberdeckung ε_α und der Sprungüberdeckung ε_β zusammensetzt. Der Überdeckungsgrad gibt an, wie viel Zähnepaare sich auf der Eingriffsstrecke durchschnittlich im Eingriff befinden. Wenn diese Zahl nicht ganzzahlig ist, bedeutet das, dass ein regelmäßiger Lastwechsel zwischen n und $n + 1$ im Eingriff befindlichen Zahnpaaren stattfindet. Daraus ergibt sich eine periodische Anregung, die einer Rechteckfunktion sehr nahe kommt. Es werden also zahlreiche Oberwellen zur Grundfrequenz $f_0 = z/n$ (Zähnezahl/Drehzahl in s) angeregt. Diese Anregung wird umso geringer, je ganzzahliger der Gesamtüberdeckungsgrad ist, und wird am geringsten bei genauer Ganzzahligkeit. Dies ist in Bild 29.14 dargestellt.

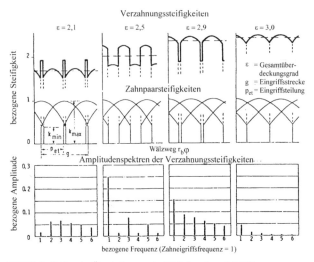

Bild 29.14: Einfluss des Überdeckungsgrades [*FVA-Forschungsheft 119*]

Der **Polygoneffekt** ist der Hauptgrund für die Geräuschanregung bei Ketten- und Zahnriementrieben. Er beruht auf einer unstetigen, periodischen Beschleunigungsänderung auf einem rotierendem Vieleck. Das Bild 29.15 zeigt die kinematischen Verhältnisse an einem Kettenrad.

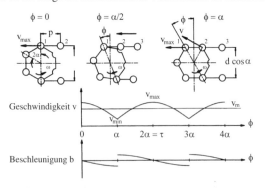

Bild 29.15: Polygoneffekt bei einem Kettentrieb [*Roloff/Matek*]

Wegen der Ungleichförmigkeit beim tangentialen Eintritt und Austritt der Kette bzw. des Riemens entsteht am Umfang eine periodische Beeinflussung der Geschwindigkeit und damit auch der Beschleunigung. Der

29.3 Konstruktive Geräuschminderung

Beschleunigungsverlauf entspricht etwa einer Sägezahnfunktion mit vielen ganzzahligen Oberwellen im Amplitudenspektrum (Bild 29.16).

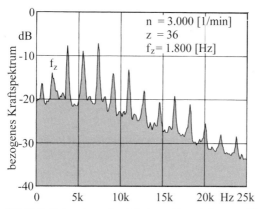

Bild 29.16: Linienspektrum eines Zahnriementriebes mit den ganzzahligen Vielfachen der Zahneingriffsfrequenz [*VDI-Berichte, Reihe 11, Nr. 136*]

Stützkräfte in Wälzlagern: Wälzlager rufen Geräusch erzeugende Wechselkräfte hervor, wenn sich der Mittelpunkt des Innenrings gegen den des Außenrings periodisch oder unperiodisch verlagert. Ursache hierfür ist die konstruktiv bedingte endliche Anzahl von Wälzkörpern, die zyklisch in die Belastungszone einlaufen, sodass Schwingbewegungen des Innenrings in Belastungsrichtung erfolgen (Bild 29.17). Aus diesem Grund sind gute Wälzlager immer noch etwa 10 dB lauter als Gleitlager. Besonders ausgeprägt ist dieser Effekt bei einem ruhenden, radial in einer Richtung belasteten Innenring und umlaufendem Außen-

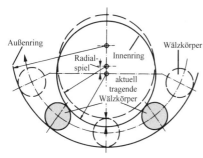

Radiallager mit Radiallagerspiel bei umlaufenden Außenring

Bild 29.17: Verlagerung des Innenrings von radialen Wälzlagern bei Radialspiel [*FKM-Forschungsheft 26*]

ring, wenn das Radialspiel zu groß ist. Das bedeutet: Wälzlager laufen dann am leisesten, wenn sämtliche Wälzkörper mit beiden Laufbahnen in Kontakt stehen. Bei Rollenkugellagern wird dies durch axiale Vorspannung mittels Passscheiben oder Federelementen (z. B. Tellerfedern) erreicht.

d) Stoß- und Schlagvorgänge bei Aufprall relativ zueinander bewegter Maschinenteile

Stoßvorgänge entstehen beim Durchlaufen von Spiel. Die damit verbundene starke Geräuschanregung lässt sich anhand der Anregungsspektren nach Bild 29.18 prinzipiell erklären.

Bild 29.19 zeigt eine Masse in festem Kontakt zu einem Bauteil. Auf die Masse m wirkt die Kraft $F_1(t)$. Die Kraft $F_a(t)$, welche das Bauteil zu Körperschall anregt, ist identisch mit $F_1(t)$.

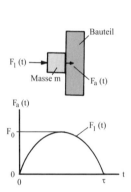
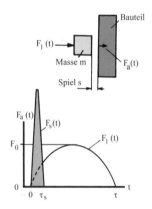

Bild 29.18: Kraftverlauf am Bauteil, wenn die Masse m fest aufliegt [*FKM-Forschungsheft* 26]

Bild 29.19: Kraftverlauf am Bauteil, wenn die Masse m ein Spiel s in der Zeit τ_s durchläuft [*FKM-Forschungsheft* 26]

Im Bild 29.19 befindet sich die Masse m in einem gewissen Abstand s (= Spiel) vor dem Bauteil. Infolge des Stoßes setzt sich das Kraftspektrum aus der Summe der beiden Einhüllenden des Kraftspektrums aus dem Vorgang ohne Spiel und des Kraftspektrums des Stoßvorganges allein, dessen Dauer τ_s beträgt, zusammen. Da die Impulsfläche des Stoßes gemessen an der Impulsfläche der Anregungskraft des Bauteils klein ist, liegt die Einhüllende des Stoßes im Frequenzbereich unterhalb der Frequenz $f < 1/\tau_a < 1/\tau_s$ weit unter der Einhüllenden der Bauteilanregungskraft (Bild 29.20) und ist in diesem Frequenzbereich akustisch unwirk-

29.3 Konstruktive Geräuschminderung

sam. Im Frequenzbereich $f > 1/\tau_a$ macht sich der Einfluss der Stoßkraft aber zunehmend bemerkbar, bis er schließlich im oberen Frequenzbereich allein das Amplitudenspektrum der Kraft bestimmt. Im Bild 29.20 ist dieser vom Stoß gesteuerte Bereich des Spektrums grau unterlegt.

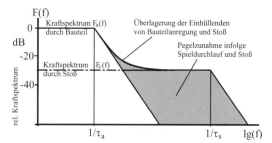

Bild 29.20: Prinzip der Anregung hochfrequenter Schallanteile durch Stoßvorgänge [*FKM-Forschungsheft 26*]

2. Kräfte infolge bestimmter Arbeitsverfahren:

a) Trennkräfte bei spanabhebenden Verfahren (z. B. Fräsen, Drehen, Schleifen, Sägen, Stanzen)

Pulsierende Kräfte bei spanabhebenden Verfahren (Bohren, Hobeln, Drehen, Fräsen, Sägen) verursachen **Ratterschwingungen**. Dabei handelt es sich sowohl um Schwingungen des Werkzeugs in Vorschub- (Zustell-) als auch in Schnittrichtung (Bild 29.21).

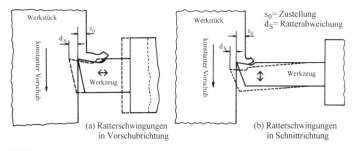

Bild 29.21: Zur Entstehung von Ratterschwingungen [*FKM-Forschungsheft 26*]

Ratterschwingungen werden meist ausgelöst durch Inhomogenitäten im Werkstoff. Die elastische Verformung von Werkstück, Werkzeug und Maschinengestell wird durch zusätzliche Be- und Entlastung verändert. Die hierbei auftretenden Schwingungen übertragen sich auf die Werkstückoberfläche und erzeugen eine Welligkeit, die im späteren Betrieb des Werkstücks Geräusche verursachen kann (z. B. Maschinenfrequenz bei Zahnradgetrieben). Eine andere Art einer Erzeugung von Welligkeiten auf bearbeiteten Oberflächen entsteht durch ungünstige Abstimmung zwischen den Wirkbewegungen besonders dann, wenn die Vorschubbewegung deutlich größer ist als die Schnittbewegung (Bild 29.22). Dann erzeugen die Schneidkanten bzw. die Bearbeitungsflächen des Werkzeugs ein regelmäßiges Muster von Formabweichungen in der Oberfläche, welches im späteren Betrieb unerklärliche „Geisterfrequenzen" hervorruft.

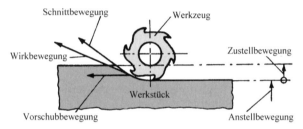

Bild 29.22: Bewegungsabläufe bei spanender Bearbeitung

Die „Geisterfrequenzen" hängen davon ab, wie schnell derartig bearbeitete Zahnflanken aufeinander abrollen bzw. gleiten. Ein reales Beispiel von Bearbeitungsmustern zeigt das Bild 29.23.

Bild 29.23: Schleifmuster auf den Zahnflanken von Rad und Ritzel eines geradverzahnten Stirnradgetriebes

29.3 Konstruktive Geräuschminderung

b) Trennkräfte beim Stanzen und Lochen

Beim Stanzen und Lochen von Blechen treten durch die schlagartige Entlastung der Maschine nach dem Schnitt sehr starke Geräusche auf (Impulsanregung). Diese Impulsanregung lässt sich vermindern, wenn sich der Schnitt nicht gleichzeitig über der gesamten Schnittlinie, sondern kontinuierlich vollzieht. Schrägstehende oder dachförmig angeschliffene Schneidmesser erfüllen diese Forderung (Bild 29.24).

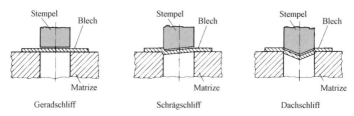

Geräuschminderung beim Stanzen
durch Schrägschliff oder Dachschliff anstelle von Geradschliff

Bild 29.24: Prinzip des „zeitlichen Spreizens" beim Stanzen an Stelle der „Gleichzeitigkeit"

Die akustische Wirkung einer solchen „zeitlichen Spreizung" wirkt sich hauptsächlichen im oberen Frequenzbereich in Form geringer angeregter Kraftamplituden aus.

c) Kräfte bei formgebenden und verbindenden Verfahren

Die in Bild 29.25 dargestellten Möglichkeiten von Verbindungen nutzen hinsichtlich ihrer akustischen Bewertung das Prinzip der „zeitlichen Spreizung" anstelle der „Gleichzeitigkeit".

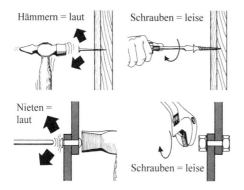

Bild 29.25: „Laute" und „leise" Verbindungen [*Firmenbroschüre Brüel & Kjaer*]

3. Regeln zur Verringerung der dynamischen Erregerkraft

- Vermeiden abrupter Übergänge im zeitlichen Verlauf der Erregerkräfte. Realisierung einer hohen zeitlichen Ableitbarkeit von Bewegungsgesetzen. Stetigkeit sowie geringe Gradienten in den Beschleunigungsverläufen.

- Ausgleich von Unwuchten und Restunwuchten vor allem bei mit großen Drehzahlen laufenden Maschinen.

- Vermeiden von Spieldurchläufen und Stoßvorgängen.

- Reduzierung von Aufprallgeschwindigkeiten durch elastische Anschläge und Einbau von Nachgiebigkeiten.

- Ersetzen der Gleichzeitigkeit in den Bewegungsabläufen durch das Prinzip der „Schrägung" bzw. der „zeitlichen Spreizung".

- Vermeiden stoßartiger Kraftverläufe.

- „Kräfte nicht spazieren führen": Schließen der Kraftflüsse auf dem kürzestmöglichen Weg, aber nach Möglichkeit nicht über abstrahlfähige Oberflächen.

29.3.2.2 Beispiele zur Erhöhung der Eingangsimpedanz

a) Allgemeine Bemerkungen

Die Eingangsimpedanz Z_E einer Maschine kennzeichnet deren Schwingwiderstand gegen die an der Krafteinleitungsstelle („Eingang") eingeleiteten dynamischen Erregerkräfte. Eine große Eingangsimpedanz bedeutet somit eine geringe Schwingungs- und Körperschallanregung. Eine Erhöhung der Eingangsimpedanz kann durch eine Erhöhung der Massenträgheit Z_M und/oder eine Erhöhung der Biegesteifigkeit Z_F am Erregerort erzielt werden.

Eine Erhöhung der Massenträgheit Z_M ist einer Erhöhung der Biegesteifigkeit stets vorzuziehen. Begründung:

- Die Trägheit in Form einer konzentrierten „Punkt"-Masse kann am Erregerort gewöhnlich leicht realisiert werden. Abgesehen vom „Nahbereich" der Erregerstelle bleibt die übrige Maschinenstruktur unverändert. Massenträgheit kann in vielen Fällen auch noch nachträglich implementiert werden.

- Impedanzerhöhende Biegesteifigkeitsmaßnahmen erreicht man durch Rippen, Sicken, Kantungen, Wölbungen, Wandverdickungen usw. Das sind Maßnahmen, die sich grundsätzlich flächenhaft auswirken und sich vorzugsweise bis in steife Gehäusekanten, -ecken

29.3 Konstruktive Geräuschminderung

und -winkel erstrecken müssen, um dort eine geeignete Abstützung zu erhalten. Eine nachträgliche Realisierung ist kaum möglich.

- Die Impedanz einer Trägheit nimmt mit steigender Frequenz zu ($|Z_M| = 2\pi f \cdot m$) und reduziert damit auch besonders gut jene Amplituden im Körperschallspektrum, die zur Schallabstrahlung der meist als besonders lästig empfundenen und durch die A-Bewertung nur wenig oder gar nicht betroffenen Luftschallamplituden beitragen.

- Die Impedanz einer Biegesteifigkeit nimmt mit steigender Frequenz ab $\left(|Z_M| = \dfrac{k}{2\pi f}\right)$. Damit werden überwiegend nur die Anregungen tief und mittelfrequenter Kraftanteile auf die Schwingungs- und Körperschallanregung reduziert und nur wenig die hochfrequenten Amplituden.

- Die Konzentration vom Massen am Erregerort hat aber auch den Nachteil, dass die erste Eigenfrequenz $f_{1,1}$ der Maschinenstruktur zu noch kleineren Frequenzen hin verschoben wird $\left(f_{1,1} \sim \sqrt{\dfrac{\text{Steifigkeit}}{\text{Masse}}}\right)$. Damit wird der körperschallintensive Eigenfrequenzbereich ($f > f_{1,1}$) in den unteren Frequenzbereich hin ausgeweitet. Das ist akustisch ungünstig. Im Vergleich dazu bedeutet eine Versteifung der Struktur eine Erhöhung der untersten Eigenfrequenz. Das ist vorteilhaft, weil der körperschallarme quasistatische Frequenzbereich ($f < f_{1,1}$) zu höheren Frequenzen hin ausgedehnt wird.

Prinzipiell kann man feststellen, dass sich zur Dämmung vorwiegend tieffrequenter Erregerkraftanteile (<300 Hz) steifigkeitserhöhende Maßnahmen und zur Dämmung vorwiegend mittel- (>300 Hz) und hochfrequenter (>1 kHz) Erregerkraftanteile massenträgheitserhöhende Maßnahmen eignen. Eine Kombination beider Maßnahmen bedeutet eine Überlagerung beider Wirkungen.

b) Beispiele zur Erhöhung der Eingangsimpedanz durch Massenträgheit

Bild 29.26 zeigt Zusatzmassen im Bereich der Lager eines einstufigen Industriestirnradgetriebes als Möglichkeit zur Erhöhung der Eingangsimpedanz.

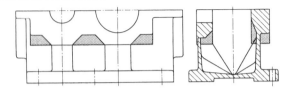

Bild 29.26: Anbringen von zusätzlichen Massen an den Krafteinleitungsstellen eines Getriebegehäuses (grau unterlegt)

Im Bild 29.27 ist die schrittweise akustische Verbesserung der Eingangsimpedanz an einem Drucklager dargestellt. Das Schallspektrum verringert sich bei diesem Beispiel besonders oberhalb von 300 Hz, womit auch die Senkung des Summenpegels um 14 dB(A) von 101 dB(A) auf 87 dB(A) erklärt werden kann.

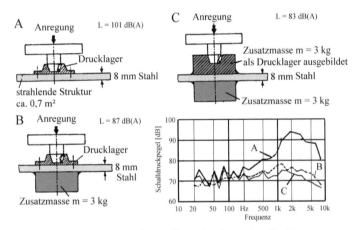

Bild 29.27: Akustisch günstige Gestaltung der Eingangsimpedanz an einem Drucklager

Die Frequenz, in der im Bild 29.27 die Körperschallpegel-reduzierende Wirkung der vorgeschalteten Zusatzmasse einsetzt, liegt bei ca. 300 Hz. Man bezeichnet diese Frequenz als **Massenwirkungsfrequenz**. Diese Massenwirkungsfrequenz lässt sich mit Hilfe von Bild 29.28 überschlägig leicht bestimmen: Im vorliegenden Beispiel liegt diese Frequenz bei einer Stahlplatte von 8 mm Dicke und bei einer Masse von 3 kg bei ca. 300 Hz.

29.3 Konstruktive Geräuschminderung

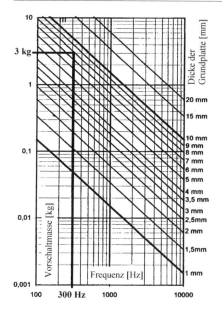

Bild 29.28: Bestimmung der Massenwirkungsfrequenz (hier für Stahl)

c) Beispiele zur Erhöhung der Eingangsimpedanz durch Steifigkeit

Typisches Beispiel für eine Erhöhung der Eingangsimpedanz durch Steifigkeit ist die Anordnung von Rippen, die idealerweise durch die Krafteinleitungsstelle führen und sich an steifen Gehäusekanten oder Gehäusewinkeln abstützen müssen. In Bild 29.29 sind zwei Getriebebeispiele dargestellt, bei denen die Lager, welche die Krafteinleitungsstellen für das Gehäuse sind, mit innen liegenden Rippen gegen die Gehäuseecken und Getriebefüße abgestützt sind. Deutlich werden die Rippen in die Gehäuseecken geführt und erhalten damit eine hohe dynamische Biegesteifigkeit.

Bild 29.29: Zwei Beispiele für die Abstützung der Wellenlager durch innen liegende Rippen

Auch **Wölbungen der Strukturoberfläche** im Bereich der Krafteinleitungsstellen erweisen sich als akustisch wirkungsvoll (Bild 29.30). Ihre Wirkung nimmt aber mit steigender Frequenz ab, sodass damit hauptsächlich im unteren Frequenzbereich (<500 Hz) die Gehäuseanregung durch dynamische Anregungskräfte gesenkt werden kann. Wölbungen,

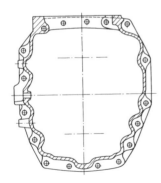

Bild 29.30: Beispiel einer Gehäuseversteifung ohne Masseneinsatz durch Wölbung der Strukturoberfläche

Kanten, Sicken und Hohlprägungen sind bevorzugte Maßnahmen bei der Entwicklung geräuscharmer Produkte unter besonderer Berücksichtigung der Leichtbauweise, weil sie praktisch ohne Masseneinsatz realisiert werden können.

29.3.2.3 Beispiele für die Reduzierung des Körperschall-Transferverhaltens

Das Körperschall-Transferverhalten wird durch die **Körperschall-Transferfunktion** beschrieben. Sie beschreibt, wie sich der Körperschall von der/den Anregungsstelle/n im Mittel über die Strukturoberfläche verteilt. Eine Reduzierung der Körperschallverteilung auf die Strukturoberfläche ist eine akustisch wirkungsvolle Geräuschminderungsmaßnahme, weil sich dies unmittelbar auf die Schallabstrahlung auswirkt. Das wird im Prinzip erreicht durch **Tilgung** selektiver tonaler Anteile im Amplitudenspektrum des Körperschalls (Dämmung), durch eine **Erhöhung der Strukturdämpfung** (z. B. Beläge, Scheuerleisten, doppelwandige Strukturen mit Körperschall dämpfender Befüllung, z. B. zähes Öl, trockener Quarzsand usw.), durch eine **Reduzierung der Biegesteifigkeit bei gleichzeitiger Erhöhung der Massenbelegung** („schlaffe Massen") und durch eine **Erhöhung der Steifigkeit mit Rippen**, die den Kraftfluss leiten (Prinzip der Funktionstrennung).

a) Körperschallpegelreduzierung mittels Dämmung

Eine Reduzierung der Körperschallamplituden kann durch **Dämmung** erzielt werden, wenn das Körperschallspektrum wenige, aber deutlich dominierende, diskrete (tonale) und frequenzkonstante Körperschallamplituden aufweist. In solchen Fällen eignen sich **Tilgersysteme** (Bild 29.31), die auf solche diskreten Schwingungssysteme abgestimmt wer-

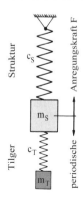

Bild 29.31: Einfacher Schwinger mit Tilger

den können und vorzugsweise in deren Schwingungsbäuchen positioniert werden. Es handelt sich im Prinzip um einfache Einmassenschwinger, die die Energie zur Aufrechterhaltung ihres eigenen Schwingungsverhaltens aus der in der Strukturoberfläche enthaltenen Körperschallenergie beziehen und damit der Struktur Körperschallenergie entziehen (Bild 29.32).

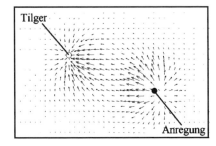

Bild 29.32: Körperschallenergiefluss von der Anregungsstelle zum Tilger

Die Funktion eines Schwingungstilgers ergibt sich aus folgender Überlegung:

An einem einfachen Schwinger (m_S, c_S) greift die Kraft F an, deren Periodendauer ω_F beträgt. Bringt man an der Struktur ein Tilgersystem (m_T, c_T) an, das so abgestimmt ist, dass $\omega_T = \sqrt{c_T/c_S} \cdot \omega_F$ ist, dann bleibt die Masse m_S in Ruhe, obwohl an ihr die periodische Kraft F angreift. In jedem Augenblick liefert das nun schwingende Tilgersystem die der anregenden Kraft entsprechende Gegenkraft. Allerdings entsteht aus dem ursprünglichen Einmassenschwinger ein Zweimassensystem, welches zwei Resonanzfrequenzen hat, die ober- und unterhalb der Tilgungsfrequenz liegen. Daher können einfache Schwingungstilger nur schmalbandig auf eine Frequenz abgestimmt werden.

b) Körperschallreduzierung mittels Dämpfungsmaßnahmen

Durch **Dämpfung** wird das Körperschallamplitudenspektrum **breitbandig** reduziert. In die Körperschallfunktion geht die Dämpfung η umgekehrt proportional ein $\left(Sh_{T,e}^2(f) \sim \overline{\tilde{v}^2}(f) \sim \dfrac{1}{\eta(f)} \right)$, d. h., jede Dämpfungserhöhung wirkt sich unmittelbar in einer Verringerung der Körperschallamplituden aus.

29.3 Konstruktive Geräuschminderung

Solche Maßnahmen gibt es in vielfältigen Ausführungsformen:
- **flächenhaft aufgetragene Dämpfungsbeläge** (Bild 29.33):

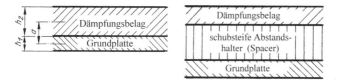

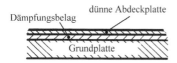

Bild 29.33: Prinzipielle Möglichkeiten zur flächenhaften Bedämpfung von Platten und Blechen

Im Bild 29.34 ist eine ausgeprägte Schwingungsform eines Sägeblattes mit der Verteilung der Körperschallamplituden dargestellt. Der daraus resultierende typische Ton kann durch eine Bedämpfung mittel einer Sandwichbauweise deutlich reduziert werden (Bild 29.35).

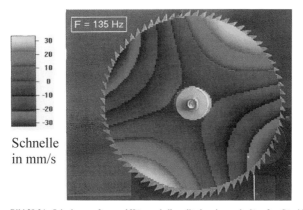

Bild 29.34: Schwingungsform und Körperschallamplituden eines unbedämpften Sägeblattes

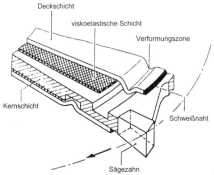

Bild 29.35: Bedämpfung eines Sägeblattes durch eine eingezwängte viskoelastische Schicht (unten)

- **„Scheuerleisten"** oder **Dämpfungsleisten** (Bild 29.36)

Scheuerleisten sind oft eine letzte Möglichkeit, die Körperschallamplituden auf Strukturoberflächen nennenswert zu verringern. Es handelt sich hierbei um Streifen aus Blech oder abgesägte Flacheisen, welche entweder direkt oder mit eingezwängten dämpfenden Zwischenlagen auf die Strukturoberfläche geschraubt werden. Das Befestigen solcher Leisten durch Kleben, Nieten oder Schweißen ist in diesem Fall weitgehend wirkungslos, weil damit der für die Dämpfung maßgeblich Stickslip-Effekt verhindert wird.

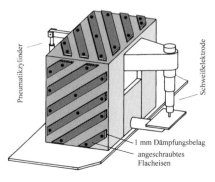

Bild 29.36: Einsatz von Scheuerleisten an einem Schweißautomaten

29.3 Konstruktive Geräuschminderung

Die Dämpfung beruht auf Mikroschlupfbewegungen zwischen den Reibpartnern. Anschweißen, Löten oder Hartkleben erweisen sich darum als nachteilig, weil damit die dämpfungsverursachende Reibung verhindert wird. Wegen der Setzvorgänge müssen die Schrauben regelmäßig nachgezogen werden.

c) Körperschallreduzierung durch „schlaffe Massen"

Unter „schlaffen Massen" versteht man die Herstellung von Oberflächen mit großer Massenbelegung und geringer Biegesteifigkeit. Im Prinzip wird eine Reduzierung des Körperschalls durch die Trägheit von Massen auf einer leicht biegeschwingenden Oberfläche erreicht (Bild 29.37). Diese Methode eignet sich nicht für Konstruktionen in Leichtbauweise.

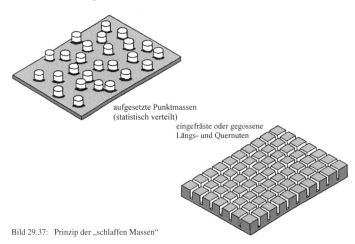

Bild 29.37: Prinzip der „schlaffen Massen"

d) Körperschallreduzierung durch Biegesteifigkeit

Die Einleitung von Körperschall in abstrahlfähige Oberflächen lässt sich reduzieren, indem man im Sinne einer Skelettbauweise die Kraftflüsse durch optimal geführte Rippen leitet und die Zwischenrippenbereiche so klein wie möglich gestaltet. Das führt zu engmaschigen Verrippungen, wie man sie bereits im oberen Teil von Bild 29.29 auf den beiden Seitenwänden erkennt. Im Bild 29.38 ist das Ergebnis einer akustischen Optimierung eines herkömmlichen Nutzfahrzeuggetriebes aus GG zu sehen. Das verbesserte Getriebe wurde nicht nur mehr als 7 dB leiser, sondern auch um 25 % leichter. Erreicht wurde es auch durch die konsequente Umsetzung einer Skelettbauweise mit engmaschigen, umlaufenden Rippen.

Bild 29.38: Vorher-Nachher-Vergleich eines akustisch optimierten Nutzfahrzeuggetriebes.
Links: herkömmliches Getriebe in GG-Bauweise, rechts: modifiziertes Gehäuse aus Aluminiumguss in Skelettbauweise

Ein weiteres Beispiel zeigt das Bild 29.39, in dem das „Skelett" eines PKW-Getriebes in extremer Leichtbauweise dargestellt ist.

Bild 29.39. Kraftflussführende Gestaltung eines PKW-Getriebes mit engmaschiger Verrippung in Skelettbauweise

Weiterführende Literatur

Kollmann, F. G.; Schösser, T. F.; Angert, R.: Praktische Maschinenakustik. Berlin: Springer Verlag, 2006
Kuttruff, H.: Akustik. Stuttgart: Hirzel-Verlag, 2004
Maute, D.: Technische Akustik und Lärmschutz. Leipzig: Fachbuchverlag, 2006
Möser, M.: Technische Akustik. Berlin: Springer Verlag, 2005
Müller, G.; Möser, M.: Taschenbuch der Technischen Akustik. Berlin: Springer Verlag, 2004
Schirmer, W.: Technischer Lärmschutz. Düsseldorf: VDI-Verlag, 1996
Storm, R.: Maschinenakustik – Grundlagen. Vorlesungsskript TU Darmstadt, 2005

Sachwortverzeichnis

A

Abdrückschraube 238
A-Bewertung 639, 644
Abklingkonstante 449
Abkühlen 228
Ablaufgenauigkeit 511
Abrasion 525
Abscheren 242
Abscherung 211
Absenkung 142
Absorptionsfläche
–, äquivalente 648
Absperrarmatur
–, Einsatzempfehlung für 625
Abstrahlgrad 657, 659
Abstreifer 573
Abwälzverfahren 248
Abzweig 618
Achsabstand 405, 407, 425
Achse 138
ACM 555
Acrylat-Klebstoff 191, 192
Additiv 531, 532
Adhäsion 184, 523, 525
Admittanz 643
AEM 555
AFNOR (Association Française de Normalisation) 55
After-Coating-Prozess 586
Alterungsverhalten 200
Aluminium 81
Aluminiumbronze 82
Aluminiumlegierung 87
ANC 637
ANC-Maßnahme 638
Anfahrvorgang 453
Anfangstragbild 365
Anforderungsliste 22, 50, 51
–, Hauptmerkmale 22
Angular-Kompensator 622
Anhängezahl 68
Anlagenkennzeichnung 631
Anlagenplanung 40
Anlasssprödigkeit 288
Anregungskraft 663
Anschluss 599
Anschlussgenauigkeit 511
Anschlussverbindung 625
Anschweißung 609
Ansicht 28
–, besondere 32
Ansichtspfeil 34
Anstrengungsverhältnis 128
Antriebstechnik
–, industrielle 339
Antriebsverzahnung 517
Antriebszubehör 624
Anwendung 215, 223
Anwendungsfaktor 330, 333
Anziehdrehmoment 261, 268
Anziehen
–, drehwinkelgesteuertes 271
–, hydraulisches 271
–, mit Drehmomentschlüssel 270
–, mit Ultraschall 271
–, mit Verlängerungsmessung 271
–, streckgrenzengesteuertes 271
von Hand 270
Anziehfaktor 272
Anziehverfahren
–, motorisches 270
Arbeitsmethodik 44
Arbeitstemperatur 297
Architektur und Bauwesen 40
Armatur 623
–, Auswahl 624
Assoziativität 43
AU 555
Aufgabenteilung 98
Aufhängung 627
Auflegeweg 425
Aufschlagkraft 403
Auftragsschweißen 153
Ausarbeiten 52
Ausbruch 34
ausdehnungsgerecht 103

Ausgleichskupplung 445, 446
Auslegung 259
Ausnutzung 139
Außendurchmesser 595
Auswahlverfahren 52
Automobil-Scheibenbremse 463
AVC 637
AVC-Maßnahme 638
Axialgleitlager 538, 549
Axialkippsegmentlager 550
Axial-Kompensator 622
Axialkraft
–, übertragbare 230
Axiallager 540, 541
Axialluft 475
Axial-Pendelrollenlager 474
Axial-Rillenkugellager 473
Axialsegmentlager 550
Axialstop 626
Axialversatz 445

B
Bach 128
Balg 576
Balken 139
–, statisch überbestimmter 142
Baugruppe 90
Baustahl 64, 69
–, unlegierter 87
Bauteilfestigkeit 118
Bauwerkanschluss 626
Beanspruchung
–, bewegte 119
–, dynamische 200, 299, 313
–, quasistatische 299
–, ruhende 119, 129
–, schwellende 129
–, schwingende 130
–, statische 299, 313, 483
–, wechselnde 129
–, zügige 129
beanspruchungsgerecht 103
Beanspruchungskollektiv 522
Becherwerksgetriebe 386
Befestigungsschraube 21

Begriffe 25
Belastung
–, schlagartige 200
–, schwingende 200
–, stoßartige 250
Belastungsfaktor 428, 565
Bemaßung 168
–, steigende 38
Bemaßungsinformation 28, 36
Benennung 25
Berechnung 211
Berechnungsregel 226
Beschichten 153
Beständigkeit 555
Bestellwanddicke 595, 633
Betonstahl 65
Betriebs-Eingriffswinkel 325
Betriebsfaktor 371
Betriebsfestigkeit 136
Betriebskraft 260
Betriebsnorm 54
Betriebssicherheit 549
Betriebsstunde 370
Bewertungsverfahren 49, 50
Bezeichnung 26, 63
Bezugsdrehzahl
–, thermische 492
Bezugsprofil 321
Bezugszeichen 171
Biegebeanspruchung 290
Biegefeder 289
Biegefrequenz 415
Biegelinie 142, 143
Biegemoment 121
Biegespannung 122, 138, 309
–, zulässige 310
Biegesteifigkeit 641, 660, 681
Biegewelle 640
Biegewiderstandsmoment 122, 123, 148
Biegewinkel 140
Biegung 120, 616
Bionik 46
Blattgröße 26
Blechkäfig 478

Sachwortverzeichnis

Blindniet 209, 212
Blindnieten 212
Blocklänge 305
Boden 619
–, ebener 620
Bogen 616
Bogenbeiwert 617
Bogenzahnkupplung 246, 446
Bohrreibung 522
Bördelnaht 166
Bordscheibe 440
Bowex-HE 448
Brainstorming 46
Breitenfaktor 334
Breitkeilriemen 353, 421
Breitkeilriemengetriebe 352
Bremse 445
Bremskraftverstärker 462
Bremssattel 464
Bremssystem 517
Bremszange 464
Brillenring 574
Brinell-Härte 78
Bruchfestigkeit 132
Bruchlinie 32
BSD-Elektromagnet-Kupplung 457
BSI (British Standards Institution) 55
Buchse 540, 541

C
CAD 40
CEN (Comité Européen de Normalisation) 55
CENELEC (Comité Européen de Normalisation Electrotechnique) 55
Clinchen 205, 219
–, einstufiges 220
–, konventionelles 220
Clinchverbindung 218, 223
–, Form 219
–, Gestaltung 223
Collective Notebook 46
Concurrent Engineering 43
Corde 412

Crashfestigkeit 187
Cyanacrylat-Klebstoff 191
Cyclo-Getriebe 376

D
Dachmanschette 574
Dämmstoff 629
Dämmung 628, 640, 677
Dämpfung 515, 640, 678
Dämpfungsbelag 679
Dämpfungsgrad 449
Dämpfungskonstante 449
Dämpfungsleiste 680
Dämpfungsschlitten 515
Darstellung
–, axonometrische 31
–, vereinfachte 33
Dauerbelastung
–, quasistatische 383
Dauerbruch 286
Dauerfestigkeit 129, 130, 267
Dauerfestigkeitsschaubild 131, 304
Dauerhaltbarkeit 268
Dauerschaltbetrieb 456
Deformation 523
Deformationsverhalten 198
Dehnrille 258
Dehnschlupf 417
Dehnschraube 262
Dehnung 118
Dehnungsausgleich 620
Dehnungstensor 126
Dehnwendel 258
Delphi-Methode 46
Designfreiheit 187
DFS (Dauerfestigkeitsschaubild) 131, 304
Dichtelement
–, aktives 588
–, metallisches 578
Dichtewelle 640
Dichtheit
–, technische 554
Dichtkante 561
Dichtlippe 560

Dichtmechanismus 561
Dichtspalt 557, 558, 566
Dichtsystem 613
Dichtung 83, 553
–, aktive 559
–, berührungsfreie 567
–, dynamische 557
–, hermetische 576
–, im Kraftnebenschluss 587
–, kombinierte 585
–, metallische 585
Dichtungsart 613
Dichtungsumfeld 564
Dichtungswerkstoff 554, 613
Dichtverbindung
–, Sonderform statischer 590
–, statische 582
Differenzialbauweise 109
Diffusionskleben 194
Diffusionsschweißen 154, 194
Dimetrie 31
DIN (Deutsches Institut für Normung e.V.) 55
DIN 1691 76
DIN 1692 76
DIN 1693 76
DIN 1694 76
DIN 1695 76
DIN 17007 68
DIN EN 10027 64, 68
DIN EN 1560 75
DIN-EN-ISO 56
DIN-ISO-Norm 56
Direktschallfeldverfahren 648
Dispersion 188
Do-it-yourself-Klebstoff 205
Doppel-Scheibenbremse 463
Dorn 212
Drall 562
Drehfeder 290, 308
–, Berechnung 309
Drehgelenk 621
Drehmasse 452
Drehmoment
–, stoßartiges 246

–, stoßhaftes 248
Drehmomentüberhöhung 371
Drehmomentübertragung 418
Drehschrauber 270
Drehwinkel 309
Drehzahl
–, kinematisch zulässige 493
Drehzahlfaktor 486
Drehzahlgrenze 492
Drehzahlkennwert 489
Drehzahlverstellung 353
Drehzahlwandlung 354
Drillung 251
Drosseldichtung 580, 582
Drossellabyrinthdichtung 580
Drosselspaltdichtung 558
Druckfeder 290, 302
Druckfederdiagramm 303
Druckgeräterichtlinie 593
Drucköl verband 229
Druckring 574
Druckspannung 119
Druckwinkel 469
Dünnschicht-Phosphatierung 282
Duplex-Beschichtung 282
Duplexbremse 461
Duplex-Trommelbremse 462
Duraluminium 82
Durchflussgeschwindigkeit 632
Durchmesserverhältnis 232
Durchsetzfügen 205, 219
Duroplast 83
Dynamikfaktor 334

E

EAS-compact 458
ECISS (European Committee for Iron and Steel Standardization) 55
Edelmetall 80
EHD 528
EHD-Kontakt 495
Eigenfrequenz 658
Eigenschaft
–, physikalische 174
Einbrandtiefe 169

Sachwortverzeichnis 687

Eindrücktiefe 433
Einfaltenbalg 576
Einführungsfase 228
Einfüllnut 469
Eingangsimpedanz 656, 672
Eingriffslinie 317, 318, 360
Eingriffsstrecke 360
Eingriffsteilung 320
Eingriffswinkel 318
Einheiten 26
Einmassenschwinger 448
Einpresskraft 235
Einsatzhärte 72
Einsatzstahl 72, 87
Einscheibenkupplung 452
Einschraubstück 306
Einschweißbogen 617
Einzelfeder 311
Einzelheit 33
–, Darstellung 33
Einzelteil 25
Einzelteilzeichnung 25
Einzelübersetzung 332
Eisen-Kohlenstoff Diagramm 63, 75
Elastizitätsfaktor 337
Elastizitätsmodul 294
Elastohydrodynamik 528
Elastomer 83, 555
Elastomer-Axialschutzdichtung 579
Elastomer-RWDR 560
Elektronenstrahlschweißen 165
Elektronik 40
Elektrotechnik 40
Entfernungsgesetz 651
Entlüftungsventil 372
Entwerfen 52
Entwurf 52
EPDM 555
Epitrochoid 251
Epoxid-Blend 189
Epoxid-Klebstoff 188
Erfahrungswissen 45
ergonomiegerecht 110
Erregerkraft 642, 654, 672

Ersatzbild
–, mechanisches 120, 121
Ersatz-Drehfedersteifigkeit 452
Ersatzquerschnittszone 266
Ersatzzähnezahl 323
Erzeugnis 25
ETSI (European Telecommunication Standards Institute) 55
Euler 138
EU-Maschinenrichtlinie 89
Eupex-Kupplung 447
EUROCODE 159
Evolventenkontur 246
Evolventenverzahnung 318
Evolventenzahnprofil 248
Evolventenzahnverbindung 247
Exzentergetriebe 376
Eytelwein'sche Gleichung 419

F

Fahrdiagramm 383
Fail-safe-Verhalten 96
Falzkleben 205
Fanglabyrinthdichtung 558, 567, 569
Fasenlänge 227
Faserzement 607
fb-Faktor 371
Feature-Technologie 42
Federarbeit 292
Federart 290
Federhänger 627
Federkennlinie 292
Federkraft 302, 307, 311
Federmoment 309
Federmomentrate 309
Federpaket 313
Federrate 292, 301, 302, 307, 311
Federring 274
Federsäule 313
Federscheibe 274
Federstahl 74
–, nichtrostender 296
Federstahldraht 295
Federstütze 627
Federsystem 300

Federweg 302, 307
Fehlereinflussanalyse 91
Fehlermöglichkeitsanalyse 91
Fernbedienungsteil 624
fertigungsgerecht 108
Fertigungstechnik Kleben 197
Festigkeit und Deformationsverhalten 198
Festigkeitsbedingung 118
Festigkeitsberechnung 118, 633
Festigkeitshypothese 126, 131, 157
Festigkeitsklasse 257
Festigkeitsnachweis 130, 139, 240, 299
Festkörperreibung 523
Festlager 468, 471
Fest-Loslagerung 479
Festpunkt 626
Festschmierstoff 530, 533
Feststoffschmierung 539
Festwalzen 259
Fettauswahl 491
Fettkonsistenz 491
Fettschmierung 489, 490
Feuerverzinkung 284
Filzring 578
Fingerprint
–, akustischer 637
Finite-Elemente-Methode (FEM) 356
Finite-Elemente-Programm 142
FKM 555
Fläche
–, projizierte 119
Flächenlast 242
Flächenmoment
–, äquatoriales 122
–, axiales 148
Flächenpressung 119, 159, 240, 242, 243, 246, 249
–, zulässige 240
Flächenträgheitsmoment 124
Flachmembran 577
Flachpunktclinchen 222
Flachpunkt-Clinchverbindung 222
Flachriemen 411

Flammlöten 180
Flankenform 364
Flankenpressung 363
Flankenspiel 247
Flankenwinkelfehler 362
flankenzentriert 247
Flanschart 612
Flanschblockgetriebe 381
Flanschverbindung 582, 612, 634
Fliehzugkraft 401
Flugzeugbau 193
Fluid
–, Newton'sches 534
Fluidgruppe 593
Flüssigkeitsreibung 523, 540
Flüssigklebstoff
–, anaerob aushärtender 280
Flussmittel 173, 176
FMEA 91
For-Life-Fettfüllung 468
Format 26
Formnaht 609
Formschluss
–, mittelbarer 237
–, unmittelbarer 237
Formschlussverbindung 237
Formstück 616
–, Wanddicke 634
Formzahl 133
Freifeldverfahren 648
Freiformfläche 42
Freihandzeichnen 24
Freilauf 459
Frequenz 640
Frequenzverhältnis 451
Fresstragfähigkeit 333
Fugendruck 226, 229
Fugenform 610
Fügespiel 235
Fügeteil
–, Abmaß 231
–, Toleranzfeld 231
–, Übermaß 231
–, Vorbehandlung 196
Fügetemperatur 235

Sachwortverzeichnis 689

Fügeverbindung 611
Fügeverfahren
–, Vergleich der verschiedenen 205
Führung 513, 627
Führungselement 573
Füllstoffpartikel 555
Funktionsnachweis 299
Funktionsstruktur 52
Furchung 523
Fußgehäuse 357
Fußkreisdurchmesser 320, 395
Fußpunkterregung 654

G
Galeriemethode 46
Gamma-Ring 579
Ganzmetallmutter 278
Gas-GLRD 566
Gasschmelzschweißen 164
gebrauchsgerecht 110
Gefahrenkennzeichnung 631
Gefälle 598
Gegenlage 166
Gegenlauffläche 563
Gehäuseform 356
Gehäusegröße 356
Gehäuselager 468
Gehäusewerkstoff 372
Gelenklager 541
Gelenkstrebe 628
Gelenkwelle 446
Genauigkeitsklasse 505
Geometrieinformation 28
Geräuschminderung 659
Geräuschminderungsmaßnahme 662
Geräuschpegel 639
Geräuschreduktion 514
Gesamtsteifigkeit 481
Gesamtüberdeckung 329
Gesamtübersetzung 332
Gesamtübersetzungsbereich 357
Gestaltänderungsenergie-Hypothese 127
Gestaltfestigkeit 244
Gestaltfestigkeitsausgleich 102

Gestaltung 211, 235
–, beanspruchungsgerechte 177
gestaltungsgerecht 108
Gestaltungslehre 93
Gestaltungsprinzip 93
Gestaltungsregel 226
Gestaltungsrichtlinie 93, 102, 160
Getriebe 341
–, Federkonstante 378
–, mit Lüfter 387
–, mit variabler Übersetzung 344
–, spielarmes 378
Getriebeabtriebsdrehmoment 370
Getriebeauslegung 355
Getriebegehäuse 355
–, Krafteinleitungsstellen 674
Getriebemotor 340
Getriebestufe 357
Getriebetechnik 339
Getriebetyp 346, 351
Getriebeverzahnung 348
Getriebezug
–, zweistufiger 316
Gewaltbruch 285
Gewebeschicht 438
Gewichtsreduzierung 185
Gewindeanzugsmoment 269
Gewindeverbindung 606, 611
Gewindewalzen 258
Gewindewellendichtung 582
Gibault-Kupplung 615
Glattrohrbogen 617
Gleason 367
Gleichlaufgenauigkeit 415
Gleichstreckenlast 141
Gleit-Bohrreibung 523
Gleitfeder 239
Gleitkontakt 488
Gleitlager 538, 627
–, hydrostatisches 551
Gleitmodul 294
Gleitreibung 522
Gleitringdichtung 556, 564, 580, 581
Gleitrohr-Kompensator 621

Gleit-Rollreibung 523
Gleitschlupf 417
Gleitweg 254
Glimmer 556
GLRD 564
Graphit
–, flexibles 556
GRAYLOG-Kupplung 615
Grenzdrehzahl 494
Grenze
–, geometrische 326
Grenzlastspielzahl 368
Grenzreibung 523, 540
Grenzschlankheitsgrad 138
Grenzschmierung 530
Grenztemperatur 297, 298
Grenzverschiebung 274
Griffabstand 598
Großbuchstabe 34
Größeneinfluss 132
Großrad 315
Grübchentragfähigkeit 333, 336
Grundbauform 371
Grundgleichung
–, maschinenakustische 638, 655, 657
Grundkreisdurchmesser 320
Grundkreisschrägungswinkel 323
Grundmaßstab 27
Grundnorm 257
Grundschraffur 35
Gruppe 25
Gruppenzeichnung 25
Gümbel'scher Halbkreis 546
Gummi 413
Gummi-Metall-Sickendichtung 586
Gummiriemen 438
Gusseisen 75, 77, 87
Gusslegierung 78, 79
Gusswerkstoff 601

H
Hakenöse 306
Halbhohlniet 209
Halbkugelboden 619

Halbschalenbogen 617
Halbschnitt 34
Halbsicke 586
Hallraum 649
Hallraumcharakter
–, idealer 648
Halterung 626
Halteschraube 238
Hartkeramik 556
Hartlot 175
Hartlöten 179
Hauptmerkmalsliste 51
Haupt-Normalspannung 127
Haupt-Schubspannung 127
Hauptwert 59
Hebelarm 310
Herstellerschild 630
Hilfsantrieb 387
Hilfsgröße 232
HNBR 555
Hochdruckdichtung 561, 567
Hochleistungsprofil 440, 441
Hochleistungs-Schmalkeilriemen 420
Höchstübermaß 231
Hochtemperaturlöten 179
Hohlniet 209
Hohlrad 380
Holzverklebung 190
Hooke 126
Hörbereich
–, akustischer 639
Horizontalschelle 628
Hörschwelle 644
Hotmelt 188
Hubspannung 304
Hub-Unit 473
Hüllflächenverfahren 648
HV-Schraubenverbindung 284
Hybridmodellierer 42
Hydraulikdichtung 569
Hydraulikstangendichtung 558
Hydraulikzylinder 570
Hypoidverzahnung 366
Hysterese 293, 523

I

IEC 56
Impedanz 642
–, spezifische 642
Impulsstanzverfahren 214
Induktionslöten 180
Induktivbiegung 617
Industriegetriebe 340, 384
Information
–, organisatorische 28, 39
Informationsbeschaffung 45
Innendurchmesser 631
In-Place-Gasket 590
Instandhaltung 600
instandhaltungsgerecht 111
Integralbauweise 109
inverted tooth chain 394
IPG 590
IPG-Dichtung 591
ISA 55
ISO 56
Isometrie 31
Istübermaß 231

K

Käfig 478, 479
Kalibrieren 259
Kältedämmung 629
Kaltformteil 258
Kaltniet 210
Kantentragen 543
Kappe 619
Kassetten-GLRD 565
Kasten
–, morphologischer 47, 48
Kegelrad-Bogenverzahnung 367
Kegelradgetriebe 350
Kegelradverzahnung 366
Kegelrollenlager 472
Kegelverbindung 556
Kehlnaht 166, 169
Keilriemen 420
Keilrippenriemen 417, 420, 429
Keilwelle 245
Keilwellenprofil 245
Keilzahl 245
Kennzeichnung 115
Keramik 83
Keramikkugel 477
Kerbwirkung 132
Kerbwirkungszahl 133, 241, 246, 252
Kette 390
–, wartungsarme 409
Kettengelenk 408
Kettengeräusch 403
Kettengetriebe
–, Dynamik 401
–, Geometrie 404
–, Kinematik 399
Kettenlänge 405, 409
Kettenrad 391, 394, 395
–, Anzahl 408
–, geteiltes 395
Kettenspannvorrichtung
–, verstellbare 398
Kettenteilung 395, 405
Kettentrieb 666
Kettenverschleißlängung 395, 408
Kettenzugkraft 401
Kettenspanner
–, mit Elastomerfeder 398
Keula-Kupplung 615
Kippsegmentlager 550
Klammerverbindung 615
Klebedichtung 556, 590
Klebefolie 189
Kleben 205
–, elastisches 190
Klebfestigkeit 203
Klebstoff 187
–, anaerob härtender 191
–, chemisch reagierender 188
–, Einteilung 187
–, flüssiger 189
–, mikroverkapselter 280
–, pastöser 189
–, physikalisch abbindender 188
Klebstofffaktor
–, Berechnung 203

Klebverbindung 183
–, Berechnung 202
–, Eigenschaften 198
–, Prüfung 201
Klemmkraft 268
Klemmrollen-Freilauf 459
Klemmstück-Freilauf 459
Klemmsystem 517
Klingelnberg-Palloid 367
Klingelnberg-Zyklo-Palloid 367
Klöpperboden 619
Knetlegierung 78, 81
Knicken 137
Knickfall
–, nach Euler 137
Knickfederweg 305
Knicklänge
–, freie 137
Knickung
–, elastische 138
–, unelastische 138
KNS-Verbindung 587
Koaxialgetriebe 346
Koaxialwellengetriebe 344
Kohäsion 184
Kohlenstoffäquivalent 154
Koinzidenzfrequenz 641
Kolbendichtung 572, 573
Kolbenlöten 179
Kollektiv 487
Kombischraube 273
Kompensator 621
Konkretisierungsstufe 50
Konsistenz 536
Konstanthänger 628
Konstruieren
–, klebgerechtes 194
–, regelbasiertes 43
Konstruktionskatalog 47, 48
Konstruktionsmethodik 54
Konstruktionsprozess 50
Kontaktfläche 521
kontrollgerecht 108
Konturenfläche 521
Konvektionskühlung 548

Konzipieren 52
Koordinatenbemaßung 38
Kopfbahn
–, relative 326
Kopfkreisdurchmesser 320, 395
Kopfreibungsmoment 269
Korbbogenboden 619
Körperlänge 310
Körperschall 640, 654
Körperschallfunktion 658
Körperschallreduzierung 678, 681
Körperschall-Transferfunktion 657, 677
korrosionsgerecht 105
Korrosionsprüfung 281
Korrosionsschutz 282
Kostenbeurteilung 49
Kraftausgleich 102
Kraftband 420, 421
Krafteinleitungsstellen eines Getriebegehäuses 674
Kraftfluss 101
Krafthauptschluss 583
Kraftleitungsverkürzung 102
Kraftnebenschluss 583
Kran 158
Kreisbogennocken 664
Kreisfrequenz 640
Kreuzung 596
kriechgerecht 107
Kronenmutter 278
Kugelgelenk 621
Kugelgraphit 77
Kugellager 466
Kugelstrahler 651
Kugelumlaufeinheit 502, 513
Kühlung 543
Kunststoff 155
Kunststoff-Kunststoff-Verklebung 190
Kunststoffmantelrohr-System 608
Kunststoff-Metall-Verbund 191
Kupfer 79, 80
Kupferlegierung 87, 296
Kupplung 445, 614

Sachwortverzeichnis

Kupplungskennlinie 450
Kupplungsmoment 452
Kurzname 64

L

Lager 368
Lageranordnung 479
Lagerbelastung 545
–, dynamisch äquivalente 487
–, statisch äquivalente 485
Lagerkraft 121
Lagerlebensdauer 483
Lagerluft 475
Lagerspiel 378, 545
Lagerstelle 626
Lagerung
–, angestellte 479
–, schwimmende 479
Lagerungsbeiwert 305
Lagerwerkstoff 542
Lamellengraphit 77
Längenmesssystem
–, magnetoresistives 517
Langlochnaht 170
Längspressverband 227
Längsstiftverbindung 243
Langzeitschmiereinheit 511
Laserstrahlschweißen 164
Lastfall 129
Lastkollektiv 136, 383
Lasttrum 431
Lateral-Kompensator 622
Laufbahn 470
Laufrolle 392
Laufwerksdichtung 579
Lebensdauer 407, 409
–, nominelle 482, 485, 506, 507
Lebensdauerberechnung 495, 497
Lebensdauerformel 485
Lebensdauertest 308
Lebenslauffaktor 486
Leckage
–, hydrostatische 566
Leder 412
Leertrum 431

Legieren 78
Legierung 78
Leibung 159
Leichtbaukonstruktion 186
Leichtbauwerkstoff 209
Leichtmetall 80
Leistungsbereich 407
Leitfähigkeit
–, elektrische 296
Leitlinie 22, 116
Lichtbogenhandschweißen 164
Linien 27
Linienarten 27, 28, 29
Linienbelastung 334
Liniengruppe 28
Liniennaht 170
Linienstrahler 652
Linkssteigung 322
Lochleibung 211
Lochleibungsdruck 212
Lochnaht 166
Lochwandung 244
Lockern 272
Losdrehen
–, selbsttätiges 272
Losdrehmoment 274
–, inneres 275
Losdrehsicherung 278
Losdrehverhalten 275
Loslager 468, 471
Lösungsfindung 46
Lösungsprozess 44
Lot 174
–, Bezeichnung 175
Lotdepot 178
Löteignung 174
Lötnaht 180
Lotring 178
Lötspalt 173
Lötspaltbreite 178
Lötstoß 180
Lötverbindung 173
–, Festigkeit 176
–, Gestaltung 177
–, zeichnerische Darstellung 180

Lötverfahren 179
Luftschall 640

M
MAG 165
Magnesium 81
Magnesiumlegierung 87
Maschinenakustik 637
Maschinenband 413
Maschinenelemente 21
–, Ausführung und Einsatz 22
–, Definition und Arten 21
–, für drehende Bewegungen 21
–, Geschichtliches 21
–, zum Verbinden von Teilen 21
–, zur Fortleitung und Absperrung von Flüssigkeiten und Gasen 21
Maschinengeräusch 653
Maschinenzeichnen 24
Maß 37
Maßeintragung 36
–, Elemente der 36
Massenwirkungsfrequenz 674
Massivkäfig 478
Maßlinienbegrenzung 36
Maßnorm 257
Maßstab 26, 27
Maßzahl 37
Matrize 213
Medienbeständigkeit 555
Mehrfachrollenkette 390
Mehrfaltenbalg 576
Mehrflächen-Axialgleitlager 551
Mehrflächen-Axiallager 551
Mehrgleitflächenlager 541
Mehrlagenstahldichtung 587
Mehrschichtlager 541
Membran 576
–, Funktionsprinzip 577
Menge 26
Messing 82
Metall-Aktivgasschweißen 165
Metallfeder 289

Metall-Gummi-Sickendichtung 585
Metall-Inertgas-Schweißen 165
Metall-Kompensator 622
Metall-Schutzgasschweißen 165
Metallverbindung 193
–, einschnittig überlappte 203
Metallverklebung 189
Methode
–, diskursive 47
–, intuitive 46
–, zerstörende 201
–, zerstörungsfreie 201
Mica 556
MIG 165
Mikroriss 253
Mikrospalte 559
Mikro-Stützwirkung 134
Mindestaxialbelastung 474
Mindestbelastung 488
Mindestölmenge 372
Mindestprüflänge 599
Mindest-Spannweg 425
Mindestübermaß 231
Mindest-Verstellweg 425
Mineralöl 531
Mischreibung 540
Mischschaltung 301
Mitnehmer 245
Mitnehmerlasche 391
Mittellinie 33
Modul 319
Modul-Kurvex 367
Mohr 128
Moment
–, übertragbares 230
montagegerecht 109
Montagevorspannkraft 268
morphologischer Kasten 47, 48
Motor 341
Muffen 177
Muffenverbindung 612
Musterbibliothek 41
Mutter 255, 256, 257

Sachwortverzeichnis 695

N
Nabe
–, Befestigung 241
Nabenlänge
–, tragende 253
Nabenverzahnung 249
Nabenwanddicke 253
Nachgiebigkeit
–, dynamische 516
–, elastische 266
Nachziehwinkel 271
Nadellager 471
Näherung 596
Nahtanhäufung 160
Nahtart 166, 181
Nahtsymbol 166, 167
Nahtvolumen 161
Nahtvorbereitung 161
Nahtwurzel 160
NBR 555
Nebendichtung 557
NE-Metall 78
Nenndruck 594
Nennweite 594
Newton'sches Fluid 534
Nichteisenmetall 78, 79, 602
Nickellegierung 296
Niederhalter 220
Nietform 209
Nietverbindung 208
Nietwerkstoff 209, 210
Nietzapfen 209
Nitrieren 73, 254
Nitrierstahl 73, 87
Nocken 440
–, ruckfreier 664
Norm 63
NORMA-Kupplung 615
Normaleingriffsteilung 323
Normalkraft 419
Normalmodul 322
Normalspannung 125
Normalspannungshypothese 127
Normalteilung 323
Nor-Mex-Kupplung 448

Normung 54
Normzahl 58
Null-Achsabstand 320
Null-Außenverzahnung 319
Null-Rad 319
Null-Radpaar 324
Nullverzahnung 319
Nutgrund 239
Nutring 572
Nutzwertanalyse 50

O
O-Anordnung 503
Oberflächenbehandlung 254
Oberflächenbeschaffenheit 574
Oberflächeneinfluss 132
Oberflächenenergie
–, Erhöhung der 196
Oberflächengüte 132
Oberflächenrauigkeit 196
Oberflächenvorbehandlung 196, 201
Oberflächenzerrüttung 525
Oerlikon-Spiromatic 367
Ofenlöten 180
Oktavfilter 643
Ölablauf 494
Öldurchflusswiderstand 494
Ölschlusshärten 295
Ölschmierung 489, 490
Ölumlaufschmiersystem 544
Ölumlaufschmierung 254, 493
Ölviskosität
–, kinematische 495
ω-Verfahren 138
Original-Zeichnung 26
O-Ring 588
Ösenform 306

P
P3G-Polygonwelle 251
P3G-Profil 250
P3G-Profilwelle
–, Formzahl für 252
P4C-Profil 250
PA 66 84

Parallelbemaßung 37
Parallelprojektion 28
Parallelschaltung 300
Parallelstoß 211
Parallelwellengetriebe 344, 347, 385
Parametrik 41, 43
Passfeder 239
Passfederquerschnitt 239
Passfederrücken 239
Passfederverbindung 237
Passung gegeben 233
Passung gesucht 233
Patentieren 295
PBT 84
PE 84
PEEK 84
Pegelrechnung 644
Pendelkugellager 470
Pendelrollenlager 473
Pendelstütze 627
Periodendauer 640
PET 84
Phasengeschwindigkeit 640
Phasenwinkel 451
Phenolharz 193
physikalische Eigenschaft 174
Pitting 333
Planetengetriebe 376, 379, 381
Planetenrad 379
Planetenträger 380
Planverzahnung 320
PMMA 84
Pneumatikdichtung 575
Polyamid 66 84
Polybutylenterephthalat 84
Polyetheretherketon 84
Polyethylen 84
Polyethylenterephthalat 84
Polygoneffekt 400, 666
Polygonverbindung 250
Polygonwelle 251
Polymer 83, 84
Polymethylmetacrylat 84
Polyoxymethylen 84
Polyphenylensulfid 84
Polyphthalamid 84
Polypropylen 84
Polystyrol 84
Polytetrafluorethylen 556
Polyurethan-Hotmelt 190
Polyurethan-Klebstoff 189
–, einkomponentiger 190
–, zweikomponentiger 190
Polyurethan-Riemen 438
POM 84
Positionsnummer 25
PP 84, 607
PPA 84
PPS GF40 84
Praxis
–, Anwendungen in der 206
Pre-Coating-Prozess 586
Pressschweißen 162
Pressung 226
Pressverband 226
–, elastischer 232
–, elastisch-plastischer 234
–, Spannungsverlauf im 229
Pressverbindung 611
Profilgeometrie 440
Profilhöhe 321
Profilschienenführung 502, 504
Profilschnitt 34
Profilüberdeckung 327, 328
Profilverschiebung 323, 325
–, negative 324
positive 324
Profilwinkel 321
Programmierschnittstelle 41
Projektierungskurve 384
Projektion
–, dimetrische 31
Projektionsmethode 1 30
Projektionsmethode 3 30
Prüfbescheinigung 601
Prüfdruck 600
PS 84
pseudoplastisches Verhalten 535
PSF 502, 504

Sachwortverzeichnis

PTFE 556
PTFE-Manschette 561
Punktnaht 166
Punktschweißen 164
Punktschweißkleben 204
Punktschweißverbindung 159
Push-Pull-Aggregat 494
PVC-Klebstoff 194
PV-Rohrkupplung 615

Q

Qualitätsinformation 28, 39
Qualitätszahl 247
Quellschweißen 194
Quellung 555
Querkraft 139
Querpressverband 228
–, Wirkprinzip 228
Querstiftverbindung 242

R

Radialclinchen 221
Radialgleitlager 539, 545
Radiallager 538, 540
Radialluft 475
Radialversatz 445
Radialwellendichtring 558, 560
Rahmen 214
Randbedingung 141
Rändeln 258
Randfaserabstand
–, maximaler 122
Rastfläche 551
Rastlinie 287
Ratingparameter 595
Ratterschwingung 669
Raum
–, halbschalltoter 646
Raumlage 371
Rautiefe 132
Reaktion
–, tribochemische 525
Reaktionsklebstoff
–, struktureller 205
Rechteckpunkt 219

Rechtssteigung 322
Reduzierung 619
Reibbeanspruchung 253
Reibradgetriebe 354
Reibschluss 229, 277
Reibschweißen 155, 164
Reibung 293, 509, 519, 522
Reibungsart 522
Reibungskraft 419
Reibungsleistung 547
Reibungsmoment 492
Reibungszahl 627
Reibungszustand 523, 540
Reibwertpaarung 457
Reihenschaltung 301
Reinheitsgrad 78, 79
REKA-Kupplung 615
Relativbewegung 250
Relativkosten 85, 86
Relaxation 293
Relaxationsschaubild 293
Reynolds-Gleichung 570
Richtlänge 425
Richtwert 443
Riemenanzahl 430
Riemenbreite 442
Riemengeschwindigkeit 426
Riemengetriebe 417, 435
Riemenlänge 442
Riementrum 443
Riementyp 420
Riemenvorspannkennlinie 433
Riffeln 258
Rillenkugellager 468, 469
RIMOSTAT-Rutschnabe 458
Ringfeder 289
Ringschmierung 544
Ringsumnaht 170
Ritzel 315
RIVCLINCH-Verfahren 220
Rohniet 209
Rohr 603
–, aus Kunststoff 605
–, aus NE-Metall 605
Rohrleitung 593

–, emaillierte 606
–, gummierte 606
–, Planung 596
–, Sinnbild 596
Rohrleitungsabstand 596
Rohrleitungsklasse 593
Rohrniet 209
Rohrsortiment 603
Rohrsystem 605
–, aus Kunststoff 607
aus Stahl 606
Rohrverbindung 608
RoHS 175
Roll-Bohrreibung 523
Rollenbettradius 395
Rollendurchmesser 395
Rollenkette 390
–, amerikanische Bauart 391
–, europäische Bauart 391
–, langgliedrige 392
Rollenlager 627
Rollenumlaufeinheit 502, 514
Rollgangantrieb 399
Rollkörper 478
Rollreibung 467, 522
Roll-Ring 399
Rollspalt 577
Rost-Stahl 74
Rotguss 82
Rückförderstruktur 562
Rücklaufsperren 460
Ruhpenetration 536
Rundpunkt 219
Rutschnabe 395
Rütteldiagramm 279
Rüttelprüfstand 274, 276
RWDR 560
RWDR-Bauform 561

S
Sachnummer 25
Safe-life-Verhalten 96
Salzsprühprüfung 281
Schadensfall 285
Schaftkettenrad 395

Schaftschraube 262
Schälbeanspruchung 177, 194
Schale 540, 541
Schallabstrahlung 645
Schalldruck 641
Schallemission 637
Schallgeschwindigkeit 633, 640
Schallintensität 642
Schallintensitätsmessverfahren 650
Schallleistung 642
Schallleistungsbestimmung 646
Schallschnelle 641
Schaltkupplung 452
Schaltpause 456
Schaltvorgang 453
Scheibenbremse 462
Scheibenfeder 241
Scheibenrad 395
Scheibenzähnezahl
–, minimale 442
Schenkelfeder 308
Scherbeanspruchung 176
Scherbolzen 395
Scher-Lochleibungs-Passverbindung 211
Scherspannung 212
Scheuerleiste 680
Schiebe-Kompensator 621
Schienenbreite 504
Schlagschrauber 271
Schlagvorgang 668
Schlankheitsgrad 137
Schlauch-Kompensator 622
Schließkopf 220
Schließkopfbildung 210
Schlupf 417
Schmalkeilriemen 429
Schmelzschweißen 162
Schmerzgrenze 644
Schmierfett 532
Schmierfett-Gebrauchsdauer 510
Schmierfilm 488
–, hydrodynamischer 488
Schmierfilmaufbau 570
Schmierfilmberechnung 570

Sachwortverzeichnis

Schmierfilmhöhe 571
Schmierfilmkeil 365
Schmiernut
–, statische 511
Schmieröl 531
Schmierring 543
Schmierspalthöhe 546
Schmierstoff 488, 530
Schmierstoffart 372
Schmierstoffbedarf 547
Schmierstoffparameter 374
Schmierung 261, 371, 510, 527, 543
–, elastohydrodynamische 528
–, hydrodynamische 528, 538
–, hydrostatische 529, 539
Schmierverfahren 489
Schmierzustand 409
Schneckengetriebe 349
Schneckenradsatz 364
Schneckenradstufe 365
Schneckenverzahnung 363, 364
Schnellarbeitsstahl 66
Schnellverbindung 615
Schnitt 33
Schnittdarstellung 33
Schnittigkeit 211
Schnittverlauf 33
Schraffurabstand 35
Schraffurwinkel 35
Schrägenfaktor 335
Schrägkugellager 469
Schrägungswinkel 321
Schrägverzahnung 321
Schraube 256
–, abgewürgte 285
–, gewindefurchende 278, 284
–, mit Klemmteil 278
Schraubenanziehdrehmoment 269
Schraubensicherung 205
Schraubenverbindung 255, 259
–, Setzen 273
–, Sichern 272
Schriftfeld 39
Schubbeanspruchung 176

Schubspannung 120, 125, 138, 303, 307
Schubspannungs-Gleitungs-Prüfung 199
Schubspannungshypothese 127
–, erweiterte 128
Schulterkugellager 469
Schutzdichtung 567, 578
–, berührungsfreie 568
Schutzlippe 561
Schutzschicht
–, galvanische 282
–, nichtmetallische 282
Schweißeignung 153
Schweißkleben 194
Schweißlinse 159
Schweißnaht 156
Schweißnahtsymbol 167
Schweißposition 162
Schweißverbindung 153, 609
–, Festigkeit und Berechnung 156
–, Gestaltung 160
–, zeichnerische Darstellung 166
Schweißverfahren 162, 163
Schweißzusatzwerkstoff 155
Schwermetall 80
Schwingungsdämpfer 628
Schwingungs-Differenzialgleichung 448
Schwingungsverschleiß 253
Schwitzwasserprüfung 281
Segmentkrümmer 618
Segmentschnitt 618
Seilcord-Zugstrang 421
Sekundenklebstoff 191
Selbstdichtungsmechanismus 589
Selbsthemmung
–, statische 349
Selbsthilfe 97
Servicefaktor 371
servicegerecht 111
Servogetriebe 376
Servoplanetengetriebe 379
Servotechnik 378
Servowinkelgetriebe 382

Setzsicherung 273
Setzzylinder 214
Sicherheit 111
Sicherheitsfaktor 300, 336, 337
Sicherheitskupplung 458
Sicherheitstechnik 95
Sicherungsblech 278
Sicherungselement 275
Sicherungsmutter 278
Sicherungsnapf 278
Sicherungsschraube 261
Sickenformmembran 578
Siebel 134
SIKUMAT 458
silent chain 394
Simplexbremse 461
Sinnbild 597
Skidding 488
Smith-Diagramm 71, 131
Softmetall 586
Solidustemperatur 153
Sollsicherheit 129, 136, 233
Sommerfeld-Zahl 546
Sonnenrad 380
Spacerelement 514
Spaltbildung 558
–, hydrodynamische 559
–, hydrostatische 559
Spaltdruck
–, hydrodynamischer 566
Spannrolle 443
Spannscheibe 273
Spannstahl 65
Spannung 202
–, in Kehl- und Stumpfnähten 157
–, zulässige 118, 304, 307
Spannungsgefälle 251, 252
–, bezogenes 134
Spannungskorrekturfaktor 303
Spannungsrisskorrosion 288
Spannungsspitze 235
Spannungstensor 126
Spannungszustand
–, mehrachsiger 125, 126
Spannvorrichtung 398

Spannweg 425
Speichen-Kettenrad 395
Sperrfluid 581
Sperrluftdichtung 568, 581
Spiralkegelradsatz 366
Spiroplan®-Getriebe 348
Spiroplan®-Verzahnung 367
Sprödbruch 287
Sprungüberdeckung 329
stabilitätsgerecht 103
Stahl 63, 601
–, hochlegierter 66
–, hochwarmfester 87
–, nichtrostender 87
–, niedriglegierter 66
–, säurebeständiger 74
–, unlegierter 66
–, warmfester 75
Stahlguss 64, 77, 87
Stahllamellenkupplung 446
Stahlrohr
–, geschweißtes 603
–, nahtloses 603
Stahlrohr-Kupplung 615
Standardgetriebe 340, 341
Standardgetriebemotor 341
Standardrad 395
Standard-RWDR 563
Stand-by-System 96
Stangendichtsystem 571
Stangendichtung 571, 572
Stanznieten 213
Stanznietform 213
Stanznietverbindung 213
Steg 379
Steifigkeit 378, 509
Steigung 305
Steiner
–, Satz von 124
Stellantrieb 623
stick-slip-Erscheinung 392
Stiftquerschnitt 243, 244
Stiftverbindung 241, 242
Stirneingriffsteilung 323
Stirneingriffswinkel 322

Sachwortverzeichnis

Stirnfaktor 334
Stirnmodul 322
Stirnrad
–, außenverzahntes 346
–, schrägverzahntes 321
Stirnradgetriebe 346
–, einstufiges 346
Stirnradverzahnung 360
Stirnteilung 323
Stopfbuchspackung 564, 574
Stopper 587
Störgröße 522
Storzkupplung 615
Stoß 162
Stoßart 180
Stoßbeiwertfaktor 403
Stoßdämpfer 628
Stoßvorgang 668
Strahlerart 651
STRAUB-Kupplung 615
Streckgrenze 70, 264
Stribeck-Kurve 540
Strukturdämpfung 677
Stückliste 25, 40
Stufendichtung 572
Stufensprung 58
Stumpfnaht 168
Stumpfstoß 181
Stützkonstruktion 630
Stützziffer 134, 135
Stützzugkraft 402
–, spezifische 404
Stylingfläche 41
Substitutionsmethode 650
Synchronriemengetriebe 437
Synektik 46
SYNTEX-Kupplung 458
System SCHLEMENAT 615
Systematik 115

T

Taillenquerschnitt 263
Taumelclinchen 221
Taylor-Entwicklung 139
technische Zeichnung 25
technisches Freihandzeichnen 24
Technologieinformation 28, 39
Teil 25
Teilfestpunkt 626
Teilkreisdurchmesser 322, 395
Teilschmierung 530
Teilung 319, 442
Tellerfeder 290, 311
Tellerfedersäule 311
Tellerformmembran 578
Temperatur 228
Temperguss 77
Terzfilter 643, 644
Tetmajer 138
Thermoplast 83, 87
Tilgersystem 677
Tilgung 677
Titan 79, 87
Titanlegierung 297
Toleranz 38
–, Eintragen der 38
Toleranzfeld 247
Toleranzklasse 38
Tombak 82
Top-Coat 283
Torsion 123
Torsionsbeanspruchung 290
Torsionsbruch 285
Torsionsfeder 289
Torsionsflächenmoment 148
Torsionsschwingung 447
Torsionsspannung 123, 138
Torsionswiderstandsmoment 123, 148
Tragfähigkeit 329, 332, 506, 546
Trägheitsradius 137
Tragkonstruktion 630
Tragkraftminderung 543
Tragsicherheit
–, statische 484, 508
Tragsicherheitsnachweis 158
Tragzahl 476
–, dynamische 485, 506
–, statische 484, 508
Transferfunktion
–, akustische 658

Trapezprofil 440
Trassierung 597
Trennbruch 127
Trennelement 514
Trennkraft 671
Tresca 127
Tribologie 519
tribotechnisches System 519
Triebstockverzahnung 397
Trockenschmierung 530
Trommelbremse 461
Trumkraftverhältnis 419
Trumneigungswinkel 405, 424
T-Stoß 211
T-Stück 618
TTS 519
Tuch-Kompensator 621

U
Überdeckung 327
Überdeckungsfaktor 335
Überdruck 595
Überdruckventil 372
Überholkupplung 460
Überlappung
–, einschnittige 196
Überlappverbindung 223
Überlastkupplung 458
Überlastungstoleranz 415
Übermaß 254
–, bezogenes wirksames 232, 234
–, erforderliches wirksames 233
–, wirksames 231
Übermaßpassung 226
Übermaßverlust 231
Übersetzung 316, 317, 344
Übersetzungsabstufung 357
Übersetzungsfaktor 405, 406
Übersetzungsverhältnis 423
Umfangsgeschwindigkeit 415
Umfangskraft 430
Umlaufschmierung 544, 548
Ummantelung 630
Umschlingungswinkel 424
Unterbaugruppe 90

Unterdruck 595
Unterlegelement
–, unwirksames 277
Unterpulverschweißen 165

V
V-Achsabstand 325
Ventilfederdraht 295
Verbindungselement 614
–, korrosionsgeschütztes 281
Verbindungslöten 173
Verbindungsschweißen 153
Verbundbauweise 109
Verbundmantelrohrsystem 608
Verdrehlager 626
Verdrehspiel 378
Verdrehsteifigkeit 378
Verformung 202
–, plastische 264
Verformungsabstimmung 102
Vergleichsmethode 650
Vergleichsspannung 139, 157, 158
–, äquivalente 156
Vergrößerungsfunktion 451
Vergüten 72
Vergütungsstahl 72, 73, 87
Verklebung
–, strukturelle 188
Verliersicherung 278
Verlustgröße 522
Versagenskriterium 127
Versagensmechanismus 482
Verschleiß 247, 519, 524, 525
Verschleißerscheinungsform 526
verschleißgerecht 107
Verschleißlängung 409
Verschleißtragfähigkeit 333
Verschraubung 614
Verspannungsschaubild 267
Verstellgetriebe 351, 352
–, mit Breitkeilriemen 421
Verstellgetriebemotor 352
Verstellspindel 355
Vertikalschelle 628

Sachwortverzeichnis

Verzahnung 315, 395
Verzahnungsabweichung 362
Verzahnungsgesetz 316, 361
Verzahnungsschleifmaschine 363
Verzahnungswerkzeug 397
Verzinken
–, galvanisches 282
–, mechanisches 283
VICTAULIC-Kupplung 615
Vierpunkt-Kontakt 503
Vierpunktlager 470
Viewer-Software 43
Viskosität 533
–, dynamische 546
Viskositätsklasse 534
V-Kreis-Durchmesser 325
V_{minus}-Rad 323
V_{minus}-Radpaar 324
VMQ 555
V_{null}-Radpaar 324
Volllinie 33
Vollniet 209
Vollschmierung 527
Vollschnitt 33
Vollsicke 586
Vorderansicht 29
Vordruck 26
Vorlochen 210
Vorschaltdichtung 580
Vorschubfreilauf 460
Vorspannkraft 260, 261
Vorspannung 432, 442, 509
–, Prüfen 443
Vorspannwert 431
Vorwärmen 154
Vorzugsabmessung 604
V_{plus}-Rad 323
V_{plus}-Radpaar 324
V-Ring 579

W
W-Achsabstand 325
Walkpenetration 536
Wälzführung
–, lineare 502
Wälzkörperanordnung 503
Wälzkreis 316
Wälzlager 466, 627, 667
–, Dimensionierung 484
–, Schmierung 488
Wälzlageranordnung 479, 480
Wälzlagerbauart 467
Wälzlagerkäfig 478
Wälzlagerung 466
Wälzlagerwerkstoff 476
Wälzpunkt 316
Wälzstoßen 249
Wanddicke 633
Wanddickenausgleich 609
Warmbehandlung 255
Wärmebilanz 375, 548
Wärmedämmung 628
Wärmedehnung 620
Wärmeerzeugung
–, Arten der 179
Wärmegrenzleistung 375
–, thermische 376
Warmniet 210
Warnschild 631
Wasserstoffversprödung 288
Weibull-Ausfallwahrscheinlichkeit 496
Weichlot 175
Weichlöten 179
Weichstoffdichtung 585
Weichstoff-Kompensator 621
Welle 138, 368
Welle-Nabe-Verbindung 237
–, formschlüssige 241
Wellenbeanspruchung 240
Wellenbelastung 431, 432
Wellenendpumpe 388
Wellenlänge 640
Wellenlöten 179
Wellenoberfläche 563
Wellenverzahnung 249
Wellenwerkstoff 563
Werknorm 54
Werkstoff 62, 173, 294, 600
Werkstoffauswahl 62

Werkstoffnummer 64, 68, 75, 79
Werkstoffwahl 601
Wertanalyse 93
Wickelverhältnis 303
Wiegegelenk 393
Winkelgetriebe 344, 348, 376
Winkellasche 391
Winkelversatz 445
Wirkungsgrad 331
Wöhler-Diagramm 369
Wolfram-Inertgas-Schweißen 165

X
X-Anordnung 503

Z
Zahnbreitenprofil 396
Zähnezahl 247, 358, 395, 405, 409
–, minimale 327
Zähnezahlverhältnis 316
Zahnflankensicherheit 358
Zahnfußfestigkeit 249
Zahnfußnennspannung 335
Zahnfußsicherheit 358
Zahnfußspannung 336
Zahnfußtragfähigkeit 332
Zahnhöhe
–, tragende 248
Zahnkette 393
Zahnkraft 329
Zahnlückenprofil 395
Zahnlückenspiel 396
Zahnrad 315, 357
–, Grundformen 315
Zahnradgetriebe 665
Zahnriemen 438

Zahnriemenart 442
Zahnriemengetriebe 437
Zahnscheibe 440
Zahnspiel 378
Zahnstange 320
Zahnwelle 246
– mit Evolventenflanke 247
Zahnwellenverbindung 246
Zeichnung 25
Zeichnungsformat 26
Zeichnungsfreigabe 39
Zeichnungs-Satz 25
Zeichnungsteil 258
Zeichnungsvordruck 26
Zeitfestigkeit 130
Zentrierung 242
Zentrifugalwellendichtung 582
Zinklamellenüberzug 283
Zinnbronze 82
Zonenfaktor 336
Zugfeder 290, 305
–, Berechnung 306
Zugfestigkeit 70, 297
Zugkette 514
Zugmittelgetriebe 390, 411, 417
Zugspannung 118, 138
Zugstabfeder 289
Zugstrang 438
Zugträger 411, 438
Zusatznutzen durch Kleben 185
Zusatzsymbol 170
Zusatzwerkstoff 174
Zweimassenschwinger 448
Zweipunkt-Kontakt 504
Zweischeibengetriebe 423
Zylinderrollenlager 470
Zylinderschnecke 363, 364